国际信息工程先进技术译丛

电力线通信：从多媒体到智能电网的原理、标准和应用

（原书第2版）

［加拿大］卢茨·兰普（Lutz Lampe）
［奥］安德里亚·M. 托内洛（Andrea M. Tonello）等编著
［南非］西奥·G. 斯瓦特　（Theo G. Swart）

李斌　赵成林　宁丽娜　范超琼　刘斌　译

U0178582

机械工业出版社

由于电力线通信（PLC）技术的规范和标准不断成熟，本书较原书第1版着重扩展了PLC的应用部分，并纳入了最新的研究内容。此外，还包含了与信道特性、传输技术以及与规范相关的PLC领域的最新研究进展，使得本书内容更新、更充实、更全面。

本书共分为11章，分别从信道特性、电磁兼容、耦合、数字传输技术、MAC层及上层协议以及PLC在不同领域的应用等方面做了详细的分析和讲解，不仅具有很高的学术水平，而且对PLC相关领域的进一步研究具有引领作用。

本书适合PLC领域的初学者，熟悉PLC技术的相关研究人员及从业者也能以本书为PLC领域指南。

北京市版权局著作权合同登记　图字：01-2017-0722号。

图书在版编目（CIP）数据

电力线通信：从多媒体到智能电网的原理、标准和应用：原书第2版/（加）卢茨·兰普（Lutz Lampe）等编著；李斌等译.—北京：机械工业出版社，2020.7

（国际信息工程先进技术译丛）

书名原文：Power Line Communications – Principles, Standards and Applications from Multimedia to Smart Grid, 2nd edition

ISBN 978-7-111-65683-8

Ⅰ.①电… Ⅱ.①卢… ②李… Ⅲ.①电力线载波通信–研究 Ⅳ.①TM73

中国版本图书馆CIP数据核字（2020）第086083号

机械工业出版社（北京市百万庄大街22号　邮政编码100037）

策划编辑：朱　林　责任编辑：朱　林

责任校对：王　延　封面设计：马精明

责任印制：常天培

北京盛通商印快线网络科技有限公司印刷

2020年9月第1版第1次印刷

169mm×239mm · 33.5印张 · 689千字

0 001—1 000册

标准书号：ISBN 978-7-111-65683-8

定价：199.00元

电话服务　　　　　　　网络服务

客服电话：010-88361066　机 工 官 网：www.cmpbook.com

　　　　　010-88379833　机 工 官 博：weibo.com/cmp1952

　　　　　010-68326294　金 　书 　网：www.golden-book.com

封底无防伪标均为盗版　机工教育服务网：www.cmpedu.com

译　者　序

随着国家经济战略逐步向节约型转变，各种基于传统媒介和已铺设设备的技术升级及新技术的研发也在逐步兴起，电力线通信（Power Line Communications，PLC）虽不是一项最新的技术，但因其可以使用丰富的电力资源以实现数据通信和工业应用，因而极具社会价值和经济价值。

PLC技术在过去100年中得到了迅速发展，另外有关PLC的相关文献也已经浩如烟海。自从2010年原书第1版出版以来，PLC在技术及应用方面都经历了重大的创新。例如，PLC引入了新的信号处理技术，其信道模型也经历了整合和改进；另外从最近已采用的智能电网领域HDR NB PLC国际标准可以看出，PLC的规范化和标准化进程也得到了进一步推动。与原书第1版相比，其第2版重新调整了章节结构，对第2章、第3章和第5章进行了重大修订，并纳入了最新的研究内容；此外，重新撰写了第4章和第6章，扩充了第7~10章中的PLC在不同领域应用部分的内容。因此，我们将其第2版看成是第1版的延续和扩展，以及对第1版部分内容的补充，显然第2版内容更新、更充实、更全面。本书不仅具有很高的学术水平，而且对相关领域的进一步研究也具有引领作用。

本书对PLC相关技术及应用做了深入的研究和介绍，全书共分为11章，分别从信道特性、电磁兼容、耦合、数字传输技术、MAC层及上层协议以及PLC在不同领域的应用等方面做了详细的分析和讲解。第1章为引言。第2章针对电网的各个电压部分（即低压、中压和高压部分），对有关PLC信道特性和信道建模的现有技术进行了概述。第3章讨论了PLC系统对已有通信服务系统造成干扰的可能性，包括许多有线通信系统，并详细阐述了EMC规范。第4章讨论了PLC信号与电力线网络的耦合与解耦问题，阐述了耦合网络的原理和基本要求。第5章介绍了单载波调制、多载波调制、电流和电压调制、超宽带调制，以及MIMO算法、脉冲噪声干扰消除技术和信道编码方案等内容。第6章讨论了MAC层的概念、不同PLC应用和域的协议、多用户资源分配、协作电力线通信等内容。后面几章讨论了PLC在不同领域的应用情况：第7章回顾了不同应用环境下的PLC系统规范；第8章阐述了BB（Board Band，宽带）PLC方案，并介绍了其在多媒体系统中的应用以及最新相关标准；第9章内容涵盖了PLC在智能电网通信领域的应用情况，其中包括上述相关标准、不同智能电网应用的需求分析、NB（Narrow Band，窄带）PLC的监管框架以及应用和部署示例；第10章概述了PLC在交通工具通信领域的应用，并侧重讨论了其在车载领域的应用。最后，第11章给出了本书的结论。

对于PLC领域的初学者，本书可以提供PLC技术最全面易懂的指导；对于熟悉 PLC 技术的相关研究人员及从业者，本书能够作为一个权威观点供您参考。希望本书能够给 PLC 领域的研究人员及从业人员提供更好的帮助。

本书由李斌、赵成林、宁丽娜、范超琼、刘斌翻译。此外，李斌负责全书的统稿和校对，赵成林负责图表的翻译并对全书进行了全面审校，参与译稿资料整理的还有陶艺文、刘圣涵、王戈等。机械工业出版社的朱林编辑以饱满的热情和细致的工作使本书的翻译工作得以进一步完善。此外，本书的出版得到了广大企事业单位以及科研人员的大力支持，并得到了"2019 年工业互联网创新发展工程——工业企业网络安全综合防护平台"基金的资助，在此谨向北京邮电大学给予支持的师生以及相关基金项目致以深深的谢意。

在本书的翻译过程中，我们力求忠实、准确地反映原书的内容，同时也力求保留原书的风格。为了保证翻译质量，每翻译完一章后，译者都会再重新检查一遍。但由于本书涉及研究范围很广，译者才疏学浅，书中难免存在一些错误或疏漏，恳请广大读者批评指正。

李斌

2020 年 7 月

原书前言

本书是2010年出版的《电力线通信——电力线窄带和宽带通信的理论与应用》的第2版。本书第1版致力于对电力线通信（Power Line Communications，PLC）技术进行最全面易懂的讲解。书中涵盖内容广泛，并不局限于单纯介绍 PLC 技术。相较于本书第1版，第2版对书中内容进行了更新，并对部分内容进行了重新调整。由于 PLC 技术的规范和标准不断成熟，我们着重扩展了 PLC 的应用部分，这一调整在本书书名中便有所体现。此外，新版本还包含了与信道特性、传输技术以及规范相关的 PLC 领域最新的研究进展。

本书适用读者范围广泛。无论是 PLC 领域的初学者，还是熟悉 PLC 技术的相关研究人员及从业者，都能以本书为 PLC 领域指南。对于前者，本书旨在提供 PLC 技术最全面易懂的指导；对于后者，我们希望本书能够作为一个权威观点供您参考，并能够广泛应用于文献当中。

对于本书第2版，我们邀请了来自12个国家、29个机构的42名技术人员参与编写。编写人员之间的协调工作十分繁重，其困难程度甚至超过了第1版。在此对所有参与和贡献者表示真诚的感谢。

目　　录

译者序

原书前言

第1章　引言 ……………………… 1

1.1　什么是电力线通信 …………… 1

1.2　历史演进 …………………… 2

1.3　关于本书 …………………… 4

参考文献 ………………………… 5

第2章　信道特性 ……………… 7

2.1　简介 ………………………… 7

2.2　信道建模基础 ……………… 7

2.2.1　室内/室外拓扑结构简介 … 10

2.2.1.1　低压、中压和高压
市电拓扑 ………… 10

2.2.1.2　住宅和商业区的
室内布线拓扑 …… 11

2.2.2　频段受限信道的一些
基本定义和属性 ……… 12

2.2.2.1　脉冲响应持续时间 … 14

2.2.2.2　平均信道增益 …… 14

2.2.2.3　方均根时延
扩展（RMS – DS） …… 14

2.2.3　室内高频和超高频信道的
特性 …………………… 14

2.2.4　室外信道特性（低压和
中压） ………………… 18

2.2.5　低频信道特性及其阻抗 … 19

2.2.6　基本方法：确定性模型和
经验模型 ……………… 19

2.2.6.1　基于时域的建模：
多径模型 ………… 19

2.2.6.2　基于频域的建模：
传输线模型 ……… 21

2.2.7　建模方法的优缺点 ……… 23

2.2.8　确定性方法和统计方法的
结合：混合模型 ……… 25

2.3　室内和室外低压信道模型 …… 26

2.3.1　传输线理论的基本原理 … 26

2.3.1.1　弱有损线 ………… 28

2.3.1.2　反射 ……………… 29

2.3.2　室外低压信道模型 ……… 29

2.3.2.1　欧洲、亚洲和美国的
接入网络拓扑 …… 29

2.3.2.2　基于回波的信道模型 … 32

2.3.2.3　9 ~ 500kHz 低频范围内的
差异 ……………… 40

2.3.2.4　接入域中的参考信道 … 43

2.3.3　室内低压信道建模 ……… 45

2.3.3.1　建模原理 ………… 45

2.3.3.2　LTI 信道模型 …… 48

2.3.3.3　LPTV 信道模型 … 51

2.3.3.4　室内参考信道 …… 59

2.4　中压信道模型 ……………… 63

2.4.1　中压特性 …………………… 64

2.4.1.1　配电变电站 ……… 64

2.4.1.2　网络布局和拓扑 … 65

2.4.1.3　架空电缆和地下电缆 … 66

2.4.1.4　架空电缆 ………… 67

2.4.1.5　地下电缆 ………… 68

2.4.2　中压信道模型简介 ……… 68

2.4.3　基于测量的中压信道特性 … 70

2.4.4　基于理论的中压信道特性 … 71

2.4.4.1　架空电缆 ………… 71

2.4.4.2　地下电缆 ………… 71

2.4.4.3　中压配电网中的 MIMO
电力线通信 ……… 72

2.4.5　噪声和干扰 ·············· 72
2.5　户外高压信道模型 ·········· 73
　2.5.1　高压场景 ·············· 73
　2.5.2　高压信道模型 ·········· 78
　　2.5.2.1　高压链路衰减 ······ 79
　2.5.3　高压线路噪声 ·········· 84
　2.5.4　电晕噪声 ·············· 85
2.6　MIMO 信道 ················ 87
　2.6.1　接地方法 ·············· 88
　2.6.2　MIMO PLC 原理 ········· 88
　2.6.3　实验测量结果 ·········· 89
　　2.6.3.1　MIMO 耦合器 ······· 89
　　2.6.3.2　信道的统计特性 ····· 90
　2.6.4　MIMO PLC 信道的建模和
　　　　　生成 ················ 95
　　2.6.4.1　自顶向下的建模方法 ··· 95
　　2.6.4.2　自底向上的建模方法 ··· 98
　2.6.5　信道频率外的响应 ······ 101
　　2.6.5.1　线路阻抗 ·········· 101
　　2.6.5.2　EMC 相关知识 ······ 102
　　2.6.5.3　MIMO 背景噪声 ····· 103
2.7　噪声与干扰 ··············· 104
　2.7.1　PLC 噪声分析 ·········· 104
　　2.7.1.1　时域 PLC 噪声 ······ 105
　　2.7.1.2　频域 PLC 噪声 ······ 106
　　2.7.1.3　时频域 PLC 噪声 ···· 107
　　2.7.1.4　总噪声波形 ········ 111
　2.7.2　PLC 噪声统计 - 物理
　　　　　建模 ··············· 111
　　2.7.2.1　高斯混合和 Middleton's
　　　　　　Class - A：模型介绍 ··· 111
　　2.7.2.2　高斯混合和 Middleton's
　　　　　　Class - A：模型推导 ··· 112
　　2.7.2.3　结果统计模型 ······ 114
　2.7.3　PLC 噪声经验建模 ······ 115
　　2.7.3.1　脉冲噪声的时域
　　　　　　建模方法 ·········· 115
　　2.7.3.2　脉冲噪声的频域
　　　　　　建模方法 ·········· 115

　　2.7.3.3　周期性循环平稳
　　　　　　噪声模型 ·········· 116
　2.7.4　自适应编码调制与解调的 PLC
　　　　　噪声特性 ············ 117
2.8　信道模型与软件参考 ········ 119
2.9　其他场景下的信道 ·········· 120
　2.9.1　LVDC 配电系统 ········· 121
　　2.9.1.1　LVDC 配电系统的结构和
　　　　　　特性 ············· 121
　　2.9.1.2　LVDC 配电系统中的
　　　　　　PLC ·············· 124
　　2.9.1.3　LVDC 系统中的 PLC 信道
　　　　　　特性 ············· 124
　2.9.2　车内电力线通信信道 ···· 131
　　2.9.2.1　车载线路束配置 ···· 131
　　2.9.2.2　信道传递函数 ······ 132
　　2.9.2.3　电路的输入阻抗 ···· 135
　　2.9.2.4　噪声与干扰 ········ 135
　2.9.3　船舶内电力线通信 ······ 136
　　2.9.3.1　船舶 PLC 文献综述及其
　　　　　　电网特性 ·········· 137
　　2.9.3.2　大型游轮网络拓扑及其
　　　　　　测量 ············· 139
　　2.9.3.3　传递函数对节点导纳的
　　　　　　灵敏度 ··········· 140
　　2.9.3.4　节点导纳的变化和大节
　　　　　　点的判别 ·········· 142
　2.9.4　总结 ················· 143
参考文献 ····················· 143
第3章　电磁兼容 ············· 153
3.1　简介 ···················· 153
3.2　EMC 中的参数 ············· 154
　3.2.1　EMC 相关传输线的参数 ··· 154
　3.2.2　耦合因子 ············· 156
　3.2.3　电场和磁场 ··········· 157
3.3　电磁辐射 ················· 159
　3.3.1　辐射 ················· 160
　3.3.2　传导辐射 ············· 161
3.4　电磁敏感性 ··············· 163

3.5　EMC 协调 ············ 164
　3.5.1　兼容性级别 ·········· 164
　3.5.2　限值的定义 ·········· 165
　3.5.3　认知无线电技术 ······ 166
3.6　EMC 在欧洲的标准化和监管 ··· 170
　3.6.1　欧盟中标准化与监管的
　　　　区别 ··············· 170
　3.6.2　PLC 的 EMC 调节 ······ 171
　　3.6.2.1　市场准入 ········ 172
　　3.6.2.2　对干扰投诉事件的
　　　　　　监管 ·········· 173
　3.6.3　PLC 中 EMC 的标准化 ···· 174
　　3.6.3.1　CENELEC ········ 174
　　3.6.3.2　ETSI - CENELEC 联合
　　　　　　工作组 ········· 175
　　3.6.3.3　国际 EMC 产品的
　　　　　　标准化 ········· 176
3.7　电力线和其他有线通信系统
　　之间的耦合 ············ 178
　3.7.1　电力线和家庭环境里的电信
　　　　线路的耦合特性 ······ 179
　3.7.2　PLC 传输对在 VDSL2 上传输
　　　　的服务的影响 ········ 179
　　3.7.2.1　实验室测试 ······ 180
　　3.7.2.2　现场实验测量 ···· 187
　3.7.3　VDSL2 传输对 PLC 的
　　　　影响 ·············· 189
　3.7.4　减轻影响的总结和方法 ··· 190
3.8　最后说明 ············· 191
参考文献 ················ 191
第 4 章　耦合 ·············· 194
4.1　简介 ················ 194
4.2　耦合网络 ············· 197
　4.2.1　要求 ·············· 197
　4.2.2　电容耦合 ·········· 200
　4.2.3　电感耦合 ·········· 202
　4.2.4　实际 RF 变压器 ······ 203
　4.2.5　电阻分流器 ········· 206
　4.2.6　电感分流器 ········· 207

　4.2.7　调制解调器 TX（发送方）和
　　　　RX（接收方）阻抗 ······ 210
　4.2.8　变压器旁路耦合 ······ 211
　4.2.9　无功功率以及电压和电流
　　　　额定值 ············ 214
　4.2.10　不确定性 ·········· 215
　4.2.11　小结 ············· 216
4.3　低压耦合 ············· 216
　4.3.1　介绍 ·············· 216
　4.3.2　N - PLC 耦合器 ······ 217
　4.3.3　B - PLC 耦合器 ······ 218
　　4.3.3.1　阻抗匹配 ········ 219
　4.3.4　相间耦合 ·········· 221
　4.3.5　单相耦合 ·········· 221
4.4　高压耦合 ············· 222
4.5　中压耦合 ············· 225
4.6　总结 ················ 226
参考文献 ················ 227
第 5 章　数字传输技术 ········ 229
5.1　简介 ················ 229
5.2　单载波调制 ············ 229
　5.2.1　频移键控 ·········· 229
　5.2.2　扩频调制 ·········· 236
　　5.2.2.1　SS 技术类型：直接序列
　　　　　　扩频 ·········· 237
　　5.2.2.2　SS 技术类型：跳频 ··· 242
　　5.2.2.3　SS 技术类型：线性
　　　　　　调频 ·········· 246
　　5.2.2.4　PLC 中 SS 技术的优点和
　　　　　　缺点 ·········· 249
　　5.2.2.5　SS 技术在 PLC 系统中的
　　　　　　实际应用 ······· 250
5.3　多载波调制 ············ 251
　5.3.1　作为滤波器组的多载波
　　　　调制 ·············· 252
　5.3.2　DFT 滤波器组调制方案 ··· 254
　　5.3.2.1　高效实现 ········ 254
　　5.3.2.2　滤波多音（FMT）
　　　　　　调制 ·········· 256

5.3.2.3　正交频分复用
（OFDM）·········· 257

5.3.2.4　发射端脉冲成形的 OFDM
和有窗的 OFDM ········ 260

5.3.2.5　接收端有窗的
OFDM ·········· 261

5.3.2.6　OQAM - OFDM ······· 262

5.3.3　DCT 滤波器组调制解决
方案 ·········· 263

5.3.3.1　离散小波多音（DWMT）
复用技术 ········· 263

5.3.3.2　DCT - OFDM ········ 263

5.3.4　其他 MC 方案 ········· 264

5.3.4.1　循环块滤波多音
调制 ·········· 264

5.3.5　共存和陷波 ········· 266

5.3.6　比特加载 ·········· 267

5.4　电流和电压调制 ········· 269

5.4.1　VLF/ULF PLC ········ 270

5.4.2　带有开关负载发射机的
OOK ·········· 272

5.4.3　使用谐振发射机的 OOK ··· 278

5.4.4　使用共振发射机的 PSK ····· 281

5.5　超宽带调制 ·········· 284

5.5.1　I - UWB 发射机 ······· 285

5.5.1.1　高斯脉冲成形设计 ····· 285

5.5.2　I - UWB 接收机 ······· 286

5.5.2.1　滤波器接收机 ······· 286

5.5.2.2　等效匹配滤波器
接收机 ·········· 287

5.5.2.3　噪声匹配滤波器
接收机 ·········· 287

5.5.2.4　N - MF 接收机的频域
实现 ·········· 287

5.5.2.5　接收机的比较 ······· 288

5.6　降低脉冲噪声的方法 ······· 288

5.6.1　噪声的预备知识 ······· 289

5.6.2　传输方法 ·········· 291

5.6.3　检测方法 ·········· 292

5.6.4　多载波传输的抑制方法 ······ 296

5.7　MIMO 传输 ·········· 301

5.7.1　MIMO 信道和定义 ······ 302

5.7.2　MIMO 容量 ········· 303

5.7.3　空间复用法 ········· 308

5.7.4　分集 ·········· 309

5.7.5　信道估计 ·········· 311

5.7.6　宽带 MIMO ········· 313

5.7.7　关于 PLC 的 MIMO 研究 ··· 315

5.8　编码技术 ·········· 315

5.8.1　各种协议中的编码技术 ···· 316

5.8.2　标准中的编码技术 ······ 318

5.8.2.1　PRIME ·········· 318

5.8.2.2　G3 - PLC ········· 319

5.8.2.3　ITU - T G.9960 ····· 321

5.8.2.4　IEEE 1901 ········ 323

5.8.3　其他编码技术 ········ 328

参考文献 ············· 330

第6章　电力线通信系统的 MAC
层及上层协议 ······· 340

6.1　简介 ·············· 340

6.2　MAC 层概念 ·········· 340

6.3　不同电力线通信应用和域的
协议 ·············· 342

6.3.1　多个 PLC 小区之间的传输资
源共享 ·········· 342

6.3.1.1　PLC 小区之间的固定信道
分配 ·········· 342

6.3.1.2　PLC 小区之间的动态信道
分配 ·········· 343

6.3.2　PLC 小区之间传输资源
共享 ·········· 346

6.3.2.1　干扰 ·········· 347

6.3.2.2　信道组织 ········· 348

6.3.3　分布式 PLC 小区之间资源分
配协议 ·········· 350

6.3.3.1　PLC 网络结构概述 ···· 350

6.3.3.2　资源单位定义和
要求 ·········· 350

6.3.3.3 PLC 网络中的资源
　　　　利用率 ……………… 350
6.3.3.4 传输资源分配协议
　　　　的描述 ……………… 351
6.3.3.5 基站间的通信 ……… 351
6.3.4 信道重分配策略原理 …… 352
6.3.5 评价指标 ……………… 353
6.3.5.1 CA – Msg 的吞吐量和
　　　　传输时间 …………… 353
6.3.5.2 分配协议的性能 …… 354
6.3.6 数值结果 ……………… 354
6.3.6.1 CA – Msg 的吞吐量和
　　　　传输时间 …………… 355
6.3.6.2 分配协议的性能 …… 355
6.3.7 小结 …………………… 357
6.4 多用户资源分配 …………… 358
6.4.1 信息论方法：多用户高斯
　　　信道 ………………… 359
6.4.1.1 单用户高斯信道 …… 359
6.4.1.2 多址接入信道 ……… 360
6.4.1.3 广播信道 …………… 361
6.4.1.4 观察实际执行中的
　　　　可实现速率 ………… 362
6.4.2 PLC 场景下的多用户资源
　　　分配 ………………… 362
6.4.3 PHY 层系统模型 ……… 363
6.4.4 FDMA ………………… 365
6.4.4.1 OFDMA 网络中的载波
　　　　分配技术 …………… 365
6.4.4.2 FDMA 网络中的多址接入
　　　　干扰 ………………… 368
6.4.5 TDMA ………………… 372
6.4.5.1 无争用的 TDMA：最优时
　　　　隙设计和分配过程 …… 372
6.4.6 TDMA 和 FDMA 基于争用的
　　　协议 ………………… 376
6.4.7 相关文献 ……………… 376
6.4.7.1 FDMA …………… 376
6.4.7.2 TDMA …………… 377

6.5 协作电力线通信 …………… 378
6.5.1 协作通信简介 ………… 378
6.5.2 协作电力线通信简介 … 379
6.5.3 单向协作 PLC 系统 …… 380
6.5.3.1 单频网络 …………… 381
6.5.3.2 分布式空时分组码 … 381
6.5.3.3 协作编码 …………… 383
6.5.3.4 AF 和 DF 中继 …… 384
6.5.3.5 室内 PLC 的 AF 和 DF
　　　　中继 ………………… 386
6.5.4 双向和多路协作 PLC
　　　系统 ………………… 388
参考文献 ……………………… 391

第7章 用于家庭和工业自动化的
　　　PLC ………………… 397
7.1 简介 ………………………… 397
7.2 家庭和工业自动化中 PLC 的
　　应用 ……………………… 397
7.3 流行的家庭自动化协议 …… 399
7.3.1 X10 协议 ……………… 399
7.3.1.1 X10 的物理层规格和
　　　　传输 ………………… 399
7.3.1.2 X10 的缺陷 ………… 400
7.3.2 KNX/EIB PL 110 标准 … 401
7.3.2.1 KNX PL 110 物理层和
　　　　数据链路层规范 …… 401
7.3.2.2 KNX PL 110 拓扑结构和
　　　　寻址 ………………… 402
7.3.2.3 KNX 与 X10 的比较 … 402
7.3.3 LONWorks …………… 402
7.4 应用于冷藏集装箱船的电力线
　　通信 ……………………… 403
7.4.1 物理层规范 …………… 403
7.4.2 数据链路层协议 ……… 404
7.4.3 系统组件 ……………… 406
7.4.4 通信协议 ……………… 407
7.4.5 备注 …………………… 408
7.5 窗口跳频系统 AMIS CX1 配置
　　文件 ……………………… 409

7.5.1　物理层 ………………… 410

7.5.2　媒体接入控制和网络层 …… 412

7.5.3　管理方法 ………………… 413

7.5.4　进一步说明 …………… 415

7.6　数字风暴® ………………… 415

7.6.1　数字风暴®的架构和组件 … 415

7.6.2　数字风暴® PLC 网络组件和

安装 ……………………… 416

7.6.3　数字风暴®通信 ………… 417

7.7　总结 ………………………… 417

参考文献 ………………………… 417

第 8 章　多媒体 PLC 系统 ………… 419

8.1　简介 ………………………… 419

8.2　多媒体业务的 QoS 要求 …… 419

8.2.1　多媒体家庭网络 ………… 420

8.2.1.1　多媒体业务特性 …… 420

8.2.1.2　服务质量参数 ……… 421

8.2.1.3　多媒体业务的 PLC 解决

方案 ………………… 422

8.3　多媒体 PLC 的优化 ………… 422

8.3.1　多媒体 PLC 的总体设计注意

事项 …………………… 423

8.3.1.1　多信道效应，PLC 通道中

的噪声和干扰 …… 423

8.3.1.2　多媒体 PLC 设计

选择 ……………… 423

8.4　宽带 PLC 网络技术标准 ……… 424

8.5　IEEE 1901 宽带电力线标准 … 424

8.5.1　IEEE 1901 FFT – OFDM

PHY ……………………… 425

8.5.1.1　概述 ……………… 425

8.5.1.2　载波调制 ………… 427

8.5.1.3　帧控制 …………… 427

8.5.1.4　有效载荷 ………… 428

8.5.1.5　IEEE 1901 FFT – OFDM 增

强 HomePlug AV 1.1 … 428

8.5.1.6　附加保护间隔 …… 428

8.5.1.7　4096 – QAM ……… 429

8.5.1.8　16/18 码率 ……… 429

8.5.2　IEEE 1901 小波 – OFDM

PHY ……………………… 429

8.5.3　MAC 层和两个 PLCP 层 … 429

8.5.4　IEEE 1901 FFT – OFDM

MAC ……………………… 430

8.5.4.1　网络架构 ………… 430

8.5.4.2　网络操作模式 …… 431

8.5.4.3　MAC/PHY 跨层设计

多媒体 …………… 431

8.5.4.4　信道接入控制 …… 432

8.5.4.5　媒体活动 ………… 433

8.5.4.6　信道适配 ………… 435

8.5.4.7　汇聚层 …………… 435

8.5.5　共存 ………………… 435

8.5.5.1　ISP 波形和网络状态 … 436

8.5.5.2　支持动态带宽分配

（DBA） …………… 437

8.5.5.3　TDMA 时隙重用（TSR）

能力的支持 ……… 438

8.6　性能评估 …………………… 439

8.6.1　MAC 分帧性能 ………… 439

8.6.2　MAC 总体效率 ………… 439

8.7　HomePlug AV2 …………… 440

8.7.1　频段的扩展 …………… 440

8.7.1.1　功率回退机制 …… 441

8.7.2　有效陷波 ……………… 441

8.7.3　立即重复 ……………… 441

8.7.4　短分隔符和延迟确认

信号 …………………… 442

8.7.4.1　短分隔符 ………… 442

8.7.4.2　延迟确认 ………… 442

8.8　ITU – T G.996x（G.hn）…… 442

8.8.1　G.9960 网络架构概述 … 443

8.8.2　ITU – T G.hn 的物理层

概述 …………………… 446

8.8.2.1　调制和频谱使用 … 446

8.8.2.2　高级 FEC ………… 447

8.8.2.3　框架 ……………… 447

8.8.2.4　MIMO ……………… 448

8.8.3　G. hn 的数据链路层概述 … 448
　　8.8.3.1　媒体接入方法 ………… 448
　　8.8.3.2　安全 ………………… 450
参考文献 ……………………… 450
第9章　用于智能电网的 PLC … 453
9.1　简介 ……………………… 453
　9.1.1　PLC 技术分类 ………… 453
　9.1.2　电网 …………………… 454
　　9.1.2.1　电网描述 …………… 454
　　9.1.2.2　电网的地区差异 …… 456
　9.1.3　要求 …………………… 457
　9.1.4　应用 …………………… 459
　9.1.5　概要 …………………… 461
9.2　标准 ……………………… 461
　9.2.1　ITU - T G.9902 G. hnem
　　　　标准 ………………… 462
　　9.2.1.1　物理层 …………… 462
　　9.2.1.2　MAC 层 …………… 462
　9.2.2　ITU G.9903 G3 - PLC
　　　　标准 ………………… 463
　　9.2.2.1　物理层 …………… 464
　　9.2.2.2　MAC 层 …………… 466
　　9.2.2.3　适配层 …………… 467
　　9.2.2.4　与其他 PLC 网络
　　　　　　共存 …………… 467
　9.2.3　ITU - T G.9904 PRIME
　　　　标准 ………………… 468
　　9.2.3.1　物理层 …………… 469
　　9.2.3.2　MAC 层 …………… 470
　　9.2.3.3　汇聚层 …………… 471
　9.2.4　IEEE 1901.2 标准 …… 472
　　9.2.4.1　频段使用和共存 … 473
　　9.2.4.2　物理层 …………… 473
　　9.2.4.3　MAC 层 …………… 473
　9.2.5　HomePlug Green PHY
　　　　规范 ………………… 474
9.3　法规 ……………………… 474
　9.3.1　美国 …………………… 475
　9.3.2　欧洲 …………………… 476

9.3.2.1　欧洲市场对 PLC 的
　　　　限制 …………… 477
9.3.2.2　工作在 3～148.5kHz 的
　　　　PLC 设备的测量方法 … 478
9.3.2.3　IEEE 1901.2 标准下，
　　　　工作在 150～500kHz 频率
　　　　范围内的 PLC 设备的测量
　　　　方法 …………… 480
　9.3.3　日本 …………………… 481
　　9.3.3.1　ARIB 的带内测量
　　　　　　设置 …………… 481
　　9.3.3.2　ARIB 的带外辐射
　　　　　　要求 …………… 482
9.4　应用 ……………………… 482
　9.4.1　PLC 作为电信骨干技术 … 483
　　9.4.1.1　信号耦合的可行性 … 483
　　9.4.1.2　数据传输速率要求 … 485
　　9.4.1.3　通信弹性 ………… 486
　　9.4.1.4　网络规划过程 …… 486
　　9.4.1.5　真正的部署 ……… 487
　9.4.2　保护继电中的 PLC …… 490
　　9.4.2.1　导频继电 ………… 490
　　9.4.2.2　测试部署 ………… 491
　9.4.3　PLC 智能计量 ………… 492
　　9.4.3.1　PLC 部署 ………… 493
　9.4.4　用于智能电网低压电网
　　　　控制的 PLC …………… 494
　　9.4.4.1　使用 PLC 进行智能电网
　　　　　　运行的优点和例子 … 495
9.5　总结 ……………………… 496
参考文献 ……………………… 497
第10章　用于交通工具的 PLC … 501
10.1　简介 …………………… 501
10.2　PLC 的优势 …………… 501
10.3　用于交通工具的 PLC 相关
　　　研究 ………………… 502
　10.3.1　用于汽车的 PLC …… 502
　　10.3.1.1　网络分类 ……… 502
　　10.3.1.2　PLC 上的 CAN/LIN … 503

10.3.1.3　电动汽车 ………… 503

10.3.1.4　车辆与基础设施之间的
　　　　　PLC …………… 503

10.3.2　用于飞机和航天器的
　　　　PLC ……………… 504

10.3.3　用于船舶的 PLC ……… 505

10.3.4　用于运输系统的 PLC …… 506

10.4　PLC 面临的挑战 ………… 506

10.4.1　电力线的信道特性 ……… 507

10.4.2　噪声和干扰 ……………… 507

10.4.3　电磁兼容性（EMC）…… 510

10.4.4　实时约束 ……………… 511

10.5　实验实施 ……………… 511

10.5.1　车辆 PLC 测试台 …… 511

10.5.2　结论与讨论 …………… 512

10.6　PLC 的替代和集成 ………… 516

参考文献 ……………………… 516

第 11 章　结论 ……………… 520

第 1 章 引 言

L. Lampe，A. M. Tonello 和 T. G. Swart

电力线通信（Power Line Communications，PLC）旨在重新利用现有的电力基础设施［即电力线，其主要用于传输直流电或（50Hz 或 60Hz 的）交流电］，以实现数据通信。因此，与普通电力"信号"相比，PLC 技术使用频率范围更高的高频信号，其频率通常从几百 Hz 到几百 MHz。另外，PLC 使用频段的选取与多种因素相关，包括支持应用及业务的数据速率要求、PLC 网络拓扑的具体情况以及 PLC 技术应对恶劣通信环境的能力等。在进一步阐述 PLC 之前，我们首先简要介绍 PLC 相关术语。

1.1 什么是电力线通信

PLC 可由多种专业名词描述，这些名词术语对应于不同的电网域及电网应用。PLC 领域最常用的几个专业名词总结如下。

- 载波电流系统：指将载波调制的数据信号通过电力线进行传输的系统，其通常用于描述使用频率低于 500kHz 的窄带信号的系统。美国联邦通信委员会（Federal Communication Commission，FCC）[1]的联邦法规第 47 章第 15 部分将载波电流系统定义为"通过电力线来传输射频能量的系统或部分系统"。

- 电力线载波：与载波电流系统类似，电力线载波也是早期用于描述"以电力线传输载波调制信号的系统"的术语。其典型应用是美国电气工程师协会（American Institute of Electrical Engineers，AIEE）"AIEE 载波电流委员会"的《电力线载波信道的应用和处理指南》[2,3]。由于使用时间较早，它通常用于描述工作在低于 500kHz 频段中的系统。

- 分布式线路载波（Distributed Line Carrier，DLC）：DLC 是指用于分布式电网应用的 PLC 系统。由于分布式电网中许多链路具有不连续性和分支性，所以与工作在电网传输段的 PLC 系统相比，DLC 系统面临着更为恶劣的通信环境。该术语通常用于描述频率低于 500kHz 的系统。

- 电力线宽带（Broadband over Power Lines，BPL）：BPL 是新近出现的术语，指的是工作在 2 ~30MHz 及以上频率范围内的系统，这种系统信号带宽达数十MHz，数据速率为几 Mbit/s 到几百 Mbit/s，因此称为"宽带"系统。BPL 系统主要用于电网的分布式部分，以实现宽带接入以及家庭内部通信。该术语主要用于北美，例如本章参考文献［1］中的子部分 G 称为"电力线宽带接入（BPL 接入）"。

● 电力线电信（Power Line Telecommunications，PLT）：该术语类似于 BPL，但在欧洲国家比 BPL 更加常用。例如，欧洲电信标准化协会（European Telecommunication Standards Institute，ETSI）通过其"ETSI 电力线电信（PLT）技术委员会"制定了许多关于 PLT 的标准和规范。

在本书中，我们理解并使用的"电力线通信（PLC）"包含了上述所有内容。就目前来看，PLC 技术观点已经得到了广泛认同。例如，PLC 领域成立了领导科学会议"电力线通信及其应用国际研讨会（International Symposium on Power Line Communications and its Applications，ISPLC）"[4]；IEEE 通信学会也已经成立了"电力线通信技术委员会（Technical Committee on Power Line Communications，TC – PLC)"[5]。为了区分各种 PLC 技术，本章参考文献［6］介绍了一种分类方法，其将 PLC 分为超窄带（Ultra NarrowBand，UNB）PLC、低速窄带（Low Data Rate NarrowBand，LDR NB）PLC、高速窄带（High Data Rate NarrowBand，HDR NB）PLC 和宽带（BroadBand，BB）PLC。我们将在下一节 PLC 的历史演进中进一步讨论这个问题。

1.2 历史演进

图 1.1 列举了一些早期专利、具体应用以及国际标准，并以时间线的方式呈现了 PLC 技术的演进过程。

PLC 的兴起可追溯到 19 世纪末到 20 世纪 90 年代初的时间段。参考文献［11］和［12］通过使用 PLC 实现了远程抄表，具体参见本章参考文献［13］。有关 PLC 的远程负载管理，即所谓的波纹控制的记载首次出现于本章参考文献［14］（本章参考文献［15］提到了比本章参考文献［14］更早的专利［16］）。这些波纹控制系统（Ripple Control System，RCS）在 20 世纪 30 年代得到了进一步的发展[17]；其规模于 20 世纪 50 年代进一步扩大[18]，并在配电网中建立了负载管理和其他控制功能之间的单向通信。RCS 使用高功率窄带 PLC 信号，其频率在 125Hz ~3kHz 之间，这使得信号可以通过配电变压器到达用户端。在通过纹波控制的电网分布域 PLC 大规模使用之前，中压和高压输电线路上的电力线语音通信在 20 世纪 20 年代得到了广泛应用[19]。这些系统在 15 ~500kHz 的频率范围内工作，信号带宽为几 kHz。后来，这些系统主要应用于继电保护[20]。

电力线双向通信在 20 世纪 80 年代得到了进一步的发展，此时 PLC 系统开始应用于自动抄表（Automatic Meter Reading，AMR）、配电网自动化以及工业和楼宇自动化[6,18]。1991 年，欧洲标准 EN 50065《3 ~148.5kHz 频率范围内的低压电气设备的信号传输》发布，其进一步促进了上述系统的部署进程。

到目前为止，我们所提到的所有 PLC 系统都属于窄带 PLC 系统——UNB PLC

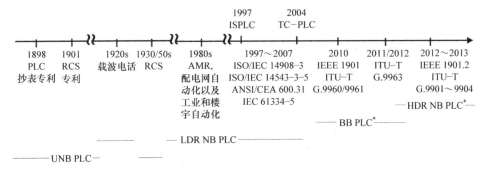

图 1.1　PLC 技术的演进过程

* : 2000 年初发布了 BB PLC 行业规范[7]。第一个 HDR NB PLC 系统于 2001 ~ 2009 年间推出[8-10]。

系统和 LDR NB PLC 系统（见图 1.1）。前者工作在 3kHz 以下，数据速率约为 100bit/s；后者工作在 3 ~ 500kHz 频段内，数据速率为几 kbit/s[6]。这种状况在 20 世纪 90 年代后期发生了改变，由于电力公司在欧洲的电信和能源市场的管制放松，其线路得以为消费者提供额外服务。得益于此，宽带 PLC 系统得到了开发，并应用于互联网接入和家庭多媒体应用。其频段为 1.8 ~ 250MHz，并能提供几 Mbit/s 到几百 Mbit/s 的数据速率[6]。随着 BB PLC 的兴起，相应的研究活动也得到迅猛发展。这种趋势体现在很多方面：1997 年第一届 ISPLC⊖召开；期刊[22-26]及书籍[27]大量刊登了 BB PLC 相关研究内容；2004 年 IEEE TC - PLC 通信协会成立（见图 1.1）。BB PLC 系统的规范在 2010 年合并于 IEEE 1901[28]和 ITU - T G. 9960/9961[29,30]标准中。

　　20 世纪初的第二次创新浪潮将 PLC 研究焦点重新转移到 NB PLC。随着"智能电网"愿景的成型，电力公司很自然地将 PLC 视为一种良好的手段，以构建高效可靠的通信基础设施[6]。从这时起，NB PLC 方案可逐步应用于支持 AMR 等服务。与此同时，BB PLC 中的传输模型也已成功应用于新型 HDR NB PLC 系统，并支持几十 kbit/s 到 500kbit/s 的数据速率[6]。HDR NB PLC 的系统规范于 2012 年和 2013 年在 ITU - T G. 9901 ~ 9904[31-34]和 IEEE 1901.2[35]标准中公布。如今智能电网应用已经成为 HDR NB PLC 和 BB PLC 继续创新的主要驱动力之一，一些刊物（例如本章参考文献［6，36，37］）以及会议和专题小组对此进行了研究。

　　如今的 PLC 系统使用最新的信号处理技术，其中包括诸多先进理念，如具有自适应陷波的多载波调制，以及多输入多输出（Multiple Input Multiple Output，MIMO）传输[38,39]。这些概念已经被国际标准[40]和工业规范[41]所采纳（见图 1.1）。这表明，如今的 PLC 技术已经与现代无线通信技术和其他有线介质上的通信技术

⊖　电力线通信及其应用国际研讨会（ISPLC）在 2006 年成为 IEEE ISPLC，包含早期 ISPLC 会议记录全文的数据库可在本章参考文献［21］中找到。——原书注

十分类似。然而，由于 PLC 工作在"相线"上，其相关技术具有不同于其他通信媒介的特征。例如，如何有效安全地将信号耦合到电力线上或从电力线上解耦合，这就需要针对不同标准下的实际情况进行具体考虑[42]。

1.3 关于本书

基于以上所述，PLC 技术在过去 100 年中得到了迅速发展，另外 PLC 相关文献也已经浩如烟海。我们编写《电力线通信》第 1 版[43]的目的是服务于新加入或已经熟悉 PLC 领域的研究人员及从业人员，为他们提供一个较为全面且易于理解的权威参考。然而自从 2010 年原书第 1 版出版以来，PLC 在技术及应用方面都经历了重大的创新。例如，PLC 引入了新的信号处理技术，其信道模型也经历了整合和改进；另外从最近已采用的智能电网领域 HDR NB PLC 国际标准可以看出，PLC 的规范化和标准化进程也得到了进一步推动。因此，第 2 版提供了 PLC 领域的相关发展进展。与第 1 版相比，第 2 版重新调整了章节结构，扩充了第 7~10 章中的 PLC 应用部分；对第 2 章、第 3 章和第 5 章进行了重大修订，并纳入了最新的研究内容；此外，重新撰写了第 4 章和第 6 章。因此，我们将《电力线通信》第 2 版看作是第 1 版的延续和扩展，以及对第 1 版部分内容的补充。

本书的技术内容部分为第 2~10 章，其结构如下。

电力线及电力线网络用作数字信号传输媒介时的特性研究，是设计和实施 PLC 系统最重要和最基本的步骤之一。因此第 2 章针对电网的各个电压部分，即低压（Low Voltage，LV）、中压（Medium Voltage，MV）和高压（High Voltage，HV）部分，对有关 PLC 信道特性和信道建模的现有技术进行了概述。此外，第 2 章阐述了其他应用场景中的 PLC 信道特性，其中包括 LVDC 配电网、车内场景以及船内场景。

电磁兼容性（Electromagnetic Compatibility，EMC）是部署通信系统时要考虑的一个主要问题。第 3 章介绍了与 PLC 系统相关的电磁效应，讨论了 PLC 系统对已有通信服务系统造成干扰的可能性，包括许多有线通信系统。此外第 3 章还详细阐述了 EMC 规范。

第 4 章讨论了 PLC 信号与电力线网络的耦合与解耦合问题，阐述了耦合网络的原理和基本要求。该章内容涵盖 LV、MV 和 HV 电力线耦合问题。

数字信号传输是通信系统的核心。第 5 章讨论了 PLC 系统的数字信号传输技术，介绍了一套调制、编码及检测技术方案。方案中包括前文中提到的 NB 和 BB 系统中所使用的技术。此外第 5 章着重介绍了多载波调制、电流和电压调制、超宽带调制以及 MIMO 算法、脉冲噪声干扰消除技术和信道编码方案等内容。

第 6 章着重介绍了 PLC 的媒体访问控制技术，并将电力线作为一种共享媒介来讨论分析其资源分配策略。该章介绍了一些近期 PLC 研究热点，包括合作/中继通信方案。

第 7~10 章讨论了 PLC 在不同领域的应用情况。多年来 PLC 已经广泛应用于家庭和工业自动化领域（见图 1.1）。第 7 章回顾了不同应用环境下的 PLC 系统规范；第 8 章阐述了 BB PLC 方案，并介绍了其在多媒体系统中的应用以及最新相关标准（见图 1.1）；第 9 章内容涵盖了 PLC 在智能电网通信领域的应用情况，其中包括上述相关标准（见图 1.1）、不同智能电网应用的需求分析、NB PLC 的监管框架以及应用和部署示例；最后，第 10 章概述了 PLC 在交通工具通信领域的应用，并侧重讨论了其在车载领域的应用。

参 考 文 献

1. U.S. Federal Communications Commission (FCC), Code of Federal Regulations, Title 47, Part 15 (47 CFR 15), Sep. 19, 2005.
2. AIEE Committee Report, Guide to application and treatment of channels for power-line carrier, *AIEE Trans. Power App. Syst.*, 73(1), 417–436, Jan. 1954.
3. Power System Communications Committee, Summary of an IEEE guide for power-line carrier applications, *IEEE Trans. Power App. Syst.*, 99(6), 2334–2337, Nov. 1980.
4. IEEE International Symposium on Power Line Communications and its Applications (ISPLC). [Online]. Available: http://www.isplc.org.
5. IEEE Communications Society Technical Committee on Power Line Communications. [Online]. Available: http://committees.comsoc.org/plc/.
6. S. Galli, A. Scaglione, and Z. Wang, For the grid and through the grid: The role of power line communications in the smart grid, *Proc. IEEE*, 99(6), 998–1027, Jun. 2011.
7. M. K. Lee, R. E. Newman, H. A. Latchman, S. Katar, and L. Yonge, HomePlug 1.0 powerline communication LANs — protocol description and performance results, *Int. J. Commun. Syst.*, 16(5), 447–473, May 2003.
8. G. Bumiller and M. Deinzer, Narrow band power-line chipset for telecommunication and internet application, in *Proc. Int. Symp. Power Line Commun. Applic.*, Malmö, Sweden, Apr. 4–6, 2001, 353–358.
9. I. Berganza, A. Sendin, and J. Arriola, PRIME: Powerline intelligent metering evolution, in *IET CIRED Seminar: SmartGrids for Distribution*, Frankfurt, Germany, Jun. 23–24, 2008, 3–4.
10. K. Razazian, M. Umari, and A. Kamalizad, Error correction mechanism in the new G3-PLC specification for powerline communication, in *Proc. IEEE Int. Symp. Power Line Commun. Applic.*, Rio de Janeiro, Brazil, Mar. 28–31, 2010, 50–55.
11. J. Routin and C. E. L. Brown, Improvements in and relating to electricity meters, British Patent GB 189 724 833, Oct. 1898.
12. C. H. Thordarson, Electric central station recoding mechanism for meters, U.S. Patent US 784 712, Mar. 1905.
13. P. A. Brown, Power line communications — Past present and future, in *Proc. Int. Symp. Power Line Commun. Applic.*, Lancaster, UK, Mar. 30–Apr. 1, 1999, 1–8.
14. C. R. Loubery, Improved method of telegraphing, indicating time, or actuating mechanism electrically, British Patent GB 190 000 138, Jan. 1901.
15. J. Fritz. (2011, Sep.) Rundsteuertechnik. Accessed: March 2015. [Online]. Available: http://www.rundsteuerung.de/.
16. C. R. Loubery, Einrichtung zur elektrischen Zeichengebung an die Teilnehmer eines Startstromnetzes, German Patent Nr. 118 717, Mar. 1901.
17. K. Dostert, *Powerline Communications*. Prentice Hall, 2001.
18. D. Dzung, I. Berganza, and A. Sendin, Evolution of powerline communications for smart distribution: From ripple control to OFDM, in *Proc. IEEE Int. Symp. Power Line Commun. Applic.*, Udine, Italy, Apr. 3–6, 2011, 474–478.
19. M. Schwartz, Carrier-wave telephony over power lines: Early history, *IEEE Commun. Mag.*, 47(1), 14–18, Jan. 2009.
20. IEEE guide for power-line carrier applications, IEEE Standards Association, Standard 643-2004, 2005.
21. PLC DocSearch. [Online]. Available: http://www.isplc.org/docsearch/.
22. H. A. Latchman and L. W. Yonge (Guest Editors), Power line local area networking, *IEEE Commun. Mag.*, 31(4), 32–33, Apr. 2003.
23. S. Galli, A. Scaglione, and K. Dostert (Guest Editors), Broadband is power: Internet access through the power line network, *IEEE Commun. Mag.*, 31(5), 82–83, May 2003.

24. F. N. Pavlidou, H. A. Latchman, A. J. H. Vinck, and R. E. Newman (Guest Editors), Powerline communications and applications, *Int. J. Commun. Syst.*, 16(5), 357–361, Jun. 2003.

25. E. Biglieri, S. Galli, Y.-W. Lee, H. V. Poor, and A. J. H. Vinck (Guest Editors), Special issue on power line communications, *IEEE J. Sel. Areas Commun.*, 24(7), 1261–1266, Jul. 2006.

26. M. V. Ribeiro, L. Lampe, K. Dostert, and H. Hrasnica (Guest Editors), Special issue on advanced signal processing and computational intelligence techniques for power line communications, *EURASIP J. Adv. Signal Process.*, vol. 2007, article ID 45812, 3 pp.

27. H. Hrasnica, A. Haidine, and R. Lehnert, *Broadband Powerline Communications Networks: Network Design.* John Wiley & Sons Ltd, Chichester, 2004.

28. IEEE standard for broadband over power line networks: Medium access control and physical layer specifications, IEEE Standards Association, IEEE Standard 1901-2010, Sep. 2010. [Online]. Available: http://standards. ieee.org/findstds/standard/1901-2010.html.

29. Unified high-speed wire-line based home networking transceivers – system architecture and physical layer specification, ITU-T, Recommendation G.9960, 2011. [Online]. Available: https://www.itu.int/rec/T-REC-G.9960.

30. Unified high-speed wire-line based home networking transceivers – data link layer specification, ITU-T, Recommendation G.9961, 2014. [Online]. Available: http://www.itu.int/rec/T-REC-G.9961.

31. Narrowband orthogonal frequency division multiplexing power line communication transceivers – power spectral density specification, ITU-T, Recommendation G.9901, Nov. 2012. [Online]. Available: http://www.itu.int/rec/ T-REC-G.9901-201211-I/en.

32. Narrowband orthogonal frequency division multiplexing power line communication transceivers for ITU-T G.hnem networks, ITU-T, Recommendation G.9902, Oct. 2012. [Online]. Available: http://www.itu.int/rec/ T-REC-G.9902.

33. Narrowband orthogonal frequency division multiplexing power line communication transceivers for G3-PLC networks, ITU-T, Recommendation G.9903, May 2013. [Online]. Available: http://www.itu.int/rec/T-REC-G. 9903.

34. Narrowband orthogonal frequency division multiplexing power line communication transceivers for PRIME networks, ITU-T, Recommendation G.9904, Oct. 2012. [Online]. Available: http://www.itu.int/rec/T-REC-G.9904- 201210-I/en.

35. IEEE standard for low-frequency (less than 500 kHz) narrowband power line communications for smart grid applications, IEEE Standards Association, IEEE Standard 1901.2-2013, Dec. 2013. [Online]. Available: https://standards.ieee.org/findstds/standard/1901.2-2013.html.

36. L. Lampe, A. M. Tonello, and D. Shaver (Guest Editors), Power line communications for automation networks and smart grid, *IEEE Commun. Mag.*, 49(12), 26–27, Dec. 2011.

37. J. Anatory, M. V. Ribeiro, A. M. Tonello, and A. Zeddam (Guest Editors), Special issue on power-line communications: Smart grid, transmission, and propagation, *J. Electric. Comput. Eng.*, article ID 948598, 2 pp., 2013.

38. A. Schwager, Powerline communications: Significant technologies to become ready for integration, Ph.D. dissertation, University of Duisburg-Essen, Germany, 2010. [Online]. Available: http://plc.ets.uni-duisburg-essen.de/ Schwager_Andreas_Diss.pdf.

39. L. T. Berger, A. Schwager, P. Pagani, and D. M. Schneider, MIMO power line communications, *IEEE Commun. Surveys Tutorials*, 17(1), 106–124, First Quarter 2015.

40. Unified high-speed wire-line based home networking transceivers – multiple input/multiple output specification, ITU-T, Recommendation G.9963, 2011.

41. L. Yonge, J. Abad, K. Afkhamie, L. Guerrieri, S. Katar, H. Lioe, P. Pagani, R. Riva, D. M. Schneider, and A. Schwager, An overview of the HomePlug AV2 technology, *J. Electric. Comput. Eng.*, article ID 892628, 20 pp., 2013.

42. IEEE standard for broadband over power line hardware, IEEE Standards Association, Standard 1675-2008, 2008.

43. H. C. Ferreira, L. Lampe, J. E. Newbury, and T. G. Swart, Eds., *Power Line Communications: Theory and Applications for Narrowband and Broadband Communications over Power Lines*, 1st ed. John Wiley & Sons Ltd, Chichester, 2010.

第2章 信道特性

F. J. Cañete, K. Dostert, S. Galli, M. Katayama, L. Lampe, M. Lienard, S. Mashayekhi, D. G. Michelson, M. Nassar, R. Pighi, A. Pinomaa, M. Raugi, A. M. Tonello, M. Tucci 和 F. Versolatto

2.1 简介

John David Parsons 在第 1 版《移动无线电传播信道》[1]的序言中写道:"在过去几年的研究中,关于无线电传播信道的特性和建模的研究是最基本也是最重要的。"虽然这个观点可能有点绝对,但必须承认的是,传播信道是困扰和限制[移动无线电系统]电力线通信(PLC)系统发展的主要因素。电力线"设计"的初衷并不是用于传输通信信号,而且 PLC 信道和无线信道有很多相同的特性,这些特性会对通信系统的设计和性能产生影响,本章将对其进行详细介绍。

我们将从电力线的特性和配电网络开始介绍 PLC,对 PLC 信道特性的现有技术进行综述,主要分析信道传递函数的特定模型和不同 PLC 环境下的干扰特性。

本章共分为 8 个部分。2.2 节概述了电力线信道的基本拓扑结构和特性。信道模型大致可分为 3 类,即确定性模型、经验模型和混合模型,我们将讨论这些模型的优缺点。2.3 节重点介绍了室外配电网和室内网络中的低压(LV)PLC 信道。2.4 节和 2.5 节分别介绍了中压(MV)和高压(HV)场景下的信道特性,当多个线路可用时,可建立多输入多输出(MIMO)的通信信道。2.6 节描述了 MIMO 场景下 PLC 信道的特性和建模特点。2.7 节给出了 PLC 系统中噪声的测量方法和数学模型,这些模型之间差异很大,并且和通信常用的一般加性高斯白噪声模型相比,这些模型在噪声上的特性更多。2.8 节概述了可用的参考信道模型和工具。2.9 节介绍了低压直流配电网场景、车内场景和船内场景下的 PLC 信道的主要特性。

2.2 信道建模基础

PLC 的主要技术难题有以下几点:首先,电力线信道是充满噪声的传输介质,对其建模非常困难[2-7];其次,电力线信道是频率选择性的、时变的,并且容易受到有色背景噪声和脉冲噪声的影响;此外,不同国家之间的电网结构不同,即使是同一个国家,室内布线也不尽相同。

由于电力线传递函数建模非常困难,在最初尝试对其建模时,主要基于现象学的考虑（phenomenological considerations）或广泛测量的统计分析。不过最近出现了用确定性方法对电力线信道进行建模的文献，这表明我们对电力线上通信信号的物理传播有了更进一步的认识。值得注意的是，这些利用确定性方法得到的建模结果证实了一些推测的有效性，而这些推测是根据当时不被认可的分析方法得出的，例如沿电力线传播的信号的多径特性。

电力线信道的另一个重要特征是它的时变性。当拓扑结构改变时，比如当设备插入或拔出，以及打开或关闭时，电力线信道的信道传递函数可能发生突变。而且，即使网络的拓扑和连接到它的负载（电器）不发生变化，电力线传递函数也是时变的。这是因为电气设备的高频参数取决于市电的瞬时幅度，而市电的瞬时幅度会在负载阻抗的周期性变化中平移，所以电力线信道会发生短期变化。此外，由电器引入到信道中的噪声也取决于市电的瞬时幅度。因此，对于具有时间选择性的信道以及噪声来说，会产生循环平稳行为，其中循环平稳的周期通常是市电周期的一半。电力线信道的示例如图 2.1 所示，图中列出了室内电力线信道传递函数的时变性和由带有调光器的卤素灯产生的噪声波形。尽管循环平稳特性十分重要，但是却没有相应的方法来解决这个问题（参见本章参考文献 [8 – 13] 及其参考文献），不过在离散时域将调制输入信号直接映射到输出时，有一种具体的方法[14]。本章参考文献 [9] 提出了一种方法，能够得到时域和频域中，电力线信道的线性时变（Linear Time Varying, LTV）系统的确定性和随机的输入输出关系。此外，本章参考文献 [14] 中，以矩阵形式表示卷积运算，并且考虑了线性时不变（Linear Time Invariant, LTI）和 LTV 两种情况：在 LTI 的情况下，信道由 Toeplitz 矩阵建模，而在 LTV 情况下，信道由特殊的带状矩阵建模。需要强调的是，基于多径传播的传统信道模型无法捕获时间选择性。

一些研究小组正在尝试从物理模型和测量集合中推导出相关的信道统计行为，例如本章参考文献 [15 – 19] 及其参考文献。其他一些小组研究基于精确信道模型的确定性方法，例如本章参考文献 [20 – 28]。精确模型需要链路拓扑和电缆型号的详细信息，但不需要测量集合。统计模型可以通过拟合测量集合获得，例如本章参考文献 [29，30]，或利用网络拓扑的统计分析来获得，例如本章参考文献 [25，31，32]。

最近的研究结果表明，如果建模正确，电力线信道的传递函数比预想的具有更多的确定性。这种确定性可以利用稳健的调制解调器设计和系统优化实现。例如，在已知发射端信道的情况下，电力线信道的对称性（在本章参考文献 [33，27] 中由数学和实验验证）有助于构建信息最佳传输理论；而在处理已知的符号间干扰时，因为发射端干扰已知，我们可以使用更有效的预编码方案，如 Tomlinson - Harashima 预编码，或者更一般的脏纸编码。此外，类似在本章参考文献 [27] 提到的，特定的电力线拓扑特征可以用来隔离反射和谐振模式。而谐振模式的叠加属性可以让我们更加有效地评估电力线传递函数之间的相关性，并且这种信息可以嵌

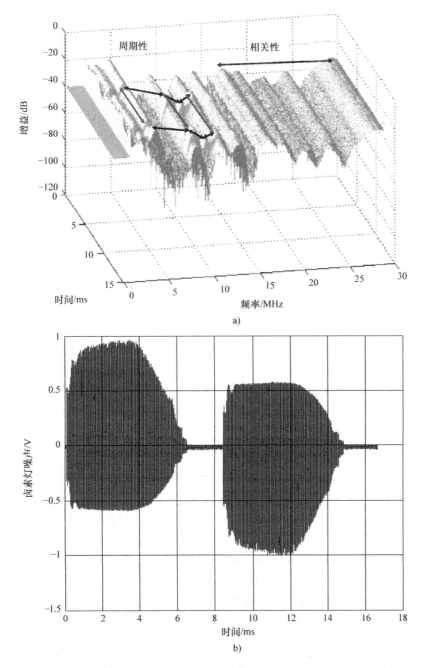

图2.1 a）室内电力线信道的时变性测量。时间选择性周期性出现，而频率选择性
具有瞬时相关性 b）在60Hz电源周期内由带有调光器的卤素灯产生的噪声波形

入到自适应均衡器中的电力线调制解调器中。本章参考文献［25，28，11］中描
述的混合方法也可以嵌入这种内在的相关性。在分析多用户或协作通信协议时，模

拟信道响应的空间相关性非常重要。例如，在本章参考文献［34］中使用中继通信时，用的是自底向上的统计信道模型，而在本章参考文献［35］中评估物理层安全性时，用的是自顶向下的统计信道模型。

2.2.1 室内/室外拓扑结构简介[○]

室内和室外电力线拓扑结构在国家和国家之间以及国家内部都存在很大的差异。本节将介绍这两种环境的主要特点，2.3～2.5节中将给出更详细的描述。

2.2.1.1 低压、中压和高压市电拓扑

高压（HV）线的电压范围为110～380kV，传输距离非常远。自20世纪20年代以来，通过单边带幅度调制（功率载波系统），已将高压线用作语音的通信介质[36]。如今，由高压线路实现的PLC类型有模拟系统（远程保护）和数字系统（语音和数据传输）两种。

通常情况下，高速PLC使用中压（10～33kV）和低压（100～400V）线。中压电力系统通常部署在环路配置中，但有时也会部署在开环系统和具有径向布线的树形系统中，配电线由地下电缆或架空电缆组成。

在单相配置中，相线和零线被馈送到房屋主面板，有时还会添加单独的接地线，小型住宅几乎都是采用这种配置。通常，电力公司会分配三相电，一个住户只分配其中的一相，而剩余的相被分配给其相邻住户。在美国，额定电压[○]为60Hz、120V，允许的电压范围为114～126V（ANSI C84.1）。在欧洲，新的谐波标准电压为50Hz、230V[○]（电压范围为207～253V）（在之前的标准中，英国使用240V，欧洲其他地区为220V）。

两相配置在欧洲并不常见，但在美国，这是典型的分相配置。房屋面板中有3条电缆，带有中心抽头的降压变压器放置在电线杆上并且带有接地线，每个插座连接在变压器的一侧。大的电器设备（如电炉、中央空调、电动干衣机等）连接在整个变压器上接收240V的电压。此外，有的公寓楼还配备有120/208V的星形联结，变压器设置为星形联结时，任何两个二次侧之间的电压为208V，任何一个二次侧与中心抽头中点之间的电压为120V。美国一些地区就是采用120/208V的星形联结，而不是通常的120/240V分相配置。

三相（3根相线加零线）配置在欧洲应用广泛，但在美国并不常见。三线系统

○ 本节中的部分材料经许可使用，内容来自 S. Galli and T. C. Banwell，'A deterministic frequency – domain model for the indoor power line transfer function,' *IEEE J. Sel. Areas Commun.*，vol. 24，no. 7，Jul. 2006（© ［2006］ IEEE）。——原书注

○ 因为由 Thomas Edison 发明的最初灯泡在110V直流电上运行，即使转换成交流电也能保持近似的电压，因此不必购买新灯泡。许多频率在19世纪被用于各种应用，其中最普遍应用的是由 Westinghouse 设计的白炽灯中央站提供的60Hz。——原书注

○ 因为在1900年初，德国 AEG 垄断了电力系统，AEG 决定使用50Hz。——原书注

源自三相分布,三相分布一般使用四线或五线系统。在五线系统中,有 3 条相线、1 条零线和 1 个地线,公共三线插座只使用 3 根相线中的 1 根。欧洲大多使用 230/400V,其中 230V 可用在三相中的任何一相或者零线上,而 400V 只用在三相中的两相,其相位之间相差 120°。

2.2.1.2 住宅和商业区的室内布线拓扑

在欧洲,布线普遍使用树形或者星形配置,有两线(不接地)和三线(接地)插座。如果使用两相或三相供电,则同一公寓中的不同房间可以处于不同相。但英国例外,因为英国使用特殊的环形配置:用单根电缆将一栋房屋的部分壁装插座全部连接起来,一栋房子一般会有 3 个或 4 个这样的环。零线通常在本地变电站处接地,而不是在房屋处。由于年代关系,在一些老建筑中,一栋房子只有两根电线(零线和地线共用一根电线)。

用于单相室内布线的电缆除了共有的地线外,还有 3 根或 4 根导线。这些导线(在一部分国家)包括"相线"(黑色)、"零线"(白色)、安全接地线和"转接线"(红色),全部由外护套保护以保证导体间距。

此外,虽然在所有远端网络分支中,零线和安全接地线都是隔离的,但是现在许多国家和国际监管机构要求将零线(白色)和接地线接在一起或通过分流电阻 R_{SB} "接合"在服务面板上,如图 2.2 所示。不过,带有分流电阻 R_{SB} 的电路会引起大量模式耦合,在这种情况下,接地线会对信道的传递函数产生非常大的影响[27,28]。如本章参考文献 [37] 所述,考虑图 2.3a 所示的简单拓扑结构:双导线链路(即只有相线和零线),远端出线接匹配电阻。在这种拓扑配置下,衰减随频率增加而增加,并且没有陷波。由 3 根电线(相线、零线和接地线)组成拓扑结构的情况如图 2.3b 所示,其零线和接地线在主面板上相互连接(见虚线)。在图 2.3c 中比较了未接地(上曲线)和接地(下曲线)情况下测量的传输响应。通过上曲线也可以看到,在没有接地的情况下,传输响应在 0 ~30MHz 内有 3dB 衰减。而接地时在 3.27MHz 和 9.95MHz 处产生明显的谐振衰减,在 16.89MHz 和 23.27MHz 处衰减稍小一些。该测量结果证实了接地对信道传递函数有显著的影响。尽管如此,接地的模型却一直被忽视,Galli 和 Banwell[21,26,28] 首次对其进行了研究。

如上所述,布线和接地的处理多种多样,这些差异增大了现代电路设计的难度。不过在过去的 20 ~30 年间,国际监管机构一直在进行协调统一,例如美国国家电气规范(NEC)已经修订和授权了一套统一的做法。现在世界的大部分地区,以下做法都是强制性的:

- 典型的插座有 3 根线:相线、零线和接地线。
- 电器类(轻型电器、重型电器、插座等)必须使用单独的供电电路。
- 除了在主面板上接合之外,零线和接地线需要分开。

上述规则极大简化了插座电路上信号传输的分析。

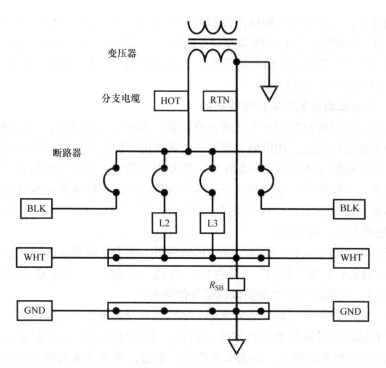

图 2.2　包括 4 个断路器、两个分支电缆、两个附加负载的单相服务面板［黑色（BLK）线通过单独的断路器馈电，而白色（WHT）线通过公共端子块连接到电源变压器回路（RTN），安全接地（GND）线通过另一个公共端子块接地］

注：元件 R_{SB} 表示接地和回路之间的低分流电阻，称为"接合"[26]ⓒ 2005 IEEE。

2.2.2　频段受限信道的一些基本定义和属性

在信道 W 的带宽内，信道频率响应 $H(f)$ 定义为

$$H(f) = |H(f)| \mathrm{e}^{\mathrm{j}\theta(f)} = H_R(f) + \mathrm{j}H_I(f) \tag{2.1}$$

式中，$|H(f)|$ 是振幅响应特性；$\theta(f)$ 是相位响应特性。信道的群时延（也称为"包络时延特性"）为

$$\tau(f) = -\frac{1}{2\pi}\frac{\mathrm{d}\arg(H(f))}{\mathrm{d}f} = -\frac{1}{2\pi}\frac{\mathrm{d}\theta(f)}{\mathrm{d}f}$$

如果满足以下条件，则认为信道是理想的或者无失真的：

1) 信道振幅响应是恒定的：$|H(f)| = H, \forall f \le W$。

2) 信道群时延是恒定的：$\tau(f) = \tau, \forall f \le W$。相位响应 $\theta(f)$ 是频率的线性函数。

如果仅满足条件 1)，信道会产生时延失真。如果仅满足条件 2)，信道会产生幅度失真。如果同时满足条件 1) 和 2)，则群时延等于信道的传播时延。

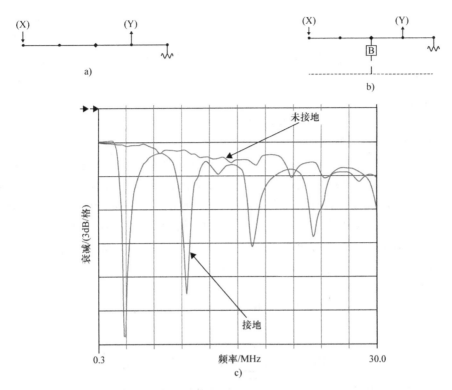

图 2.3　a）不接地的拓扑结构　b）接地的拓扑结构　c）a）和 b）中从 X 到 Y 的传递函数

将群时延表示为以下形式：

$$\tau(f) = -\frac{1}{2\pi}\frac{d\arg(H(f))}{df} = -\frac{1}{2\pi}\frac{d}{df}\Im[\ln(H(f))] = -\frac{1}{2\pi}\Im\left[\frac{1}{H(f)}\frac{d\theta(f)}{df}\right]$$

$$(2.2)$$

式中，$\Im[z]$ 是复数 z 的虚部。

连续傅里叶变换的性质为

$$x(t) \leftrightarrow X(f) \Rightarrow tx(t) \leftrightarrow \frac{j}{2\pi}\frac{d}{df}X(f)$$

由以上性质，我们可以得到

$$\tau(f) = -\frac{1}{2\pi}\Im\left[\frac{1}{H(f)}\frac{dH(f)}{df}\right] = \Im\left[j\frac{\widetilde{H}(f)}{H(f)}\right] = \Re\left[\frac{\widetilde{H}(f)}{H(f)}\right]$$

式中，$\Re[z]$ 是复数 z 的实部，并且：

$$\widetilde{X}(f) = \mathrm{FT}\{tx(t)\} = \frac{j}{2\pi}\frac{dX(f)}{df}$$

式中，$\mathrm{FT}\{\cdot\}$ 表示时间连续傅里叶变换算子。从式（2.2）可以看出，信道的群时延在信道幅度响应消失的频率点，即对应于信道零点的地方变得非常大。

在接下来的内容中，我们将介绍一些重要的信道指标。为此，我们定义以下序列：

• 离散时间脉冲响应：$\{h_i = h(t = iT_S), i = 0, 1, 2, \cdots, N-1\}$，以速率 $F_S = 1/T_S$ 采样连续时间脉冲响应 $h(t)$ 得到。信道存储器的大小为 $N-1$，并且有 N 个非零抽头。

• 离散频率传递函数：$\{H_i = |H_i| e^{j\phi_i}, i = 0, 1, 2, \cdots, N-1\}$，由离散脉冲响应 h_i 的 N 点离散傅里叶变换（DFT）获得。

2.2.2.1 脉冲响应持续时间

信道的脉冲响应持续时间的定义可以在相关文献中找到，不过其经常被误认为是"时延扩展"或"最大时延扩展"。事实上，脉冲响应持续时间定义为包含脉冲响应总能量特定百分比的时间间隔，典型的百分比值为 99%、99.9% 和 99.99%。此外，因为电力线路中噪声污染非常严重，所以在测量时需要对脉冲响应进行截断，本章参考文献［38］提供了一些最佳截断方法。不过，如果是根据模型来产生脉冲响应，则可以避免对脉冲响应的截断。

2.2.2.2 平均信道增益

电力线信道是频率选择性的，因此通常在频域上取平均来计算平均信道增益 G：

$$G = \overline{H(f)^f} = \frac{1}{N} \sum_{i=0}^{N-1} |H_i|^2 = T_S^2 \sum_{i=0}^{N-1} |h_i|^2$$

式中，等式右侧由帕斯瓦尔（Parseval）定理得到；T_S 是采样时间。

2.2.2.3 方均根时延扩展（RMS-DS）

RMS-DS 定义为功率（或能量）时延分布的第二中心矩的二次方根。如果 NT_S 是截断脉冲响应的持续时间，则 RMS-DS σ_τ 可以表示为

$$\sigma_\tau = \sqrt{\mu_\tau^{(2)} - \mu_\tau^2} = T_S \sigma_0 \tag{2.3}$$

式中，

$$\mu_\tau = T_S \mu_0, \mu_\tau^{(2)} = T_S^2 \mu_0^{(2)} \tag{2.4}$$

$$\mu_0 = \frac{\sum_{i=0}^{N-1} i |h_i|^2}{\sum_{i=0}^{N-1} |h_i|^2}, \mu_0^{(2)} = \frac{\sum_{i=0}^{N-1} i^2 |h_i|^2}{\sum_{i=0}^{N-1} |h_i|^2}, \sigma_0 = \sqrt{\mu_0^{(2)} - \mu_0^2} \tag{2.5}$$

RMS-DS 通常远小于脉冲响应持续时间。注意，μ_0 和 σ_0 是平均时延，RMS-DS 归一化为单位采样时间。使用 μ_0 和 σ_0 时必须通过 T_S 进行适当的缩放，如式（2.4）。

2.2.3 室内高频和超高频信道的特性

典型的室内电力线信道脉冲响应、频率传递函数和群时延如图 2.4 所示。可以看出，平均群时延的大小接近于传播时延，时延扩展远小于脉冲响应持续时间，群时延在传递函数振幅消失的频率处存在峰值。

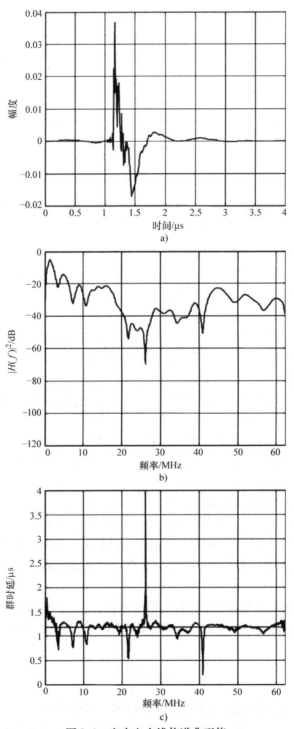

图 2.4　室内电力线信道典型值

a) 脉冲响应　b) 频率传递函数　c) 不同频率下的群时延（直线为平均群时延）

高频频段（2 ~ 30MHz）中的室内电力线信道的特性如图 2.4 所示。可以看到，频率传递函数表现出高频选择性，群时延有多个峰值。电力线信道存在振幅和时延失真，这是因为桥接抽头（其接地之后产生了多径）的长度与高频信号的波长 λ（$10\text{m} \leqslant \lambda \leqslant 150\text{m}$）相当。$1/4\lambda$ 长度的桥接抽头会导致 π 偏移反射信号与 $\frac{1}{4}\lambda$ 信号

相干叠加，从而在对应于波长 λ 的频率处产生陷波。如果桥接抽头长度为 $\frac{1}{4}\lambda$ 的小倍数，则 π 偏移反射信号相对于主信号仅有略微衰减，导致频率传递函数下降。

由于长度为高频频率 $\frac{1}{4}\lambda$ 小倍数的桥接抽头在室内拓扑中很常见，所以高频频段的室内电力线信道的特性在许多频率处都存在陷波和下降，其群时延的峰值可以由式（2.2）计算得出。

一些文献指出，室内典型的时延扩展的大小在 μs 级。例如，本章参考文献 [39，40] 指出，测量的室内时延扩展为 2 ~ 3μs，而某些特殊情况的时延为 5μs。不过我们不确定这些论文是如何计算时延扩展的，因为 RMS - DS 经常被混淆为脉冲响应持续时间，正确的做法是按照式（2.3）中定义的 RMS - DS 来计算，大多数关于电力线信道特性的论文常常混淆时延扩展的衡量标准。最近，本章参考文献 [19] 提出了详细的方法、指标定义和可用的软件脚本，以保证在不同的测量中获得同样标准的结果。

本节采用的是 HomePlug 电力线联盟[41] 测量的一组信道。这组信道包含 120 个电力线信道脉冲响应（包含正向和反向），数据来自于北美不同规模和年代的 6 个家庭。更多细节可以在本章参考文献 [40，42] 中找到。

这组信道的脉冲响应持续时间是基于 99.9% 的能量占比计算的，在此基础上计算出的 RMS - DS 在 0.1μs ~ 1.7μs 之间。RMS - DS 累积分布函数（CDF）如图 2.5 所示（仅考虑了前向的 60 个信道）。在 120 个测量的脉冲响应中，RMS - DS 的均值约为 0.5μs，其中 118 个信道的 RMS - DS 值低于 1.31μs，另外两个脉冲响应具有较高的 RMS - DS，分别为 1.73μs 和 1.81μs。这证实了室内电力线信道的 RMS - DS 比我们之前认为的要小得多。这将对电力线信道上的多载波系统参数的选择产生影响。

基于测量数据可以很容易地计算出信道增益 G_{dB} 的经验 CDF。信道增益的 CDF 可以用于计算接收机链路信噪比（SNR）的 CDF。接收机的 SNR 是一个随机变量，与 G 的关系为

$$\text{SNR} = \frac{P_{\text{TX}} G}{P_{\text{N}}}$$

式中，P_{TX} 和 P_{N} 分别是发射功率谱密度和噪声功率谱密度。Galli 在本章参考文献 [43] 中首次指出，测量的室内电力线链路的平均信道增益和单个信道增益呈对数正态分布。而链路的 SNR 大于一个定值 γ 的概率可以用随机变量 SNR 的互补 CDF

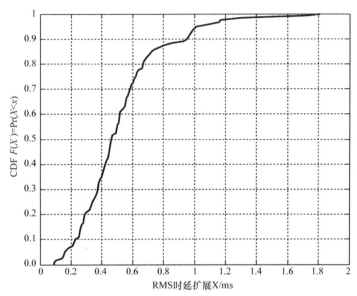

图 2.5　室内电力线信道的 RMS – DS 的经验 CDF

（更多细节请见本章参考文献 [43]，ⓒ 2009 IEEE）

（CCDF）来表示：

$$F_{\mathrm{SNR}}^{(c)}(\gamma) = \mathrm{Prob}\{\mathrm{SNR} > \gamma\} = 1 - \mathrm{Prob}\{\mathrm{SNR} \leqslant \gamma\}$$

得到的经验 CCDF（链路 SNR 高于 γ 的概率）在图 2.6 中用虚线表示，假定发射功率 $P_{\mathrm{TX}} = -55\mathrm{dBm/Hz}$，噪声功率为 $P_{\mathrm{N}} = -120\mathrm{dBm/Hz}$。如果信道增益 G_{dB} 为正态分布，那么 SNR 也是正态分布，其 CCDF 在图 2.6 中用实线表示。图 2.6 中的 CCDF 证实了电力线中的 SNR 通常比较低。例如，SNR 的中值为 15dB，链路 SNR 高于 30dB 的概率仅为 8%。类似于信道增益，Galli 首次指出测量的室内电力线链路的 RMS – DS 也呈对数正态分布[43]。

目前，将频谱的甚高频（Very High Frequency，VHF）部分用于 PLC 受到了越来越多的关注，可是相关研究还非常少。VHF 频段（30 ~ 300MHz）中电力线信道的特性与上面所述的 HF 频段内的特性非常不同，不过却没有像 HF 一样被深入研究，并且发表的实验结果也非常少。与 HF 频段相比，VHF 频段中振幅和时延失真明显减小，信道 RMS – DS 也小得多。这是因为 VHF 频段的室内桥接抽头的长度通常比其波长（$1\mathrm{m} \leqslant \lambda \leqslant 10\mathrm{m}$）长得多，桥接抽头长度为 $\frac{1}{4}\lambda$ 的大倍数，这使得相对于主信号，π 偏移反射信号严重衰减，频率传递函数下降得很小。因此，VHF 范围的室内电力线信道与 HF 情况下相比，传递函数的下降要少得多而且不明显，这导致群时延峰值更小、更不明显，所以时延失真也很小。另一方面，衰减会增加，但是并不很大。2006 年，Schwager 等人[44]发表的论文对 30 ~ 100MHz 之间的信道特性进行了定量分析，发现 30 ~ 100MHz 范围内的信道衰减中值仅比 HF 频段中的

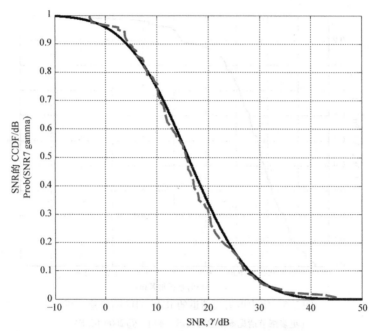

图 2.6　当用对数正态分布拟合 G 时，信道 SNR 的 CCDF 的经验值（虚线）和仿真值（实线）
（更多细节请见本章参考文献［43］，©2009 IEEE）

高 4dB（参见本章参考文献［44］的表 I）。此外，VHF 频段的另一个特性是，虽然信道衰减随频率增加而增加，但噪声会随频率增加而减小。本章参考文献［44］表示，电力线信道中的噪声具有洛伦兹型的功率谱密度。最近，Tonello 等人进行了高达 300MHz 的室内 PLC 信道的特性研究[19]。其中首次分析了空间信道相关性以及信道衰减与节点之间物理距离的关系。

2.2.4　室外信道特性（低压和中压）

　　与中压（MV）信道模型相关的文献较少（参见本章参考文献［45 - 48］及其参考文献），而且美国和其他国家的 MV 架空电缆与欧洲的地下电缆有显著的不同。目前在高频下对 MV 线路进行建模还没有一致认可的做法，主要是对地面有损的耗散传输线（Transmission Line，TL）的基本模型还存在分歧。对地面有损的耗散 TL 建模[49]的最新结果指出，之前的经典模型[50,51]在高频中是不准确的，因为它们没有包含地面导纳，因此我们需要更多的实验结果来确定 MV 电力线信号传播的合适模型。如果实验证实本章参考文献［49］中的方法是 MV 电力线上的信号传播建模最准确的方法，那么高频 MV 的路径损耗将低于目前公认的值。一般来说，MV 链路的 RMS - DS 值约为 1μs 或更小。

　　室外电力线网络的低压模型已有了较多的研究成果。大多数的方法使用多径或双导体 TL 形式，最近又提出了多导体方法[22,23,52]。LV 链路在室外的 RMS - DS

的值要大于室内的值，并且表现出更明显的低通特性，这是因为室外 LV 链路中的电缆长度通常比室内情况下长。

关于 LV 和 MV PLC 情况的更多细节在 2.3 节和 2.4 节中介绍。

2.2.5 低频信道特性及其阻抗

电力线信道的特性在不同的频率范围表现出显著的差异，这是因为引入的 RF 信号的波长 λ 和电缆长度之间的关系是确定反射影响的关键参数。若频率低于 150kHz（欧洲的 CENELEC EN [53] 规定信号在 3 ~ 148.5kHz 范围内），则波长 λ ≈ 1km，那么频率响应在路径长度的差值为 500m（半波长）或其整数倍的地方不会产生大的陷波。但是由于低频范围内的衰减较弱，可能存在多次反射，所以在一些情况下会观察到一种"软"陷波，不过这种效应通常非常微弱。当频率提高到约 500kHz（在亚洲和美国可用）时，波长 λ ≈ 300m。几百米长的电缆会表现出带有明显陷波的强频率选择性衰落，这是因为与更高的频率范围相比，这时的衰减小，回波依然很强。

在 2.3.2.3 节中，我们将讨论 20 ~ 140kHz 范围内的低频电力线信道的特性，其中很多结果在 500kHz 的频率范围也同样适用。

2.2.6 基本方法：确定性模型和经验模型

电力线信道传递函数的建模有两种主要的方法：时域方法和频域方法。两种方法都可以用来模拟室外（低压/中压）和室内电力线路（见 2.2.6.1 节和 2.2.6.2 节），但时域模型通常与统计方法相关，需要对多个测量值取平均；而频域模型通常与确定性模型相关。在下面两节中，我们将介绍这些方法。

2.2.6.1 基于时域的建模：多径模型

在时域方法中，电力线信道主要受到多径效应的影响。电力线信道的多径效应源于多分支和阻抗失配，这会导致信号多次反射。Barnes 在 1998 年发表的论文[20]第一次提到了基于 TL 理论的多径传播。根据这个模型，传递函数可以表示为如下形式[15 - 17]：

$$H(f) = \sum_{i=1}^{N} g_i \mathrm{e}^{-j2\pi f \tau_i} \mathrm{e}^{-\alpha(f)\ell_i} \tag{2.6}$$

式中，g_i 是取决于链路拓扑的复数；$\alpha(f)$ 是考虑了趋肤效应和介电损耗的衰减系数；τ_i 是第 i 个路径的延迟；ℓ_i 是路径长度；N 是不可忽略的次级路径的数量。

2.2.6.1.1 时域模型下的路径生成：已知拓扑情况

电力线链路中多径的产生是由于断点处或阻抗失配处会同时产生反射信号和传输信号，使得信号的一部分在线路上来回传播，直到完全衰减。

现在我们来分析图 2.7 所示的电力线链路上产生的回波，A 处放置了单个桥接抽头，C 处存在断点。断点的不连续性由其复反射系数描述，并且我们假设发射机

X 和接收机 Y 与标称线路阻抗匹配。

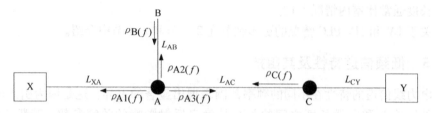

图 2.7　用于确定 A 处有桥接抽头、C 处有断点的情况下产生的路径的链路配置
（更多细节请见本章参考文献 [28]，© 2006 IEEE）

我们首先分析一个典型配置，本章参考文献 [17，20，54，55] 也采取这种配置，即当仅存在 A 处的桥接抽头而忽略 C 处断点的情况。A 和 Y 之间的距离用 L_{AY} 表示。在这种配置下，信号沿第一主路径（X→A→Y）传播，在 A 和 B 之间存在反射 i 次的次级路径，如 $i=1$：X→A→B→A→Y，$i=2$：X→A→B→A→B→A→Y 等。复数权重 g_i 和路径长度 ℓ_i 由下式给出：

主路径（$i=0$）：
$$\begin{cases} \ell_0 = L_{XA} + L_{AY} \\ g_0 = 1 + \rho_{A1} \end{cases}$$

次级路径（$i>0$）：
$$\begin{cases} \ell_i = L_{XA} + 2iL_{AB} + L_{AY} \\ g_i = (1+\rho_{A1})(1+\rho_{A2})(\rho_B\rho_{A2})^{i-1}\rho_B \end{cases}$$

然后我们考虑略微复杂的情况，即除了 A 处的桥接抽头之外，再在 C 处添加断点（见图 2.7）。C 处断点的种类不需要指定，因为其特性完全由反射系数 $\rho_C(f)$ 决定。在这种情况下，有 3 种类型的次级路径到达 Y：

- A、B 之间的反射路径 i；
- A、C 之间的反射路径 j；
- A、B 之间的反射路径 i 和 A、C 之间的反射路径 j。

下面列出了与上述类型的回波有关的回波路径和反射系数：

主路径（$i=0$）：
$$\begin{cases} \ell_0 = L_{XA} + L_{AC} + L_{CY} \\ g_0 = (1+\rho_{A1})(1+\rho_C) \end{cases}$$

类型 1 的次级路径（$i>0$）：
$$\begin{cases} \ell_i = L_{XA} + 2iL_{AB} + L_{AC} + L_{CY} \\ g_i = (1+\rho_{A1})(1+\rho_{A2})(\rho_B\rho_{A2})^{i-1}\rho_B(1+\rho_C) \end{cases}$$

类型 2 的次级路径（$j>0$）：
$$\begin{cases} \ell_i = L_{XA} + (2j+1)L_{AC} + L_{CY} \\ g_i = (1+\rho_{A1})(\rho_C\rho_{A3})^j(1+\rho_C) \end{cases}$$

类型 3 的次级路径（$i,j>0$）：
$$\begin{cases} \ell_i = L_{XA} + 2iL_{AB} + (2j+1)L_{AC} + L_{CY} \\ g_i = (1+\rho_{A1})(\rho_B\rho_{A2})^{i-1}\rho_B(1+\rho_{A2})(\rho_C\rho_{A3})^j\rho_B(1+\rho_C) \end{cases}$$

如上所示,仅添加一个简单的断点,次级路径的数量和类型就急剧增加。对于典型的室内拓扑结构而言,将所有的复杂性都考虑到是不可能的。此外,式(2.6)中的 N 是未知的,因为我们不可能知道有多少个次级路径相对于主路径来说是不可忽略的。对于 g_i,也没有明确的下阈值,此外,还存在多径测量模型的模型阶数 N 未知的问题。

2.2.6.1.2 时域模型下的路径生成:未知拓扑情况

即使拓扑未知,通过对传递函数进行初步的测量[15-18,20],多径模型也可以在一定程度上描绘电力线信号的传播。本章参考文献 [16,17] 给出了几个室内和室外信道的例子。式(2.6)中的模型基本上可以拟合测量的信道传递函数,但是需要注意的是,不可以用这种方法来预测电力线信道的传递函数。不过我们可以通过对式(2.6)中的参数随机化来生成随机信道,而不必具体到特定的拓扑链路,这种自顶向下的信道统计建模方法由本章参考文献 [56] 提出,此外,本章参考文献 [30] 中描述了产生确定的、具有统计代表性信道响应参数的拟合算法。

2.2.6.2 基于频域的建模:传输线模型

如果电力线链路的详细信息(如拓扑、负载、电缆等)已知,我们就可以利用确定性(自底向上)的方法建模并且得到传递函数的闭合表达式。1998 年首次发表了讨论电力线链路拓扑和信号衰减之间关系的论文[57]。在那之后,时域模型如多径模型受到了广泛的关注,但目前的研究更多的是基于 TL 理论的确定性建模。通过设计拓扑的随机模型,在给定拓扑上利用 TL 理论计算信道传递函数,我们可以得到统计模型。本章参考文献 [25] 最初完成了这项工作,采用一根多负载(随机放置)的骨干线来简化抽象其拓扑模型。本章参考文献 [32] 给出了家庭网络中几何电网的实际统计描述。

2.2.6.2.1 双导体传输线模型

许多研究(见本章参考文献 [24,25,54,55,57,58] 及其参考文献)使用传输矩阵、散射矩阵或简单地遵循电压比的计算方法[32],将电力线信道建模为双导体传输线模型。对于一个接地的单导体传输线(其中"地"是大地表面或者第二导体),传输线(TEM 近似⊖)有 4 种传播模式和两种空间模式,其中,每种模式均具有两个传播方向,空间模式通常指差分(或平衡)模式和公共(或纵向)模式。如图 2.8 所示,导线上传输的总电流 i_1 和 i_2 可以分解为共模电流 i_c^+ 和 i_c^- 以及差模电流 i_d^+ 和 i_d^-。

差模电流是负责沿线路传输所需数据信号的功能电流。通过差分信号可以在双导体传输线上仅激励出差分传播模式,例如在双绞线电缆中用反极性信号来驱动两个导体。不过如果两个导体不平衡或不对称,即使采用差分方式驱动两个导体也可

⊖ 横向电磁场(TEM)模式中,电场和磁场都垂直于传播方向。除非传输线横截面的尺寸与工作波长相当,否则 TEM 模式是沿电缆传播的唯一模式。当线路横截面具有与所考虑的波长相当的尺寸时,可以存在高阶模式,并且类似于波导系统中存在的模式。——原书注

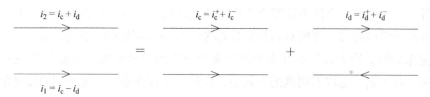

$$i_2 = i_c + i_d \qquad\qquad i_c = i_c^+ + i_c^- \qquad\qquad i_d = i_d^+ + i_d^-$$

$$= \qquad\qquad +$$

$$i_1 = i_c - i_d$$

图 2.8　双线电缆上的差模和共模电流

能出现共模分量。

共模电流不会影响差分模式下数据信号的完整性。但是，如果存在能够将能量从共模转换为差模的情况，那么共模电流会变成主要的干扰信号，这种现象称为模式转换或模式耦合。因此，基于双导体传输线的模型不能完全解释在电力线上信号传播的物理现象。尤其是这些分析忽略了 3 个要点：

1）存在第三导体，这会造成多导体传输线（Multi – conductor Transmission Line，MTL）理论的问题；

2）特殊接线和接地做法的影响；

3）对共模电流的估计与电磁兼容性相关。

2.2.6.2.2　多导体传输线模型

单相电的电力线电缆由 3 根或更多根导线组成，因此如何表征电力线电缆上的信号传播就成了 MTL 理论的一个主要问题[59]。在 MTL 的分析中，将 N 个共地的导线系统分解为 N 个简单的传输线，每个传输线对应单个传播模式路径[59]（见 2.6 节）。基于该分析，在 MTL 输入处的信号首先被分解为模态分量，然后沿着合适的模态 TL 传输，最终在输出端口重新组合。电压和电流变换矩阵包含了确定每个端口和每个模态 TL 之间耦合信号数量的加权因子，确定模态 TL 参数和变换矩阵的操作称为解耦技术[60]。用于电路仿真的 SPICE 是模态解耦的一个典型应用，SPICE 可以通过一组规范的双导体 TL 对 MTL 进行仿真[61]。通常情况下，沿着电缆传播的模式并不是独立的，经常会发生模式耦合。模式耦合效应不能通过双导体 TL 理论方法来描述，但可以用 MTL 方法来准确描述。

2.2.6.2.3　接地链路的建模

基于 MTL 的室内信道建模方法最初在本章参考文献［21］中提出，之后在本章参考文献［26 – 28］中得到完善。这种方法是双导体建模的扩展，考虑了附加导线，如地线。相对于忽略地线的模型，这种模型能够更准确地描述电力线信道。本章参考文献［28］中提到的很重要的一点是，仅使用传输矩阵就可以计算出接地和不接地的情况下，电力线链路传递函数的先验信息和确定性模式。这是因为，导线上两个主导传播模式的电路模型⊖会在耦合点通过模态转换器产生耦合，这种

⊖　第一个电路负责差分模式的传播，而第二个电路（被称为"伴随模型"）负责双模式中的激励和传播，这是第二主导模式，并且在某些接地实践中明显出现。——原书注

耦合适合用传输矩阵和两个电路模型表示。因此，可以用经过模态转换器强耦合之后的级联常规 2PN（2Phase Null，2 相线零线）对室内电力线信道建模。只要得到等效的 2PN 表示，就可以仅用传输矩阵来描述整个电力线链路。这样，就能对任何室内电力线链路的传递函数进行先验的分析和计算，并且可以用相同的形式（双导体 TL 理论）处理接地和不接地的拓扑，同时还能考虑具体的布线和接地情况。

如图 2.9 所示，考虑两个调制解调器之间的电力线链路的通用拓扑，调制解调器分别位于节点 X 和 Y 处。如果图 2.9 中的电力线链路未接地（主面板上没有接地连接），那么可以利用 2PN 的简单双导体 TL 理论给出相应拓扑，如图 2.10 所示。如果主面板接地，则必须将本章参考文献［28］中代表伴随模型的镜像拓扑添加到图 2.9 中的拓扑中。如图 2.11 所示，伴随模型用主面板上的桥接抽头表示。

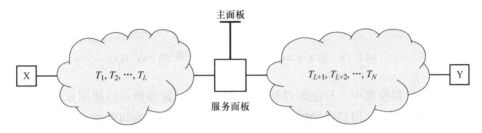

图 2.9　位于 X 和 Y 的调制解调器之间的通用室内电力线链路（服务面板任一侧的通用拓扑由级联 2PN 表示）[28] ⓒ 2006 IEEE

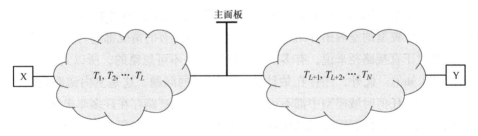

图 2.10　图 2.9 中的电源线未接地情况[28] ⓒ 2006 IEEE

2.2.7　建模方法的优缺点

2.2.6.1 节中给出了不需要详细链路拓扑信息就能获取信道特性的方法，这非常有用，因为实际情况中的详细拓扑信息很难得到，不过使用这种方法，我们需要付出一些"代价"。

这种方法需要知道很多参数，包括参数 N，而参数 N 只能在测量实际信道传递函数之后才能获得。此外，如果缺乏端口阻抗信息，那么这些信道模型就无法分解为简单电路。而且，寄生电容和电感导致的谐振效应和具体的接线行为不能一开始

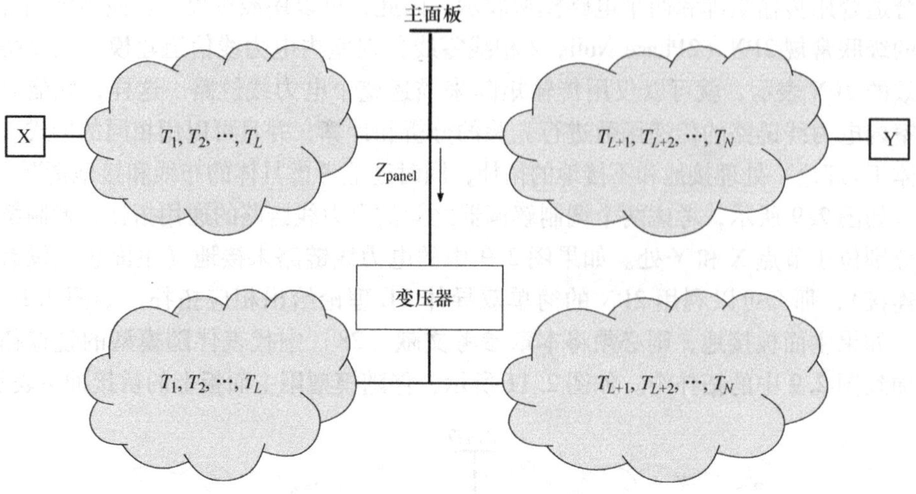

图 2.11   图 2.9 中的电源线接地情况[28] © 2006 IEEE

就明确地包含到模型中，只能通过初始测量确定。衰减参数可以使用如最小二乘估计的方法简单得到，但是脉冲响应路径参数很难确定，因为间隔很小的脉冲会互相叠加并且彼此影响。

特别是对于室内情况，在估计多路径中每一条路径的时延、幅度和相位时，计算成本非常高（它是时域模型，因此必须单独计算沿线失配终端的 N 个所有可能的反射）。如前所述，链路仅添加一个简单的断点，次级路径的数量和类型就会急剧增加。对于典型的室内拓扑结构而言，不可能将所有的情况都进行分析，因为我们不知道对于直接路径来说，有多少个次级路径是不可忽略的，所以式（2.1）中 N 的值是未知的。此外，还存在估计模型阶数 N 的问题，这是室内链路建模的主要问题，它在任何时域模型中都不可避免，因为室内链路存在许多非末端分支，并且室内导线较短，反射回波衰减比室外情况要低得多，所以存在更多的信号路径。

频域模型的主要优点是其计算复杂度与拓扑复杂度相互独立。频域模型包含了测量频率范围内由断点（多径）反射的所有信号的总和，而在时域模型中，必须单独地生成所有不同的路径。

基于 TL 理论的频域方法的主要缺点是必须知道链路的所有先验信息，如拓扑、电缆类型及其特性，以及每个分支上的终端阻抗。特别是要确定主路径上的这些信息，不准确的信息会对信道模型的准确性产生影响。不像多径模型那样可以进行初步测量，频域模型一开始就需要知道详细的链路信息，这可以看作是频域模型的"代价"，因为如此详细的链路信息非常难获得。不过，对于一些车载链路，可以使用这种确定性方法建模，因为车辆在设计阶段会详细记录接线方式，所以我们可以很容易地获得 TL 建模所需的所有信息。在某些情况下，信道模型可以获得良好的精度[62]，但在某些情况下，即使拓扑结构已知，如果缺少接地平面或确定的几何信息（如车辆内的线路移动），信道建模也会非常困难[63]。

2.2.8　确定性方法和统计方法的结合：混合模型

最近有许多论文对传递函数建模的确定性方法进行了研究，这表明我们对电力线上信号传播的物理学原理有了更加深入的理解。通过确定性方法，不需要初步测量，我们就可以先验地、确定地计算出电力线链路的传递函数，不过我们需要了解整个链路的详细信息。而基于经验的统计方法可以在没有详细的链路信息时，通过初步测量的方法，用多径模型来构建传递函数。最近，提出的将这两种方法结合的混合模型也可以获得较好的性能[28]。

在混合模型中，需要定义一组特定场景中常见的拓扑，或者是通过随机生成一组统计相关的传递函数来定义一组拓扑。因此，在混合模型中，一个主要问题就是创建一组能够代表大多数实际场景的拓扑。考虑到拓扑和实际布线的广泛变化，我们有必要设计一组具有相关传递函数的拓扑，针对它们来测试编码和调制方案，并客观地比较这些方案。

本章参考文献 [25, 32] 介绍了生成一组统计相关的随机传递函数的方法，本章参考文献 [28] 采用了这种方法，这些方法以确定性模型为基础。例如，在统计模型、工程规则和监管约束的基础上，可以随机生成室内和室外链路的"实际"的拓扑，这种拓扑可以表示"房屋"或"接入链路"的拓扑，而对于给定的拓扑，可以随机地生成可能的终端阻抗。这些样本拓扑的变化可以代表在实际情况下发生的变化，对于这些变化，目前已经有了很好的研究，相关的模型也在文献中提及（参见本章参考文献 [9] 中的室内情况）。此外，人们针对这些变化对总传递函数的影响也有了深入的研究，最近的论文就提出了计算传递函数变化上限和下限的有效方法[10]。使用确定性模型，可以很容易获得样本拓扑的传递函数（室内情况下应对每对电源插头应用确定性方法）。然后，我们就可以计算出所有传递函数可达到的数据速率，构建一个累积分布函数，将每个家庭可获得的数据速率作为家庭内插头百分比的函数（类似于无线电覆盖）。此外，也可以对家庭或接入链路进行平均，并提取有意义的统计数据，例如时延扩展和衰减等。

Esmailian 等人[25]第一次定义了生成随机拓扑的模型，其中美国国家电气规范（NEC）对拓扑中每个分支链路的端口数、线规、端口间距等进行了约束，所以要使用该方法，就需要知道每个国家的电气规范。在本章参考文献 [64] 中，Tonello 等人在本章参考文献 [25] 的基础上，针对欧洲提出了拓扑的生成方法。本章参考文献 [32] 中提出了一个完善的聚类统计几何模型。

本章参考文献 [65] 用另一种方法对电力线信道进行统计建模，其中统计分类的目的是开发 PL 信道生成器。文献中定义了 9 种类型的信道及其相应的传递函数，所测量的传递函数在平滑之后的峰值、陷波的宽度和高度、数量分别与瑞利分布、三角形分布和高斯分布相拟合。不过这些分布的物理学意义并不明确，而且，需要知道这些分布是否仅仅是因为所选择的分类程序造成的。此外，本章参考文献[65] 中对传递函数的平滑操作存在问题，因为它明显地改变了信道频率选择性的程度，这样会引入失真。

本章参考文献[56] 介绍了利用式（2.6）来分析频率响应的自顶向下的随机模型。其中根据泊松过程来选择断点的位置，将路径增益视为均匀或对数正态分布的随机变量。通过分析测量信道来对其余参数进行拟合，我们可以得到平均信道增益、时延扩展和相干带宽的统计信息[30]。

在另一篇文献中，Galli 报道了电力线信道的几个统计特性，这有助于建立基于两个抽头定义的简单统计信道模型，对调制编码方案的比较也有帮助[43]。本章参考文献[66] 提出，如果信道的 RMS – DS 小于符号持续时间的20%，信道的色散效应将完全取决于 RMS – DS，并且与本章参考文献[66] 中提到的具体功率时延分布无关。因此，具有"实际"信道增益和 RMS – DS 的任何信道模型都可以在 PL 上的通信方案之间进行比较分析。简单起见，我们使用双路径、等幅度和 τ 间隔的信道来描述电力线信道失真的影响。无线 TDMA 标准（IS – 54，IS – 136）已经将基于双路径的信道模型用于高频无线电信道，这些模型中的信号为两个时延间隔固定、等功率、独立衰落的信号，其中时延是根据特定的链路条件来制定的，这种简化使得均衡方案的比较更为简单。本章参考文献[43] 中提出的模型中，抽头幅度和差分延迟为彼此相关的随机变量。虽然这个模型对实际电力线信道特性进行了简化，但是实现简单而且实验结果可重复，这在目前电力线研究文献中比较少见。

在2.3节和2.4节中，我们将介绍更多关于 LV 和 MV 网络信道特性和模型的细节问题。

2.3　室内和室外低压信道模型

本节讨论电网低压（LV）部分的信道建模问题。因为电力网络在室内和室外具有不同的物理特性，所以我们需要对两种情况进行不同的处理。首先，我们简要介绍一下导线上信号传播的电磁问题。

2.3.1　传输线理论的基本原理

在介绍接入域的电力线信道模型之前，我们简要回顾一些传输线理论的基础知识。对于长度为 ℓ 的电力线，若信号频率为 f，那么波长为

$$\lambda = \frac{v_{\text{p}}}{f} \tag{2.7}$$

式（2.7）中的相速度 v_{p} 为

$$v_p = \frac{c_0}{\sqrt{\varepsilon_r \mu_r}}$$

式中，ε_r 是介电常数；μ_r 是所使用材料的磁导率；$c_0 = 3 \times 10^8 \, \mathrm{m/s}$，是真空中的光速。当 $\ell \ll \lambda$ 时，长度为 ℓ 的传输线可以视为电短路。如果不满足这个条件，则必须考虑波长的传播效应，辐射也不能忽略。为了严格保持射频（Radio Frequency, RF）注入信号的对称性，必须确保有线传播为主要的传播形式，使辐射始终低于允许的水平。这里的对称性是指正向和反向电流在短距离上相互"补偿"。

如图 2.12 所示，同质双导线线路的无穷小部分可以表示为双端口结构。以下为表征同质线的参数：

1）R' 是单位长度的电阻，包括由趋肤效应引起的损失；

2）L' 是单位长度的电感；

3）C' 是单位长度的电容；

4）G' 是两条导线之间单位长度的电导，这主要是由导体之间绝缘材料的介电损耗引起的。

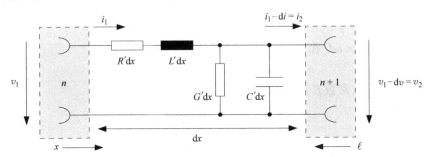

图 2.12　一小段传输线上的电气条件

微分方程

$$-\mathrm{d}v = R'\mathrm{d}x i_1(x,t) + L'\mathrm{d}x\frac{\mathrm{d}i}{\mathrm{d}t} \Rightarrow v_1(x,t) = v_2(x,t) + R'\mathrm{d}x i_1(x,t) + L'\mathrm{d}x\frac{\mathrm{d}i}{\mathrm{d}t}$$

和

$$-\mathrm{d}i = G'\mathrm{d}x v_2(x,t) + C'\mathrm{d}x\frac{\mathrm{d}v}{\mathrm{d}t} \Rightarrow i_1(x,t) = i_2(x,t) + G'\mathrm{d}x v_2(x,t) + C'\mathrm{d}x\frac{\mathrm{d}v}{\mathrm{d}t}$$

表示的是图 2.12 中两个端口的电压和电流。通过正弦信号激励

$$v(t) = \Re\{Ve^{j2\pi ft}\} \text{ 且 } i(t) = \Re\{Ie^{j2\pi ft}\}$$

我们得到上述微分方程的解

$$V(\ell) = V_2\cosh(\gamma\ell) + I_2 Z_0\sinh(\gamma\ell)$$

和

$$I(\ell) = I_2\cosh(\gamma\ell) + \frac{V_2}{Z_0}\sinh(\gamma\ell)$$

在这些解中，特性阻抗为

$$Z_0 = \sqrt{\frac{R' + j\omega L'}{G' + j\omega C'}} \qquad (2.8)$$

其由4个参数（ω 表示角频率）确定。此外，传播常数

$$\gamma = \sqrt{(R' + j\omega L')(G' + j\omega C')} = \alpha + j\beta \qquad (2.9)$$

可以分成衰减部分 α 和传播部分 β。

2.3.1.1 弱有损线

RF 信号的损耗源自趋肤效应和与 C' 成正比的介电损耗。损耗可以通过"损耗角"来表征：

$$\tan\delta_L = \frac{R'}{\omega L'} \quad （\delta_L \text{ 为趋肤效应的损耗角}） \qquad (2.10)$$

和

$$\tan\delta_C = \frac{G'}{\omega C'} \quad （\delta_C \text{ 为介电损耗的损耗角}） \qquad (2.11)$$

利用式（2.10）和式（2.11）计算传播常数 γ，得到

$$\gamma = j\omega \sqrt{L'C'} \sqrt{1 - j\tan\delta_L - j\tan\delta_C - \tan\delta_L \tan\delta_C}$$

对于弱有损线 $R' \ll \omega L'$ 和 $G' \ll \omega C'$，我们可以得到

$$\tan\delta_L \ll 1 \text{ 且 } \tan\delta_C \ll 1 \qquad (2.12)$$

衰减常数 α 和相位常数 β 为

$$\alpha = \frac{1}{2}\left(\frac{R'}{Z_0} + G'Z_0\right) \qquad (2.13)$$

$$\beta = \omega \sqrt{L'C'} \qquad (2.14)$$

趋肤效应：单位长度电阻 R' 由 MHz 范围内频率的趋肤效应决定。RF 电流穿透深度为

$$\delta = \sqrt{\frac{\rho}{\pi\mu f}}$$

式中，ρ 是电阻率；μ 是导体的磁导率。

对于圆形横截面的均匀线导体，我们可以得到

$$R'(f) = \sqrt{\frac{\rho\mu f}{\pi r^2}} \sim \sqrt{f}, f \gg \frac{\rho}{\pi\mu r^2} \qquad (2.15)$$

介电损耗：介电损耗是导致电导 G' 的主要因素。由在式（2.12）中引入的损耗角 δ_C 确定：

$$\tan\delta_C = \frac{G'}{\omega C'} \Rightarrow G'(f) = 2\pi f C' \tan\delta_C \sim f \qquad (2.16)$$

式中，C' 是单位长度的电容。对于良好的绝缘材料，δ_C 较小且基本恒定，如 10^{-3}。由上述结果，我们可以得到

$$\alpha(f) = \frac{1}{2} \left(\sqrt{\frac{\rho \mu f}{\pi r^2 Z_0^{\ 2}}} + 2\pi f C' Z_0 \tan\delta \right), \quad f \gg \frac{\rho}{\pi \mu r^2} \tag{2.17}$$

2.3.1.2 反射

当负载阻抗 Z_ℓ 与内部阻抗为 Z_i 的 RF 信号发生器连接，并且 $Z_\ell \neq Z_i$ 时，线路失配，$Z_\ell \neq Z_0$ 的线路也同样会失配。失配会导致一部分前向传导波被反射，反射强度用反射系数来度量，定义为

$$r = \frac{Z_\ell - Z_0}{Z_\ell + Z_0}$$

具体说明如下：

$$r = \frac{V_r}{V_f} = \underbrace{\frac{V_{r_0}}{V_{f_0}}}_{r_0 为线终端的反射系数} e^{-j2\beta\ell} \tag{2.18}$$

反射系数 r 等于反射部分 V_r 和前向传导部分 V_f 的比值，一般是复数。r 在复平面内的图形通常用史密斯圆图的极坐标表示。根据式（2.18），在史密斯圆图中，线终端的反射系数 r_0 从负载到信号发生器移动时，以两倍相速度逆时针旋转。

如果负载和信号发生器的阻抗以及线路的特性阻抗都不匹配，则会出现多次反射。首先，入射波从发生器传至负载，当到达负载处的失配点时，入射波的一部分被反射。反射部分沿相反方向即朝向发生器的方向传播，到达发生器后，再次根据失配点的失配程度发生部分反射，反射部分再次朝向负载方向传播。理论上，这些反射将无限地重复进行下去，即使在简单的线结构中，"脉冲响应"也具有无限的持续时间。不过在实际中，反射系数总是小于 1，所以脉冲响应也是有限的。此外，线路衰减将显著地减少反射部分，从而"自然地缩短"脉冲响应的持续时间。如果将失配的分支链路连接到线路上，那么会产生更多的回波。

2.3.2 室外低压信道模型

本节介绍低压配电网中的电力线信道模型，即所谓的接入域，这是一项研究时间已超过 20 年的重要课题。

2.3.2.1 欧洲、亚洲和美国的接入网络拓扑

欧洲 50Hz 配电网的典型结构如图 2.13 所示。长距离电源电压为 110 ~ 380kV，这样的供电方式在几百 km 的传输过程中会产生一定程度的损耗。为了进一步配电，中压通常在 10 ~ 30kV 之间，具体值取决于传输距离。在农村地区，中压线路可长达数十 km，而在城镇内，其半径通常不超过 5km。

本节对高压和中压等级不做详细介绍，重点是低压配电网，即 230/400V 三相电力系统，如图 2.13 的下部所示。在图中，我们可以找到所谓的电力单元，电力单元由并联到单个变电站的多个家庭用户组成，其中家庭用户数最多为 350 户。根据负载情况，一个变电站中可以有多个变压器。而一个变电站最多有 10 个分支，

每个分支服务 30 个家庭左右。详细结构如图 2.14 所示。

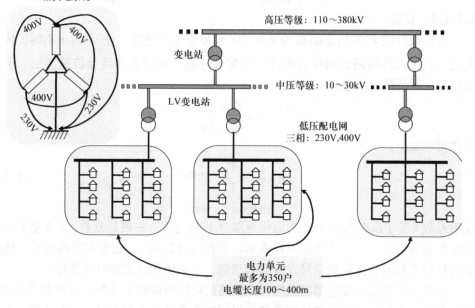

图 2.13 欧洲电源网络结构

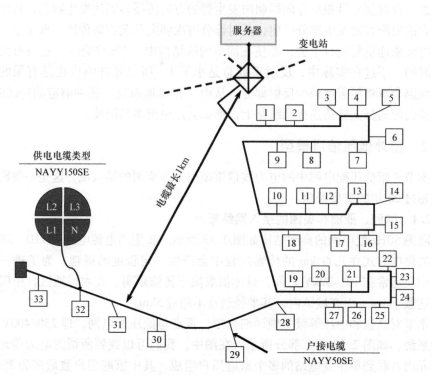

图 2.14 欧洲配电网在住宅区的拓扑结构

　　分支电路的最大长度为1km，因为这种长度下的沿路损耗适中，不会过大。家庭数为10左右的子组连接的结构非常规则，连接电缆长度通常小于10m。连接电缆与供电电缆相似，也是扇形横截面，但直径较小，所以两者之间的特性阻抗不同，失配点用房屋的"缝合线"表示。

　　欧洲配电网"最后一英里"和"最后一米"中的一些典型的高频特性如图2.15所示。如上所述，房屋的每个连接点都是失配的点。此外，供电线进入房屋处的阻抗值极低，因为众多配电线在此并联，因此，即使没有负载（无功耗），线路的特性阻抗也是并联的。典型的室内电力线的特性阻抗值在 $40 \sim 80\Omega$ 的范围内，当房屋的连接点有10条线路时，其连接点阻抗约为 5Ω。实际情况下的线路会更多，所以RF阻抗通常接近于短路。

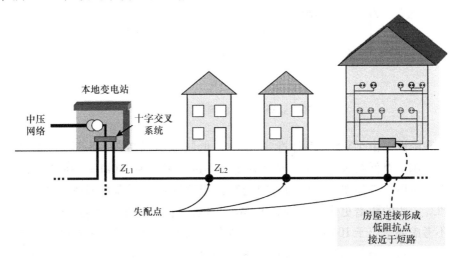

图 2.15　欧洲"最后一英里"和"最后一米"的环境细节

　　在根据图2.14分析不同频率范围内网络的RF属性之前，我们先给出亚洲和美国的供电结构。

　　如图2.16所示，欧洲和亚洲、美国的供电结构存在显著差异，特别是在低压配电网方面。而在高压和中压方面（分别为 $110 \sim 380kV$ 和 $10 \sim 30kV$）较为相似，主要差别是除了中压等级外，亚洲与美国还存在一个次级中压等级，大小为6kV。在这个电压等级上，亚洲和美国使用长距离供电，例如在扩展的住宅区，使用了大量非常小的变压器，每个变压器只向几个房屋提供所需的低电压，利用分相结构分别向用户提供125V或250V的电压。因此，有3条线路连接到房屋，其中一条接地，这会导致高频信号传输的高度不对称，可能出现电磁兼容性（EMC）的问题，在低压电平使用开路导线的位置尤其严重。

　　在接入域中，通常对低频/带宽、低速PLC和高频/带宽、高速PLC之间进行

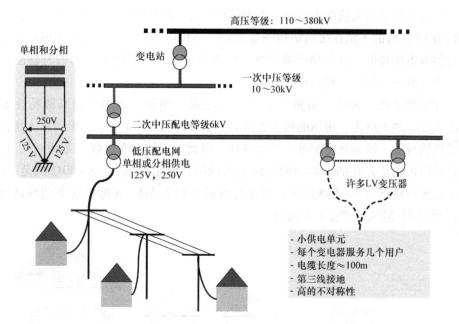

图2.16　亚洲和美洲的典型供电系统结构

区分。在欧洲，由 EN 50065 标准定义[53]，低频范围限制在 148.5kHz⊖ 以内。在亚洲和美国，对低频区域也有类似的规定，不过上限约为 480kHz。在过去的 15 年中，低频范围一直被忽视，因为有限的频谱资源满足不了高数据速率的需求。因此，PLC 应用的频谱更多地向高达 90MHz 的频率扩展。在下文会提到，一方面，我们不考虑频谱小于 10MHz 的接入域。而另一方面，与能量相关的服务多集中在低频区域，这种服务需要约 Mbit/s 级的中等数据速率，但是需要极高的可靠性，即与用户建立永久链接，且没有隐藏节点。

2.3.2.2　基于回波的信道模型

由于供电网络中的各种反射，接收机端通常会出现多个不同时延的接收信号。因此，我们可以基于回波来对信道进行建模。具有 N 个有效回波的信道行为可以用脉冲响应来描述

$$h(t) = \sum_{i=0}^{N-1} k_i \delta(t - \tau_i) \tag{2.19}$$

式中，τ_i 是回波的时延；k_i 是回波的衰减。该信道模型可以通过 N 抽头有限脉冲响应（FIR）滤波器来实现。延迟 τ_0 表示主路径或直接路径的"自然"传播延迟，k_0 是相应的衰减，滤波器的所有抽头都与回波相关联。

对式（2.19）进行傅里叶变换：

⊖　这个相当严格的限制是为了保护长波广播，因为接收机经常使用电网作为天线。——原书注

$$H(f) = \sum_{i=1}^{N} k_i e^{-j2\pi f \tau_i}$$

在实际情况中，系数 k_i 不仅取决于电缆长度，还取决于频率。在评估多个不同电力线信道的测量数据之后，得到的回波衰减系数的表达式为

$$k_i \Rightarrow k(f, \ell_i) = g_i e^{-\alpha(f)\ell_i} \tag{2.20}$$

式中，ℓ_i 是相应的电缆长度；g_i 是记录网络拓扑详细信息的权重因子。事实上，g_i 可以看作是在路径 i 中反射系数和传输系数的乘积。考虑多径传播效应及取决于频率和长度的衰减，最终得到完整的传递函数为

$$H(f) = \sum_{i=0}^{N-1} g_i e^{-\alpha(f)\ell_i} e^{-j2\pi f \frac{\ell_i}{v_p}} \tag{2.21}$$

式中，$\alpha(f)$ 是由式（2.13）和式（2.17）引入的与频率相关的衰减系数。通过使用弱有损线模型［参见式（2.14）］，式（2.21）的右半部分可以由

$$\frac{2\pi f}{v_p} = \frac{\omega}{v_p} = \beta = \omega \sqrt{L'C'}$$

转化为

$$H(f) = \sum_{i=0}^{N-1} g_i e^{-[\alpha(f)+j\beta]\ell_i} \tag{2.22}$$

评估各类电力线衰减因子 $\alpha(f)$ 之后，可以得出以下近似值，这有助于简化处理。

$$\alpha(f) = \frac{R'}{2Z_0} + \frac{G'Z_0}{2} \approx c_1 \sqrt{f} + c_2 f \approx a_0 + a_1 f^{0.5\cdots1} \tag{2.23}$$

在式（2.23）右边的表达式中，对于给定的电缆类型，系数 a_0 和 a_1 以及频率的指数是恒定的。由于 $\alpha(f)$ 的单位是 m^{-1}，系数 a_0 和 a_1 的单位也是 m^{-1}，因此 a_1 中频率 f 必须以 Hz 为单位。

该信道模型已经在许多应用中得到了验证，并且与测量结果吻合得很好[16,17,67,18]。这种模型不提供某一特定链路的精确描述，而是在统计基础上进行分析。这意味着，路径系数 g_i 和长度 ℓ_i 都不直接对应于特定的网络拓扑，而是对应于从大规模信道测量中选择的代表性信道。

2.3.2.2.1 一个例子

我们用图 2.17 中的例子来说明无损线路上的回波条件。给出两条路径，长度差为 25m，路径权重分别为 0.55 和 0.45。陷波出现在奇数倍半波长等于 25m 的地方。例如，在相速度为 $c_0/2$ 时，3MHz 下的 $\lambda = 50m$，则 $\lambda/2 = 25m$，所以在 3MHz 出现了第一个陷波。类似地，对于 9MHz，波长 $\lambda = 16.66m$，则 $3\lambda/2 = 25m$，这是第二个陷波，其他情况以此类推。计算 $H(f)$ 的傅里叶逆变换（IFT），得到图 2.18 所示的脉冲响应。可以看到路径权重为 0.55 和 0.45 的"清晰的"狄拉克脉冲，而其出现的位置仅由 200m 或 225m 路径上的时延决定。这个结果是在频谱不受限的信道下得到的，实际情况下，我们只能够在无线链路上观察到这种情况。

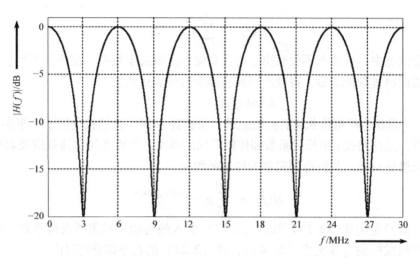

图 2.17　时延时间差 $T = 166.7\mathrm{ns}$ 双路径信道的幅度传递函数

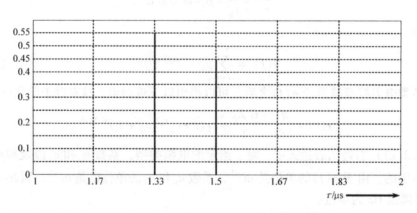

图 2.18　图 2.17 中传递函数的回波时延和幅度

当存在损耗时，因为衰减系数 $\alpha(f)$ 随频率增大而增大，所以会出现低通特性。用以下参数计算出式（2.23）中最右侧的近似值，就可以详细地分析这个低通特性的影响。

1）路径权重：$g_0 = 0.55$，$g_1 = 0.45$；

2）路径长度：$\ell_0 = 200\mathrm{m}$，$\ell_1 = 225\mathrm{m}$；

3）衰减参数：$a_0 = 0$，$a_1 = 7.8 \times 10^{-10}\mathrm{m}^{-1}$，$f$ 的指数：$\theta = 1$。

利用这些数据，我们可以计算出相应的路径衰减：

$$D(f,i) = g_i \mathrm{e}^{-\alpha(f,\ell_i)} = g_i \mathrm{e}^{-(a_0 + a_1 f)\ell_i} \tag{2.24}$$

图 2.19 给出了对数刻度下式（2.24）的图形表示。路径 1 因为长度更长而权重小，所以衰减更大。

结合纯回波和低通特性，我们得到

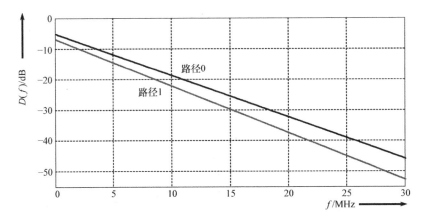

图 2.19　由于趋肤效应和介电损耗，双路径信道的低通特性

$$H(f) = \sum_{i=0}^{1} g_i e^{-(a_0 + a_1 f)\ell_i} e^{-j\beta \ell_i} \quad\quad (2.25)$$

　　如图 2.20 所示，式（2.25）给出了配电网中 230/400V 低压等级上的一个非常实际的信道结果。

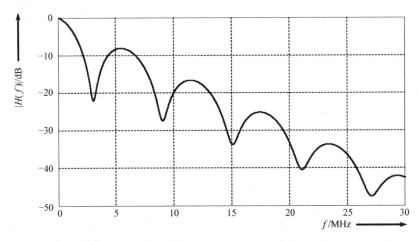

图 2.20　陷波和低通特性是电力线信道的典型特性

　　通过 IFT，可以根据式（2.25）确定脉冲响应，归一化之后得到如图 2.21 中的结果。可以看到，路径回波在 1.33μs 和 1.5μs 处有峰值，这是由电力线的低通特性造成的。比较图 2.21 和图 2.18，可以观察到在实际的电力线网络中，脉冲响应的持续时间通常很难定义，必须引入阈值，以便忽略不超过该阈值的回波。

2.3.2.2.2　更多现实的例子

　　考虑一个四扇区供电电缆，这是欧洲接入域中最常见的标准三相电源。假设射频信号注入到 L1 和 L3 两相中，零线 N 为回线。使用图 2.22 中的简化模型（仅需

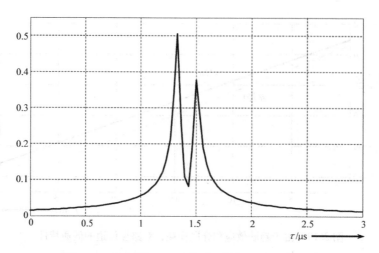

图 2.21 根据图 2.20 的传递函数得到的脉冲响应

要知道导体之间的距离 ϑ 和半径 r）来计算线路参数。

我们可以得到单位长度电容：

$$C' = 2\varepsilon_0 \varepsilon_r \frac{r}{2\vartheta}$$

单位长度电感为

$$L' = \mu_0 \frac{\vartheta}{2r}$$

用式（2.15）和式（2.16）计算与衰减相关的另外两个参数：

$$R' = \sqrt{\frac{\rho \pi f \mu_0}{r^2}}, \quad G' = 2\pi f C' \tan\delta$$

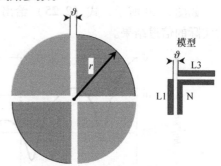

图 2.22 供电电缆及其模型

基于这些参数，可以计算出特性阻抗 $Z_0 = \sqrt{\dfrac{L'}{C'}}$。对于主电源电缆，$Z_0 \approx 25\Omega$，对于房屋连接电缆，$Z_0 \approx 30\Omega$。计算一段足够长（1km）且无分支的电缆的预期衰减，得到的结果如图 2.23 所示。因为房屋连接电缆（NAYY50SE）的直径较小，所以衰减较大，趋肤效应明显。当然，实际的房屋连接电缆并没有 1km 这么长，通常在 5～20m 的范围内。如图 2.23 所示，50dB 左右的衰减值在接入域中并不算大，但需要注意的是，这个结果是没有分支电缆的衰减结果，因此并不符合实际。实际应用中肯定存在分支，并且很难对整个供电网络进行确定性分析和描述。下面将详细说明这一点，并基于统计方法给出参考信道的定义。

我们首先考虑一个只有单个分支的简单网络，其末端开路。假设发生器 G 和线路右端都与特性阻抗 Z_0 匹配，那么网络中存在两个反射点。这个简单网络理论上可能会出现无穷多的回波。但是，如上所述，"远端的"回波会迅速衰减，所以

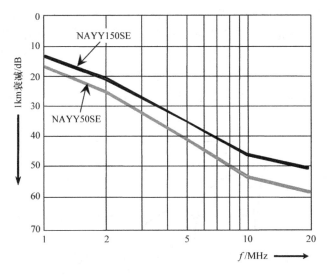

图 2.23　1km 长的"无分支"电缆的衰减

可以忽略不计。

根据图 2.24 的结构构建网络,并通过测量进行研究。利用测量结果,以式 (2.25) 为模型方程进行参数估计。我们可以得出以下结果:

- 相速度:$v_p = \dfrac{c}{\sqrt{\varepsilon_r}} = 1.5 \times 10^8 \text{m/s}$, 如 $\varepsilon_r \approx 4$。

- 衰减:$\alpha(f) = 7.8 \times 10^{-10} f \text{m}^{-1}$, 其中 $a_0 = 0$, $a_1 = 7.8 \times 10^{-10} \text{m}^{-1}$, f 的指数:$\theta = 1$。

此外,表 2.1 中列出了一些长度为 ℓ_i、权重为 g_i 的路径。

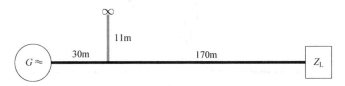

图 2.24　具有单分支的简单网络

表 2.1　路径参数估计结果

路径	ℓ_i/m	g_i
1	200	0.64
2	222.4	0.38
3	244.8	−0.15
4	267.5	0.05

图 2.25 中的幅度传递函数 $|H(f)|$ 有明显的陷波,这些陷波对应于 11m 处的

失配分支。此外，其低通特性非常明显。由图 2.25 可以观察到，陷波的深度和锐度在高频处减小，这是由衰减引起的。一方面，随着频率增加回波幅度变小，另一方面，如图 2.25 所示，脉冲响应会产生"拖尾"效应，归一化后脉冲响应如图 2.26 所示。我们可以看到，如表 2.1 中的路径 3 所示，脉冲响应也可能有负峰值。如上所述，由于线路的低通特性，我们可以得到一个时间连续的脉冲响应和非离散的回波位置。

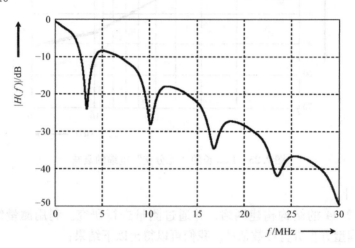

图 2.25　图 2.24 中网络的陷波和低通特性

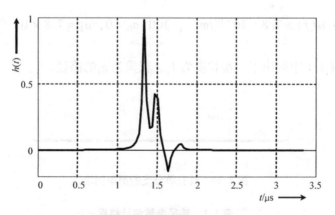

图 2.26　图 2.25 中传递函数的脉冲响应

　　在接下来的例子中，我们研究一个更实际的网络结构。拓扑的草图如图 2.27 所示，主供电电缆长度为 110m，包含 6 个 15m 的分支，对其进行测量，基于测量结果进行模型参数估计。由于使用相同的电缆类型，相速度和衰减

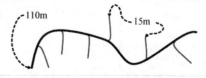

图 2.27　有 6 个分支的电力线

的结果与前面的例子相同，如 $v_p = 1.5 \times 10^8 \text{m/s}$，$\alpha(f) = 7.8 \times 10^{-10} fm^{-1}$。其他模型参数在表 2.2 中列出。

表 2.2　路径参数估计结果

路径	ℓ_i/m	g_i
1	90	0.029
2	102	0.043
3	113	0.103
4	143	-0.058
5	148	-0.045
6	200	-0.040
7	260	0.038
8	322	-0.038
9	411	0.071
10	490	-0.035
11	567	0.065
12	740	-0.055
13	960	0.042
14	1130	-0.059
15	1250	0.049

从表中可以看出，我们需要用 15 条路径来精确地表征网络的特性。由于网络拓扑的高复杂性，不太可能在路径长度和网络的几何形状之间建立起关系，权重 g_i 也同样如此。因此，对于这个例子，必须进行统计建模。因为，一方面，电力线网络的详细拓扑结构未知；另一方面，房屋连接点处线路端的匹配信息也无法获得。

具有表 2.2 参数的幅度传递函数如图 2.28 所示，陷波和低通特性很明显，但是整体形状很不规则。此外，与图 2.25 相比，衰减明显更高，例如，在 30MHz 时衰减大于 80dB，而衰减大于 80dB 的信道不能用作可靠的电力线链路。所以，在本例中，可以使用约 20MHz 的频谱。

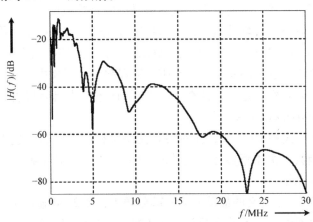

图 2.28　图 2.27 网络的不规则陷波和强低通特性

　　相应的归一化后的脉冲响应如图 2.29 所示。我们再次观察到了负峰值，与图 2.26 相比，由于路径数量较多，总响应长度显著增加。同样，由于测试网络的低通特性，我们得到一个非离散回波位置的时间连续脉冲响应。

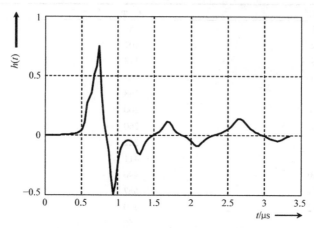

图 2.29　图 2.28 中传递函数的脉冲响应

2.3.2.3　9～500kHz 低频范围内的差异

　　电力线模型以及信道建模方程并不局限于特定的频率范围。根据 EN 50065[53]，上一节的许多结果对高达 480kHz 的国际扩展范围的频谱也同样适用。不过当频率非常低时，网络性能的差异非常显著，本节基于这些差异相应地修改了信道模型。

　　如上所述，注入 RF 信号的波长 λ 和传输线长度之间的关系是确定反射影响的重要参数。如果频率低于 150kHz（见 EN 50965），那么电力线上的相应波长 $\lambda = 1km$。在路径长度差为 $\lambda/2$ 或其整数倍时，必定出现陷波，并且在这些长度差内不会出现直接选择性衰落。然而，由于低频范围内的衰减较低，会存在多次反射，在一些情况下会观察到一种软性陷波，不过这种效应通常相当微弱，因此可以忽略。

　　当频率达到 500kHz 时，波长约为 300m，情况有所不同。因为回波比较强，几百米长的电缆会出现选择性衰落，并且带有明显陷波。下文中，我们将讨论接入域中供电网络的显著特性，这些特性在 20～140kHz 范围内具有代表性，其中大多数结果也适用于 500kHz 的频率范围。

　　20 世纪 80 年代和 90 年代，在对各种网络结构的广泛研究过程中，记录和评估了大量传递函数（见本章参考文献 [57，69-72]）。本节基于图 2.30，对其中的特性进行概括总结。

　　对于 EN 50065 中定义的最重要的一部分频谱，图 2.30 显示了其在 20h 内衰减的三维图。可以看到，最大的衰减值接近 60dB。显然，除了路径长度之外，频率和时间都对衰减有影响。与频率相关的衰减变化高达 30dB，与时间相关的衰减变

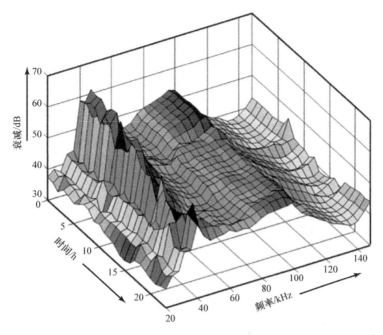

图 2.30　低频范围内时间和频率的相关衰减（EN 50065）

化约 10dB。在某些路径上测量的极值可能更为明显，存在大于 80dB 的衰减。

在 50 ~ 60kHz 内出现了非常明显和稳定的陷波。由上述分析可知，它们不是由反射引起的，而是由谐振效应产生的，谐振效应由连接到电力线的设备以及设备上的集总组件引起。对于数据传输，必须仔细分析这种陷波的影响，必须使用能够抵抗各种类型的频率选择性衰落的调制方案，使得在频谱资源匮乏时，链路也能保持连接。从图 2.30 发现，衰减随频率增加而降低，在 120 ~ 140kHz 范围内尤为明显，由于电缆损耗必然随着频率的增加而增加，这种现象可以由接入阻抗来解释。所以，接入阻抗的特性是高频和低频信道模型之间的第二个主要差异。虽然在高频范围内的接入阻抗由线路的特性阻抗决定，但是在低频范围内，负载阻抗起着决定性作用，即线路本身的 RF 性质与连接的设备的影响相比，几乎可以忽略。

2.3.2.3.1　接入阻抗

接下来我们讨论接入阻抗 Z_A 的测量结果，图 2.31 给出了低频阻抗的预期范围。为了简单起见，图中没有指定频率，也没有提供关于线路的细节。从整体来看，Z_A 的实部和虚部的幅度非常低。通过观察，总是能找到一个实部幅度不超过 3Ω 的电感特性。造成这个现象的原因是，调制解调器发射机的任务是将电压注入到电源中，该电压优选地达到规定的幅度极限，如 EN 50065 的规定电压。

发射功率取决于接入阻抗，特别是阻抗的实部，因为只有实部功率能够沿着线路传播，阻抗越小，所需的发射功率越大。对于接入域来说，需要考虑变电站交叉

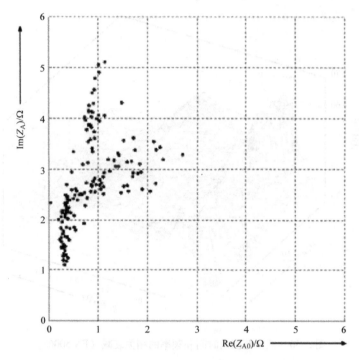

图 2.31　接入阻抗的测量结果

系统的最坏条件，还有一些其他因素，如大量并联输出的中继线会导致阻抗非常低。图 2.32 给出了变电站中接入阻抗的典型值。

可以看出，频率较低时，阻抗值非常小。因为在阻抗小于 0.5Ω 的情况下，很难注入大幅度信号，所以一般使用较高的频率。因为由于电感特性的存在，阻抗会随频率的增大而增大。然而，仅考虑幅值大小可能会导致错误的结果，因为纯虚阻抗不会产生信号传播。即使频率达到 A 频段（用于

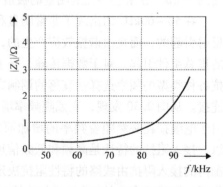

图 2.32　变电站中接入阻抗值

能量相关服务和远程抄表）的上限，约为 90kHz，此时的接入阻抗为 2Ω 左右，为了建立链路，发射机也必须提供至少约 10W 的功率。

总之，在建筑物内，特别是在房屋连接点处，阻抗值非常小，与变电站中的阻抗值相差不大。此外，房屋连接处的接入阻抗可能随负载条件而发生强烈变化，所以我们必须考虑时间相关性。因此，保证足够强的发射机功率和"强"耦合是至关重要的。此外，在设计多载波信令时必须对某些波峰因子－功率峰值进行适当的配置。

目前的做法是把频率提高到几百 kHz 甚至 MHz 的范围，不过在欧洲，按照 EN 50065 的标准是实现不了的。欧洲的主要电力供应商正在协商改变现有的规范，他们认为，如果能将频率范围扩展到 500kHz，肯定可以改善基于 PLC 的能源相关服务，因为这可以明显地减少接入阻抗问题，同时增加可用带宽。不过电器的功耗和操作仍然会对通信的质量产生显著影响。此外，在欧洲，因为存在保护长波广播的法规，所以法律问题很难解决。

目前正在研究的一些非常新颖的方案，如认知无线电在频谱中的应用，在接入域中也很有用。从上述测量和建模结果可以看出，10MHz 的频率可用于几百 m 距离的传输。与 A 频段中可用的 50kHz 或更小的频率相比，10MHz 是非常大的频谱资源，不必完全用于能源相关服务。而且当频率进入 MHz 范围时，以用户活动为主的接入阻抗可忽略不计，并且由电器操作引起的噪声功率谱密度随频率的增大而迅速减小。不过我们需要全新的调制解调技术来实现认知特性，这对硬件和软件提出了更高的要求。此外，由于各种可能的用户或干扰，信号的识别很困难，为保护有用的服务和消除噪声，每个用户和干扰都需要单独处理。

不过，当今的微电子部件和系统的发展可以完美地解决以上问题。我们希望通过一定的学习和实践之后，能够获得解决成本问题的综合方案。因为用于能量服务的通信频率只占 10MHz 频谱的很小一部分，所以可以保证链路的高可靠性，排除隐藏的节点。

一般而言，要实现新的方法，第一步就是要进行一些基础研究。不过因为使用认知程序的基本思想在各种无线 LAN 解决方案中非常常见，所以我们不必从零开始。此外，在设备和系统发展的同时，全球监管和标准化机构也引入了频谱资源竞争的方法。国际电信联盟和 ETSI 提出的一些基本方法已经开始使用，先进的复杂嵌入式系统也为频谱利用提供了新的可能性。在过去，例如刚开始在全世界划分广播频谱的时候，为了专门分配和保护频谱资源，规定了严格的裁决方法和协议。由于技术原因，这种独占的频率分配是必要的，可以防止未授权的用户接入信道。但是，随着 WLAN 技术的出现，情况已经发生根本性地改变，因为现在发射机和接收机不仅能够分析传输信道的状态，而且能够分析当前可用的频谱资源，这种技术使得发射机和接收机能够灵活地适应各种场景，具有这种能力的通信系统被称为认知无线电。标准化机构和监管机构在管理和分配频谱资源时已经认识到这些新技术的优点，即不需要通过频繁地分配频谱来保证服务质量。

2.3.2.4　接入域中的参考信道

在接入域中，信道模型的优选方式为从扩展的、有代表性的信道测量数据库中进行参考信道的选择。通常 10 个参考信道就能够包含所有实际的电力线网络情况。

设置参考信道，首先要进行测量，然后通过计算估计出模型参数 g_i、ℓ_i 和 α (f)。估计模型参数时，即使是复杂信道（沿线存在数十个反射位置），也只需要考虑少量的回波，通常为 3 ~ 5 个（仅由 g_i 和 ℓ_i 决定）。而且，对于特定类型的电缆，α(f) 是固定的，因此只需要确定一次。因为远端回波会因为衰减迅速减小，所以只有非常少的回波是相关的，因此仅需要考虑接收机附近的主要反射。

为了覆盖更多实际的电力线信道，我们为不同长度和质量水平的信道选择了典型的数据值，通过这些数据来确定模型参数。衰减参数可以很容易地利用如"最小二乘法"来测量得到。不过表征脉冲响应的路径参数较难获得，存在多次反射和高衰减的复杂网络结构更是如此。因为密集的脉冲会重叠并且互相影响，所以需要找到能够反复测试的方法以获得最佳拟合结果。

为了实现信道模拟器和仿真器，必须限制路径的数量。如上所述，必须考虑最小回波幅度的大小，以保证链路特性的精度。从接入信道传递函数的测量数据库中可以提取出如图 2.33 所示的长度等级简化图。为了表现得简洁，这里省略了"精确结构"的细节（主要是陷波）。从简化图可以看到，低通特性的影响随着电缆长度的增加而增强。

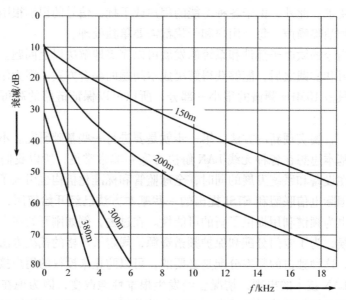

图 2.33　供电网络的长度等级及其衰减行为

欧盟的开放 PLC 欧洲研究联盟（Open PLC European Research Alliance，OPERA）项目进行了参考信道的定义和选择工作[73]。因为 OPERA 包括欧洲 PLC 主要制造商、服务提供商和用户，所以以上工作受到这些成员的影响。此外，亚洲和南美洲的合作伙伴也参加了 OPERA。OPERA 选择了以下长度等级来定义参考信道：

- 短：约 150m；
- 中等：约 250m；
- 长：约 350m。

150m 和 350m 级定义了 3 个等级的质量，250m 级定义了两个等级。此外，

　　OPERA 还定义了一个"模型信道"。因此，覆盖接入域中的电力线网络共有 9 个参考信道。这些参考信道的参数在本章参考文献〔73〕中给出，频率响应如图 2.34 所示。

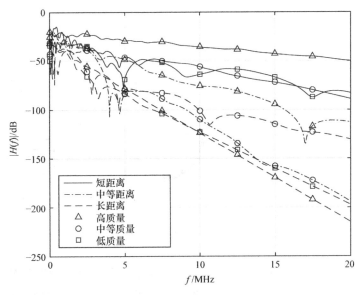

图 2.34　参考信道的幅度频率响应[73]

2.3.3　室内低压信道建模

　　本节描述家庭和小型办公室内的低压配电线特性，其中低压配电线用作宽带通信。为此，我们需要对大量的室内场景进行测量来研究信道特性，然后对推导出的信道模型进行讨论分析。测量的结果包括整个室内网络系统的参数和连接到总输电线上的设备特性。

　　室内 PLC 信道具有很强的频率选择性和时变性。频率选择性由阻抗失配引起，时变性与电源频率密切相关，其信道行为可以通过线性周期性时变（Linear Periodically Time‑Varying，LPTV）系统以及具有循环平稳行为和脉冲分量的附加噪声建模。本节除了介绍数学模型以外，还包括传输系统设计的实际需求分析。

2.3.3.1　建模原理

　　从工程的角度来看，PLC 系统的室内信道建模有很大的难度。原因如下：首先，这一部分的网络拓扑不均匀，存在很多分支电路，这使得信道行为难以预测，中‑高频范围内尤为明显。其次，室内 PLC 系统的频谱扩展到了 30MHz，这造成了扩散前沿，从扩散前沿开始，能量的辐射性超过了导电性。另外，大多数国家通过在服务面板部署几个分支电路构成树状网络来布线，但并不指定到达插座的方式，如图 2.35 所示。电路的精确布局、每个分支电路中的导线数及长度通常是未知的。其次，不同的电器特性也会影响信道响应并且引入干扰。

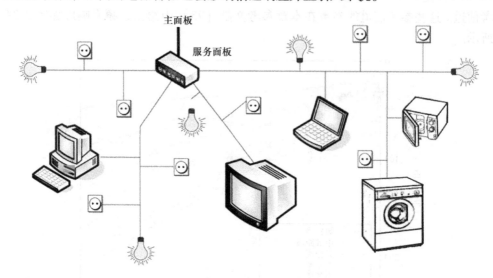

图 2.35　室内 PLC 网络图

如 2.2 节所述，针对 PLC 信道的建模有多种替代方案。一些参考文献已经通过自底向上的方法获得了室内信道的确定性模型[28]。为了评估建模策略的有效性，只需测试特定的和公认的网络拓扑，而不需要满足更为普遍的信道特性。普遍的信道特性可以在电网的其他可预测部分中得到，如室外低电压网络[52]。因为室内电力线网络的物理统计参数不确定且难以估计，所以我们将它作为随机变量来处理。

还有一些模型采用自顶向下的策略，直接用测量结果来定义信道模型[15,17,30,43,56,74-76]。在这种情况下，可以通过一定数量的离散回波来表征脉冲响应。这些回波由多径效应引起，而多径效应的产生是因为传播信号在断点（在电缆和终端负载之间的结点）处阻抗失配。这种建模策略要获得好的效果，需要很多的显著回波。

不同于以上的方法，本节介绍的方法基于自底向上的建模策略，但不一定是确定性的，如本章参考文献 [11，25，31] 介绍的，可以先通过物理网络特征来定义信道参数，然后推导出行为模型，适当地选取物理参数值，可以获得代表性信道或随机信道[32,77]。

为了获得室内信道的结构模型，必须先确定网络中的信息：发射机和接收机子系统、布线、连接装置以及外部干扰，如图 2.36 所示。在 PLC 系统中，发射机通过耦合电路，用零线和相线与接收机建立连接，该耦合电路保护子系统免受市电的影响并且过滤频段中的信号，同时还有调节子系统阻抗来适应电网的作用。不过这非常难，因为任意一个出口的输入阻抗均是未知的，阻抗值从几欧到几千欧不等，而且具有频率选择性。对于耦合电路，有两种等效方式：作为信道的一部分或包含在发射机和接收机子系统中。

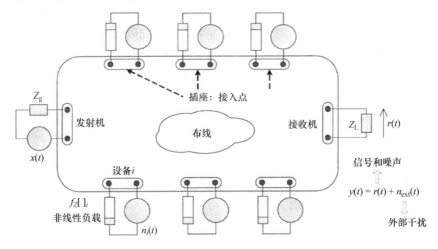

图 2.36 室内电力线网络的结构模型

因为导线在传播方向的横截面不规则（导线可以在管内松动，在角部混合，不规则扭曲等），布线可以简化地看作是将传输线多个部分相连接。发射机和接收机（包括耦合滤波器）可以用戴维南等效电路来建模，由频率选择性阻抗表征。图中的设备表示家庭或小型办公室中的不同电器，每一个都是具有特定阻抗（频率选择性和时变性）的负载，并且可看作是噪声源。对服务面板后面的电力线网络的接入可视为是低阻抗负载的附加设备。此外，将室内网络外的设备引起的非必要信号定义为外部干扰，包括来自服务面板的传导噪声和来自广播服务等的无线电波。

电力线元件的特性决定了最终的信道模型。我们假设线路特性是线性和时不变（LTI）的，但是这种假设对设备来说不一定准确。一方面，因为打开或关闭，设备的工作状态会随着时间的推移而改变，不过这种变化的频率比 PLC 系统的比特率低得多，并且它们仅影响信道的长期特性。另一方面，许多设备的负载具有非线性特性（由于整流器和其他类似的组件），在市电下会产生准线性时变的行为，会影响信道的短期特性。我们将在后续对此展开讨论。综上所述，对信道时变性的描述必须考虑不同的时间尺度，所以，我们提出以下分类：

不变尺度：在这种尺度下，假定信道状态不变，可用 LTI 系统建模。该尺度下的不变性间隔必须根据信道相干时间进行选择，通常为几百 μs。

循环尺度：在该尺度下，信道表现为与市电周期同步的周期性变化，可使用 LPTV 系统来建模。其时间单位为市电周期，即 20ms（50Hz）或 16.67ms（60Hz）。市电周期可以被划分为一系列较短的不变性间隔，在其中进行信道响应的快照。这样，信道就可以由这些不变响应的周期性序列表示，其中不变响应是时变响应的瞬时样本。

随机尺度：这个尺度适用于长期变化的信道，由设备的工作状态决定。因为设备状态随时间变化，因此不具有常规的时间离散性。该尺度下，变化的时间间隔比循环尺度高出许多个数量级，因为这个尺度下的时间间隔与人类行为活动有关。在任何设备的工作状态发生变化时，电力线网络的物理参数均会发生变化，需要用新的 LPTV 系统建模（假定信道在转换过程中保持循环状态）。

2.3.3.2　LTI 信道模型

当忽略设备负载的非线性时，室内网络可以认为是 LTI 系统。本章参考文献 [17，78，79] 就采取这种假设，因为 LTI 是通信信道最简单的模型，而且在室内网络中得到的一些测量结果也证实了这个初始假设是可行的。然而，这样的测量通常不能辨别信道的动态变化行为。为了表征动态变化，测量要与市电周期同步，然后以合适的方式取平均，否则，简单的平均不仅减少了估计中的噪声，也会剔除短期的周期性变化。

不过，当某个链路中的信道变化不是非常重要，或者使用的调制解调器不具有适应这种变化的能力，且只能"观测"到平均信道（时不变）时，我们优先选择 LTI 信道模型。

2.3.3.2.1　建模之前的测量结果

本节给出在进行信道建模之前的一些测量结果。

一般的设备模型可看作是有两个元件的单端口网络：无源的（负载阻抗）和有源的（噪声发生器）。一部分噪声分量在有源元件接通时引入到信道，两种元件都可以通过测量其在相应的频谱中的特性来表征。类型不同的电器（即使具有相同的功能但由不同的制造商制造）不利于整个网络的准确建模，不过在多次测量后，我们可以总结出一些一般特性。一方面，阻抗具有频率选择性，并且具有谐振电路的形状（或者一些阻抗具有几个谐振频率），如图 2.37 所示。另一方面，阻抗值会随电器工作状态的变化而变化。

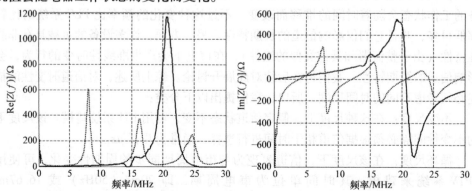

图 2.37　负载阻抗测量（实线代表计算机，虚线代表关闭的真空吸尘器）

通过网络分析器和专门设计的耦合网络可以测量设备阻抗的值。一些电器的阻抗值不会随工作状态的改变而发生显著变化,如图 2.37 中的计算机,但这不具一般性,图 2.38 所示的卤素灯的结果就是变化的一个例子。本章参考文献 [11] 中给出了更多关于器件测量和特性的例子。

利用与上面类似的处理方法也可以测量信道响应。图 2.39 给出了同一公寓中的 3 个信道,其中发射机和接收机的位置不同。信道 A 对应的链路中,不同分支电路的插座之间距离约 30m,其中主信号路径穿过主面板,这会导致信号能量的分散,并且导致更多的衰减和失真。信道 B 的分支电路与 A 相同,不过插座之间的距离约 25m,信道响应的线性失真低于信道 A。对信道 C 进行同样的设置,其插座之间的距离约 15m。结果表明,链路距离既不是信号衰减量中的唯一因素,也不是最重要的因素。

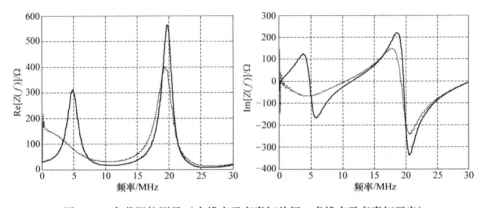

图 2.38　负载阻抗测量(实线表示卤素灯关闭,虚线表示卤素灯开启)

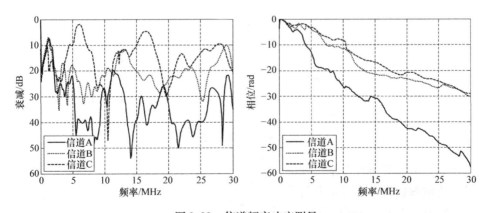

图 2.39　信道频率响应测量

2.3.3.2.2　信道响应建模

典型的信道响应模型如图 2.40 所示,由 LTI 系统、加性噪声和一些附加的脉冲分量（见2.7节）组成。其中LTI系统可以由脉冲响应或频率响应来建模，加性噪声可以用功率谱密度来建模（对应其固定分量）。

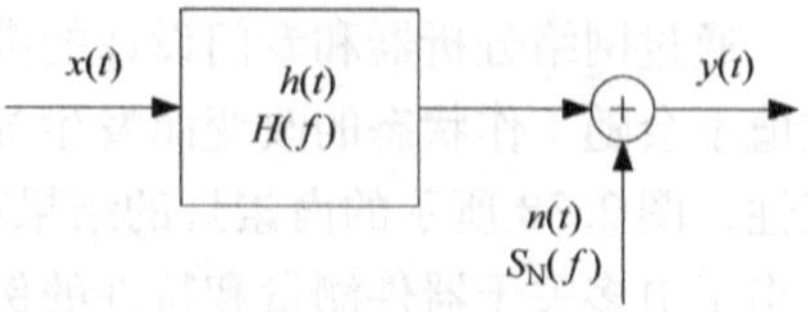

图2.40 LTI信道模型

信道响应可由结构模型导出，只要网络结构确定，借助于传输线模型，就可以将网络系统视为几个双端口网络的级联，然后就可以计算出信道的频率响应。对于布线配置而言，常见的是相线、零线和接地线。如上所述，PLC系统在相线和零线之间采用差分的方式进行传输，电磁场也主要集中在相线和零线之间。为了简化模型，我们忽略接地线的影响，仅考虑两条传输线来计算信道响应。不过，当零线和接地线在服务面板处接合时会产生与接地线的模式耦合，这就需要采用多导体传输线分析[28]。在采用MIMO（多输入多输出）策略的PLC传输系统中也同样需要考虑这个问题，2.6节会对这个问题加以说明。因此，在下面的分析中，我们只分析两条传输线的情况。

传输线理论是电磁学的基本理论[80]，相关的一些原理已经在2.3.1节中介绍过，因此这里不再详述。

对于室内电网来说，最简单的配置是负载传输线，如图2.41所示，其中包括发射机发生器、一段导线和接收机阻抗，需要注意的是，不同种类的传输线会带来不同的问题。一般而言，与实际布局最相似的结构取决于每个国家的实际布线形式，不过两条平行导线是最常见的形式。此外，当导线之间的间隔不定（可能在管中发生松散）并且导线间的介电材料不均匀（同时存在PVC绝缘层和空气）时，必须对相关物理参数采用一些近似处理[81]。

图2.41 负载传输线

传输线可以看作是双端口网络，可以由传输参数集合来表征其行为，这个参数集合也称为*ABCD*参数，在图2.42中给出。我们可以将*ABCD*参数中的若干个参数相乘来计算双端口网络级联的全局参数。这种方法在其他环境下已经使用过，如数字用户线（DSL）[82]，并且，利用这种方法能够揭示PLC信

$$\begin{bmatrix} v_1 \\ i_1 \end{bmatrix} = \begin{bmatrix} A & B \\ C & D \end{bmatrix} \cdot \begin{bmatrix} v_2 \\ i_2 \end{bmatrix}$$

图2.42 传输矩阵或*ABCD*参数

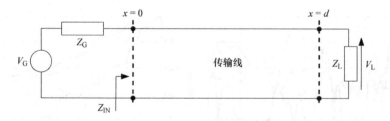

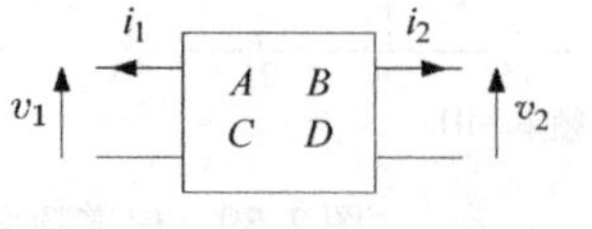

道一些属性，如对称性[33]。

ABCD 参数和传输线的二次参数之间的关系如下：

$$A = D = \cosh(\gamma d)$$

$$B = Z_0 \sinh(\gamma d)$$

$$C = Z_0^{-1} \sinh(\gamma d) = B Z_0^{-2}$$

因为 Z_0 和 γ 的值取决于频率，所以这些参数是频率选择性的。负载传输线的全局 ABCD 参数的矩阵如下所示：

$$\begin{bmatrix} V_{\mathrm{G}} \\ I_{\mathrm{G}} \end{bmatrix} = \begin{bmatrix} 1 & Z_{\mathrm{G}} \\ 0 & 1 \end{bmatrix} \begin{bmatrix} A & B \\ C & D \end{bmatrix} \begin{bmatrix} V_{\mathrm{L}} \\ I_{\mathrm{L}} \end{bmatrix} = \begin{bmatrix} A' & B' \\ C' & D' \end{bmatrix} \begin{bmatrix} V_{\mathrm{L}} \\ I_{\mathrm{L}} \end{bmatrix}$$

由 $V_{\mathrm{L}} = I_{\mathrm{L}} Z_{\mathrm{L}}$，系统在激励频率下的响应为

$$H(f) = \frac{V_{\mathrm{L}}}{V_{\mathrm{G}}} = \frac{1}{A' + B'/Z_{\mathrm{L}}} \tag{2.26}$$

当传输线部分并联时，利用负载转换的属性可以将其中任意负载表示为连接点处的等效负载。由此，图 2.41 中的输入阻抗 Z_{IN} 可表示为

$$Z_{\mathrm{IN}} = Z_0 \frac{Z_{\mathrm{L}} \cosh(\gamma d) + Z_0 \sinh(\gamma d)}{Z_0 \cosh(\gamma d) + Z_{\mathrm{L}} \sinh(\gamma d)} = \frac{A Z_{\mathrm{L}} + B}{C Z_{\mathrm{L}} + D} \tag{2.27}$$

通过矩阵操作，可以获得由多段传输线和负载组成的任何系统的频率响应。因此，获得信道响应的过程可归纳为以下步骤：

1）用传输线和负载来描述树状结构的电力线网络，其中出口处的终端节点和段之间存在中间节点。

2）定义输入和输出端口。这是放置发射机和接收机的位置，它们之间的直接路径为主路径，插座均可视为其中的端口。

3）对于主路径外的传输线，都视为主路径的分支，通过式（2.27）中的负载变换的属性变换为等效阻抗。

4）将发射机和接收机子系统建模为具有频率选择性阻抗负载的单端口网络，该网络受到耦合电路的影响。

5）计算全局结构的 ABCD 矩阵。

6）最后，利用式（2.26）得到模拟信道 LTI 系统的频率响应 $H(f)$。

另外，利用本章参考文献［32］中提出的电压比的标量方法也可以确定信道频率响应。由于该方法是 ABCD 方法的标量版本，所以其计算复杂度较低。

2.3.3.3　LPTV 信道模型

本节在分析设备时变性的基础上介绍一个更为准确的室内 PLC 信道响应模型。在第一个例子中，实验表明，我们需要更精确地表征器件的特性。此外，器件的一些电气参数，如阻抗的瞬时值，与市电的瞬时值有较高的相关性，由于这种效应的存在，整个信道的模型是一个 LPTV 系统。

2.3.3.3.1　经验基础：时变设备的测量

大多数电器的阻抗值与市电的关系可分为两类。第一类是两种状态（高阻抗和低阻抗）间的换向行为（由于整流器、晶闸管或类似组件）。换向行为在每个市电周期内会发生两次，这表明转换行为与市电绝对值有关。第二类是时间上的连续变化，与市电频率谐波相关。

下面的实验结果证实了以上观点。使用网络分析仪测量紧凑型荧光灯（低能量光束）的阻抗值变化，可以发现第一种类型的变化行为——换向行为（可能是由于电子镇流器内部的整流器）。由于高阻抗的值超过了分析仪的动态范围，所以我们记录的是电源网络和灯并联的阻抗值。图 2.43 的左侧为并联后阻抗实部的结果，图中的波纹是由分析仪扫描时间比市电周期长造成的。在扫描时间中共有 38 个市电周期，因此曲线中有 76 次换向行为。当灯处于高阻抗状态时，测量值基本等于电源的输入阻抗，处于低阻抗状态时，测量值等于两个阻抗值的并联值。在图 2.43 的右侧，给出了不连接卤素灯时，电源输入阻抗的实部结果。如图所示，它描绘了左侧曲线的包络。

图 2.44 可以更好地观察器件随时间变化的行为。左图显示了在时间和频率平面中阻抗实部的变化，亮色区域表示高阻抗状态，暗色区域表示低阻抗状态。右侧的曲线表示的是低阻抗状态的频率选择性。测量时，保持灯开启，通过电源信号来触发分析仪，这样可以在市电周期对应时刻获得频率采样点，处于高阻抗状态的卤素灯可视为开路。

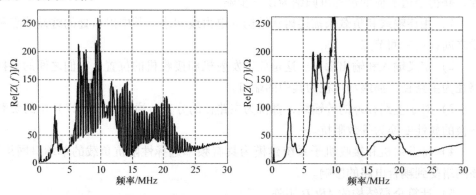

图 2.43　器件阻抗测试（左图为紧凑型荧光灯与电源并联，右图为单独的电源阻抗）

这里再给出一些具有时变行为的设备的测量结果。在图 2.45 中，可以很明显地看到有两种不同的阻抗状态，并且存在频率选择性。相反，图 2.46 对应的是一个具有连续行为的设备。可以观察到阻抗的变化像谐振电路那样，而且谐振频率与市电信号同步变化。

最近，本章参考文献 [13] 完成了对典型电器的阻抗表征工作，发现负载阻抗的时变行为在低频下更为显著，不过由于在电器中安装了 EMI（电磁干扰）滤波器，时变行为被有效抑制。

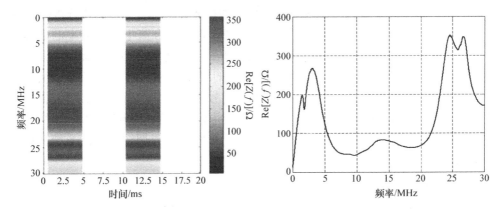

图 2.44　紧凑型荧光灯阻抗值的测量结果（左图为时间 – 频率变换，右图为频率选择性）

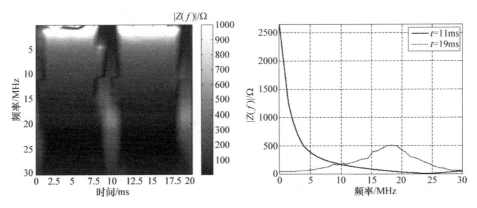

图 2.45　电动剃须刀测量阻抗的绝对值

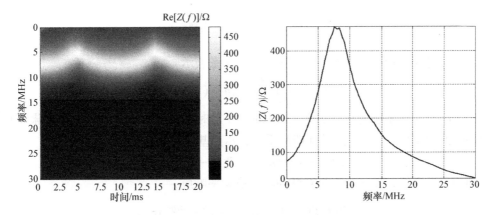

图 2.46　电咖啡机的测量阻抗的实部大小（右图对应的是阻抗在 10ms 时随频率的变化）

2.3.3.3.2　时变响应的理论基础

PLC 信道因为包含一些非线性器件，所以是非线性系统（Non – Linear System,

NLS）。通过伏尔特拉级数可对 NLS 进行详细的描述，也可以进行简化分析[9]。在系统输入端，假设两个信号（低电平高频率的通信信号和高电平低频率的电源信号）相互叠加，如图 2.47 所示。由于系统的非线性，输出端会出现无限项，它们是系统响应、电源信号和激励信号的功率乘积的组合。不过，其中很多组合可以忽略，因为在接收机和发射机处，有防止电源信号进入通信设备的高通滤波器，因此，伏尔特拉级数中不包含低频信号。此外，由于高次信号的电平很低，也可以忽略。由此可得到一个简化的叠加积分，对应于准线性、周期性时变的系统，如图 2.48 所示。

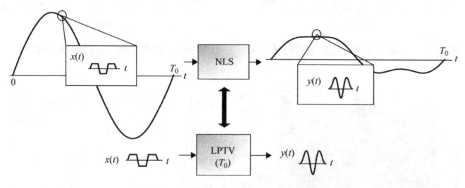

图 2.47　LPTV 行为的发生图

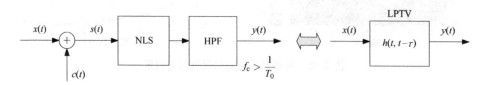

图 2.48　时变信道模型

线性时变（LTV）系统可由其输入输出关系表示

$$y(t) = \int_{-\infty}^{+\infty} h(t,u) x(u) \, \mathrm{d}u$$

式中，$h(t,u)$ 是系统的脉冲响应，表示时刻 t 对时刻 u 施加的脉冲响应。当脉冲响应是时间周期性时，它是一个 LPTV 系统，T_0 是基本周期，n 为任意整数。

$$h(t, t-\tau) = h(t - nT_0, t - nT_0 - \tau)$$

应用傅里叶变换，以 τ 为变量对脉冲响应取频率响应，

$$H(t,f) = \int_{-\infty}^{+\infty} h(t, t-\tau) \mathrm{e}^{-\mathrm{j}2\pi f\tau} \, \mathrm{d}\tau$$

它的周期也是 T_0，因此可以通过傅里叶级数表示，其系数是

$$H^{\alpha}(f) = \frac{1}{T_0} \int_{-T_0/2}^{T_0/2} H(t,f) \mathrm{e}^{-\mathrm{j}2\pi\alpha t/T_0} \, \mathrm{d}t \tag{2.28}$$

可以证明[9]，在频域中，LPTV 系统的输入信号 $x(t)$ 和输出 $y(t)$ 之间的关系为

$$Y(f) = \sum_{\alpha=-\infty}^{+\infty} H^\alpha \left(f - \frac{\alpha}{T_0} \right) X \left(f - \frac{\alpha}{T_0} \right)$$

PLC 信道的 LPTV 模型可以进一步简化。由于该信道模型变化相当慢，也就是说，信道相干时间（信道特性不变的时间）比脉冲响应的持续时间高几个数量级，前者在几百微秒（μs）[9] 的范围，而后者只有几 μs[83]。此外，调制解调器的输入信号持续时间比信道相干时间短（一般在几十 μs 左右）。因此，可以对信道响应进行局部近似，并将 LPTV 系统表示为周期性出现的连续 LTI 状态的集合。

令 $x_\sigma(t)$ 为输入信号，其持续时间比信道相干时间短，对于 $t \in [\sigma - \Delta t, \sigma - \Delta t]$，当 Δt 很小时，$t \approx \sigma$。系统的输出可表示为

$$y_\sigma(t) = \int_{-\infty}^{+\infty} h(t, t-\tau) x_\sigma(t-\tau) \mathrm{d}\tau \simeq \int_{-\infty}^{+\infty} h_\sigma(\tau) x_\sigma(t-\tau) \mathrm{d}\tau$$

由于脉冲响应 $h(t, t-\tau)$ 在 $t \approx \sigma$ 时没有显著变化。因此可以用 $h_\sigma(\tau)$ 代替 $h(t, t-\tau)_{t=\sigma}$，表示该时间间隔内测量的 LTI 系统的响应。此外，由于输入信号的持续时间很短，输出 $y_\sigma(t)$ 持续时间也很短，并且也满足 $t \approx \sigma$。对 $y_\sigma(t)$ 进行傅里叶变换，结果为

$$Y_\sigma(f) \simeq H(t, f)_{t=\sigma} X_\sigma(f)$$

这个公式类似于 LTI 滤波的公式，输出信号频谱取决于在间隔 $t \approx \sigma$ 中采样的 LPTV 系统 $H(t, f)$ 的输入频谱和频率响应。

2.3.3.3.3 对信道时变响应的建模

在时变性较弱时，可以用电源周期不同的 LTI 信道响应的快照来估计 $H(t, f)$，不过这样的模型要求频率和时间轴上采样的数据在电源周期内具有足够的时间分辨率，其合成响应的过程与 LTI 信道模型相同（基于网络结构，通过传输线进行分析），但负载阻抗具有时变性。

根据这种方式可获得信道响应 $H_\ell(k)$ 的 LTI 状态的集合。电源周期 T_0 包含 L 个不变状态（$\ell = 0, 1, 2, \cdots, L-1$），即 $T_0 = LT_\ell$（其中 T_ℓ 表示不变状态的持续时间）。通过 $H_\ell(k)$ 的傅里叶逆变换，可以计算出 L 个 FIR 滤波器的脉冲响应 $h_\ell(n)$。对这些不变状态，必须以系统采样率（采样周期为 T_s）进行内插，获得最终的时变信道响应。所以，不变状态由满足 $T_\ell = MT_s$ 或 $T_0 = LMT_s$ 的因子 M 进行内插。

根据可用数据的时间分辨率，插值方法类似于零阶保持结构（见图 2.49）（如果分辨率不足，则优先选择线性内插）。

得到的信道时变脉冲响应为

$$y(n) = \sum_i h(n, n-i) x(n-i)$$

$y(n)$ 在离散时间索引 n 中是周期性的，其中包含 LM 个样本，索引 i 必须覆盖 $h(n, n-i)$ 的有效持续时间。

基于这个模型可以开发出一个信道仿真器，并在 FPGA 开发板上实现，如本章

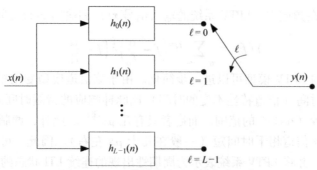

图 2.49　LTI 信道状态的零阶保持插值

参考文献〔84〕$^{\ominus}$中所述。

2.3.3.3.4　实际信道响应的测量

为了表征实际的信道响应，需要测量出电源的瞬时电压，这需要考虑发射机端生成信号的数字板和在接收机端的数据采集板。为了建立链路，数字板和数据采集板通过耦合电路（带变压器的带通滤波器和瞬态抑制器）在选定的插座处连接到电网。在发射机端，电路的滤波器比采集板的重建滤波器更具限制性。在接收机端，耦合电路作为采集板的抗混叠滤波器。测量时，探测信号是一组幅度和相位恒定，在 0 ~ 25MHz 之间均匀分布的 N 个正弦曲线的集合，不过由于耦合电路带通频率的限制，测量频率只能达到 20MHz。因为 $N = 512$，所以频谱分辨率为 48kHz。在 C 个电源周期（数百个）内对接收到的信号进行记录，用作后续处理。

处理算法如图 2.50 所示，描述如下：

1）探测信号：N 个在 0 到最大频率之间谐波相关的音调。

2）接收信号：音调振幅周期性变化（由于信道滤波）且带有噪声。

3）时间安排：在一系列不变状态中分解捕获到的信号（补偿电源抖动）。

$$x_{\ell,c}(n) = x(LT_\ell c + 2N\ell + n)$$

其中 $0 \leqslant n \leqslant 2N - 1$，$0 \leqslant \ell \leqslant L - 1$，$0 \leqslant c \leqslant C - 1$。计算 DFT

$$X_{\ell,c}(k) = \frac{1}{2N}\sum_{n=0}^{2N-1} w(n)x_{\ell,c}(n)\mathrm{e}^{-\mathrm{j}\frac{2\pi kn}{2N}}$$

式中，$w(n)$ 是所采用的窗口。

4）平均：减少噪声，但与市电周期同步以表征周期性变化。

$$X_\ell(k) = \frac{1}{C}\sum_{c=0}^{C-1} X_{\ell,c}(k)$$

5）响应估计：对每个间隔恒定的频率响应进行估计。

$$H_\ell(k) = X_\ell(k)/S(k)$$

$\ominus$　在该模型中，不仅包括信道时变滤波器、还包括用于窄带干扰的干扰发生器、彩色背景噪声和几种脉冲分量。——原书注

式中，$S(k)$ 是发射信号的 DFT。

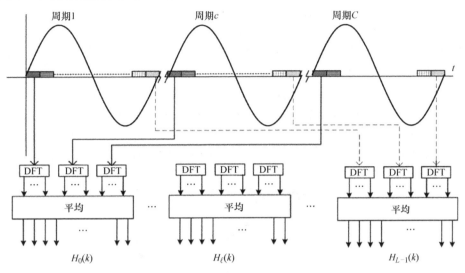

图 2.50 LPTV 信道的测量程序图

这种方法已用于不同的室内场景，在公寓和办公室以及大学实验室中获得了数十个信道响应。其中采样频率为 $1/T_s = 50\mathrm{MHz}$，时间分辨率 T_ℓ 为 $20.48\mu s$，市电周期中不变状态的数量为 $L = 976$。在图 2.51 中，左图为公寓链路的振幅响应，在特定的频段和市电周期（欧洲 $T_0 = 20\mathrm{ms}$）内进行绘制，其中，5MHz 附近的信道频段的变化周期为市电周期的一半。信道变化通常是频率选择性的，即存在变化形式与其他频段不同的频段。此外，某些频段中的信道是时不变的，而在其他频段中则是强时变的。为了更好地理解这一点，图 2.51 右边的曲线图表示的是信道幅度在某些频率下随市电周期的变化，3 条曲线对应 3 个 f。如图所示，幅度响应在所选频率表现出不同的变化曲线，且均具有明显的偏移，而在较高频段中，信道近似不变，所以，这种信道响应形状肯定是由第二类设备引起的。此外，对于第一类设备

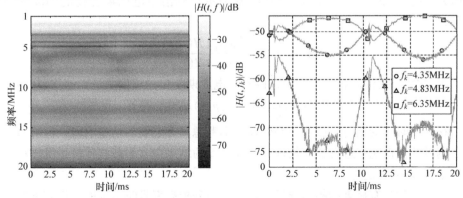

图 2.51 实际信道的幅度响应（右图为不同频率下响应随市电周期的变化）

引起的具有换向行为的信道响应也有相应的测量[9]。

信道的相位响应同样也存在显著的周期性变化，图 2.52 给出了 4 个不同信道的测量结果。该图表示的是市电周期中 L 个不变状态在复平面中某些频率上的信道响应的演进。为了表达更清晰，图中绘制的是相对的响应值，所有值都进行了最大值归一化处理。可以看到，在某些频率上，信道振幅保持不变，而相位急剧变化，在某些频率上，情况刚好相反，还有些信道的振幅和相位均发生改变。需要注意的是，复平面中的这种变化对数字通信传输有强烈影响，需要采取时变均衡来降低错误率。因此，如果忽略时间变化，传输系统将丧失一部分的信道容量。目前的 PLC 系统具有处理信道时变性的技术，否则，系统的性能会降低。

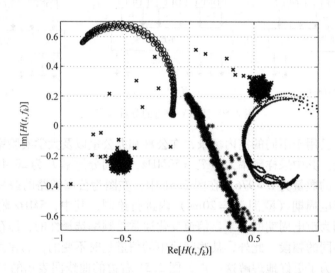

图 2.52　不同频率下 4 个信道响应复振幅的干扰周期演进

除了以上示例，我们从实际测量中总结提取了一些统计值。这里定义两个参数来研究时间变化的幅度。第一个是以 dB 为单位的沿市电周期变化的幅度的最大偏移，

$$\hat{H}(f) = 20\log \frac{\max_t |H(t,f)|}{\min_t |H(t,f)|}$$

第二个是以弧度（rad）为单位的沿市电周期变化的相位的最大偏移，

$$\measuredangle H(f) = \max_{p,q} [\measuredangle(H(p,f)H^*(q,f))]$$

在计算时间变化时，做了一些处理，不考虑具有陷波的信道响应，但对每个频率上测量的信道响应进行独立处理，这样得到的结果包含多载波传输系统方法中所有有效载波的特性。

时间变化具有显著的频率选择性，35% 的分析频率是时不变的，而剩下的频率时间变化明显。频率 LTI 的标准是，在振幅和相位上的信道响应变化足够小，使得

在 64 - QAM（正交振幅调制）传输中即使不进行均衡仍可以有效地检测传输符号，不满足此条件的频谱视为 LPTV，这一部分频谱的两个参数（幅度的最大偏移和相位的最大偏移）的 CDF 如图 2.53 所示。（为了显示得更清楚，曲线经过了截断，其中超过 π 弧度（rad）的相位偏移和超过 17dB 幅度偏移的曲线未予显示。）观察可知，约 30% 频谱的振幅偏移高于 2.6dB，相位偏移超过 0.3rad。所以，需要引入时变均衡，以应对这种信道变化在非密集星座图中的符号检测错误，如 16 - QAM。

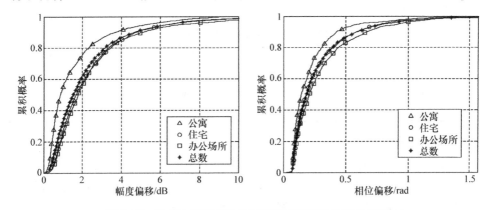

图 2.53　沿市电周期变化的幅度偏移和相位偏移的 CDF

　　为了评估信道的时变速率，可以利用多普勒扩展，测量信道对输入正弦波引起的频谱展宽。这种情况下，频谱展宽可视为电源频率的谐波，因此，多普勒扩展可以定义为式（2.28）中傅里叶级数的最大系数的频率，其中 $H^\alpha(f)$ 比最大值 $H^0(f)$ 低 40dB。在 50% 的频率中，多普勒扩展大于等于 100Hz，10% 的多普勒扩展超过 400Hz[9]。与多普勒扩展负相关的信道相干时间在最坏情况下不长于 600μs。

　　除此之外，循环前缀长度是多载波系统中的重要参数，可以根据信道时延扩展来设置，由测试过的 PLC 信道可知，该参数的时变范围很小。对于 LTI 均匀信道，时延扩展的平均值在 0.3 ~ 0.65μs 间，利用 90% 的空间频率相关性可以估计出时延扩展与 150 ~ 250kHz 之间[83]的信道相干带宽呈反比。

2.3.3.4　室内参考信道

　　对于室内情况而言，对电力线网络的确定性描述很难。作为替代方法或补充方案，我们可以利用带参考信道的结构建模方法来表征室内 PLC 传输系统。

2.3.3.4.1　在结构建模方法中设置参数

　　在测试和基准化 PLC 调制解调器时，不需要大量特定的电力线网络，只需要考虑能够代表典型网络行为的少量样本模型。一种方法是生成具有良好分布参数[31,32,81,85]的随机网络拓扑，然后通过 2.3.3.2.2 节中描述的过程来求解信道响应。以下是一些重要的参数：

　　1）电缆参数：电缆特性可以从制造商的数据中获得。例如，典型的电缆规格为 1.5mm²、2.5mm²、4mm²、6mm² 和 10mm²，绝缘材料通常为 PVC 或其他类似物。

2）拓扑布局：包括电缆段的数量、长度和相对位置。表2.3为3个不同大小的室内网络场景提供了一些合理的平均值：电路数、每个电路的插座数和段长度。根据这些参数，可以利用随机数发生器获得不同的参数集合。

3）设备特性和工作状态：这些特性可以从由测量创建的数据库中获取。但是更直接的方法是创建合成阻抗函数，然后随机选择合成阻抗函数。下一节中给出了这些函数的一些示例。

表2.3　生成随机拓扑的平均值

场景类型（面积/m^2）	电路数	插座数	段长度
小（60）	5	5	4
中（100）	7	6	6
大（200）	10	7	10

2.3.3.4.2　参考信道生成器

通过进一步限制上述结构建模的自由度，可以构建一组参考信道。Cañete等人基于数百个实际信道[86]的分析经验，提出了一种提案，这种提案遵循建模原理，称为简化的自底向上的方法。该提案包括3个主要思想。

1）拓扑：定义一个简单的电力线网络拓扑，如图2.54所示，其中有7个电缆参数和5个插座，这5个插座包含主路径上的发射机和接收机以及与相应负载阻抗并联的3个短截线（代表插座处的设备）。布局参数有7个取值，分别为L_k ($k \in \{1,2,3,4\}$) 和 R_n ($n \in \{1,2,3\}$)。它们的值可以手动设定或用均匀分布的随机数发生器生成，这些值在很大程度上确定了信道的时延扩展。实践证明，间隔几十 m 设置一个值能得到比较理想的结果。

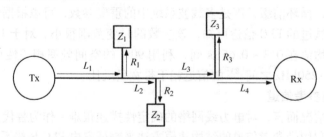

图2.54　参考信道模型的简化网络拓扑

2）传输线参数：表2.4中给出了传输线参数：R、L、G、C（均为每单位长度的值）、γ 和 Z_0 的一些示例值，它们是根据制造商的电缆特性估计出来的[81]。电缆的类型（取决于截面积）可以手动或随机选择。（估计等效介电常数 ε_{eq} 受平行导线，即 PVC 和空气之间的非均匀电介质的影响。G 参数中包括了损耗 ℓ 的过高估计因子，以补偿简化的网络拓扑，这样计算的信道衰减接近于实际信道中的衰减。已经证明，令 $\ell = 5$ 可以得到很好的结果。）

3) 负载：用一组经过删减的合成阻抗函数作为负载。定义 3 组阻抗：常数值、频率选择函数和时变函数。拓扑中的负载值可以从这些类型的阻抗中进行选择。

表 2.4 实际室内电网电缆的特性

电缆类型	H07V – U	H07V – U	H07V – R	H07V – R	H07V – R
截面积/mm^2	1.5	2.5	4	6	10
ε_{eq}	1.45	1.52	1.56	1.73	2
$C/(pF/m)$	15	17.5	20	25	33
$L/(\mu H/m)$	1.08	0.96	0.87	0.78	0.68
R_1	1.2×10^{-4}	9.34×10^{-5}	7.55×10^{-5}	6.25×10^{-5}	4.98×10^{-5}
G_1	30.9	34.7	38.4	42.5	49.3
Z_0/Ω	270	234	209	178	143

注：$R = R_1 \sqrt{f}(\Omega/m)$ 和 $G = 2\pi f \ell G_1 \times 10^{-14}(S/m)$。

① 常数值：合理的取值为 $\{5, 50, 150, 1000, \infty\}\Omega$，分别对应低阻抗、RF 标准阻抗、近似特性阻抗 Z_0、高阻抗和开路。

② 频率选择函数：定义为并联 RLC 谐振电路的阻抗，包含 3 个参数，如谐振电阻 R、共振角频率 ω_0 和品质因数 Q（决定选择性），

$$Z(\omega) = \frac{R}{1 + jQ\left(\dfrac{\omega}{\omega_0} - \dfrac{\omega_0}{\omega}\right)}$$

这些参数的合理取值范围是，$R \in \{200, 1800\}\Omega$，$Q \in \{5, 25\}$，$\omega_0/2\pi \in \{2, 28\}$MHz。有关示例请参见图 2.55。

③ 时变函数：时间上有两种类型的器件阻抗特性（见 2.3.3.3.1 节），两者都可以用简单的数学函数建模，如图 2.56 所示。

• 换向行为：换向行为表示为周期性突变的两个阻抗状态，突变周期为半市电周期。对于每个状态，可以用常数值或频率选择函数来表示。描述时间变化的参数是，状态持续时间 T 和相对于电源电压过零点的延迟 D。这些参数的值可以手动或随机设置，T 均匀分布在 2~8ms 之间，D 取值范围为 $[0, T_0/2 - T]$。

• 连续行为：其数学模型为

$$Z(\omega, t) = Z_1(\omega) + Z_2(\omega) \left| \sin\left(\frac{2\pi}{T_0}t + \phi\right) \right|, 0 \leqslant t \leqslant T_0$$

其中周期为半市电周期（由于整流正弦波），Z_1 和 Z_2 选择常数或频率选择性阻抗值，相位项 ϕ 用来描述相对于电源电压过零点的变化，ϕ 的合理分布为均匀分布。

本章参考文献 [77] 分析了以上提出的信道生成器，并且在测量信道上对其有效性进行了测试。生成器包括用户指南和附加信息，例如 PLC 噪声模型信息。

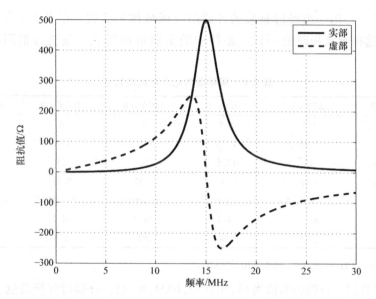

图2.55 频率选择性阻抗（其中 $R=500\Omega$、$Q=5$、$\omega_0/2\pi=15\mathrm{MHz}$）

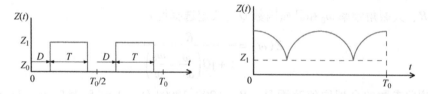

图2.56 阻抗模型的时变函数，具有与市电周期 T_0 同步的换向（左）和连续（右）行为

2.3.3.4.3 基于统计描述的几何拓扑信道生成器

前文中的信道生成器是在统计意义上进行表示的，因为它是基于网络拓扑的抽象描述，所以只能模拟点对点链路。当对多址信道进行建模时，生成能够捕捉共享网络特性的信道响应很重要，其中共享网络能够使信号在相同的布线基础中传播。多址信道会导致同一网络中节点对的信道响应之间产生空间相关性[19]，这一点在评估媒体接入技术和协作方案性能时不能忽略[34]。

为了更实际地实现信道生成器，先从本章参考文献［32］的几何拓扑的统计模型中获得家庭网络，然后采用自底向上的方法。根据欧洲的规范和实践，可以将拓扑分割为区域元素（称为簇），这些簇包含所有连接到导出框的插座（见图2.57），导出框再连接到主面板上。簇的形状为矩形，尺寸可变，但面积相等。利用电压比的方法可以有效地计算出拓扑实现中任一对插座之间的信道传递函数。本章参考文献［32］给出了几何拓扑和布线路径的统计信息。

该参考信道模型已用于分析室内 PLC 信道的特性[31]。本章参考文献［88，89］（参见2.6节）中描述了用于 MIMO 信道的建模方法。

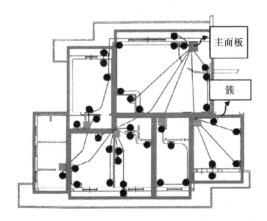

图 2.57　拓扑几何模型：簇、插座（圆）、导出框（正方形）和主面板

2.3.3.4.4　信道生成器的其他替代方法

除了自底向上的方法，还可以利用行为进行建模，从一个自顶向下的方法中直接构造出室内 PLC 信道生成器。这里介绍两种方式，第一种由 Zimmermann 等人提出，应用于室外场景[17]，包含一个信道频率响应的多径模型，其中路径数有限。之后，Tonello 通过定义其参数值的统计分布，将其应用于室内 PLC 信道[56]，基于此模型的信道生成器可在本章参考文献［90］中找到。第二个是 Galli 在本章参考文献［91］中提出的，在本章参考文献［74］中得到扩展。它基于具有 L 个抽头的信道脉冲响应模型，并且根据统计分布（在强制信道衰减和 RMS – DS 相关之后）选择幅度和时延系数。

本节中提到的 3 个参考信道模型的性能在本章参考文献［92，93］中进行了分析和比较，结果表明，这些模型对室内 PLC 信道特性均具有适应性。

在本章参考文献［30］中已经开发出了一种经过显著改进的自顶向下的信道生成器[56]，可以在统计意义上匹配欧洲家庭中的信道。

2.4　中压信道模型

中压传输线（在 ANSI/IEEE 1585—2002[94] 和 IEEE 1623—2004[95]中额定值为 1 ~35kV）用于连接高压传输网络终端的配电变电站（等于或高于 110kV）和本地低压配电网的中压（或低压）配电变压器。减少传输过程中的损耗需要降低线路上承载的电流，而确保公共环境的安全操作又需要降低线路电压，当传输功率一定时，为平衡好电压与电流的关系最终确定了该电压范围。

过去的几十年中，电网的监测和控制功能集中在发电和输电网络，最远扩展到配电变电站。电网现代化的一个关键目标是通过配电网络将监测和控制扩展到客户端。近些年，一方面配电网增加了提供配电自动化（Distribution Automation，DA）、故障定位、隔离和服务恢复（Fault Location, Isolation and Service Restoration, FLISR）和需求响应（Demand Response, DR）服务的设备以及高级计量基础设施（Advanced Metering Infrastructure, AMI），另一方面人们还发掘出中压配电网与这些设备连接时在增加可靠性和降低成本方面的潜力，这两点使得 MV 配电网的电力线通信（MV PLC）得到了巨大的发展。

网格架构师希望通过使用 MV PLC 实现以下功能：①对连接到配电网络的智能电子设备（Intelligent Electronic Devices, IED）的远程控制或监测，包括继电保护装置、电容器组开关、重合控制器、电压调节器等。②智能电表的遥控和智能计量数据的回传。③用电需求管理及与之相似信息的交换。④提供与下游用户的互联网连接。MV PLC 设备必须克服由中压信道引入的严重的传播损耗。信道模型在量化这些损耗及在仿真和设计中起到了关键作用。

在本节中，我们将讨论中压信道模型的特性以及新的信道模型的研究进展，这些信道模型将满足 MV PLC 开发商当前以及今后的需求。2.4.1 节的内容包括中压输电线路和配电网络的性质、输电线路的建设以及附属设备和网络拓扑。2.4.2 节介绍已经提出的 MV PLC 信道模型，包括自底向上和自顶向下的类型，此外还介绍了一些前瞻性工作，例如支持新兴 MIMO 电力线通信技术的信道模型以及中压线路的噪声特性。

2.4.1 中压特性

中压配电网和传输线的物理属性几乎在各个方面都介于高压和低压条件下的物理属性之间。由于各种标准和设计需求的不同，世界各地的电力公司采用的中压工作电压、配电变电站设计、中压网络布局和拓扑也多种多样。这里，我们总结了目前最常使用的中压配电输电线路和配电网所共有的属性。

2.4.1.1 配电变电站

中压配电网络的核心是配电变电站，它从一条或多条高压输电线接收功率，并且将其降低到适合由一条或多条中压支线和配电线进行局部分线的中间电压。这些支线和配电线路负责给用户附近的中压/低压配电变压器供电，该变压器将电压降低到适合终端用户使用的低电压值，通常小于 600V。

配电变电站还负责执行其他二级功能。首先，它们提供了在传输或分配系统中隔离故障的机制，从而增加电力系统的整体可靠性。其次，它们通常用作电压调节点（尽管可能需要在较长支线的不同位置安装额外的稳压器）。最后，它们经常用于 MV PLC 网络的端点和网关，负责监视和控制连接到配电网络的设备。

最简单的配电变电站仅由开关设备和降压变压器组成，但是实现形式多种多样。一些配电变电站的设备可以安装在以下设备的内部：①现有建筑物中的专用房间；②室外环境中提前放置的专用外壳；③基于已经安装在地基座或电线杆上的室外设备。最复杂的变电站通常位于大城市的中央商业区，其可靠性更高，并且在故障发生时更容易重新配置与电网的互连。

2.4.1.2 网络布局和拓扑

服务区内的中压支线和线路的布局最终由用户的分布密度以及为这些用户服务的配电变压器的位置决定。支线则需要根据预设的覆盖范围连接到主支线。中压支线通常有几千米长，并由许多较短的段拼接在一起，拼接点通常位于与分支线相连接的位置。

中压网络的拓扑是对网络内部连接和备选传输路径的描述。网络拓扑的选择主要取决于服务区域内的用户密度和对可靠性的要求，以及是否需要通过增加冗余来提高传输的可靠性。

3 种可行的中压分布网络拓扑包括：通过连接到中压径向网络实现的单线服务，通过连接到中压环路网络实现的环网主服务以及使用并行中压支线实现的持续服务。它们的属性总结在表 2.5 和图 2.58 中。

表 2.5　中压网络的 3 种连接方式

属性	服务		
	单线服务	环网主服务	持续服务
活动	任意	任意	高科技、敏感办公室、保健
拓扑	径向	环形	并行/独立馈线
服务区域	单个建筑	单个或多个建筑	单个或多个建筑
服务可靠性	低	中	高
功率需求	≤1250kVA	任意	任意
适用	单个区域	低密度城市区域	高密度城市区域

树状径向拓扑是实现中压分布网络最简单的方式，其中每个配电变压器通过单个路径连接到对应变电站。根据本地设计方案将开关、重合器、稳压器、电容器组和相关 IED 部署在整个网络中，方便故障隔离并确保电源质量。这种类型的径向分配网络同时兼顾了简单性和易操作性，并且安装成本非常低，缺点是没有在故障或管线破裂时快速恢复受影响用户的服务。越复杂的网络拓扑越可以提供更多的服务，从而有更高的可靠性。虽然在低负载密度（例如负载小于 1 MVA/km^2）的农村环境中对可靠性的要求不高，但是在高负载密度（例如负载大于 5MVA/km^2）的城市地区对电力供应可靠性要求很高。开环布局下，沿着环路的每个配电变压器（或几个分支馈电配电变压器）到相应变电站都会有两条可行路径。每个变压器或支线通过一对中压开关连接到回路。正常情况下所有开关中只有一个保持打开状态，系统作为一对径向臂使用。当故障发生时，环路的一部分被隔离，只需要关闭特定的开关，就可以立刻恢复服务。

环形主拓扑是开环拓扑的变形，该环路由多条线路馈电。开关可以隔离由不同支线驱动的环路。如果系统发生故障或者需要维护导致无法使用某条支线，则可以根据需要打开或关闭特定的开关，保证其余支线为回路的所有部分供电。连接到环

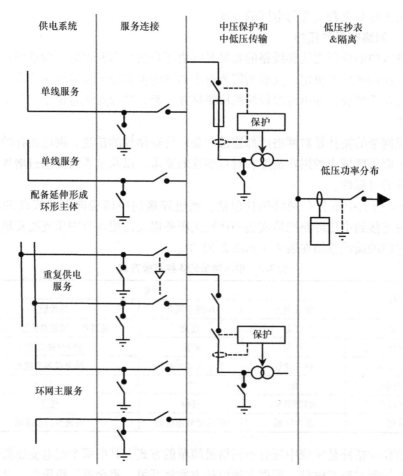

图 2.58　中压网络的 3 种连接方式（摘自本章参考文献 [96]）

形主电力配电系统支线的数量随着系统的最大负载、环路的总长度和所需的电压的增加而增加。

如果对可靠性要求很高或者用户的密度非常大，可以增加成本，使用并联或独立的支线来增加冗余度，从而满足需求。在密集城市地区中使用上述方案的变形，包括网格型/闭环拓扑和简化的网格型/开环拓扑，可以增加网络的可靠性和灵活性，便于系统的维修和升级。

2.4.1.3　架空电缆和地下电缆

中压支线和分支线路可以使用架空电缆或地下电缆。架空电缆部署成本非常低，但是会受到天气和其他外部因素的影响，因此也更容易受到损坏，通常广泛部署在农村地区，在郊区也经常使用。地下电缆的部署成本较高，但是一旦埋入地下或通入管道，受天气和外部因素的影响就会很小，因此被广泛地部署在郊区以及城市地区。

中压网络的架空电缆和地下电缆所占比例在不同国家之间差别很大。欧洲国家往往会更多地采用地下电缆。而北美地区的国家由于地域范围辽阔并且存在分布稀疏的乡村，所以较多地安装架空电缆。

2.4.1.4 架空电缆

中压架空电缆通常部署在距地面 10 ~ 15m 的电线杆顶部。在郊区，相邻两根电线杆的间隔通常在 30 ~ 50m，但在农村地区的间距会增加到 100 ~ 130m。大多数电线杆仅承载单条中压支线，称为一次电路，但是在特殊情况下也能够承载多个一次电路。中压支线通常与低压配电线路和安装在中压架空电缆下方预定区域中的有线电视通信电路共用同一电线杆。

在北美，支线包括 3 根相线和零线，在欧洲则只有 3 根相线。3 根相线通常水平分开并安装在电线杆顶部一个 2.5 ~ 3m 的交叉臂上，被陶瓷或聚合物绝缘体材料包围，这种绝缘体大致分为支撑交叉臂上方导体的引脚类型和悬挂在交叉臂下方的悬挂类型。根据所处具体位置和屏蔽优先级，零线可以安装在横臂的上方或下方。无交叉臂的结构可以使用玻璃纤维绝缘体支架或柱式绝缘体来承载支线。有时，特别是当没有二次电路或通信电路时，3 根相线可以垂直分离并安装在电线杆的侧面。

虽然过去常用铜质导线，但是现在架空电缆上的导线主要由更轻和更廉价的铝制造。钢芯铝绞线（ACSR）电缆是一种复合材料，它结合了钢芯的强度和铝的高导电性。铝合金绞线（AAAC）由高强度铝 - 镁 - 硅合金组成，与 ACSR 相比，具有更高的强度 - 重量比以及导电性，更强的松弛张力特性和耐腐蚀性。复合芯铝绞线（ACCC）使用碳和玻璃纤维芯制成，其热膨胀系数为钢的 1/10，与 ACSR 相比，拥有更大的电流容量，更低的热松弛性。图 2.59 对比了传统 ACSR 和现代 ACCC 导体的横截面视图。通常，我们忽略不同建筑材料（电缆材质）对 PLC 的影响。

图 2.59 架空输电线路中传统的 ACSR 和
现代 ACCC 导线
（由 Dave Bryant 拍摄，在 CC BY – SA 3.0
未许可授权下授权）

虽然制造和安装架空电缆的成本相较于地下电缆低很多，但架空电缆不够稳定，大风和冰霜都可能使得导线间发生接触并引起暂时的短路，绝缘层受到灰尘之类的影响容易发生破裂。由于这些故障大多数都是暂时的，因此经常使用具有自动重合器设备或断路器来保护中压架空电缆的安全。

架空电缆的 PLC 需要使用电容或电感将宽带信号耦合到线路设备中，目前电容耦合器更为常见。典型安装如图2.60所示。

2.4.1.5 地下电缆

地下中压电缆通常部署在城市街道下方的管道中以及建筑物内。中压电缆电路由3根单芯电缆或1根三芯电缆组成，并连接到变电站设备或配电变压器。当中压电路的长度超过单个电缆的长度时，需要接头来连接各个电缆。中压电缆可以直接铺设到地下的管道中，或者铺设在隧道或地面上的电缆托架上。安装电缆时可以采用三叶草法（3条电缆成三角形）或者平直法（两条电缆并排）。当铺设多条单芯电缆时，必须确保电流平衡分布。尽管地下电缆网络比架空电缆网络发生故障的概率低，但一旦发生故障却是永久的，并且需要更长的时间来定位和解决故障。

中压电缆的部件包括导线、导线屏蔽层、绝缘层、绝缘屏蔽层、金属护套和防腐蚀护套。中压电缆导线的有效截面积通常在35 ~1000mm^{2}之间。导线可以是实心的，由几层同心螺旋线缠绕形成；也可以是扇形横截面，这样在给定载流时的截面积最小并且柔韧性也会提高。铝导体成本低、重量轻，通常用于

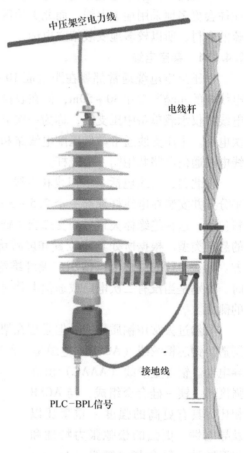

中压架空电力线

电线杆

接地线

PLC-BPL信号

图2.60 将PLC-BPL信号耦合到中压架空电缆中的一种典型的电容耦合器（ⓒ2014 Arteche）

铺设长距离的电缆，而在变电站或工业设施的短链路中一般使用铜导线，这是因为对于给定的功率，铜电缆具有更强的导电性和更小的尺寸。绝缘层是高功率电缆的关键部件，之前使用最多的是纸绝缘铅包（PILC）、单独铅包（SL）和充油（OF）电缆。而最近几年，交联聚乙烯（XPLE）绝缘材料已逐渐取代了原来的材料。

同样的，地下电缆的PLC也需要使用电容或电感将宽带信号耦合到线路设备中，目前电感耦合器使用得更多。典型安装如图2.61所示。

2.4.2 中压信道模型简介

中压电力线设计的目的并不是数据传输，而是为了应对复杂的通信环境。中压配电网两点之间传输响应的衰减、频率选择性、延迟扩展和时空易变性由以下几点确定：①馈线横截面的几何形状和长度；②连接馈线的接头和耦合器的性质；③连

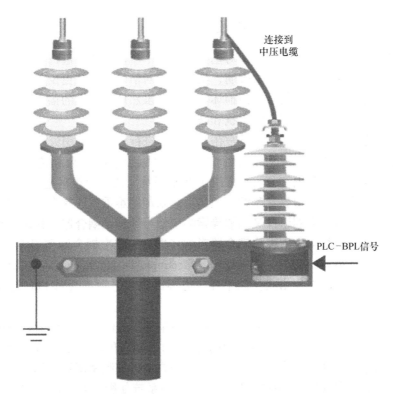

连接到
中压电缆

PLC－BPL信号

图 2.61 将 PLC－BPL 信号耦合到中压地下电缆的一种典型的电感耦合器（© 2014 Arteche）

接到馈线的支线长度和位置；④连接到配电网的变压器、电容器组件和其他设备的性质和位置；⑤连接到中压网络的负载状态、中压网络连接的 IED 是否重新配置。

中压线路上的信道损耗同样也介于高压和低压的信道损耗之间。为了估计这些损耗并找到减少损耗的新技术，我们必须对衰减有进一步的认识，因此需要设计一种能够仿真中压信道的模型。

由于世界各地中压配电网和其相应的 PLC 所基于的各种标准和设计实践不尽相同，中压信道的模型设计也变得愈发困难。因此，当前绝大多数中压信道模型都是基于特定情况和特殊场景的。设计一个通用的中压信道模型很有必要，但是实现起来非常困难。一般来说，我们可以采取自顶向下或自底向上的信道建模方法，这一点与室内信道模型的设计类似（参见 2.3.3 节）。前一种方法可以通过测量得到，也可以利用时域和频域中的信道特性与对应场景参数之间的统计关系获得。后一种方法通常是基于理论或物理方法，根据场景的几何特性严格地预测信道特性。以上两种方法都可以用来描述一个小网络功能块的信道特性以及由多个功能块组成的更复杂的网络信号流图。

两种方法都可以区分确定信号模型和随机信号模型。前者适用于指定场景，而后者可以得到特定条件下的信道特性。

2.4.3　基于测量的中压信道特性

我们将从组件和网络两个层面对基于测量的中压信道特性进行描述，首先从作为信道核心的传输线开始。经验表明，架空电缆对信号的衰减更少并且建设成本更低，但更容易受外界条件的干扰而损坏。相反，虽然地下电缆的信号衰减快，铺设成本高，却不易受到外界因素的干扰和破坏。

PLC 信道组件层特性的测试通常在实验室中进行，可以利用矢量网络分析仪或类似的激励 – 响应测试组来对组件的输入阻抗（或反射响应）和传输响应进行测试。组件响应频率的范围和分辨率取决于 PLC 系统所使用的频率范围。

虽然组件层的性能很容易理解，但实现起来却困难重重。首先，我们很难找到既能够将激励信号耦合到组件又能够检索响应信号的标准耦合器。其次，目前还没有能够从组件的测量响应中去除耦合器影响（即用于校准耦合器和消除实际响应）的标准化技术。第三，电子设计自动化（Electronic Design Automation，EDA）软件中没有数据共享的标准化格式。以上任一方面的技术进展都会对 PLC 行业产生巨大的影响。

PLC 信道网络层特性的测试通常在由原型组件组装的测试台或运行的中压配电网内进行[48,97-100]。该测试结果可用于验证输入端口的输入阻抗（或反射响应）或端口之间传输路径的响应是否与由计算和仿真所得的频率函数一致。用来测试两个中压变电站之间 PLC 信道的激励 – 响应实验系统如图 2.62 所示。在该示例中，

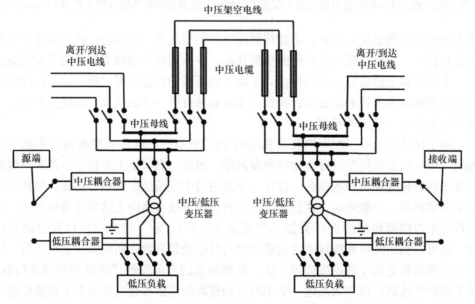

图 2.62　使用激励 – 响应测试装置来表示两个中压变电站之间的 PLC
信道的实验系统（摘自 Cataliotti 等人 2013[108]）

除了分支线和电容器组之外，连接设备的其他主要组件都在图中给出。信号可以耦合到中压网络或直接通过低压网络进行传输。

MV PLC 网络的传输特性可能随开关的断开和闭合以及负载的接通和断开而改变。人们对低压和室内 PLC 网络上的动态负载效应已经有了深入研究，如本章参考文献 [101，102]，但是对 MV PLC 网络的研究却很少。仿真和测量表明，在具有多个并联分支的复杂电力网络中，负载的开关切换大大缩短了传输函数的时间变化[103,104]。

2.4.4 基于理论的中压信道特性

2.4.4.1 架空电缆

在电报和电话时期，我们最先考虑的是单条传输线的损耗特性。在 1926 年，Carson[50] 最早提出了解决传输损耗的方案。在对应解（solution）的频率非常低和/或理想接地的假设条件下，他计算出准 TEM 模式下的分布参数。在 1956 年，Kikuchi[51] 得出了一个在接地线上方细导线的精确模态方程。该公式通过使用准静态和精确模态方程的渐近膨胀，实现了分布参数从准 TEM 到表面波传播的过渡。

1972 年，Wait[105] 扩展了 Kikuchi 的工作并获得了地面上单一导线的精确数值解。后来的研究者 D'Amore[106]、Amirshahi 和 Kavehrad[47] 将这些结果扩展到多条导线的情况，并且计算出了由地面返回的损耗（accounted for lossy ground return）。当与典型的网络拓扑和合适的噪声模型（例如由 Lazaropoulos[107] 定义的模型）结合时，这种模型能够由架空电缆准确地预测 PLC 系统的信道响应和容量。这种响应包括随频率和距离衰减的信道频率响应速率以及响应中频谱零点的数量和深度。

2.4.4.2 地下电缆

有损介质同轴传输线的特性研究开始于电报时期的早期，这与电气工程作为独立学科出现的时期一致。中压配电电缆的多导体性质有许多重要的特征，自 20 世纪 30 年代以来一直是一个重要的研究课题。双导体传输线支持一个前向行波和一个后向行波，由 $n+1$ 根导线组成的多导体传输线（Multiconductor Transmission Line，MTL）能够支持 n 对具有不同传播常数的前向和后向行波或波模。地下电缆可以支持 n 种模式，包括由 n 根导线传播并被屏蔽后返回的共模（Common Mode，CM），以及由 n 根导线传播和返回的 $n-1$ 个差模（Differential Mode，DM）。

对多导体传输线行波的精确估计通常需要混合模式的全波分析。对于地下电缆而言，主要难点在于如何获得导线复杂的横截面几何形状以及绝缘和机械支撑的电介质结构。然而，如果电缆的横向尺寸远小于波长，并且与损耗或纵向变化的电介质相关的纵向场分量非常小，则可以接受由 TEM 模式准静态近似的结果。通过矩阵方法，可以将两个导体的标准传输线分析扩展到多根的情况，n 种模式满足一组 $2n$ 个与线电压和线电流相关的互相耦合的一阶偏微分方程。我们绘制了典型的地下电缆和架空电缆衰减常数的预测值与频率的函数关系图，并与图 2.63 中的测量值进行了比较。

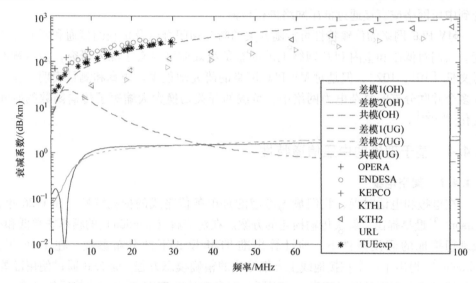

图 2.63　BPL 配电网架空电缆和地下电缆的衰减系数频谱的比较
（摘自 Lazaropoulos 和 Cottis 2010[10]）

2.4.4.3　中压配电网中的 MIMO 电力线通信

　　近几年来，MIMO 技术被广泛应用于 PLC。在无线传输过程中，该技术可以在发射机和接收机之间建立多个传输路径，既增加了传输的容量也提高了传输的可靠性[89,109]。现阶段已经提出了多种感应 MIMO 的 PLC 耦合方案，在此，我们推荐 delta 样式和 T 样式方案。多个 PLC 标准已经扩展到支持 MIMO 操作。然而，性能的提高需要以更高的成本投入为代价，这些方案能否进行商用取决于设计者如何在性能和成本与复杂度之间进行权衡。因此，只有对 MIMO PLC 信道特性进行准确的描述，才能对其能够达到的性能进行评估。绝大多数测量实验已经在低压环境中完成，具体参见本章参考文献［110］。我们需要在指定的中压信道中评估 MIMO PLC 的性能。

2.4.5　噪声和干扰

　　噪声和干扰会对 MV PLC 系统的性能产生很大的影响，来源主要有以下几点：①电力网运行过程噪声（内部噪声）；②电力网外部噪声（外部噪声）；③来自其他 PLC 设备的干扰信号。MV PLC 网络中的非高斯噪声是 PLC 中的主要噪声来源，可能比热噪声高出 50dB[111]。

　　MV PLC 网络中的噪声分为 3 类：①广义或有色背景噪声；②周期性脉冲噪声；③异步脉冲噪声。广义或有色背景噪声，比如电源开关状态切换时产生的噪声的主要特征是窄带干扰（大多数低于 1kHz），在功率谱密度上以较高频率叠加在一起并服从指数衰减。周期性脉冲噪声是幅值高达 2kV 的短脉冲，主要由连接到电力系统的开关调节器和电动机产生。异步脉冲噪声主要是由连接到网络负载开关的瞬间切换造成。多种形式的脉冲噪声[112]的脉冲持续时间和到达间隔时间的建模已经被广泛研究，一些针对脉冲噪声瞬时幅度统计的研究也在逐步展开。

2.5 户外高压信道模型

高压（HV）传输线（110kV 及以上）用于从发电厂到远端变电站或两个变电站之间进行电力传输。尽管高压直流（HVDC）技术可以在非常长的距离（数百 km）内提高传输效率，但是大多数 HV 输电线路通常采用高压三相交流（AC）的传输方式。在本节中，我们主要介绍 HV 线路上的 PLC，首先介绍 HV 线路的一些常见场景，然后提出理论分析框架来近似逼近实际的通信信道。

2.5.1 高压场景

创建 HV PLC 电信网络的初衷是实现变电站和控制中心之间模拟电话的直接通信[113]。后来，随着变电站中监控和数据采集（Supervisory Control And Data Acqui-sition，SCADA）的远程终端单元（Remote Terminal Unit，RTU）的实现，模拟信道已被数字信道替代，数字调制解调器的多路复用信道数据速率可达 64kbit/s 甚至更高。虽然某些国家或地区可以更高的频率（最高 1MHz）进行传输，但是 HV PLC 的可用载波频段仍然控制在 40 ~500kHz 之间。数据传输质量取决于恶劣天气条件下线路的耦合衰减、信噪比和线路参数。陷波器和耦合设备的使用使得 PLC 系统已成为能够覆盖遥控和远程保护应用等基本要求的电力线基础设施。为了充分了解 HV PLC 信道特性，首先要熟悉系统中的设备，并且对 HV 信道中的每个特性进行详细分析。

图 2.64 给出了 HV PLC 最常见的配置。电力公司在传输塔和电线杆上使用不同的高压架空电缆来传输电力和数据。高压电缆的导线材质通常是铜或者铝，并且制成一整根或分段的圆形绞线。为了减少电流的损耗，使用绝缘层和外部保护套包裹导线。绝缘材料是交叉连接的聚乙烯（也称为 XLPE）或聚氯乙烯（PVC），它们的柔韧性很好，还可以承受高达 120℃ 的工作温度，因而也有防腐蚀的作用。HV 传输线中的电介质会在空气中放电并产生臭氧，绝缘层还必须能够抵抗高压应力（HV stress）和空气中放电产生的臭氧带来的损伤。因为电缆绝缘线存在电介质应力，所以一般会用接地的导电金属屏蔽（也称为 Hochstadter 屏蔽）环绕在 HV 导线周围，从而对其进行均衡。导线的截面积通常在 10 ~750mm² 的范围内，截面积的大小决定了 HV 线的载流能力和电阻值。我们看到的传输线通常表面十分光滑，形状也都是规则的圆柱形。

传输塔为钢铁交叉结构，用于支撑架空 HV 电力线[114]，可以承载 3（或 3 的

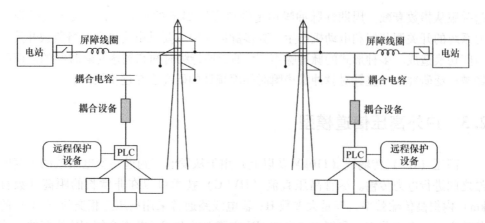

图 2.64　高压传输系统网络示例图

倍数）根传输线，其中 1 根或两根接地线（也称为"保护"电线）放置在顶部用于拦截闪电。在传输塔与 HV 电力线之间使用玻璃、陶瓷或由硅橡胶制成的复合材料来进行绝缘，绝缘层呈链状或长直的杆，其长度与线路电压和环境条件有关。塔的高度可根据设计的跨度和地面的特点进行大范围调整。导体可以放置在一个平面内或者大致呈对称分布的三角形交叉臂上，用以平衡三相的阻抗。流行的布线方式是互相对称的相导体架空线路，该方式减少了由不对称配置产生的静电和电磁不平衡，并且不需要使用转置塔（转置塔的作用是消除电磁不平衡）。需要指出的是，线路配置和导线间距受工作电压、导线松弛程度、地形特点、绝缘体类型、跨度长度和外部环境条件等许多因素的影响。

　　按照塔架支撑结构或线路相导线的布置方式，可以将塔架结构分为 3 类。悬挂塔，利用从塔上垂直悬挂下来的绝缘体或两个"V"形的绝缘体支撑传输线。以上两种情况可以同时使用若干绝缘体来增加悬挂塔的机械强度。转置塔，通过改变 HV 相导线的相对物理位置来平衡相间电阻抗的传输塔。终端塔，使用水平绝缘体来支撑 HV 传输线，用在架空电缆与地下电缆的连接处以及分支塔处，或者用于传输线大幅改变传输方向时。近年来，考虑到耐用性和制造及安装的简便性，逐步开始使用钢管塔来代替晶格钢塔。

　　如图 2.64 所示，传输波线的终端和 HV 线路的连接需要使用以下组件：

- 陷波（线）器以及其调谐设备；
- 耦合电容；
- 耦合电路（也称为耦合装置）。

　　如图 2.65 左图所示，陷波器由圆柱形线圈组成，线圈的电感值范围为 0.2 ~ 0.5mH。陷波器用来将传输的波信号限制在 HV 线路的特定部分，以减少信号在其他方向的传输，并实现电力网络中频段的复用。如图 2.66 所示，与 HV 线路导体串联的陷波器可以"自由悬挂"或"支撑"组装，并且能够支持最大承载流量

（即每种类型的短路电流）。为了避免干扰正常的承载功率，陷波器在中压网络的频率（50Hz或60Hz）处的阻抗必须非常小；而用于PLC数据传输时，陷波器在所处频段中的阻抗必须非常高。此外，由于线路陷波器的存在，网络配置中所有的连接衰减和阻抗特性都保持不变，包括从陷波器的两侧接地的相位，并且通信设备也不会受到大气放电和其他波动的影响。波束陷波器由1根或多根导线构成，导线缠绕成圆柱形，缠绕圈数取决于电流和电感值，如果存在多个圆柱形线圈，通常把它们同心并联放置。导体由铝材料制成，其截面为矩形，该截面的短边平行于电感器的垂直轴线，从而使机械结构更加稳固。为了抵抗环境介质，构成电感器的螺旋结构被浸入环氧树脂中的玻璃纤维间隔件均匀分成几部分，保证了绝缘性和机械一致性，并且需要测量各部分之间的距离来优化冷却和高频电力特性。这些无源电路元件在机械和电气方面十分重要，线路短路会使电路元件遭受电击，从而导致强烈的瞬态现象。标准 ANSI C93.3 和 IEC 60353 描述了陷波器的实现要求。

图 2.65　HV PLC 通信标准线路陷波器和调谐装置

　　如图2.65右图所示，除陷波器以外，与主电感并联的 RLC 电路组成的调谐装置为扩展的频段提供了可编程反谐振电路，通过该装置，高压线路的衰减和阻抗对变电站组件的状态变化更加灵敏。如图2.67所示，构成调谐装置的电路可以分为3部分：由可编程电阻 R 组成的串联调谐臂，取决于通信设备频段的电容 C_2 和与电路相连的多插座电感 L_2，基于频段的可编程电容 C_1 的并联调谐臂以及用于调整 C_1 的微调电容 C_p。电容 C_1 与线路陷波器在频率 f_1 处建立谐振电路，同时设置电容 C_2 为额定值，使得整个电路装置限制在频率 f_2 处，f_1 和 f_2 分别为通信终端载波频率的高频和低频。所有的线路陷波器均配备有保护浪涌放电器，其额定工作电压范围为 3~6kV，在操作期间与主电感和调谐装置并联的电涌放电器在线圈隔离级别的限制下保持浪涌。

　　耦合电容是将通信设备连接到 HV 线路的无源元件，电容范围为 2000 ~

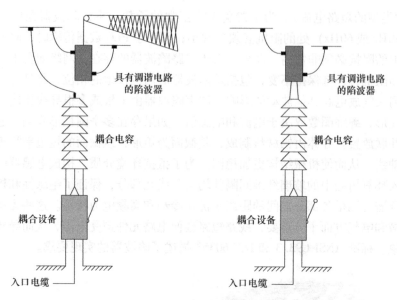

图 2.66　标准类型的线路陷波器组件

10000pF。在室外开关站中，低工作电压的耦合电容是悬挂安装的，而在较高的工作电压下优先采用基座安装的方式。当电压高于150kV 时，电力传输网络零线完全接地，则连接导线与地的耦合电容的额定值可低于标称电力线的电压值；耦合电容的充电电流随着工作电压和耦合电容的增加而增加。IEC 60358 标准给出了耦合电容的要求。

最后，HV 耦合装置（也称为耦合电路）保障了 PLC 通信设备和 HV 线路在 24 ~ 500kHz（或 1000kHz）之间的信号连接。如图 2.68 所示，HV 耦合装置通常包括电力线载波设备和耦合装置之间的接线、一个或两

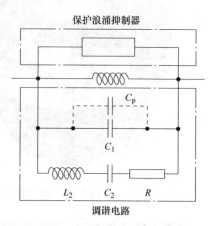

图 2.67　具有宽带调谐装置的
线路陷波器标准线路图

个耦合装置、一个或两个耦合电容，采用一个或两个可选配高频混合的 HV 线路相位。耦合器件内部的可变调谐电路可以实现可变的调谐耦合，配备耦合装置的隔离和阻抗适配变压器实现了耦合装置一次和二次端子之间的电流阻隔以及电源线和连接线之间的阻抗适配。除此之外，配备耦合装置还可以使得电流绕过传输路径中的中间电站进行传输。通常的做法是在耦合装置内部加入混合装置，同时在旁路配置中插入具有紧密传输频段的 PLC 终端和信号组。耦合装置的插入损耗应小于 2dB，回波损耗应大于 12dB。插入损耗可以在单个耦合装置以及整体连接中测量，在前

一种情况下，测量损耗来源于耦合变压器和滤波器，后一种情况下来源于 HV 线。IEC 60481 标准中对耦合装置的要求进行了描述。

图 2.68 标准耦合装置

如图 2.69 所示，载波通信终端可以通过不同的耦合方案连接到 HV 电源线的两条导线中。

相对地：信号在导体和地之间进行传输。由于其实现简单，成本较低，单相耦合方案主要用于较低电压（通常为 110kV）的短距离连接。如果在传输阶段发生接地故障，会导致严重的衰减从而使得 PLC 终端无法工作。

相对相：在同一个三相系统（或电路）的任何两相导体之间进行信号传输。这种耦合方案通常用于高压线路（220kV 及以上）的长距离连接，在除了 PLC 服务之外还配备有远程保护系统时也会使用该方案。

系统间（电路与电路）：用于相同传输塔上不同电路中任何两相导体之间进行信号的传输。

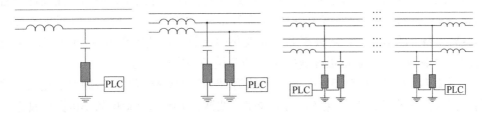

图 2.69 常用的耦合方案：相对地、相对相和系统间耦合

相对相耦合方案具有较低的衰减和较高的鲁棒性，并且在抵抗大气干扰产生的衰减和特性阻抗方面呈现高稳定性，因此通常优于相对地耦合方案。此外，如果断

开导线进行测量，相对相方案的可靠性会更高，这是由于传输可以转移到另一相（相对地耦合），所以耦合相上的故障不会导致服务中断。系统间耦合的优点是两个电路中的一个可以接地而不插入陷波器，此时载波通信系统仍然可以工作。但是，相比于相对相方案，系统内耦合的衰减更高。

2.5.2 高压信道模型

在介绍了 HV PLC 中涉及的所有设备和装置的基础上，我们引入 HV 信道的一般模型。

通常采用自顶向下的方法，通过实际测量定义高压信道模型。然而，在信道传递函数中，由于阻抗的不连续性、非理想耦合和各种非均匀负载会造成沿传输线的多次反射，以及通信中所有物理设备产生的频率相关衰减，都会导致发射波沿不同的路径传播，从而出现深的窄带陷波，并在整个频率范围上扩展。因此，接收机观测到的信号是发射信号经由多条路径衰减后的叠加值，这种现象被称为多径传播。此外，由于每条路径的长度不同，并且 HV 线路负载存在时变性，导致每条路径的时间移位不同，所以即使 HV 电缆本身在物理上未分散，整个 PLC 信道也是时间离散的。

综合以上考虑，高压信道可以建模为线性缓慢时变滤波器，信道模型函数通过脉冲响应描述为

$$h_{\mathrm{HV}}(t,\tau) = \sum_{i=0}^{L-1} \alpha_i(t)\delta[t - \tau_i(t)] \tag{2.29}$$

式中，系数集 $\{\alpha_i(t)\}_{i=0}^{L-1}$ 表示与传播延迟 $\{\tau_i(t)\}_{i=0}^{L-1}$ 相关联的复多径回波幅度。由于 HV 时间色散信道在频域中对发射信号具有乘数效应，所以在不同频率处的衰减不同，即该信道具有频率选择性。引入附加噪声项 $n(t)$ 来表示 PLC 设备的加性噪声，HV 链路中的噪声可以粗略地表示为静态分量和附加脉冲分量的和（参见2.5.3 节和 2.5.4 节）。

通常在安装 HV PLC 链路时对线路衰减、线路阻抗、线路反射和噪声水平进行测量。这种方法可以在较短观察间隔内描述线路特性，并给出预期的链路设计和通信设备的初始设置。HV 信道性能的示例如图 2.70 所示，给出了 11.5km 长的132kV 线路上的信道衰减随频率和时间变化的函数。虽然图 2.70 仅代表了单通道时间 – 频率响应，但是也很好地描述了 PLC 设备的典型损耗。

图 2.71 是长度为 51.3km、电压幅值为 380kV 的线路衰减随着频率变化的函数图。值得注意的是，耦合电路和调谐线路陷波器在 168 ~ 240kHz 频率范围内具有低通效应线性衰减，而在其他频率处，衰减会发生大幅振荡。由于该结果具有代表性，我们可以在链路的稳态条件下导出一些近似公式，并从链路衰减角度来描述HV 信道的特性。下一节将详细介绍这种方法。

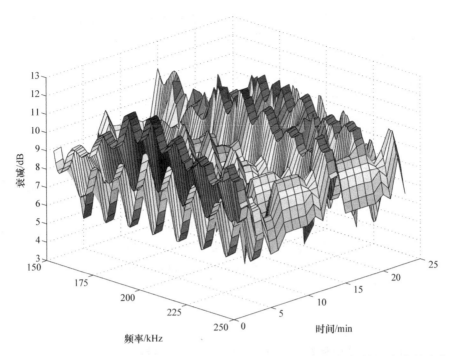

图 2.70　间隔 30min 测量的长为 11.5km 的 132kV 电力线线路衰减随时间和频率的变化

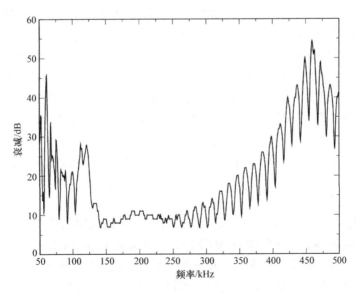

图 2.71　51.3km 380kV 线路的线路衰减

2.5.2.1　高压链路衰减

由于信号路径的不对称性（比如不同的终止条件），HV 电力线建模中很少出现对称和均匀的线路；此外，导体相对于地线或保护电线的空间分布也会随路径发生显著变化。但是，根据实验数据以及均匀线的模态分析理论，仍然可以得出评估 HV 链路衰减的关键因素。

HV 通信链路中的衰减主要与传输频率和线路长度有关，可以分为链路各个部分的衰减之和以及由发射机（接收机）和线路之间的非理想阻抗匹配产生的衰减。因此，一个完整传输段的衰减表示为

$$A(f) = a_\ell(f) + [2a_{cp}(f) + 2a_{st}] + a_{cbl}(f) \cdot \ell_{cbl} \tag{2.30}$$

式中，$a_\ell(f)$ 是线长度为 ℓ 的衰减；$a_{cp}(f)$ 是由耦合电路引入的衰减；a_{st} 是由电力网络站引入的损耗；$a_{cbl}(f)$ 是高频（HF）入口电缆的衰减（取决于工作方式和频率）；ℓ_{cbl} 是 HF 入口电缆的长度。

线路衰减 $a_\ell(f)$ 以及线路特性阻抗和以下因素有关：

- 配置类型（单三角电路或单平面电路）和耦合方案；
- 导体和地之间的距离以及导线与保护线之间的距离；
- 导体的材料和分段；
- 保护电线的个数；
- 转置的方案和数量；
- 地面上方导体的相对介电常数、磁导率和电导率；
- 耦合导体相对于其他导体（如果存在）及地线与保护线的几何配置和位置。

线路衰减 $a_\ell(f)$ 主要与频率、采用的耦合方案以及耦合的导体相对于非数据通信的导体及地线和保护线的位置有关。总线衰减可以看作是传导损耗、辐射损耗和感应损耗之和。辐射和感应损耗取决于 d/h，其中 d 是采用相对相或系统间耦合方案的导体间隔，或使用相对地耦合方案时，传输导体与其他两个最近的导体之间的平均距离，h 是塔的平均高度。d/h 的值会沿着线路变化，这种变化也和两个连续塔之间的悬链线或地形轮廓有关。如果假设沿线没有转置，则可以认为 d/h 小于 0.6（保证良好的耦合条件）并且地电阻率满足中值条件（a medium value condition for the earth resistivity），那么此时相对相和系统间耦合方案的线衰减 $a_\ell(f)$ 表示为

$$a_\ell(f) = \left(a_1 \frac{\sqrt{f}}{d} + a_2 f \right)\ell \ \ (\text{dB}) \tag{2.31}$$

式中，d 是导体的外径（mm）；f 是频率（kHz）；ℓ 是线路的长度。系数 a_1 取决于导体材料（铜导体，$a_1 = 0.055$；铝导体，$a_1 = 0.07$），a_2 取决于 d/h，如图 2.72 所示。式（2.31）的第一项和第二项分别表示传导损耗与辐射和感应损耗之和。

对于相对地耦合方案，式（2.31）可以改为

$$a_\ell(f) = \left(a_1 \frac{\sqrt{f}}{d} + a_2 f \right)\ell + a_3 \ (\text{dB}) \tag{2.32}$$

式中，a_3 是附加项，其幅值与从发电站到非耦合导体的输入阻抗有关。通过实际测试已经确定在短路（接地）和开路（断开）两种极端情况下，相对地耦合方案

的线路衰减 a_3 分别约是 2.2dB 和 5.7dB。如果传输过程包含多个线路段，则必须在各个段的衰减上添加这一项。值得注意的是一般不会为非耦合导体配备线路陷波器，因此，额外的衰减项 a_3 取决于接入发电站的两根导线的对地阻抗，也就是取决于它们的开关状态。

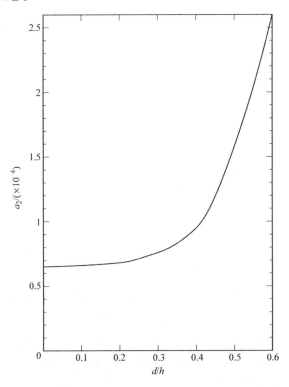

图 2.72　系数 a_2 与比率 d/h 的函数关系图

在假设成立的前提下，式（2.31）和式（2.32）对实际线路衰减 $a_\ell(f)$ 的近似才会合理。否则，只能通过现场测量来估计 $a_\ell(f)$。如果把所有实验数据收集到一起来确定线路衰减 $a_\ell(f)$，则可以获得如图 2.73 所示的预期值。

最后，需要强调的是式（2.31）和式（2.32）并没有将实际场景中的所有因素纳入考虑，只包含了其中的几个。另外，虽然雨水不会对线路衰减产生影响，但是当相导体被厚厚的冰雪覆盖时，损耗会显著增加，甚至可以达到平时损耗的3 倍。

耦合电路的衰减 $a_{cp}(f)$ 由通信设备阻抗和线路阻抗之间的不完全匹配引起。应对这种衰减通常的做法是使用宽带耦合电路，使引入的失配损耗不超过 1.3dB，考虑耦合电容和滤波器电路线圈中的小损耗，计算值应该增加大约 0.4dB。耦合设备的衰减 $a_{cp}(f)$ 与通信设备带宽和中心频率有关，变化范围为 0.5dB ~ 2.0dB。图 2.74 显示了由宽带耦合电路引入的衰减 $a_{cp}(f)$ 的特性示例。

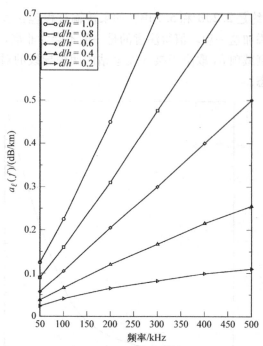

图 2.73 在 110kV 和 400kV 的工作电压下线路衰减 $a_\ell(f)$ 与 d/h 的函数关系图

由电力网络站引入的衰减 a_{st} 是由多种因素导致的，可以表示为

$$a_{st} = a_{wt} + a_{cc} \text{(dB)} \tag{2.33}$$

式中，a_{wt} 是由陷波器引起的分流损耗；a_{cc} 是由耦合电容引起的衰减。陷波器用于阻止高频能量扩散到相连的电力网络站中，其阻塞效率可能受到限制，并且需要预先考虑一定量的分流损耗。实际上，对于电源频率来说陷波器的阻抗很小，因此可以忽略由工作电流引起的电压降。然而，对于载波频率电流来说，阻抗应该高于或至少等于线路的特性阻抗。如果线路末端的电力网络站被断开并且线路不接地，那么传输电路中电力网络站将不引入任何衰减。另一方面，如果线路接地或者与电力网络站相连，那么陷波器或网络站和陷波器通常会和耦合电路并联布置，这样就会产生额外的衰减，因此需要设定合适的陷波阻抗额定值从而尽可能降低额外衰减。为了让分流损耗足够低，电抗值不应该太高；为了在工作范围内截获一个或两个频段，使用低电感（0.2mH）陷波器与电容器组合以形成谐振电路。由于开关站通常表示电容，所以谐振和非谐振陷波器的感抗可以部分地由站的电容电抗补偿，因此，如果短路或接地端被移除并且线路连接到站，则分路损耗会显著增加。一般来说，由陷波器引入的衰减可以从 0.5dB 变化到 2.5dB。

耦合衰减需要考虑耦合电容损耗角 θ 的正切 $\tan(\delta)$，即耦合电容的等效串联电阻和容抗之间的比率（在指定的正弦交流电压和频率下），还有耦合电容的电容值，因此耦合衰减可以表示为

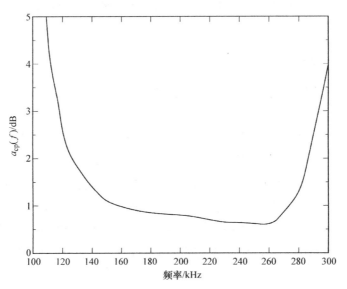

图 2.74 典型宽带耦合电路的插入损耗 $a_{cp}(f)$

$$a_{cc} = 10 \lg\left(\frac{R_s + Z_0}{Z_0}\right) \ (\text{dB}) \tag{2.34}$$

式中，Z_0 是电源线的特性阻抗；$R_s = \tan(\delta)/\omega C$ 是耦合电容的等效串联电阻，耦合电容引入的衰减范围为 0.1 ~ 0.3dB。

高频（HF）入口电缆 $a_{cbl}(f)$ 的衰减可以由传输线理论导出，入口电缆可以看作单位衰减和长度已知的均匀传输线。如图 2.75 所示，常用方法是在 HV 电力线

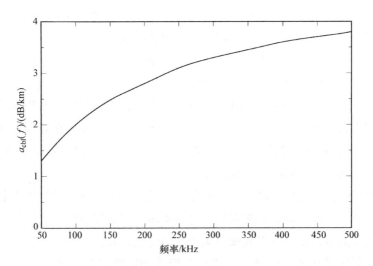

图 2.75 高频输入电缆 $a_{cbl}(f)$ 的衰减通常用于高压电力线载波

传输频率下，使用具有 75Ω 优选特性阻抗的高频电缆，从而将 $a_{cbl}(f)$ 的值确定在 2 ~ 4dB/km 的范围内。

2.5.3 高压线路噪声

在本节中我们简要讨论 HV 线路中的噪声。图 2.76 是在长为 11.5km 的 132kV 线路中测量的噪声曲线，采用相对地的耦合方案，线路陷波器为 200mH，耦合电容为 4000pF。三相系统是单线单回路型。图 2.76 代表了在 HV 线路中经常遇到的噪声特性：有色，时变，非高斯。虽然平均噪声电平随着频率的增加而降低，但是在非规则和时变模型中可以很明显地看出，高噪声尖峰被非常深的切口间隔开。通常的做法是将总测量噪声分解为混合有色背景准高斯噪声，其功率谱密度相对较低，并随着频率和脉冲噪声尖峰而减小，脉冲噪声尖峰可能取决于负载不平衡线路大气放电或其他测量线路 PLC 设备之间的耦合效应。影响 HV 线路的背景噪声通常产生于绝缘体和线路配件上的放电以及线路上的放电。至于脉冲噪声，文献中已经给出了它的几种表示模型，最准确的是 Middleton[116,117] 和混合 Bernoulli - Gauss[118] 模型。

雷击和系统故障也会产生高噪声值。虽然它们的持续时间较短（最多只有几 ms），但是却可能导致电力线接收设备过载。

HV（MV）线路中的另一个主要的噪声源是电晕噪声。电晕噪声对 PLC 的影响已在本章参考文献 [119, 120] 中指出。电晕是带电传输线中的常见现象，伴有"啪啪"声或"嘶嘶"声，产生的具体原因为：导体附近的局部电场充分集中，使得靠近导体的空气离子化，导致局部电能的释放。电晕除了产生噪声电平之外，还会对系统部件造成损坏。即使功率流不影响传输线的电晕量，电晕噪声在高电压下（345kV 及以上）也呈现相关性：在潮湿或恶劣的天气条件下，导体产生的噪声量很大，甚至可以在导线的附近听到"嗡嗡"声。电晕噪声取决于导体电场梯度，为了减小导线周围的电场强度，通常将电压大于 220kV 的导线捆绑成束。我们通常使用大直径导体，因为与小直径导体相比，大直径导体在导体表面处的电场梯度更低，并且在高于 22kV 的电压线上的电晕噪声值的增长会更加缓慢。在 2.5.4 节将会介绍电晕噪声的实际模型。

除了电晕噪声电压外，电晕调制也是另一常见现象。电晕噪声的周期性变化导致发射的载波信号以电源频率被调制，电晕调制可能对双边带传输产生影响，因为载波幅度大于边带幅度，所以其噪声频谱的幅度也较大。

广播发射机或其他无线电发射机会对沿途 HV 线产生干扰信号。对于这种干扰，采取相对相耦合方式的噪声电平会低于相对地耦合方式的噪声电平。

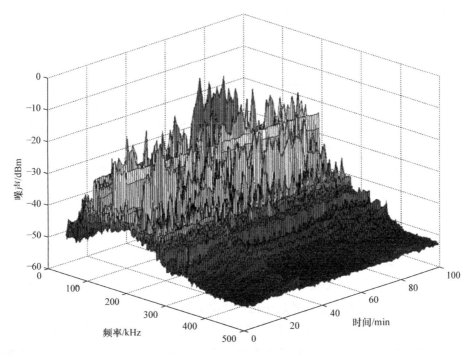

图 2.76　间隔 30min 测量的噪声电平与时间和频率的函数关系图（通常用于 HV 电力线传输）

2.5.4　电晕噪声[⊖]

HV 和 MV 电力线信道可以由一个或多个导线组成，具体数量取决于使用的耦合方式，即相对地耦合或相对相耦合。电晕噪声是始终存在于中压和高压输电线路的噪声源，强度取决于以下几点：①线路工作电压；②电力线的几何配置，即导体间的相对位置；③线路中导体的类型和直径；④大气条件[121]；⑤输电线路高度；⑥导体和硬件的状况。

电晕噪声是由绝缘层的局部放电和电力线电导体周围的空气引起的[122]。当 HV 电力线工作时，电压在导体附近产生强电场，该电场使得导体附近空气中的自由电子加速，这些电子与空气分子碰撞，产生自由电子和正离子对。该过程持续进行并形成"电晕放电"的雪崩现象。正电荷和负电荷的运动在导体和地线中产生感应电流[123]。

感应电流表现为一连串具有随机脉冲幅度和随机间隔的电流脉冲。由导体上的

⊖　经许可，本节中部分材料已允许转载使用，内容来自 R. Pinghi and R. Raheli, 'Linear predictive detection for power line communications impaired by colored noise,' in *Proc. IEEE Int. Symp. Power Line Commun. Applic.*, Orlando, USA, Mar. 27-29, 2006, pp. 337-342. (© [2006] IEEE)。——原书注

电晕噪声引起的引入电流可以通过电流源[122,123]来建模：根据 Shockley - Ramo 定理[121]，电晕在每根导线处都会放电并产生感应电流，即电源线通道内的每根导线通过电流源接地。电场主要集中在导体的不规则位置处，例如导体表面的缺口和刮痕或悬挂装置上的尖锐边缘，因此该点处电场梯度更大，产生的电晕也会增加。

本章参考文献［123 - 126］中给出了一些电晕噪声模型：这里使用本章参考文献［124，125］中提出的模型。利用自相关函数或功率谱函数来表征随机的电晕噪声信号，根据导体中电晕电流的生成和沿线传播的机制，可以得到电晕噪声谱[127,128]。该频谱用于合成自回归（AR）数字滤波器[129]，其输出如式（2.35）所示：

$$n_k = \sum_{i=1}^{N} v_i n_{k-i} + w_k \tag{2.35}$$

式中，$\{w_k\}$ 是独立分布零均值高斯随机变量序列；$\{v_i\}_{i=1}^{N}$ 是建模电晕噪声过程的系数集合。为了明确合成数字滤波器的系数 $\{v_i\}_{i=1}^{N}$，可以使用本章参考文献［130］中提出的最大熵方法或者最小化估计功率谱与测量功率谱差的方法。

表 2.6 给出了当 $N = 4$ 时的一组完整系数，该系数用于建模不同电压线下的电晕噪声，其中电压线采用横向相对地类型的载体耦合，表 2.7 给出了中心相对地耦合配置下的系数。如前所示，式（2.35）定义电晕功率谱，其频率分量分布在整个频域上，其带宽通常大于传输系统的带宽。在图 2.77 中，给出了根据 AR 数字滤波器的功率频率响应 $|V(f)|^2$ 并将表 2.6 中的系数应用到式（2.35）中得到的电晕噪声功率谱。

表 2.6　不同工作电压下（横向相对地耦合）的数字滤波器系数 $\{v_i\}_{i=1}^{4}$ 的值[119]

电压/kV	v_1	v_2	v_3	v_4
225	- 1.225	1.052	- 0.603	0.217
380	- 1.298	1.109	- 0.625	0.210
750	- 1.302	1.041	- 0.611	0.207
1050	- 1.292	1.080	- 0.647	0.224

表 2.7　不同工作电压下（中心相对地耦合）的数字滤波器系数 $\{v_i\}_{i=1}^{4}$ 的值[131]

电压/kV	v_1	v_2	v_3	v_4
225	- 1.235	1.110	- 0.669	0.252
380	- 1.219	1.112	- 0.658	0.250
750	- 1.212	1.103	- 0.661	0.252
1050	- 1.185	1.079	- 0.649	0.238

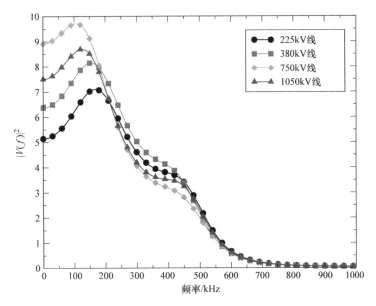

图 2.77 由式（2.35）中定义的 AR 滤波器的频率响应 $V(f)$ 来表示的
电晕噪声功率谱[119]（ⓒ 2006 IEEE）

2.6 MIMO 信道

MIMO 通信利用空间分集来改善覆盖[132]，或取代传统的 SISO（单输入单输出）电压（中心相对地耦合）来提高数据传输速率。无线通信中可以在发射机和接收机端使用多个天线来实现 MIMO 技术[133]。最近无线 MIMO 方案已完成了标准化，被 IEEE 802.11n[134]和 3GPP LTE[135]采用。

MIMO 也可以应用在有线通信中。根据基尔霍夫定律，利用 N 个导体，$N-1$ 个可用电路就可以建立 MIMO 通信。供电网络部署 3 个或更多的导体。在高压配电网中，使用 3 根电缆的三角形联结的三相系统来传输功率，因此存在两种不同的电路。

中压和低压配电网中存在不同的配置，即不同的国家会根据三相系统的三角形或星形联结来传输功率。三角形是欧洲的标准，在全世界被普遍应用。星形多部署于北美和拉丁美洲地区。三角形联结与其在高压线路的配置相同，导体数量为 3个。而在星形联结中存在第 4 根导线，也就是零线，但是只有 3 条可用线路。

类似地，不同国家的室外低压配电网的配置也不尽相同。在北美，电力通过两相线和零线传输。相线和零线之间以及相线之间的电压分别为 120V 和 240V。

在欧洲，根据包括零线在内的星形联结的三相系统来分配功率，需要注意的是，并非所有的负载都由三相馈电。室内常规的 SISO PLC 通过相线（P）和零线（N）发送信号。出于安全考虑，还存在第 3 根线，即保护接地线（E）。如前所述，MIMO 仍具有可行性。

到目前为止，大多数设计都是将 MIMO PLC 应用在家庭场景中，我们希望利用这项技术，能够使 PLC 数据传输速率大幅增加，以满足新的高速多媒体应用日益增长的需求。当然，在接下来的部分，我们仍然以介绍家用 MIMO PLC 为主。

2.6.1 接地方法

保护接地线能够确保在电器正常工作的条件时，人接触到的金属表面具有与地球表面相同的电位。在存在绝缘故障（即短路）的情况下，短路电流通过接地线流向主面板，断路器能够识别这种情况并关闭电源从而起到保护作用[136]。在更高频率范围内，由于接地线的电感性，接地线和地面之间不存在低阻抗连接。

本章参考文献［136］中给出了详细的接地线部署。可以发现，接地线的使用率正在增长，并且越来越多的国家已经强制使用接地线。此外，据估计，在一些国家的电气设备中接地线的使用率已经超过 90%，如澳大利亚、中国和英国[110]。

根据接地规则，接地线和零线可能在用户端发生短路。美国的接地方法见 NEC 第 250 条[137]。欧洲的接地方法见 IEC 60364 – 1[138]。基本上，按照接地布置 TN – C – S，NEC 在用户端对接地线和零线进行强制短路。事实上，TN – C – S 在欧洲不具有强制性。例如在意大利，零线和接地线在用户端的主面板处（CEI 64/8）并没有短路，日本采用的接地装置 TT 也同样如此。有关接地规则的更多详细信息，请参见本章参考文献［138］。

2.6.2 MIMO PLC 原理

MIMO PLC 中的接地线是近些年才开始使用的。在这之前，MIMO PLC 通常用于多相安装[139]，也就是在不包括接地线的两个未耦合的导线对之间建立多个通道。在这种配置中，要求每一相的发射机端和接收机端都处于工作状态。目前，MIMO PLC 的使用已经扩展到每个终端出口仅有一个相位可用（其中不同出口可以由不同的相馈电）的网络以及零线和接地线上。本节具体研究第 2 种情况，图 2.78 给出了存在相线、零线和接地线的所有可用的 MIMO 模式（在终止端口观察到的信号称为模式），这 3 种模式会出现导线耦合的情况。此外，根据本章参考文献［136］，我们将图 2.78 中的模式分别称为三角形、星形和 CM 模式。

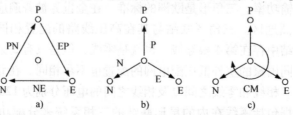

图 2.78 从左到右，依次为 PLC MIMO 三角形、星形和 CM 模式［中心表示参考，箭头表示模式方向（与电流方向相反）；CM 考虑在 3 条线上以相同强度和方向流动的信号］

三角形模式需要成对的导线，也就是说，信号在电线间对称地发送或接收。有 3 种三角形模式，分别用 PN、NE 和 EP 表示。模式 PN 是在相线和零线之间观测到的信号。类似地，模式 NE 和 EP 分别在零线和接地线之间，以及接地线和相线之间观测的信号。因为基尔霍夫定律要求 3 个三角形模式的代数和为零，因此第 3 种模式是另外两种模式的线性组合。但是 3 种模式不能同时部署。在接收机端，利用 3 个三角形模式可以建立 2 × 3 的 MIMO 通信系统。注意到，由于探头和网络的无源分量，这 3 种模式表现出一些差异性[140]。在发射机端，三角形模式是标准的，因为它不仅允许纯差分信号的注入，还允许以最低的辐射能量进行发射。

本章参考文献［140］中首次提出在接收机端使用星形模式。星形模式通常用于导体和参照物之间信号的接收。参照物是地面而不是接地线。因此，我们得出两个星形模型的代数差可产生三角形模式。星形模式有 3 个，可以分别用与之相关联的导体的标识符（即 P、N 或 E）来表示它们。同时，星形模式适合与 CM 结合使用。

CM 模式下 3 根导线会以相同的强度和方向接收信号。即使在线与线之间注入纯差分 PLC 信号，PLC 网络的不对称性还是会导致部分差模电流被转换成共模电流。根据 Biot – Savart 规则[140]，共模电流是辐射干扰的主要因素。因此，不推荐在发射机端使用 CM 模式。为了实现 CM 并使得星形模式下的信号接收具有可行性，需要在接收机端使用一块大金属板来建立到物理地电容耦合路径的接地平面[136]，值得注意的是，高清晰度电视通常都配备有大型金属背板，刚好可以拿来使用。此外，接地平面的尺寸与发射信号的波长有关，频率越高，尺寸越小。因此，窄带 PLC 中一般不使用参考平面。

2.6.3　实验测量结果

通过本章参考文献［136，141，142］实验中的测量结果可以得出 MIMO PLC 的特性。在实验中采用了不同的设置，所以在比较结果时也需要考虑这些差异。 2.6.3.1 节介绍 MIMO 耦合器的详细信息，2.6.3.2 节介绍信道响应统计。

2.6.3.1　MIMO 耦合器

耦合器的作用是保护设备免受电力线干扰，并实现信号在较高频段内的调制与接收。并且耦合器还可以保证电力线在固定的频率范围内衰减很少，同时还能够提供一些额外保护，以预防电力输送网络中可能出现的高脉冲噪声尖峰。用于三角形模式的简单 MIMO 耦合器可以用 3 个常规 SISO 耦合器的组合来实现，每个耦合器位于两根导线之间。常规 SISO 耦合器的设计详见第 4 章。

接收端三角形模式和星形模式的设计更为复杂[110]。图 2.79 是三角形 – 星形耦合器的框图。耦合器通常由 4 个部分组成，分别为保护电路、CM 模块、星形模式端口和三角形模式端口。保护电路在最前端，由高通滤波器、气体放电管、变阻器和保护二极管组成，高通滤波器主要用于消除较高频率的衰减，气体放电管、变阻器和保护二极管用于消除电压浪涌和噪声尖峰。CM 模块有两个功能，在开关打开时测量 CM 组件以及在开关闭合时阻断 CM 电流。CM 变压器磁耦合[136]、CM 信号在 CM 端口测量。CM 端口连接到不平衡变压器，不平衡变压器是电压比为 1∶4 的低损耗 Guanella 变压器，可使得网络和设备（即 50Ω）之间更好地匹配。不平衡变压器还可以部署于星形模式的接收端。具体实现是在 CM 变压器之后，将星形模式和三角形模式各自的端口连接到耦合器的中心在参考平面和 3 条线中的 1 条之间测量星形模式，在导线对之间测量三角形模式。可选的 T 型耦合器可以连接到星形模式端口，实现参考接地线与相线和零线之间的并行传输以及 SISO 模式的仿真。因为模式 PN 假定余下的三角形端口被闭合到 50Ω 的负载中，所以它不同于常规的 SISO。在 SISO 中，剩余的端口保持打开。

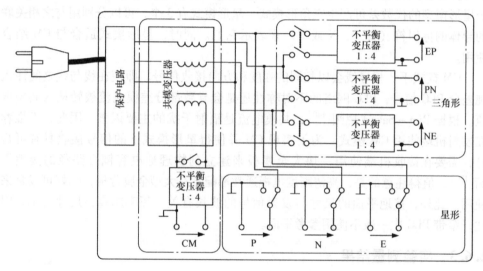

图 2.79　MIMO 三角形—星形耦合器原理图[110]

可以从大的金属平面上获得参考。为了在 1 ~ 100 MHz 频段内实现稳定测量，平面面积至少为 $1m^2$。需要注意的是，该面积随着频率降低而增加。因此，星形模式不适用于窄带 MIMO PLC。

2.6.3.2　信道的统计特性

除了本章参考文献 [29] 的初步结果，我们还可以从其他 3 个测量实验中得到 MIMO PLC 的一些信道特性。本章参考文献 [141] 记录了第一个实验，配置为 3×3 的 MIMO，发射机和接收机侧均部署为三角形模式。由于基尔霍夫定律的约束，只能同时使用 3 种传输模式中的两种。实验分别在法国的 5 个地点、共 42 个链路（link）进行，使用矢量网络分析仪（VNA）在频域中测量。因为一次测量只能传输一个发送 – 接收组合，所以，共测量了 9 次以获得完整的 3×3 信道矩阵。目标频率范围为 2 ~150MHz，使用宽带三角形模式耦合器。根据三角形模式的配置标准，与传输无关的耦合器端口闭合负载为 50Ω。信道频率响应定义为散射参数 s_{21}，将采集的信号划分到相同电路或者不同电路的信道中。相同电路指的是由相同断路器馈电的插座间定义的信道。不同电路对其信号路径包括主面板在内的剩余信道进行分类。通过分类可以评估断路器对信道响应的影响。我们将此测量实验称为实验（A）。

第二次实验由 HomePlug 技术工作组完成，地点为北美，实验结果记录在本章参考文献［142］中。简单来说，它在 5 个室内空间中建立了 96 个 MIMO PLC 信道，并在发射机和接收机侧都采用三角形模式。发射端有两种模式，接收端有 3 种模式。实验利用基于 OFDM（正交频分复用）调制和正交编码的信道检测方法在频域中进行测量。在 0 ~100MHz 频段范围内对十多次测量的传输数据取平均从而获得估计值。此外，为了消除广播 FM（调频）无线电的干扰，将频率高于 88MHz 的频率分量滤出。在下文中，我们将此测量实验称为实验（B）。

第三次实验项目的影响力最大。它由欧洲电信标准化协会（ETSI）的特别工作组 410（STF–410）开展并将结果记录在本章参考文献［110，143］中。该项目共评估了欧洲 6 个国家[⊖]36 个站点。每个站点都在 4 对插座之间测量 MIMO PLC 信道响应。通常将发射和接收的接口选择为用于高速通信的接入点或信道。从表 2.8 中可以看出，项目一共评估了 353 条链路，记录了每个国家的站点数和测量链路数。实验具体的配置为 3×4 的 MIMO 系统，发射机端为三角形接收机端为星形和 CM 型。测量目的为根据本章参考文献［136］中给出的测量程序来获得频域中的散射参数，并且 STF–410 的每个成员均执行一次。使用 VNA、两个同轴电缆、三角形—星形耦合器和大金属板来测量散射参数，其中金属板的作用是强制物理接地。该实验项目在 1 ~100MHz 的频段内进行，并且将信道频率响应定义为散射参数 s_{21}。

表 2.8 不同国家的评估站点分布

国家	站点数	链路数
比利时	5	60
法国	7	86
意大利	2	8
德国	13	121
西班牙	5	30
英国	4	48

对所有实验项目的数据进行统计分析，结果记录在本章参考文献［141–143］中。接下来，通过回顾和对比有关 CFR 统计的数据，我们得出衰减是拓扑结构、不同国家、ACG 和容量的函数。首先，我们将注意力集中在 CFR 上。当接收模式

⊖ 原书为 7 个国家，有误。——译者注

采用三角形模式时，CFR 的 dB 形式服从正态分布且与频率无关[142]。当采用星形模式时，CFR 在 -5 ~ -100dB 之间，可以证明 PN 馈电模式的性能最差[143]。在频率方面，CFR 服从斜率为 0.2dB/MHz 的线性下降[142,143]。值得注意的是，尽管在频率上采用不同的测量方式并且对 MIMO 信道响应的定义不同，但是本章参考文献 [143，142] 获得了相似的结果。此外，在本章参考文献 [142] 中，衰减结果是将测量的信道响应进行归一化后计算得到的。

    三角形—星形联结下 CFR 的平均曲线如图 2.80 所示，由图我们可以得出以下结论：第一，发送端为 PN 模式时的信道平均衰减最大。第二，正如我们所预想的，最佳接收模式是与用于传输的电线相关联的模式。第三，总体来说，CM 模式的衰减最大。然而，通过观察表 2.9 中的值可以看出，性能最差的 CM 模式仍然存在一些优点。在表 2.9 中，我们记录 10MHz、40MHz 和 70MHz 频率三角形—星形MIMO 的所有模式分别在第 20、第 50 和第 80 个模式的信道响应分布。首先不参与传输的导线上的接收幅值最大程度地衰减，该结果与图 2.80 一致。第二，CM 模式在所有频率上的扩展均很小且与传输模式无关，即第 20 个和第 80 个分位数下模式的值与第 50 个分位数的值相差不大。第三，在双模方式中，最差的配置是 PN - E 模式，该模式在所有频率上的衰减都是最高的，最佳配置是 PN - P 模式。第四，分位数随频率的增加而下降，与图 2.80 中曲线特性相匹配。在高频段，EP 传输模式即使在最差情况下，即第 20 个模式处也可以实现最低衰减。事实上，我们可以证明 PN 模式是低衰减信道的最佳选择，即分位数为 80 的时刻。

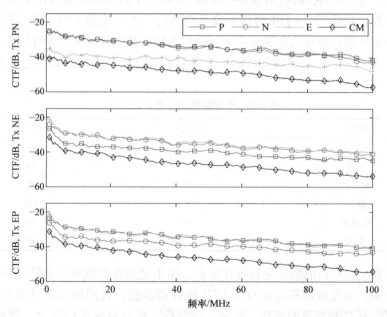

图 2.80　在三角形—星形联结中所有发射和接收模式的平均信道频率响应曲线

不同国家和不同拓扑尺寸下的衰减不同[144]。在德国，不同房间的电器由电路的不同相供电，不同房间的接口对应不同的相，其平均衰减大于其他国家。同时，根据实验测量的鲁棒回归，平均衰减随着位置大小变化的斜率为 $-0.1240 \mathrm{dB/m}^2$。参考三角形—三角形联结，可以进一步得出与不同电路信道相比，同一电路信道的平均衰减较少。此外，发射机和接收机在由相同模式定义的相同电路信道下比其他情况的信道衰减更少[141]。

表 2.9　针对三角形—星形联结的所有发射和接收模式的 3 个频率的信道频率响应分位数

单位：dB

		$f = 10\mathrm{MHz}$			$f = 50\mathrm{MHz}$			$f = 70\mathrm{MHz}$		
		第 20	第 50	第 80	第 20	第 50	第 80	第 20	第 50	第 80
PN	P	−55.7	−41.3	−24.2	−64.0	−50.2	−35.8	−69.7	−54.7	−37.8
	N	−53.7	−42.6	−24.9	−65.6	−50.9	−34.5	−69.3	−55.7	−38.7
	E	−61.1	−49.1	−37.4	−67.0	−52.7	−40.4	−70.7	−58.6	−44.0
	CM	−56.1	−48.5	−41.0	−62.4	−53.5	−44.0	−67.9	−58.0	−48.3
NE	P	−54.9	−44.8	−32.2	−65.2	−52.9	−38.6	−69.5	−57.5	−42.3
	N	−54.4	−43.6	−28.3	−65.0	−50.8	−36.0	−68.2	−56.0	−41.3
	E	−56.9	−43.4	−28.6	−65.7	−51.7	−36.8	−69.6	−57.9	−44.3
	CM	−52.5	−45.4	−37.5	−62.4	−52.3	−42.9	−67.0	−57.4	−47.5
EP	P	−53.6	−42.2	−26.9	−63.0	−48.9	−37.7	−66.8	−55.9	−40.0
	N	−53.7	−43.6	−31.3	−64.6	−50.4	−38.2	−67.4	−56.0	−42.1
	E	−55.5	−42.4	−29.1	−63.9	−49.7	−36.2	−68.1	−57.9	−42.2
	CM	−50.6	−43.0	−36.7	−61.2	−51.9	−42.1	−65.4	−56.6	−48.2

现在，我们计算 2.2.2 节中定义的 ACG，图 2.81 记录了在所有发射机和接收机均为三角形—星形模式下 ACG 的 CDF。我们可以得出以下结论。首先，对 ACG来说，P 模式和 N 模式是等价的，具体表现为，ACG 的分布在两种模式下相互重叠且与传输模式无关。第二，当传输模式是 PN 时，模式 E 的 ACG 比模式 P 和 N的 ACG 小 2dB。当传输模式是 NE 时，模式 E 的 ACG 分布和模式 P 和 N 的相比非常接近。第三，CM 模式的 ACG 变化范围很小，被限制在 −60 ～ −30dB 之间。而其他模式的 ACG 分布在 −60 ～ −10dB 之间。第四，不同传输模式下 CM 模式的ACG 特性都基本一致。因此，CM 接收模式在最差的信道下衰减最小，同时覆盖率更高。此外，前面的分析中未消除耦合器的影响。由于耦合器使得 CM 模式比其他模式衰减多 4dB，所以实际中 CM 模式信道的衰减可能更少。最后，ACG 与 RMS −DS 呈负相关，斜率是 SISO 信道的斜率[142]。这个结果是由三角形 − 三角形联结中所有 MIMO 信道的 ACG 和 RMS − DS 的鲁棒回归获得的，与发送和接收模式无关。

尽管没有关于 MIMO 信道相关性的明确研究，我们仍然认为 MIMO 信道是相关的。我们通过分析奇异值分解（Singular Value Decomposition，SVD）[142,143,145]和Pearson 相关系数[141]对 MIMO 相关性进行了研究。SVD 能够计算本征扩展，即 Λ

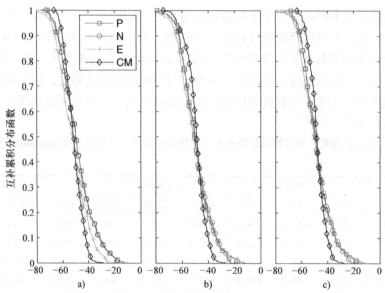

图 2.81　对于三角形 – 星形联结的所有发射和接收模式，ACG 的互补累积分布函数

a）ACG/dB Tx Mode PN　b）ACG/dB Tx Mode NE　c）ACG/dB Tx Mode EP

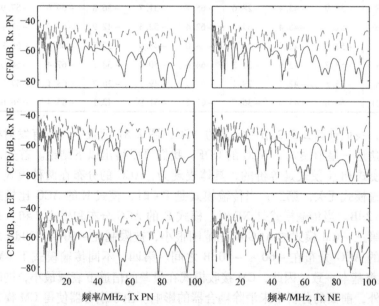

图 2.82　采用自顶向下方法频域（连续线）和时域（虚线）产生的 MIMO 信道响应的比较；
在频域中产生的信道属于在本章参考文献 [141] 中定义的电路信道类别

$(f) = \max\{\lambda_1(f), \lambda_2(f)\} / \min\{\lambda_1(f), \lambda_2(f)\}$，其中 $\lambda_1(f)$ 和 $\lambda_2(f)$ 表示奇异值。我们注意到最多有两个非零奇异值，同时也是基尔霍夫定律允许的发射机的最大数目。Λ 越大，相关性越高。通过实验可以证明，不管接收机配置如何，$\Lambda(f)$ 在建模中均与频率无关 [144 – 146]。此外，当联结方式为三角形 – 三角形时，本征扩展服从瑞利分布[146]，并且与信道高度相关。当联结方式为三角形 – 星形时，2×2 MI-MO 的相关性最大，而具有高度相关信道的数量很小。Pearson 相关系数说明了以下结论。首先，在各个频率下信道的所有组合的相关系数均匀分布。第二，信道 $H_{11}^{\triangle}$ 和 $H_{22}^{\triangle}$ 是高度相关的。第三，信道对 $H_{11}^{\triangle} - H_{33}^{\triangle}$ 和 $H_{22}^{\triangle} - H_{33}^{\triangle}$ 表现出的相关性十分类似。

对 MIMO 信道容量的初步研究表明，无论怎样联结，接收端口的数量越多，容量越高。MIMO 信道容量的一般表达式是[147]

$$C = \int_B \log_2 \{ \det [I_{N_R} + N_c^{-1}(f) H(f) Q(f) H^H(f)] \} \, df \qquad (2.36)$$

式中，B 是信号带宽；I_{N_R} 是 $N_R \times N_R$ 的单位矩阵；$N_c^{-1}(f)$ 是频率 f 处的噪声协方差逆矩阵；$H(f)$ 是频率 f 处的 MIMO 信道矩阵；$Q(f)$ 是发射信号的协方差矩阵。本章参考文献 [146] 中记录了空间相关噪声下三角形 – 三角形联结中使用 2×3 代替 2×2 MIMO 所提供的性能改进。事实上，在本章参考文献 [144] 中得出 2×4 MIMO 是三角形 – 星形联结的最好配置。

从独立于 SISO 信道的 MIMO 信道的研究中可以提取一些其他统计量。具体来说，95% 的情况下 RMS DS 小于 150ns，并且在 $\rho = 0.9$ 水平处的相干带宽是 $1.5 \mathrm{MHz}$[141]。

本章参考文献 [142] 主要是对时域的分析。信道脉冲响应可由信道的傅里叶逆变换获得，并且在时间上对它们进行校准（移位），以便在给定的时刻，即在 n_{peak} 时刻呈现峰值。基于 2.6.4.1 节自顶向下的时域模型对振幅统计进行了研究。

2.6.4　MIMO PLC 信道的建模和生成

MIMO PLC 信道的建模可由自顶向下和自底向上两种方法实现。自顶向下的建模方法包含时域和频域信道生成算法，而自底向上的 MIMO 信道生成方法只能在频域中进行。在本节中，我们将主要结果进行回顾，为此，我们引入符号 $H_{\kappa\ell}^{\triangle}$ 和 $H_{\kappa\ell}^{\star}$。$H_{\kappa\ell}^{\triangle}$ 表示在发射机和接收机端采用三角形联结时接收机 κ 模式和发射机 ℓ 模式之间的 CFR，$\kappa = 1$，2，3 分别对应模式 PN、NE 和 EP。$H_{\kappa\ell}^{\star}$ 表示接收端采用星形联结时的信道频率响应，此时 $\kappa = 1$，2，3，4 分别对应模式 P、N、E 和 CM。

2.6.4.1　自顶向下的建模方法

自顶向下的 MIMO PLC 模型从频域和时域中均可以得出。本章参考文献 [141] 中提出了频域自顶向下的统计 MIMO 信道模型，它基于最初在本章参考文献 [17] 中提出的多路径传播模型，将本章参考文献 [56] 中的统计术语进行了扩展并拟合了本章参考文献 [30] 中的实验数据。通常情况下，多径传播模型的信道频率响应可以描述为多条路径分量之和。第 p 条路径分量的特性由路径增益 g_p 和路径长度 d_p 决定，路径总数为 N_p。模型的其他参数为衰减 A 和描述电力线衰减的系数 a_0、a_1 和 k。在本章参考文献 [30] 中，参数 g_p、d_p、N_p 是随机的，服从与测量结果最佳拟合的概率统计，而 a_0、a_1 和 k 为常数，可以通过选择它们的值来得到最佳拟合与测量。在本章参考文献 [141] 中，使用随机参数值来表征在所

有的三角形模式下定义的 3×3 MIMO 系统。具体来说，三角形 – 三角形 CFR 由下式给出

$$H^\Delta(f) = A \sum_{p=1}^{N} g_p \mathrm{e}^{-\mathrm{j}\phi_p} \mathrm{e}^{-\mathrm{j}\frac{2\pi d_p}{v}f} \mathrm{e}^{-(a_0 + a_1 f^k)d_p} \qquad (2.37)$$

式中，ϕ_p 是随机相位；v 是光缆中的光速，等于 $2/3c$，c 是真空中的光速。此外，在式（2.37）中，使用随机相位 ϕ_p 对空间相关性进行了模拟，该模型适用于在 2.6.3.2 节的实验（A）中测量的 MIMO 信道，并且能够区分来自相同电路和不同电路的信道。前者是由相同断路器馈电的插座之间的信道，后者是由不同断路器馈电的插座之间的信道。在第二种情况下，主面板是包含在网络的骨干，即发射机和接收机插座之间的较短信号路径之中的。MIMO 信道可以通过如下方式获得。

1）根据式（2.37）生成信道响应 $H_{11}^\Delta(f)$，其中 $\phi_p = 0 \, \forall p$。表 2.10 中给出了随机参数的概率统计。参数 ΔA 和 a_0 是表中的统计量与偏移量之和。其他参数为常数，$a_1 = 4 \times 10^{-10}$，$\Lambda = 0.2$，$L_{\max} = 800\mathrm{m}$。需要注意的是，与本章参考文献 [56] 不同，为了实现与实验结果的最佳匹配，衰减因子 A 是随机的。

2）为了生成信道响应 $H_{33}^\Delta(f)^\ominus$，将随机相位 ϕ_p 代入式（2.37）中的所有路径中，并保持模型其他参数的值不变。令 ϕ_p 在 $[-\Delta\phi, \Delta\phi]$ 之间均匀分布，不同电路和同一电路信道的 $\Delta\phi$ 分别为 π 和 $\pi/2$。

3）信道响应 $H_{22}^\Delta(f)$ 的生成，需要从信道响应 $H_{33}^\Delta(f)$ 开始计算，将另一随机相位 ϕ 代入到所有路径中。令 ϕ 在 $[-\Delta\phi, \Delta\phi]$ 之间均匀分布，不同电路和同一电路信道的 $\Delta\phi$ 分别为 $\pi/2$ 和 $-\pi/4$。

4）生成剩余的信道响应 $H_{33}^\Delta(f)$，ϕ_p 在 $[-\Delta\phi, \Delta\phi]$ 之间均匀分布，其中 $\Delta\phi$ 等于 $H_{33}^\Delta(f)$ 的一半。此外，同一电路下的信道响应需要乘以系数 ΔA，其中 ΔA 是服从指数分布的随机变量，详细统计见表 2.10。

表 2.10 频域自顶向下模型的随机参数统计

模型参数	分布方式	统计	
		统计参数	值
Λ 同一电路	均匀分布	区间	$[0.005, 0.25]$
差分电路	指数分布	均值	0.00238
ΔA 同一电路	指数分布	均值	0.3659
	—	偏差	0.45
a_0 —	指数分布	均值	0.00827
	—	偏差	0.005
d_p —	均匀分布	区间	$[0, L_{\max}]$
g_p —	均匀分布	区间	$[-1, 1]$
K —	高斯分布	均值	1.01748
		标准差	0.01955
N —	泊松分布	均值	$\Lambda L_{\max}$

$\ominus$ 严格来说，本章参考文献 [141] 处理与 $H_{33}^\Delta(f)$ 相反的问题，即模式 PE 之间定义的 CFR。——原书注

本章参考文献［142］中提出了时域自顶向下的统计 MIMO 信道模型。后来，本章参考文献［145］针对此模型在发射机和接收机端采用三角形模式的 2×3 MIMO 配置，对该模型 MIMO 信道空间相关性的新发现进行了细化。频域中以 200MHz 的采样频率进行测量，并且通过傅里叶逆变换（IFT）获得测量的信道脉冲响应。关于实验结果的其他细节，可以参考 2.6.3.2 节的实验（B）。实验数据证明应该将 2×3 MIMO 信道建模为 6 个独立的 SISO 信道脉冲响应，并且假设相关性在传播路径的终端处起作用，在生成的信道之间引入统计相关。

根据以下算法来生成 SISO 信道脉冲响应[142]。

1) 算法的采样频率与测量项目的采样频率一致，也是 200MHz，对信道脉冲响应（Channel Impulse Response，CIR）的时间离散形式（version）进行处理。

2) 将 CIR 限制在 2000 个采样间隔以内，即每个时间间隔为 10μs。这种前提下信道能够保留 99% 的能量[142]。

3) 将 CIR 划分为 3 个时间间隔，作为信道脉冲响应绝对值峰值，即 n_{peak} 的位置函数，且令 n_{peak} 等于 300。第一组 $n_{peak} - 2$ 个采样值会根据随机正负号翻转，变为服从 Weibull 分布的随机数。形状参数为 3/4。比例参数是时刻 n 的函数，即 $\lambda(n) = f(n)$，

$$f(n) = e^{\sum_{i=0}^{5} C_i n^i} \tag{2.38}$$

式中，C_i 是表 2.11 第二列中的常系数。区间 $[n_{peak} - 1, n_{peak} + 1]$ 中的样本服从正态分布，平均值和标准差等于表 2.12 中的采样值。最后一个时间间隔的采样，即 $n > n_{peak} + 1$ 时，服从零均值和标准差的正态分布。后者可由式（2.38）表示，其中常系数等于表 2.11 的第三列。信号产生的脉冲响应的峰值位于时刻 n_{peak}，因此，必须去除大于 $h(n_{peak})$ 的采样值。

表 2.11　式（2.38）中模型的常系数值尺度参数 λ 和标准差 σ

	尺度参数	标准差
C_0	-6.83	1.10
C_1	9.50×10^{-3}	-1.59×10^{-2}
C_2	-2.25×10^{-4}	1.84×10^{-5}
C_3	2.07×10^{-6}	-1.37×10^{-8}
C_4	-6.98×10^{-9}	5.62×10^{-12}
C_5	9.15×10^{-12}	9.22×10^{-16}

表 2.12　适于中间时间间隔信道脉冲响应的正态分布的平均值和标准差

	时间间隔		
	$n_{peak} - 1$	n_{peak}	$n_{peak} + 1$
平均值	1.45×10^{-1}	2.56×10^{-1}	1.47×10^{-1}
标准差	6.96×10^{-2}	8.16×10^{-2}	7.49×10^{-2}

4）引入相关性。在第二个区间峰值周围，采样间隔之间不存在实验相关性。但是在第一和第三采样区间，采样值的标准差很低，所以相关性非常明显。因此，在这些区间内，为了获得合适的时刻集[142]，我们用可变的抽取因子抽取生成的样本。在本章参考文献［142］中，没有给定抽取因子的选择标准。下面给出一种选择方式，在第一个区间中，选择时刻 $\chi = \{\hat{n}_0, \hat{n}_1, \cdots, \hat{n}_l\}$，其中 $\hat{n}_i = \Delta_i + \hat{n}_{i-1}$，$\hat{n}_0 = 0$，$\Delta_i = 1/[20 \cdot \lambda(\hat{n}_{i-1})]$。类似地，在第三个区间中，选择样本 $\chi = \{\widetilde{n}_0, \widetilde{n}_1, \cdots, \widetilde{n}_l\}$，其中 $\widetilde{n}_i = \Delta_i + \widetilde{n}_{i-1}$，$\widetilde{n}_0 = n_{peak} + 2$，$\Delta_i = 1/[200 \cdot \sigma^2(\widetilde{n}_{i-1})]$。

5）移除位于 n_{peak} 大于峰值的样本，并使用线性插值函数对其余样本进行插值。然后，我们可以利用本章参考文献［43］给出的延迟扩展和平均信道增益的反比关系，计算生成信道的延迟扩展，并调整增益。所得的6个独立信道脉冲响应为矩阵 $\hat{\boldsymbol{h}}^{\Delta}(n)$，其中 $\hat{h}^{\Delta}_{\kappa\ell}(n)$ 是离散时刻 n 模式 $\kappa = 1$，2的发射机和模式 $\ell = 1$，2，3的接收机之间的脉冲响应。其中 $\kappa = 1$，2，3分别对应三角形模式下的 PN、NE 和 EP。

6）为了获得 MIMO 信道的冲激响应矩阵我们引入空间相关性：

$$\boldsymbol{h}^{\Delta}(n) = (\boldsymbol{r}^{1/2})^{\mathrm{H}} \hat{\boldsymbol{h}}^{\Delta}(n) \boldsymbol{t}^{1/2} \tag{2.39}$$

式中，$\boldsymbol{r}$ 和 $\boldsymbol{t}$ 是在两个终端引入空间相关性的相关系数矩阵；$\{\cdot\}^{\mathrm{H}}$ 表示 Hermitian 算子。具体来说，根据本章参考文献［145］的实验数据，$\boldsymbol{r}$ 和 $\boldsymbol{t}$ 分别是元素为 $r_{\kappa\ell} = \rho_r^{|\kappa-\ell|}$ 和 $t_{\kappa\ell} = \rho_t^{|\kappa-\ell|}$ 的 3×3 和 2×2 的矩阵，这里的 $\rho_r = 0.6$，$\rho_t = 0.4$。同时还可以在本章参考文献［145］找到该方法频域上的应用。

2.6.4.2 自底向上的建模方法

自底向上的建模方法基于 TL 理论，并且在某些条件下是计算信道传递函数最准确的方法。它实现了信道响应、底层传播现象和拓扑之间的紧密匹配。自底向上的建模方法主要有以下几个缺点。首先，它需要完整的拓扑信息，例如负载阻抗、电缆特性和网络描述等。第二，计算成本昂贵。第三，它只能应用于 TEM 或准 TEM 模式。前两点可以通过引入拓扑生成算法和有效的信道响应计算方法来解决[89]，而第三个缺点却难以解决。通常来说，当整个电缆结构的横向尺寸远小于传输信号的波长时，TEM 假设成立。在 PLC 传输的频率范围内，即低于100MHz时，当信号在封闭的塑料管道内的导线里或临近于电缆管道的导线里传播时，TEM 模式假设成立。在其他的传输模式中地面被视为传播路径，不满足 TEM 假设，因此，不能用自底向上的方法建模。

3根导线可以形成两条共享回路的电路。单位长度（per – unit – length，p. u. l.）的模型如图2.83所示。符号 r_i、l_k、g_k 和 c_k 分别表示单位长度的电阻、电感、电导和电容，其中 $i \in \{0,1,2\}$，$k \in \{1,m,2\}$。导体之间的相互作用关系决定了单位长度的电感、电容和电导的大小。它们之间会因为耦合效应而相互影响，因此通过两路信号的发送和接收，定义了 2×2 MIMO 系统。根据 TL 理论，可以使用电报方程的多极延长来对信号传播进行建模。因此，均匀传输线坐标 x 处的电流和电压分别如下：

$$I(x) = T(e^{-\Gamma x}I_m^+ + e^{\Gamma x}I_m^-) \qquad (2.40)$$

$$V(x) = Y^{-1}T\Gamma(e^{-\Gamma x}I_m^+ - e^{\Gamma x}I_m^-) \qquad (2.41)$$

式中，$V = [V_1, V_2]^T$ 是电压矢量；$I = [I_1, I_2]^T$ 是电流矢量；I_m^+ 和 I_m^- 是系数由边界条件确定的电流矢量；T 和 Λ 是 YZ 的特征向量和特征值矩阵；$\Gamma = \mathrm{diag}\{\gamma_1, \gamma_2\}$，满足 $\Gamma T = \Lambda$，$Y = G + \mathrm{j}2\pi fC$，$Z = R + \mathrm{j}2\pi fL$；$\{\cdot\}^T$ 表示转置。为简化表示我们忽略了符号和频率的相关性。

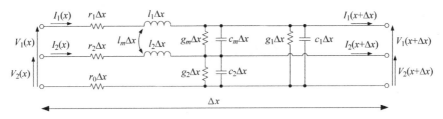

图 2.83　三导体传输线的单位长度等效模型

此外，$R = \begin{bmatrix} r_1 + r_0 & r_0 \\ r_0 & r_2 + r_0 \end{bmatrix}$，$L = \begin{bmatrix} l_1 & l_m \\ l_m & l_2 \end{bmatrix}$，$C = \begin{bmatrix} c_1 + c_m & -c_m \\ -c_m & c_2 + c_m \end{bmatrix}$，$G = \begin{bmatrix} g_1 + g_m & -g_m \\ -g_m & g_2 + g_m \end{bmatrix}$，分别是单位长度电阻、电感、电容和电导的参数矩阵。对于对称电缆，$r_1 = r_2 = r_0 = r$，$l_1 = l_2 = 2l_m = \mu_0/\pi\log(d/r_w)$，$LG = \mu_0\sigma_d U$，$\sigma_d$ 是电介质的电导率，U 是 2×2 单位矩阵，$LC = \mu_0\varepsilon_0\varepsilon_r U$，$\varepsilon_0 = 8.859 \times 10^{-12}$F/m，$\varepsilon_r(f) = 1.661 \times 10^6/f + 2.9701$（典型 PVC 绝缘电缆）。本章参考文献 [148] 已经证明 r 随频率变化，并与趋肤深度和导体的结构有关，比如不同绞线的 r 是不同的[89]。最后，特征阻抗矩阵和反射系数矩阵分别定义为

$$Z_C = Y^{-1}T\Gamma T^{-1} \qquad (2.42)$$

$$\rho_{L_1} = T^{-1}Y_C(Y_L + Y_C)^{-1}(Y_L - Y_C)Z_C T \qquad (2.43)$$

式中，$Y_C = Z_C^{-1}$，Y_L 是负载导纳矩阵。式（2.40）、式（2.41）是计算多导体复杂网络信道响应的基础。信道响应的计算有多种方法，最完整也是最复杂的是基于链参数矩阵方法的多磁极扩展方法[148]。本章参考文献 [149] 和本章参考文献 [89] 中提出了替代方案，前者为在本章参考文献 [150] 中提出的双导体 TL 理论信道模拟器 MIMO 扩展，即反向利用电量的模态表达方法；后者基于首次在本章参考文献 [151] 中提出的电压比方法（Voltage Ratio Approach，VRA）的多极延伸。

根据 VRA，在建模过程中将复杂网络看作基本单元的级联，那么信道频率响

应可以用每个单元传递函数的乘积来表示。图 2.84 是各个单元组成的网络拓扑。粗线和细线分别表示物理线和零长度连接。每个单元的 $b = 1, \cdots, N_u$ 包含均匀的主干线和连接到节点 n_b 分支的等效导纳。Z_{C_b}、$\boldsymbol{\Gamma}_b$、l_b、$\boldsymbol{\rho}_{L_{I,b}}$ 分别表示单位 b 的特性阻抗矩阵、传播常数矩阵、主干线路长度和负载反射矩阵。此外，Y_{L_b} 和 Y_{I_b} 分别表示单元 b 的负载和输入导纳矩阵，前者是当 $b = 1$ 时的接收器导纳矩阵或单元 $b -1$ 的输入导纳矩阵。后者是在单元 b 的输入端口处承载的负载导纳矩阵 Y_{L_b} 和分支导纳矩阵 Y_{B_b} 的和。单元 b 的 CFR 由下式给出：

$$H_b = Z_{C_b} T_b (U - \boldsymbol{\rho}_{L_{I,b}})(e^{\boldsymbol{\Gamma}_b l_b} - e^{-\boldsymbol{\Gamma}_b l_b} \boldsymbol{\rho}_{L_{i},b})^{-1} T_b^{-1} Z_{C_b}^{-1} \qquad (2.44)$$

总的 CFR 为

$$H(f) = \prod_{b=1}^{N_u} H_b(f) \qquad (2.45)$$

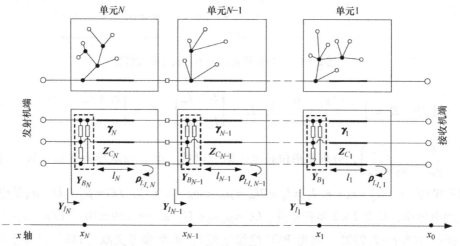

图 2.84　在顶部，单位形式重新映射的拓扑描述；在底部，导纳矩阵项中的单位等效表示[89]　(© 2011 IEEE)

说明单位信道频率响应的乘积与频率有关。本章参考文献［89］在对对称电缆或带状电缆的研究中通过对比测试网络的模拟结果和测量结果，验证了该方法在第二种情况下的可行性。因为要考虑表面电荷密度，所以需要将模型细化[152]。此外，为了获得 MIMO PLC 随机信道生成器[88]，可以将该方法与本章参考文献［32］中提出的随机 TGA 相结合，TGA 能够随机生成单相的 PLC 家庭网络。通过观测可知，家庭网络有两层连接。在第一层，电源插座成组地连接到特殊节点，也就是导出框。在第二层，通过专用的电缆将导出框连接在一起，由相同导出框馈电的电源插座距离很近，导出框分布规则且存在间隔。

拓扑被分割成不同区域，每个区域都包含连接到导出框的电源插座和导出框本身。这些区域可以看成一个个的簇，每个簇的面积为 A_c，形状都是方形并且均匀分布在恒定位置上。因此，面积为 A_f 的区域内有 $\lceil A_f/A_c \rceil$ 个簇。拓扑面积 A_f 是服从均匀分布的随机变量，每个簇中电源插座的数量是服从强度为 $\Lambda_0 A_c$ 的泊松分布。簇通过导出框互连，家庭网络通过主面板连接到供电网络，主面板同样也是一个导出框。将互连的簇建模为多导体传输线，假设电线邻近放置且封装在均匀的电介质中，导体间距恒定。最后还需要考虑负载的影响，从测量中获得一组（50 个）负载，假设没有负载连接到插头的概率是 p_v，则从测量组提取的负载连接到插头的概率为 $(1 - p_v)/50$。用于生成随机拓扑的参数值记录在表 2.13 中。

表 2.13 自底向上发电机的参数设置

参数	统计		值
	分布方式	统计参数	
A_f/m^2	均匀分布	区间	$[100, 300]$
A_c/m^2	均匀分布	区间	$[15, 45]$
$\Lambda_0/(\text{插座数}/\mathrm{m}^2)$	常数	—	0.5
p_v	常数	—	0.3

2.6.5 信道频率外的响应

实验测量涉及 MIMO 线路阻抗、噪声和 EMC 3 个方面。这些初步的实验结果让我们对 MIMO PLC 有更深的了解。下面会对这些结果做简要介绍。

2.6.5.1 线路阻抗

从发射机端的角度出发可以将线路阻抗看成负载。线路阻抗可以由散射参数 s_{11} 获得，表示为 $Z_i(f) = Z_0[1 + s_{11}(f)][1 - s_{11}(f)]$，其中 Z_0 是参考阻抗。确定线路阻抗的值是量化由非完全匹配导致向发射端机反射的注入功率值的前提条件。

线路阻抗会随着频率、时间和位置的变化而变化。本章参考文献［153］给出了 SISO 线路阻抗统计的一些初步结果。在 MIMO 中，本章参考文献［144］研究了线路阻抗在三角形、星形模式以及其他配置下的统计特性，其他配置包括使用 T 型耦合器，或者非所有端口都连接到 50Ω 负载的三角形模式。这些分析基于 STF - 410 小组的实验测量结果，该实验在德国、西班牙、法国、比利时、意大利和英国评估了 35 个位置，总共 146 个测量值。根据 2.6.3.2 节实验（C）的设置进行测量，由于存在非平衡变压器（见图 2.79），参考阻抗 $Z_0 = 200\Omega$。图 2.85 中用三角形模式下 PN 线路阻抗绝对值的 PDF 作为测量样本的直方图。其他三角形模式线路阻抗的 PDF 与图 2.85 所示类似。因此，不失一般性，我们只需要对图 2.85 进行研究。

从图中可以得到以下结论。首先，线路阻抗在高频范围下扩展较小。这一结果与本章参考文献［153］SISO 信道的结果一致。第二，线路阻抗的绝对值随频率增加而增加。第三，对线路阻抗的实部和虚部的分析可以看出，①实部的 PDF 在频率上呈现凹性，②平均电抗随频率的增加而增加。前者与 SISO 信道结果一致。此外，图 2.85 中的 PDF 随频率增加的趋势由无功分量决定。

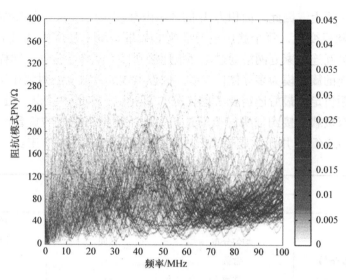

图 2.85   在模式 PN 的发射机端口处线路阻抗的概率密度函数

对所有位置和频率采样处的测量值取平均得到的 3 个三角形模式下的线路阻抗值非常接近。于是在 PN、NE 和 EP 3 种模式下分别取 102.91Ω、105.25Ω 和 104.15Ω。此外，除英国之外，线路阻抗的统计值与国家无关[144]。在英国，网络是环形的，它可以建模成两个并行的分支，因此线路阻抗较小。而在欧洲的其他地方，网络建模成单个分支的树状结构。在除英国之外的所有国家中在 PN、EP 和 NE 3 种模式下测量的线路阻抗的中值分别为 86.86Ω、89.73Ω 和 88.27Ω。英国的线路阻抗的中值在 PN、EP 和 NE 3 种模式下分别为 77.39Ω、81.96Ω 和 78.18Ω。

2.6.5.2   EMC 相关知识

PLC 辐射状的发射信号可能会对无线电系统产生干扰。如第 3 章所述，CM 组件是导致发射信号呈辐射状的主要器件。在 SISO PLC 中，CM 组件用于信号差分注入时的模式转换。由于电力传输网络的不对称性，在三角形模式下传输线 P 和 N 之间注入的信号会被转换成 CM 分量。MIMO 信号也会出现类似的问题。

通过实验对 MIMO 传输信号的辐射量进行了量化，结果记录在本章参考文献 [110] 和本章参考文献 [154] 中，使用 VNA、宽带三角形 - 星形耦合器、同轴电缆、测量电场的双锥天线和测量磁场的环形天线在频域中进行测量。同轴电缆将天线和耦合器与仪器相连接，并用铁氧体包裹以减少干扰。将天线放置在距测量点 3m 和 10m 的位置处。实验结果与耦合因子和广播无线电受到的干扰有关。耦合因子是将 0dBm 的信号注入网络时辐射场的强度。关于具体的细节，请参考第 3 章的内容。我们对广播无线电的干扰进行主观的量化，在监听广播无线电时调制信号被视为干扰。为了测量该干扰，将原信号附加上随机噪声并通过 FM 传输，部署商用无线电进行信号接收。

差分模式下产生相同程度的信号辐射量。也就是说,当采用三角形模式 PN、NE 或 EP 时,耦合因子的幅度基本一致。因此,三角形模式在信号辐射量方面是等效的。对于其他差分模式,当不是所有发射端口都闭合到 50Ω 负载时,可获得类似的结果。这些模式下的耦合因子值与常规三角形模式下的值很接近。实际上,CM 信号的注入会引起耦合因子 5 ~15dB 的增加,因此,必须避免共模信号的注入。此外,CM 模式的耦合因子是频率的函数,并且在高频率处较大。广播无线电干扰的实验验证了这一结论。通常来说,对于给定的干扰电平,CM 信号的功率比差分注入信号的功率低 10dB。

2.6.5.3 MIMO 背景噪声

与 SISO 类似,MIMO PLC 的背景噪声可视为加性有色高斯噪声。此外,不同模式下的噪声存在相关性,并且噪声的统计特性与接收端的配置有关。在实验基础上本章参考文献 [155] 和 [146] 记录了三角形模式下的 MIMO 噪声特征。本章参考文献 [155] 着重介绍了 PSD 曲线。噪声的 PSD 可以通过时域中 Welch 的周期图获得。目标频率在 2 ~150MHz 之间,噪声的 PSD 如下:

$$P_W(f) = 10 \lg\left(\frac{1}{f^\alpha} + 10^\beta\right)(\text{dBm/Hz}) \tag{2.46}$$

式中,α 和 β 是均匀分布的随机变量,模式 PN、NE 和 EP 下的 $\alpha \sim v$ (1.86, 2.2)、v (1.75, 2.1) 和 v (1.76, 2.1),而 $\beta \sim v$ (-16.1, -15),与模式无关。PN 模式下的噪声最低。本章参考文献 [146] 重点研究了不同模式下的噪声在频域中的相关性,得出模式 PE 和 NE 的噪声具有高度相关性。

本章参考文献 [144] 和 [156] 研究了星形模式下的噪声。该分析基于 STF - 410 小组在欧洲进行的实验结果,该实验一共在德国、西班牙、法国、比利时和英国评估了 31 个地点。实验对时域中的信号进行测量,使用数字存储示波器三角形 - 星形耦合器和一组低噪声放大器,这样可以保证测量低噪声电平的精度。主要结论如下。

1) 噪声分布在 -80 ~ -160dBm/Hz 之间,通过比较本章参考文献 [156] 和 [146] 的结果,可以看出相对于三角形模式,星形模式的噪声更低。

2) 模式 P、N 和 E 的噪声电平接近,只有在噪声振幅 CDF 的尾部存在一些微小偏差。严格来说,模式 E 在第 90 个分位处的噪声最大,而模式 P 在第 10 分位处的噪声最大。

3) 模式 CM 的噪声是最大的[156]。CM 模式的噪声比其他星形模式的噪声大 5dB,如果考虑由耦合器引入的衰减,该差值会更大。通常来说,CM 模式更容易受到辐射噪声的影响,特别是在低于 40 MHz 的低频范围[144]。

4) 测量地点的大小对噪声的统计没有影响。噪声仅取决于靠近测量出口的设备[144]。此外,在不同国家间的测量没有观察到噪声的明显变化[144]。

最后,通过分析不同模式下的噪声在时域中的相关性,可以得出 FM 和 AM 广播无线电干扰会提高噪声的相关性，这是因为它们在所有模式下的接收强度相同。

2.7 噪声与干扰

电力线通信网络最初用于电力传输，其通信环境非常恶劣。如图 2.86 所示，连接到电网的多种设备都将产生电力线噪声，并不断恶化通信环境。该噪声与用于设计和分析通信系统的加性高斯白噪声（AWGN）存在显著差异，其特征为干扰性强、时变情况复杂、非白噪声、非高斯噪声。本节介绍了针对不同场景下 PLC噪声的分析方法，给出了于室外窄带和室内宽带 PLC 系统采集的噪声样本，并基于噪声测量结果归纳了 PLC 噪声的各种属性，最终建立了一种统计噪声模型，并分析了其在通信系统设计中的潜在应用。

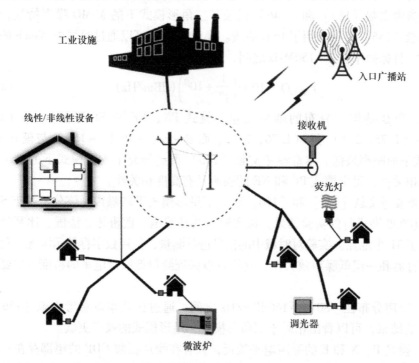

图 2.86　电力线通信网络中对接收机信号造成干扰的多种噪声源[157]　(© 2012 IEEE)

2.7.1　PLC 噪声分析

为便于读者理解 PLC 噪声对通信系统性能的影响，我们着重分析噪声的时域和频域结构，这也是影响单载波和多载波通信系统设计的因素之一。在本节中，我们从 3 个角度研究 PLC 噪声的特性：时域、频域及时频域。基于以上 3 方面的分析，我们能够针对特定的通信系统选择合适的系统模型。

2.7.1.1 时域 PLC 噪声

相关实验研究表明，时域 PLC 噪声可大致分为以下几类[68,112]。

2.7.1.1.1 连续噪声

1）时不变连续噪声在较长持续时间内（至少几个工频交流电周期）具有恒定包络。该噪声也被称为背景噪声，其中包含由接收机前端放大器引起的热噪声。

2）时变连续噪声包络与工频交流电绝对电压同步变化。因此，该噪声周期是工频交流电周期的一半，即 $T_{AC}/2$。在窄带 PLC 系统中，这种噪声通常会极大地影响系统性能[157]。该噪声的一种典型噪声源是一类含有振荡器的设备，而其中振荡器的电源电压经过整流但不平滑，例如电感加热器和逆变器驱动荧光灯。图 2.87 是该类噪声波形的一个示例。除电器本身之外，噪声源和接收机之间的信道特性也会与工频交流电压同步变化（参见 2.3.3.3 节以及本章参考文献［158］），这是噪声包络与工频交流电压同步波动的另一个原因。

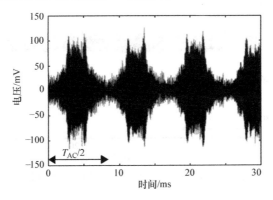

图 2.87 变频器驱动荧光灯（30W）的噪声波形[159]（© 2006 IEEE）

2.7.1.1.2 脉冲噪声

PLC 系统经常会出现突发性的脉冲噪声，这种噪声幅值极大，而持续时间短（通常几 μs 到几 ms）。脉冲噪声可分为以下几类。

1）与工频交流电同步的循环脉冲噪声由一系列具有工频或其两倍频率的脉冲组成。这类噪声的典型噪声源是硅控整流器和晶闸管调光器。这些设备通过改变交流电相位来控制光的亮度，并由此产成与工频电压同步的噪声（脉冲）。带有电刷电动机的设备是这类噪声的另一个来源，在这种设备场景下，电动机电刷上的相位切换将更加频繁，造成更严重的脉冲噪声。另外由于该噪声取决于交流（绝对）电压，所以其与工频具有相同的周期，如图 2.88 所示。另外，这类噪声也包括来自某些电子电路的噪声，如图 2.89 所示。

2）与工频交流电异步的循环脉冲噪声也是一类脉冲噪声，其波形由一系列频率远高于工频交流电频率的脉冲组成。开关式稳压器是该类噪声的一个典型噪声源。

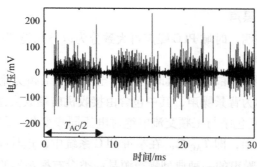

图 2.88　带有电刷电动机的真空吸尘器噪声波形[159]　（© 2006 IEEE）

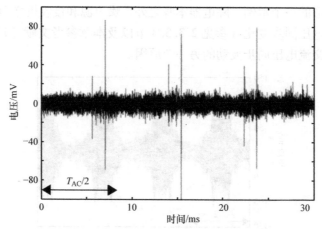

图 2.89　CRT TV 噪声波形[159]　（© 2006 IEEE）

　　3）孤立脉冲噪声的脉冲随机发生，脉冲之间通常具有较长（超过数秒）的时间间隔。壁式开关以及加热器/暖脚器中的恒温器作为该噪声的典型噪声源，在接通/断开交流电时，会产生这种孤立脉冲噪声[160]。

2.7.1.2　频域 PLC 噪声

　　图 2.90 和图 2.91 示出了两个不同频段上的噪声幅值分布：较低频段噪声近似于高斯噪声，而较高频段噪声更近似于脉冲噪声。这表明 PLC 噪声呈现出与频率相关的有色统计特性。

2.7.1.2.1　有色噪声

　　PLC 噪声是一种有色噪声，并且在较低频区域具有较大的功率。这是由于在较高频率下，噪声在噪声源和接收机之间的传播衰减较大；另外许多噪声源的噪声功率都集中在较低频率范围内，特别是使用 kHz 级频率频段的窄带 PLC 系统，其噪声功率随着频率的增大大致呈指数趋势减小。在宽带 PLC 的短波段，上述特性仍然存在，然而频陷的存在使得噪声谱更为复杂。（这种频陷通常由 PLC 信道中的多径传播和来自外部的窄带噪声引起）

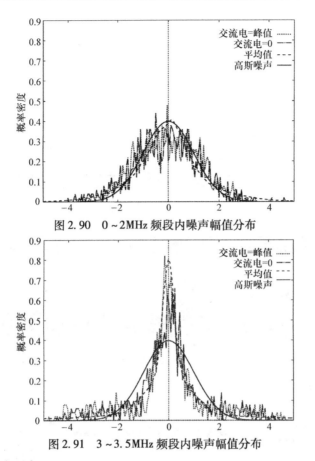

图 2.90 0 ~ 2MHz 频段内噪声幅值分布

图 2.91 3 ~ 3.5MHz 频段内噪声幅值分布

2.7.1.2.2 窄带噪声

宽带 PLC 系统与广播和无线通信系统共享频段资源，而这些系统的无线电信号可作为窄带噪声影响 PLC 信道。因此，这种窄带噪声称为 "无线系统对 PLC 的干扰"，也称为音调干扰。图 2.92 和图 2.93 给出了一种 PLC 噪声波形，该样本采集于距离 100kW AM 广播站约 5km 的房屋处[161]，可以看到无线电信号是 PLC 噪声的一个极其重要的因素，另外噪声包络几乎与调制音频信号相同。图 2.94 为测量噪声波形图。

2.7.1.3 时频域 PLC 噪声⊖

前文表明，PLC 噪声是频域有色噪声，且包含了许多窄带干扰。然而对于 PLC

⊖ 经许可，本节中部分材料已允许使用，内容来自 M. Nassar, A. Dabak, I. H. Kim, T. Pande 和 B. L. Evans, 'Cyclostationary noise modeling in narrowband powerline communication for smart grid applications,'in *Proc. IEEE Int. Conf. Acoustics*, *Speech and Sig. Proc.*, Kyoto, Japan, Mar. 25 – 20, 2012, pp. 3089 –3092, (ⓒ 2012 IEEE) 及 K. F. Nieman, J. Lin, M. Nassar, K. Waheed 和 B. L. Evans, 'Cyclic spectral analysis of power line noise in the 3 – 200kHz band,'in *Proc. IEEE Int. Symp. Power Line Commun. Applic.*, Johannesburg, South Africa, Mar. 24 –27, 2013, pp. 315 –320 (ⓒ 2013 IEEE)。——原书注

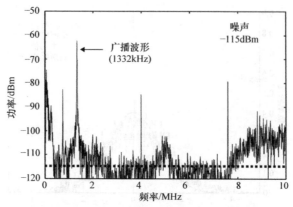

图2.92 广播电台附近房屋的 PLC 噪声频谱

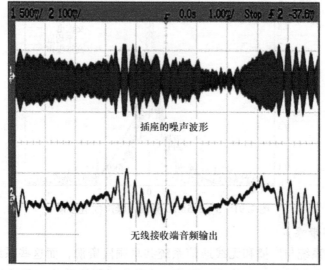

图2.93 广播信号的 PLC 噪声波形

噪声是否具有时变特性，即其频谱结构是否随时间变化还未进行讨论。短时傅里叶变换（Short Time Fourier Transform，STFT）是分析非平稳信号时常用的技术手段[162]。STFT 将信号划分为多个可能重叠的部分，并计算每个部分的傅里叶变换，以此分析信号的频谱随时间的变化情况。给定信号 $x[n]$，其 STFT 由下式给出：

$$X[m,\omega] = \sum_n x[n]w[n-m]e^{-j\omega n} \tag{2.47}$$

式中，$w[n]$ 是窗函数。图2.95 给出了在低电压场中收集的噪声频谱图（以 STFT 幅度表示），图中使用汉明窗计算 STFT。该噪声在时域和频域中都表现出强循环平稳特性，其周期为 $T = T_{AC}/2 \approx 8.3\text{ms}$。此外，噪声功率集中在较低的频段；噪声中还包含以 T 为周期的宽带脉冲，以及一些较弱的窄带干扰。

循环平稳信号属于一种特殊的非平稳随机过程，该随机过程具有周期性的瞬时自相关函数。离散时间随机过程 Y 的对称瞬时自相关函数定义为

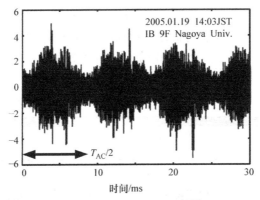

图 2.94　测量噪声波形图（归一化幅度）[159]（ⓒ 2006 IEEE）

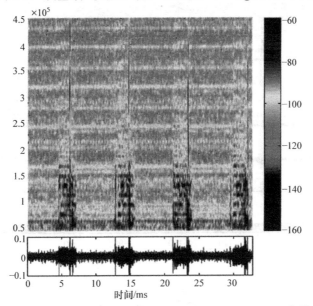

图 2.95　低压噪声轨迹频谱图（噪声在时间和频率上显示周期平稳特性）[163]（ⓒ 2012 IEEE）

$$R_{YY}[n,l] = \mathrm{E}\{Y[n+l/2]Y^*[n-l/2]\} \tag{2.48}$$

式中，$\mathrm{E}\{\cdot\}$ 是期望运算符。综上，循环平稳随机过程 Y 的自相关函数 $R_{YY}[n, l]$ 满足以下关系[164,165]：

$$R_{YY}[n,l] = R_{YY}[n+kN,l], \quad \forall k \in \mathbf{Z} \tag{2.49}$$

式中，N 是循环平稳过程的周期。通过二维傅里叶变换可以对循环自相关函数进行变换，以产生循环频率 α 和频率 f 的二维函数：

$$S(\alpha,f) = \sum_{n=-\infty}^{\infty}\sum_{l=-\infty}^{\infty} R_{YY}[n,l]\mathrm{e}^{-\mathrm{j}2\pi\alpha n}\mathrm{e}^{-\mathrm{j}2\pi fl} \tag{2.50}$$

由于 $R_{YY}[n,l]$ 具有时域周期性特性（基于离散时间标号 n），它可以表示为时域傅里叶级数，并且在基频 F_{S}/N 的倍频 α 处具有离散循环谱，其中 F_{S} 为采样频率。

式（2.50）中的 $S(\alpha, f)$ 通过两种不同的角度描述了循环平稳信号的特性：从宏观角度看，频率 α 描述了信号的循环特性［由式（2.48）的时域形式确定］；从微观角度看，频率 f 描述了一个周期内的噪声样本相关性［由式（2.48）的滞后域形式确定］。通常，平稳信号可完全由微观尺度频率 f 表征，而确定性周期信号可完全由宏观尺度循环频率 α 表征。图 2.96 示出了用时频域处理方法分析噪声样本

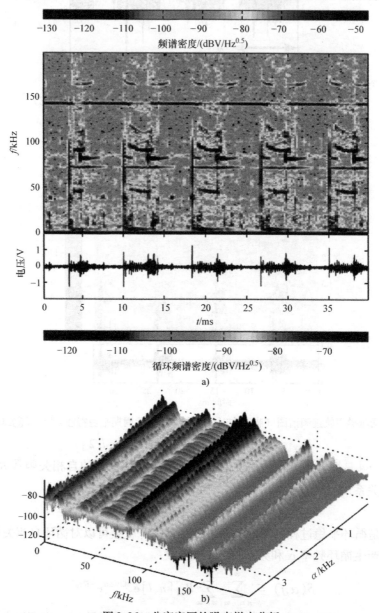

图 2.96　公寓客厅的噪声样本分析
a）归一化频谱图与噪声样本　b）循环功率谱[166]
（其中观察到大量的窄带和脉冲噪声源，许多服从周期性分布，周期为 8.3ms）（© 2013 IEEE）

所得的结果，该噪声采集于住宅区 PLC 系统。其中图 2.96a 为捕获的时域噪声轨迹及其对应的 STFT（通过采用长为 256 的汉明窗的 512 点 FFT 计算，该窗具有 170 个样本重叠）。信号结构每 8.3ms（工频交流电周期的一半）重复一次。此外，该图反映出了具有不同时频域特性的大量噪声源。具体来说，我们在频率 4kHz、45kHz、58～70kHz、75kHz、80～85kHz、90～120kHz 和 133～140kHz 处都观测到了明显的噪声能量。图 2.96b 为循环频谱密度图，图中可以看到，在与基本循环周期（8.3ms，即工频交流电周期的一半）对应频率相距约 120Hz 处出现了峰值。这些峰值产生的原因是，自相关函数在时域中的周期性导致了循环频谱的离散化。另外循环频谱分为 150 个频段（索引为 0），对应于具体循环频率的 25～3750Hz，步长为 25Hz。其他有关 PLC 噪声应用的循环频谱分析可参见本章参考文献 [166]。

2.7.1.4　总噪声波形

当 PLC 接收机的位置接近某噪声源，且接收机周围没有其他噪声源时，该噪声源在很大程度上决定了接收噪声的波形。在这种情况下，噪声波形可以归类为上述噪声的类型之一。但在一般环境中，连接到电力线网络的许多设备都会产生噪声，因此实际 PLC 噪声波形是不同类型噪声波形的叠加。图 2.94 是一个总噪声波形的示例[159]。

2.7.2　PLC 噪声统计－物理建模[⊖]

PLC 噪声干扰的统计模型对于通信系统设计和通信性能提升至关重要。基于这些模型我们可以描述影响通信性能的接收噪声特性，如噪声样本分布情况和时域采样依赖性等。目前两种主流的建模方法是统计－物理建模和基于经验建模。在本节中，我们介绍 PLC 噪声的统计－物理建模，基于经验建模将在下一节中讨论。

在给定信号传播的统计模型和电网内干扰传播的统计模型的情况下，统计－物理建模方法对上述两模型之间的相互作用及影响进行了描述，从而推导出接收端干扰的统计特性。对于一般情况下的 PLC 噪声，下文中介绍了两种常用的统计－物理模型——高斯混合模型和 Middleton's Class－A 模型，以及它们在 PLC 网络环境中的推导过程。这两种统计－物理模型都适用于异步噪声，这种噪声常见于宽带 PLC 网络和密集通信网络[116,117,167]。

2.7.2.1　高斯混合和 Middleton's Class－A：模型介绍

一般地，通常使用一阶统计量（例如样本概率密度函数）来评估通信系统的

⊖　经许可，本节中部件材料已允许使用，内容来自 M. Nassar, K. Gulati, Y. Mortazavi 和 B. L. Evans, 'Statistical modeling of asynchronous impulisive noise in powerline communication networks,' in *Proceedings IEEE Global Telecommunications Conference*, Houston, USA, Dec. 5 – 9, 2011, pp. 1 – 6（ⓒ 2011 IEEE）。——原书注

性能。高斯混合和 Middleton's Class – A 模型都是脉冲噪声的一阶统计模型。

如果随机变量 X 的概率密度函数是不同的零均值高斯分布概率密度函数的加权和，则 X 服从有中心分量的高斯混合（Gaussian Mixture，GM）分布：

$$p(x) = \sum_{k=0}^{K} \pi_k \cdot N(x;0,\gamma_k) \tag{2.51}$$

式中，$N(x;0,\gamma_k)$ 是均值为 0、方差为 γ_k 的高斯概率密度函数；π_k 是第 k 个高斯分量的权重。

Middleton's Class – A（MCA）模型是高斯混合的一种特殊情况[116]。MCA 模型使用两个参数来具体描述高斯混合模型，即脉冲指数 $A \in [10^{-2}, 1]$ 和功率比 $\Omega \in [10^{-6}, 1]$，如下式：

$$\pi_k = e^{-A} \frac{A^k}{k!}, \quad \gamma_k = \sigma^2 \frac{k/A + \Omega}{1 + \Omega} = \sigma_i^2 \frac{k}{A} + \sigma_g^2$$

式中，σ_i^2，σ_g^2 分别是脉冲噪声功率和背景噪声功率；$\sigma^2 (= \sigma_i^2 + \sigma_g^2)$ 是总噪声方差。脉冲指数 A 决定了噪声的脉冲性质：当 A 值较小时噪声呈现出脉冲特性，当 A 趋于无穷时噪声趋近于高斯噪声。功率比 $\Omega = \sigma_g^2/\sigma_i^2$ 表示背景噪声和脉冲噪声的功率比值。综上，MCA 概率密度函数表示如下：

$$p(x) = \sum_{k=0}^{K} e^{-A} \frac{A^k}{k!} \cdot N(x;0,\sigma^2 \frac{k/A + \Omega}{1 + \Omega}) \tag{2.52}$$

在实际过程中，上式求和号中只有前几项权重较大的部分得以保留。另外该模型还可扩展用于建模基带噪声，只需将实高斯概率密度函数 $N(x;0,\gamma_k)$ 替换为圆对称复高斯概率密度函数 $CN(x;0,\gamma_k)$（圆对称复高斯分布表示复随机变量的同相分量和正交分量是独立同方差的高斯随机变量）。在这种情况下，其同相和正交分量的边缘分布仍遵循高斯混合或 MCA 模型[168]。尽管同相和正交分量仍不相关，但它们已不再像 AWGN 情况下那样相互独立。事实上，由于同相和正交分量产生于混合模型的同一个高斯分量，当其中的一个分量具有较大值时，另一分量值往往也较大。

如前所述，高斯混合和 MCA 模型都仅描述了噪声的一阶统计特性，因此它们不能表征噪声的功率谱特性和自相关特性。因此，除了对宽带 PLC 噪声建模之外，这些模型的独立样本在 PLC 系统中的应用十分有限。扩展这些模型以获取更高阶统计量是未来 PLC 研究的重要内容。

2.7.2.2 高斯混合和 Middleton's Class – A：模型推导

我们考虑一种配电 PLC 网络，其中某个随机定位的接收机在存在干扰的情况下接收某一目标信号。图 2.97 为一个典型的低电压 PLC 网络系统模型。其中由住宅区、工业区干扰源以及可能的其他无线传输信号组成了 M 个干扰源，产生干扰并共同影响接收机。

根据在持续时间 T 的间隔内到达的干扰，接收机在参考时间 $t = 0$ 时刻获得的

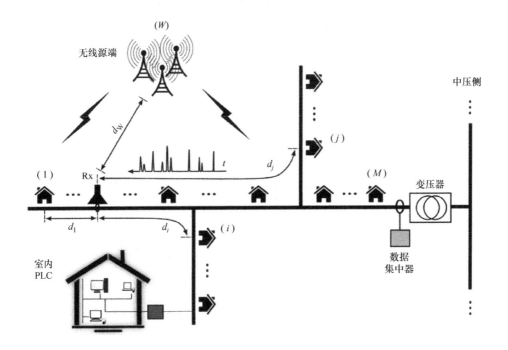

图 2.97 一种具有干扰源的低压电力线通信网络系统模型
（每个干扰源在距离接收机 d_m 处发射异步脉冲噪声干扰，
其中 $m = 1, \cdots, M.111$）（© 2011 IEEE）

干扰观测值如下：

$$I(T) = \sum_{m=1}^{M} I_m(T) \tag{2.53}$$

式中，$I_m(T)$ 是由干扰源 m 产生的干扰（见图 2.98）。我们假设干扰是平稳的，即干扰脉冲持续时间与信号传输时间的规模相近[112]。t 时刻所有干扰源对接收机的瞬时干扰由 $\Psi = \lim_{T \to \infty} I(T)$ 给出。我们对每个干扰 $I_m(T)$ 的特征函数进行计算，并以此获得总干扰 Ψ 的一阶统计量。

首先定义单个干扰源产生干扰的统计模型。本章参考文献［112］中的实验研究已经证明，宽带 PLC 系统中，异步脉冲的到达间隔时间和持续时间服从指数分布。而指数分布的到达间隔时间模型可以通过泊松点过程来描述。因此，对于每个干扰源 m，我们假设基于参考时间的脉冲到达时间是参数为 λ_m 的时域泊松点过程，用随机过程 $\Lambda_m = \{\tau_{m,i} : i \in N\}$ 表示。脉冲持续时间 $T_{m,i}^E$ 在 $10\mu s \sim 1ms$ 之间，并服从松散指数分布，其典型值为数百 μs[112]（此处无需脉冲持续时间的准确分布，因为推导仅取决于起始时刻 $E\{T_{m,i}^E\}$）。另外 PLC 信道的脉冲响应具有 $1 \sim 4\mu s$ 左

右的时延扩展 $\tau_h^{[17,169]}$。由于 $T_{m,i}^E \gg \tau_h$，信道对脉冲传播的响应仅具有一个可分辨分量，且具有平坦衰落特性。

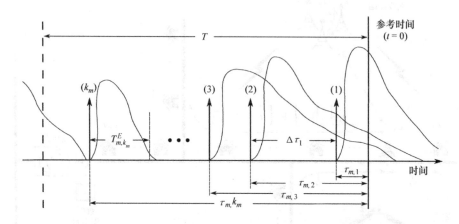

图 2.98 干扰源 m 产生的脉冲叠加（垂直箭头表示到达时间，k_m 是在持续时间 T 内的到达数，$t = 0$ 是参考时间）[111]（© 2011 IEEE）

2.7.2.3 结果统计模型

本章参考文献 [111] 通过利用 2.7.2.2.1 节中论述的统计模型，表明了由干扰源 m 在接收端产生的干扰 $I_m(T)$ 服从 Middleton Class – A 分布，参数由下式给出：

$$A_m = \lambda_m \mu_m = \lambda_m \mathrm{E}\{T_m^E\} \tag{2.54}$$

$$\Omega_m = \frac{A_m \times \mathrm{E}\{h_m^2 B_m^2\}}{2} = \frac{A_m \gamma(d_m) \mathrm{E}\{g_m^2 B_m^2\}}{2} \tag{2.55}$$

式中，$T_{\max}^E$ 是最大脉冲持续时间；A_m 是重叠指数，表示干扰源 m 产生干扰的脉冲数量；Ω_m 是脉冲平均密度。利用该结果，我们得到如图 2.99 所示的典型 PLC 网络场景的干扰统计特性，如表 2.14 所示[111]。

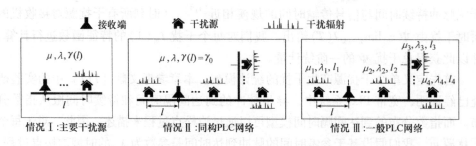

图 2.99 PLC 网络干扰场景（每个干扰源向电力线发射随机干扰序列，并于接收端叠加。每个干扰源由平均干扰数量 μ、平均干扰持续时间 λ、接收端路径损耗 γ 描述）[170]（© 2013 IEEE）

表 2.14　根据网络类型划分的 PLC 网络干扰统计物理模型
（具体场景及参数见图 2.99，其中 M 是干扰源的数量）参考数值
基于本章参考文献［112］中的实验结果

场景	统计模型	参考值
主要干扰源： 乡村场景、工业场景	米德尔顿等级 A： $A = \lambda\mu$，$\Omega = A\gamma E[h^2 B^2]/2$	$A = 1.11 \times 10^{-5}$ $\Omega = 131.82$
同构 PLC 网络： 城市场景、住宅楼	米德尔顿等级 A： $A = M\lambda\mu$，$\Omega = A\gamma E[h^2 B^2]/2M$	$A = 9.41 \times 10^{-5}$ $\Omega = 1380.4$
一般 PLC 网络： 密集城市场景、商业场景	高斯混合： π_k 与 γ_k 在本章参考文献［111］给出	$\pi = [0.99\ 0.01]$ $\gamma = [0.99\ 4.12]$

2.7.3　PLC 噪声经验建模

基于经验建模方法必须先收集环境内噪声数据，并以此设计与噪声数据所表现的特征相匹配的模型。在接收机设计以及一些特定场景中，这些模型可以准确预测通信性能。

2.7.3.1　脉冲噪声的时域建模方法

在时域中建模脉冲噪声需要 3 个参数的统计特征：①脉冲幅度，②脉冲宽度，③脉冲到达时间间隔。本章参考文献［112，171 – 174］对这些参数进行了实验研究。在时域中获取脉冲噪声特性的一种常用方法是对其边缘分布进行建模。一些文献研究尝试用不同的统计分布模型对噪声数据进行拟合，例如 Middleton's Class - A[175,176]、高斯混合[176]、Nakagami – m[177] 和 Rayleigh[171]分布，这些统计分布可以准确地模拟脉冲幅度。然而由于噪声样本具有独立同分布（i.i.d.）特性，我们难以获得与脉冲宽度及到达时间间隔相关的信息。本章参考文献［112］提出用具有多个状态的离散马尔科夫链来模拟噪声，并由此描述宽带 PLC 系统的噪声脉冲宽度和到达时间间隔。

2.7.3.2　脉冲噪声的频域建模方法

为了生成具有非白色功率谱密度（Power Spectral Density，PSD）的 PLC 噪声波形，频域建模方法将噪声带宽划分为若干子带宽，并且为各个子带宽分配一组概率密度函数。对于这组概率密度函数，一些文献使用两个瑞利（Rayleigh）分布的和来建模[69]，其余一些文献则采用与 Nakagami – m 分布相同的理论来分析建模[177]。本章参考文献［178］在每个子带中对噪声幅值进行采样，通过噪声幅值的直方图来定义噪声概率密度函数。

这种噪声模型很好地体现了噪声的频域特征，可以用于多音调制系统的设计。然而另一方面，需要进一步完善模型来体现噪声的时变和非平稳特征。

2.7.3.3 周期性循环平稳噪声模型⊖

2.7.1.3 节以及针对窄带 PLC（NB - PLC）的大量研究都表明，周期性噪声和循环平稳噪声是窄带 PLC 系统中加性噪声的主要组成部分[157,159,179]。图 2.95 给出了一张典型时域噪声轨迹图和噪声样本的频谱图，该噪声收集于中低电压场。该轨迹除了符合 IEEE P1901.2[180] 中给出的现场数据之外，在时域和频域中都表现出周期平稳性。

在本章参考文献［159］中，作者提出使用循环平稳高斯模型来表征 NB - PLC 系统在加性噪声方面的特性。这种循环平稳高斯模型以高斯随机过程建模，其方差具有周期时变性（时变周期为工频交流周期的一半），并以此表征噪声的时域特性。即

$$n[k] \sim N(0, \sigma^2[k]), \sigma^2[k] = \sigma^2[k + mT] \tag{2.56}$$

式中，$n[k]$ 是离散时间随机过程 n 在时间 k 处的样本值。在式（2.56）中，$T = 0.5T_{AC} \times F_S$，T_{AC} 是工频交流电周期，F_S 为采样频率，并且 $m \in \mathbf{Z}$。进一步地，作者将噪声输入频谱密度呈指数衰减的线性时不变整形滤波器 $h_s[k]$ 中，使得噪声的频谱变为有色谱（见图 2.100）。综上，该模型解除了噪声的频域和时域波形耦合关系。由于上述噪声周期平稳特性主要为时域形式，我们将这个模型称为时域周期平稳模型。此外，该模型需要以参数形式来表征 $\sigma^2[k]$，在某些情况下可能需要引入数据密集型参数估计过程来解决该问题。

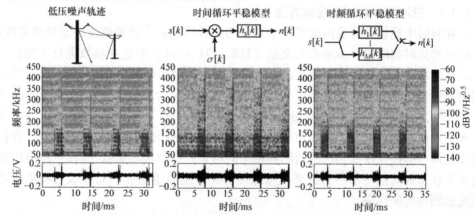

图 2.100 NB - PLC 的两种循环平稳噪声模型：①时间循环平稳模型通过时间函数 $\sigma[k]$ 对 AWGN 信号 $s[k]$ 进行建模，并由单个整形滤波器 $h_s[k]$ 进行滤波[159]；②时频循环平稳模型通过含有不同整形滤波器 $h_i[k]$ 的滤波器组对 AWGN 信号 $s[k]$ 进行滤波，每个滤波器对应于噪声周期一段平稳区域[157]。由于时间周期平稳模型被约束到单个谱形状，所以它在 50 ~ 200kHz 频段中估计噪声功率谱密度高达 50dBV/Hz，时频模型更接近于测量值[157]。（© 2012 IEEE）

⊖ 经许可，本节中部分材料已允许使用，内容来自 M. Nassar, A. Dabak, I. H. Kim, T. Pande 和 B. L. Evans, 'Cyclostationary noise modeling in narrowband powerline communication for smart grid applications,' in *Proc. IEEE Int. Conf. Acoustics*, *Speech and Sig. Proc.*, Kyoto, Japan, Mar. 25 – 20, 2012, pp. 3089 – 3092（© 2012 IEEE）。——原书注

如果噪声轨迹显示出频域时变特性（见图 2.95 和图 2.96），那么时域循环平稳模型将不足以准确地拟合该噪声轨迹。为了在时域和频域中都能够表征噪声的循环平稳特性，一些学者在本章参考文献［180，157］中提出了一种循环平稳模型，我们称之为时频域循环平稳模型。该模型将每个噪声周期划分为 M 个区间，并且假定每个区间中的噪声为平稳噪声（见图 2.95）。基于此，每个区间的噪声都能够由以下 3 方面表征：相对应的频谱、相应的整形滤波器以及时间指数集 R_i。通过利用该模型，我们可以将 PLC 噪声建模为 AWGN 信号 $s[k]$ 与线性周期时变系统冲激响应 $h[k,\tau]$ 的卷积，如下式：

$$n[k] = \sum_{\tau} h[k,\tau]s[k-\tau] = \sum_{i=1}^{M} l_{k\bmod(T) \in R_i} \sum_{\tau} h_i[\tau]s[k-\tau] \quad (2.57)$$

式中，l_A 为指示符函数，$\bmod(T)$ 表示模 T 运算，并且有 $h[k,\tau] = \sum_{i=1}^{M} h_i[\tau]l_{k\bmod(T) \in R_i}$。该卷积可以使用如图 2.100 所示的滤波器组来实现，每个线性时不变滤波器 $h_i[k]$ 都与图 2.95 中相应频段的整形滤波器相对应，并且可以使用频谱估计技术来进行估计[157]。图 2.100 讨论了时域循环平稳模型和时频域循环平稳模型之间的区别。

本章参考文献［179］表明，除了周期平稳噪声，在频率低于 10kHz 的超低频（Very Low Frequency，VLF）区域，存在一个广义加性周期性噪声分量。目前，VLF 频段已经被 AMR 提供商广泛使用。本章参考文献［179］通过挖掘并利用这种周期性结构，滤出了这个噪声分量并增加了 VLF 频段系统的后处理信噪比。

2.7.4　自适应编码调制与解调的 PLC 噪声特性

在一般通信系统的设计和分析中，人们常常使用加性平稳高斯白噪声（AWGN）作为系统噪声模型。然而从以上的讨论可以看出，该噪声模型并不适用于 PLC 系统。

非高斯噪声通常是导致 PLC 系统可靠性降低的原因，特别是脉冲噪声。然而，在功率给定的情况下，高斯分布具有最大熵。这就意味着如果考虑噪声的统计特性，那么与 AWGN 系统相比，非高斯噪声环境下的系统可以达到更好的通信性能[181]。

这种情况下由于噪声是非白色的，可以引入多载波调制方案，以发挥其自适应功率分配、调制指数和编码增益的特性。这种调制方案已经被用于无线通信系统中，以应对信道的频率选择性衰落。另外 PLC 噪声在时域中是不均匀的，当噪声中主要是循环平稳分量时，可进行噪声统计特性估计，并在时域中基于噪声估计实现自适应传输。

我们在 2.7.2.1 节中已经提到，当用 MCA 模型表征窄带脉冲噪声的概率密度函数时，其同相和正交分量是不独立的。这意味着其中一个分量的观测值可以提供关于另一个分量的信息，这种交互信息可以用作信号检测时的辅助信息以提升性能[182]。

图 2.101 和图 2.102 给出了在 3 个工频交流电周期持续时间内，对不同频段同时测量的噪声波形。如图所示，不同频段中的瞬时噪声功率是相互关联的。因此，当我们进行某个子带的瞬时噪声功率估计时，可以利用其他没有信号传输的子带内的噪声观测值来辅助估计。例如，本章参考文献 [183] 提出了一种正交频分复用（Orthogonal Frequency Division Multiplexing, OFDM）接收机，其在解码过程中使用估计的噪声统计信息作为辅助信息。

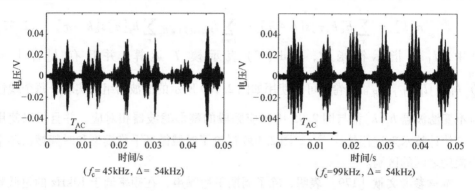

图 2.101　不同频段电力线噪声波形（低频区域）[183]　(© 2005 IEICE)

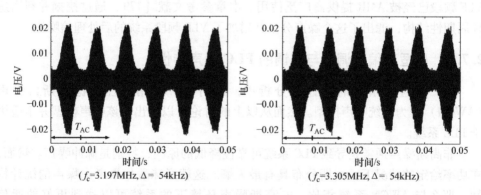

图 2.102　不同频段电力线噪声波形（高频区域）[183]　(© 2005 IEICE)

在许多无线通信系统中，热噪声是噪声统计特性的主要影响因素，另外不同收发机处的噪声波形相互独立。然而在 PLC 系统中，影响噪声特性的主要因素是连接到电力线网络的电器设备，并且不同收发机处的噪声波形是相关的。本章参考文献 [161, 184] 显示，如果两个不同的端口连接到同一带电导体，那么其瞬时噪声幅值具有很强的相关性，如图 2.103 所示。此外有研究表明，即使对于两个连接到不同带电导体的端口，其瞬时噪声功率和循环平均噪声功率也具有很强的相关性。这种电力线网络中不同位置处的噪声波形相关性可以用于提高 PLC 系统的性能。例如，发射机可以在没有收到接收机噪声状态信息的情况下，通过调整功率分配、调制和编码方案来估计接收机的噪声统计特性。该方案适用于单向和多播通信系统。有关多载波调制内容将在第 5 章讨论，自适应资源分配算法将在第 6 章讨论。

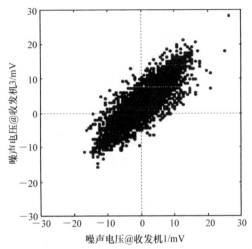

图 2.103　两个不同端口处的瞬时噪声电压散射图[161]　（© 2007 IEICE）

2.8　信道模型与软件参考

前面的章节介绍了工频交流电力线上 PLC 的建模方法。这部分研究的重点在于电网的低压（LV）部分，因为低电压段 PLC 信道环境的表征和建模最困难。

表 2.15 总结了 LV 信号传播模型的建模方法，我们将模型分为以下几类：

表 2.15　电力线信号传播信道模型综述

场景	信道		方法	类型	模型	参考文献
接入	SISO	LTI	自顶向上	确定	CFR	本章参考文献 [73]，2.3.2.4 节，[185] 的附录 D
LV/MV	SISO	LTI	自底向下	确定	CFR	本章参考文献 [185] 的附录 D
室内	SISO	LTI	自顶向下	随机	CFR	本章参考文献 [65]
					CFR	本章参考文献 [30]，[56]，[186]
					CIR	本章参考文献 [43]，[74]，[91]
					CFR	本章参考文献 [187]
			自底向上	随机	CFR	本章参考文献 [24]，[25]
					CFR	本章参考文献 [31]，[32]，[151]，2.3.3.4 节
		LPTV	自顶向下	随机	CFR	本章参考文献 [77]，2.3.3.4 节
			自底向上	确定	CFR/CIR	本章参考文献 [85]，2.3.3.4 节
	MIMO	LTI	自顶向下	随机	CFR	本章参考文献 [141]，2.6.4 节
					CIR/CFR	本章参考文献 [141]，[145]，2.6.4 节、
			自底向上	随机	CFR	本章参考文献 [88]，[89]，2.6.4 节

- 自顶向下方法：基于经验的建模方法，其尝试描述信号的传播特性（如信号回波）；
- 自底向上方法：基于电信号在电力线上传播的性质进行建模；
- 确定模型：包含一个或一组信道实现的模型（通常通过自顶向下方法的参数集或者通过自底向上方法给定的拓扑结构、电缆类型等进行建模）；
- 随机模型：包含由概率分布产生的随机信道的模型。

我们注意到，大多数自顶向下模型都是针对宽带 PLC 设计的，实际上宽带 PLC 具有更加多样化的场景，体现在不同网络间和网络内不同链路间的路径损耗和频率选择性等方面。另一方面，由于自底向上方法基于物理层信号传播特性，该方法适用于基于 TL 理论的较宽频率范围。此外，表 2.15 中列出的大部分模型都对应于室内（或家庭内）场景，其中确定性自底向上的建模方法可以扩展到室外链路。

表 2.15 中列出的许多文献都允许读者自行建模得出结论并生成 CIR 或 CFR，其中一些文献甚至提供了软件实现过程。表 2.16 总结了这些包含软件实现的文献。本章参考文献 [90，87] 提供的源代码包含 MATLAB 模块，基于此，读者可以根据本章参考文献 [30，56，186，77] 中提出的自顶向下模型生成 CFR。本章参考文献 [188] 分析并给出了一套 ns－3 软件模块套件，该软件模块的建模使用了本章参考文献 [32] 中的自底向上方法，以及时变阻抗建模手段（包括周期性时变阻抗[77]），另外该软件模块允许将物理 PLC 信道模型集成到 PLC 网络仿真中。本章参考文献 [189] 提供了一段 MATLAB 程序，实现了本章参考文献 [31，32，151] 中的随机自底向上方法，并使用了时不变频率选择阻抗模型[77]。此外，本章参考文献 [190] 论述了一种 MIMO 自底向上方法并附带软件实现，其中包含单位长度参数的数值计算模块，并且支持不同网络节点处线路的数目变化。上述方法的 CFR 计算基于本章参考文献 [89] 中介绍的方法，该方法也解决了单位长度电缆参数的分析计算问题。本章参考文献 [190] 中研究的主要应用场景是交通工具 PLC（在 2.9.2 节进一步讨论），但该文献方法同样适用于室内和室外环境中的 MIMO PLC，并且可以扩展到随机建模领域，本章参考文献 [89] 对此进行了研究。

表 2.16　可用信道模型的软件实现

信道		方法	类型	软件	文献	基于文献
SISO	LTI	自顶向下	随机	MATLAB	[90]	本章参考文献 [30]，[56]，[186]
	LPTV	自顶向下	随机	MATLAB	[87]	本章参考文献 [77]
	LPTV	自底向上	确定	ns－3	[188]	本章参考文献 [32]，[77]
	LTI	自底向上	随机	MATLAB	[189]	本章参考文献 [31]，[32]，[77]，[151]
MIMO	LTI	自底向上	确定	MATLAB	[190]	本章参考文献 [89]

2.9　其他场景下的信道

在本节中，我们考虑 PLC 的其他应用场景：低压直流（Low Voltage DC，

LVDC）配电网和交通工具（车辆与船舶）电网。本节对上述场景中 PLC 的信道特性和噪声特性进行论述。

2.9.1　LVDC 配电系统

LVDC 配电系统为低压配电网提供了一种新型配电手段，该系统将直流电应用于电力传输，并通过交流/直流转换最终返回交流电以供电子器件使用。LVDC 系统最初用于乡村地区，在这种地区单个长中压（MV）电网分支通常只能供给较小区域范围的 MV/LV（20kV/1kV/0.4kV）变电站，其中仅包含少数终端用户。这种情况下，低压交流电网的传输容量有限，使得中压线路必须靠近终端用户。类似地，对低压交流电网来说，其地理覆盖范围的大小和终端用户数量也是十分有限的。

与传统交流配电系统相比，LVDC 系统具有明显的优势。LVDC 系统在低压配电网中使用直流电，与传统的交流低压电网相比，其功率传输能力得到了明显改善。此外，LVDC 系统提高了配电的可靠性和电力终端用户的服务质量[191,192]。

LVDC 系统除了具有用于配电的优势之外，当配备有用于数据通信的基础设施时，还能提供智能电网的相关功能。在这种情况下，LVDC 系统中的 PLC 应用将带来巨大的潜力。因此，在接下来的几节中，我们重点介绍 LVDC 系统应用于 PLC 时的主要特性，包括 PLC 信道特性等方面。

2.9.1.1　LVDC 配电系统的结构和特性

一般来说，研究发展配电系统的主要目的是提高配电的效率和可靠性。在 LVDC 系统中，LVDC 配电系统将替代一部分传统中压架空电缆以及低压交流配电网。届时这些配电系统将通过地下电缆实现。就目前来看，现有交流配电网不断老化，并且对天气条件较为敏感，包括芬兰在内的几个国家均已经开展了相关研究，分析讨论用地下电缆替换老旧的交流配电架空电缆。

经过 MV/LV（20kV/1kV）变压器之后，低压交流电被整流为直流电并通过低压直流电网提供给用户。此外，整流后的直流电将根据低压电气设备标准［IEC60364］进行平滑处理，其电压值将在额定直流电压 10% 的范围内波动[191,192]。届时每个用户将配备一台用户终端逆变器（Customer - End Inverter, CEI），以将直流电转换为交流电以供用户正常使用。LVDC 系统结构与传统 MV/LV 交流电系统结构的主要差异如图 2.104 所示。

LVDC 系统和传统低压交流电系统之间的主要区别是：

1）LVDC 系统地理覆盖范围更大，传输距离更长。

2）部分中压电网用 LVDC 系统替换，因此节省了中压交流线路的长度和数量。

3）LVDC 系统减少了 MV/LV（20kV/0.4kV）和 LV/LV（1kV/0.4kV）变压器的数量。

4）LVDC 系统逆变器设备数量增加。

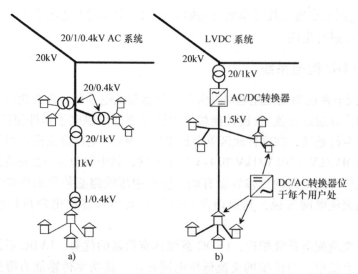

图 2.104 传统 AC 与含有中低压转换配电网的 LVDC 系统差别图[191]

LVDC 系统有两种基本实现方法。一种是具有 1500V 直流电线路和零线的单极系统，另一种是具有 ±750V 直流电线路和零线的双极系统（见图 2.105）。其中双极 LVDC 系统更具可行性[191,192]。根据标准 [LVD 73/23/EEC]，电力传输所允许的最大直流电压为 1500V（低压直流电的额定值[193]）时，可使用与传统交流电系统相同的低压地下电缆进行输电。这种低压地下电缆的对地额定电压为直流 900V，两导线之间额定电压为直流 1500V，因此可供双极 LVDC 系统使用。

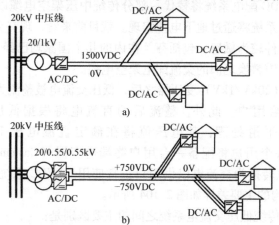

图 2.105 具有电力电子转换器的单极（直流 1500V，0）与双极（直流 ±750V，0）
LVDC 系统的基本结构[198]（摘自 Pinomaa 等人，2011[198]）

芬兰拉彭兰塔理工大学（Lappeenranta University of Technology，LUT）自 2006 年以来就一直在进行 LVDC 配电系统的相关研究。其研究项目的一个关键成果是在

LVDC 配电系统中应用电力电子转换器，使其成为一项可能替代未来配电网的技术[191]。首个 LVDC 实验室原型系统建成于 2008 年，该系统采用单相逆变器实现[194]。在 2011 年，系统的用户终端逆变器升级为采用改进 EMI 滤波的三相逆变器[195]。

在项目研究中，双极直流电网采用了两种地下低压电缆。一种是具有三相导线（L1，L2，L3）的 AMCMK 电缆，附带同心导线以及保护接地线（Protective Earth，PE）（$3 \times 16 + 10 mm^2$）；另一种是具有 4 条导线的 AXMK 电缆（$4 \times 16 mm^2$）。电网中的整流器通过半控二极管 – 晶闸管桥实现；每个用户都配备有基于绝缘栅双极型晶体管（Insulated Gate Bipolar Transistor，IGBT）的 CEI，以将直流电转换回交流电（直流 230V/50Hz）。

一般地，用于信号传输的低压地下电缆安装在 500m 长的电缆卷盘内。整流器和用户终端逆变器之间的直流电网分为 500m 长的电缆段，各电缆段之间在地上电缆连接柜中连接。（在电缆连接柜中各段电缆之间的直流电压导线和零线分别连接）然而对 AXMK 电缆来说，该电缆包含两条用于传输 ±750V 直流电的导线以及两条零线。因此，每条 AXMK 电缆中的两条零线短接形成回路，这些回路在每两段 500m 长电缆段之间相连接。

2012 年 6 月，首个双极 LVDC 系统现场试验安装实现并沿用至今，该系统包括 4 个带负载的用户（电网中包含 3 个 CEI）[196]。现场试验系统使用的低压电缆是 AMCMK 电缆（$3 \times 95 + 21 mm^2$）。系统中的直流两极导线和零线都与电网中的所有 CEI 相连接，但每个 CEI 由直流正极和零极、或零极和直流负极供电。图 2.106 给出了带尺寸的双极 LVDC 现场试验系统结构和相应的 PLC 网络[197]。

如上所述，与传统的交流配电系统相比，LVDC 系统在配电方面更具优势。其与用户终端逆变器相配合，可以改善用户端的交流低压供电质量。并且用地下低压直流电缆替换部分中压架空线路，减少了中压电网中可能发生的故障，从而降低了由线路中断引起的成本消耗[199,200]。

对于智能电网，在未来，直流配电系统也可能应用到用户端，届时在应用于新型智能电网时，大多数用户现有的家用电器和小型发电机组将以直流方式运行。在向智能电网过渡时，LVDC 系统的主要优点是不需要分布式发电单元与电力传动进行同步。在过去几年中，上述场景下的电动汽车数量一直处于增长态势。此外，转换器技术的应用为电网管理和电力相关市场提供了新的发展机遇，从而进一步促进了智能电网的发展。

为了在小规模发电单元和 EV 中应用直流电网并使其有效地运作，必须为系统添加新的功能，例如对分布式发电单元状态的控制和监测功能。这些功能的实现同样需要直流电网中的通信网基础设施，无论在智能电网还是上述的 LVDC 配电系统中，无处不在的数据通信都起着至关重要的作用。另外 LVDC 系统为智能电网搭建了一个平台，这意味着各种智能电网应用，如电网控制（数据流和电力流）和电

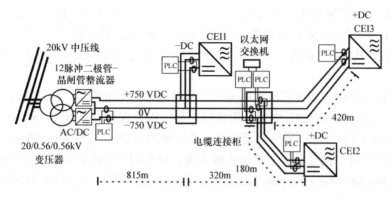

图 2.106　具有实际配电网的 PLC 网络的双极 LVDC 现场试验系统结构[197]

（摘自 Pinomaa 等人，2013）

网保护，都能够集成到 LVDC 系统中；此外，直流电网中的节点之间同样需要数据传输，这同样可集成于 LVDC 系统。在以上所述各方面，LVDC 系统中的 PLC 都显示出巨大的潜力。目前 PLC 已经广泛应用于传统的交流配电网中，并且可以为未来智能电网的高可靠通信提供了便捷的解决途径。

2.9.1.2　LVDC 配电系统中的 PLC

LVDC 电网结构和尺寸比传统低压交流电网更大（整流器和 CEI 之间为 1 ~ 5km），这为 PLC 在直流电网中的应用带来了挑战[198,200]。在这种情况下必须预先获知 LVDC 网络中的 PLC 信号域范围以及重传间隔时间，以保证系统中的可靠通信传输。此外，需要注意的是，系统中发射功率的电子器件（整流器和 CEI）会对信道产生干扰，以及造成电压和电流谐波。

一般来说，窄带（NB）PLC 技术适合于传统交流电系统中的智能电网相关应用，例如工作在 9 ~ 500kHz 的低频段的 PRIME 和 G3 - PLC[201]。在 NB PLC 系统（即欧洲的 PRIME 以及 G3 - PLC）中，PLC 调制解调器之间具有较低的数据速率和较长的传输距离。然而，随着越来越多的电力电子设备陆续地接入到电网中，配电网中的总噪声功率将不断增加，这也是 LVDC PLC 所面临的主要挑战。噪声功率中包含由 CEI IGBT 的开关器件所产生的大功率脉冲噪声分量，这使得其功率在千赫兹到兆赫兹频段明显高于传统的交流电网。基于上述原因以及 LVDC PLC 相关研究，HF 频段更适合 LVDC 系统中的 PLC 传输。此外，HomePlug 协议是 LVDC 系统中一种可行的商用 PLC 技术协议，该协议 HomePlug 1.0 版本使用了一种不需要交流工频信号的同步方法，因此非常适用于 LVDC 系统[202]。

2.9.1.3　LVDC 系统中的 PLC 信道特性

图 2.107a 给出了一种 PLC 配置，其在实验环境下建立，并用于双极 LVDC 系统（参见本章参考文献 [198，200]）。双极 LVDC 实验环境包括一个 35kVA 双层变压器（400V/562V/562V）和一个半控二极管 - 晶闸管整流器（两极间为 6 脉冲

晶闸管桥）。该系统使用一条长 198m 的 AXMK 电缆进行直流输电，并连接在整流器和三相 CEI 之间，三相 CEI 由一个 IGBT 单元实现[195,197]。CEI 将直流电转换为交流电，并使用铁氧体磁心对每相独立进行平滑处理。此外逆变器与负载相连，在固定负载阶段可以对负载值进行更改。

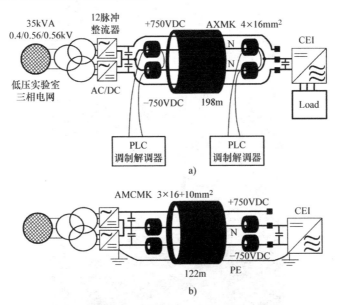

图 2.107 PLC 应用于在整流器和三相 CEI 之间的双极 LVDC 实验系统[197]

a）直流链路使用 AXMK 电缆 b）直流链路使用 AMCMK（摘自 Pinomaa 等人，2013）

基于 AXMK 电缆中零线（N）的部署与耦合情况，对于上述 PLC 配置可以考虑以下两种电感耦合方法[198]：

1）PLC 调制解调器差分地耦合在零线之间，或者直流 +750V 和 -750V 之间；电缆导线结构相对于数据通信对称。

2）PLC 调制解调器耦合在零线和直流 ±750V 导线之间；电缆导线结构相对于数据通信不对称。

图 2.108 给出了一种电感耦合方式。如图所示，逆变器端的商用铁氧体环（Ascom 电力线型 IC - R - 27 - 200）差分耦合在 AMCMK 电力电缆的零线和直流 -750V 导线之间。带有电感耦合器的两条零线相互耦合，称为 NN 耦合。该耦合方式具有以下优点：

1）零线和 ±750V 导线之间的通信信道包含分支，可能对信道响应产生影响，而 NN 耦合时划分的信道段不含分支，从而避免了上述影响。

2）短接的 NN 回路为电流提供了低阻抗通路，因此适用于电感耦合。此外，部署过程中可实现非电偶耦合，并且电感耦合器不易在电网中产生过电压现象。

3）NN 导线中，共模干扰（由信道末端的电力电子装置产生）与变压器耦合

（由电感耦合器产生）相互抵消。

4）NN 耦合中，由 CEI 引起的负载与负载阻抗的变化将不会影响通信信道的阻抗。

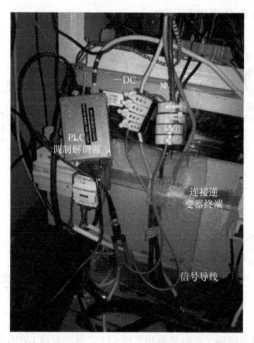

图 2.108　LVDC 实验设置中的逆变器端，采用商业铁氧体环的电感耦合器差分耦合在 AMCMK 电缆的零线和直流 −750V 导线之间（连接到 PLC 调制解调器的信号导线通过铁氧体耦合）

需要注意的是，电容耦合器不能用于 NN 耦合场景。此外，NN 耦合也并非适用于所有情况。例如，AMCMK 电缆（见图 2.107b）中只有 3 根导线，并且该电缆不能提供良好的通信信道，从而不适用 NN 耦合。因此，在部署之前，需使用电感耦合器分别研究上述两种耦合方式的电缆特性和信道特性。研究频段为 100kHz ~ 30MHz，覆盖了 PLC 传输所使用的 HF 频段。

2.9.1.3.1　低压电力电缆的高频特性

当低压电缆用作 PLC 的传输媒介时，其信号电压衰减参数十分重要。当网络拓扑、负载、数据传输功率谱密度（Power Spectrum Density，PSD）以及接收机处与所需信噪比（Signal − to − Noise Ratio，SNR）对应的噪声 PSD 都已知时，该参数决定了电缆中的最大信号范围。

信号电压衰减系数 α（包括其他电缆参数）可以根据分布电缆参数方法进行估计，分布电缆参数通常由双导体传输线模型得出。在双导体电缆模型中，可忽略未传输信号导线的导线间串扰。根据前文提出的 PLC 相关概念，这里的双导体电缆模型可视为对 PLC 初步的近似模拟。另外，信号电压衰减系数也可以通过测量电缆的输入阻抗来进行估计，该测量在其他电缆末端首先短路然后开路的情况下进行，未使用的电缆导线在电缆两末端保持开路。试验中使用带有阻抗探头 HP4194A 的 HP4149A 阻抗分析仪测量电缆的输入阻抗。分析仪对电缆进行线性频率扫描，在 100kHz ~ 30MHz 之间的频段中设置 401 个测量点，并对每个测量点进行包括阻抗绝对值及其相位在内的相关测量。根据测量的输入阻抗，我们可以估计 AXMK 和 AMCMK 电缆的电缆参数。图 2.109 示出了上述两种电缆的电压衰减系数 α 估计值，包括 AXMK 电缆中的零线之间及零线与直流 - 750V 导线之间的 α 估计值，以及 AMCMK 电缆中的零线和直流 - 750V 导线之间的 α 估计值。

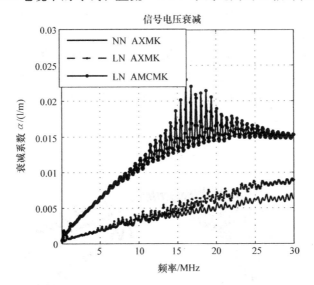

图 2.109　AXMK 电缆零线间（NN）、直流导线与零线间（LN）以及 AMCMK 电缆的 LN 导线间的测量信号电压衰减系数 α 与频率的关系

　　根据本章参考文献［203］，聚氯乙烯（Polyvinyl - chloride，PVC）绝缘 MCMK 低压电缆在 20MHz 频率下的衰减系数大约为 100dB/km[⊖]，这个衰减值是 AXMK 电缆的数倍。这两种电缆之间的衰减差异主要由绝缘材料的介电损耗引起的。AXMK 电缆所使用的是交联聚乙烯（Polyethylene，PEX）绝缘材料，其损耗因数 $\tan\delta$ 低于 PVC：在 1MHz 频率下，PVC 损耗因数 $\tan\delta$ 为 0.09 ~ 1；而对于聚乙烯，$\tan\delta >$ 0.0005。此外，在聚乙烯中，介电常数 ε_r（值为 2.25）和耗散因子相对于频率的变化都保持相对恒定[203]。

　　在实际的 LVDC 电网中，电缆导线横截面的尺寸较大，而导体尺寸与绝缘材料厚度的比值保持不变，各类低压电缆的不同之处只在于尺寸的直接缩放。因此，这种大尺寸对电缆分布参数的影响很小（l 和 c 基本保持不变）。而电缆的阻抗通常

　　⊖　原书有误，单位应与图 2.109 纵坐标单位一致。译者注

取决于导线直径，在具有较大横截面的实际电缆中，电缆分布参数中的纵向 r 值较小（横向 r 值取决于绝缘材料）。因此，与研究中使用的电缆情况相比，实际电网中的信号衰减较小，并且估计的信号电压衰减值对于具有较大横截面的 AXMK 和 AMCMK 电缆同样适用。

2.9.1.3.2　信道增益

为获取信道的频率响应，首先测量的两电感耦合接口终端（整流器和 CEI 两端）之间的散射参数 S。散射参数 S_{12} 表示从输入端（整流器）到输出端（CEI）信道中的功率损耗，S_{21} 为相反信道的功率损耗。试验中使用装有 Agilent 87511A S 参数测量设备的 Agilent 3495A 网络分析仪进行测量，网络分析仪对 100kHz ~ 30MHz 之间的频段进行线性扫描。

从图 2.108 可以看出，与 LN 耦合情况相比，AXMK 电缆在 NN 耦合情况下的信道增益更大。与长为 198m 的 AXMK 电缆相比，尽管 AMCMK 电缆缩短了 70 多 m，其信道增益依然不理想。这是因为 AMCMK 电缆具有更大的信号衰减系数，如图 2.110 所示。

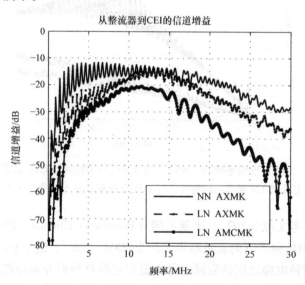

图 2.110　在 AXMK 电缆（198m）中 NN 和 LN 耦合过电压瞬态保护的小信号二极管的电感耦合器（铁氧体环）端子测量的信道增益以及 AMCMK 电缆（122m）中的 LN 耦合信道增益（观察频段为 100kHz ~ 30MHz）

基于在实验环境下得到的测量值，我们可以对实际的 LVDC 现场试验系统进行信道特性的估计。事实上，我们在实验环境下对 LN 耦合信道增益的估计可能有些过度乐观，因为与实际电网不同的是，除了整流器和 CEI 之间的距离较短之外，实验环境中的电网只有一个 CEI，并且不存在分支。而实际电网中存在的分支会对 LN 耦合情况下的信道增益产生严重影响，它们会在一些频率处产生深频陷，从而影响通信性能。此外，实际环境中用户负载阻抗的时变性将导致信道响应的时变性，这也会对通信性能产生影响。

2.9.1.3.3 信道噪声

除信道增益以及信号衰减之外，噪声也是影响 PLC 信道特性的一个重要因素。LVDC PLC 信道中的噪声主要是脉冲噪声，这种脉冲噪声通常由分支性直流电网一端的二极管 - 晶闸管整流桥，以及电网另一端 CEI 处的 IGBT 产生。

为了分析 LVDC PLC 信道的噪声特性，我们首先在 LVDC 现场试验系统中进行了噪声测量。与相对简单的实验环境设置不同（见图 2.106），LVDC 现场系统网络更大，并包含分支。实际测量时，分别在不同位置的电感耦合器终端进行噪声采样，这些位置包括直流电网末端的整流器处，以及电网其他末端的 CEI 处，并最终得到不同负载条件下 20ms 的噪声样本。使用 Rohde & Schwarz RTO 1014 示波器对噪声测量值进行显示。显示过程中 20ms（一个 50Hz 交流电周期）的噪声测量值被划分为 10μs 的噪声段，每段都涵盖单个 HomePlug 1.0 符号的 8.4μs 持续时间[202]。进一步地，计算得到每个噪声采样段的时域周期图，并以此检测和分析时域中噪声 PSD 的变化。在 LVDC 系统的负载条件下，从 CEI 处电感耦合器终端测量的噪声采样如图 2.111 所示，基于测量噪声样本估计得到的时域噪声 PSD 如图 2.112 所示。该分析显示噪声 PSD 随时域中噪声脉冲的出现而发生变化，这种由噪声脉冲引起的 PSD 变化将会对 PLC 的信道性能产生直接影响。

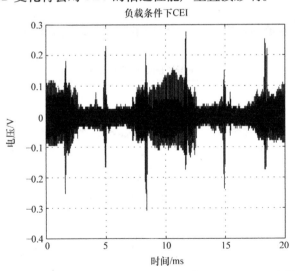

图 2.111 在负载条件下 CEI 处 AMCMK 电缆直流 750V（L）和零线（N）
线路之间的铁氧体环端子耦合的 20ms 噪声采样

本章参考文献［112］将上述噪声归纳为 5 类；并且该文献指出，在标准负载条件下的 LVDC 现场系统中，整流器和 CEI 处有色背景本底噪声分别约为 -115dBm/Hz 和 -110dBm/Hz[197]。此外在测量的噪声样本中观测到了两种脉冲噪声源：整流器处的二极管－晶闸管桥产生了150Hz的电压和电流谐波，并由此从直流±750V两极向直流零线产生频率150Hz的噪声脉冲（150Hz的脉冲噪声与50Hz交流工频同步）；此外每个CEI都可能作为一个噪声源，在LVDC PLC信道中产生高幅值脉冲噪声，其中的IGBT模块在正常模式下的开关频率f_s为16kHz，这些开关操作都可以在电感耦合器终端测量的噪声样本（与电源频率异步的周期性脉冲噪声）中观察到。图2.113显示了上述噪声脉冲的时域波形。

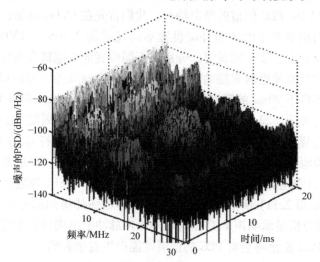

图2.112　根据20ms噪声样本计算的负载条件下CEI处时域噪声PSD的变化

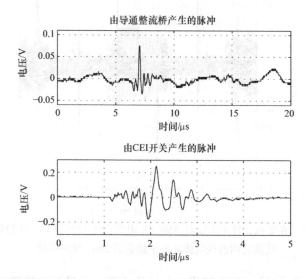

图2.113　负载条件下从耦合在－DC和零线N之间的电感耦合器测量的噪声电压波形（由导通整流桥产生的单脉冲以及由CEI IGBT开关产生的脉冲（$f_s =$ 16kHz），－DC极连接800W负载）

此外，CEI 会在直流电网中产生 100Hz 的谐波分量（与交流主频率 50Hz 同步的周期性脉冲噪声），以及其他的脉冲噪声分量。CEI 以自身的开关频率及其谐波频率对噪声脉冲进行混合和叠加，上述脉冲噪声产生于整流器和其他 CEI 处，并被该 CEI 所接收。

另外，LVDC 现场试验系统还测试了 PLC 调制解调器的性能（应用 HomePlug 1.0 修改版），以观察和分析 PLC 长通信距离以及信道终端噪声源对电力线通信性能的作用和影响。本章参考文献［197］中给出的结果表明，在信道末端作为脉冲噪声源的 CEI 将对 HF 频段的 PLC 性能产生显著的影响。

2.9.2　车内电力线通信信道

新一代交通工具需要一整套传感器和电子设备，以确保车辆驾驶的高可靠性和安全性。过去人们提出了使用专用总线的汽车应用协议，并且已应用于大多数车辆中。在不久的将来，车内的多媒体应用需求，以及控制信令的高数据速率需求将变得越来越迫切，因此将车内配电网作为通信媒介将成为一种极具潜力的方案。该方案使得电子控制单元（Electronic Controlled Unit，ECU）和电子设备之间的通信变为可能，并以配电网络为传输媒介，而不需要增加额外的总线。此外，该方案减少了器件拼接的数量，简化了电缆束，从而提高了系统可靠性。然而，将建筑物内的电网设计直接用于车内是十分困难的，因为车载电缆束的拓扑结构和几何特性与建筑物内电网完全不同。另外，一些设备诸如防抱死制动系统（Antilock Braking System，ABS）和发动机控制系统，在实际工作过程中可能产生脉冲噪声，并造成负载阻抗的快速变化，从而导致信道状态随时间和频率快速变化。因此，优化传输方案对车内信道的研究和建模十分必要。本节论述了汽车线路的配置，并概述了其中的宽带信道特性以及噪声和干扰特性。

2.9.2.1　车载线路束配置

我们考虑一种车载电缆束上的前左灯（Front Left Light，FLL）和后左灯（Rear Left Light，RLL）之间进行通信的情况。如图 2.114 所示，这两个接入点之间的传输介质是由一系列导线组成的线路束，这些导线包括电源线以及其他传输模拟或数字信号的线路（如通信总线）。线路束内的导线数量可能多达几十根，因此在信号传播模型中必须考虑线路束内导线之间的耦合情况。另外，一辆汽车包含有成百上千个电气和电子设备，其中包括灯泡、传感器及电动机（在电动汽车中）等，这些设备的阻抗为 $1\Omega \sim 1k\Omega$ 的复数值。这些复阻抗值取决于设备的频率，并且通常是未知的，它们会对电缆传播模型的建模造成严重影响。但是在仅考虑线路束本身时，可以对其进行简化。实际上，阻抗值与连接线路的未知长度有关，并具体以波长为周期不断变化，并且所有线路均在线路束内耦合。因此，在模型中引入随机的实数阻抗值来替代其实际复数阻抗，不会改变其统计特性。

为了研究车载线路束的特性，考虑到直流电网为每个 ECU 及车载计算机进行供电，我们选择研究对象为直流电网的终端点（发射点或接收点）。在实际车辆中，从前端到后端有20~70个ECU，因此网络呈现出极强的分支特性。在下文中，如果调制解调器之间的最短路径不通过电池，则称该路径为"直接链路"，其他所有情况为"间接链路"。给出以上区分是因为在PLC频率范围内，电池的阻抗通常非常低，因此对于间接链路，由于存在使传输线短路的电池部分，因而会受到较大的影响。需要指出的是，在本节中，我们考虑的车辆是内燃机车辆。对于电动汽车，本章参考文献［205］进行了研究论述，由于电动汽车尺寸较小，所以其线路束的长度较短。尽管电动汽车中的电缆结构与内燃机车辆不同，但它们还是面临一些共同的问题，如信道的强频率选择性，以及由DC/DC转换器产生的脉冲噪声等。

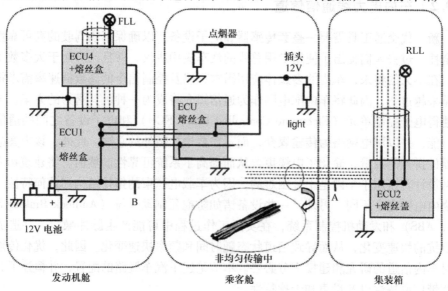

图 2.114　汽车上的电力线线路束概念图（考虑某些节点的 PLC 应用)[204]

（摘自 Carrion 等人，2006）

2.9.2.2　信道传递函数

为了确定车内电网中的发射机和接收机之间信道的统计特性，我们必须在不同车辆及车辆的不同状况条件下进行大量测量，上述条件包括车辆停止、车辆行进、车内各种电气装置处于不同工作状态等。本章参考文献［204，206-208］给出了一些测量结果。由于测试数量受车内线路中可用接入点数量的限制，我们可以使用基于电磁理论的传播模型，来模拟车内树形线路束配置，从而扩大数据量[209]，并以此推断信道特性。

在本节中，我们将示出一些测量示例和信道参数的统计结果，并以此简要论述车内信道的相关特征。表征系统/信道传递函数的一般方法是通过网络分析器测量散射参数，进而推导出传递函数或插入损耗。虽然该方法广泛适用于LTI信道，但是对于车内信道的情况却不总是适用，因为连接到电网的负载会随时间变化（例如车灯或车载设备被打开/关闭）。但是，与通信系统的比特率变化相比，这种变化的速率是非常低的，并且可以认为信道在变化之间的间隔内相对稳定。为获得可支持宽带通信的信道容量，我们将测量的频率范围扩展到几十 MHz。

图 2.115 给出了在两汽车（结构如图 2.114）中测量的信道特性。图中显示出两种不同链路的幅度响应，也即信道增益。两辆车均为内燃机车辆，详细内容可以参考本章参考文献 [204，206]。根据发射机和接收机在车内线路束中的位置，可以区分出两种类型的信道：在两端口之间具有主路径而不通过电池的"直接链路"；及通过电池的"间接链路"。"间接链路"通常具有更长的传输距离，同时也具有更多的分支和终端，其将对信道特性产生显著影响，使得信道在频率（或时间弥散）上表现出更大的衰减及更强的选择性。如图所示，间接链路信道衰减相较于直接链路增大约20dB。另外，于不同车辆测量的信道增益存在明显差异，甚至相同车辆的不同信道之间的信道增益差别也较大。

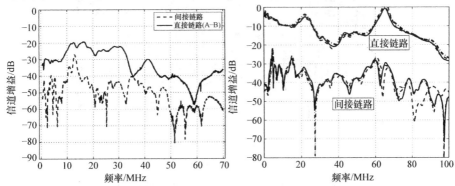

图 2.115　直接和间接链路测量的信道幅度响应［左图对应于图 2.114 中的第一辆车[204]（摘自 Carrion，等人，2006）右图对应于第二辆车，在 3 种不同的发动机状态下测量：关闭（实线）、空转（点划线）和2000r/min（虚线）[206]（摘自 Vallejo – Mora 等人，2010）］

电网中的一些设备（如交流发电机）是造成信道响应时变性的另一个原因。这些设备跟随发动机进行工作，因此状态不断发生变化。这种情况使得信道响应的估计更加困难。为了解决该问题，本章参考文献 [206] 将发动机设置为不同的基本恒定状态并进行信道测量。该文献定义了 3 种发动机状态以测试其效果："关闭"——点火开关关闭（仅直接连接到电池的电子系统通电）；"空转"——点火开关关闭，发动机空转（转速大约为 750r/min，所有电子系统都通电）；"2000r/min"——发动机以 2000r/min 运行（发动机齿轮处于空档位置，所有电子系统都通电）。在测量期间，不通电的设备保持关闭以消除它们对信道估计的影响。从测量结果中可以观察到，随着发动机工作程度的加强，信道环境逐渐变差，且接收机收到的噪声电平也逐渐变大。

图 2.116 给出了同一车辆中不同信道的信道响应差异，其中数据采集自上述第二辆车。图中显示了在该车辆中测量估计的 12 个不同链路的信道响应（所有链路都处于 "2000r/min" 发动机状态下）。其中只有一条直接链路，其曲线具有较低的衰减，其余链路都具有较大且未知的衰减和频率选择性。另外，对同一车辆上的同一链路在不同日期进行测量，估计得到的信道响应呈现出一定的相关性[204]。这一结果表明应在接收端使用具有良好信道估计技术的灵活调制方案（如多载波调制）。这种情况同样出现在用于室内通信的 PLC 系统中，因此，室内 PLC 系统的一些技术可以很好地应用于车内系统[208]。

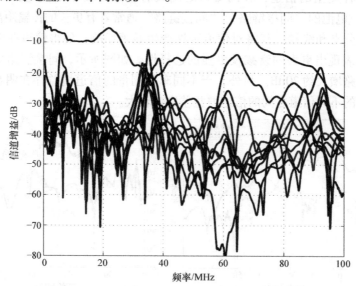

图 2.116　第二辆车上几条链路测量的信道幅度响应

表 2.17 总结了在第二辆车中所测量的信道响应相关参数的统计结果。测量中发动机处于 3 个不同状态，并以相干带宽 B_C（在频率响应相关性 90% 条件下测量）和对数平均增益 $|\bar{H}|$ 为测量标准。表 2.17 给出了所有链路的测量结果平均值和标准差，并突出了测量数据的高变化性。这再次说明了发动机状态对信道状况的影响：发动机转速越高，信道特性越差（表现为更小的相干带宽，以及更高的弥散性信号衰减）。此外，电动汽车也存在类似的特性，电动汽车中电动机的状态在很大程度上影响产生的噪声[205]。其他有关车辆信道测量结果与本结果基本一致（参见本章参考文献 [207]）。

表 2.17　测量信道响应统计特性

发动机状态	关闭	空闲	2000r/min
B_C 均值	527.06	568.60	482.92
B_C 标准差	235.58	233.58	183.84
$|\bar{H}|$ 均值	-37.93	-38.21	-39.15
$|\bar{H}|$ 标准差	8.38	8.79	9.94

对于负载变化对信道特性的影响问题，本章参考文献［204］记录了当汽车在城市环境中行进以及车内电子设备开启和关闭时的信道响应。如同前文所述，间接链路（同一链路信道响应间的相关性约为 0.7）中信道响应的变化相较于直接链路（同一链路信道响应间的相关性接近 1）更为显著。另外负载的连接或断开可以看作是信道拓扑的改变（或者发射机/接收机位置的改变），这将影响调制解调器执行"无需停机"的信道估计，以及调制方法自适应的能力。

2.9.2.3　电路的输入阻抗

输入阻抗是信道测量时的另一个重要参数，特别对于发射机和接收机模拟前端的设计来说，获得准确的输入阻抗十分重要。测量结果表明，对于车内电力线接入点处的输入阻抗，其在频域并不是恒定的，这使得在发送或接收端进行的阻抗匹配变得极为复杂（甚至不可能）。例如，图 2.117 给出了在第二辆车中 3 个不同接入节点处测得的输入阻抗，测量过程中发动机关闭。测量结果表明阻抗的频率选择性极高，其曲线形状类似于几个并联的 RLC 谐振电路，即存在多种不同带宽的谐振频率分量。对于小型电动汽车也有类似的结论，因此对车内电路进行阻抗匹配难度极大。另外测量发现发动机的状态不会对输入阻抗产生显著影响。更多的测量结果可以参考本章参考文献［207，205］。

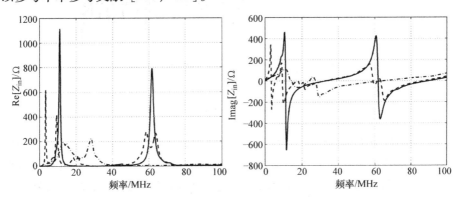

图 2.117　在第二辆车的 3 个不同点处测量得到的输入阻抗[206]

2.9.2.4　噪声与干扰

在运输领域，针对电气或电子设备产生的传导噪声，汽车制造商已经制定了电磁兼容性（Electromagnetic Compatibility，EMC）标准，另外相关国际机构也规定了在一定距离处车辆电磁辐射的上限[210]。所有这些标准以及测试程序都是在频域中定义的。然而，为了研究数字通信的鲁棒性，还必须获知上述噪声的时域特性。

根据本章参考文献［211 – 214］中的实验分析与讨论评估，车内信道环境受到脉冲噪声和周期性噪声的混合影响，信道中背景噪声的功率谱密度（PSD）也各有不同，并通常取决于测试车辆种类、测试设备和车辆的不同状态（即发动机开/

关）以及测量点的不同（接近或远离主要噪声源）。此外，具有开关转换操作的DC/DC 转换器（用于传统汽车和电动汽车）与具有可操作性的控制器局域网（CAN），是脉冲噪声和周期性噪声的两个主要来源。

图 2. 118 给出了使用频谱分析仪在如图 2. 114 中的点烟器插头处测得的噪声PSD，测量频段为 1 ~50MHz。如图所示，由于脉冲噪声的存在，低频范围内噪声的 PSD 值较高。由 DC/DC 转换器引入的噪声体现为高输出电压幅值，并在频率为2MHz 处达到最大值 – 70dBm/Hz。另外在该 PSD 图中 12MHz 左右处可观察到 CAN信号，其值为 – 80dBm/Hz。在超过 30MHz 的频段，可以用 – 130dBm/Hz 来近似估计背景噪声 PSD。

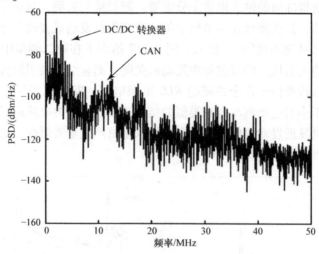

图 2. 118　点烟器插头处的噪声 PSD

为了突出噪声的周期性特性，需要考虑噪声时域形式。图 2. 119 记录了在汽车行进时，点烟器插头处的电压幅值随时间变化的情况。如图所示，具有最高幅值（50mV）的周期性脉冲噪声与 DC/DC 转换器产生的噪声相关性极高，另外由 CAN干扰导致的小幅度脉冲也有所体现。我们做如下比较，假设所传输的 PLC 信号PSD 为 – 50dBm/Hz 并且路径损耗为 30dB，则接收信号的等效方均根电压为120mV，这远大于噪声幅值的峰值。

电动汽车场景下的噪声特性更为明显。在这种场景下，发动机的驱动器会在网络中产生比 DC/DC 转换器影响更大的噪声，该噪声也取决于车辆的加速状态[205]。

2.9.3　船舶内电力线通信

PLC 技术已经在家庭自动化和家庭网络中得到了成功应用，这使得人们希望将PLC 扩展应用于其他系统中，其中包括船舶系统。目前船载电子设备不断增加，船内通信系统复杂性也不断提高，使得船内专用电缆的体积和重量不断增加。此外，

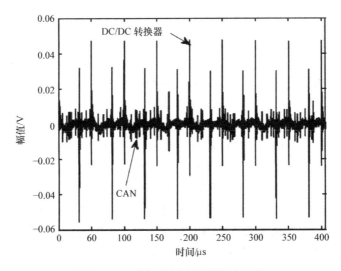

图 2.119 点烟器插头处的脉冲噪声

船内游客对娱乐和通信服务的需求扩大，进一步加剧了这种趋势。普通游轮便具有数千个船舱，以及连接船舱长达数百 km 的数据电缆。因此在船内建立电网通信信道的集成系统十分必要，特别对于航空和海事应用。这种系统减少了电缆重量和体积，因此降低了成本，同时这也是船舶系统最基本的需求。另外，虽然无线 LAN 技术也不需要布线成本，但是它并不适用于船舶系统，因为船只通常由铁板构成，这些铁板会阻碍无线电磁波的传播。如果使用 PLC 技术来进行船内通信，那么多种船舶应用将得以实现，例如：船舶监视系统、船内电话通信、互联网连接、控制和自动化系统等。

从原理上分析，在船舶内现有电网中直接应用 PLC 是一种较为简单直接的手段。然而，船舶配电网的架构与普通住宅配电网不同。事实上，船舶的电力系统（不论船只用途是邮轮，还是货物、军事等）是一个独立的系统，其中包括发电机、传输线、变压器、电力电子转换器、传输总线、断路器以及开关。该系统的独特性还在于连接到其中的各种负载，如船用泵、机械负载、应急系统、厨房、照明系统、标准舱和豪华舱电气设备等。这些负载通常具有非常低的电压电平，以及不同于普通住宅或工业环境的特殊接地系统，这为 PLC 技术的应用提供了特殊的环境。总的来说，有关船舶 PLC 信道的诸多研究都证明了在这种特殊环境中应用 PLC 技术的可行性，尽管根据船舶类型和尺寸不同，可能会得到不同的信道性能结果。另外，PLC 系统必须与紧急系统、导航系统以及其他几个系统共存，因此船舶 PLC 应用的一个主要问题是如何确定和最小化无关无线电的干扰。此外，船舶 EMC 规范制定一般非常严格，尤其对于驾驶室等特殊场景。

2.9.3.1 船舶 PLC 文献综述及其电网特性

尽管船舶 PLC 应用广受关注，但是相应的研究文献却很少。该领域先导性文献[215] 给出了一些船内信道测量结果，该研究在游轮上利用感应信号耦合对宽带信道的衰减和背景噪声进行了测量，测量频率最高达 100MHz。此外该实验对 Homeplug 1.0 调制解调器进行了测试，并在符合 EMC 规范的情况下对无线电传播进行了测量和分析。结果显示船舱之间点对点通信链路未能达到通信质量要求，而需要使用中继器。其中信号的劣化由各船舱间串联的配电盘所导致。另一项开创性的工作[216] 大量测量并研究了 3 艘亚洲货船上的信号传递函数和噪声水平，测量频率最高为 100MHz。与欧洲和美国船只不同，大多数亚洲船只都使用屏蔽电缆，这使得共模传输方案得以实行。文献给出的结果显示信道衰减值存在较大的变化，并要求接收机至少具有 100dB 的动态变化范围。此外，文献指出当信号通过连接有 20 个或更多负载的单个配电盘时，可以观察到 20 ~ 40dB 的信号衰减。该文献作者的另一项工作进一步研究了先前提出的共模传输方案在船内的应用[217]，并指出当使用非屏蔽电缆时的性能更好，但此时会出现 EMC 相关问题。本章参考文献 [218] 提出了一种控制调制解调器功率的自适应方法，使功率发射符合 EMC 规范。本章参考文献 [219] 表明，在货轮上覆盖长为 87m 以上的链路，且链路中含有连接超过 20 个负载的配电盘的情况下，宽带 PLC 系统仅可以使用从 2 ~ 13MHz 的较窄频段。本章参考文献 [220] 在豪华游轮上对信道进行了测量，并得到了类似上述的结果，因为高频段的衰减较大，所以可用带宽最高仅为 12.5MHz。本章参考文献 [221] 利用分析模型在美国海军船舶中进行了测量，测量得信道容量为 10 ~ 74Mbit/s。此外，一些文献在游轮上的 2 ~ 28MHz 频段测量得到了 200 ~ 600Mbit/s 之间的理论信道容量，相比于 2 ~ 50MHz 频段，信道容量提高了 85%[222]。该研究还发现，与配电盘和舱内服务配电盘之间的链路相比，主配电盘与分布配电盘之间的链路信道容量更大，这是由于在配电盘与舱内服务配电盘之间，网络拓扑具有更多的分支，导致了更高的频率选择性和衰落。此外本章参考文献 [222] 还论述了船内使用 MIMO 方案的前景，该方案适用于三相配电系统，信道容量约为原有方案的两倍。

以上大多数文献都给出了测量测试的具体细节，但仍然没有关于特定船舶配电网拓扑结构的建模方案。一般情况下，我们可以利用与普通住宅 PLC 相同的建模方法，如基于传输线方程的自底向上分析模型。然而，船内配电网具有独特的性质，这在许多文献中都有所体现。其网络拓扑具有典型的优选星形联结，即电力节点仅存在于配电盘处，并在此处连接数十根电缆。此外，串联配电盘的数量趋于减少，大多数配电盘都直接连接到主配电盘上，而主配电盘处还连接有发电机和重负载。这些连接到主配电盘的大量并联电路使其总阻抗相对较低，所以它几乎不受负载连接或断开的影响。这一结果首先出现在本章参考文献 [220] 的实际测量数据中，本章参考文献 [104，223 - 225] 对此进行了进一步的分析研究，结果表明当存在这种"大节点"时，负载的变化对传递函数的影响较小，使得信道几乎恒定。下面的部分将更加详细地论述船舶电网的这种特殊性质。

2.9.3.2 大型游轮网络拓扑及其测量

本节给出了船舶内电网测量工程的一个代表性示例。该测量工程在一艘六甲巨型游轮的电网中进行，该游轮正在建造当中，长 50m（测量环境由船主提供）[220]。图 2.120 为游轮中配电网的一部分，其中包含两个发电机，分别为 155kW 和 200kW，工作在 400V、50Hz 环境下。在实际运行中，两发电机均直接连接到主配电盘（主配电盘分为连接在一起的左右两个子配电盘）。

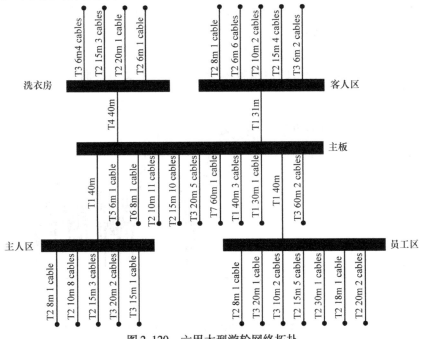

图 2.120 六甲大型游轮网络拓扑

该船只电网使用了 7 种类型的非屏蔽电缆（T1～T7），这些电缆连接在负载与配电盘之间，或者主配电盘和其他功能配电盘之间。所有电缆都是三相外加零线的 LKM-HF 型商用电缆，其相应特性在本章参考文献［224］中进行了测量和仿真。以下的测量和仿真结果都基于这种海军专用的代表性电缆。图 2.120 给出了位于甲板不同位置处的 4 个功能区域，每个功能区域由专用配电盘供电。相同类型和长度的电缆连接到同一配电盘，并在图 2.120 中以组的形式给出。整套电缆在其远端开路。实际工程中使用连接有 National Instruments 采集卡（NI PXI-5422AWG 和 NI PXI-5124 数字化仪）的笔记本电脑进行测量，该采集卡特性为 200Msample/s，输入和输出阻抗设置为 50Ω，使用多音激励信号并通过在线频谱分析获得系统的传递函数。测量结果表明，无论收发机的位置如何，12.5MHz 以上频段衰减都很大，信道增益普遍在 -40dB 以下。特别地，当发射机放置在乘务员区域的配电盘处，而接收机放置在游客区域的配电盘处时，传输距离达 80m，并且传输路径将通过服务配电盘，链路中连接有大量支路。

　　由负载的连接和断开而造成的信道特性变化是 PLC 面临的主要问题之一。为了说明这一点，我们考虑信道频率响应与电缆数量和种类（连接到主配电盘）的相关性。

　　图 2.121 给出了测量得到的两信道相线与零线间的频率响应。信道 1 是在断开船主区域配电盘情况下获得的；信道 2 是在断开洗衣房配电盘情况下获得的（此时重新连接船主区域配电盘）。从图中可以看到，尽管在接收机处仍可以检测到传输信号，但信号衰减很大（传播路径中含有一个多支路节点），本章参考文献 [216] 也给出了类似的结果。另一方面，两种信道配置的拓扑明显不同，但是频率响应却非常相似。这是因为，含多支路的节点在高频段低阻抗情况下的阻抗变化较小，使得其拓扑变化带来的信道整体变化较小。下文中我们将这样的节点称为"大节点"。

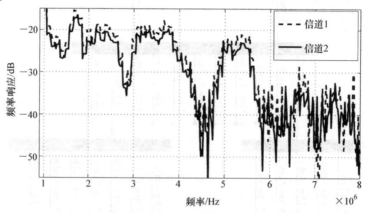

图 2.121　两个信道频率响应幅值

2.9.3.3　传递函数对节点导纳的灵敏度

　　上文中我们通过经验方法得出了信道响应的不变特性，本节基于理论方法对该特性进行进一步的研究。为了更好地证明信道传递函数对大节点阻抗的依赖性，我们可以通过如图 2.122 所示的一般方法，获得传递函数的闭式表达式。如图所示，用一个三端口网络表示配电网络，其中发射端和接收端分别连接到端口 1 和 2，内部导纳为 $Y_m = 0.02\Omega^{-1}$。在端口 3 处连接等效导纳 Y_{eq} 的负载，以此表示连接到该大节点（位于调制解调器之间的链路上）的所有电路并联导纳。我们的目的是获得电压传递函数的表达式 $H = V_2/V_{TX}$，以体现其对等效节点导纳 Y_{eq} 的依赖性。

　　该三端口网络可由矩阵 $Y \in \mathbb{C}^{3\times3}$ 进行频域形式描述，由此给出端口电流和电压之间的关系如下：

$$\begin{pmatrix} I_1 \\ I_2 \\ I_3 \end{pmatrix} = \begin{pmatrix} y_{11} & y_{12} & y_{13} \\ y_{21} & y_{22} & y_{23} \\ y_{31} & y_{32} & y_{33} \end{pmatrix} \begin{pmatrix} V_1 \\ V_2 \\ V_3 \end{pmatrix} \tag{2.58}$$

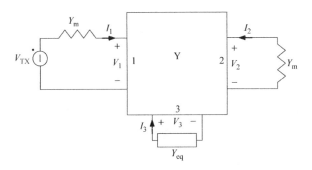

图 2.122 三端口等效图

其中 $Y = \{y_{ij}\}$。可以直观地看到在当前网络拓扑条件下，总是有 $y_{12} = y_{21} \equiv 0$。事实上，端口 3 处短路将导致端口 1 和端口 2 之间的信道消失。此外，Y 矩阵是对称的，即有 $y_{13} = y_{31}$ 且 $y_{32} = y_{23}$。连接到端口的外部电路在端口电流电压之间引入了以下关系：

$$\begin{pmatrix} I_1 \\ I_2 \\ I_3 \end{pmatrix} = \begin{pmatrix} Y_m V_{TX} \\ 0 \\ 0 \end{pmatrix} - \begin{pmatrix} Y_m & 0 & 0 \\ 0 & Y_m & 0 \\ 0 & 0 & Y_{eq} \end{pmatrix} \begin{pmatrix} V_1 \\ V_2 \\ V_3 \end{pmatrix} \tag{2.59}$$

根据式（2.58）和式（2.59）可得

$$\begin{pmatrix} V_1 \\ V_2 \\ V_3 \end{pmatrix} = \mathrm{inv} \left\{ \begin{pmatrix} y_{11} + Y_m & 0 & y_{13} \\ 0 & y_{22} + Y_m & y_{23} \\ y_{31} & y_{32} & y_{33} + Y_m \end{pmatrix} \right\} \begin{pmatrix} Y_m V_{TX} \\ 0 \\ 0 \end{pmatrix} \tag{2.60}$$

易得式（2.60）中的逆矩阵的符号表达式。对于传递函数，有以下等式：

$$H = \frac{M}{K Y_{eq} + L} \tag{2.61}$$

其中 M、K、L 均与 Y_{eq} 不相关，且由下式给出：

$M = y_{13} y_{23} Y_m$，

$K = y_{11}(y_{22} + Y_m) + y_{22} Y_m + Y_m^2$，

$L = y_{11}(-y_{23}^2 + y_{22} y_{33} + y_{33} Y_m) + y_{22}(-y_{13}^2 + y_{33} Y_m) + Y_m(-y_{13}^2 - y_{23}^2 + y_{33} Y_m)$。

观察式（2.61）得出的传递函数 H 可以看到，传递函数 H 与等效节点导纳 Y_{eq} 呈反比例关系，因此对于大节点来说传递函数值较大。假设 $|K Y_{eq}| \gg |L|$，则有

$$H \approx \frac{M}{K Y_{eq}} \tag{2.62}$$

基于此得出变化灵敏度：

$$\frac{\partial H}{\partial Y_{eq}} = -\frac{M}{K Y_{eq}^2} \tag{2.63}$$

等效导纳的变化 ΔY_{eq} 会引起传递函数的变化 $\Delta H = \dfrac{\partial H}{\partial Y_{eq}} \Delta Y_{eq}$。基于式（2.62）和式（2.63）我们得到以下关系：

$$\frac{\Delta H}{H} \approx -\frac{\Delta Y_{eq}}{Y_{eq}} \tag{2.64}$$

该式表明传递函数的相对变化与节点导纳的相对变化的负值相近似。考虑到大节点通常连接数十根并联电缆，其导纳 Y_{eq} 通常较大，那么在该节点处单个负载的连接或断开将不会使等效导纳 Y_{eq} 产生显著的相对变化，因此对传递函数产生的影响也很小。

上述分析推导仅在假设考虑前文所述的网络拓扑，以及有关键条件 $\left|\dfrac{KY_{eq}}{L}\right| \gg 1$ 的情况下成立，这一假设对于式（2.61）~式（2.63）的推导与得出十分必要。

根据本章参考文献［224］所述，当使用典型的海军应用商用电缆，并考虑如图 2.120 所示的具有代表性的复杂拓扑结构时，参数 $\left|\dfrac{KY_{eq}}{L}\right|$ 的值一般较大（约 30 倍于普通情况），并且几乎与频率无关。由于所考虑的电缆类型和拓扑结构在船舶配电网中具有广泛的代表性，所以上述结论在船舶内电网中具有普适性。

2.9.3.4 节点导纳的变化和大节点的判别

由于信道传递函数的相对变化与节点导纳的相对变化具有大致相同的规模，所以以下我们重点研究节点导纳的变化特性。考虑一种简单的情况：N 条相同类型和长度且终端开路的电缆并联连接到配电盘，这时增加一条相同类型和长度的电缆所带来的导纳变化为

$$\frac{\Delta Y_{eq}}{Y_{eq}} = \frac{Y_{cable}}{\sum\limits_{N} Y_{cable}} = \frac{1}{N}$$

根据本章参考文献［224］，$\Delta Y_{eq}/Y_{eq}$ 的平均值趋近于 $1/N$，该结果在增加一条商用电缆（T1~T7）中的任意类型任意长度的电缆时均成立。对于一个连接有 30 根不同种类，平均长度为 20m 的电缆的典型大节点，在 2~10MHz 的频率范围内，由于增加一根任意电缆而造成的导纳相对变化约为 3%，造成的 3σ 偏差约为 7%，其中 σ 是标准差。另外，与在配电盘上直接添加一根电缆所引起的变化相比，配电盘电缆远端负载的连接或断开所引起的实阻抗变化一般更小，这进一步证明了大节点导纳几乎不随负载的变化而改变的结论。本章参考文献［225］使用蒙特卡罗模拟方法进一步证明，当节点连接的负载数量大于 13，连接长度在 6~20m 范围内时，该节点导纳将不随负载改变而变化。另外，该文献使用一组用于船舶配电网的商用电缆进行研究发现，连接支路的数量在很大程度上决定了一个节点能否成为"大节点"。

至此我们可以得出结论，对于一个典型的海军船舶电力网络（其中通常每个

配电盘都连接有并联的数十根电缆）中的 PLC 系统，尽管衰减较高，但频率响应基本上不随时间变化。此外，如果信道中一些频段衰减不剧烈，则可以忽略其负载连接或断开造成的影响，并认为这些子信道趋于恒定。

2.9.4 总结

在本节中，我们考虑了非常规情况下的 PLC 应用场景，即 LVDC 配电网场景以及车内和船内场景。这些场景的特点是信道通常表现出频率选择性和高衰减特性。实际上，这些场景中信道的具体特性取决于其底层网络拓扑结构。另外有文献对以上场景与室内场景网络的关系也进行了研究。如本章参考文献［187］对室内场景和交通工具场景（即车内和船内）下的平均信道增益、时延扩展和相干带宽方面做了研究和比较。

噪声特性是本节所述场景中的一个重要因素。实际上，在我们所考虑的 PLC 场景中，通常会有噪声源产生高电平噪声并耦合到 PLC 网络中，这在以发动机和 DC/DC 转换器为主要噪声源的车内场景中尤为明显。对于电动汽车，由于驱动器为电动机提供高强度的电流，其噪声影响可能更大[205]。综上所述，信道特性和噪声对电网中的可靠 PLC 技术设计提出了诸多挑战。为了克服这些问题，我们可以考虑使用两种现有的高水平传输技术：多载波调制（参见 5.3 节）和脉冲超宽带调制（参见 5.5 节)[226]。

参 考 文 献

1. J. D. Parsons, *Mobile Radio Propagation Channel*, 2nd ed. John Wiley & Sons Ltd, Chichester, 2000.
2. S. Galli, A. Scaglione, and K. Dostert, Broadband is power: Internet access through the power line network, *IEEE Commun. Mag.*, 41(5), 82–83, May 2003.
3. H. A. Latchman and L. W. Yonge, Power line local area networking, *IEEE Commun. Mag.*, 41(4), 32–33, Apr. 2003.
4. E. Biglieri, S. Galli, Y.-W. Lee, H. V. Poor, and A. J. H. Vinck, Power line communications: Guest editorial, *IEEE J. Sel. Areas Commun.*, 24(7), 1261–1266, Jul. 2006, Special Issue on Power Line Communications.
5. E. Biglieri, Coding and modulation for a horrible channel, *IEEE Commun. Mag.*, 41(5), 92–98, May 2003.
6. L. Lampe, A. M. Tonello, and D. Shaver, Power line communications for automation networks and smart grid, *IEEE Commun. Mag.*, 49(12), 26–27, Dec. 2011.
7. J. Anatory, M. V. Ribeiro, A. M. Tonello, and A. Zeddam, Power-line communications: Smart grid, transmission, and propagation, *J. Electric. Comp. Eng.*, 2013, 1–2, 2013.
8. I. H. Cavdar, Performance analysis of FSK power line communications systems over the time-varying channels: Measurements and modelling, *IEEE Trans. Power Delivery*, 19(1), 111–117, Jan. 2004.
9. F. J. Cañete, J. A. Cortés, L. Díez, and J. T. Entrambasaguas, Analysis of the cyclic short-term variation of indoor power line channels, *IEEE J. Sel. Areas Commun.*, 24(7), 1327–1338, Jul. 2006.
10. S. Barmada, A. Musolino, and M. Raugi, Innovative model for time-varying power line communication channel response evaluation, *IEEE J. Sel. Areas Commun.*, 24(7), 1317–1326, Jul. 2006.
11. F. J. Cañete, L. Díez, J. A. Cortés, and J. T. Entrambasaguas, Broadband modelling of indoor power-line channels, *IEEE Trans. Consumer Electron.*, 48(1), 175–183, Feb. 2002.
12. F. J. Cañete, L. Díez, and J. T. Entrambasaguas, A time variant model for indoor power-line channels, in *Proc. Int. Symp. Power Line Commun. Applic.*, Malmö, Sweden, Apr. 4–6, 2001, 85–90.

13. M. Antoniali and A. M. Tonello, Measurement and characterization of load impedances in home power line grids, *IEEE Trans. Instrum. Meas.*, 63(3), 548–556, Mar. 2014.

14. T.-E. Sung, A. Scaglione, and S. Galli, Time-varying power line block transmission models over doubly selective channels, in *Proc. IEEE Int. Symp. Power Line Commun. Applic.*, Jeju Island, Korea, Apr. 2–4, 2008, 193–198.

15. H. Philipps, Modelling of power line communication channels, in *Proc. Int. Symp. Power Line Commun. Applic.*, Lancaster, UK, Mar. 30–Apr. 1, 1999, 14–21.

16. M. Zimmermann and K. Dostert, A multipath signal propagation model for the power line channel in high frequency range, in *Proc. Int. Symp. Power Line Commun. Applic.*, Lancaster, UK, Mar. 30–Apr. 1, 1999, 45–51.

17. A multipath model for the power line channel, *IEEE Trans. Commun.*, 50(4), 553–559, Apr. 2002.

18. K. Dostert, Propagation channel characterization and modeling: Outdoor power supply grids as communication channels, in *Proc. IEEE Int. Symp. Power Line Commun. Applic.*, Vancouver, Canada, Apr. 6–8, 2005, Keynote Talk.

19. A. M. Tonello, F. Versolato, and A. Pittolo, In-home power line communication channel: Statistical characterization, *IEEE Trans. Commun.*, 62(6), 2096–2106, Jun. 2014.

20. J. S. Barnes, A physical multi-path model for power distribution network propagation, in *Proc. Int. Symp. Power Line Commun. Applic.*, Tokyo, Japan, Mar. 24–26, 1998, 76–89.

21. T. C. Banwell and S. Galli, A new approach to the modeling of the transfer function of the power line channel, in *Proc. Int. Symp. Power Line Commun. Applic.*, Malmö, Sweden, Apr. 4–6, 2001, 319–324.

22. T. Sartenaer and P. Delogne, Powerline cables modelling for broadband communications, in *Proc. Int. Symp. Power Line Commun. Applic.*, Malmö, Sweden, Apr. 4–6, 2001, 331–337.

23. T. Calliacoudas and F. Issa, Multiconductor transmission lines and cables solver, an efficient simulation tool for PLC networks development, in *Proc. Int. Symp. Power Line Commun. Applic.*, Athens, Greece, Mar. 27–29, 2002.

24. T. Esmailian, F. R. Kschischang, and P. G. Gulak, An in-building power line channel simulator, in *Proc. Int. Symp. Power Line Commun. Applic.*, Athens, Greece, Mar. 27–29, 2002.

25. In-building power lines as high-speed communication channels: Channel characterization and a test-channel ensemble, *International Journal of Communications Systems*, 16(5), 381–400, Jun. 2003, Special Issue: Powerline Communications and Applications.

26. T. C. Banwell and S. Galli, A novel approach to accurate modeling of the indoor power line channel – Part I: Circuit analysis and companion model, *IEEE Trans. Power Delivery*, 20(2), 655–663, Apr. 2005.

27. S. Galli and T. Banwell, A novel approach to the modeling of the indoor power line channel – Part II: transfer function and its properties, *IEEE Trans. Power Delivery*, 20(3), 1869–1878, Jul. 2005.

28. S. Galli and T. C. Banwell, A deterministic frequency-domain model for the indoor power line transfer function, *IEEE J. Sel. Areas Commun.*, 24(7), 1304–1316, Jul. 2006.

29. R. Hashmat, P. Pagani, A. Zeddam, and T. Chonavel, MIMO communications for inhome PLC networks: Measurements and results up to 100 MHz, in *Proc. IEEE Int. Symp. Power Line Commun. Applic.*, Rio de Janeiro, Brazil, Mar. 28–31, 2010, 120–124.

30. A. M. Tonello, F. Versolato, B. Béjar, and S. Zazo, A fitting algorithm for random modeling the PLC channel, *IEEE Trans. Power Delivery*, 27(3), 1477–1484, Jul. 2012.

31. A. M. Tonello and F. Versolato, Bottom-up statistical PLC channel modeling – Part II: Inferring the statistics, *IEEE Trans. Power Delivery*, 25(4), 2356–2363, Oct. 2010.

32. Bottom-up statistical PLC channel modeling – Part I: Random topology model and efficient transfer function computation, *IEEE Trans. Power Delivery*, 26(2), 891–898, Apr. 2011.

33. T. C. Banwell and S. Galli, On the symmetry of the power line channel, in *Proc. Int. Symp. Power Line Commun. Applic.*, Malmö, Sweden, Apr. 4–6, 2001, 325–330.

34. S. D'Alessandro and A. M. Tonello, On rate improvements and power saving with opportunistic relaying in home power line networks, *EURASIP J. Advances Signal Process.*, Sep. 2012, 1–17.

35. A. Pittolo and A. M. Tonello, Physical layer security in PLC networks: An emerging scenario, other than wireless, *IET Commun.*, 8(8), 1239–1247, 2014.

36. M. Schwartz, The origins of carrier multiplexing: Major George Owen Squier and AT&T, *IEEE Commun. Mag.*, 46(5), 20–24, May 2008.

37. IEEE P1901 draft standard for broadband over power line networks: Medium access control and physical layer specifications, IEEE Standards Association, Draft Standard, Informative Annex, Chapter 3: Theoretical/Mathematical Channel Models for BPL Systems.

38. H. Li, D. Liu, J. Li, and P. Stoica, Channel order and RMS delay spread estimation for AC power line communications, *Digital Signal Processing*, 13(2), 284–300, Apr. 2003.

39. Y.-H. Kim, H.-H. Song, J.-H. Lee, and S.-C. Kim, Wideband channel measurements and modeling for in-house power line communication, in *Proc. Int. Symp. Power Line Commun. Applic.*, Athens, Greece, Mar. 27–29, 2002.

40. K. H. Afkhamie, H. Latchman, L. Yonge, T. Davidson, and R. E. Newman, Joint optimization of transmit pulse shaping, guard interval length, and receiver side narrow-band interference mitigation in the HomePlugAV OFDM system, in *Proceedings IEEE Workshop on Signal Processing and Advanced Wireless Communications*, New York City, USA, Jun. 5–8, 2005, 996–1000.

41. Powerline channel data, Contribution to ITU-T SG15Q4 Working Group, Geneva, Switzerland, Standard Document B07-05-15 (NIPP-NAI-2007-107R1), Jun. 2007.

42. B. O'Mahony, Field testing of high-speed power line communications in North American homes, in *Proc. IEEE Int. Symp. Power Line Commun. Applic.*, Orlando, USA, Mar. 26–29, 2006, 155–159.

43. S. Galli, A simplified model for the indoor power line channel, in *Proc. IEEE Int. Symp. Power Line Commun. Applic.*, Dresden, Germany, Mar. 29–Apr. 1, 2009, 13–19.

44. A. Schwager, L. Stadelmeier, and M. Zumkeller, Potential of broadband power line home networking, in *Proc. IEEE Consum. Commun. Netw. Conf.*, Las Vegas, USA, Jan. 3–6, 2005, 359–363.

45. F. M. Tesche, B. A. Renz, R. M. Hayes, and R. G. Olsen, Development and use of a multiconductor line model for PLC assessments, in *Proc. Int. Zurich Symp. Electromagn. Compat.*, Zurich, Switzerland, Feb. 18–20, 2003, 99–104.

46. J.-J. Lee, S.-J. Choi, H.-M. Oh, W.-T. Lee, K.-H. Kim, and D.-Y. Lee, Measurements of the communications environment in medium voltage power distribution lines for wide-band power line communications, in *Proc. Int. Symp. Power Line Commun. Applic.*, Zaragosa, Spain, Mar. 31–Apr. 2, 2004, 69–74.

47. P. Amirshahi and M. Kavehrad, High-frequency characteristics of overhead multiconductor power line for broadband communications, *IEEE J. Sel. Areas Commun.*, 24(7), 1292–1303, Jul. 2006.

48. F. Versolatto, A. M. Tonello, C. Tornelli, and D. Della Giustina, Statistical analysis of broadband underground medium voltage channels for PLC applications, in *IEEE Int. Conf. Smart Grid Commun.*, Venice, Italy, Nov. 3–6, 2014, 493–498.

49. M. D'Amore and M. S. Sarto, A new formulation of lossy ground return parameters for transient analysis of multiconductor dissipative lines, *IEEE Trans. Power Delivery*, 12(1), 303–314, Jan. 1997.

50. J. R. Carson, Wave propagation in overhead wires with ground return, *Bell Syst. Tech. J.*, 5(4), 539–554, Oct. 1926.

51. H. Kikuchi, Wave propagation along an infinite wire above ground at high frequencies, *Electrotech. J.*, 2, 73–78, Dec. 1956.

52. T. Sartenaer and P. Delogne, Deterministic modeling of the (shielded) outdoor power line channel based on the multiconductor transmission line equations, *IEEE J. Sel. Areas Commun.*, 24(7), 1277–1291, Jul. 2006.

53. Signalling on low voltage electrical installations in the frequency range 3 kHz to 148.5 kHz, European Committee for Electrotechnical Standardization (CENELEC), Brussels, Belgium, Standard EN 50065-1, 1991.

54. H. Meng, S. Chen, Y. L. Guan, C. L. Law, P. L. So, E. Gunawan, and T. T. Lie, Modeling of transfer characteristics for the broadband power line communication channel, *IEEE Trans. Power Delivery*, 19(3), 1057–1064, Jul. 2004.

55. H. He, S. Cheng, Y. Zhang, and J. Nguimbis, Analysis of reflection of signal transmitted in low-voltage powerline with complex wavelet, *IEEE Trans. Power Delivery*, 19(1), 86–91, Jan. 2004.

56. A. M. Tonello, Wide band impulse modulation and receiver algorithms for multiuser power line communications, *EURASIP J. Adv. Signal Process.*, 2007, article ID 96747.

57. O. G. Hooijen, On the relation between network-topology and power line signal attenuation, in *Proc. Int. Symp. Power Line Commun. Applic.*, Tokyo, Japan, Mar. 24–26, 1998, 45–56.

58. D. Anastasiadou and T. Antonakopoulos, Multipath characterization of indoor power-line networks, *IEEE Trans. Power Delivery*, 20(1), 90–99, Jan. 2005.

59. C. R. Paul, *Analysis of Multiconductor Transmission Lines*. John Wiley & Sons, Chichester, 1994.

60. Decoupling the multiconductor transmission line equations, *IEEE Trans. Microw. Theory Tech.*, 44(8), 1429–1440, Aug. 1996.

61. A SPICE model for multiconductor transmission lines excited by an incident electromagnetic field, *IEEE Trans. Electromagn. Compat.*, 36(4), 342–354, Nov. 1994.

62. S. Galli, T. Banwell, and D. Waring, Power line based LAN on board the NASA space shuttle, in *Proc. IEEE Veh. Technol. Conf.*, 2, Milan, Italy, May 17–19, 2004, 970–974.

63. T. Huck, J. Schirmer, T. Hogenmuller, and K. Dostert, Tutorial about the implementation of a vehicular high speed communication system, in *Proc. IEEE Int. Symp. Power Line Commun. Applic.*, Vancouver, Canada, Apr. 6–8, 2005, 162–166.

64. A. M. Tonello and F. Versolatto, New results on top-down and bottom-up statistical PLC channel modeling, in *Proc. Workshop Power Line Commun.*, Udine, Italy, Oct. 1–2, 2009.

65. M. Tlich, A. Zeddam, F. Moulin, and F. Gauthier, Indoor power-line communications channel characterization up to 100 MHz – Part I: One-parameter deterministic model, *IEEE Trans. Power Delivery*, 23(3), 1392–1401, Jul. 2008.

66. B. Glance and L. J. Greenstein, Frequency-selective fading effects in digital mobile radio with diversity combining, *IEEE Trans. Commun.*, 31(9), 1085–1094, Sep. 1983.

67. K. Dostert and S. Galli, Keynote II: Modelling of electrical power supply systems as communication channels, in *Proc. IEEE Int. Symp. Power Line Commun. Applic.*, Vancouver, Canada, Apr. 6–8, 2005, 137.

68. M. Götz, M. Rapp, and K. Dostert, Power line channel characteristics and their effect on communication system design, *IEEE Commun. Mag.*, 42(4), 78–86, Apr. 2004.

69. M. Arzberger, K. Dostert, T. Waldeck, and M. Zimmermann, Fundamental properties of the low voltage power distribution grid, in *Proc. Int. Symp. Power Line Commun. Applic.*, Essen, Germany, Apr. 2–4, 1997, 45–50.

70. O. G. Hooijen, *Aspects of Residential Power Line Communications*. Aachen, Germany: Shaker Verlag, 1998.

71. M. Arzberger, *Datenkommunikation auf elektrischen Verteilnetzen für erweiterte Energiedienstleistungen*. Logos Verlag Berlin, 1998.

72. T. Waldeck, Einzel- und Mehrträgerverfahren für die störresistente Kommunikation auf Energieverteilnetzen (in German), Ph.D. dissertation, Logos Verlag, Berlin, Germany, 2000.

73. M. Babic, M. Hagenau, K. Dostert, and J. Bausch, Theoretical postulation of PLC channel models, the OPERA IST Integrated Project, Technical Report, 2005.

74. S. Galli, A novel approach to the statistical modeling of wireline channels, *IEEE Trans. Commun.*, 59(5), 1332–1345, Mar. 2011.

75. V. Degardin, M. Lienard, and P. Degauque, Transmission on indoor power lines: from a stochastic channel model to the optimization and performance evaluation of multicarrier systems, *Int. J. Commun. Syst.*, 16(5), 363–379, Jun. 2003, Special Issue: Powerline Communications and Applications.

76. I. C. Papaleonidopoulos, C. N. Capsalis, C. G. Karagiannopoulos, and N. J. Theodorou, Statistical analysis and simulation of indoor single-phase low voltage power-line communication channels on the basis of multipath propagation, *IEEE Trans. Consumer Electron.*, 49(1), 89–99, Feb. 2003.

77. F. J. Cañete, J. A. Cortés, L. Díez, and J. T. Entrambasaguas, A channel model proposal for indoor power line communications, *IEEE Commun. Mag.*, 49(12), 166–174, Dec. 2011.

78. H. Philipps, Performance measurements of power line channels at high frequencies, in *Proc. Int. Symp. Power Line Commun. Applic.*, Tokyo, Japan, Mar. 24–26, 1998, 229–237.

79. D. Liu, E. Flint, B. Gaucher, and Y. Kwark, Wide band AC power line characterization, *IEEE Trans. Consumer Electron.*, 45(4), 1087–1097, Nov. 1999.

80. P. A. Rizzi, *Microwave Engineering: Passive Circuits*. Prentice Hall, 1988.

81. F. J. Cañete, Caracterización y modelado de redes eléctricas interiores como medio de transmisión de banda ancha (in Spanish), Ph.D. dissertation, Universidad de Málaga, Málaga, Spain, 2004.

82. J.-J. Werner, The HDSL environment, *IEEE J. Sel. Areas Commun.*, 9(6), 785–800, Aug. 1991.

83. J. A. Cortés, F. J. Cañete, L. Díez, and J. T. Entrambasaguas, Characterization of the cyclic short-time variation of indoor power-line channels response, in *Proc. IEEE Int. Symp. Power Line Commun. Applic.*, Vancouver, Canada, Apr. 6–8, 2005, 326–330.

84. F. J. Cañete, L. Díez, J. A. Cortés, J. J. Sánchez-Martínez, and L. M. Torres, Time-varying channel emulator for indoor power line communications, in *Proc. IEEE Global Telecom. Conf.*, New Orleans, USA, Nov. 30–Dec. 4, 2008, 1–5.

85. S. Sancha, F. J. Cañete, L. Díez, and J. T. Entrambasaguas, A channel simulator for indoor power-line communications, in *Proc. IEEE Int. Symp. Power Line Commun. Applic.*, Pisa, Italy, Mar. 26–28, 2007, 104–109.

86. F. J. Cañete, Keynote II. Power line channels: frequency and time selective – Part 1: Response of indoor PLC channels, in *Proc. IEEE Int. Symp. Power Line Commun. Applic.*, Pisa, Italy, Mar. 26–28, 2007, 13–14.

87. F. J. Cañete, J. A. Cortés, and L. Díez, Indoor PLC channel generator. Downloadable Matlab program, Communication Engineering Department, University of Málaga. [Online]. Available: www.plc.uma.es.

88. F. Versolatto and A. M. Tonello, A MIMO PLC random channel generator and capacity analysis, in *Proc. IEEE*

Int. Symp. Power Line Commun. Applic., Udine, Italy, Apr. 3–6, 2011, 66–71.

89. An MTL theory approach for the simulation of MIMO power-line communication channels, *IEEE Trans. Power Delivery*, 26(3), 1710–1717, Jul. 2011.

90. A. M. Tonello, Indoor PLC channel generator. Downloadable Matlab program. [Online]. Available: http://www.andreatonello.com.

91. S. Galli, A simple two-tap statistical model for the power line channel, in *Proc. IEEE Int. Symp. Power Line Commun. Applic.*, Rio de Janeiro, Brazil, Mar. 28–31, 2010, 242–248.

92. J. A. Cortés, F. J. Cañete, L. Díez, and J. L. G. Moreno, On the statistical properties of indoor power line channels: Measurements and models, in *Proc. IEEE Int. Symp. Power Line Commun. Applic.*, Udine, Italy, Apr. 3–6, 2011, 271–276.

93. J. A. Cortés, F. J. Cañete, L. Díez, and L. M. Torres, On PLC channel models: an OFDM-based comparison, in *Proc. IEEE Int. Symp. Power Line Commun. Applic.*, Johannesburg, South Africa, Mar. 24–27, 2013, 333–338.

94. IEEE guide for the functional specification of medium voltage (1 kV–35 kV) electronic series devices for compensation of voltage fluctuations, IEEE WGI1 Power Electronics Equipment Working Group, IEEE Standard 1585, 2002.

95. IEEE guide for the functional specification of medium voltage (1 kV–35 kV) electronic shunt devices for dynamic voltage compensation, IEEE WGI1 Power Electronics Equipment Working Group, IEEE Standard 1623, 2004.

96. Electrical Installation Guide. (2014) Connection to the utility network—electrical installation guide. [Online]. Available: http://www.electrical-installation.org/enw/index.php?title=Connection_to_the_utility_network&oldid=17294.

97. S. Robson, A. Haddad, and H. Griffiths, Simulation of power line communication using ATP-EMTP and MATLAB, in *Proc. IEEE PES Innovative Smart Grid Technol. Conf. Europe*, Gothenburg, Sweden, Oct. 11–13, 2010, 1–8.

98. N. Nasiriani, R. Ramachandran, K. Rahimi, Y. P. Fallah, P. Famouri, S. Bossart, and K. Dodrill, An embedded communication network simulator for power systems simulations in PSCAD, in *Proc. IEEE Power Energy Soc. General Meeting*, Vancouver, Canada, Jul. 21–25, 2013, 1–5.

99. M. Wei and Z. Chen, Communication systems and study method for active distribution power systems, in *Proc. Nordic Distribution and Asset Manage. Conf.*, Aalborg, Denmark, Sep. 6–7, 2010, 1–11.

100. A. Cataliotti, D. Di Cara, R. Fiorelli, and G. Tine, Power-line communication in medium-voltage system: simulation model and onfield experimental tests, *IEEE Trans. Power Delivery*, 27(1), 62–69, Jan. 2012.

101. J. Anatory, N. Theethayi, R. Thottappillil, M. Kissaka, and N. Mvungi, The effects of load impedance, line length, and branches in typical low-voltage channels of the BPLC systems of developing countries: Transmission-line analyses, *IEEE Trans. Power Delivery*, 24(2), 621–629, Apr. 2009.

102. F. Gianaroli, F. Pancaldi, and G. M. Vitetta, The impact of load characterization on the average properties of statistical models for powerline channels, *IEEE Trans. Smart Grid*, 4(2), 677–685, Jun. 2013.

103. X. Yang, Z. Tao, B. Zhang, F. Ye, J. Duan, and M. Shi, Research of impedance characteristics for medium-voltage power networks, *IEEE Trans. Power Delivery*, 22(2), 870–878, Apr. 2007.

104. M. Raugi, T. Zheng, M. Tucci, and S. Barmada, On the time invariance of PLC channels in complex power networks, in *Proc. IEEE Int. Symp. Power Line Commun. Applic.*, Rio de Janeiro, Brazil, Mar. 28–31, 2010, 56–61.

105. J. R. Wait, Theory of wave propagation along a thin wire parallel to an interface, *Radio Sci.*, 7(6), 675–679, Jun. 1972.

106. M. D'Amore and M. S. Sarto, Simulation models of a dissipative transmission line above lossy ground for a wide-frequency range – Part I: Single conductor configuration, *IEEE Trans. Electromagn. Compat.*, 7(6), 127–138, May 1996.

107. A. G. Lazaropoulos and P. G. Cottis, Broadband transmission via underground medium-voltage power lines— part I: Transmission characteristics, *IEEE Trans. Power Delivery*, 25(4), 2414–2424, Oct. 2010.

108. A. Cataliotti, V. Cosentino, D. Di Cara, and G. Tine, Measurement issues for the characterization of medium voltage grids communications, *IEEE Trans. Instrum. Meas.*, 62(8), 2185–2196, Aug. 2013.

109. L. T. Berger, A. Schwager, P. Pagani, and D. M. Schneider, MIMO power line communications, *IEEE Commun. Surveys Tutorials*, 17(1), 106–124, First Quarter 2015.

110. A. Schwager, W. Bäschlin, H. Hirsch, P. Pagani, N. Weling, J. L. G. Moreno, and H. Milleret, European MIMO PLT field measurement: Overview of the ETSI STF410 campaign & EMI analysis, in *Proc. IEEE Int. Symp. Power Line Commun. Applic.*, Beijing, China, Mar. 27–30, 2012, 298–303.

111. M. Nassar, K. Gulati, Y. Mortazavi, and B. L. Evans, Statistical modeling of asynchronous impulsive noise in powerline communication networks, in *Proc. IEEE Global Telecom. Conf.*, Houston, USA, Dec. 5–9, 2011, 1–6.

112. M. Zimmermann and K. Dostert, Analysis and modeling of impulsive noise in broad-band powerline communications, *IEEE Trans. Electromagn. Compat.*, 44(1), 249–258, Feb. 2002.

113. R. Pighi, Evoluzione dei sistemi PLC nelle reti elettriche ad alta tensione (in Italian), in *Proc. AEIT National Conf.*, Milan, Italy, Jun. 27–29, 2011.

114. L. L. Grigsby, *Electric power generation, transmission, and distribution*, 3rd ed. CRC Press, 2012.

115. R. Pighi, M. Franceschini, G. Ferrari, and R. Raheli, Fundamental performance limits of communications systems impaired by impulse noise, *IEEE Trans. Commun.*, 57(1), 171–182, Jan. 2009.

116. D. Middleton, Statistical-physical models of electro-magnetic interference, *IEEE Trans. Electromagn. Compat.*, 19(3), 106–127, Aug. 1977.

117. Canonical non-Gaussian noise models: Their implications for measurement and for prediction of receiver performance, *IEEE Trans. Electromagn. Compat.*, 21(3), 209–220, Aug. 1979.

118. M. Ghosh, Analysis of the effect of impulse noise on multicarrier and single carrier QAM systems, *IEEE Trans. Commun.*, 44(2), 145–147, Feb. 1996.

119. R. Pighi and R. Raheli, Linear predictive detection for power line communications impaired by colored noise, in *Proc. IEEE Int. Symp. Power Line Commun. Applic.*, Orlando, USA, Mar. 27–29, 2006, 337–342.

120. R. Pighi, An information rate analysis of power line communications impaired by colored noise, in *Proc. IEEE Int. Symp. Power Line Commun. Applic.*, Udine, Italy, Apr. 3–6, 2011, 434–439.

121. P. S. Maruvada, *Corona Performance on High-Voltage Transmission Lines*. Research Studies Press Ltd., 2000.

122. N. Suljanović, A. Mujčić, M. Zajc, and J. F. Tasič, Corona noise characteristics in high voltage PLC channel, in *Proc. IEEE Int. Conf. on Ind. Tech.*, 2, Maribor, Slovenia, Dec. 10–12, 2003, 1036–1039.

123. Computation of high-frequency and time characteristics of corona noise on HV power line, *IEEE Trans. Power Delivery*, 20(1), 71–79, Jan. 2005.

124. P. Burrascano, S. Cristina, and M. D'Amore, Performance evaluation of digital signal transmission channels on coronating power lines, in *Proc. IEEE Int. Symp. Circuits Syst.*, Espoo, Finland, Jun. 7–9, 1988, pp. 365–368.

125. Digital generator of corona noise on power line carrier channels, *IEEE Trans. Power Delivery*, 3(3), 850–856, Jul. 1988.

126. A. Mujčić, N. Suljanović, M. Zajc, and J. F. Tasič, Power line noise model appropriate for investigation of channel coding methods, in *IEEE EUROCON*, Ljubljana, Slovenia, Sep. 22–24, 2003, 299–303.

127. S. Cristina and M. D'Amore, Analytical method for calculating corona noise on HVAC power line carrier communications channels, *IEEE Trans. Power App. Syst.*, 104(5), 1017–1024, May 1985.

128. P. Burrascano, S. Cristina, and M. D'Amore, Digital generator of corona noise on power line carrier channels, in *IEEE Trans. Power Delivery*, 3(3), 850–856, Jul. 1988.

129. S. Haykin, *Adaptive Filter Theory*, 4th ed. Prentice-Hall International Editions, New York: 2001.

130. J. P. Burg, Maximum entropy spectral analysis, in *Proc. Meeting Soc. Explor. Geophysicists*, Oklahoma City, USA, 1967, 34–41.

131. R. Pighi and R. Raheli, Linear predictive detection for power line communications impaired by colored noise, *EURASIP J. Advances Signal Process.*, 2007, pp. 1–12, Jun. 2007.

132. L. Yonge, J. Abad, K. Afkhamie, L. Guerrieri, S. Katar, H. Lioe, P. Pagani, R. Riva, D. M. Schneider, and A. Schwager, An overview of the HomePlug AV2 technology, *J. Electric. Comp. Eng.*, 2013, 1–20, 2013.

133. G. J. Foschini and M. J. Gans, On limits of wireless communications in a fading environment when using multiple antennas, *Wireless Personal Commun.*, 6(3), 311–335, Mar. 1998.

134. Wireless LAN medium access control (MAC) and physical layer (PHY) specifications amendment 5: Enhancements for higher throughput, IEEE WG802.11 Wireless LAN Working Group, IEEE Standard 802.11n-2009, 2009.

135. LTE advanced, European Telecommunications Standards Institute, 3GPP, 2012.

136. Powerline telecommunications (PLT); MIMO PLT; Part 1: Measurement methods of MIMO PLT, European Telecommunications Standards Institute, Tech. Rep. ETSI TR 101 562-1, 2012.

137. NFPA 70: National electrical code, National Fire Protection Association, Standard, 2009.

138. IEC60364-1 low-voltage electrical installations – Part 1: Fundamental principles, assessment of general characteristics, definitions, International Electrotechnical Commission, Standard, 2005.

139. C. L. Giovaneli, B. Honary, and P. G. Farrell, Space-frequency coded OFDM system for multi-wire power line communications, in *Proc. IEEE Int. Symp. Power Line Commun. Applic.*, Vancouver, Canada, Apr. 6–8, 2005, 191–195.

140. A. Schwager, D. Schneider, W. Bäschlin, A. Dilly, and J. Speidel, MIMO PLC: Theory, measurements and system setup, in *Proc. IEEE Int. Symp. Power Line Commun. Applic.*, Udine, Italy, Apr. 3–6, 2011, 48–53.

141. R. Hashmat, P. Pagani, A. Zeddam, and T. Chonavel, A channel model for multiple input multiple output in-home power line networks, in *Proc. IEEE Int. Symp. Power Line Commun. Applic.*, Udine, Italy, Apr. 3–6, 2011, 35–41.

142. D. Veronesi, R. Riva, P. Bisaglia, F. Osnato, K. Afkhamie, A. Nayagam, D. Rende, and L. Yonge, Characterization of in-home MIMO power line channels, in *Proc. IEEE Int. Symp. Power Line Commun. Applic.*, Udine, Italy, Apr. 3–6, 2011, 42–47.

143. D. Schneider, A. Schwager, W. Bäschlin, and P. Pagani, European MIMO PLC field measurements: Channel analysis, in *Proc. IEEE Int. Symp. Power Line Commun. Applic.*, Beijing, China, Mar. 27–30, 2012, 304–309.

144. Powerline telecommunications (PLT); MIMO PLT; Part 3: Setup and statistical results of MIMO PLT channel and noise measurements, European Telecommunications Standards Institute, Tech. Rep. ETSI TR 101 562-3, 2012.

145. A. Tomasoni, R. Riva, and S. Bellini, Spatial correlation analysis and model for in-home MIMO power line channels, in *Proc. IEEE Int. Symp. Power Line Commun. Applic.*, Beijing, China, Mar. 27–30, 2012, 286–291.

146. D. Rende, A. Nayagam, K. Afkhamie, L. Yonge, R. Riva, D. Veronesi, F. Osnato, and P. Bisaglia, Noise correlation and its effect on capacity of in-home MIMO power line channels, in *Proc. IEEE Int. Symp. Power Line Commun. Applic.*, Udine, Italy, Apr. 3–6, 2011, 60–65.

147. A. Paulraj, R. Nabar, and D. Gore, *Introduction to Space-Time Wireless Communications*. Cambridge University Press, 2003.

148. R. P. Clayton, *Analysis of Multiconductor Transmission Lines*. John Wiley & Sons, Chichester, 1994.

149. J. Anatory, N. Theethayi, and R. Thottappillil, Power-line communication channel model for interconnected networks – Part II: Multiconductor system, *IEEE Trans. Power Delivery*, 24(1), 124–128, Jan. 2009.

150. Power-line communication channel model for interconnected networks – Part I: Two-conductor system, *IEEE Trans. Power Delivery*, 24(1), 118–123, Jan. 2009.

151. A. M. Tonello and T. Zheng, Bottom-up transfer function generator for broadband PLC statistical channel modeling, in *Proc. IEEE Int. Symp. Power Line Commun. Applic.*, Dresden, Germany, Mar. 29–Apr. 1, 2009, 7–12.

152. J. C. Clements, P. R. Clayton, and A. T. Adams, Computation of the capacitance matrix for systems of dielectric-coated cylindrical conductors, *IEEE Trans. Electromagn. Compat.*, 17(4), 238–248, Nov. 1975.

153. F. Versolatto and A. M. Tonello, PLC channel characterization up to 300 MHz: Frequency response and line impedance, in *Proc. IEEE Global Telecom. Conf.*, Anaheim, USA, Dec. 3–7, 2012, 3525–3530.

154. Powerline telecommunications (PLT); MIMO PLT; Part 2: Measurement methods and statistical results of MIMO PLT EMI, European Telecommunications Standards Institute, Tech. Rep. ETSI TR 101 562-2, 2012.

155. R. Hashmat, P. Pagani, T. Chonavel, and A. Zeddam, Analysis and modeling of background noise for inhome MIMO PLC channels, in *Proc. IEEE Int. Symp. Power Line Commun. Applic.*, Beijing, China, Mar. 27–30, 2012, 316–321.

156. P. Pagani, R. Hashmat, A. Schwager, D. Schneider, and W. Bäschlin, European MIMO PLC field measurements: Noise analysis, in *Proc. IEEE Int. Symp. Power Line Commun. Applic.*, Beijing, China, Mar. 27–30, 2012, 310–315.

157. M. Nassar, J. Lin, Y. Mortazavi, A. Dabak, I. H. Kim, and B. L. Evans, Local utility power line communications in the 3–500 kHz band: Channel impairments, noise, and standards, *IEEE Signal Process. Mag.*, 29(5), 116–127, Sep. 2012.

158. F. J. Cañete, J. A. Cortés, L. Díez, J. T. Entrambasaguas, and J. L. Carmona, Fundamentals of the cyclic short-time variation of indoor power-line channels, in *Proc. IEEE Int. Symp. Power Line Commun. Applic.*, Vancouver, Canada, Apr. 6–8, 2005, 157–161.

159. M. Katayama, T. Yamazato, and H. Okada, A mathematical model of noise in narrowband power line communication systems, *IEEE J. Sel. Areas Commun.*, 24(7), 1267–1276, Jul. 2006.

160. G. Marubayashi, Noise measurements of the residential power line, in *Proc. Int. Symp. Power Line Commun. Applic.*, Essen, Germany, Apr. 2–4, 1997, 104–108.

161. A. Kawaguchi, H. Okada, T. Yamazato, and M. Katayama, Correlations of noise waveforms at different outlets of a power line network (in Japanese), *IEICE Trans. Fund. Electr. Commun. Comput. Sci.*, J90-A(11), 851–860, Nov. 2007.

162. A. V. Oppenheim and R. W. Schafer, *Discrete-Time Signal Processing*, 3rd ed. Prentice Hall, 2009.

163. M. Nassar, A. Dabak, I. H. Kim, T. Pande, and B. L. Evans, Cyclostationary noise modeling in narrowband powerline communication for smart grid applications, in *Proc. IEEE Int. Conf. Acoustics, Speech and Sig. Proc.*,

Kyoto, Japan, Mar. 25–30, 2012, 3089–3092.

164. W. A. Gardner and L. Franks, Characterization of cyclostationary random signal processes, *IEEE Trans. Inf. Theory*, 21(1), 4–14, Jan. 1975.

165. W. Gardner, *Cyclostationarity in Communications and Signal Processing*. IEEE, New York, 1994.

166. K. F. Nieman, J. Lin, M. Nassar, K. Waheed, and B. L. Evans, Cyclic spectral analysis of power line noise in the 3–200 kHz band, in *Proc. IEEE Int. Symp. Power Line Commun. Applic.*, Johannesburg, South Africa, Mar. 24–27, 2013, 315–320.

167. D. Middleton, Canonical and quasi-canonical probability models of Class A interference, *IEEE Trans. Electromagn. Compat.*, 25(2), 76–106, May 1983.

168. S. Miyamoto, M. Katayama, and N. Morinaga, Performance analysis of QAM systems under Class A impulsive noise environment, *IEEE Trans. Electromagn. Compat.*, 37(2), 260–267, May 1995.

169. N. Gonzalez-Prelcic, C. Mosquera, N. Degara, and A. Currais, A channel model for the Galician low voltage mains network, in *Proc. Int. Symp. Power Line Commun. Applic.*, Malmö, Sweden, Apr. 4–6, 2001, 365–370.

170. J. Lin, M. Nassar, and B. L. Evans, Impulsive noise mitigation in powerline communications using sparse Bayesian learning, *IEEE J. Sel. Areas Commun.*, 31(7), 1172–1183, Jul. 2013.

171. M. H. L. Chan and R. W. Donaldson, Amplitude, width, and interarrival distributions for noise impulses on intrabuilding power line communication networks, *IEEE Trans. Electromagn. Compat.*, 31(3), 320–323, Aug. 1989.

172. L. T. Tang, P. L. So, E. Gunawan, S. Chen, T. T. Lie, and Y. L. Guan, Characterization of power distribution lines for high-speed data transmission, in *Proc. Int. Conf. on Power System Technology*, 1, Perth, Australia, Dec. 4–7, 2000, 445–450.

173. V. Degardin, M. Lienard, A. Zeddam, F. Gauthier, and P. Degauque, Classification and characterization of impulsive noise on indoor powerline used for data communications, *IEEE Trans. Consumer Electron.*, 48(4), 913–918, Nov. 2002.

174. J. A. Cortés, L. Díez, J. J. Cañete, and J. J. Sánchez-Martínez, Analysis of the indoor broadband power-line noise scenario, *IEEE Trans. Electromagn. Compat.*, 52(4), 849–858, Nov. 2010.

175. D. Umehara, H. Yamaguchi, and Y. Morihiro, Turbo decoding in impulsive noise environment, in *Proc. IEEE Global Telecom. Conf.*, 1, Dallas, USA, Nov. 29–Dec. 3, 2004, 194–198.

176. L. Di Bert, P. Caldera, D. Schwingshackl, and A. M. Tonello, On noise modeling for power line communications, in *Proc. IEEE Int. Symp. Power Line Commun. Applic.*, Udine, Italy, Apr. 3–6, 2011, 283–288.

177. H. Meng, Y. L. Guan, and S. Chen, Modeling and analysis of noise effects on broadband power-line communications, *IEEE Trans. Power Delivery*, 20(2), 630–637, Apr. 2005.

178. A. Voglgsang, T. Langguth, G. Körner, H. Steckenbiller, and R. Knorr, Measurement, characterization and simulation of noise on powerline channels, in *Proc. Int. Symp. Power Line Commun. Applic.*, Limerick, Ireland, Apr. 5–7, 2000, 139–146.

179. D. W. Rieken, Periodic noise in very low frequency power-line communications, in *Proc. IEEE Int. Symp. Power Line Commun. Applic.*, Udine, Italy, Apr. 3–6, 2011, 295–300.

180. A. Dabak, B. Varadrajan, I. H. Kim, M. Nassar, and G. Gregg, Appendix for noise channel modeling for IEEE P1901.2, Standards Contribution IEEE P1901.2, Jun. 2011.

181. A. D. Spaulding and D. Middleton, Optimum reception in an impulsive interference environment – Part-I: Coherent detection, *IEEE Trans. Commun.*, 25(9), 910–923, Sep. 1977.

182. S. Miyamoto, M. Katayama, and N. Morinaga, Receiver design using the dependence between quadrature components of impulsive radio noise (in Japanese), *IEICE Trans. Commun.*, J77-BII(2), 63–73, Feb. 1994.

183. Y. Hirayama, H. Okada, T. Yamazato, and M. Katayama, An adaptive receiver for power-line communications with the estimation of instantaneous noise power, *IEICE Trans. Fund. Electr. Commun. Comput. Sci.*, E88-A(3), 755–760, Mar. 2005.

184. A. Kawaguchi, H. Okada, T. Yamazato, and M. Katayama, Correlations of noise waveforms at different outlets in a power-line network, in *Proc. IEEE Int. Symp. Power Line Commun. Applic.*, Orlando, USA, Mar. 26–29, 2006, 92–97.

185. IEEE 1901.2-2013 for low-frequency (less than 500 kHz) narrowband power line communications for smart grid applications, IEEE Standards Association, Active Standard IEEE 1901.2-2013, 2013. [Online]. Available: http://standards.ieee.org/findstds/standard/1901.2-2013.html.

186. A. M. Tonello, S. D'Alessandro, and L. Lampe, Cyclic prefix design and allocation in bit-loaded OFDM over power line communication channels, *IEEE Trans. Commun.*, 58(11), 3265–3276, Nov. 2010.

187. A. M. Tonello, A. Pittolo, and M. Girotto, Power line communications: Understanding the channel for physical layer evolution based on filter bank modulation, *IEICE Trans. Commun.*, E97-B(8), 1494–1503, Aug. 2014.

188. F. Aalamifar, A. Schlögl, D. Harris, and L. Lampe, Modelling power line communication using network simulator-3, in *Proc. IEEE Global Telecom. Conf.*, Atlanta, USA, Dec. 9–13, 2013, 2969–2974, source code available at http://www.ece.ubc.ca/~lampe/PLC.

189. G. Marrocco, D. Statovci, and S. Trautmann, A PLC broadband channel simulator for indoor communications, in *Proc. IEEE Int. Symp. Power Line Commun. Applic.*, Johannesburg, South Africa, Mar. 24–27, 2013, 321–326, source code available at http://plc.ftw.at.

190. F. Gruber and L. Lampe, On PLC channel emulation via transmission line theory, in *Proc. IEEE Int. Symp. Power Line Commun. Applic.*, Austin, TX, USA, Mar. 29–31, 2015, source code available at http://www.ece.ubc.ca/lampe/MIMOPLC.

191. T. Kaipia, P. Salonen, J. Lassila, and J. Partanen, Possibilities of the low-voltage DC distribution systems, in *Proc. Nordic Distribution and Asset Manage. Conf.*, Stockholm, Sweden, Aug. 21–22, 2006, 1–10.

192. Application of low voltage DC - distribution system – a techno - economical study, in *Int. Conf. on Electricity Distribution*, Vienna, Austria, May 21–24, 2007, 1–4.

193. Low voltage directive LVD 73/23/EEC, European Commission, Brussels, Belgium, European Commission Directive, 1973.

194. P. Nuutinen, P. Salonen, P. Peltoniemi, T. Kaipia, P. Silventoinen, and J. Partanen, Implementing a laboratory development platform for an LVDC distribution system, in *Proc. IEEE Int. Conf. Smart Grid Commun.*, Brussels, Belgium, Oct. 17–20, 2011, 84–89.

195. P. Nuutinen, P. Peltoniemi, and P. Silventoinen, Short-circuit protection in a converter-fed low-voltage distribution network, *IEEE Trans. Power Delivery*, 28(4), 1587–1597, Apr. 2013.

196. T. Kaipia, P. Nuutinen, A. Pinomaa, A. Lana, J. Partanen, J. Lohjala, and M. Matikainen, Field test environment for LVDC distribution – Implementation experiences, in *CIRED Workshop 2012*, Lisbon, Portugal, May 29–30, 2012, 1–4.

197. A. Pinomaa, J. Ahola, A. Kosonen, and P. Nuutinen, Noise analysis of a power-line communication channel in an LVDC smart grid concept, in *Proc. IEEE Int. Symp. Power Line Commun. Applic.*, Johannesburg, South Africa, Mar. 24–27, 2013, 41–46.

198. A. Pinomaa, J. Ahola, and A. Kosonen, PLC concept for LVDC distribution systems, *IEEE Commun. Mag.*, 49(12), 55–63, Dec. 2011.

199. P. Salonen, T. Kaipia, P. Nuutinen, P. Peltoniemi, and J. Partanen, An LVDC distribution system concept, in *Nordic Workshop Power Ind. Electron.*, Espoo, Finland, Jun. 9-11, 2008, 1–7.

200. A. Pinomaa, J. Ahola, and A. Kosonen, Power-line communication-based network architecture for low voltage direct current distribution system, in *Proc. IEEE Int. Symp. Power Line Commun. Applic.*, Udine, Italy, Apr. 3–6, 2011, 358–363.

201. A. Haidine, B. Adebisi, A. Treytl, H. Pille, B. Honary, and A. Portnoy, High-speed narrowband PLC in smart grid landscape state-of-the-art, in *Proc. IEEE Int. Symp. Power Line Commun. Applic.*, Udine, Italy, Apr. 3–6, 2011, 468–473.

202. M. K. Lee, R. E. Newman, H. A. Latchman, S. Katar, and L. Yonge, HomePlug 1.0 powerline communication LANs—protocol description and performance results, *Int. J. Commun. Syst.*, 16(5), 447–473, May 2003.

203. J. Ahola, Applicability of of power-line communication to data transfer of on-line condition monitoring of electrical drives, Ph.D. dissertation, Lappeenranta University of Technology, Lappeenranta, Finland, 2003.

204. M. O. Carrion, M. Lienard, and P. Degauque, Communication over vehicular DC lines: Propagation channel characteristics, in *Proc. IEEE Int. Symp. Power Line Commun. Applic.*, Orlando, USA, Mar. 27–29, 2006, 2–5.

205. M. Antoniali, M. De Piante, and A. M. Tonello, PLC noise and channel characterization in a compact electrical car, in *Proc. IEEE Int. Symp. Power Line Commun. Applic.*, Johannesburg, South Africa, Mar. 24–27, 2013, 29–34.

206. A. B. Vallejo-Mora, J. J. Sánchez-Martínez, F. J. Cañete, J. Cortés, and L. Díez, Characterization and evaluation of in-vehicle power line channels, in *Proc. IEEE Global Telecom. Conf.*, Miami, USA, Dec. 6–10, 2010, 1–5.

207. M. Mohammadi, L. Lampe, M. Lok, S. Mirabbasi, M. Mirvakili, R. Rosales, and P. van Veen, Measurement study and transmission for in-vehicle power line communication, in *Proc. IEEE Int. Symp. Power Line Commun. Applic.*, Dresden, Germany, Mar. 29–Apr. 1, 2009, 73–78.

208. V. Degardin, M. Lienard, P. Degauque, and P. Laly, Performances of the HomePlug PHY layer in the context of in-vehicle powerline communications, in *Proc. IEEE Int. Symp. Power Line Commun. Applic.*, Pisa, Italy, Mar. 26–28, 2007, 93–97.

209. M. Lienard, M. O. Carrion, V. Degardin, and P. Degauque, Modeling and analysis of in-vehicle power line communication channels, *IEEE Trans. Veh. Technol.*, 57(2), 670–679, Mar. 2008.

210. CISPR-25: 2002 - Limits and methods of measurement of radio disturbance characteristics for the protection

of receivers used on board vehicles, International Electrotechnical Comission (IEC) and International Special Committee on Radio Interference (CISPR) 25, Draft standard, 2002.

211. J. A. Cortés, M. Cerdá, L. Díez, and F. J. Cañete, Analysis of the periodic noise on in-vehicle broadband power line channels, in *Proc. IEEE Int. Symp. Power Line Commun. Applic.*, Beijing, China, Mar. 27–30, 2012, 334–339.

212. A. Schiffer, Statistical channel and noise modeling of vehicular DC-lines for data communication, in *Proc. IEEE Veh. Technol. Conf.*, Tokyo, Japan, May 15–18, 2000, 158–162.

213. V. Degardin, M. Lienard, P. Degauque, E. Simon, and P. Laly, Impulsive noise characterization of in-vehicle power line, *IEEE Trans. Electromagn. Compat.*, 50(4), 861–868, Nov. 2008.

214. Y. Yabuuchi, D. Umehara, M. Morikura, T. Hisada, S. Ishiko, and S. Horihata, Measurement and analysis of impulsive noise on in-vehicle power lines, in *Proc. IEEE Int. Symp. Power Line Commun. Applic.*, Rio de Janeiro, Brazil, Mar. 28–31, 2010, 325–330.

215. E. Liu, Y. Gao, G. Samdani, O. Mukhtar, and T. Korhonen, Powerline communication over special systems, in *Proc. IEEE Int. Symp. Power Line Commun. Applic.*, Vancouver, Canada, Apr. 6–8, 2005, 167–171.

216. S. Tsuzuki, M. Yoshida, Y. Yamada, H. Kawasaki, K. Murai, K. Matsuyama, and M. Suzuki, Characteristics of power-line channels in cargo ships, in *Proc. IEEE Int. Symp. Power Line Commun. Applic.*, Pisa, Italy, Mar. 26–28, 2007, 324–329.

217. S. Tsuzuki, M. Yoshida, Y. Yamada, K. Murai, H. Kawasaki, K. Matsuyama, T. Shinpo, Y. Saito, and S. Takaoka, Channel characteristic comparison of armored shipboard cable and unarmored one, in *Proc. IEEE Int. Symp. Power Line Commun. Applic.*, Jeju Island, South Korea, Apr. 2–4, 2008, 7–12.

218. S. Tsuzuki, S. Tatsuno, M. Takechi, T. Okabe, H. Kawasaki, T. Shinpo, Y. Yamada, and S. Takaoka, An adaptive power control method to electromagnetic environment for PLC in cargo ships, in *Proc. IEEE Int. Symp. Power Line Commun. Applic.*, Dresden, Germany, Mar. 29–Apr. 1, 2009, 131–136.

219. J. Nishioka, S. Tsuzuki, M. Yoshida, H. Kawasaki, T. Shinpo, and Y. Yamada, Characteristics of 440V power-line channels in container ships, in *Proc. IEEE Int. Symp. Power Line Commun. Applic.*, Dresden, Germany, Mar. 29–Apr. 1, 2009, 217–222.

220. S. Barmada, L. Bellanti, M. Raugi, and M. Tucci, Analysis of power-line communication channels in ships, *IEEE Trans. Veh. Technol.*, 59(7), 3161–3170, Sep. 2010.

221. A. Akinnikawe and K. L. Butler-Purry, Investigation of broadband over power line channel capacity of shipboard power system cables for ship communication networks, in *Proc. IEEE Power & Energy Soc. General Meeting*, Calgary, Canada, Jul. 26–30, 2009, 1–9.

222. M. Antoniali, A. M. Tonello, M. Lenardon, and A. Qualizza, Measurements and analysis of PLC channels in a cruise ship, in *Proc. IEEE Int. Symp. Power Line Commun. Applic.*, Udine, Italy, Apr. 3–6, 2011, pp. 102–107.

223. T. Zheng, M. Raugi, and M. Tucci, Analysis of transmission properties of naval power line channels, in *Proc. IEEE Int. Symp. Ind. Electron.*, Bari, Italy, Jul. 4–7, 2010, 2955–2960.

224. S. Barmada, M. Raugi, M. Tucci, and T. Zheng, Analysis of time-varying properties of power line communication channels in ships, in *Proc. IEEE Int. Symp. Power Line Commun. Applic.*, Udine, Italy, Apr. 3–6, 2011, 72–77.

225. T. Zheng, M. Raugi, and M. Tucci, Time-invariant characteristics of naval power-line channels, *IEEE Trans. Power Delivery*, 27(2), 858–865, Apr. 2012.

226. M. Antoniali, M. Girotto, and A. M. Tonello, In-car power line communications: Advanced transmission techniques, *Int. J. Automotive Technol.*, 14(4), 625–632, Aug. 2013.

第3章 电磁兼容

H. Hirsch，M. Koch，N. Weling 和 A. Zeddam

3.1 简介

在开发和操作电力线通信（PLC）系统时，电磁兼容性（EMC）是一个需要特殊考虑的重要问题。首先，脉冲准入和窄带干扰进入配电网，会对电力线上通信信号的传输产生挑战。其次，不完全对称的电力线和 PLC 设备会导致对称（微分态干扰/差分）信号转换成非对称（共模）信号，而后者可能会干扰到附近工作中的无线电接收机。

PLC 系统干扰模型中的受干扰设备和干扰源分别如图 3.1 和图 3.2 所示，PLC 设备作为受干扰对象会遭受人为以及自然电磁现象的干扰。诸如开关电源、光伏转换器、变频器和连接到配电网的开关等设备主要产生脉冲噪声干扰。无线电发射机在线路上的信号应该表现为非对称信号，但由于干扰的存在，其中一部分可能会转变成对称信号，这将会对 PLC 信号产生影响。从相互作用参数角度考虑，如果电力线的长度超过了一定范围（见图 3.2），那么对称的 PLC 信号也有可能转换成非对称的信号，然后从电力线上辐射出去，这会导致附近工作中的无线电接收机受到干扰。除这种情况外，一些在电源连接器处具有杆状天线和弱共模解耦的无线电接收机，也可能受到不对称电压的干扰。

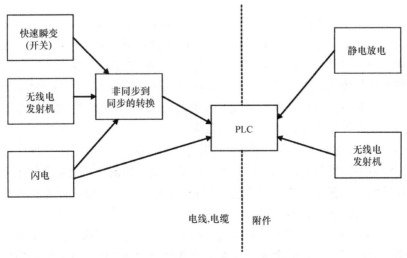

图 3.1 干扰 PLC 设备的 EMC 问题

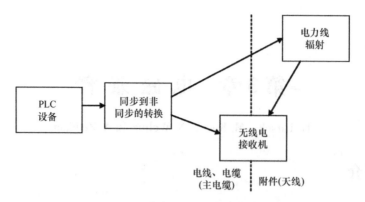

图 3.2　干扰无线电接收机的 EMC 问题

　　根据这些干扰模型，本章详细讨论 EMC 对 PLC 设备所产生的影响。首先，3.2 节主要介绍了用于表征网络对称性的参数、前向功率和产生的场强之间的关系，以及与 PLC 的辐射效应相关的电场与磁场理论；3.3 节解释了如何测量 PLC 设备的电磁辐射；3.4 节详细说明了 PLC 设备的电磁敏感性。考虑到这些因素，3.5 节讨论了 PLC 中可采用的发射等级、从技术角度如何解决 EMC 对 PLC 系统的影响以及处理认知切口问题的新方法；3.6 节阐述了当前 EMC 标准化和监管的情况，特别是欧洲的监管情况；最后，在 3.7 节里研究了电力线和其他有线通信系统之间的结合。

3.2　EMC 中的参数

3.2.1　EMC 相关传输线的参数

　　低压（LV）线缆的安装过程中，一般使用具有扇形或圆形导线的多线电缆。这两种类型的电缆通常都具有弱扭转性，以确保设备安装期间的机械力不会损坏电缆的结构。使用对称信号在小于 100MHz 频率范围内的信号传播效果，与使用其他通信电缆的信号传播效果相当。在这种情况下，受控绝缘体体内的导体负责引导电磁波。而对于非对称信号（在传输线和大地之间），导波在电缆的周围传播，这种情况下环境中各种因素对传播特性影响很大。

　　中压（MV）电缆通常具有屏蔽性，用于控制电缆内部的电场。现代电缆通常是径向磁场电缆，即具有同轴结构。主绝缘子由聚乙烯制成，通常也用于高频信号传输的同轴电缆（测量电缆、天线电缆等）。因此，中压电缆的传输特性与其他同轴电缆的传输特性非常相似。

　　低压（LV）和中压（MV）配电网中的架空电缆与建筑物中使用的低压（LV）电力电缆十分相似，两者的主要区别在于绝缘材料：架空电缆使用的是空气，而建筑物中的低压电力电缆使用的是塑料材料，其次是导体之间的距离不同。

如果这样的电力电缆仅仅是用于两个 PLC 调制解调器之间的点对点通信，那么 PLC 系统（考虑到 PLC 产生的干扰）的 EMC 不会受到影响。然而，PLC 网络包括许多的互连点和开关等，这些将引发不对称性[ㅡ]并产生差模到共模的转换。对于 EMC，共模信号有可能会对附近的或是附着在电力线上的无线电接收机产生干扰，这种干扰要比由对称信号引起的干扰高若干数量级。

由于电缆屏蔽和电缆连接均以功率损耗最小化为目标来设计，所以虽然现代 MV 电缆通常制造成同轴电缆，但是电缆上仍可能存在共模信号。例如普遍使用的交叉互连技术，这里三相电缆的屏蔽沿电缆桥架周期性地互换。

为了表征网络及其附属设备的 EMC 特性，就必须要了解网络的对称性。对于电路信号线来说，一般的解决方案是描述线路的纵向转换损耗（Longitudinal Conversion Loss，LCL），并通过测量网络 [阻抗稳定网络（Impedance Stabilization Networks，ISN）] 来模拟其数据值。为了测量 LCL，需要将共模信号输入到网络端口，并在同一端口对差模信号 U_{LCL}（见图 3.3 左上）进行测量。LCL 表示的是输入和测量电压之间的关系，并提供了网络不对称性的测量方式。然而，单端口方法可能不适合用于 PLC 设备。如果在线路上存在衰减，并且在网络内部有一个局部不对称点，那么如果直接在该不对称点处进行测量的话，测量得到的 LCL 值将会高于真实值。

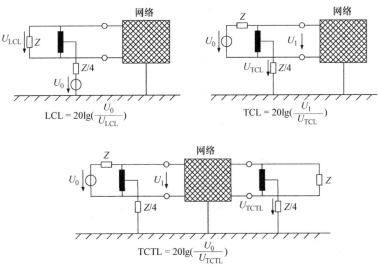

图 3.3　用于表征网络对称性的一些重要参量

因此，横向转换转移损耗（Transverse Conversion Transfer Loss，TCTL）就显得十分关键。它定义了发射对称 PLC 信号 U_0 与发生在网络另一端的非对称信号

[ㅡ]　对于不对称性和对称性的定义，请参见本章参考文献 [1]。——原书注

U_{TCTL}之间的关系（见图 3.3 底部）。在 PLC 系统中，通常认为是一个 PLC 调制解调器从一个端口输入了信号，而一台无线电接收机从另一个端口接入相同电力线网络。该无线电接收机会通过这条电力线进行共模电压传输。特别是对于具有内置杆状天线的廉价无线电接收机来说，由于使用电力电缆作为接收天线的一部分（至少是作为引脚），导致该共模电压会产生无线电干扰。

对几个欧洲国家的私人家庭进行的大规模 TCTL 测量的统计评估如图 3.4 所示，可以看出，TCTL 在所有不大于 45dB 的情况下仅占 20%。换句话说，在所有情况中，有 80% 的网络中转换的共模信号要比输入的信号电平高出 45dB。如果共模信号的测量与输入信号在同一端口处（单端口模式），则会获得横向转换损耗（Transverse Conversion Loss，TCL）（见图 3.3 右上）。图 3.4 还显示了从用于 TCTL 的相同测量位置上获得的 TCL 统计量。我们注意到，对于 PLC 调制解调器和无线电接收机连接到同一电源上的这种情况，单端口的 TCL 提供了一种网络不对称性最坏情况的估计。

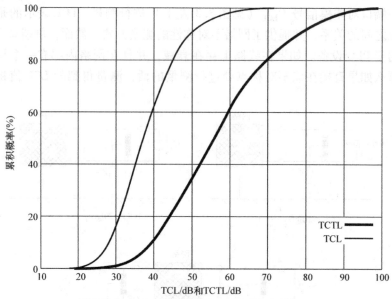

图 3.4　LV 网络的 TCL 和 TCTL 的统计数据

3.2.2　耦合因子

当通信信号耦合到干线中时，"耦合因子"为该信号的前向功率与电源安装线的一定距离处产生的电场强度之间的关系。文献中对于"耦合因子"存在许多不同的定义。而在 PLC 论坛[2]中介绍了耦合因子的以下定义：

$$k(f) = \frac{E(f)}{\sqrt{P(f)}} \tag{3.1}$$

式中，$E(f)$（单位为 $\mu V/m$）和 $P(f)$（单位为 mW）分别是电场强度和频率 f 下的正向功率。使用 dB 标度描述关系式（3.1）则为

$$k_{dB}(f) = E_{dB}(f) - P_{dB}(f) \tag{3.2}$$

有

$$E_{dB}(f) = 20\lg\left[\frac{E(f)}{1\mu V/m}\right] \tag{3.3}$$

和

$$P_{dB}(f) = 10\lg\left[\frac{P(f)}{1mW}\right] = PSD_{dB(mW/Hz)} + 10\lg(9000) \tag{3.4}$$

因为正向功率通常用 9kHz 的带宽测量，$PSD_{dBmW/Hz}$ 是以 dB（mW/Hz）为单位的信号功率谱密度（Power Spectral Density，PSD）。

实际安装中的耦合因子取决于各种因素，例如布线、电网的拓扑等。因此 PLC 论坛在欧洲举办了相应的测量活动，用于创建耦合因子的统计数据库。尽管个别测量结果显示耦合因子具有强频率依赖性，但整体统计结果表明耦合因子在频率上基本上是平直的。在建筑物外 10m 处的耦合因子的第 80 个百分位数如下：

$$k_{dB} = 50dB \quad (\mu V/m/mW) \tag{3.5}$$

例如，假设有 $-45dB$（mW/Hz）的 PSD，可以从式（3.4）和式（3.5）估计在距电力线 10m 处的辐射场强度为

$$
\begin{aligned}
E_{dB} &= P_{dB} + k_{dB} \\
&= -45dB(mW/Hz) + 39.54dB(Hz) + 50dB(\mu V/m/mW) \\
&\approx 45dB(\mu V/m)
\end{aligned} \tag{3.6}
$$

3.2.3 电场和磁场

交流电流 $i(t) = R\{Ie^{j2\pi ft}\}$ 穿过长度为 $\Delta\ell$ 的赫兹偶极子，其电场和磁场分量由下式给出（例如本章参考文献 [3] 的 483 页）：

$$E_\vartheta = \frac{A\sin\vartheta}{j\omega\varepsilon_0 r^3}\left[1 + j\frac{\omega r}{c} - \left(\frac{\omega r}{c}\right)^2\right]e^{-j\frac{\omega r}{c}} \tag{3.7}$$

$$E_r = \frac{2A\cos\vartheta}{j\omega\varepsilon_0 r^3}\left(1 + j\frac{\omega r}{c}\right)e^{-j\frac{\omega r}{c}} \tag{3.8}$$

$$H_\varphi = \frac{A\sin\vartheta}{r^2}\left(1 + j\frac{\omega r}{c}\right)e^{-j\frac{\omega r}{c}} \tag{3.9}$$

$$H_r = H_\vartheta = E_\varphi = 0 \tag{3.10}$$

式中，c 是光速（真空中）；$\omega = 2\pi f$；$A = \frac{I\Delta\ell}{4\pi}$。对于远场条件 $r \gg \lambda/2\pi$，我们有

$$\frac{\omega r}{c} \gg 1 \tag{3.11}$$

因此 E_ϑ 是主要电场分量，可以简化为

$$E_\vartheta = \frac{j\omega\mu_0 A\sin\vartheta}{r} e^{-j\frac{\omega r}{c}} \tag{3.12}$$

此外，磁场强度可以简化为

$$H_\varphi = \frac{j\omega\mu_0 A\sin\vartheta}{r} \sqrt{\frac{\varepsilon_0}{\mu_0}} e^{-j\frac{\omega r}{c}} \tag{3.13}$$

由式（3.13）化简式（3.12），得到磁场电阻：

$$\frac{|E|}{|H|} = Z_0 = \sqrt{\frac{\mu_0}{\varepsilon_0}} \approx 377\Omega \tag{3.14}$$

由于在 PLC 中，频率范围通常在若干 kHz 和 87MHz 之间，测量距离通常在 1 ~ 30m 之间，不满足条件式（3.11）。因此，测量磁场并将其测量值通过式（3.14）简单地转换为电场强度是不可行的，但是需要能够直接测量电场，再将测量的结果和场强极限进行比较，如本章参考文献 [4，5]。

测量电场强度时可以使用双锥形天线。根据其方向，用双锥形天线测量 E_ϑ 和 E_r 的叠加值，如图 3.5 所示，其中 α 表示天线和 E_ϑ 之间的角度。距离为 r_{actual} 的电场强度由如式（3.15）给出：

$$E(r_{actual}) = E_\vartheta(r_{actual})\cos\alpha + E_r(r_{actual})\sin\alpha \tag{3.15}$$

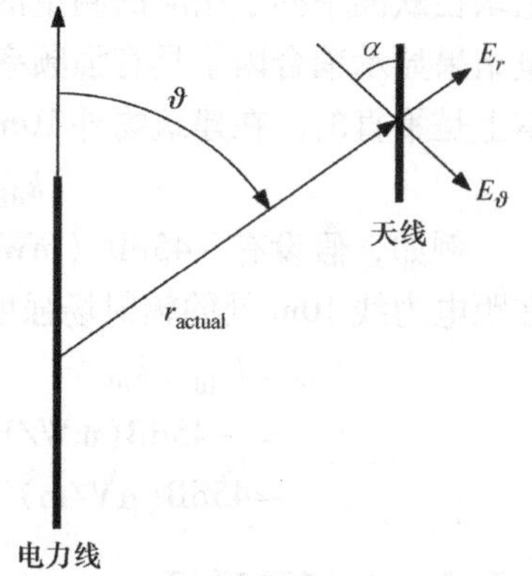

式中，$E_\vartheta(r)$ 和 $E_r(r)$ 分别从式（3.7）和式（3.8）中得到。因此，测得的场强可以由标准测量距离推出：

图 3.5 用双锥形天线测量电场强度

$$E_{norm} = E_{measured} \frac{E_\vartheta(r_{norm})\cos\alpha + E_r(r_{norm})\sin\alpha}{E_\vartheta(r_{actual})\cos\alpha + E_r(r_{actual})\sin\alpha} \tag{3.16}$$

在本章参考文献 [4，5] 中定义 $r_{norm} = 3m$。

在 $\alpha = 90°$ 的特殊情况下，只测量 E_r。则式（3.16）可以化简为

$$E_{norm} = E_{measured} \frac{r_{actual}^3 \sqrt{1 + \frac{r_{norm}^2\omega^2}{c^2}}}{r_{norm}^3 \sqrt{1 + \frac{r_{actual}^2\omega^2}{c^2}}} \tag{3.17}$$

在频率 f 等于 2MHz 或 30MHz，$r_{norm} = 3m$ 情况时，外推系数如图 3.6 中所示，而在图 3.7 中，表明了在另一种极端条件 $\alpha = 0°$ 下外推系数的情况（仅测量 E_ϑ）。

上述外推系数的计算基于长度 $\Delta\ell \ll r$ 的赫兹偶极子。在真实的 PLC 辐射测量场景中，需要在更长的电力线上测量电场强度。因此，上述结果仅是粗略估计，例如外推系数需要使用矩场法来计算，具体可参见本章参考文献 [6]。

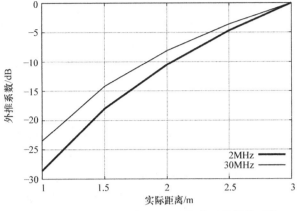

图 3.6　在 r_{norm} = 3m 和 α = 90°条件下的外推系数

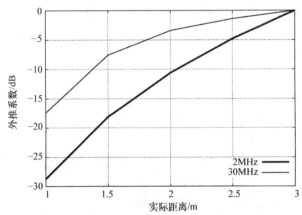

图 3.7　在 r_{norm} = 3m 和 α = 0°条件下的外推系数

3.3　电磁辐射

　　PLC 中 EMC 调节的主要目的是规定顺应性测试和干扰情况评估的方法。最明显的方式是直接测量来自电力线的辐射。遗憾的是这种方法在实际运用中难以再现近场测量结果。此外，测量辐射不仅取决于 PLC 装置的参数（前向功率），还取决于很多其他参数，例如测量对象周围的电缆特性和障碍物（例如树木等），这对于电场分量的测量干扰很大。因此，PLC 委员会使用了耦合因子的概念（见 3.2.2 节），可以从 PLC 调制解调器的输出功率推导出预期的辐射。然而，国际电工委员会（International Electrotechnical Commission，IEC）的国际无线电干扰特别委员会（International Special Committee On Radio Interference，CISPR）[⊖]更倾向于传导辐射的测量和可能的无线电干扰的推断（包括传导和辐射路径，见图 3.2）。新的欧洲

　　⊖ CISPR 还是国际电离层摄动无线电电波的缩写。——原书注

PLC 辐射标准（PLC – Emission – Standard）EN 50561 – 1 结合了这两种方法。在特殊的敏感频段和由 PLC 调制解调器输入的不对称信号中，遵循 CISPR 方法。在用于 PLC 信号传输的其他频段中，规定了对称信号电平（理论上是调制解调器的输出功率）的极限。接下来，我们将讨论辐射的测量和传导辐射的测量。

3.3.1　辐射

宽带 PLC 系统通常工作在 2～30MHz 的频率范围内，并可能扩展到目前正在考虑的高达 87.5MHz 的频率上。如 3.2.3 节所述，磁场和电场强度之间的简化转换，仅可以用于远场测量，而在实际测量设置中可能并非如此。因此，这是一个二选一的问题，即应该测量电场强度还是磁场强度。电场强度可以通过图 3.8a 所示的小型双锥形天线（通常是有源天线）测量，其中图 3.8b 是安装的图示。虽然它为电场强度提供了准确和可靠的测量值，但如果说这些值代表了真实的干扰情况则会受到质疑。因此，可以使用无线电仿真器［参见图 3.8c］来实际模拟具有鞭形天线的短波接收器。其原理对应于 CISPR 25 [7] 中定义的车载测量。在样品外罩内部的是用作输入阻抗转换器的放大器。无线电仿真器可以评估来自于无线电仿真外壳和电源之间的连接效应。使用双锥形天线和无线电仿真器的电场强度测量结果，非常依赖于测量天线和电力线之间的角度。该效应对于无线电仿真器的影响可能会更强，这取决于天线的长度。

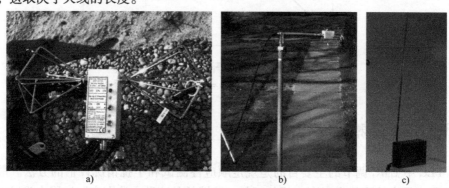

图 3.8　电场强度测量［使用的设备包括 a）双锥形天线，
b）双锥形天线测量设置和 c）无线电仿真器］

磁场强度用环形天线（有时也称为"框架"）测量，设备如图 3.9 所示。与电场强度的测量相比，其优点在于：树木、植物等形成的测量环境对测量结果的影响更小，在 PLC 工作频率下，这些测量环境在电场上比在磁场上的影响更大。这种测量方式的缺点是，绝大多数情况下测量结果均需要转换成电场强度，而如果没有假设该测量是在远场条件下进行的，则这一转换很难实现。

单次扫描的测量结果通常是强频率相关的，在不同频率下测量的电（磁场）

强度中有 40dB 左右的误差是很常见的。但当从不同位置取得测量的平均值时，就会发现电场强度在频率上是平坦分布的，即电场强度不会随频率降低或增加。

　　通常将测量结果与标准限制进行比较。这些限制是为了标准的测量距离而规定，在实际操作中应用与否可以自行选择。因此，通常使用外推系数将测量结果在标准距离上进行归一化。如 3.2 节所述，该外推系数是频率的函数。然而，在监管机构的测量评估中通常采用假定的外推系数。例如，本章参考文献 [8] 将外推系数定义为 40dB/decade，而本章参考文献 [4] 使用的是 20dB/decade。又例如根据本章参考文献 [6] 中的分析、模拟、

图 3.9　环形天线

测量，以及在 CISPR 中的讨论，在 2MHz 以上的频率范围中采用 33dB/decade 效果更好。在本章参考文献 [9] 中已经完成了在 150～500kHz 频率范围内的类似的研究。

3.3.2　传导辐射

　　经验表明，低于 30MHz 频率的辐射测量缺乏可验证性（重现性），因此科研人员开发出了基于传导信号的间接测量方法。现如今，该测量方法被用于几乎所有的 EMC 产品标准中。如果被测设备（Equipment Under Test，EUT）连接端口的布线结构，其射频行为是已知的，则可以为从 EUT 输入线路的电压或电流定义适当的限制；如果 EUT 满足了这些限制，则可以认为已经为无线电业务提供了充分的保护。

　　在定义好的网络上，通过操作 EUT 来完成传导辐射的测量。在其最简单的结构中，这样的网络包括用于功率信号的低通滤波器，和用于将相关信号部分引导到测量接收机的高通滤波器。这种电力线网络的实现被称为人工电源网络（Artificial Mains Network，AMN），如图 3.10a 所示。它所能够测量的非对称干扰电压（Unsymmetric Disturbance Voltage），可以将其解释为非对称和对称电压的叠加，如图 3.11 所示。由于辐射是由非对称电压控制的，所以对非对称电压的测量，可以用来评估最坏情况。

由于在 PLC 系统中想要得到的是对称信号的组合，所以 AMN 方法将会高估潜在的干扰。此外，PLC 调制解调器通常需要另一个调制解调器才能完成常规操作，现在通过使用其内置的低通滤波器取代了这个额外的调制解调器。因此，图 3.10b 所示的特殊类型的 T 形 ISN（T - ISN）用于测量无用的非对称信号和有用的对称信号。Z 变换器分离输入信号的非对称部分。从 EUT 端看来，阻抗 $Z_{Termination}$ 和 Z_{asy} 分别提供由 EUT 定义的对称和非对称阻抗。通过衰减器可以建立与第二个 PLC 调制解调器的连接。带变压器的附加衰减器提供了对对称部分的测量。阻抗 Z_{unsym} 是可选择性使用的，它用于实现在电力线设备中经历的模式转换（由对称到非对称）所定义的不对称性，3.2.1 节中给出的 TCL 值是对该非对称性的一个好的着手点（切入点）。

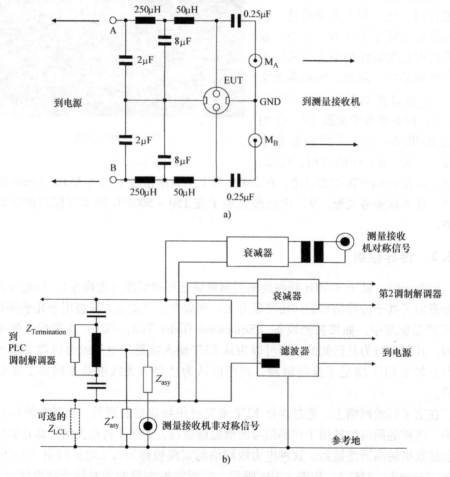

图 3.10 传导辐射的测量

a）AMN 用于测量不对称电压 b）T - ISN 用于 PLC 系统的传导干扰测量（和用于调整非对称阻抗，用于调整对称阻抗，用于调整到一个确定的 TCL 或 LCL 值）

　　依照相应的标准（IEC 61000 - 4 - 6），低压配电网的中值非对称阻抗是 150Ω
的数量级。然而，由于历史原因，CISPR 在两条线时使用 25Ω 的非对称阻抗，4 条
线时使用 12.5Ω 的不对称阻抗，而对于 5 条线则使用 10Ω 的不对称阻抗。

　　除了不对称和对称信号内容的测量之外，该网络还可以通过在被测试调制解调
器，和其通信对象（第 2 调制解调器）之间使用可调衰减器（adjustable attenua-
tor），来验证自动功率管理是正常工作的。

　　使用 T - ISN 只能测量干扰电压，而对于干扰电流，则不能简单地通过在 EUT
和 T - ISN 之间的连接线上使用电流探头（钳形电流互感器）来测量。但有一种在
多条电源线中的一条上，串联放置不对称阻抗（Z_{unsym}）的 T - ISN 变形网络可以
成功地避免这个问题。然而，有人认为这种类型的 T - ISN 将不能正确地反映模式
转换，因为测量信号仅取决于通过 EUT 的共模，而当使用了适当的共模扼流圈
（common mode choke）后，测量信号将会显著地减少。

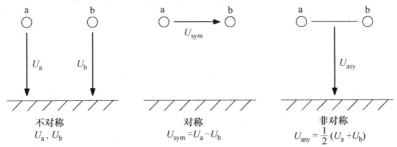

图 3.11　不对称、对称和非对称电压

3.4　电磁敏感性

　　正如在本章简介中已经提到的（见图 3.1），有一些电磁现象可能会干扰 PLC
系统的运行。在本节中，我们将对其中最重要的某些部分进行详细讨论。

　　静电放电：如果空气的湿度不太高，并且通过衣服的摩擦可将电荷分离开时，
人体是可以积聚电荷的，并且当积聚了电荷的人触摸接地物体时会产生电火花。在
放电过程中，人体向接触对象引入高数值的瞬态电流，瞬态电流的强度能够在 1ns
或者更短的时间达到几安培。该电流脉冲可以干扰或损坏敏感的电子元器件。与任
何其他电子系统一样，PLC 装置也需要对静电做好充分的防范（例如可以通过壳
体隔离系统内部器件）。

　　瞬变（突变）：瞬变是由电源设备中的开关开合产生的。具有电弧效应的机械
开关可以产生瞬时变化的电压脉冲，且由于二次变化（重复启动）形成了脉冲群
（突变脉冲）。脉冲的持续时间、斜率、脉冲幅度和重复频率都是随机的。典型的
参数值为脉冲持续时间为 50ns，上升时间为 5ns，脉冲振幅高达 2kV，重复频率
为 5kHz[10]。

电涌（Surge）：通常闪电将雷击引入架空线或其附近物体，而导致电网中出现瞬态高电压，从而使得地面的电位上升。闪电通常发生在距 PLC 设备一定距离处，使得这段距离上的电压出现相差若干 kV 的高电平变化。闪电引起的电压脉冲具有比突变脉冲更短的上升时间和更长的持续时间。电涌的产生可以看作是非对称或对称电压。电子产品的制造商通常在电源电路中添加变阻器或电涌放电器以吸收大部分脉冲能量。对于 PLC 设备来说，变阻器的大电容会衰减 PLC 信号。因此，为了保护电路需要进行特殊的设计。

射频电磁场：由固定的和移动的无线电发射机产生的射频电磁场，会向电力线引入共模信号。通过在 PLC 接收机的输入级（例如共模扼流圈）中施加足够的共模抑制（common mode rejection），可以将该信号与差模 PLC 信号分离。然而，如果在设备中存在不对称的局部点，则干扰信号的一部分会被转换为差模信号。幸运的是，来自强无线电发射机的信号是窄带信号。因此，窄带滤波可避免过度干扰。例如，在多载波系统中，如果检测到窄带干扰，则可以通过关闭多个子载波来过滤信号。当然，这种在数字域中的过滤并不能挽回在模拟前端中，由于干扰而导致的接收机灵敏度的损失。

当前，IEC 有两个关于 TC77 的用宽带信号来制定抗扰度测试标准的标准化项目。一个项目涉及 150kHz 以下的频率范围，另一个项目涉及 150kHz ~ 80MHz 的频率范围。这些标准能够反映由 PLC 和其他宽带信号源（例如，频率转换器、用于 LED 灯的电力电子器件）在电力线上产生的干扰。这两个项目最终将得出两个新的基本标准。产品委员会可以决定是否在由他们负责的产品标准中使用这些标准。

3.5 EMC 协调

PLC 的 EMC 调节是一个尚有争议的问题。就像在日常生活中，当多方共享相同的资源并且需要共存时，不同的利益集团会发表公开声明来反驳对方，在 PLC 的 EMC 调节中也存在同样的问题。本节阐述了 PLC 辐射限制的问题，首先讨论兼容性级别，然后计算采用间接辐射测量技术的正向功率限制，并就认知无线电技术用于 PLC 以满足 EMC 要求这一内容进行了讨论。

3.5.1 兼容性级别

EMC 协调是指，为在特定环境中工作的设备确定合适的辐射和抗扰度要求的过程，用以确保设备的电磁兼容性[11]。作为协调的起点，首先需要定义电磁兼容性级别（Compatibility Level，CL），这是在辐射和抗扰度限制设置中用作参考的特定电磁干扰级别[12]。如图 3.12 所示，无线电服务需要两个 CL。其中 PLC 设备的抗扰度限制必须高于 CL1，而 PLC 辐射限制不得超过 CL2，且需要与这两个值保持有一定的安全裕度。

在低于 150kHz 的频率下工作的窄带 PLC 系统, 在保护无线电业务方面大多不受管制。例如, 欧洲窄带 PLC 标准[13]是基于 EMC 协调, 而不考虑无线电服务。这使得窄带 PLC 设备被允许产生比宽带 PLC 系统大得多的信号幅度, 但这可能会引起敏感设备的 EMC 问题。

在 150kHz 以上的频率范围内, 非无线电设备的辐射和抗扰度限制参考的是约在 50 年前定义的标准, 此后对该标准只有很少的调整。虽然无线电接收机的较高灵敏度将允许 CL1 和 CL2 的降低, 但是 PLC 技术的支持者却建议提高 CL2。就目前来说, 想要快速地解决该问题是不可能的, 新 PLC 产品的辐射限制很有可能将采用已定义的辐射限值标准。标准化机构的产品委员会被要求证明新限值至少能够提供与公认的辐射限值相同的无线电服务保障水平。

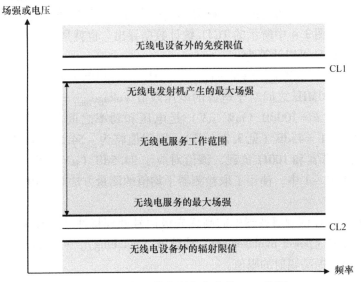

图 3.12 包括无线电服务在内的 EMC 协调

3.5.2 限值的定义

对于宽带 PLC 系统, 可以从 CISPR 24[14]获取抗扰度限值标准, 且 CISPR 24 中提及的抗扰度测试方法也适用于 PLC 系统。所以, 宽带系统辐射限值的定义在 CISPR 委员会中被暂时搁置了。

对于 CISPR 22 中对电源端口和电信端口的传导辐射的定义限值, 要想将这些限值进行直接的比较是不可能的, 因为电源端口 (AMN) 进行测量的网络在结构上不相同, 而电信端口 (T‒ISN) 测量所使用的网络, 在非对称阻抗方面不相同。如果允许的非对称电流是由限值电压和网络的非对称阻抗导出的, 那么从表 3.1 的值可以看出, 在这两个极限条件下, 各自电流之间并没有太大的差异。所以, 这于对限值电流和宽带的 PLC 系统来说都是合理的。

对于辐射发射, 可以合理地使用 CISPR 22 中定义的对非对称电流限值, 这适用于电缆（例如电话线）的辐射和宽带 PLC 系统。

表 3.1 CISPR 22 – ITE B 类产品的限值（平均检测，参见本章参考文献 [15]）

频率/MHz	电源端口 AMN（从 EUT 端口看 25Ω 的非对称阻抗）		$Z_{asy} = 150\Omega$ 的电信端口 T – ISN	
	电压限值 dB/μV	电流限值 dB/μA	电压限值 dB/μV	电流限值 dB/μA
0.15 ~ 0.5	56 ~ 46	28 ~ 18	74 ~ 64	30 ~ 20
0.5 ~ 5	46	18	64	20
5 ~ 30	50	22	64	20

上述方法仅考虑了发射的共模信号，例如，由耦合到电源端口的 PLC 调制解调器内的开关电源频率或时钟频率产生的共模信号。如 3.2.1 节所述，一部分输入的对称信号会在电力设备内的不对称局部点转换为非对称信号。期望得到的对称信号的极限可以由图 3.4 中所示的 TCTL 统计数据导出。也就是说，以 dB（mW/Hz）为单位的最大 PSD 可以计算为

$$PSD_{limit} = Voltage_{limit} + TCTL - 10lg(BW) - k \qquad (3.18)$$

其中在 5 ~ 30MHz 之间对于电源的电压限值 $Voltage_{limit} = 50dB$（μV），测量带宽 BW = 9kHz 和 k = 100dB（mW/μV）是电压和功率之间的联合因子，负载为 100Ω。假设 TCTL = 45dB（见 3.2.1 节），则限值将为 – 54.5dB（mW/Hz）。考虑到 9kHz 的测量带宽和 100Ω 负载，该值对应于 94.5dB（μV）的电压。在新的欧洲标准 EN 50561 – 1 中，使用了取检测器平均值的测量方法对 95dB（μV）进行了定义。

通过使用 PLC 调制解调器中的高优先级信号处理特性［例如 EN 50561 – 1 中的频段功率管理（power management）或陷波（notching）］可以提高无线电服务的保护等级，由此提高辐射的限值。

3.5.3 认知无线电技术

无线电频段是一种稀缺资源。如前所述，虽然 PLC 使用电力线网络进行数据传输，但是由于电力线系统的非完全对称性，存在少量的能量被辐射。该辐射信号可能干扰其他无线电业务。认知无线电技术（cognitive radio technique）的目标是避免干扰，同时可以动态地分配频段的使用。因此能够更有效地对频段资源进行分配利用。

第一代宽带 PLC 调制解调器仅使用 2 ~ 30MHz 的频段。为了防止对业余无线电频段的干扰，将这些频段完整地从 PLC PSD 中永久剔除。随着最近发布的新的欧洲标准 EN 50561 – 1（见 3.5.2 节和 3.6.3.1 节），永久剔除的频率范围已经扩展到包括航空频段在内。这可能会导致 PLC 性能的显著退化，因为多个子载波将不能再用于数据传输。

目前，新的 PLC 陷波实现方案正在制定中，该方案将用以改善陷波的频谱效

率，例如，HomePlug AV2.0。现有的 PLC 调制解调器需要在每个陷波的两侧去除额外的 3 个载波，但是新的实现方式能通过更少量的工作就可以达到相同的目的。由于永久陷波（permanent notches）存在的数量很惊人，这种变化将对 PLC 性能产生重大影响。具体来说，使用现有的陷波方法时，由扩展的永久陷波频率序列导致的速率损失在 14% ~18% 范围内，而使用了有效陷波方法的情况下，可以减少至 8% ~12%。

欧洲标准 EN 50561 -1 介绍了两种新的 PLC 端口测量方法和程序。第一种称为"认知频率排除"，第二种称为"动态功率控制"。这两种方法都基于认知无线电技术。这两者在无线电资源有限并且资源可能由不同技术共享的情况下，都是非常适用、有效的方法。这个概念背后的基本思想是检查某个频段是否已经被服务使用，如果频段没有被使用，则其可以用于发送数据；如果它已经在使用，则应该避免使用该频段进行传输，或者应当减小发射电平，避免产生有害干扰。

EN 50561 -1 中规定的认知频率排除法，旨在降低短波广播服务的潜在干扰风险。因此，该标准包含需要永久或动态排除的频段列表。图 3.13 描述了现有的业余无线电、新的航空陷波以及认知排除列表中的新广播所各自占有的频段频率分布。

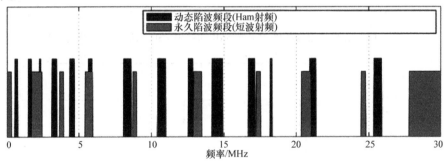

图 3.13　基于 EN 50561 -1 的永久和动态陷波频段的图示

为了实现认知频率排除方法，需要 PLC 调制解调器能够检测是否存在广播服务。广播无线电台产生的信号会入侵电力线网络。可以通过不同的方式检测出这种信号的入侵。第一种是使用 PLC 设备的 A - D 转换器简单地测量噪声。该方法的缺点是在该测量期间需要停止 PLC 传输，以避免测量到 PLC 信号本身，而不是由广播站引入的干扰信号。第二种方法是一种更复杂的检测方法，它实现了一种能够检测信噪比（SNR）中特定模式的算法。如果无线电台产生的信号正在进入电力线网络，则 SNR 将在该频率处显示为尖锐的陷波。图 3.14 和图 3.15 显示了几个短波无线电台检测的例子。该方法的最大优点是检测算法可以无中断地运行，并且在该测量期间不需要停止 PLC 传输。

一些国家已经进行了现场（现实环境）的测试，以分析 EN 50561 -1 标准要

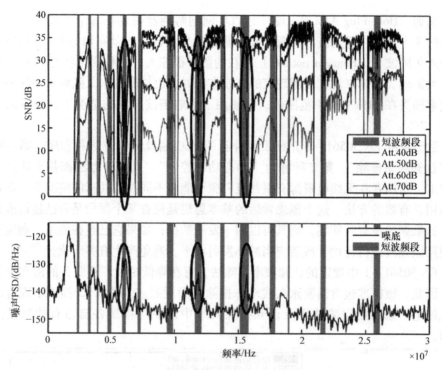

图 3.14 由 PLC 设备操作的采样 SNR 和噪声 PSD 测量（彩图见封二）

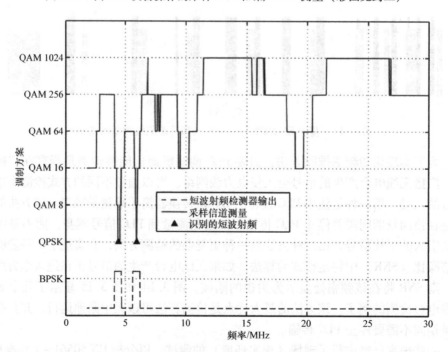

图 3.15 基于调制方案的采样信道测量

求的认知频率排除法所造成的潜在性能影响。在图3.16中，对不同的陷波实现的物理层数据速率的性能损失进行了比较。标记为"无动态陷波"的顶部跟踪曲线，是没有应用动态陷波（dynamic notching）时的现场测试的性能结果。这反映了现在的PLC设备的性能。所有其他跟踪曲线均显示了不同种类的实现结果。标记为"Eff."的跟踪曲线是使用了有效陷波（efficient notching）的结果。在该实现中，将仅移除所检测到的广播频率的载波或与其相邻的一个载波。标记为"Std."的跟踪曲线是使用了现有标准陷波的方法，它需要去除陷波两侧的3个额外载波，但实际效果并不突出。以上的测试评价了使用所谓的协作方法的效果，这些跟踪曲线标记为"协作"；相反，没有使用协作方法的被标记为了"非协作"。即使只有一个调制解调器检测到广播站信号，这些协作方法也将迫使所有调制解调器产生陷波。这种方法需要通过新的协议在PLC网络中交换这些信息。最后两个标记为"所有广播．Off"的曲线是最差情况的结果，可以检测到所有广播频率，并且所有动态陷波都是存在的。在这种情况下，性能损失可以达到25%以上。感兴趣的读者可以在本章参考文献［16］中获取更详细的解释。

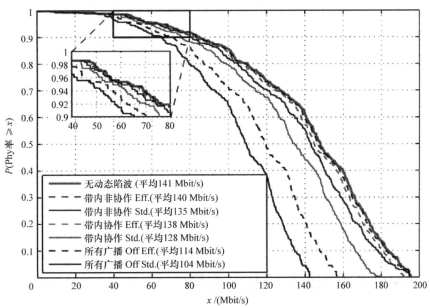

图3.16　不同动态陷波场景和方法下的性能展示（彩图见封二）

"动态功率控制"方法的目的是在信号电平高于所需时，降低发射功率。现有的PLC设备以恒定的发射功率发射信号，与调制解调器之间的距离是无关的。PLC设备与调制解调器相距不远，或者更专业的来说，是在设备之间低衰减的所有情况下，可以减小发射功率，且不会对PLC的性能产生负面影响。表3.2显示了如何根据发射（EUT）和接收调制解调器（AE）之间的插入损耗，来调整PSD的最大发射电平。降低发射功率将导致辐射降低，从而释放无线电资源。不同的实现和测试结果均可以在本章参考文献［17］中获取。

表 3.2　最大发射 PSD：CISPR 22 CIS/I/301/CD

DM 插入损耗 EUT – AE/dB	>40	40	30	20
最大发射 PSD/(dBm/Hz)	–55	–55	–63	–73

通过使用工具配置 PLC 设备的 PSD 掩模（PSD mask），也能够在子带（subband）的基础上进行功率控制。该工具可避免正被其他本地服务使用的频段中的数据传输干扰。图 3.17 中的配置示例表明 PLC 将只使用最高 20MHz 的频率范围内的载波。此外，在 10 ~ 12MHz 的频率范围内可以看出，该方法还可以单独地调整发射电平，而不是完全地切换载波。

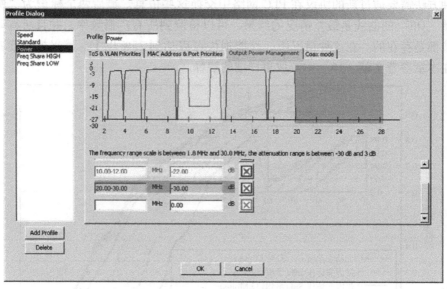

图 3.17　输出电力管理的图形用户界面

3.6　EMC 在欧洲的标准化和监管

在本节中，我们将介绍 PLC 技术中 EMC 的标准化和监管在欧盟中的现状。其他国家，例如欧洲的非欧盟成员国、亚洲国家以及非洲国家，也开始部分采纳欧盟中的标准化模式和监管方式[18,19]。

3.6.1　欧盟中标准化与监管的区别

在欧盟，欧盟委员会（European Commission，EC）规定大致的监管方式，再由官方（de jure）标准化平台制定具体要求。欧盟主要认可 3 个官方标准化平台：

ETSI、CENELEC 和 CEN。在签署"罗马条约（Treaty of Rome）"（欧盟宪法）时，欧盟成员同意"…废除立法和标准化过程中产生的贸易壁垒"[20]。实现这一目标的方法是将立法与标准化分离，立法由政治驱动，而标准化应该由市场驱动（Market – Driven）。欧盟立法及其法律文书，例如制定法律体制的指令，是指欧洲协调标准（European Harmonized Standards）的技术细节。这些欧洲协调标准是官方平台采用的技术规范，并由欧盟委员会在欧洲联盟杂志上发表。因此，欧洲标准化与技术监管之间存在密切联系，但技术监管应与欧盟贸易政策完全分离。

欧洲电信标准协会（ETSI）、欧洲标准化电子技术（Comité Européen de Normalisation Electrotechnique，CENELEC）和欧洲标准化组织（Comité Européen de Normalisation，CEN）制定的标准可以分为两类，第一类主要用于市场有机增长（例如标准互通，使得不同制造商生产的设备可以进行协同工作），而第二类则用于监管（例如电气安全或 EMC 标准）。图 3.18 描述了欧盟采取的方法。

在 PLC 的市场准入方面，重要的欧盟法律文书有：

- 2004/108/EG 指令（EMC 指令）。
- 2005 年 4 月 6 日发表的委员会建议（Commission Recommendation）：通过电力线进行宽带电子通信。

由于 EMC 指令在技术细节方面参考了欧洲协调标准，因此 EMC 的标准化对 PLC 而言非常重要。CENELEC 机构负责 EMC 的标准化，这将在后续进行讨论。

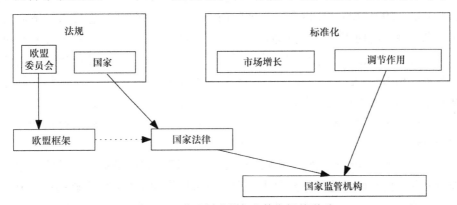

图 3.18　欧盟标准化与监管之间的联系

3.6.2　PLC 的 EMC 调节

欧盟委员会遵循的原则是：无论底层技术如何，都应该适用于通信设备的监管。因此，PLC 系统与其他通信技术的辐射应在同一水平上，例如数字用户线。而且由于 PLC 设备与其他通信设备使用的电源和通信端口完全相同，所以在测量时可以采用相似的测量程序。

通常情况下，在欧盟区内，将 PLC 设备划归为通信设备进行监管，服从 EMC

2004/108/EC$^{\ominus[18]}$指令。另一个重要指令是无线电和通信终端设备（Radio and Telecommunications Terminal Equipment，R&TTE）的1999/5/EC指令，这一指令与接入PLC系统和桥接到无线系统（例如WiFi或ZigBee）的PLC产品有关。EMC指令描述了法律框架和适用原则。它将装置和消费产品区分开来。同时它不提供技术方面的内容，例如测量装置及其使用规则。EMC指令规定了市场准入（请参见3.6.2.1节）以及干扰投诉处理（请参见3.6.2.2节）。R&TTE指令涉及了EMC方面的指令，因此，EMC指令适用于所有类型的PLC。

3.6.2.1 市场准入

通常根据上述的EMC或R&TTE指令来管理市场准入，其中与EMC相关的部分包含于EMC指令中。EMC指令的目标是：

- 整个欧盟的设备、设施和网络能够自由使用。
- 保持良好的EMC环境：

——电气和电子设备产生的电磁干扰不会影响无线电、电信网络、相关设备和配电网络；

——相关装置具有足够的固有抗扰度，使其在电磁干扰存在的情况下，可以按预期运转。

因此，保护要求包括了辐射和抗干扰两方面的要求。

如果产品符合EMC规定，则允许其进入市场。为此，必须为产品进行特定的兼容性测试。2004/108/EC指令是一种所谓的"新方法指令"，它要求制造商发表声明，允许制造商使用符合欧洲协调标准（EN 50065$^{[13]}$）的方法对窄带PLC进行评估，或者根据自己的程序和方法来评估其产品的EMC。后一种选择通常由独立认证机构（由EMC指令所指定的）对这些程序和方法进行认证。这些程序和方法通常来自于相关的标准化平台，例如CISPR。无论选用哪一种方法，制造商都必须提供一致性声明，以表明其产品符合EMC指令的要求，这些符合所有指令的产品由"Conformité Européenne"（CE）标记来标识。

就EMC 2004/108/EC指令而言，接入式PLC网络和设备都属于设施。它们可以作为公共通信基础设施的一部分来使用，也可以作为企业网络设施的一部分在智能电网中使用，这种应用上的差异对总体监管框架会有影响，但与EMC方面无关。安装的接入式PLC设备（如前端或中继器）与接入式PLC终端用户调制解调器（CPE）的市场准入原则不同。根据EMC指令，安装的接入式PLC设备不需要CE标记认证。但由于CE标记表示该产品已符合所有指令，因此大多数PLC经营者（例如电力公司），甚至包括已经满足EMC要求在内的经营者，在采购中都要求有CE标记，且只接受有CE标记的产品安装在他们的电网中。如果想出售给消费者，那么接入式PLC CPE也需要CE标志。因为CPE是网络终端，它们需要服从1999/

⊖ EMC 2004/108/EC指令已于2004年12月正式发布并取代了原来的EMC 89/336/EEC指令。

5/EC 指令中的规定。但是，由于 R&TTE 指令是针对 EMC 方面的指令，所以，就 EMC 而言，CE 标记就变得无关紧要了。

欧盟委员会于 2005 年 4 月公布了关于在电力线上进行宽带电子通信的建议[19]。该建议中关于市场准入的关键点是不需要事先评定 PLC 产品合格与否。也就是说，首先默认 PLC 产品是合格的，不需要进行事前监管。只有在干扰投诉事件发生后，才会对其使用（事后）监管。

3.6.2.2　对干扰投诉事件的监管

每个宽带系统（如 DSL、CaTV、以太网等）都会产生辐射，从而干扰正常的无线电业务。2001 年，欧盟委员会向 ETSI/CENELEC/CEN 发出了授权书 313[21]。要求其对于辐射限值定义一个统一标准，该标准需要适用于包括 PLC 技术在内的所有通信技术。因此，辐射限制对所有宽带通信技术应是技术中立的。国家对网络辐射的限值，应避免使用像德国 NB30[5]一样的标准。授权书 313 中提出的任务，最后交由 ETSI 和 CENELEC 共同成立的一个联合工作组来完成。虽然该标准尚未完成，但欧盟委员会并未撤回对该任务的授权。因此，单个国家的法规（例如德国 NB30 法规）都是不合法的。

在 EMC 背景下，经常用作参考的是电子通信委员会（Electronic Communication Committee，ECC）提出的建议（05）04[22]。但该建议缺少规范性监管的作用，仅能用作参考。

当发生干扰投诉时，首先要评估该干扰是否有害。欧盟委员会关于 PLC 的建议[19]中第 4 条指出：

如果发现电力线通信系统造成不能由相关各方解决的有害干扰，成员国主管当局应要求该系统使用方提供能证明系统合法性的证据，并在适当情况下开始评估。

举例说明，如果无线电接收机故意直接放置在具有 PLC 设备的街道机柜旁边，则不认为这是有害干扰。而当无线电用户使用的是最先进的设备（不符合当前时代标准的设备）时，向 PLC 经营者要求减轻干扰也是不合适的。但当干扰被认为是有害时，则应当实行相应的减轻干扰措施。欧盟委员会关于 PLC 的建议中第 5 条指出：

如果评估确定了电力线通信系统是不合规范的，主管当局应采取适度、非歧视和透明的强制措施，以确保其遵守法规。

例如，仅在干扰发生的地点和其对应的频率处，对其实行干扰减轻措施，这就属于合理措施。

由于有欧盟委员会的管控，欧盟成员国在实施欧盟委员会的建议时能尽可能地减少法规的误用。欧盟委员会关于 PLC 的建议中第 7 条指出：

成员国应定期向通信委员会报告其境内电力线通信系统的部署和运行情况。这些报告应包含干扰电平等相关数据（包括测量数据、相关的输入信号电平以及对于起草一个统一的欧洲标准有价值的其他数据）、干扰问题以及与电力线通信系统有关的任何强制措施。

总之，由于 ETSI 和 CENELEC 尚未完成欧盟委员会授权书 313 相关标准制定的任务，因此，干扰投诉情况在 EMC 指令规定的限度内暂时保持开放性态度。虽然欧盟委员会的建议书试图在欧盟内采用相同的处理模式，但干扰投诉可能还是会由不同国家的监管机构处理。

3.6.3 PLC 中 EMC 的标准化

3.6.3.1 CENELEC

CENELEC 是一个与技术及其横向扩展议题（如 EMC）相关的平台。在 PLC 方面，SC205A 是其在 CENELEC 中的相关技术平台，而 TC210 则是处理 EMC 问题的平台。TC210 可将 CISPR 标准转换为欧洲标准，如 EN 55022 是由 CISPR 22 转换而来的。

CENELEC 的规范标准被分为 ES 和 EN。因为批准程序上不同，且涉及国家镜像委员会（National Mirror Committees）对 ETSI 公司成员的批准，所以不会将此 ES 与 ETSI 的 ES 混淆。如果涉及 EC，那么 EN 就会变得很重要了。

CENELEC 中的 EMC 标准将 PLC 实现方式用 PLC 数据传输的频率范围区分开来。

3.6.3.1.1 3～148.5kHz 的频率范围内工作的 PLC 设备

SC205A 的适用范围是"电力通信系统"，例如 1991 年公布的窄带 PLC 标准 EN 50065。EN 50065 是欧洲协调标准，涵盖 3～148.5kHz 的频率范围。在其发表之前，不同的欧盟国家（例如德国）允许自由使用的最大频谱为 5mW。而对于 EC 列出的 EN 50065，只允许使用兼容的 PLC 系统。

EN 50065 将其频率范围分成 4 个频段，分别是 A、B、C 和 D。频段 A（有时称为 CENELEC A 频段）仅为公用事业使用保留。频段 B、C 和 D 则属于私人使用频段。由于频段 B 和 D 不需要任何接入机制，因此线路上存在多用户干扰的风险。频段 C 需要用于用户之间共存的 CSMA 协议。表 3.3[13] 提供了相关概述。

表 3.3　EN 50065 中主要调整的概述

频段	频率/kHz	最大传输电平（单相）/dBμV	接入协议	用途
A	3～9	134	—	公用
	9～95	频率从 134 到 120 呈对数递减		公用
B	95～125	2 类器件：122 和 134		私用
C	125～140	2 类器件：122 和 134	CSMA 载波（132kHz）	私用
D	140～148.5	2 类器件：122 和 134	—	私用

3.6.3.1.2 在 1.6065MHz 以上的频率范围内工作的 PLC 设备

在 1999 年春，SC205A 成立了一个工作组（WG10），其工作内容是规定工作在 1.6～30MHz 频率范围内的宽带 PLC 系统。这一工程项目被命名为"在 1.6～

30MHz 频率范围内用于低电压设备的电力线通信设备和系统"。项目的研究结果将命名为 EN 50412 - x - y 进行发布。迄今为止，只有 EN 50412 - 2 - 1：2004 "频率范围为 1.6～30MHz 的低压设备中使用的电力线通信设备和系统的抗扰性要求——第 1 部分：住宅、商业和工业环境"通过了审核。通过审核系统是否符合 EN 50412 - 2 - 1 来确定系统是否符合一致性声明。

2010 年，EC 向 CENELEC 的 TC210 技术平台致函，要求 CENELEC 为所有类型的 PLC 设备制定统一的产品标准。于是，CENELEC 成立了一个名为"PLT 仪器标准工作组"的工作组（WG11）。WG11 决定为不同频率范围和不同用户场景下的 PLC 应用制定相应的规范。工作组优先考虑工作在 1.6065～30MHz 频率范围内的家用 PLC 设备。这项工作于 2012 年 11 月由 CENELEC 审核通过，并命名为 EN 50561 - 1。

EN 50561 - 1 有以下几点要求：

- 带外发射和无 PLC 数据传输应根据 EN 55022，对 B 类电源端口进行测试。
- 引入动态功率控制机制，也就是说，如果两个 PLC 装置之间的信道衰减较低，则降低最大允许 PSD 电平。
- 针对特定的无线电频率，引入静态频率排除机制。
- 引入动态频率排除机制，进而保护特定频率的无线电广播服务。具体内容请参阅 3.5.3 节，其中介绍的认知频率排除可以用作动态频率排除机制。
- 使用高对称性的 ISN（LCL 至少为 55dB）来测量 PLC 端口的非对称干扰，该 PLC 端口应具有数据传输功能。

在启用工作频率在 1.6065～30MHz 范围内的接入式 PLC 设备之前，应该首先参考 EN 50561 - 2 的要求。由于目前家用 PLC 产品已经开始使用 30MHz 以上的频率，因此应计划在 EN 50561 - 3 中制定这个频率范围（＞30MHz）的标准。

3.6.3.1.3 在频率范围 150～500kHz 内工作的 PLC 设备

该频率范围对于智能电网的应用特别有意义。该频率范围内 PLC 设备的 EMC 标准制定，属于 CENELEC 的 TC210 和 WG11 的职责范围内（见 3.6.3.1 节），但是直到 2014 年 6 月还没有正式实行。有意思的是，国际上的第一个提案已经由 IEEE 1901.2 提出，并于 2013 年 12 月获得批准。IEEE 1901.2 的提案遵循了 EN 50561 - 1 中规定的原则，同时该提案对较低的频率范围和工业环境也能够适用。而为了遵循 EN 55022 的原则，进行了对 A 类和 B 类频段限值的定义。

3.6.3.2 ETSI - CENELEC 联合工作组

ETSI - CENELEC JWG（联合工作组）于 2000 年 6 月成立。参与者来自 ETSI 和 CENELEC 平台，如在 EMC 方面，有来自 ETSI 的 TC EMC 和来自 CENELEC 的 TC210；在 PLC 方面，有来自 ETSI 的 TC PLT 和来自 CENELEC 的 SC205A。2001 年 8 月，欧盟委员会授权 ETSI 和 CENELEC 依照授权书 313 中的相关要求，制定"电信网络的 EMC 协调标准"（请参见本章参考文献 [21]）。"授权书 313"中规定，该标准需要保持技术中立，随后该授权移交给了 ETSI – CENELEC 联合工作组。

ETSI – CENELEC 联合工作组在讨论中难以取得共识。一方面，部分小组成员要求网络的 EMC 标准应符合 EMC 产品标准（例如在 DSL 或电缆：参考 EN 55022 标准），否则，CE 认证的产品不能在网络中进行操作。另一方面，部分小组成员要求对无线电业务提供较高的保障水平。PLC 一直是讨论的焦点，因为现在还没有任何宽带 PLC 的 EMC 产品标准。基于授权书 313 中所要求的技术中立性，联合工作组对包括电网在内的所有类型网络都提出了相同的辐射限制。图 3.19[23] 给出了对相关限制建议的概述。可以看到，不同的建议最多相差了 60dB！由于每一方代表都试图为自己的提案给出实质性的论证，因此争论各方很难妥协，难以得出讨论结果。

自 2008 年以来，联合工作组开始尝试一种不同的方法。现在，ETSI – CENELEC 联合工作组开始起草 3 个规范，将 DSL、电缆和 PLC 问题分离并做单独处理。这背后的设想是：技术中立性可以通过使用不同的技术依赖方法来实现。PLC 应该包含在 EN 50529 – 3 计划 "传导传输网络——第 3 部分：电力线通信（基于网络的网络）" 内，这是一个目前正在修订的，早在 2008 年 11 月就推出的原草案。

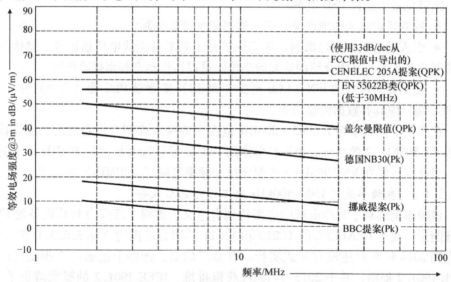

- 为了对比，限值统一使用 20dB/dec 缩放到 3m，除了 CENELEC205A 提案（33dB/dec）。
- 用 51.5dB 远场转换将 H 场限值转为 E 场限值。

图 3.19 ETSI – CENELEC 联合工作组对网络 EMC 限制的建议（从最低到最高限制的顺序为：BBC 提案，挪威提案，德国 NB30，盖尔曼限值，EN 55022 B 类，CENELEC 205A 提案）

3.6.3.3 国际 EMC 产品的标准化

本节旨在概述国际 EMC 产品标准化的历史，这些标准基本都是在 IEC CISPR 平台[24] 中提出的。一般来说，EMC 产品标准化对产品兼容性测试以及市场准入很重要（取决于国家法规），同时它不能与操作相关的 EMC 网络标准化相混淆。

CISPR 是 IEC 的一个特殊技术委员会，它由 7 个小组委员会组成。与 PLC 问题最密切相关的小组委员会为 CISPR/I。它负责处理信息技术设备（Information Technology Equipment，ITE）、多媒体设备和接收机的 EMC。特别是 CISPR/I 负责的 CISPR 22 标准，该标准随后由 CENELEC 转变为 EN 55022。

PLC 技术的反对者多年来一直表示，CISPR 22 应该应用于 PLC 产品。他们参考了电源端口的测试，虽然 PLC 产品和通信设备电源的传输信号特性不尽相同，而且对 PLC 的测量需要经过调整才能应用（请参见 3.3.1 节），但是两者可以采用相同的评估方式。IEC 的工作程序要求，在启动新工作项目时需要 IEC 成员（国家）进行公开投票。正是由于存在这样的规定，所以自 1999 年 CISPR 项目的"CISPR 22 对 PLC 产品修正案"开始，这个项目一直持续到 2005 年仍未结束。项目的主要工作文件包括：

- 03.2000：CISPR/G/179/CD

——要求在 2~30MHz 的频率范围内使用 T-ISN，它的 LCL 需要从 30dB 降至 6dB。

- 05.2001：CISPR/G/218/CDV

——要求使用 LCL 为 6dB 的 V-network（AMN），且必须有 CISPR 22 中的电源端口限制。

■ 如同通信设备的电源，这需要再次对 PLC 产品进行测试。

■ 07.2001：CISPR/I 由于上述原因退出 218/CDV。

- 07.2002：CISPR/I/44/CD

——要求使用 LCL 为 36dB，共模阻抗为 150Ω 的 T-ISN；且必须有 CISPR 22 中的电源端口限制。

- 11.2003：CISPR/I/89/CD

——修订 44/CD，主要区别在于使用了 LCL 为 30dB 的 T-ISN。

——自 2003 年至今，基于此 CD 完成了数百万个 PLC 产品的 EMC 适应性测试。由于世界范围内无线电干扰投诉事件较少，甚至可以忽略不计，显得该项目有效且合理。然而，PLC 的反对者却一直在反对它。

另一个题为"PLT 设备的合理限制及方法的 CISPR 22 修正案"（CISPR/I/145/NP）的项目从 2005 年开始，直到 2010 年都没有完成。其主要工作文件有：

- 02.2008：CISPR/I/257/CD

——参照现有的 CISPR 22 电源端口限制，要求使用 LCL 为 24dB 和 $Z_{asy}=25\Omega$ 的 ISN。

- 02.2008：CISPR/I/258/DC

——给出了缓解测量的方法，如陷波和电源管理。

- 08.2009：CISPR/I/301/CD

——该 CD 介绍了两种类型的 PLC 调制解调器。

　　■ 类型 1 PSD 掩码不超过 –55dBm/Hz，并且根据两个节点之间的衰减情况以及陷波功能提供电源管理功能。

　　■ 类型 2 根据一组新的限制条件，使用 LCL 为 16dB 的 ISN 来测试调制解调器。

　　总的来说，在 CISPR 中，对 PLC 中 EMC 标准化方面的讨论，耗时超过 10 年仍难以得到统一的解决方案，其主要存在的问题是

- 方法不统一（T – ISN 还是 AMN）；
- 限制不统一（电源端口、通信端口或是新的提案）；
- 电网的对称性特性不统一（LCL 的范围在 6 ~ 36dB 之间，甚至在某种情况下不存在 LCL）；
- 网络阻抗不统一（范围在 25 ~ 150Ω 之间）。

　　这一讨论得到了政策上的鼓舞，而对于相对较小的 PLC 行业，尽管 PLC 产品在长达十多年的运行中没有出现重大无线电干扰投诉事件，却仍然难以得到足够的支持。第二个项目失败后，IEC CISPR 没有再推出一个关于 PLC 问题的新项目。这为 CENELEC 开始就该问题开展工作提供了空间，因为两个组织之间应避免出现重复工作。

3.7　电力线和其他有线通信系统之间的耦合

　　本节专门介绍 EMC 处理 PLC 系统与家庭环境中其他有线通信系统之间的耦合问题。特别侧重于 PLC 和 VDSL2 系统之间耦合的特性。PLC 使用的是现有的电力线，VDSL2 使用的是现有的通信线路。由于两个网络（电力和通信）的线路彼此相对接近，考虑 PLC 和 VDSL2 的相互影响是非常重要的。在 ITU – T（International Telecommunication Union – Telecommunication Standardization Sector）推荐的 G993.3（国际电信联盟 – 电信标准化部门）[25]中描述了 VDSL2 技术。由于，这两个技术在频率范围上重叠（两种技术使用的频段规划对于 PLC 为 1.8 ~ 30MHz，对于 VDSL2 为（138kHz ~ 30MHz），电话公司担心 PLC 传输会对 VDSL2 服务的交付造成影响。

　　为了确保两种技术在家庭网络中共存，重要的是能表征由 PLC 引起的在电话线上的干扰，和由 VDSL2 引起的在电力线上的干扰。当两个网络之间的耦合形式已知时，就有了研究和实现缓解技术的可能，这将有可能实现具有良好的 QoS 性能，且对于 PLC 和 VDSL2 系统来说都可接受的传输。

　　下面，3.7.1 节讨论了耦合可能发生的方式及其相对重要性。之后，3.7.2 节描述了 VDSL2 传输时由 PLC 系统带来的影响，需要特别注意的是对扰动系统的 QoS 的影响，还解释了不同参数如何影响两种技术之间的耦合。3.7.3 节重点介绍了 VDSL2 传输对 PLC 性能的影响。最后，3.7.4 节详细阐述了缓解技术，这将实

现一种对于 PLC 和 VDSL2 系统同时进行具有良好性能和可以接受的 QoS 的传输。

3.7.1　电力线和家庭环境里的电信线路的耦合特性

当一个系统产生的信号通过电磁耦合传输到另一个系统时，就会发生电磁干扰。干扰通常以电压、电流、电场和磁场的形式出现。不同的耦合机制总结在表3.4[26] 中。

表 3.4　不同类型的耦合

电导	在公共路径发生，在一般参照导体系统的不同电路上发生电导耦合
电容	在电场内发生，电容耦合发生在相邻电路之间，例如电源电路和信号线路
电感	在磁场中发生，电感耦合在并联运行线路中发生，例如电缆和电缆管道
波或辐射影响	在电磁场中发生

干扰信号通常沿着导线［引导干扰（guided interference）］或通过空间［辐射干扰（radiated interference）］传输。这两种类型的干扰可以同时被检测发现，并且它们能够耦合到输入、输出以及电源和通信线路中。每个耦合的相对重要性由干扰信号的波长与所研究的系统组件的特性测量之间的比率所决定。如果干扰信号的波长大于系统的导电特性测量值，电容耦合和电感耦合可以彼此独立地发生。否则，影响机制受制于：

- 由电波造成的影响，结合了并联线路中电容和电感的耦合。在这种情况下，传播的电波构成了干扰源。
- 通过空间的辐射耦合，这导致能量通过电磁场传输到接收机端。
- 干扰的主要类型是共模干扰和差模干扰。

通常，干扰作为共模信号出现，然后由于电路的非对称性而产生差模干扰信号（见 3.2.1 节）。然后，该差模干扰信号被叠加到（差模）有用信号上。电路中存在的任何不平衡都将产生这种"共模 - 差模"的转换，这将对 PLC 和 VDSL2 系统的传输性能和预期的可以接受的 QoS 产生影响。

耦合干扰的量及其对有用信号的影响取决于不同的参数，例如电气和通信线路的长度和两者之间的距离、电网拓扑、扰动线路的阻抗等。电磁效应的减小通常通过采用基于以下两个原理的 EMC 措施来实现：

1）在干扰源处采取措施，限制其传输；

2）采取措施限制干扰的扩散。

3.7.2　PLC 传输对在 VDSL2 上传输的服务的影响

由于下列参数可能会影响 PLC 系统与 VDSL2 系统之间的耦合，所以通过这些参数来研究 PLC 系统对 VDSL2 传输的影响。具体的参数为

- 电力线负载。

- 信号频率。
- 电缆长度。
- 电话电缆的不平衡性（例如插座连接不良、阻抗不连续、存在 RC 电路等），这都会影响电缆的电磁抗干扰性。
- 电力电缆和电话电缆的间距（影响电磁耦合）。
- 耦合长度（即两个电缆彼此靠近的长度）。
- 电话电缆类别（例如双绞线及其扭曲率），这会影响电缆的电磁抗干扰性。
- 电话电缆中的串扰噪声（由相邻的配对电缆或其他电缆引起的噪声），该参数也受到电话电缆类别的影响。

文献中有价值的研究报告很少，而这些研究报告主要解决两种技术在家庭网络中的共存问题。其实，文献的数量少也是因为 VDSL2 技术尚未得到广泛部署[27-31]。然而，最近发表的文献[30-32]已经开始讨论关于 QoS 以及适当的干扰缓解技术对 PLC 和 VDSL2 系统造成退化的可能性。在后续的内容中，将提到并讨论在本章参考文献 [30-32] 中关于 PLC 和 VDSL2 系统之间共存性的广泛研究的主要结果。为了突出耦合效应，一般采用两种不同的方法：第一种是实验室测量，研究 PLC 对 VDSL2 的影响，并考虑不同的共存情况；第二种方法是现场测试，具体方式是在几间房子中，对于传输经过插头的 PLC 信号，在电话输出端测量其耦合噪声。

3.7.2.1 实验室测试

在实验室测试中，考虑到了实际的"光纤到柜（FTTCab）"配置。图 3.20 展示了实验的设置，其中包括了一条引起强电磁耦合效应的 PLC 链路，该链路 12m 长并与 VDSL2 链路相连接。

电话线由 28 对屏蔽电缆组成，且分别连接到 4 对电缆（类别 3）上。电话电缆的后半部分在长度上接近于 12m 长的电力线。电力线电缆通过配电盘连接到电气网络，并在每个终端都有一个符合 HPAV 的 PLC 调制解调器。由一对带有以太网生成器软件的笔记本电脑来产生两个调制解调器之间的数据流。在 FTTCab 结构中，假定模拟出了安装在街道机柜中的 MDU（Multi Dwelling Unit，多居室）并通过电话电缆将其连接到 VDSL2 CPE（Customer Premise Equipment，客户端设备）。VDSL2 CPE 连接到与 PLC 调制解调器相同的配电盘，以便考察通过其电源的传导干扰。VDSL2 CPE 同时还向连接到机顶盒（Set Top Box, STB）的家庭网关（在这种情况下为 Orange）提供 IPTV（Internet Protocol Television，互联网协议电视）服务。为了将测试台与外部干扰隔离，将共存区域置于半电波暗室中。通过使用平衡连接进行测量，将信号输入到电力电缆中并从电话线中测量信号。半电波暗室的独立电网保护系统免受外部设备产生的潜在的噪声干扰。同时，屏蔽电缆将 MDU 连接到半电波暗室的入口处。使用这种方式，测量的相互影响仅来自于测试台，而不会受到其他的外部干扰。

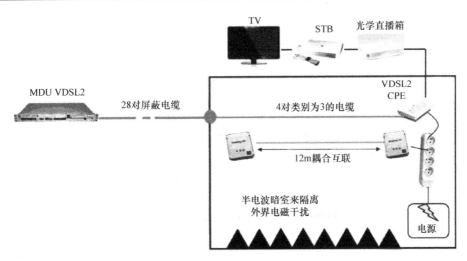

图 3.20 实验测试台设置

3.7.2.1.1 电力线负载的影响

因为是对给定负载进行的研究，所以在本章参考文献［30］中没有考虑电力负载。然而，在本章参考文献［29］和其中的参考文献中分析了负载的影响。一个非常有趣的结果是，连接到电力线的负载具有明显的负载效应，特别是在传导电场占主导地位的情况下。当辐射场占主导地位时，总干扰电平与负载无关，但 PLC 信号的峰值位置却是由负载值决定。由于线路的特性阻抗也是与频率相关的，线路的传输质量会在某些频率处降低，并且在其他频率处得到改善（提高）。对于干扰信道来说，其特性可能有相同的结果。

3.7.2.1.2 不平衡性对电话电缆的影响

在实际安装中，电话线路不平衡通常是由于家庭网络的复杂拓扑、插座中的不良连接、阻抗的不连续性以及 RC 电路的存在（例如法国的典型的 3 针设备）所造成的。如 3.7.1 节所示，这种不平衡性造成了共模与差模信号之间的转换。这里，通过在电话插头中添加第三根导线来实现电话线的不平衡。

图 3.21 的曲线显示了在以下情况下在客户端的电话电缆上测量的平稳噪声的 PSD：

- 电线上没有携带 PLC 信号（即噪底）；
- PLC 信号在与平衡的电话电缆连接的电线上传输；
- PLC 信号在靠近不平衡电话电缆的电线上传输。

可以观察到，当 PLC 信号发送时，平稳噪声电平增加了，并且在平衡电话线的情况下可以增加 50dB，对于不平衡的电话线则增加 55dB。在客户端测量的感应噪声对 VDSL2 下行信道（从 MDU 到 VDSL2 调制解调器的数据流）有影响，而在MDU 侧测量的噪声对上行信道（从 VDSL2 调制解调器到 MDU 的数据流）有影响。另外，测试还表明，无论电话电缆的长度如何，客户侧电话线上 PLC 的感应噪声

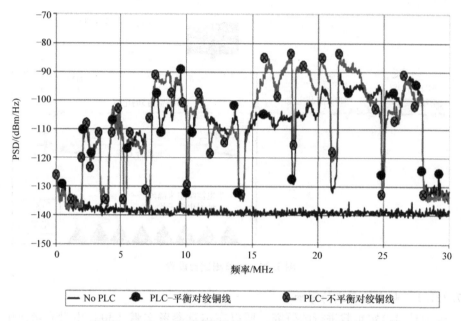

图 3.21　PLC 在相邻铜导线对（CPE 侧）上引起的 PSD

电平都是相同的。

3.7.2.1.3　电话电缆长度的影响

　　由于对 MHz 级别的 PLC 信号来说，电缆长度与波长的数量级一致，所以干扰的主要来源是电磁辐射。为了定性地表征电话电缆长度对由 PLC 信号耦合引起的 QoS 退化作用，VDSL2 链路承载 IPTV 服务并且发送了 PLC 数据流。作为电话线路长度的函数，表 3.5 显示了 PLC 对 VDSL2 的影响。在该表中"＋＋"表示 PLC 传输对 IPTV 服务（无像素化，无卡顿）没有影响，"－－"表示由于 VDSL2 链路的同步丢失而发生了 IPTV 服务中断。有趣的是，这能够证实在前面的章节中提到的关于线路不平衡对干扰水平的作用，以及它们对 VDSL2 传输的影响的考虑。例如，从表中可以看出，不平衡线路对 PLC 链路产生的干扰更加敏感。而对于目标噪声容限为 10dB 的 VDSL2 接入，即使是短距离路线也会受到相邻的 PLC 传输（VDSL2 线路的同步丢失和 IPTV 服务中断）的影响。对于长度小于或等于 200m 的平衡线路，PLC 传输对电视服务没有影响。当线路长度大于 200m 时，VDSL2 信号的衰减变得严重，因此导致信号将对 IPTV 服务产生更大的影响。

表 3.5　PLC 对 VDSL2 业务（IPTV）的影响

VDSL2 线路长度/m	50	125	200	275	350
平衡对绞铜线	＋＋	＋＋	＋＋	－－	－－
不平衡对绞铜线	－－	－－	－－	－－	－－

　　表 3.6 展示了一个 200m 长的电话线路对 VDSL2 性能影响的例子。这种影响以

噪声容限（以 dB 为单位）和比特率减少（以百分数为单位）表示。对于平衡线路，当这些数值恰好高于噪声容限下降幅度时，则与 VDSL2 在初始化（没有 PLC）和有 PLC（当启动 PLC 数据流时 VDSL2 链路仍然打开）两个阶段的性能的差距有关。对于不平衡线路，当这些数值高于噪声容限和比特率下降幅度时，则与 VDSL2 的性能在由 PLC 系统产生的二次同步之前和之后的变化相关。重要的是，即使在 PLC 系统对 IPTV 服务没有影响的情况下，PLC 系统仍然可以影响 VDSL2 线路上携带的信号。例如，可以看到，在平衡线路的情况下，如果上游噪声容限降低 15.5dB，这将使得 VDSL2 线路对其电磁环境（通常对脉冲噪声）更加敏感。

表 3.6　PLC 对 VDSL2 性能的影响——基于 200m 的 VDSL2 线路

	下行		上行	
	噪声容限	比特率	噪声容限	比特率
平衡 VDSL2 线	−0.9dB 9.8⇒8.9dB		−15.5dB 16.9⇒1.4dB	
不平衡 VDSL2 线	+0.2dB 9.8⇒10dB	−28% 104⇒74.8Mbit/s	−4.7dB 14.7⇒10dB	−2% 58⇒56.8Mbit/s

3.7.2.1.4　耦合长度的影响

耦合长度是指电话电缆和电力线彼此相距较近时，或是在同一管道中时的距离。根据客户假定的配置，该耦合长度是一个可变的参数。通过使用具有从 30cm~12m 的不同耦合长度的 275m 长的平衡电话电缆进行测量，其测量的干扰结果如图 3.22 所示；表 3.7 和表 3.8 分别表示以耦合长度为参数的函数，对 IPTV 服务和 VDSL2 性能的相关影响。

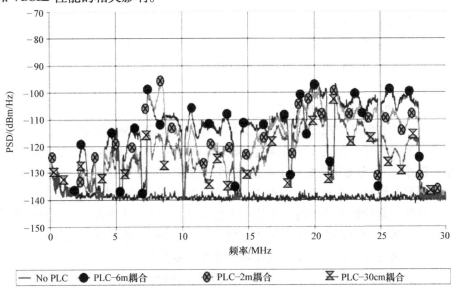

图 3.22　耦合长度对干扰电平的影响

表 3.7 PLC 对 VDSL2 业务（IPTV）的影响 – 耦合长度的影响

VDSL2 线路长度/m	200	275
平衡电话线 – 耦合长度：12m	+ +	– –
平衡电话线 – 耦合长度：6m	+ +	– –
平衡电话线 – 耦合长度：2m	+ +	– –
平衡电话线 – 耦合长度：30cm	+ +	+ +

表 3.8 PLC 对 VDSL2 性能的影响 – 耦合长度的影响

耦合长度	下行		上行	
	噪声容限	比特率	噪声容限	比特率
12m	+0.3dB 10⇒10.3	–26.8% 104⇒76Mbits/s	–1.4dB 11.7⇒10.3	–0.5% 38.9⇒38.7Mbits/s
6m	+0.2dB 10⇒10.2	–16.6% 104⇒86Mbits/s	–2.1dB 12.5⇒10.4	–2% 38.4⇒37Mbits/s
3m	–0.2dB 10.2⇒10	–5.5% 104⇒98Mbits/s	–2.1dB 12.4⇒10.3	–0.1% 37.7⇒37.6Mbits/s
30cm	+0.4dB 10⇒10.4	104Mbits/s	–7.7dB 12⇒4.5	–2% 38⇒37Mbits/s

正如我们所预料的，PLC 对电话电缆的干扰水平会随着耦合长度的缩短而降低。然而，即使耦合长度为大约 2m 时，干扰也会对 VDSL2 业务产生严重的影响；当耦合长度等于 30cm 时，VDSL2 的 QoS 提高（即 PLC 对 VDSL2 性能没有重大影响）。

3.7.2.1.5 由两根电缆的间距产生的影响

电力电缆和电话电缆之间的距离也是室内网络用来预测两种技术相互影响的重要特征。测试中使用的是 12m 的耦合长度和 200m 长的电话电缆。结果如图 3.23 所示，图中的 3 条线分别对应于在没有 PLC 传输的平衡电话电缆，以及在有 PLC 传输且两种电缆相距 0 和 2cm 时在电力电缆上所测量到的干扰情况。

当导线之间的距离增加时，干扰水平会降低。如 3.7.1 节所示，这种现象受引导干扰（电容和电感耦合）和辐射场的影响。电容和电感耦合造成的影响在相距超过一定距离之后会消失，此时辐射场会成为主要的影响因素。表 3.9 中给出了两种不同长度的电话电缆对于 VDSL2 业务间隔距离的影响结果。可以看出，一旦电缆彼此相距 2cm，VDSL2 业务就不会受到 PLC 的影响。实际上，增加电缆之间的

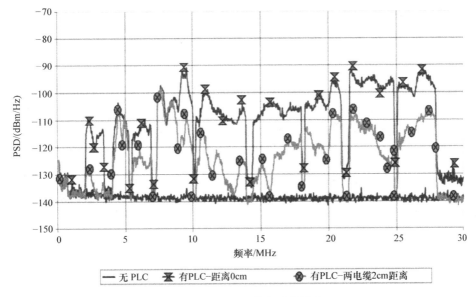

图 3.23　间距对干扰电平的影响

距离，是减少 PLC 对 VDSL2 传输影响并且改善 QoS 的有效措施。

表 3.9　PLC 对 VDSL2 业务（IPTV）的影响——间隔距离的影响

VDSL2 线路长度/m	200	275
平衡电话电缆 – 间隔距离：0cm	+ +	− −
平衡电话电缆 – 间隔距离：2cm	+ +	+ +
平衡电话电缆 – 间隔距离：10cm	+ +	+ +

3.7.2.1.6　电话电缆类别的影响

通过将电话线进行一定的扭转，可以减少线缆上传输的信号所受到的干扰。电缆的类别由电缆的扭曲率和一些其他的特性决定。因为这些特性能够控制与电路的对称性相关的由共模 – 差模转换引起的干扰信号电平，所以它对电缆的电磁抗干扰性具有重大影响。在本部分中，将考虑用于客户端的两类电话电缆：3 类和 5 类电缆。

电缆类型对 PLC 和 VDSL2 链路之间耦合的影响如图 3.24 所示。意料之中的是，对于 3 类电缆，耦合的效果更加明显，且与 5 类电缆相比，3 类电缆表现得更为平衡。当频率高于 10MHz 时，这种现象更为明显。

表 3.10 显示了 PLC 对不同 VDSL2 线路长度的 IPTV 业务的影响。使用平衡线路和 5 类电缆时，无论线路长度如何，PLC 对 IPTV 业务的影响波动均不大。而当使用不平衡线路时，5 类电缆则不能提高 IPTV 业务的质量。事实上，如图 3.21 所示，当通过在电话插头中添加第三根导线来产生线路的不平衡时，3 类电缆和 5 类电缆将产生相同的耦合效应。

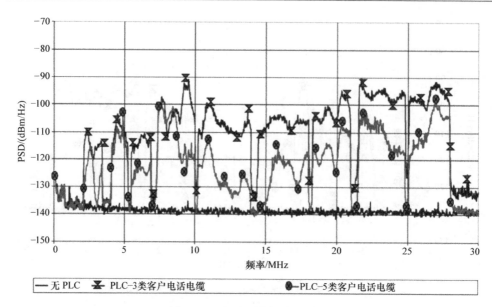

图 3.24　电话电缆类别的影响

表 3.10　PLC 对 VDSL2 业务（IPTV）的影响——电缆类别的影响

VDSL2 线路长度/m	50	125	200	275	350
3 类平衡对绞铜线	+ +	+ +	+ +	- -	- -
5 类平衡对绞铜线	+ +	+ +	+ +	+ +	+ +
3 类不平衡对绞铜线	- -	- -	- -	- -	- -
5 类不平衡对绞铜线	- -	- -	- -	- -	- -

3.7.2.1.7　电话电缆中串扰噪声的影响

电缆的类别也会影响其他的电话电缆中传输的信号，使得信号在经过耦合的电感和电容后产生感应干扰。换句话说，电缆的类别是其他的邻近电话电缆，在传输 VDSL2 信号的电缆上产生的感应干扰噪声电平的控制参数之一。为了评估存在串扰的情况下 PLC 的耦合对 VDSL2 传输的影响，应考虑以下两种 VDSL2 相邻场景：

- 场景 1：两条 VDSL2 链路参考信号 VDSL2 位于不同的线组上；
- 场景 2：一条 VDSL2 链路与 VDSL2 的参考信号的链路位于同一线组上，另一条 VDSL2 链路位于另一个线组上。

在这两种情况下，通过考虑串扰噪声来同步 VDSL2 链路，之后再传输 PLC 信号。表 3.11 显示了不同 VDSL2 线路长度，以及考虑到的不同情况下的 IPTV 的 QoS。有趣的是，PLC 上的串扰噪声对 VDSL2 没有显著的影响。（这在表的第一行清楚地显示出来，且其对应的 VDSL 线路长度为 50m）。如表 3.11 所示，对于更长的 VDSL 线路，VDSL2 信号的衰减会影响 QoS。对于 350m 的线路长度，在场景 2 PLC 传输的情况下不存在同步丢失。这种结果可以由以下事实来解释：由 PLC 传输引起的噪声低于在下行频段中引起的串扰噪声。因此,PLC 传输对 VDSL2 信号的 QoS 没有影响。

图 3.25 显示了在传输 VDSL2 信号和电话线长度为 600m 的情况下,对不同噪声的测量。可以注意到,在一些下行频段中,由串扰(场景 1 和 2 的曲线)引起的噪声会大于由 PLC 传输引起的噪声。

表 3.11 PLC 对 VDSL2 业务(IPTV)的影响 – 串扰的影响

VDSL2 线路长度	无串扰	场景 1	场景 2
50m	+ +	+ +	+ +
350m	– –	– –	+ +
600m	– –	– –	– –

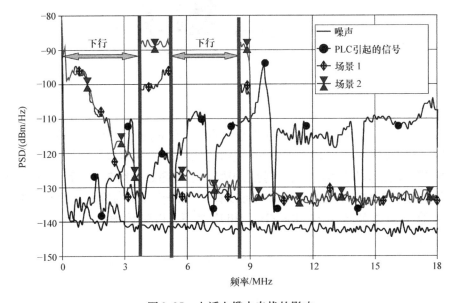

图 3.25   电话电缆中串扰的影响

3.7.2.2 现场实验测量

为补充实验室测试,本节将介绍在 31 个不同的客户端所进行的耦合噪声测量结果。当 PLC 信号通过电源插头进行传输时,在电话输出端对耦合噪声进行测量。这种测量方法允许对 PLC 干扰进行统计分析并评估其对 VDSL2 数据传输速率的影响[31]。

实验设备的使用情况如图 3.26 所示,其中使用了任意波形发生器作为 PLC 的发送装置。使用无源耦合器将 PLC 信号(兼容 HPAV)持续地输入到电源插座。使用数字示波器在电话插座中直接测量耦合到客户电话铜线对中的干扰。为了测量电话线上的感应信号,使用了平衡连接的方式进行测量。为了最小化测量设备对噪声测量的影响,使用滤波扩展将任意波形发生器和示波器与电力线网络隔离。

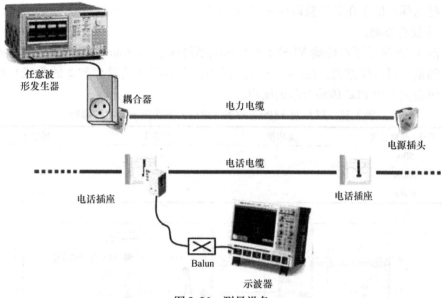

图 3.26 测量设备

3.7.2.2.1 干扰的统计分析

对于 31 个不同客户场所中的每个电话插座，首先测量没有 PLC 传输的固定噪声，然后再测量有 PLC 传输时的噪声。总共获得 478 个噪声测量结果。

这 478 个测量的噪声结果的经验累积概率密度函数如图 3.27 所示。函数是对每个测量的 PSD 取频率上的平均值。可以看到，对于 90% 的情况，没有 PLC 传输的噪声的平均值低于 −143dBm/Hz，相比之下，PLC 传输时的噪声的平均值为 −124dBm/Hz。

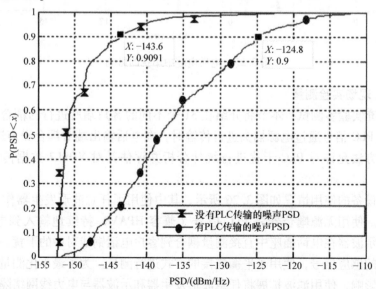

图 3.27 噪声 PSD 的平均值的累积分布

3.7.2.2.2　典型噪声的 PSD

统计分析还表明，在噪声 PSD 的平均值（见图 3.27）和最大值之间存在很大的差异（近似于 50dB）。这种差异可以由耦合随频率大幅变化的结果来解释。换句话说，这意味着即使在噪声的平均值较低的情况下，最大值也可以对 VDSL2 性能产生影响。例如，图 3.28 显示了在是否有 PLC 传输的情况下典型噪声的 PSD。显然，当电话和电源插座彼此靠近时，PLC 耦合更强，但重要的是注意到感应噪声的水平与在实验室测试中获得的水平相当（见 3.7.2.1 节）。

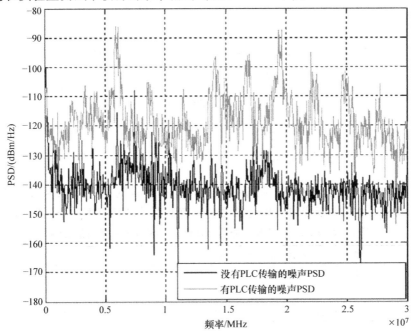

图 3.28　有/无 PLC 传输条件下噪声 PSD 的测量

3.7.3　VDSL2 传输对 PLC 的影响

本节研究了 VDSL2 传输对于 PLC 的影响。图 3.29 显示了在不同长度（50m、200m 和 350m）的平衡电话线上，是否传输 VDSL2 信号对电力线噪声 PSD 造成的差别，所研究电话线缆和电力线的耦合长度为 12m。可以注意到，当 VDSL2 线的长度增加时，感应噪声的电平降低。特别地，由于电话线的长度增加（线路的衰减提高），VDSL2 信号强度在下行信道中减小，导致 PLC 链路上的感应信号电平降低。

表 3.12 显示了 VDSL2 传输对 PLC 吞吐量的影响。PLC 在没有 VDSL2 传输的情况下可达到的参考吞吐量为 40Mbit/s。通过表中数据我们可以看出，即使在平衡线路中，VDSL2 的传输也会影响相邻 PLC 链路的性能，此外当 VDSL2 线路短于

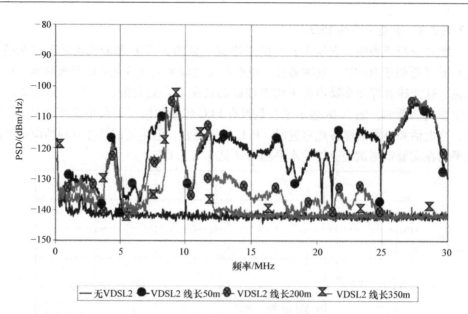

图 3.29 VDSL2 在相邻电气线路上引起的干扰的 PSD

200m 时影响更加明显。另外，测量表明，PLC 吞吐量的减少与耦合长度成比例，并且当 VDSL2 为不平衡线时，耦合长度对所有共存长度都有着重要的影响。

表 3.12 PLC 对 VDSL2 服务（IPTV）的影响——串扰的影响

PLC 吞吐量减小/（Mbit/s）（初始 PLC 吞吐量 =40Mbit/s）					
VDSL2 线路长度/m	50	125	200	275	350
平衡 VDSL2 线	−22	−18	−13	−12	−3
不平衡 VDSL2 线	−26	−26	−17	−14	−5

3.7.4 减轻影响的总结和方法

实验室和现场测量的主要结论可概括为以下几点：

- 当 VDSL2 链路传输使用平衡铜线对时：

——当铜线对长于 200m 时，PLC 传输对 VDSL2 IPTV 业务水平有影响。

——当铜线对短于 200m 时，VDSL2 传输对 PLC 吞吐量大小有影响。

——当使用平衡性良好的铜电缆（5 类），或者两根电缆之间的距离大于等于 2cm 时，无论铜线长度如何，两个系统之间的耦合影响均可以忽略不计。

——耦合长度大小以及串扰对于 PLC 和 VDSL2 的共存性没有显著影响。

- 当 VDSL2 链路采用不平衡的铜线对时，在实验设定的各种参数下，PLC 和 VDSL2 相互之间的影响都非常明显。

在 EMC 中，为了解决发射和抗干扰性问题而实施的缓解措施，一般采用过滤或屏蔽技术[26]。然而，在有线电信宽带服务（broadband services over wired telecommunications）领域，可以将认知无线电[34]应用到"认知 EMC"[33]概念上。其通过借助认知技术能够感知 EMC 环境和解释 EMC 原理的能力，再配合相关约束（与电磁环境有关）做出适当反应，以减少 EMC 效应。3.5.3 节给出了使用认知无线电技术后，能够更有效地避免干扰和动态分配频段使用的示例。

一些关于缓解 PLC 和 VDSL2 之间干扰的解决方案的示例可参考本章参考文献[35，36]及其参考文献。在文献所提出的解决方案中，分路滤波器（splitter filters）可以减少 PLC 信号在家庭布线中对电话电缆的串扰。分路滤波器可以通过添加自适应滤波器来改进，从而抑制耦合在电话线上的 PLC 信号。同时还有一些其他减轻耦合效应的方法，例如基于下行频段的频谱管理方法。

3.8　最后说明

在 PLC 的技术研究领域，EMC 现象的相关研究已经超过了 25 年。随着依照这些研究结果设计生产的 PLC 产品的出现，如今的 PLC 产品已经能够很好地适应当前的 EMC 环境。然而，如果在互联网上搜索"PLC"，仍会发现许多关于 EMC 问题的报告。这表明接受一种相对较新的技术还是存在困难的，并且不同利益相关者在看待问题时会产生意见和分歧，这些都需要花费大量的时间来解决。在这方面，有一个有趣的例子：车辆的 EMC 标准在第一条车辆线路开始运行约 100 年之后才被批准。

新型认知无线电技术，已经展现出其在有效使用空闲频率资源，同时保护已经建立的服务（例如广播无线电台）方面的潜力。为了进一步提高频谱效率，需要对电力线调制解调器进行技术上的改进，从而使现有的动态功率管理机制在低衰减的电力线链路情况下，仍能够进一步降低发射功率。在 PLC 和 VDSL2 技术共存的问题上，研究重点在于：要想实现相应的缓解技术，需要合理表征并实现电力线路和通信线路之间的耦合。缓解技术的实现意味着传输将具有良好的性能，且能够达到对 PLC 和 VDSL2 系统来说都可接受的服务质量水平。

参 考 文 献

1. CISPR 16-2-1: Specification for radio disturbance and immunity measuring apparatus and methods – Part 2-1: Methods of measurement of disturbances and immunity – conducted disturbance measurements, International Electrotechnical Comission (IEC) and International Special Committee on Radio Interference (CISPR) 16, Standard, 2008.
2. PLCforum, Measurement results of radiated emissions from PLC by means of the coupling factor, conference presentation 2000.
3. K. Küpfmüller, *Einführung in die theoretische Elektrotechnik*. Springer Verlag, 1990 (in German).
4. Verordnung zum Schutz von öffentlichen Telekommunikationsnetzen und Sende- und Empfangsfunkanlagen, die in definierten Frequenzbereichen zu Sicherheitszwecken betrieben werden (Sicherheitsfunk-Schutzverordnung-SchuTSEV, Bundesnetzagentur für Elektrizität, Gas, Telekommunikation, Post und Eisenbahnen, Bundesgesetzblatt Nr. 26, May 2009 (legislation, in German).

5. Frequenznutzungsplan, zitierte Nutzungsbestimmungen, Bundesnetzagentur für Elektrizität, Gas, Telekommunikation, Post und Eisenbahnen, NB30, May 2006 (in German).

6. M. Koch, H. Hirsch, and M. Heina, Derivation of the extrapolation factor for powerline communications radiation measurements, in *Proc. IEEE Int. Symp. Power Line Commun. Applic.*, Pisa, Italy, Mar. 26–28, 2007, 336–341.

7. Vehicles, boats and internal combustion engines – Radio disturbance characteristics – Limits and methods of measurement for the protection of on-board receivers, International Electrotechnical Comission (IEC) and International Special Committee on Radio Interference (CISPR) 25, Draft standard, 3rd edition, 2008.

8. Carrier current systems, including broadband over power line systems, amendment of Part 15 regarding new requirements and measurement guidelines for access broadband over power line systems, U.S. Federal Communication Commission, FCC 04-29, 2004.

9. M. Wächter, M. Koch, C. Schwing, and H. Hirsch, The extrapolation factor for PLC radiation measurements in the 150–500 kHz frequency range, in *Proc. IEEE Int. Symp. Power Line Commun. Applic.*, Johannesburg, South Africa, Mar. 24–27, 2013, 220–224.

10. IEC 61000-4-4: Electromagnetic compatibility (EMC) – Part 4-4: Testing and measurement techniques – electrical fast transient/burst immunity test, International Electrotechnical Comission (IEC), Geneva, Standard, 2004.

11. IEC 61000-1-1: Electromagnetic compatibility (EMC) – Part 1-1: Application and interpretation of fundamental definitions and terms, International Electrotechnical Comission (IEC), Geneva Standar, 2004.

12. IEC 60050-161: International electrotechnical vocabulary, chapter 161: Electromagnetic compatibility, International Electrotechnical Comission (IEC), Geneva, Standard, 1990.

13. Signalling on low voltage electrical installations in the frequency range 3 kHz to 148.5 kHz, Part 1: General requirements, frequency bands and electromagnetic disturbances, European Committee for Electrotechnical Standardization (CENELEC), Standard EN 50065-1, 2001.

14. Information technology equipment – immunity characteristics – limits and methods of measurement, International Electrotechnical Comission (IEC) and International Special Committee on Radio Interference (CISPR) 24, Standard, 1997.

15. Information technology equipment – radio disturbances characteristics – limits and methods of measurement, International Electrotechnical Comission (IEC) and International Special Committee on Radio Interference (CISPR), Geneva 22, Standard, 2008.

16. N. Weling, SNR-based detection of broadcast radio stations on powerlines as mitigation method toward a cognitive PLC solution, in *Proc. IEEE Int. Symp. Power Line Commun. Applic.*, Beijing, China, Mar. 27–30, 2012, 52–59.

17. ——, Field analysis of 40.000 PLC channels to evaluate the potentials for adaptive transmit power management, in *Proc. IEEE Int. Symp. Power Line Commun. Applic.*, Rio de Janeiro, Brazil, Mar. 28–31, 2010, 201–206.

18. EMC Directive 2004/108/EC, European Commission, Directive, 2004.

19. Commission recommendation on broadband electronic communications through powerlines, European Commission, Recommendation, Apr. 2005.

20. Treaty of Rome, European Union, Article 100, 1957.

21. Standardisation mandate, European Commission, Mandate 313, Aug. 2001. [Online]. Available: http://cq-cq.eu/M313.pdf

22. Criteria for the assessment of radio interferences caused by radiated disturbances from wire-line telecommunication networks, Electronic Communication Committee (ECC) within the European Conference of Postal and Telecommunications Administrations (CEPT), ECC Recommendation (05)04, Jun. 2005.

23. Draft questionnaire to the national standardisation organisations on setting the limits for permissible radiated disturbance emissions from telecommunication networks, CENELEC/ETSI JWG on EMC of wire-line telecommunications networks, Draft, 2003.

24. Electromagnetic compatibility zone webpage. [Online]. Available: http://www.iec.ch/zone/emc/.

25. Measurement results of radiated emissions from PLC by means of the coupling factor, ITU-T, Recommendation G.993.2, International Telecommunications Union, Nov. 2000.

26. P. Degauque and A. Zeddam, *Compatibilité Electromagnétique 1 – des concepts de base aux applications (in French)*. Hermes Science Publications, 2007, (in French).

27. K. Kerpez, Broadband powerline (BPL) interference into VDSL2 on drop wires, in *DSLForum 2007*, Beijing, China, May 2007.

28. A. Bergaglio, U. Eula, M. Giunta, and A. Gnazzo, Powerline effects over VDSL2 performances, in *Proc. IEEE Int. Symp. Power Line Commun. Applic.*, Jeju Island, Korea, Apr. 2–4, 2008, 209–212.

29. M. Bshara, L. van Biesen, and J. Maes, Potential effects of power line communication on xDSL inside the home

environment, in *Int. Seminar Electr. Metrology*, João Pessoa, Brazil, Jun. 17–19, 2009, 7–11.

30. F. Moulin, P. Péron, and A. Zeddam, PLC and VDSL2 coexistence, in *Proc. IEEE Int. Symp. Power Line Commun. Applic.*, Rio de Janeiro, Brazil, Mar. 28–31, 2010, 207–212.

31. B. Praho, M. Tlich, F. Moulin, A. Zeddam, and F. Nouvel, PLC coupling effect on VDSL2, in *Proc. IEEE Int. Symp. Power Line Commun. Applic.*, Udine, Italy, Apr. 3–6, 2011, 317–322.

32. B. Praho, R. Razafferson, M. Tlich, A. Zeddam, and F. Nouvel, Study of the coexistence of VDSL2 and PLC by analyzing the coupling between power line and telecommunications cable in home network, in *URSI General Assembly and Scientific Symp.*, Istanbul, Turkey, Aug. 13–20, 2011, 1–4.

33. A. Zeddam, Environnement électromagnétique & télécommunications: vers une CEM cognitive, in *Colloque International et Exposition sur la Compatibilité Electromagnétique*, Paris, France, May 20–23, 2008 (in French).

34. J. Mitola and G. Q. Maguire, Jr., Cognitive radio: Making software radios more personal, *IEEE Personal Commun.*, 6(4), 13–18, Aug. 1999.

35. B. Praho, Application de la compatibilité électromagnétique cognitive dans un contexte courant porteur en ligne, Ph.D. dissertation, Institut National des Sciences Appliquées de Rennes, France, Jan. 2012 (in French).

36. Powerline telecommunications (PLT); study on signal processing improving the coexistence of VDSL2 and PLT, European Telecommunications Standards Institute, Tech. Rep. ETSI TR 102 930 V1.1.1, Sep. 2009.

第4章 耦 合

C. J. Kikkert

4.1 简介

在本章中，我们将讨论低压（LV）、中压（MV）和高压（HV）电力线通信（PLC）信号的耦合问题。通常，HV 为 66kV 及以上的电压，MV 的范围是 7.2 ~ 33kV，LV 的范围是 110 ~ 400V。PLC 耦合器除了允许我们将 PLC 调制解调器连接到 HV/MV/LV 电力线，还可以注入 PLC 信号并以低耦合损耗在电力线上传输。在信噪比（SNR）足够大的条件下，相同的耦合器还允许我们将从电力线接收的 PLC 信号还原以实现 PLC 信号的无失真解码。用于 PLC 的电力线可以架在塔或电线杆上，也可以是地下电缆。图 4.1 画出了包括耦合器在内的用于自动抄表（AMR）的基本 PLC 系统。由于总（电源）电压的范围从 110V 的低压电力线到 1000kV 的高压电力线不等，耦合器必须保护人和 PLC 调制解调器免受其影响。

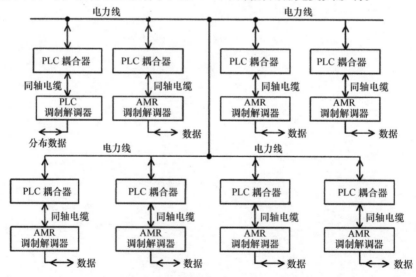

图 4.1 LV PLC 通信系统框图（显示耦合器位置）

电力线是一种充满噪声的通信介质，并且为了在接收调制解调器处获得最佳 SNR，发射机耦合器的插入损耗应该尽可能低。这要求耦合器电力线的端口阻抗与电力线匹配，并且注入端口的阻抗要与连接到耦合器和 PLC 调制解调器硬件的电缆匹配。通常，该阻抗为 75Ω 或 50Ω，这样的话就可以在耦合器和调制解调器之间使用低损耗、低成本的同轴电缆。接收 PLC 信号时，耦合器的插入损耗不太重要，因为通常人为噪声比热噪声大得多，所以即便耦合器损耗是存在的，接收的 SNR 仍然保持相同。由于每个耦合器都通常用于发射和接收，因此低耦合损耗十分重要。

LV 线路的 PLC 系统不同于 MV 或 HV 线路上的系统。低压线覆盖距离短并有多个分支。如图 4.1 所示，一个调制解调器由电力分配器连接到多达一百个客户调制解调器的智能电表应用程序。HV 电力线较长，通常在配电所之间没有分支。在每条传输线的末端都有一个调制解调器和一个不同的 PLC 系统，该 PLC 系统通常可以覆盖到配电所另一侧的下一条高压电力线。

在图 4.1 中，左上方的 PLC 调制解调器是由电力分配器控制，并且向所有已标记为 AMR 调制解调器的客户 PLC 调制解调器发送数据，以便于和由电分配器操作的调制解调器进行区分。在 LV PLC 系统中，AMR 调制解调器和 PLC 耦合器通常是集成的，然而由于它们是 PLC 耦合器的一部分，调制解调器被视（显示）为通过同轴电缆连接的独立单元。

由于国家不同，低压电源在频率为 50Hz 或 60Hz 条件下的电压范围为 110 ~ 230V（相线对中性线）。LV 地下电力电缆的共模或零序特性阻抗通常为 10Ω ~ 50Ω，这取决于线路电流承载能力，而电线杆上的架空电缆的共模或零序特性阻抗通常约为 225Ω[1]。通常低压线路有许多分支，许多 PLC 耦合器和几百个家用和工业设备都会连接到电力线。所以，我们可以很明显看到电力线上的阻抗在随时间和频率显著变化。Cavdar[2] 表明，在 10 ~ 150kHz 频率范围内，测量的线路阻抗在 1 ~ 20Ω 之间变化，并且随频率而增加。Kim[3] 测量了 1 ~ 30MHz 频率范围内电力线的阻抗，发现阻抗最小值小于 10Ω 而最大值超过 300Ω，其平均阻抗约为 50Ω。由于电力线阻抗的这种大范围变化以及与其连接负载阻抗随时间和频率的变化也很大，所以很难获得低损耗耦合，因此如果不在耦合器设计中提供一些阻抗调整设置，那么实现 PLC 信号到电力线上的最大功率输送会变得非常困难。

对于图 4.1 所示的系统，为了使线路上的耦合损耗尽可能低，我们理想地认为发送调制解调器的阻抗与传输线的特性阻抗匹配，并将尽可能多的 PLC 信号放在 LV 电力线上。现在考虑不包含 PLC 网络分支的低压电力线，其中一个调制解调器在该线路的一端发送，并且有 20 个调制解调器在沿着电力线的各个位置接收 PLC 信号。如果 PLC 频率的电力线具有 50Ω 特性阻抗，则具有 50Ω 的发送调制解调器将很好地与之匹配并将其电力接入电力线。如果接收调制解调器在电力线上同样具有 50Ω 阻抗，则第一个调制解调器将会吸收线路上的一半的 PLC 功率，下一个调制解调器吸收剩余功率的一半，留下 1/4 的 PLC 功率，下一个调制解调器吸收剩余的一半，留下一个 1/8 的功率并以此类推。由此，第 8 个调制解调器将只能吸收发射功率的 1/256，而线路上第 20 个调制解调器的可用功率将为发射功率的

-60.2dB，已经无法满足调制解调器的无失真接收的最低要求。如果接收调制解调器在电力线上产生 500Ω 阻抗，则第一调制解调器仅需要 1/11 的发射功率，使得在第二调制解调器处可用 $10/11 \approx 0.909$ 的发射功率。在第 20 个调制解调器的信号功率是发射功率的 0.148 或发射功率的 -8.27dB，而这个功率是可以满足调制解调器无失真接收的。每个调制解调器吸收调制解调器 PLC 信号总功率的 -10.4dB，使得最后一个调制解调器吸收比发射信号功率低 -18.7dB 的信号功率。通常限制每个调制解调器的接收功率不是问题，这是因为发射信号和人为噪声比热噪声大许多倍，使得 SNR 不会随着 -18.7dB 的损耗而降低。因此在 LV PLC 系统中，我们通常的做法是发送调制解调器具有低输出阻抗，接收调制解调器具有较高输入阻抗。

因此在 LV 操作中，耦合器必须对低调制解调器源阻抗和高调制解调器负载阻抗具有良好的频率响应。此外，耦合器的设计还必须满足以下要求：耦合器应该具有将 PLC 信号传输到传输线上的低耦合损耗，并且在接收期间由耦合器呈现的负载不应该引起 LV 线上 PLC 信号的大量衰减。对于电感耦合，LV 调制解调器和耦合网络的设计必须满足每个接收调制解调器与传输线串联连接的阻抗远远小于低耦合损耗所需阻抗的要求。类似地，对于电容耦合，由每个接收调制解调器放置在电力线上的阻抗均应该比低耦合损耗所需的阻抗大得多。

MV 和 HV 线路中，每个传输调制解调器对应很少的接收调制解调器，并且我们可以通过选择调制解调器的发送和接收阻抗来获得耦合网络的低耦合损耗。

在图 4.2 所示的示例中，电力线上的 PLC 信号是 10V 的数量级，而线对地对应于 -84dB 需要的 PLC 信号与不需要的电源信号之间的比，275kV 电力线的电源频率信号为 160kV。保护人们和 PLC 设备的安全，耦合器需要通过滤除电源频率信号及其谐波使得它们比 PLC 信号小得多。这样之后调制解调器才可以检测未受干扰的 PLC 信号，并保证无失真解调这些信号。如图所示，为了确保由图中间的 PLC 耦合器注入到线路上的所有 PLC 信号数据 1 行进到右侧 PLC 耦合器，并且线路上的所有 PLC 能量均被引导到右侧 PLC 耦合器中，并沿着电力线继续传输，大电感器或线路阻波器需要被插入到线路中。这些阻波器具有高阻抗的同时还可以防止来自 PLC 系统 1 的 PLC 信号耦合到 PLC 系统 2 中。

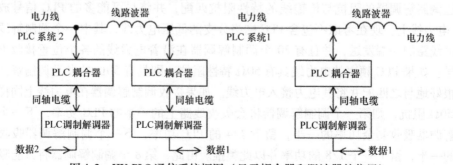

图 4.2　HV PLC 通信系统框图（显示耦合器和阻波器的位置）

设计 PLC 系统的主要挑战之一是信道参数的变化，例如信道频率响应、特性阻抗、传输损耗和 PLC 频率下电力线上的人为噪声电平。为了实现可靠传输，这些信道参数的确定需要 PLC 信号的电平。通常电力线信道的噪声电平很高且会发生变化，该噪声通常与电源频率同步。在低压网络中，这种噪声由电子设备、电力逆变器、电动工具和其他设备产生，而在 MV 和 HV 网络中，主要噪声源有以下几种：

1）电晕噪声，一种受灰尘和湿度影响，并且每半个电源周期发生一次的变化脉冲状放电；

2）开关装置的开闭产生的脉冲噪声；

3）拱形和照明；

4）由 HVDC 换流站产生的转换器噪声。

这些人为冲击噪声中大部分都与电源频率同步，并在 PLC 频率下产生与电源频率间隔一致的线频谱。电力线也是长线天线，如果使用相对地耦合，长波和中波 AM 无线电传输将耦合到线路上。来自这些噪声源的在 PLC 信号传输频段中出现的噪声存在显著频率分量，因此 PLC 信道中的噪声是时变的人为噪声而非热噪声。如果系统设计不当，这些可变且幅值很高的噪声和干扰电平可能导致 SNR 的严重降低和整体网络可靠性的降低。

因为在 PLC 频率下 LV 电缆不能以合适（正确）的阻抗终止，所以会从电力线的底部和沿着这些电力线的许多负载发生反射，在一些频率处引起深频率陷波。HV 电力线通常是安装在塔上的架空线，单导线线路上的共模特性阻抗表现良好，相对地耦合的典型值为 400Ω，相对相的典型值为 600Ω，而在束导线上相对地的耦合为 300Ω，相对相的耦合为 300Ω[4]。因为这些线路通常几百 km 长，它们还形成性能良好的传输天线，所以可以避免 PLC 和在附近的 AM 无线电台使用频率上的重合。这种 PLC 和 AM 无线电广播之间的干扰在 LV 线路上很少出现。

4.2 耦合网络

本节将介绍耦合网络的基本要求和原理，以及可以增加工频抑制的高阶耦合网络。本节还描述了常规的电容耦合器、电感耦合器以及新兴的感应分路耦合器。对于这一部分内容，我们假定读者已经掌握了一些关于无源滤波器及其频率响应的知识。对于那些想要增加知识储备的读者，可以从本章参考文献 [5-7] 那里获得更多的信息。

4.2.1 要求

耦合网络基本上可以看作是一个高通滤波器，它虽然阻断了 50Hz/60Hz 交流电的传输，但却允许经过调制的电力线信号通过。PLC 耦合网络必须要满足两点要求，首先对网络中的 PLC 信号来说，PLC 耦合网络需要保证其具有低插入损耗（low insertion loss）；其次对于工频电压，耦合网络要能够提供足够的衰减，使其不会对人类和设备造成危险，而且还要保证不会降低调制解调器解调 PLC 信号的能力。对于窄带 PLC（Narrowband PLC，N – PLC），其覆盖频率为 9 ~ 500kHz，所需的带宽分为 CENELEC A 频段（35 ~ 91kHz）、欧洲的 CENELEC B 频段（98 ~ 122kHz）、日本的 ARIB 频段（155 ~ 403kHz）及美国和一些其他国家的 FCC 频段（155 ~ 487kHz）。此外，PLC 信号可以通过频率为 1.7 ~ 100MHz 的宽带电力线（Broadband over Power Lines，BPL）或直接在宽带 PLC（Broadband PLC，B – PLC）频率范围内传输，在本章中，这两者将统一表示为 B – PLC。在架空电力线上可能存在着来自于 B – PLC 信号的辐射[1]，架空线路上的 B – PLC 系统可能不满足 IEC、FCC 或 EEC 条例中关于现有无线电业务干扰的规定。相对而言，宽带 PLC 对于地下电力线的辐射可以忽略不计。由于趋肤效应（skin effect），电力线上 PLC 信号衰减的加剧与其频率的二次方根[1]（参见第 2 章）有关，这在一定程度上限制了 BPL 和 B – PLC 的覆盖范围。

本节中介绍的耦合网络的设计和频率曲线涵盖了 N – PLC（9 ~ 500kHz）的频率范围，其中大多数网络和频率曲线实际涵盖了 3 个十倍频程的带宽，而许多商业耦合器[8]仅涵盖了大约 1 个十倍频程的带宽。许多 B – PLC 系统，如 HomePlug[9]，使用 2 ~ 28MHz 带宽，但其实际操作只需要十几 MHz 的带宽。对于 B – PLC 来说，其中的 PLC 信号频率比 N – PLC 高 20 倍，并且相比于 N – PLC 其工频的过滤要求更加容易实现。由于 N – PLC 具有更大的百分比带宽和更严格的电源抑制要求，因此该频率范围更适用于本章中提出的耦合器设计。对于 B – PLC 的设计，本章中介绍的耦合网络可以很容易地在频率和电源抑制方面进行改进，以满足 B – PLC 的操作需求。

耦合器需要在电力线和耦合器的输出之间提供隔离。通常这是由耦合器中的隔离变压器（isolation transformer）来实现的。该变压器还可以在电力线和耦合器的输出之间提供阻抗变换，并由此来减小耦合器的插入损耗。对于具有 $N_1 : N_2$ 匝数比的变压器，在端口 2 处看到的阻抗为

$$Z_2 = \left(\frac{N_2}{N_1}\right)^2 Z_1 \tag{4.1}$$

为了保证耦合器的低插入损耗，选择的隔离变压器的匝数比，要与线路阻抗和所需的调制解调器阻抗的比值相匹配，目的是使标准双端滤波器（standard doubly terminated filter）可以用于耦合器。如果变压器放置在高通或带通滤波器的中间，则需要对变压器一侧的部件施加阻抗缩放（impedance scaling）以匹配变压器的阻抗变换。

标准 EN 61000 – 3 – 2[10]规定了连接到电源的家用电器的电流谐波（current harmonics）限制。对于照明电器，其第 39 次电流谐波所占的百分比必须小于 3%。

对于其他设备，电流模值与功率需要满足一定限制。假设 1A 的电流供应给某电器，则在其第 39 次谐波处允许的最大谐波分量应小于 7.1%。偶次谐波通常远小于奇次谐波，电压谐波通常小于电流谐波。电感耦合会将 PLC 电流输入到线路中去，这要求耦合器必须能够适应这些谐波信号。图 4.3 显示了不同阶数高通滤波器（PLC 耦合器）的衰减特性。为了便于比较，假定输入和输出阻抗相同，且都使用 Butterworth 高通滤波器[5]。滤波器的截止频率设置为 30kHz，以覆盖 CENELEC -A、CENELEC - B、ARIB 和 FCC 的频段范围。工频衰减与耦合滤波器阶数的关系在表 4.1 中列出。

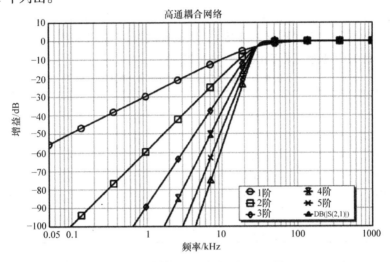

图 4.3 具有 30kHz 截止频率的不同阶耦合器的频率响应

表 4.1 30kHz 截止频率下的工频衰减（dB）与耦合滤波器阶数的关系

滤波器阶数	50Hz	60Hz	2.5Hz	3Hz
1	55.6	54.0	21.6	20.0
2	111	108	43.2	40
3	167	162	64.8	60
4	222	215	86.3	80
5	278	270	108	100
6	333	323	130	120

表 4.2 显示了在多种不同的典型 LV、MV、HV 输入电压和调制解调器敏感性情况下，在 N - PLC 的 PLC 耦合器的输入端获得的 PLC 与电源电压的比值（以 dB 为单位）。需要注意的是，由于电源电压远远大于 PLC 信号，因此 PLC/电源电压（dB）的值为负值。耦合器与调制解调器中的滤波器设备必须尽量提高电源电压的衰减，以便在调制解调器进行解调之前获得比电源电压大的 PLC 信号。从表 4.2

中看出，230V 电源电压需要衰减 77.2dB，从而确保 PLC 与电源信号的比值能够达到 10dB。比较表 4.1 和表 4.2 可以看出，可能需要使用二阶滤波器来获得该衰减值。但为了节省成本，也可以只使用一阶滤波器就获得该衰减，但需要：

* 提高截止频率和使用较高频率的 N-PLC 信号；
* 依靠提供电隔离的电力线电感耦合器或 RF 变压器（例如参见图 4.4）以提供在工频下所需的额外衰减值；
* 使用额外的高通滤波或 AC 耦合，并将其与 PLC 调制解调器合并，从而令工频电压降低到所需水平。

另一种方案是，依赖于 LV 电力线上的电感阻抗（该 LV 电力线的长度远小于四分之一波长并与低负载阻抗相连接），从而使之能够与 PLC 耦合器的电容谐振，并由电感阻抗的带通响应来提供所需的工频抑制。

表 4.2　各种电源电压的典型 SNR

系统	V_{ac}	PLC V_{min}	PLC/电源/dB
LV	110	0.1	-60.8
LV	230	0.1	-67.2
MV	3300	1	-70.4
MV	33000	1	-90.4
HV	66000	1	-96.4
HV	275	1	-108.8
HV	765	1	-117.8

其中回波损耗大于 10dB，表明耦合器和调制解调器之间需要有良好的匹配，为了确保其能够实现，需要：

* 在大多数 MV 和 HV 线路中，PLC 调制解调器的 TX/RX 混合器存在较低的 TX/RX 串扰；
* 从耦合器到调制解调器的信号传输过程中没有陷波衰减；
* 耦合器具有低回波损耗，使得几乎所有来自调制解调器的 PLC 信号都能够耦合到电力线上。

3dB 的回波损耗会导致 3dB 耦合器的损耗。虽然 PLC 系统能够在具有超过 20dB 耦合损耗的情况下，仍然保持良好的工作状态，但是，3dB 回波损耗会导致 TX/RX 混合器将发射机功率的二分之一转变为接收机的输入，这可能会导致十分严重的问题。变压器混合电路的细节及其操作请参见本章参考文献 [11，第 3 章]。

4.2.2　电容耦合

如果一个网络的电压经过电力线耦合或者耦合到电力线上，那么它可以成为一个高通滤波器，例如本章参考文献 [12] 中的图 10 所示的 ABB A9BS 耦合器，或者如本章参考文献［12］中的图 11 所示的，类似于带通滤波器的 ABB A9BP 耦合器。图 4.4 展示了一个典型的简化高通滤波器，它类似于 ABB A9BS[12] 电容耦合器所使用到的一个部件。为了节省成本，可以将隔离变压器的励磁电感做成与 Ls1 或 Ls2 相同的样子，然后使用该变压器来代替励磁电感。电容耦合器在电力线的有效导体（active conductor）易于实现时使用起来很方便，如架空电力线。为了匹配耦合器，图 4.4 中耦合器端口 1 的端子直接连接到了电力线的工作线路。对于 LV 和 MV 线路来说，有专用的线路组可以与耦合器匹配，并且不需要中断电源。而对于 HV 线路，耦合器和相关的阻波器通常在建立线路或变电站建设时就已经安装好了。当线路的阻抗为 300Ω 时，图 4.4 中的耦合器对于 36kHz ~ 1MHz 之间所有频率的衰减都小于 0.2dB，这意味着能够获得低耦合损耗。图 4.4 的耦合网络通过使用 2∶1 匝数比的变压器，将 75Ω 的同轴电缆与 300Ω 阻抗的电力线进行匹配，实现了对 320Ω 的传输线以及耦合网络与调制解调器之间的 75Ω 阻抗的优化。该 300Ω 阻抗的任何变化都需要对变压器的匝数比进行调整，否则会导致耦合器的插入损耗增加。然而，无论阻抗发生多么大的变化，在该阻抗上都会获得大于 15dB 的回波损耗。而对于变压器的匝数比为 2∶1 的耦合器，210 ~ 420Ω 的传输线可以在 36 ~ 500kHz 的频率范围内获得优于 15dB 的回波损耗。

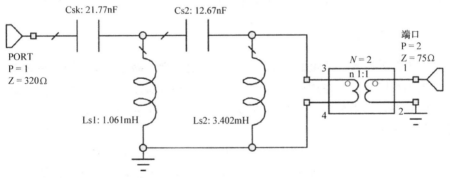

图 4.4　用于高压线路的四阶耦合网络

　　图 4.5 是图 4.4 所示电路在使用 NI – AWR 的 Microwave Office[13] 电路仿真软件后获得的频率响应。对于 275kV 的电力线，要想将电源电压降至 1V 以下，在 50Hz/60Hz 的电源频率下需要 104dB 的衰减幅度。当电源信号的衰减超过 200dB 时，耦合器即使连接到的是 275kV 电力线，也能有效地从 PLC 输出信号中移除工频信号。工频的第 50 次谐波分量对于 50Hz 的系统来说，其频率为 2.5kHz，对于 60Hz 的系统则为 3kHz。对于 3kHz 的信号，耦合器的衰减将大于 71dB，这很可能是因为电源电压的第 50 次谐波分量比基波低了 20dB 以上，因此所有谐波将比 PLC 信号小得多。

　　以上提到的耦合器使用的都是理想的变压器，虽然已针对其频率响应进行了优化，但是并没有考虑通过每个元件的电压和无功功率。然而，如果使用的是 HV 耦

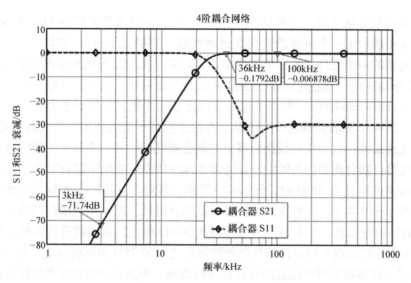

图 4.5　电容耦合器对于耦合网络的频率响应

合器，电压和无功功率这两者都需要考虑。实际的 RF 变压器将在 4.2.4 节中描述，而元件上的电压将在 4.4 节中进行考虑分析。

4.2.3　电感耦合

当电力线的有效导体覆盖上绝缘材料时，电容耦合器想要安全地连接到电力线将变得更加难以实现。在这种情况下，使用电感耦合器连接到电力线将更容易也更安全。电感耦合器由分裂铁氧体环形线圈（split ferrite toroid）组成，上面有线圈缠绕。如图 4.6 所示，该线圈连接到一个 BNC 连接器上。一些商业制造商生产的电感耦合器[8,14,15]的环形线圈是夹在电力线上的，这使得其在许多情况下，不需要从线路中去除电力，所以在与电力线连接这方面，电感耦合器的性能要优于电容耦合器。电感耦合器一般是与电力线串联放置的单匝变压器（single turn transformer），如图 4.7 所示，因此在本章中称其为耦合变压器（coupling transformer）。如图 4.7 所示，由 L1、L2 和 C1 和组成的高通滤波器网络连接在耦合变压器的二次绕组两端。电感可以是耦合变压器的励磁电感，也可以是外部电感。使用适当大小的磁化电感在成本上具有优势。工作于工频时，电感元件在端口 P1 和 P3 之间只会产生低阻抗，所以耦合变压器在电力线上占有的电压降可以忽略不计。

如图 4.7 所示，在所需的 PLC 耦合频率下，高通滤波器在耦合变压器 PLC 端口 P2 处的终端反射阻抗通常为 75Ω。该阻抗通常大于在 PLC 耦合频率处期望的电力线阻抗，并且图 4.7 端口 P2 处的大部分 PLC 信号将会耦合到线路上。耦合损耗和观察到的端口 P2 的反射系数取决于耦合变压器的匝数比和线路阻抗。由于这些耦合器通常用于地下电力线，因此图 4.7 中的网络使用了 30Ω 的阻抗。对于端口

图 4.6 商用 PLC 电感耦合器[8]

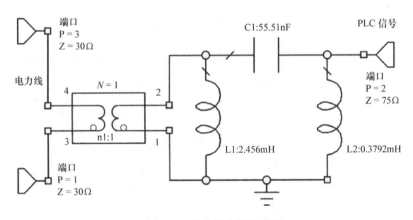

图 4.7 电感耦合器示意图

P2 处 75Ω 的 PLC 阻抗和端口 P1、P3 处 30Ω 的阻抗，耦合变压器 1:1 的匝数比会导致从电力线到 PLC 端口的 3dB 耦合损耗。

4.2.4 实际 RF 变压器

图 4.4 和图 4.7 所示的电路使用的都是理想的 RF 变压器。图 4.8 显示了实际情况下 RF 变压器的电路模型，例如用于 PLC 耦合器中隔离变压器的电路模型。在使用铁氧体磁心的实际变压器中，上限和下限之间相差 −3dB 的点的数量比通常为 300:1。对于图 4.7 所示的电感耦合器电路，变压器也是该电路的一部分，并且其

元件值都进行了优化，以获得优于 15dB 的回波损耗以及在 35kHz～1MHz 上的平坦频率响应，其得到的频率响应如图 4.9 所示。在 50Hz 时，从端口 P1 到端口 P2 的衰减为 164dB，所以工频电压得到了非常有效的衰减，并且该衰减不会在 PLC 调制解调器中引发任何问题。而在 2.5kHz 处，即 50Hz 工频的第 50 次谐波，此处的衰减为 62dB，因此工频的所有谐波也将能够降低到可接受的水平。

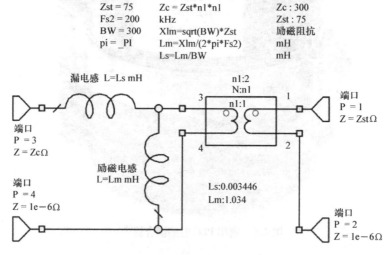

图 4.8　实际 RF 变压器模型

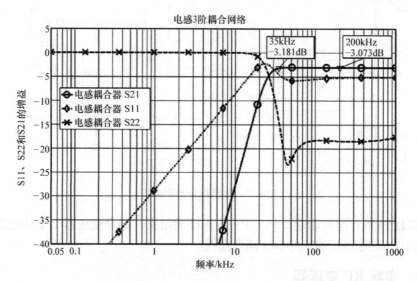

图 4.9　使用实际变压器的图 4.7 的频率响应

对于理想的电感耦合变压器（inductive coupling transformer），工频电流是流过图 4.7 电感器电流的 $1/N$，其中 N 是耦合变压器的匝数比。为了避免工频电流引起耦合变压器饱和，变压器一般使用由间隙的环形线圈制成，环形铁心的两个半部用薄间隔件分开。这种有间隙的变压器通常具有一个或两个十倍频程带宽。如果增加间隙的宽度，则会提高饱和发生之前工频时铁心的载流能力，同时减小变压器的带宽。通过适当设计使变压器具有中心频率，该频率与期望的 PLC 频段中心相对应，能使其在工频下的一次和二次绕组之间产生显著衰减。在商业设计中，需要进行详细的工频分析，以确保耦合变压器或 L1（如果它是单独的电感器）都不饱和。由于电力线中存在工频电流，所以对于一次绕组处的 50Hz/60Hz 时的电压降也必须进行评估，以确保电力线上所有耦合器的电压降都足够小，从而保证电源与电力线之间的所有消耗器件上的电压保持在允许的电压范围之内。

　　为了显示实际 RF 变压器对电容耦合器的影响，一般使用由单个电容器和该 RF 变压器模型组成的基本耦合器，其结构如图 4.10 所示。该电容耦合器位于由 20Ω 传输线构成的电力线上。变压器可以提供 75 ~ 20Ω 的变换阻抗，目的是使调制解调器与电力线能够匹配。对于理想的变压器，电容 Ck 经过调谐以保证端电压（terminal voltage）在转折频率 30kHz 处获得 3dB 的增益，调谐后的电容器 Ck = 1μF。实际变压器会调谐电容器的大小、变压器的中心频率以及磁化的电感 Lm，以保证有平坦的通带响应和 30kHz 的截止频率。调谐后 Lm = 0.138mH，Ck = 187nF，而变压器中心频率则为 400kHz。该耦合网络在使用理想和实际变压器模型下所产生的频率响应如图 4.11 所示。两个网络之间的唯一区别就是变压器。RF 变压器的磁化电感在 40 ~ 100kHz 频率范围内产生了一个平坦的频率响应，而 RF 变压器的漏电感导致了频率为 6.5MHz、上限制为 –3dB 的截止频率。对于具有理想变压器的电路，50Hz 频率下的终端电压衰减为 50dB，如表 4.2 所示，这并不能够满足在 230V 电压下的工作需要。而对于具有实际变压器的电路，终端电压衰减为 106dB，这给其在低压电力线上的操作提供了足够的衰减。

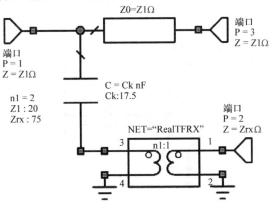

图 4.10　带有 RF 变压器的二阶电容耦合器

　　在该示例中，隔离变压器的磁化电感作为耦合网络中高通滤波器的一部分。对于覆盖 30kHz ~ 2MHz 频段的大多数实际 PLC 耦合网络而言，耦合变压器的励磁电

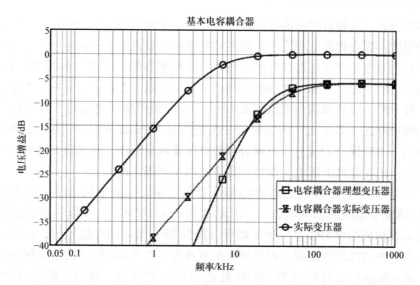

图 4.11 图 4.10 的电路在理想和实际情况下的 RF 变压器的频率响应

感可代替图 4.7 中的电感 L1，用来充当 PLC 耦合器中的高通滤波器。由于变压器具有间隙，RF 隔离变压器的带宽将受到限制，这减小了磁化电感，但是不会改变固有的漏电感。因此，RF 隔离变压器的频率响应是 PLC 耦合器设计中的关键部分。图 4.12 显示了一个使用磁化电感作为隔离变压器的高通滤波器的 3 阶电容耦合器电路。其中以一个较小的电容器 C2 为代价，换取一个明显更高的工频衰减。

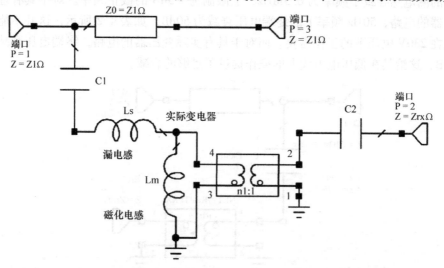

图 4.12 具有提供滤波器电感的实际 RF 变压器的 3 阶电容耦合器

4.2.5 电阻分流器

通过在电阻分流器上输入电压来实现 PLC 耦合的方法也可以用于低电流情况

下的应用。这种分流器具有小于 $10m\Omega$ 的电阻，这导致分流器两端的电压降可忽略不计。在使用中，电阻分流器跨接在图 4.7 中的端口 1 和 3 上。由于大多数电源电流选择通过分流电阻，可以避免隔离变压器产生饱和效应。然而，当将 PLC 信号注入电力线时，大多数 PLC 电流将直接通过变压器和电阻分流器，只有少量 PLC 信号耦合到电力线。为了增加耦合效率，分流器的阻抗需要大于连接到电力线上的负载阻抗，从而令大部分 PLC 电流流到电力线上而不是通过分流器。综上所述，该分流器需要使用电感分流器来实现。

4.2.6　电感分流器

电感耦合需要使用电力线作为耦合变压器（具有铁氧体磁心）的一次绕组，从而该变压器能够夹在电力线上，结构如图 4.7 所示。该变压器与提供工频隔离的高通滤波器网络一起组成如图 4.7 所示的网络。一般来说，在电力线中流过的高电平工频电流可能会导致耦合变压器饱和，而这种饱和将导致耦合器上的 PLC 信号损耗增加。对于一些传输数字数据的耦合网络，可以容忍适量的饱和，但是对于其他应用，例如用于测量电力网络阻抗的 PLC 耦合器以及电力网络在 PLC 频率下的负载，任何饱和都会导致错误。

电阻分流器（resistive shunt）通常用于测量工频电流，然而电阻分流器中的小电阻将产生较差的 SNR，并且使得信号难以传到电力线上。当插入与电力线串联的分流器时，由分流器导致的电压降必须小于 0.5%，以确保将插入分流器的影响降到最小。当工作于 PLC 频率时，分流器上应具有更高的阻抗，使分流器两端的电压较高，并因此具有比断开线路使 PLC 信号耦合到电力线上时更好的 SNR。具有较高阻抗的分流器还会导致信号输入到电力线上时具有更好的耦合效率。由于 PLC 频率远高于工作频率，所以通过使用与电阻分流器串联的电感能够实现上述要求。由于大多数负载的功率因数大于 0.8，电感分流器中的电感无功阻抗（reactive impedance of the inductance）会导致相对于电源电压接近 90° 角的电压降。若分流器的电阻部分两端的电压为 0.2%，且假定一个统一的功率因数负载，那么 7.7% 的电感电压降与电阻电压降加在一起，将会产生小于 0.5% 的电源电压降。具有 100A 电流的 230V LV 电源，其相对应的电阻 $Rsh = 4.6m\Omega$，而用于分流器电感部分的 0.177Ω 电源频率阻抗，其对应的电感 $Lsh = 5.644mH$。具有 50Ω 负载的电感分流器的电路图如图 4.13 所示。50Ω 的负载在 PLC 频率下为电感分流器提供恒定阻抗。在电感分流器上看到的阻抗如图 4.14 的圆圈标记组成的实线所示。图 4.15 显示了用作 PLC 耦合器的电感分流器，以及一个被用作隔离变压器的实际变压器模块。图 4.15 中的电路包括了由 C1、Lm 和 C2 组成的 3 阶高通滤波器。端口 1 和 2 与电力线串联，端口 3 是 PLC 调制解调器端口。图 4.12 中的耦合电容 C1 由如图 4.15 所示的两个串联电容 C11 组成，以提供额外的电隔离并减少隔离变压器上的电压应力（voltage stress）。该 PLC 耦合器在 50Hz 时具有 187dB 的衰减。在

图4.15中使用了50Ω的阻抗，因为该耦合器可以将原信号发生器的输入信号加到电力线上，但除了50Ω的阻抗之外，还可以使用其他的阻抗。图4.15中还包含了一个匝数比为1∶1的理想比变压器，用来提供电隔离。通过选择隔离变压器绕组的匝数，以使该变压器的励磁电感成为高通滤波器所需的电感。电容器在工作频率下表现为高阻抗，确保了电源电流不会引起隔离变压器的饱和效应。

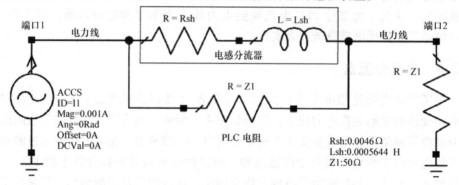

图4.13　基本电感分流器

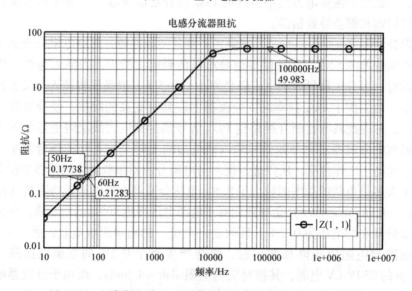

图4.14　电感分流器PLC耦合器的电感分流器阻抗和传输阻抗

　　为了说明PLC耦合器中电感分流器的使用情况，图4.16给出了两个PLC耦合器的频率响应，这两个PLC耦合器彼此相邻安装或连接在1km长的电力线的任一端。假设线路阻抗为50Ω，该值大于地下电力线的阻抗同时小于架空线的阻抗，当电感分流器插入到传输线中时，会在1km长的电力线上引起很明显的驻波效应。图4.16显示，从20kHz到由于电力线的衰减或由于阻抗失配引起反射的极限频率，电感分流器在耦合器中都能工作良好，且通过改变预期PLC频率下与电力线串联

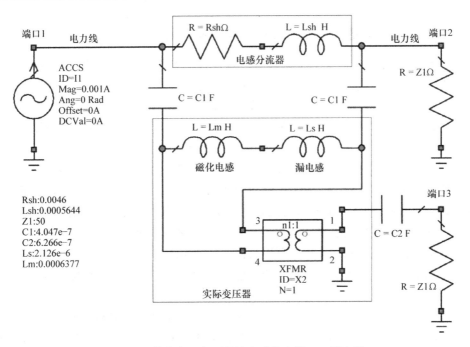

图 4.15 带有实际变压器的电感分流器 PLC 耦合器

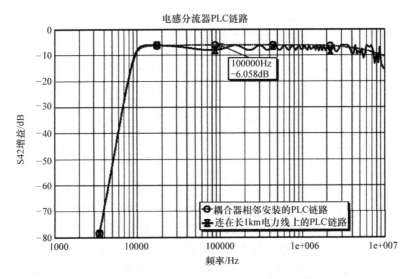

图 4.16 电感分流器 PLC 链路的传递函数

的电感分流器的插入阻抗，可以获得不同的耦合比。

电感分流器提供了一个非常精确的低损耗 PLC 耦合器，其克服了与电感耦合器相关的饱和问题。然而，就像电阻分流器一样，电感分流器也需要与电力线串联接入。

4.2.7 调制解调器 TX（发送方）和 RX（接收方）阻抗

在低压（LV）电力线工作场景中，有许多调制解调器都会连接到电力线上。对于有效的信号处理，一个调制解调器作为发送端，所有其他调制解调器作为接收端，以此来确定该发送是否寻址到正确的调制解调器。为了实现最大功率传输，作为发送端的调制解调器的阻抗必须通过耦合器与电力线匹配。为了使所有调制解调器接收到最大信号，并行的所有调制解调器的阻抗必须与通过耦合器的电力线匹配。因此，PLC 调制解调器必须包括用于发送和接收的不同耦合条件和不同阻抗。对于低压窄带 PLC（LV N - PLC）系统（9 ~ 500kHz），发射机（TX）具有低输出阻抗，而接收机（RX）的输入阻抗为高阻抗。由于需要满足不同的发射机、接收机以及耦合传输阻抗的要求，使得要从 PLC 耦合器获得良好的频率响应变得更加困难，但是根据以下示例，仍然可以获得良好的系统功率传输。

在该示例中，首先假设这是一个理想的设计，其中所有调制解调器的发射功率都能耦合到电力线上，并且电力线上所有的 PLC 信号能均等地耦合到每一个接收机调制解调器上。图 4.17 中使用连接到 50Ω 源端的 3 阶电容耦合调制解调器（third order capacitive coupled modem）。假定发射机在发送时具有 1Ω 的（TXR）输出阻抗，而在不发送时为开路，这属于典型的调制解调器；接收机的输入阻抗为 10 kΩ（RXR）。通过选择适当的用于变压器的一次绕组的匝数，使隔离变压器的磁化电感提供用于 3 阶高通滤波器的电感。

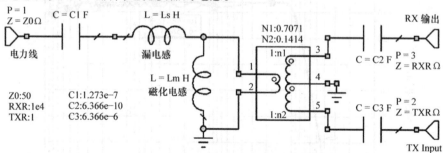

图 4.17 具有不同发射机和接收机阻抗的耦合器电路

因此，使用调制解调器的发射机驱动时，耦合器到电力线的输出阻抗应为 50Ω，从而实现最大功率传输。首先，当调制解调器发送时，选定隔离变压器二次发射机绕组 n2 的特定匝数比和电容器 C3 的值，以及发射机（具有阻抗 TXR 的端口 2）到电力线（具有阻抗 Z0 的端口 1）的路径，使其获得低损耗的 Butterworth 高通滤波器频率响应。每个接收调制解调器应该仅耦合来自电力线的 1% 的功率，并允许在线路上使用 100 个这样的接收调制解调器，但这将造成 20dB 的插入损耗。然后，当调制解调器处于接收状态并且发射机是开路时，需要为隔离变压器的二次接收机绕组 n1 选择特定匝数比，并为电容器 C2 选择特定值，从而在电力线（具有阻抗 Z0 的端口 1）到接收机（具有阻抗 RXR 的端口 3）的路径上，能够提供具有20dB插入损耗的Butterworth高通滤波器频率响应。图4.18展示了相应的频率响应。由于在电力线处反射的接收机阻抗为5kΩ，所以当发射机工作时通常不需要将接收机切换到电路外。如果需要在发射机和接收机终端之间进行隔离，则可以使用本章参考文献［11］的第3章中所述的特殊变压器的混合搭配，这一方法便于适应不同的阻抗值。

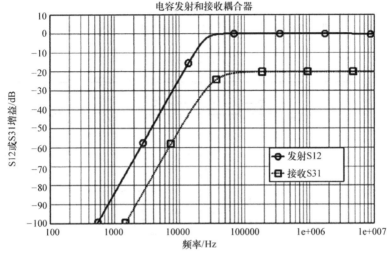

图4.18 图4.17所示的耦合器的频率响应

在该示例中，假定使用100个接收调制解调器，每个调制解调器使用1%的PLC信号功率。由于电力线上的噪声比热噪声高得多，因此在PLC信道中，该PLC系统（使用100个接收调制解调器）与使用10个接收调制解调器系统具有相同的SNR，其中这10个调制解调器每个使用10%的PLC信号功率。假定这里是理想传输介质下的发射和接收阻抗比。由于PLC频率处实际电力线的阻抗会根据电力线及其分支的长度，以及与其连接的阻抗发生变化，因此实际上耦合器的频率响应不如图4.18中所显示的那样好。一些电力线分支具有较低水平的PLC信号，它们需要从电力线耦合更多的PLC信号来达到可接受的数据比特率。通过为接收绕组提供多抽头二次绕组n1和相应数值的c2作为场中的变量，以获得期望的PLC接收功率，进而提供更好的性能。该示例表明，通过合理的设计可以获得良好的PLC频率响应、高电源频率抑制以及良好的发送和接收耦合损耗。

4.2.8 变压器旁路耦合

为了使城市网络中的PLC分布成本最小化，人们希望将PLC信号输入到MV网络并通过MV网络传递到LV网络，反之亦然。本章参考文献［16］中提到，可以通过变压器来传递N-PLC信号，但这通常会产生40dB的损耗。本章参考文献［17］设计了一种耦合器，它可以连接到变压器的中压和低压线路，并允许PLC信号以低损耗绕过变压器，同时不影响工作频率下的系统，该耦合器如图4.19所示。该耦合器必须在达到工作频率时，其自身端口处呈现高阻抗，从而防止耦合器短路电源。对于隶属于电容耦合的旁路耦合器来说，可以使用3阶或5阶滤波器来实现，其中电容器位于耦合器的终端，如图4.19所示。本章使用的变压器是一个100kVA SWER 线路隔离变压器[17]，具有33kV 的 MV 电压和240V 的 LV 电压。在图中使用的线路阻抗为：对于 MV 线对地阻抗，ZMV = 260Ω；对于 LV 线对地阻抗，ZLV = 110Ω$^{\ominus}$，这也与 SWER 网络中的架空线阻抗相对应。为了最小化成本，使用12nF MV 电容器 CTC1，它在提供良好性能的同时代价最小。

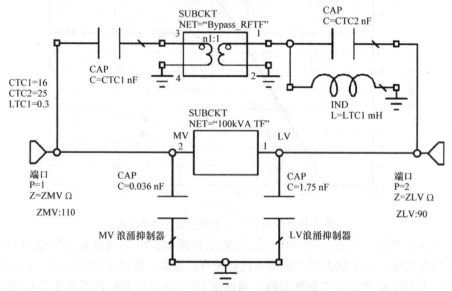

图 4.19 变压器旁路耦合器电路

对于三相网络，一条中压线可以耦合到3条低压线上，如图4.20所示。对于地下电缆，使用电感耦合更方便。图4.21所示的网络展示了电感耦合变压器中旁路耦合器的电路图。低阻抗电流通路可以用于中压和低压线路，并将其用于变压器的连接。浪涌抑制器通常在变压器的 MV 端子处为其提供36pF 的接地电容，而在 LV 端子处，该接地电容则为1.75nF。必要时，可以在变压器的线路端子之间或在线路端子和大地之间设置额外的电容，以提供阻抗足够低的 PLC 路径。对于 MV 输入，变压器在 PLC 频率表现为电容性[18,19]，并能在变压器的 MV 端子之间提供低阻抗路径。对于变压器的 LV 输入，PLC 频率上的端子阻抗可能相当高，并且必须在有源导线和大地之间放置电容器来提供低阻抗路径。

示例4.1：图4.22[20]所示的 PLC 网络可以显示出 MV – LV 路径损耗的减少，该网络包含 MV、LV 传输线以及两个 MV – LV 变压器。图4.22中的网络用于演示旁路耦合网络的优点，为方便起见，该网络使用精确的传输线模型和单相 SWER 变压器模型[17]。端口1连接到 MV 耦合器上，端口2～6连接到 LV 耦合器上，TF

$\ominus$ 原书 ZMV = 260Ω，ZLV = 110Ω，与图中标注不一致，似有误。——译者注

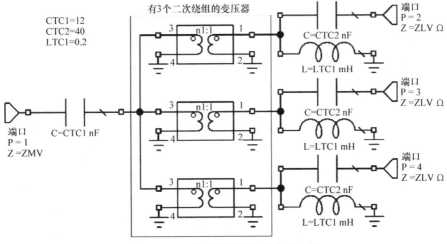

图 4.20　三相变压器旁路耦合器电路

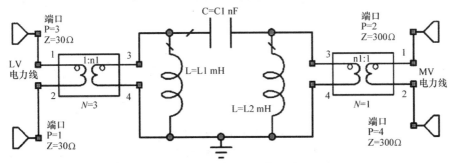

图 4.21　具有电感耦合器的变压器旁路耦合器电路

旁路网络的电路如图 4.19 所示。图 4.22 的网络在 MV 网络中有一个分支，分支两端分别连接到传输线和配电变压器上，然后该配电变压器将连接到具有多个分支的 LV 网络中。在配电变压器处是否使用旁路耦合器的信号路径衰减结果分别在图 4.23 和图 4.24 中显示。

　　下面比较图 4.23 和图 4.24 中，旁路耦合器对 MV 端口和所有 LV 端口之间，以及所有 LV 端口和 MV 端口之间信号损耗的影响。理想的 5 路功率分配的 PLC 信号，对于每个输出端口都具有 15.6dB 的损耗。图 4.23 显示，对于所有 MV 到 LV 以及 LV 到 MV 之间的连接，其在 35.9 ~ 90.6kHz 频段上的平均衰减接近理想的 15.6dB，这表明使用旁路耦合器可以获得良好的信号质量。图 4.24 显示，对于没有变压器旁路耦合器的相同的 MV 到 LV 网络，在 35.9 ~ 90.6kHz 频段上衰减的平均值约为 55dB，这比具有变压器旁路耦合器的同种网络的衰减相差了接近 40dB，并且还将导致信号质量变差。在工作频率上，从 MV 到 LV 或从 LV 到 MV 的电压增益由变压器匝数比决定，且由于变压器的工作规律而导致在这两个方向上有很大的区别。但在 PLC 频率上，两个方向上的损耗是近似相同的，如图 4.23 和图 4.24 所示，其中实线是从 MV 到 LV 的传输，虚线是从 LV 到 MV 的传输。

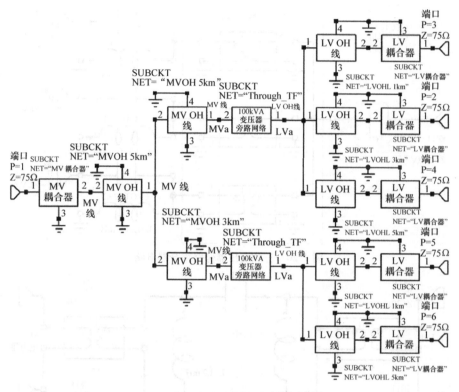

图 4.22　变压器旁路耦合器电路

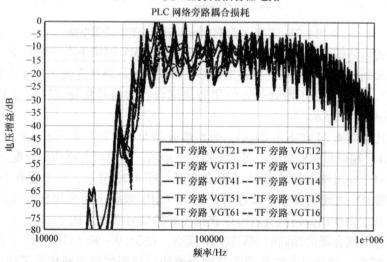

图 4.23　PLC 信号变压器旁路的衰减 MV⇔LV 路径

4.2.9　无功功率以及电压和电流额定值

图 4.17 中耦合电容 C1 吸收的无功功率由式（4.2）决定：

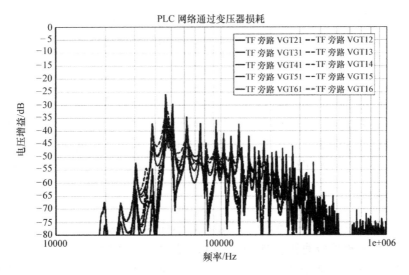

图 4.24 PLC 信号通过变压器的衰减 MV⟺LV 路径

$$Q = \omega CV^2 = 2\pi fCV^2 \tag{4.2}$$

对于图 4.17，在 230V 和 50Hz 的情况下，127nF 电容 C1 吸收 2.1var 的无功功率，这与连接到电力线的所有其他负载相比可以忽略不计。对于 MV 和 HV 电力线，无功功率可能很大，所以必须将其作为设计的一部分进行评估。例如，在 275kV 线路（159kV 线对地）上，使用一个 13nF 的电容器作为图 4.17 中的 C1 电容器，会导致 103[⊖] 的无功功率，这里的无功功率就显得很突出了，无法再将其忽略掉。根据耦合器中使用的元件值和终端阻抗，图 4.4 的电容器 Csk 可以具有比其两端的电力线高 50% 的电压。如此高的电压可能会超出电容器所能够承受的额定限制，并且可能需要通过更改耦合器设计以降低元件两端的电压。这将在关于 HV 耦合器的部分中进行更详细的讨论。许多电力线传输的电流会达到几百 A，如果使用电感耦合，电感耦合器（如图 4.6 所示）必须保证能够承载这些电流并且不会达到饱和。

4.2.10 不确定性

到目前为止，在本章中，我们均假定线路阻抗是已知的。然而，在实际生活中，当使用者打开和关闭装置时，N – PLC 和 B – PLC 频率处的 LV 线路阻抗会随着时间而改变。连接到电力线的工频阻抗与施加到网络的电力负载成反比。夜间电力需求远小于傍晚的负载。在 N – PLC 和 B – PLC 频率处得到的阻抗，取决于连接到电力线负载的阻抗，因此在白天期间也会有显著变化。由于这些负载也会产生高频的开关噪声，导致噪声电平在白天也有很大的变化。

⊖ 无功功率单位应为 kvar，原书为 kVA，似有误。——译者注

因为许多负载包含开关模式电源或整流器，所以大电流脉冲会出现在电源电压的峰值处，并且在 PLC 频率处看到的阻抗，在峰值电压附近会比在接近电压的过零点时要小得多。

网络拓扑也会导致阻抗随频率大幅变化。在分支电力线上，电力线长度和连接的负载阻抗的组合在 PLC 频段内的某一频率处，可能导致在电力线上的短路，从而不能在该频率下进行通信。阻抗变化会导致耦合损耗增加，而噪声电平的变化可能会影响信道的误码率。尽管有这些不确定性，但是实际的耦合器可以容忍高达 80dB 的插入损耗，因此即使在这些不利条件下，实际的耦合器也可以表现得很好。

4.2.11 小结

本节描述了 PLC 耦合器的原理、要求和不同的网络配置。本节中介绍的耦合网络的设计和频率响应曲线涵盖 30 ~ 500kHz 的 N – PLC 频率范围，大多数网络和频率响应曲线涵盖 3 个十倍频段宽。通过简单的频率缩放过程，这些网络可以在 1 ~ 100MHz 范围内的 B – PLC 频段中进行工作。本节还描述了用于在配电变压器周围传输 PLC 信号的电路，这种电路允许多个 LV 的 PLC 调制解调器通过电力供应商的操作与 MV 网络上的调制解调器通信。接下来将描述这些原则如何应用于特定市场领域，如在低压智能电网和电力线局域网（LAN）中的应用，以及中压、高压的保护和开关电路。在本章剩余的部分还将介绍一些制造商的应用实例，这些实例都是在网络上可以直接浏览的或是制造商直接向作者提供的。

4.3 低压耦合

4.3.1 介绍

在欧洲，智能电网系统主要通过 N – PLC 实现[21]。这种系统允许使用先进计量基础设施（Advanced Meter Infrastructure，AMI）进行远程仪表读数，并且使得用户或电力供应商可以智能地调整电力需求，从而提高供电效率并降低成本。上述调整包括洗碗机延迟使用、对游泳池过滤器或电动车的充电时间进行分解以降低耗电量等。未来大多数这样的 PLC 通信过程将在低压（LV）电网中完成。在欧洲和许多其他国家，工频电源电压通常为 230V，一个配电变压器可以为上百个用户供电，因此一个 N – PLC 或 B – PLC 网络就可以覆盖许多家庭。然而在美国，LV 为 110V，并且由于其电流较大，每个配电变压器通常仅供应少数用户，这使得其 LV PLC 的实施与欧洲相比更为困难。

B – PLC 耦合器通过使用房屋内的工频电力线，可以为不同房间的网络接入提供一个局域网[9]。网络中大多数电力单元都遵循 HomePlug 电力联盟[9] 或 HD – PLC 联盟[22] 的相关规范，其系统遵循 IEEE 1901 标准[23]。在本节中，我们如同许多制造商一样，称这些设备为电力线设备。这些电力线应用设备都工作于 2 ~ 28MHz 频段。在不久的将来，冰箱、洗衣机、空调、洗碗机等家用电器将很可能包含这样的电力线设备，使得它们成为智能家庭自动化控制系统的一部分。因此，未来 PLC 调制解调器将主要使用电力线设备作为载体。由于这些设备都服务于消费者，其中的 PLC 耦合器必须具有低成本、可靠及安全的特点。

4.3.2　N - PLC 耦合器

应用于智能电网和 AMI 的 G3 - PLC[24] 和 PRIME PLC[25] 系统均为 N - PLC 系统，并工作于 CENELEC - A 部分频段，该频段为能源供应商专用频段。其中 35.9 ~ 90.6kHz 的频段由 G3 - PLC 使用，PRIME 在欧洲使用 41.992 ~ 88.867kHz 频段。此外 G3 - PLC 还可以使用 155 ~ 487kHz 的 FCC 频段。

这些系统使用上述的 35.9 ~ 487kHz 频段仅 10 年时间，因此仍可以使用跳空电感耦合器（gapped inductive couplers）。该耦合器可以简单地夹在电力线上进行工作，而不需要任何附加的连接。此外电流互感器将 PLC 电流注入电力线。为了确保由 PLC 发射机耦合到线路上的大部分能量能被 PLC 接收机吸收，PLC 电流应当相对无阻碍地传输，并且连接到电力线的负载在 PLC 工作频率下的阻抗不能过大。这种需求可以通过在关键位置处的电力线间设置电容器来实现，如图 4.25 所示。另外该图中示出的电感耦合器非常适合夹在配电变压器附近的地下电缆上使用；变压器 LV 端的电涌放电器可以提供所需的电容。

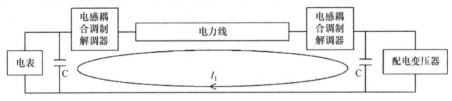

图 4.25　PLC 系统使用两个电感耦合调制解调器

电容耦合器与电力线的连接十分容易，并可向电力线施加电压。如果将电容耦合器放置在用于 AMI 的电表附近，则电容耦合器将产生电流 I_1 流入电表，如图 4.26 所示。另外从图中可以看到，电流 I_2 沿着电力线传输。为了更好地提升耦合效率，I_2 应该远大于 I_1 和 I_3。因此应该在电容耦合器和仪表之间，以及电容耦合器和配电变压器之间放置电感，以确保 I_1 和 I_3 足够小。

图 4.27 为用于 AMI 的典型 PLC 耦合器结构。该电路与图 4.17 中的电路非常相似，但包含了典型的输出级和硬件保护器件。图中 PTC 熔丝是一根正温度系数（Positive Temperature Coefficient，PTC）熔丝。当设备由于电流过大而变得过热时，该熔丝断开；当设备冷却时，它自动复位。这些熔丝可以提供及时保护，且每次发生故障时不需要进行更换。TSV 元件是瞬态电压保护装置，如同气体放电器或两个

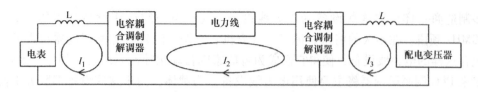

图4.26　PLC系统使用两个电容耦合调制解调器

具有适当额定值的背对背齐纳二极管（two back - to - back Zener diodes），它只会在超过正常电压时才导通。瞬态电压保护装置与PTC熔丝提供的过电流保护一起，确保了PLC耦合器能够承受临时过载的压力。此外，有时调制解调器连接在电源插座处。由于在欧洲和美国，电源插座没有强极化，它使用两个PTC熔丝以及电容器C11来提供额外的隔离保护，并且在交换相线与零线时，可以降低隔离变压器的一次和二次绕组之间可能产生的电压。图4.27中的结构使用了不同的二次绕组和不同的电容，为如图4.17和图4.18所示的发送和接收提供了不同的阻抗匹配，这将为发射机和接收机提供有效耦合。对于相线与零线已经确定的应用场景，可以通过使用一个电容器和一个PTC熔丝来节省成本。在实际当中，应使用更复杂的带通滤波网络代替图4.27中的电容器C2和C3[26]。

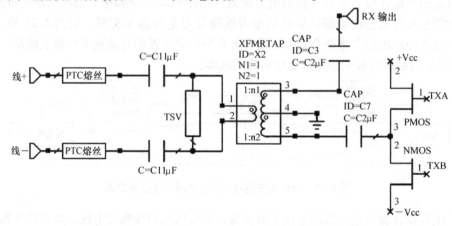

图4.27　具有保护装置和不同输入和输出阻抗的电容耦合PLC耦合器

4.3.3　B - PLC 耦合器

大多数B - PLC耦合器都应用于电力线设备，其典型工作频率为2 ~ 28MHz。这些设备包含B - PLC调制解调器和LAN硬件，它们使得电力线设备可以作为WiFi集线器，或实现设备到计算机、电视或其他设备的硬线LAN连接。由于这些LAN耦合器通常位于电力线上两个或以上不同的位置（power point），所以该系统可使用如图4.26所示的结构。如果电力线耦合器不包含电源插座，则图4.26中的电流I1和I2为零，并且无需设置电感。如果电力线调制解调器包含交流电插座

（使得工频交流电设备也可以接入电路），则必须在交流电插座和 PLC 耦合器之间放置电感器，以确保 *I*1 和 *I*3 最小化。图 4.28 给出了这些用于典型 PLC 耦合器的电感器、PTC 熔丝、电容器和变压器[27]。在这种情况下，普通房屋电力线路可以轻易达到 600Mbit/s 的数据速率。

图 4.28 用于电力线耦合器的电感器[27]

用于电力线应用的 PLC 耦合器通常使用电容耦合器，类似于图 4.27 和图 4.17 所示的耦合器，这种耦合器设计用于 2 ~ 28MHz 频率范围。通过调整连接于不同滤波器网络的隔离变压器二次绕组，可以决定不同的发送和接收阻抗，如 4.2.7 节所述。

4.3.3.1 阻抗匹配

对于精确耦合器设计，应该提前获知使用耦合器 LV 线路的 PLC 频率阻抗。由于不同时间连接到电网的负载不同，PLC 频率下的电力线阻抗通常随时间变化，该变化还取决于电力线及其支路的长度。目前关于电力线阻抗测量的研究报告较少，该测量的难点之一是这些阻抗必须在网络通电时进行精确测量。Cavdar[2] 和 Kim[3] 展示了一种用于隔离工频电的电容器，但是没有示出该电容器对测量及其精确度的影响。Cavdar 发表了其在欧洲对 N - PLC 频率中 1Ω 和 20Ω 之间的阻抗测量结果；Kim 则发表了在 1 ~ 30MHz 频率范围内的测量结果，测量阻抗值约为 5Ω 和

220Ω。PRIME 联盟 TWG 一直以来在西班牙电网的多个位置进行了阻抗测量[25]，Lu 展示了在西班牙多个变电站测得的 LV 阻抗，测量阻抗范围从 0.1 ~ 1.5Ω，但没有提供测量系统的细节[28]。如图 4.26 所示，当没有隔离电感 L 时，与配电变压器并联的电力线的阻抗将直接对应右侧电容耦合调制解调器。综合考虑该分析与 Cavdar 的测量结果，这种情况下似乎测量的阻抗即是配电变压器的阻抗。当使用隔离电感 L 时，可以对电力线阻抗或配电变压器阻抗进行单独测量。Kikkert 使用电感分流器阻抗分析仪（Inductive Shunt Impedance Analyzer）在 5kHz ~ 2MHz 频段进行电力线阻抗测量，图 4.29 给出了其测量结果[29]。该研究将测量点选在某电源插座处，图中实线表示没有任何设备接入附近插座时的测量结果，虚线表示当典型办公设备连接电源插座时的测量结果。图 4.29 表明，办公设备的阻抗在 N – PLC 频段中占主导地位。另外测量的阻抗远低于电力线特性阻抗，因为在每所房屋、工厂或办公室的电力线上还并行连接有许多其他设备。这些来自文献的测量结果以及图 4.25 和图 4.26 中的框图表明，由于变压器和电力线设备阻抗较低，与电感耦合器相比，除非使用隔离电感 L，否则电容耦合器向电力线上耦合的 PLC 信号功率较少。

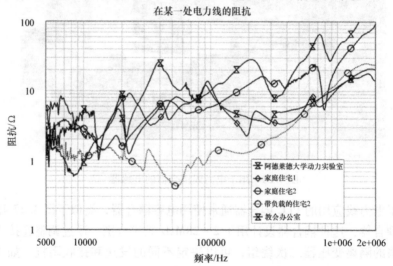

图 4.29 用于 N – PLC 电力线测量阻抗

B – PLC 阻抗通常高于 N – PLC 阻抗，并且其在频域中变化更快。这是由于在 B – PLC 频段，许多电力线都近似等效于四分之一波长，故在该线的末端体现为开路，在另一端体现为短路。由于 110V 低压系统的电器阻抗是 220V 系统的四分之一，因此对于 110V 系统，PLC 频率的阻抗也会比 220V 系统的阻抗更小。由于连接负载体现出时变特性，线路阻抗也随时间变化，因此难以对 PLC 耦合器实现精确的阻抗匹配。然而，现代 PLC 频率下的通信系统具有足够好的性能空间，即使在显著的阻抗失配情况下也能实现低误差通信。另外在 PLC 耦合器设计中也可以使用开关线阻抗选择（Switched line impedance selection）以克服这些由于阻抗变化带来的不利因素。

4.3.4 相间耦合

在某些国家的部分电力应用情况（如街道照明）下，没有可用于电力线接入的零线或地线。这就需要利用相间耦合将 PLC 调制解调器连接到电力线上。相间耦合的电路与图 4.27 中所示电路大致相同，区别在于线路正极连接到一个有源相，线路负极连接到另一个有源相。在这种场景下，需要使用如图 4.27 所示的两个电容 C11，以降低隔离变压器一次和二次之间的电压应力。

4.3.5 单相耦合

大多数工频 220V 国家和许多工频 110V 国家的房屋都具备单相电源。因此，低压网络上的任何 PLC 配电都必须为分布式，以使得 PLC 信号供应到所有 3 个电源相上。如果使用 3 个相同的 PLC 耦合器，并为其设置相同的调制解调器连接方式，便可以使全部 3 个电源相由一个数据源供给，如图 4.30 所示。为了使相间耦

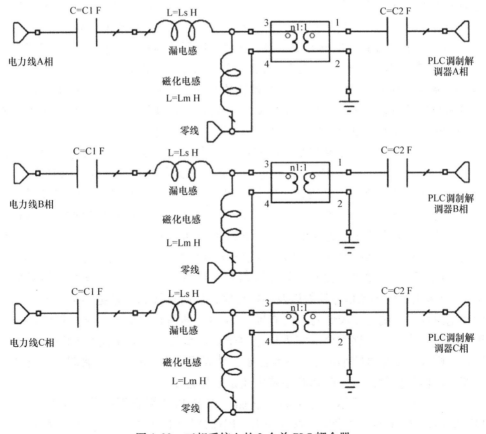

图 4.30 三相系统上的 3 个单 PLC 耦合器

合能应用于任意相，可以在电力线之间生成 3 个具有 120°相位差的 PLC 信号，就如同三相电源。或者，如果 PLC 配电来自于中压供电的电源相，则可以使用如图 4.20 所示的三相旁路耦合器（three phase bypass coupler）。

4.4　高压耦合

高压线路上的 PLC 应用已经有了 100 多年的历史[30]，这些 PLC 应用为长电力线两端的电力线运营商提供了语音和数据通信。最初，PLC 系统使用基于幅度调制（Amplitude Modulation，AM）的模拟信号进行传输；后来，系统开始使用单边带调制（Single Sideband Modulation，SSB）技术；到现代，数字系统使用先进的正交幅度调制（Quadrature Amplitude Modulation，QAM）或数字多载波调制方式，例如OFDM。高压传输线上的 PLC 系统通常具有如图 4.2 所示的框图结构。这些线路长达 1000km，但仍然可以支持 PLC 数据的准确传输。高压线路两端的开关站之间一般不含支路，所以线路的特性阻抗可以较好地确定，并且调制解调器所对应的阻抗主要是高压线路本身的阻抗。对于高压传输线路每一相的特性阻抗，单根导线通常为 400Ω，导线束则通常为 300Ω。传输线的终端连接开关母线（switching bus - bar）以后可能连接到高压电力变压器。这种变压器的高压阻抗在 PLC 频率下表现为电容性[19]，因此必须使用线路阻波器（line trap）以确保 PLC 信号能够耦合到调制解调器。图 4.31 示出了一个正在建造的开关站，并示出了其中的高压 PLC 阻波器和调制解调器。这些阻波器规格较大且造价昂贵，因此如果可以设计出不需要阻波器的 PLC 系统，那么这将对高压 PLC 系统十分有利。

Amperion 公司致力于制造基于电容耦合的中压和高压 PLC 耦合器，它可以为宽带 PLC（覆盖 1.7~10MHz 的频率范围）的传输线保护性通信提供保障[31]。宽带 PLC 系统使用非常宽的频段，这使其可以在不需要二次使用信道的情况下进行信道分配。该公司称他们的系统不需要阻波器。然而 1~10MHz 频段中包含 AM 广播传输信号，架空高压电力线上的宽带 PLC 系统可能对其产生显著的电磁辐射和干扰。在没有阻波器的情况下，即使使用电容耦合器，传输线的终端仍然会存在显著的阻抗失配（主要由开关站中的母线和 PLC 频率下的高压变压器电容性阻抗产生），这种失配将导致信号反射以及多径传输，从而降低 PLC 数据传输质量。如果使用电感耦合，则这些较低的阻抗有助于为 PLC 通信建立电流回路。然而在电压极高的传输线上，电感耦合的实现比电容耦合昂贵许多。如果使用 CENELEC - A 频段，则系统带宽将减小许多，并且需要二次利用信道。因此，尽管阻波器会产生线路终端信号反射，但其在 PLC 系统中还是十分必要的。

表 4.1 和表 4.2 显示，对于高压线路，来自 PLC 耦合器的信号需要具有比117.8dB 高 10dB 的工频衰减，这种需求可以通过使用 3 阶或 4 阶耦合器网络实现。ABB 在 A9BS 和 A9BT 高通耦合单元使用了 4 阶耦合网络[12]，类似于图 4.4。

图 4.31　带有阻波器和耦合器的高压开关站（由 ABB 提供）

A9BP 和 A9BR 带通耦合单元[12]组合使用了 2 阶低通和 2 阶带通网络，如图 4.32 所示。带通响应会抑制高频以及低频信号分量。对于 A9BP 和 A9BR 单元，上截止频率必须小于 1MHz。且对于这两个耦合单元，连接到高压线路的电容器 Ck（如图 4.4 和图 4.32）必须安装在耦合单元的外部，该电容器还包含一个高压绝缘子（HV insulator）作为其安装结构的一部分。图 4.33 左侧给出了该电容器的结构细节，右侧示出了 ABB A9BS/A9BP（MCD80 型）耦合模块[12]。通过选取 MCD80 模块中的不同分接点，可对图 4.4 中的电感 Ls1 和图 4.32 中的 Lp1 的参数值进行调整。

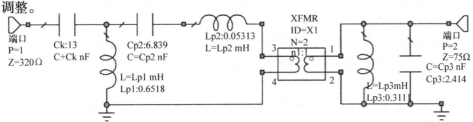

图 4.32　高压带通耦合电路

差分 PLC 信号可通过两个上述耦合器以及一个混合变压器产生，并工作于三相系统的两条线路之间。ABB A9BT 和 A9BR 耦合器就包含了上述这种差分混合变压器。除 ABB 之外，其他一些制造商也在制造这种高压耦合器以及阻波器[32]，如阿尔斯通、Arteche、西门子、HilKar、Trench 以及其他一些制造商[33-37]。在以下的论述中，介绍涉及 ABB 耦合器的相关内容需要经过其许可，本文在这里只叙述其操作原理。

HV 端
热膨胀
电容器文件
绝缘子
电容器文件
地/LV端
支撑绝缘子

图 4.33　商用高压电容器和耦合模块（由 ABB 提供）

高通 A9BS 和 A9BT 耦合单元和带通 A9BP 和 A9BR 单元的电路图分别如图 4.4 和图 4.32 所示，然而 ABB 对这些图中所示的器件使用了不同的参数值。高压电容器 Ck 是该电路中最昂贵的器件，如果减小该电容的参数值，将可极大降低该电容器的成本，同时也降低了流过它的无功功率。根据 PLC 耦合器中使用的器件参数值不同，工频频率的 Ck 两端电压将发生变化，甚至可能比电力线电压更高。更高的电容器电压意味着更昂贵的价格，因此应确保电容器 Ck 两端的电压在最坏情况下也仅稍大于相电压。因此，必须优化耦合器设计以满足下列需求：

1）高压电容器 Ck 应使用尽可能小的参数值，这意味着应该为调制解调器使用尽可能高的高通转折频率。

2）当耦合器电路的组件参数值或连接到耦合器的阻抗合理变化时，电容器 Ck 两端的工频电压超过相电压的部分不大于 5%。

3）耦合器在工频频率下应具有高衰减，以防止其对人员或设备造成危害。

4）耦合器在 PLC 频率下应具有低插入损耗。

这里给出一个实现上述需求的例子。选择 52kHz 的较低转折频率和 13nF 电容 Ck，然后优化图 4.32 所示的带通耦合器电路，得到如图 4.32 所示的器件参数值。该耦合器和相应的优化低通耦合器（Ck = 13nF）的频率响应如图 4.34 所示。Ck 两端电压在任何频率下都不大于耦合器输入电压，并且不会产生导致电压超过额定值的谐振。在带通耦合器处于 60～400kHz、高通耦合器处于 60kHz～大于 10MHz 频率下时，回波损耗优于 20dB。60Hz 频率下，耦合器衰减为 230dB，因此很好地保护了人员和设备，使之免受工频电压危害。

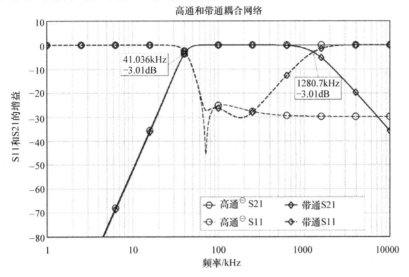

图 4.34　高压高通和带通频率响应

4.5　中压耦合

中压线路用于局部区域配电，并通常连接到变电站中的高压变压器。其线路中连接有许多低压配电变压器。由于历史上从未实现对低压配电变压器的线上监测，所以中压线路上的 PLC 应用并没有较长的历史。然而目前情况已有所改善。应用 PLC 的智能电网在欧洲得到了推广，这为中压 PLC 提供了一个机会：中压 PLC 可以首先监测中压电力变压器，其次使用中压到低压变压器旁路耦合（如 4.2.8 节所述，或使用中压 - 低压变压器进行传输[16]），从而方便地将 PLC 应用（如 AMR）提供给低压电力线。

目前中压线路上的 PLC 应用有两个主流市场。

宽带 PLC：B - PLC 覆盖了 1.7～100MHz 的较宽频段，然而大多数系统都集中使用低于 30MHz 的频段。本章参考文献 [38] 论述了中压耦合器用于 B - PLC 的相关问题。中压地下电力线可以使用电感耦合方式，并采用如图 4.6 所示的耦合器结构[8]。Amperion 公司提议在高压和中压线路上使用 B - PLC，以提供传输线保护性通信[31]。由于该公司称他们的系统不需要阻波器，所以其对于中压 PLC 系统来说具有较高的性价比。此外，中压 B - PLC 耦合器很容易获得，但对于 N - PLC 应

⊖　原书为低通，有误。——译者注

用来说，这些商用 B – PLC 耦合器所使用的耦合电容和电感参数值太小。例如，由 Power Plus Communications 生产的用于 B – PLC 的 24kV 电容耦合器，其高压电容器电容仅为 1. 2nF，如图 4. 4 中的 Csk 或图 4. 34 中的 Ck[39]。相比较的，ABB 则使用 13nF 电容，其在如图 4. 4 所示的优化耦合网络中使用 21. 77nF 电容。此外中压 B – PLC 耦合器在 35 ~ 500kHz 的 N – PLC 频段中具有非常高的插入损耗，因此不适用于 N – PLC 相关应用。

窄带 PLC：G3 PLC 和 PRIME PLC 是工作于 35 ~ 500kHz 的 N – PLC 系统，目前已在法国和西班牙的数百万家庭的智能电网中得到推广。另外 ADD GRUP 和 Maxwell technologies 正在建造适用于 N – PLC 的中压电容器和耦合网络[40,41]。对于 15kV 三相系统，ADD GRUP 耦合电容的额定电压为 8. 67kV，并具有 8nF 电容。Maxwell Condis 中压电容器的电容为 2 ~ 500nF，电压为 10 ~ 52kV。这些电容器为中压耦合网络的架设与使用提供了保障。

对于中压电感耦合，可使用如图 4. 7 所示的 3 阶耦合器电路，来为中压电压系统提供足够的工频抑制。如果添加一个与 75Ω 输出端口串联的电容器，便能使该耦合器具有 4 阶滤波器结构，从而以低成本提供额外的 50dB 工频衰减。对于架空中压线路，可以使用类似于图 4. 4 的耦合器配置。由于中压电压低于高压，所以中压电容器的成本也显著低于高压电容器。

中压 PLC 通信网络作为一种十分经济的手段，可以很好地服务于中压电力基础设施。该网络可使用中压 – 低压变压器直接传输，亦可使用中压 – 低压变压器旁路耦合器耦合，从而很好地完成 PLC 信号到低压线路的监测与配电。除了可实现对高压 – 中压以及中压 – 低压配电变压器的实时性能监控之外，中压 PLC 通过变压器温度监控，可确定中压和低压线路的最大安全分配功率，这与智能电网的功率控制一起防止了变压器过载故障。这种保护尤其适用于现在家用负载急剧增加的情况（如给电动汽车充电等）。

4.6 总结

PLC 耦合器设计对 PLC 网络的可靠性至关重要。本章内容表明，设计优良的 PLC 耦合器应具有以下特点。

1）尽管线路阻抗随电力负载的变化而变化，但仍能够为电力线上的传输信号耦合提供低插入损耗。

2）为 PLC 频率下的电力线提供所需的负载阻抗，以获得准确的电力线耦合量，从而使得电力线上的所有接收调制解调器即使在面临高噪声情况（常见于电力线环境）时，也能够以低误比特率解调 PLC 信号。

3）提供工频电压和电流的充分隔离，以保护人员安全并保障连接到耦合器的调制解调器的正常工作。

4）提供平坦的频率响应以及调制解调器端口处的低回波损耗。

5）以尽可能低的成本、尽可能高的可靠性实现上述所有功能。

本章内容表明，上述需求适用于所有高压、中压以及低压电力线路，对于不同的电力线路，上述各条需求的优先级各有不同。

参 考 文 献

1. C. J. Kikkert, Calculating radiation from power lines for power line communications, in *Matlab for Engineers – Applications in Control, Electrical Engineering, IT and Robotics*, K. Perutka, Ed. InTech, 2011, ch. 9, 221–246.

2. I. H. Cavdar and E. Karadeniz, Measurements of impedance and attenuation at CENELEC bands for power line communications systems, *Sensors*, 8(12), 8027–8036, Dec. 2008.

3. Y.-S. Kim and J.-C. Kim, Characteristic impedances in low-voltage distribution systems for power line communication, *J. Electr. Eng. Technol.*, 2(1), 29–34, Jan. 2007.

4. Planning of (single-sideband) power line carrier systems, *International Electrotechnical Commission (IEC)*, Geneva, Switzerland, Technical Report CEI/IEC 663: 1980, 1980.

5. A. I. Zverev, *Handbook of Filter Synthesis*. John Wiley & Sons, Chichester 1967.

6. L. P. Huelsman, *Active and Passive Analog Filter Design: An Introduction*. McGraw-Hill International Editions, 1993.

7. Butterworth filter, 2013. [Online]. Available: http://en.wikipedia.org/wiki/Butterworth_filter

8. Premo, products, PLC, PLC Accessories, MICU 300A-S/LF, Premo Smart Grid, 2013. [Online]. Available: http://www.grupopremo.com/in/product/254/features/plc/plcaccessories/micu300amediumvoltageinductivecouplingunits300a.html

9. Resources and white papers, HomePlug Alliance, 2014. [Online]. Available: http://www.homeplug.org/tech-resources/resources/

10. *Harmonic Current Emissions: Guidelines to the Standard EN 61000-3-2ID*, European Power Supply Manufacturers Association, Nov. 2010. [Online]. Available: http://www.epsma.org/PFC Guide_November 2010.pdf

11. C. J. Kikkert, *RF Electronics: Design and Simulation*. James Cook University, Townsville, Queensland, Australia, 2013.

12. *MCD80 — Power Line Carrier Coupling Devices*, ABB Switzerland Ltd., Mar. 2011, brochure. [Online]. Available: http://new.abb.com/network-management/communication-networks/power-line-carriers/mcd80

13. NI-AWR design environment, Microwave Office, National Instruments-AWR. [Online]. Available: http://www.awrcorp.com/products/microwave-office

14. PLC/BPL couplers for MV, Arteche, 2014. [Online]. Available: http://www.arteche.com/en/products-and-solutions/category/plc-bpl-couplers-for-mv

15. Inductive coupler for PLC, Mattron, 2014. [Online]. Available: http://www.mattrone.com/eng2/product/product ic.html

16. K. Razazian, M. Umari, A. Kamalizad, V. Loginov, and M. Navid, G3-PLC specification for powerline communication: Overview, system simulation and field trial results, in *Proc. IEEE Int. Symp. Power Line Commun. Applic.*, Rio de Janeiro, Brazil, Mar. 28–31, 2010, 313–318.

17. C. J. Kikkert, MV to LV transformer PLC bypass coupling networks for a low cost smart grid rollouts, in *Proc. IEEE PES Innovative Smart Grid Technol. Asia*, Perth, Australia, Nov. 13–16, 2011, 1–6.

18. ——, Power transformer modelling and MV PLC coupling networks, in *Proc. IEEE PES Innovative Smart Grid Technol. Asia*, Perth, Australia, Nov. 13–16, 2011, 1–6.

19. ——, A PLC frequency model of 3 phase power distribution transformers, in *Proc. IEEE Int. Conf. Smart Grid Commun.*, Tainan, Taiwan, Nov. 5–8, 2012, 205–210.

20. ——, Effect of couplers and line branches on PLC communication channel response, in *Proc. IEEE Int. Conf. Smart Grid Commun.*, Brussels, Belgium, Oct. 17–20, 2011, 309–314.

21. Roadmap 2010-18 and detailed implementation plan 2010-12, The European Electricity Grid Initiative, May 2010. [Online]. Available: http://www.smartgrids.eu/documents/EEGI/EEGI_Implementation_plan_May 2010.pdf

22. What's HD-PLC? HD-PLC Alliance, 2014. [Online]. Available: http://www.hd-plc.org/modules/about/hdplc.html

23. IEEE standard for broadband over power line networks: Medium access control and physical layer

specifications, IEEE Standards Association, IEEE Standard 1901-2010, Sep. 2010. [Online]. Available: http://grouper.ieee.org/groups/1901/.

24. Narrowband orthogonal frequency division multiplexing power line communication transceivers for G3-PLC networks, ITU-T, Recommendation G.9903, May 2013. [Online]. Available: http://www.itu.int/rec/T-REC-G.9903.

25. Narrowband orthogonal frequency division multiplexing power line communication transceivers for PRIME networks, ITU-T, Recommendation G.9904, Oct. 2012. [Online]. Available: http://www.itu.int/rec/T-REC-G.9904-201210-I/en.

26. PRIME-based PLC solutions, ATPL230A, Atmel, 2014. [Online]. Available: http://www.atmel.com/devices/ATPL230A.aspx.

27. 600Mbps powerline kit with Gigabit Ethernet – NP507, NetCommWireless. [Online]. Available: http://www.netcommwireless.com/product/powerline/np507.

28. X. Lu, I. H. Kim, and R. Vedantham, Implementing PRIME for robust and reliable power line communication (PLC), Texas Instruments, White paper, Jul. 2013. [Online]. Available: http://www.ti.com/general/docs/lit/getliterature.tsp?baseLiteratureNumber=SLYY038.

29. S. Zhu, C. J. Kikkert, and N. Ertugrul, A wide bandwidth, online impedance measurement method for power systems, based on PLC techniques, in *IEEE Int. Symp. Circuits Syst.*, Melbourne, Australia, Jun. 1–5, 2014, 1167–1170.

30. M. Schwartz, Carrier-wave telephony over power lines: Early history, *IEEE Commun. Mag.*, 47(1), 14–18, Jan. 2009.

31. BPLC for HV and MV systems, Amperion, 2013. [Online]. Available: http://www.amperion.com/solutions.php.

32. Trench MV and HV AC capacitors, Trench Group, 2013. [Online]. Available: http://www.trenchgroup.com/en/Products-Solutions/Instrument-Transformers/Capacitors/AC-Capacitors.

33. Line traps air core, dry type up to 800 kV, Alstom. [Online]. Available: http://www.alstom.com/grid/products-and-services/high-voltage-power-products/Instrument-Transformers/Line-traps-air-core-dry-type-up-to-800-kV/.

34. Line traps, Arteche, 2014. [Online]. Available: http://www.arteche.com/en/products-and-solutions/category/line-traps.

35. Coil products, Siemens. [Online]. Available: http://www.energy.siemens.com/hq/en/power-transmission/high-voltage-products/coil-products.htm.

36. PLC line traps, Hilkar. [Online]. Available: http://www.hilkar.com/plclinetraps.html.

37. Trench HV PLC line traps, Trench Group, 2013. [Online]. Available: http://www.trenchgroup.com/en/Products-Solutions/Coil-Products/Line-Traps/node_670.

38. N. Sadan, M. Majka, and B. Renz, Advanced P&C applications using broadband power line carrier (B-PLC), in *DistribuTECH Conf. and Exhibition*, San Antonio, USA, Jan. 24–26, 2012.

39. Broadband powerline communications, Power Plus Communications, 2014. [Online]. Available: http://www.ppc-ag.de/5-1-BPL-Products.html.

40. ADD Grup MV capacitive and inductive coupler units, ADD GRUP, 2013.[Online].Available:http://addgrup.com/products/index/parent/8.

41. Maxwell, condis medium voltage capacitors and voltage dividers, Maxwell, 2013. [Online]. Available: http://www.maxwell.com/products/high_voltage/docs/mv_capacitor_and_voltage_divider_ds.pdf.

第5章　数字传输技术

K. Dostert，M. Girotto，L. Lampe，R. Raheli，D. Rieken，

T. G. Swart，A. M. Tonello，A. J. H. Vinck 和 S. Weiss

5.1　简介

数字传输是 PLC 系统的核心，然而当研究新的通信介质或信道时，传统的调制和编码技术将会面临各种挑战。比如像 PLC 这种特殊的信道，就可能需要调整已有的技术或者需要开发出具有更好性能的调制和编码技术。

在本章中，5.2 节首先讨论应用于第一代窄带 PLC 系统中的单载波调制技术，其近期的研究热点主要侧重于频率/相移键控与置换编码的结合，随后又介绍了扩频技术及其性质。5.3 节涉及了多载波调制技术，它是最新的窄带和宽带 PLC 系统的核心。同时，本节还讲述了几种现有的技术，比如 OFDM、FMT、脉冲成形 OFDM、小波 OFDM、OQAM – OFDM 和循环块 FMT。5.4 节介绍了利用电压和电流调制，来实现低速、远距离传输数据的方法。5.5 节介绍了无载波超宽带脉冲调制技术。5.6 节说明了噪声抑制技术的重要性。5.7 节介绍了多输入多输出（MIMO）传输方案在多线路中的使用，从而实现空间分集。最后，5.8 节介绍了适用于 PLC 的差错控制编码技术，在各种 PLC 协议和标准中出现的差错控制技术，以及其他有发展前景的技术。

5.2　单载波调制

5.2.1　频移键控

OOK、PSK 和 FSK 这些低复杂度调制方案都可以实现电力线调制解调器。在理想加性高斯白噪声情况下，与 BPSK 相比，OOK 具有 3dB 的性能损失。此外，OOK 的接收机还需要使用具有自适应阈值功能的检测器，来补偿未知的信道衰减。而 BPSK 则采用信号的相位来发送信息。由实验结果可知，其相位抖动大约为 $10°$。因此，相位跟踪对于实现低检测误差率是非常重要的。在加性高斯白噪声信道中，BPSK 和 BFSK 的性能存在着 3dB 的差异。但是，在距离为 $100 \sim 500m$、衰减为 $10 \sim 100dB/km$ 的接入环境中，这种差异不会产生重要的影响。所以，在这种环境中，传输方案的鲁棒性就显得尤为重要。我们希望将 FSK 作为电力线通信的基本

调制方案，因为它是一个发展成熟并且具有鲁棒性的调制技术。其优点是具有恒定的包络信号，能进行相干解调和非相干解调，所以 FSK 只需要使用低复杂度的收发机。

使用恒定包络信号波形的调制方案［例如具有矩形脉冲成形的 BPSK、BFSK和 M 元 FSK（$M-FSK$）］与 6.3.2 节中的 CEN-ELEC 规范 EN50065.1 部分一致。对于窄带电力线通信，引起快衰落问题的原因有：频率相关背景噪声、脉冲噪声、耦合和网络损耗。除了这些干扰外，还有来自电视机或无线电服务站的窄带干扰。如果不能控制错误或冗余，就不能进行可靠通信。我们可以认为，频率分集和时间分集相结合的调制/编码方案对于窄带和宽带干扰是鲁棒的。Schaub[1]介绍的"Spread-FSK"（S-FSK）是一个当存在窄带干扰时，调制解调器仍然可以正常工作的例子。FSK 的两个频率距离相对较远，使得窄带干扰仅仅会破坏一个传输频率，从而可以在 OOK 的基础上使用未受干扰的信道来进行解调。此时，在 OOK 中需要使用自适应阈值技术和干扰检测技术。值得注意的是，在 FSK 系统中，检测信息传输的情况时，不需要获得信道的状态信息。

$M-FSK$ 调制和编码技术结合的优点是：可以产生具有恒定包络的调制信号，频率扩展可以避开频谱特性较差的部分，时间扩展可以便于同时校正频率干扰和脉冲噪声。Dostert[2]已经将 $M-FSK$ 用于早期调制解调器的设计中。

在 $M-FSK$ 调制方案中，被调制的信号可以用正弦波表示为

$$s_i(t) = \sqrt{\frac{2E_s}{T_s}}\cos(2\pi f_i t), 0 \leqslant t \leqslant T_s \tag{5.1}$$

式中，$i=1, 2, \cdots, M$；E_s 是每个调制信号的符号能量；T_s 是符号间隔，并且

$$f_i = f_0 + \frac{i-1}{T_s}, \quad 1 \leqslant i \leqslant M$$

各信号之间是相互正交的，并且非相干接收信号的频率是 $1/T_s$ Hz。为了避免频率发生突变，可以用载波信号调制频率不断变化的单个载波，从而使得频率调制信号是相位连续的，称为相位连续的 FSK。关于这种类型的调制和解调的细节可以在本章参考文献［3］中找到。本文将不再对式（5.1）中给出的理想 $M-FSK$ 调制方案的频谱特性做进一步研究。由本章参考文献［3］可知，$M-FSK$ 调制的带宽利用率的理论值为

$$\rho = \frac{\log_2 M}{M}$$

当 M 较大时，$M-FSK$ 的频谱利用率很低。在具有单边噪声且功率谱密度为 N_0 的加性高斯白噪声信道上，传输的符号差错概率为 E_s/N_0，可近似为

$$P_s \approx \frac{1}{2}e^{-\frac{E_s}{2N_0}}$$

式中，$E_s = E_b \log_2 M$，E_b 是每个信息比特的能量。对于加性高斯白噪声信道而言，

如果每比特的信噪比（SNR）大于香农极限值 $E_b/N_0 \approx -1.6\mathrm{dB}^{[4]}$，则可以通过增大 M 来使误比特率减小，但是这样将会使发送信号所需的带宽增大。

由于我们想使用 $M-\mathrm{FSK}$ 调制，所以信号需要用 M 个码元进行表示。用整数 1，2，$\cdots$，M 分别表示 M 个频率，即整数 i 表示频率 f_i。将信息编码成长度为 M 的码字，它们分别对应 M 个频率。我们还需考虑：码字的设计和编码对传输效率的影响。这里用 $|C|$ 表示码字的基数（描述码字集合中元素的个数）。

定义 5.2.1：置换码 C 是由 $|C|$ 构成的长度为 M 的码字，其中每个码字包含 M 个不同的符号。

例如，当 $M=4$ 和码字基数 $|C|=4$ 时，码字是 $(1,2,3,4)$，$(2,1,4,3)$，$(3,4,1,2)$ 和 $(4,3,2,1)$，其中任意两个码字的 4 个位上都不相同，例如，消息 3 由频率 (f_3,f_4,f_1,f_2) 发送。注意，置换码 C 包含 4 个码字，任意两个码字的 4 个位置上的频率总是不同的。

表 5.1 中给出的置换码有 12 个码字，每个码字有 $M=4$ 个不同的数字，并且任意两个码字之间的最小差值或最小汉明距离 $d_{\min}$ 等于 3。对于 $M=3$，我们采用了两种编码方法，如表 5.2 所示。其中需要注意的是码字的设计和编码对传输效率的影响。在表 5.3 中，我们给出了 $M<6$ 的编码结果。

表 5.1　$M=4$ 的 12 个码字（$d_{\min}=3$）

1, 2, 3, 4	1, 3, 4, 2	1, 4, 2, 3
2, 1, 4, 3	2, 4, 3, 1	2, 3, 1, 4
3, 1, 2, 4	3, 4, 1, 2	3, 2, 4, 1
4, 2, 1, 3	4, 3, 2, 1	4, 1, 3, 2

表 5.2　$M=3$ 的两个码本

$d_{\min}=2$		$d_{\min}=3$
1, 2, 3	1, 3, 2	1, 2, 3
2, 3, 1	2, 1, 3	2, 3, 1
3, 1, 2	3, 2, 1	3, 1, 2

如果信息传输速率为每秒 b 比特，那么我们获得的信号持续时间为

$$T_s = \frac{1}{b}\frac{\log_2|C|}{M}$$

所需的带宽近似为

$$B = M\frac{bM}{\log_2|C|}$$

并且，我们定义 $M-\mathrm{FSK}$ 编码方案的带宽效率为

$$\rho = \frac{b}{B} = \frac{\log_2|C|}{M^2} \tag{5.2}$$

为了使效率最大化，我们必须找到当 M 和 $d_{\min}$ 一定时，$|C|$ 能取到的最大值。容易看出，对于长度为 M 的码字，每个码字都有 M 个不同的数字并且 $d_{\min}$ 总是大于等于 2。最小汉明距离为 2 的码字的基数 $|C|$ 是 $M!$（由表 5.3 可以看出）。因此，带宽效率可以定义为

$$\rho = \frac{\log_2 M!}{M^2} \approx \frac{\log_2 M}{M}$$

当 M 很大时，已编码的 $M-FSK$ 的带宽效率与未编码的 $M-FSK$ 的带宽效率相同。

表 5.3　码本的大小（$M=2，3，4，5$）

M	d_{min}			
	2	3	4	5
2	2			
3	6	3		
4	24	12	4	
5	120	60	20	5

下一个定理给出了置换码中码字数量的上限。

定理 5.2.2：对于长度为 M 的置换码，每个码字中有 M 个不同的码符号，并且最小汉明距离为 d_{min}，则基数的上限为

$$|C| \leqslant \frac{M!}{(d_{min}-1)!} \tag{5.3}$$

当 $d_{min}=2$ 时，对于任意的 M，式（5.3）一直成立。当 $d_{min}=M-1$ 时，置换码有 $M(M-1)$ 个码字。例如，当 $M=6$ 且 $d_{min}=5$ 时，上界则不能满足式（5.3）。

Blake[5] 用大幅 $k-transitive$ 组的概念来定义距离为 $M-k+1$ 的置换码。所有的 $k-transitive$ 组的结构对于 $k=2$ 是已知的。在本章参考文献 [5] 中，还指出了 M 个符号的置换码有 $|C|=M!/2$ 个码字，并且 $d_{min}=3$。要想找到较好的置换码，通常是很困难的。本章参考文献 [5] 所描述的置换码都是些简单的例子。如果我们假设存在满足式（5.3）的置换码，从式（5.2）可以得出，由最小汉明距离 d_{min} 和码长 M 定义的带宽效率近似为

$$\rho \approx \frac{M-d_{min}+1}{M} \frac{\log_2 M}{M}$$

接下来，我们将讨论解调器的改善方案和改善后解调器的输出。

次优非相干解调器使用 $2M$ 个相干器来计算 M 个包络，在每个支路的信号波形前，都设置有自动增益控制（AGC）单元，它的输出可以用来估计最大包络的发射频率。图 5.1 表示一般的包络检波器。

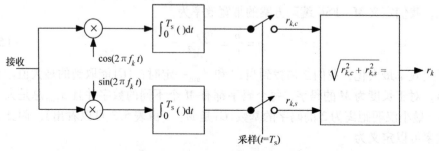

图 5.1　频率为 f_k 的包络检波器

我们可以使用针对特定频率的每个子信道的 SNR 来导出最优决策准则。在实际方案中，可以通过已定义的前同步码或通过使用相干器的输出来获得每个子信道的 SNR[1]。

输出 r_k 可以通过噪声方差 σ^2 进行归一化。j 时刻的归一化输出 y_k：$= r_k/\sigma_k$ 的概率密度函数由本章参考文献［3，6］给出，其中 E_k 和 σ_k^2 分别是特定频率 k 的接收符号能量和噪声方差，I_0 是零阶修正贝塞尔函数。

$$\Delta_{k,j}: = p(y_k|\text{频率 } k \text{ 传输})$$
$$= y_k \exp\left\{-\frac{y_k^2 + 2E_k/\sigma_k^2}{2}\right\} I_0\left(y_k\sqrt{2E_k/\sigma_k^2}\right)$$
$$\nabla_{k,j}: = p(y_k|\text{频率 } k \text{ 未传输})$$
$$= y_k \exp\left\{-\frac{y_k^2}{2}\right\}$$

如本章参考文献［1］所示，这种类型的 FSK 解调在频率选择性信道（如电力线信道）的简化模型下不是最优的，而且还忽略了信号的失真情况。此外，窄带噪声可能会产生较大的包络，因此在解调器的输出端会出现差错。脉冲噪声具有宽带特性，因此也可能会产生多个较大的包络。为了解决这些噪声问题，我们应该对解调器进行改进，使检测到的包络可以用于特殊置换码（即错误控制码）的解码过程。

对于置换码，每个码字只能用一个特定的频率向量来表示。该性质可以用于估计接收的符号能量以及每个子信道的噪声方差。

我们定义了 4 种类型的检测器/解码器组合。为此，我们使用 Y 矩阵（Y 矩阵是 $M \times M$ 矩阵）。

1）基于列智能（column wise）硬判决的经典检测器

在矩阵 Y 中，如果 y_i 是 j 时刻最大包络检测器的输出，则元素 $(i, j) = 1$；否则 $(i, j) = 0$。

$(i, j) = 1$ 表示已经发送的信号的频率为 f_i。因此，置换解码器将其码字与相应的频率进行比较，然后以最小距离输出码字。

2）基于列智能（column wise）软判决的改进检测器

在矩阵 Y 中，如果 $\Delta_{i,j}/\nabla_{i,j}$ 是 j 时刻的最大密度，则元素 $(i, j) = 1$；否则 $(i, j) = 0$。

同样，置换解码器将其码字与对应的频率进行比较，并以最小距离输出码字。

3）基于行智能（row wise）硬判决的门限检测器

在这种情况下，我们在每个包络检测器上设置阈值 T_i。可以根据 E_i 和 σ_i^2 来优化阈值 T_i 的大小，该阈值的实际值为 $0.6\sqrt{E_i}$。

若 $y_i > T_i$，则 j 列的元素由 $(i, j) = 1$ 给出；否则由 $(i, j) = 0$ 给出。

置换解码器将其码字与相应的频率进行比较，并以最小距离输出码字。

4）基于行智能（row wise）软判决的门限检测器

我们现在将所有满足等式 $(i, j) = \Delta_{i,j}/\nabla_{i,j}$ 的 i，j 都放入 Y 中。置换解码器用 i 时刻的频率 f_i 计算特定的码字 k，其值为

$$F_k = \prod_{i,j=1}^{2} \frac{\Delta_{i,j}}{\nabla_{i,j}}; \quad k = 1, 2$$

我们可以得出，最大后验概率（MAP）解调器输出的 k 值能使 F_k 取得最大值。事实上，我们计算的是在给定码字 k 时，接收到的确定矩阵 Y 的归一化概率。为了获得最佳性能，我们还需要知道 E_i 和 σ_i。

降低信道性能的因素包括：

1）在频率选择性信道（如电力线信道）的简化模型下，具有最大包络检测的非相干解调并不是最佳的。

2）窄带噪声可能会形成较大的包络，从而在解调器输出端产生误差。

3）脉冲噪声具有宽带特性，因此可能会形成多个较大的包络。

4）干扰可能会导致包络的消失。

5）此外，使用软判决检测器需要知道准确的信道状态信息，因此，在未知信道状态信息时，不能进行检测。

检测器 3）还含有关于接收信号在内的其他更多信息，我们将在非加性高斯白噪声的情况下进一步研究。这里我们采用以下的解码规则。

解码规则：解码后，输出与对应码字具有最大匹配长度的信息。

与置换码结合并且引入具有阈值的调制解调器，该解调器能够纠正由窄带噪声、脉冲噪声、信号衰落或背景噪声引起的错误输出。

1）频率 f_i 处的窄带噪声可能会使当 $j = 1$，2，$\cdots$，M 时，$[y_{i,j}] = 1$。

2）时间间隔为 j 的脉冲噪声可能会使当 $i = 1$，2，$\cdots$，M 时，$[y_{i,j}] = 1$。

3）背景噪声通过插入错误的解调器输出，或通过在解调器输出端删除传输频率，来降低性能。

4）解调器输出中，不存在总是将发送码字与接收码字之间的匹配长度减少 1 的干扰频率。

5）每当出现错误的输出符号时，都会将错误码字和接收码字之间匹配长度增加 1。然而，它并不减少发送码字和接收码字之间的匹配长度。

不同类型的噪声对多值检波器输出的影响可以从图 5.2 中看出。我们假设 $M = 4$，并将码字（1，2，3，4）作为频率（f_1，f_2，f_3，f_4）进行发送。

例如 $M = 4$，$d_{min} = 4$，在频率为 f_4 并且传输的码字为 $\{3, 4, 1, 2\}$ 的子信道中，一个恒定的干扰（窄带噪声）可能会导致解调器的输出为 $\{(3, 4), (4), (1, 4), (2, 4)\}$。解码器将解调器的输出与所有可能传输的码字进行比较，然后在解调器的输出端输出匹配长度最大的码字。在这个例子中，码字 3 对应的所有符号都会出现，因此可以进行正确的解码。由于所有的码字中至少有 d_{min} 个位置是不

同的，所以当存在 $d_{min}-1$ 个误差时，仍然可以进行正确的解码。例子中 $d_{min}=4$，所以，在解调器的输出中可以存在 3 个恒定的干扰。下面我们将对不同类型干扰的影响做出分析。

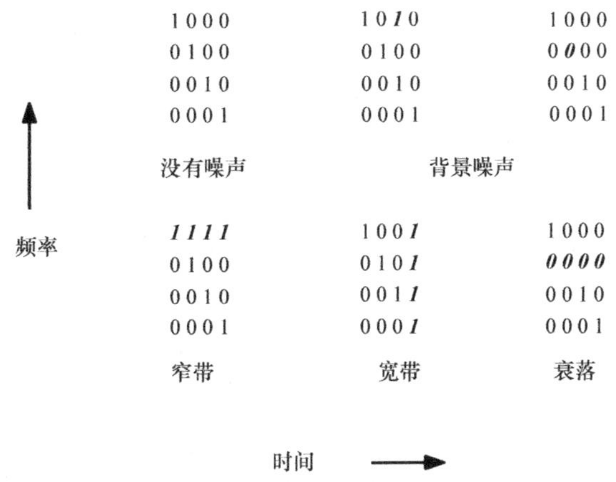

对于 S – FSK，当我们仅使用两个频率时，置换码包含的两个码字分别是（1，2）和（2，1）。使用与图 5.2 所示相同的原理可以看出，我们能够检测和校正所有单个错误的情况。置换码的应用使得 S – FSK 成为实际情况中具有很好鲁棒性的系统。

脉冲噪声具有宽频段特性，并且脉冲的持续时间通常小于 $100\mu s$。网络测量表明各符号的间隔时间是相互独立的（相隔

```
1000        1010        1000
0100        0100        0000
0010        0010        0010
0001        0001        0001

没有噪声      背景噪声


1111        1001        1000
0100        0101        0000
0010        0011        0010
0001        0001        0001

窄带         宽带         衰落
```

时间 ⟶

图 5.2　信道中几种类型的干扰（斜体）

$0.1 \sim 1s$）。当信令速率为 10kHz 时，符号持续时间为 $100\mu s$，因此，脉冲噪声可能会对至少两个相邻符号产生干扰。并且由于其具有宽带特性，所以可能会使解调器输出所有可能存在的频率，因此，我们可以把这种类型的噪声看作是消除性噪声（erasures）。当信令速率为 10kHz 时，$d_{min}=3$ 的码字能够校正两个恒定干扰，或者能够在有脉冲存在的情况下得出正确的输出。当信号的速率更高时，可能会影响更多的符号，因此需要最小距离更大的码字。例如传输的码字为 $\{3, 4, 1, 2\}$，如果脉冲噪声导致所有包络都存在于 3 个符号的传输中，那么我们可以得出解调器的输出为 $\{(1, 2, 3, 4), (1, 2, 3, 4), (1, 2, 3, 4), (2)\}$。将该输出与可能传输的码字进行比较，给出 0 到正确的码字和 1 到所有码字的差值（距离）。因此，即使出现上述输出中的 3 个，我们仍然能够得到正确的码子，因为总存在和错误码字相差 1 个距离的剩余符号（remaining symbol）。

背景噪声对系统性能的影响主要通过以下两种方式：通过插入错误的解调器输出、在解调器输出端删除发送频率。注意，对于这种"阈值"的解调而言，当插入或删除 $d_{min}-1$ 个差错时，仍可以得到正确的解码结果。

信号衰落或者解调器输出端频率的减少，总是能将发送码字和接收码字之间的匹配长度减 1。在相同位置处具有相同符号的其他码字也是如此。即使符号不同，匹配长度也不会发生改变。

每个错误的输出符号的出现或插入，都可以将错误码字和接收码字之间的匹配长度增加 1，但不会改变发送码字和接收码字之间的匹配长度。

丢失或删除一个输出符号，可以减少发送码字和接收码字之间的匹配长度，但它不会改变错误码字和接收码字之间的匹配长度。

总之，在改进的解调器中，结合置换码引入的阈值能够校正由窄带噪声、脉冲噪声、信号衰落或背景噪声引起的 $d_{\min} - 1$ 个解调器的错误输出。

假设背景噪声具有恒定噪声功率谱密度，检测误差概率在未编码的情况下为

$$P_e \le e^{\log_2 M \left(\ln 2 - \frac{E_b}{2N_0} \right)}$$

式中，E_b 是每个传输信息比特的能量[7]。如果我们使用最小距离为 $d_{\min}$ 的置换码，则编码误差概率大概为

$$P_e \le e^{\log_2 |C| \left(\ln 2 - \frac{d_{\min} E_b}{2MN_0} \right)}$$

其中我们使用长度为 M 的置换码，$ME_s = \log_2 |C| E_b$。置换码的基数上限为

$$|C| \le \frac{M!}{(d_{\min} - 1)!}$$

当上式取等时，对于 $d_{\min} = M - 1$，有

$$\lim_{M \to \infty} P_e \le e^{2\log_2 M \left(\ln 2 - \frac{E_b}{2N_0} \right)}$$

这表明编码可以很好地改进指数误差。然而，电力线信道并不是恒定的 AWGN 信道，所以该计算并不合理。系统性能的好坏还取决于信道信息、干扰的参数以及所使用的调制/编码方案。

5.2.2 扩频调制

扩频技术（Spread Spectrum Technique，SST）最初是为军事通信研发的，是通过高频谱冗余来抑制人为的或无意的干扰。SST 的显著的优势是：具有非常低的功率谱密度。所以发射的信号对外来说是隐蔽的，如果能够对扩频码进行保密，那么就能够成功地避免窃听。

在 PLC 中，SST 系统能够提供抗选择性衰落和窄带干扰的鲁棒性。同时，它们还解决了电磁兼容（EMC）的问题，并且由于其具有较好的降级特性，所以多个用户可以在无协调的情况下进行多路访问。因此，该系统可以通过码分多址（CD-MA）方案来实现介质访问（media access）。

过去，SST 系统的成本很高，因此它的应用领域相当有限。随着微电子系统的发展，目前 SST 系统已经几乎适用于所有的应用，包括 PLC。本节简单地介绍了适用于 PLC 的 SST 类型，并就其性能方面进行了分析。研究了适用于典型 PLC 链路属性的 SST 的各种方式，包括带宽需求和同步问题。最终，对实际应用方面进行了评估，提出了改进方案和未来发展的方向。

正如上文所述，SST 的核心要素是要有足够的带宽。在实际情况中，与传输一般的调制信号所需的频谱相比，SST 必须有相当充足的频谱资源。因此，只有具有大的频谱冗余时 SST 才能较好地工作。我们假设一般的调制信号在频率为 f_0 的载波处占据的带宽为 B_m，然后进行频段扩展，使得到的带宽 B_{SP} 在 10 倍到几千倍 B_m 之间，处理增益为 $P_G = B_{SP}/B_m$。根据后面的章节我们可以知道，使用 SST 的最根本

原因是它能够实现带宽占用和信噪比（SNR）之间的权衡，并且，改善后的 SNR 近似等于处理增益 P_G。实际上，当 P_G 小于 10 时，没有太大的意义。虽然 SST 是真正的宽带技术，但是在数据吞吐量和频谱效率方面，它的性能并不是最好的。相反，当数据吞吐量不是研究重点时，SST 的鲁棒性是很好的。因此，SST 对 PLC 的作用现在还很难确定。一方面，当选择合适的 SST 方案时，性能极差的信道仍然可以进行可靠的数据传输（虽然速率非常慢）。另一方面，如果我们的目标是高频谱效率，则诸如 OFDM 的其他宽带技术由于具有高频谱效率，也可以产生很好的结果，但是有干扰存在时它们就不能保证具有相同程度的鲁棒性。

5.2.2.1 SS 技术类型：直接序列扩频

我们可以将直接序列扩频（Direct Sequence Spread Spectrum，DSSS）看作是所有频段扩展技术的鼻祖，由于它易于控制，所以很早就应用于扩频通信中。

如图 5.3 所示，我们以传统方法用信号 $s_i(t)$ 对频率为 f_0 的单载波进行调制，产生的窄带频谱 $S_m(f)$ 的带宽大约为 $s_i(t)$ 的两倍。然后再由扩频码 $p_1(t)$ 指定的二进制伪随机序列（BPRS，其码片间隔足够小）进行第二次"高速"调制。DSSS 的特点是二进制扩频码在每个码片的边缘处均产生 180° 的相位跳变。如图 5.4 所示。

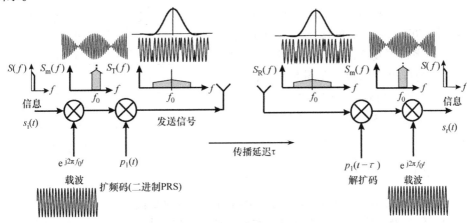

图 5.3 DSSS 系统的基本框图

如图 5.3 所示，扩展频谱 $S_T(f)$ 的包络和形状由扩频码的某些特性决定，这些特性将在下面的章节中进行研究。目前，$S_T(f)$ 的带宽大约为 BPRS 时钟频率的两倍。

目前我们所得到的宽带信号是由通信信道发送的，在接收端，为了进行解扩，与接收信号同步的序列 $p_1(t)$

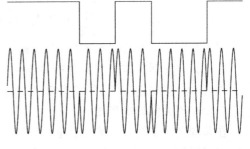

图 5.4 二进制伪随机序列引起的 180° 相位跳变

必须是可用的，在发射机和接收机之间，由信号传播时间 τ 引起的延迟序列 $p_1(t-\tau)$ 也必须是可用的。在第一个混频器中，先除去快速的相位跳变，并且恢复频谱 $S_R(f)$（见图 5.3），然后接一个用于恢复信息的常规解调器。

DSSS 的一个优点是扩频和解扩调制器技术非常简单，这使得该技术成为扩频应用领域的关键技术。事实上，被动双平衡混频器（Passive Double Balanced Mixer）体积小，价格低廉，应用广泛，可以很好地完成这项工作。此外，使用 XOR 门中具有反馈作用的移位寄存器，也可以很容易地产生 BPRS。如图 5.5 所示，通过选择移位寄存器的两个或多个抽头（其中一个必须始终是最后一级），并将模 2 后的结果反馈到第一级，产生 m 序列。m 代表最大长度，这意味着对于 n 级移位寄存器来说，能够得到长度为 $L = 2^n - 1$ 的序列。因此，2^n 个状态中除了能将寄存器永久锁定的全零状态外，其余的每个状态都将出现一次，直到该序列重复。

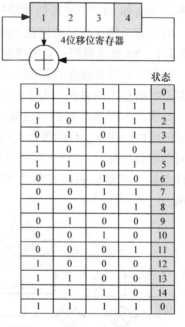

				状态
1	1	1	1	0
0	1	1	1	1
1	0	1	1	2
0	1	0	1	3
1	0	1	0	4
1	1	0	1	5
0	1	1	0	6
0	0	1	1	7
1	0	0	1	8
0	1	0	0	9
0	0	1	0	10
0	0	0	1	11
1	0	0	0	12
1	1	0	0	13
1	1	1	0	14
1	1	1	1	0

图 5.5　使用移位寄存器反馈生成 15 位 BPRS 的示例

BPRS 扩频码的性质：带宽近似等于移位寄存器的时钟频率 f_c 的两倍。接下来我们来研究 m 序列更复杂的性质，即频谱的形状及其周期的自相关函数。在图 5.5 中，从表的最后一列可以发现，二进制序列 $p(i)$ 的周期自相关函数（ACF）可以通过式（5.4）计算得到

$$\mathrm{ACF}(\tau) = \sum_{i=0}^{2^n-2} p(i)p(i+\tau) \quad (5.4)$$

式中，i 和 τ 是由移位寄存器时钟周期给出的离散时间步长。

由于仅涉及数字信号，所以可以在比特位数相同的情况下加 1，在比特位数不同的情况下减 1，来得到正确的结果。因此，式（5.4）变成

$$\mathrm{ACF}(\tau) = \sum_{i=0}^{2^n-2} \overline{p(i) \oplus p(i+\tau)} - p(i) \oplus p(i+\tau)$$

图 5.6 给出了来自图 5.5 的 15 位 m 序列的结果。

显然，m 序列具有理想的自相关特性，即不论何时，它们都无间隙地周期性重复，并且不会出现超过 "1" 的旁瓣。然而，一旦不满足周期性的要求，ACF 就可能会产生相当大振幅的旁瓣。

在非周期的情况下，唯一能保持理想 ACF 特性的二进制码是巴克码（Barker Code），遗憾的是，直到今天我们才发现长度大于 13 的码字。相比之下，m 序列的

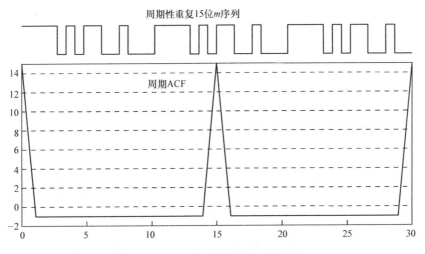

图 5.6　m 序列的特定周期 ACF 特性

主要优点就是其长度足够长。例如使用 89 级的移位寄存器，并且通过第 89 级、第 6 级、第 5 级和第 3 级来进行模 2 和，然后反馈到第 1 级，这将使得码字的长度为 618 970 019 642 690 137 449 562 112 比特[8]。在军事领域中，扩频码的保密是极其重要的，所以扩频码的低重复率非常重要。此外，编码长度决定相应的波形能量，如图 5.6 所示的 ACF 峰值，它能表示以位（比特）为单位的码字长度。

为了更详细地分析频谱特性，我们根据维纳－辛钦定理所描述的能量或功率谱密度（PSD）来讨论 ACF 的傅里叶变换。如图 5.6 所示，m 序列 ACF 的包络可以通过三角函数来表示，其峰值等于序列的长度，并且包络在 $\pm 1/f_c$ 处几乎为零，其中 f_c 是移位寄存器的时钟频率。为了方便，我们可以将 ACF 进行归一化，使其峰值为 1。同样，水平轴也可以缩放，使 $1/f_c$ 变为 1。当 n 足够大时，该归一化的 ACF 可以用理想三角函数近似：

$$\Lambda(t) = \begin{cases} 1 - |t|, & |t| \leqslant 1 \\ 0, & \text{其他} \end{cases}$$

还可以用傅里叶变换对 $\Lambda(t) \leftrightarrow \text{sinc}^2(\pi f)$ 来获得 DSSS 信号的功率谱密度的近似值。

如图 5.7 所示，DSSS 传输信号的功率谱密度在频率上不是均匀分布的，而是呈 sinc^2 形的。这意味着最大功率集中在载波附近，而零点出现在 BPRS 发生器的时钟频率 f_c 的整倍数处。旁瓣的功率会缓慢衰减（邻近主瓣的旁瓣的功率衰减仅为 13.5dB），并有可能产生带外干扰。在实际情况中，我们要进行滤波，从而在发射时可以仅发射主瓣的频谱。另外，不均匀分布也是一个缺点。例如，围绕载波的频谱范围比其他部分更容易受到干扰。

图 5.7 中 PSD 的计算结果显然与频谱分析仪记录的包络（图的底部）很接近。但是，照片中显示的是频谱线的"精细结构"（fine structure），通过仔细观察可以发现，尽管第一眼看上去频谱可能是连续的，但是在扩频码重复的位置处仍存在着

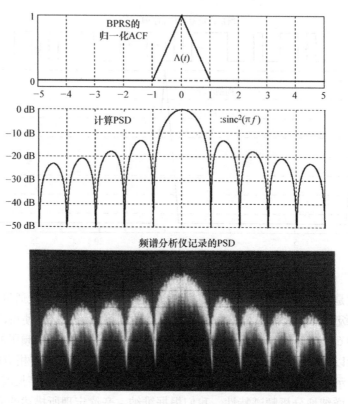

图 5.7　BPRS 的 ACF 和双相调制载波的 PSD

频谱线。正因如此，扩频序列需要足够长。在实际应用中，作为扩频码的 m 序列长度一般在 1023 ~ 8191 的范围内，即需要使用 10 ~ 13 位移位寄存器。

同时，因为采用了多路访问控制，所以扩频码的长度要足够长，图 5.8 给出了相应的解释。DSSS 提供了多用户能够访问相同的频谱资源的可能性，这是通过正交扩频码 $p_1(t)$，$p_2(t)$，…来实现的。

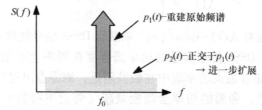

图 5.8　用正交码解扩的结果

如图 5.8 中的频谱图所示，已经分配了正交扩频码 $p_2(t)$ 的信号不能对 $S_R(f)$ 的频谱进行压缩，因为 $S_R(f)$ 是由扩频码 $p_1(t)$ 扩展得到的。因此对于扩频码 $p_2(t)$ 而言，接收频谱 $S_R(f)$ 几乎可以保持不变。然而，对于扩频码 $p_1(t)$ 而言，$S_R(f)$ 会发生频谱压缩（spectral compression），从而获得包含信息在内的窄带信号，并且可以在解调之前对其进行适当的滤波。

对于窄带干扰源也可以进行类似的处理。将干扰信号的频谱进行扩展，在扩展后的频谱中，与信号带宽 $S_m(f)$ 对应的部分会对信号造成干扰。显然，抑制干扰的程度是由处理增益 P_G 决定的。

在多用户情况下，多个用户可以在无协作的情况下并行地随机访问信道，当然前提是每个用户使用不同的正交扩频码。它可以通过"码分多址" – （CDMA）来描述。因此，每个用户可以占据整个频率范围，并且只产生轻微的干扰。事实上，即使扩频码是完全正交的，解扩时也会在恢复的频谱 $S_m(f)$ 中留下少部分其他用户的频谱功率，如图 5.8 所示。因此，访问信道的用户越多，相互干扰就越严重。这种情况可以比作，在一个房间里，许多人在同一时间用不同的语言说话。当人数在一定范围内时，可以正常地进行交流。因此，需要将可容纳的用户数量与信道容量进行匹配。我们将 CDMA 系统中的这一特性称为"适度降级"特性，这意味着信号质量正在缓慢恶化，但对于所有用户而言仍然是可以接受的。

其中的关键是我们反复提到的处理增益 P_G。一般情况下，用户数必须小于 P_G，否则对其他类型干扰的鲁棒性将完全消失。

DSSS 方案除了 PSD 的包络不均匀外，还需要进一步研究同步问题。DSSS 所需的定时精度大约是扩频码时钟周期的 1/10，即所需的精度随着 P_G 的增加而增大。并且，在 DSSS 系统中，同步问题大约覆盖了整个接收机的 2/3。

一般情况下，我们将捕获功能和跟踪功能设计成独立的函数，用扩频码的匹配滤波器来进行快速捕获，用延迟锁定环技术来进行跟踪[8]。表面声波抽头延迟线已经能够作为匹配滤波器来使用，它包括完整的 m 序列或至少包括相应扩频序列的某些特定部分[9,10]。目前，这些模拟的和不灵活⊖的装置已由数字匹配滤波器所取代，例如相关器组可以适用于任何扩频码。

在 20 世纪 80 年代，DSSS 在电力线信道上的应用[11,12]主要在 100kHz 范围内，主要面向低频率和低数据速率的应用。DSSS 技术具有针对选择性衰落和窄带干扰的鲁棒性。但是与一般的窄带调制方案（例如 FSK 或 BPSK）相比，效果并不是很好。尽管如此，我们仍然试着将 DSSS 用于较高频率的快速数据传输，同样结果也不是很好。

DSSS 系统并没有成功地从军事应用扩展到电力线路应用，是因为：

1）DSSS 需要连续且相对平坦的带宽，即不允许存在较大的间隔，但是可以存在极窄的间隔。值得注意的是：

① 因为存在固有的频谱冗余，所以只有一小部分（例如小于 1/10）的可用带宽能够进行数据传输，从而导致数字吞吐量很低。

② 与无线信道相反，电力线信道总是呈现低通特性。因为衰减太快（特别是

⊖　因为扩频码直接映射到结构中。

由强频率选择性衰落效应所引起的衰减），所以仍然存在没有扩展的平坦部分，从而使部分带宽不能使用。

2）DSSS 对相位敏感，即如果信道在整个带宽上不提供线性相位响应，则会产生严重的降级作用。注意，特别是在多径环境中，相邻的凹口处会发生较强的相位波动。

3）DSSS 对多径传播也是非常敏感的。所以，在多径信道中，需要使用分离多径接收。分离多径接收一方面能够提供多径分集增益，但是，它对于同步和信道估计问题的要求也更高，而同步和信道估计都需要锁定到正确的信道路径。

4）DSSS 可以克服窄带干扰，但是窄带干扰仅仅是电力线中可能存在的众多干扰之一。

通过上述的分析我们可以知道，DSSS 对背景噪声和脉冲噪声都没有抑制作用。脉冲噪声通常表现出宽带特性，这使得接收机在解扩时只需要将 PDS 适度减小。

5.2.2.2 SS 技术类型：跳频

本节将详细讨论跳频（Frequency Hopping, FH）技术，因为它是目前及未来电力线通信系统的基础。下面我们介绍 FH 引起关注的原因以及 FH 的应用。

FH 是经典的扩频技术，不管是在过去还是在现在，它在军事领域中都得到了广泛的运用。FH 不是使用具有固定频率的载波信号，而是使用各种不同频率的波形，有时在军事应用中使用的波形甚至超过 100000 种。

FH 信号的频率不断变化，具有跳跃速率 h_r。在一个频率处停留的时间 $T_h = 1/h_r$ 越短，FH 信号的确定性就越小，所以它看起来更像是噪声。将停留时间 T_h 称为频率有效间隔或码片持续时间。振幅为 A，瞬时频率为 f_m 的 FH 波形 $s_{FH}(t)$ 可以表示为

$$s_{FH}(t) = A\mathrm{rect}\left(\frac{t}{T_h}\right)\sin(2\pi f_m t) \tag{5.5}$$

由式（5.5）可知，FH 波形不仅占据谱线 f_m，而且还占据连续谱

$$S_{FH}(f) = AT_h\mathrm{sinc}\left[\pi T_h(f - f_m)\right]$$

因为占用频率 f_m 的时间仅为 T_h，所以 $S_{FH}(f)$ 相对于 f_m 对称。假设由匹配滤波器进行接收，最大的 FH 波形可以由传输带宽 B_g 表示为

$$N_{FH} = \lceil B_g T_h \rceil - 1 \tag{5.6}$$

式中，$\lceil x \rceil$ 是取 x 的整数部分。这意味着可接受的最小频率间隔等于跳跃速率 h_r。我们可以使用一组正交波形，因为系统中存在匹配滤波器的接收机，可以给想接收到的波形提供最大的自相关函数，从而在接收端获得该波形。例如对于奇数 N_{FH}，根据式（5.6）可知，以频率 f_0 为中心（即位于带宽为 B_g 的频段中心）的正交 FH 波形集合可以描述为

$$s_{FHi}(t) = A\mathrm{rect}\left(\frac{t}{T_h}\right)\sin\left\{2\pi\left[f_0 + \left(i - \frac{N_{FH} + 1}{2}\right)h_r\right]t\right\} \tag{5.7}$$

式中，$i \in \{1, \cdots, N_{FH}\}$。例如，波形 $s_{FH1}(t)$ 的频谱在频率 $f_0 - [(N_{FH}-1)/2]$
$h_r = f_0 - (B_g - h_r)/2$ 处对称。频率为 $f_0 + [(N_{FH}-1)/2] h_r = f_0 + (B_g - h_r)/2$ 的波
形位于上频段，相应地 $i = N_{FH}$。

FH 可以看作是 FSK 调制两个甚至更多频率的扩展，如下面的例子所示。在该
例中，FH 用 5 个频率来发送数据比特。我们假设，信息（一个数据比特）存在于
5 个独立的离散频谱位置上。它的好处是：干扰存在时，删除这些频谱中的一个或
两个，并不会对数据传输造成影响，而且我们可以在接收机中利用简单的多数判决
原则（五分之三）来重建数据比特。

图 5.9 举出了 'H' 和 'L' 数据位以及分配对应频率序列的例子。在这个例
子中，'H' 数据位由固定时隙（码片）中连续发送的升序频率 f_1、f_2、f_3、f_4 和 f_5
序列表示。同样，'L' 数据位由频率 f_2、f_3、f_4、f_5 和 f_1 序列表示。

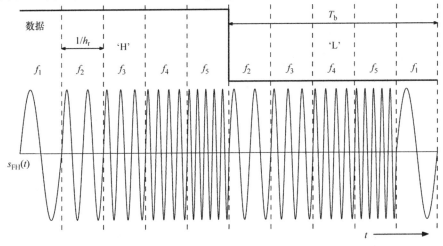

图 5.9　每比特包含 5 个频率时 FH 的数据和传输信号

频率在码片的边界处发生突变，没有瞬时状态和相位跳变。为了便于理解，我
们确定了频率值，使时隙中的振荡数量从一个时隙到下一个时隙时增加 1。这意味
着第 1 个时隙包含 1 个振荡，第 5 个时隙包含 5 个振荡。但是在另一时间序列中，
我们则用相同的频率表示 'L' 数据位，如上例所示，我们用 f_2、f_3、f_4、f_5 和 f_1 表
示 'L' 数据位。注意，当把 5 个频率作为二进制变量时，有 $2^5 = 32$ 种不同的组
合，而这里只用到了其中的两种。这种冗余最终决定了该频段扩展调制的鲁棒性。
当选择用于表示 'L' 和 'H' 位的两个组合时，我们必须注意，数据位各个时隙
的频率总是不同的，这样才能够实现最佳的抗干扰性。因此，要获得两个以上的组
合才可以用 5 个频率传输多个比特而不影响抗干扰性。

用多于 5 个的载波或者进一步扩展频谱时，可以达到更高的抗干扰性。通常，
FH 能够将频谱扩展得很宽。与 DSSS 相反，FH 的频谱不一定是相干的，并且 FH
不需要使用高时钟速率的伪噪声序列，这极大地简化了同步的问题。因此，电源网

络能够与电源电压一起作为可用的全局参考，并且 FH 和电力线通信相关技术的一些主要成就也归因于此。

FH 具有较高的冗余，但是只要能够保证全局同步，仍然可以把它看作是一种具有公平频率效应的方法，如下面的例子所示，发射机和接收机用相同的时钟（例如电源电压）进行同步。图 5.10 画出了充分利用带宽 B_g 时的总频谱。如果在式（5.7）中令跳跃速率为 $h_r = B_g/100$，我们将获得 99 个频率距离为 h_r 的正交 FH 波形，它们总共占据的带宽为 $B_g = 100h_r$。图 5.10 反映了 FH 的良好频谱效率。其中频谱 $S(f)$ 的包络几乎是平坦的，这意味着 FH 可以均匀地使用可用带宽。此外，我们还可以占用频谱的非连续部分，来避免定向干扰、排除具有强衰落的频谱范围，或者在频率分配准则的基础上，跳过某些频率范围。通过以上分析可知，FH 与 OFDM（电力线通信公认的优选方法）非常类似。

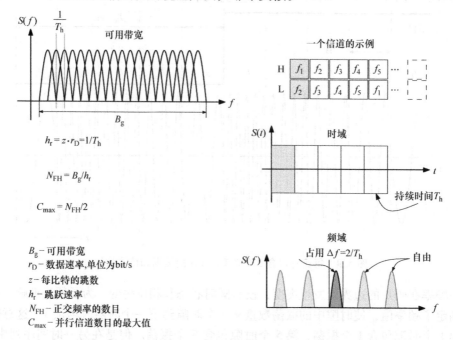

图 5.10　FH 的频谱效率示例

对于 DSSS 来说，为了使用 FH 来填充带宽 B_g，并不需要跳跃速率的值为 $h_r = B_g/2$；事实上，跳跃速率为 $h_r = B_g/100$ 或者更小就已经足够了。

最后，我们来分析一下快跳频和慢跳频之间的区别。快跳频通过可用频段上的数据比特来携带信息，使得可以在数据比特持续时间 T_b 内连续发送 z 个正交的 FH 波形。'H' 和 'L' 位通常由这些 z 个频率的序列来区分。在快速跳跃中，跳跃速率 h_r 总是数据速率 $r_D = 1/T_b$ 的 z 倍。

相反，慢跳频在持续时间为 T_h 的一个频隙中只发送几个数据比特。为了实现抗干扰的特性，相同的数据比特在其他的一个或几个频率上重复出现。在电力线这类信道上使用慢 FH 时，存在的问题是接收信号中的相位波动可能在一个码片持续时间 T_h 内发生，而慢跳跃的码片持续时间比快跳跃要长得多。这将导致接收机中有用信号的降级，并且严重时可能会使期望的自相关的最大值[2,13]完全消失。这就是为什么虽然快速 FH 在同步精度方面具有更高的要求，但还能成为主电网中的优选方法的原因，特别是在低电压的情况下。

当鲁棒性数据通过电力线传输时，由于同步精度较低，FH 与其他技术相比（如 DSSS），不能正常工作。然而，由信道提供的传输特性和干扰负载对 FH 来说仍是有利的。

当采用电力线信道进行通信时，假设唯一存在的干扰为零均值的高斯白噪声，那么只要在接收端使用匹配滤波器并且达到足够的同步精度，DSSS 和 FH 就可以具有相同的传输质量。相反，如果存在非白噪声或者非高斯干扰，则 FH 的传输质量较好，这些情况在电力线中普遍存在。并且在接收机输入端具有随时间变化并且和频率相关的信噪比时，FH 可以有效地利用不同频率下信噪比的统计差异，下面将演示如何实现此操作。

DSSS 接收机通过将所需信号的频谱进行压缩来使每个干扰信号近似转换成白噪声，这意味着一般情况下 DSSS 不能完全消除干扰源的影响。例如频率为 f_{int} 的强正弦干扰源的功率谱在 DSSS 接收机解扩之后，形成以 f_{int} 为对称轴的钟形对称分布。由此可知，一些干扰总是落入频谱压缩后的有用信号的范围内，这样就会使接收机输出端的信噪比降低。当发送数字信号时，干扰使误比特率增加。f_{int} 越接近所需信号的中心频率，干扰就越明显。然而，FH 允许在传输频段内的所有频率上通过 v FH 波形来分配信息比特。当至少有 $\lceil v/2 \rceil + 1$ 个未受干扰的波形到达接收机时，就不会产生比特错误。由于窄带干扰源的影响限制在 FH 接收机的窄频率范围内，所以它不能同时干扰多个波形。因此，FH 系统可以完全抵抗来自不同频率的 $\lceil v/2 \rceil$ 个窄带噪声源的干扰。

相反，当使用 DSSS 时，强正弦干扰可能会造成信息传输的失败。当在中压和低压的电网中研究典型的干扰时，FH 的优势就会变得非常明显。但是，FH 发射机一直占用着可用的传输频段是没有意义的，这意味着许多频率将遭受到同样的影响，例如频率选择性衰落所带来的影响。FH 的另一个优势是可以在相隔很远的频率上分配比特信息，从而来避免选择性衰落和选择性干扰功率最大值的共同影响，而 DSSS 则没有这些优点。

图 5.10 反映了在电力线上使用 FH 多址接入的能力[14,15]。根据 EN 50065 标准[16]，有 142 个 FH 信道可以在 A 频段中同时工作，每个 FH 信道提供的数据速率为 $r_D = 60 \text{bit/s}$。

然而，从目前的情况来看，即使可以保证鲁棒性，该示例所提供的数据速率也是非常低的。此外，在现代应用中，无论是在与能源相关的增值服务中，还是在楼宇的自动化中，对多址访问都没有强制性要求。事实上，由于满足不了带宽以及同步精度的要求，所以排除了 FH 在电力线上的使用，在低频范围内也是如此。综上所述，与 DSSS 相比，FH 存在以下一些优点：

1）FH 可以处理频谱的非连续部分（任意大小的间隙都不是问题）；注意，与 OFDM 类似，使用 FH 时，可以删除具有快衰落、大噪声或校准问题的频谱。

2）使用 FH 传输的信号总是具有恒定的包络（由于限制了主瓣的频谱，因此在发射机输出端经过调制和滤波后会产生 DSSS 波动）。

3）使用慢跳跃可以明显地降低同步要求。

由于 OFDM 可以保持 FH 的大部分优点并且能够提供较高的频谱效率，所以在过去的 10 年中，电力线通信的所有领域均已经转向 OFDM。事实上，OFDM 与 FH 相比唯一的不足是传输信号的幅度具有强烈的波动。因此，在 OFDM 系统中，需要有控制波峰的方法，并且还需要对发射机和耦合设备进行研究。

5.2.2.3　SS 技术类型：线性调频

线性调频信号通常由具有恒定幅度和频率的正弦信号组成，其随时间线性增加。根据所谓的线性调频参数 μ，可以分为上线性调频（带 +）或下线性调频（带 -）。虽然线性调频信号的包络不一定是线性的，但是仍然将它用于大多数技术中，原因将在下文中给出。线性调频信号一般表示为

$$s_{CH}(t) = A\mathrm{rect}(t/T)\cos\left[2\pi\left(f_0 t \pm 1/2\mu t^2\right)\right] \tag{5.8}$$

式中，A 是恒定幅度；T 是总持续时间；f_0 是起始频率；μ 是线性调频参数，上文已经介绍。将式（5.8）中的余弦函数对时间进行微分，得到线性调频的瞬时频率 f_i，即

$$f_i(t) = f_0 \pm \mu t \tag{5.9}$$

式（5.9）清楚地表示了"线性"频率调制的含义。

线性调频信号对各种干扰和其他信道的传递函数都具有较好的抑制作用。图 5.11 给出了详细的解释。

在讨论图 5.11 中的数据传输示例之前，我们先来看看线性调频信号的频谱。式（5.8）傅里叶变换的结果如图 5.12 所示。除了两侧具有陡峭的边缘之外，其他的频率响应几乎是平坦的。

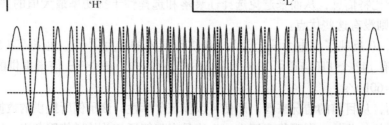

图 5.11　上/下线性调频信号作为二进制数据传输的正交波形

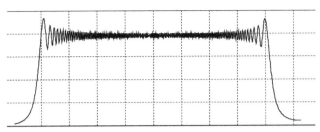

图 5.12　线性调频信号频谱的典型包络

通过增大参数 μ 来扩展带宽，从而使曲线的平坦度和陡峭度都得到改善，最终得到与矩形十分相似的形状。

总之，从图 5.11 和图 5.12 中，可以看出线性调频信号具有以下显著特点：

1）在时域中，线性调频信号具有恒定的包络，可以很好地利用传输功率，即接收机可以接收到最大能量的波形。

2）线性调频信号在频谱中均匀分布，所以传输的信息也是均匀分布的。

3）通过选择明显大于数据比特持续时间的线性调频持续时间，即使在极差的 SNR 条件下也可以进行无差错传输，目前这个优点已经得到了充分的利用。例如直接数字合成（Direct Digital Synthesis, DDS）技术，可以在扩展的频率范围内保证线性调频信号具有线性特征。

当用图 5.11 所示（上线性调频用于 'H' 位，下线性调频用于 'L' 位）的二进制数据传输时，可以构建具有特殊鲁棒性且基于线性调频的数据传输系统。在这种情况下，线性调频的持续时间等于数据比特位的持续时间。虽然这种方式没有实现高数据速率，但是当在接收端使用匹配滤波器时，可以保证具有非常好的鲁棒性。鲁棒性来自带宽扩展效应，即由数据比特传输期间占用的频率范围的大小来确定，更多细节见图 5.13。

由图 5.11 和图 5.13 可以看出，我们可以用线性调频信号的持续时间（100μs）来实现 5kbit/s 的数据速率。在时间分辨率为 200ns 的范围内，其近似等于线性调频信号 ACF 的主瓣带宽。由于互相关函数（CCF）非常低，所以上下线性调频信号是良好的准正交信号。此外，由于 ACF 的时间分辨率超过数据速率的十分之一，因此对于该示例，我们可以用最小时间（200ns）来发送若干时移线性调频信号，从而增加吞吐量。这种"线性调频位置调制"（chirp position modulation）可以用于商业芯片组中的 PLC 系统[17-19]。

下面，我们将更详细地分析线性调频系统示例表现出的鲁棒性。假设信噪比（SNR）约为 -18dB（很差的 SNR）。

在时域中，我们不再分析图 5.14 记录的线性调频信号，而是分析上下线性调频信号的 ACF（类似于图 5.13），得到的结果如图 5.15 所示。尽管干扰很严重，但是我们可以清楚地看到两个尖峰都处于正确的位置上，并且振幅明显地高于旁瓣和互相关水平。因此，即使 SNR 很小，采用合适的比特判决也是可行的。

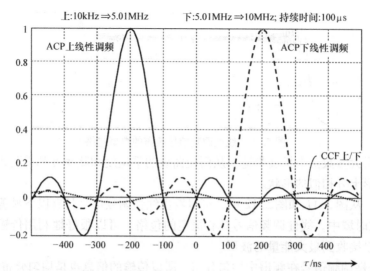

图 5.13 匹配滤波器接收线性调频信号（上线性调频和下线性调频是正交的）

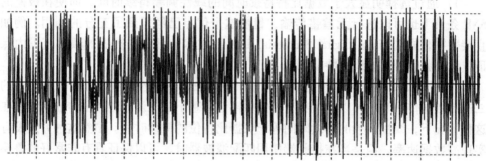

图 5.14 -18dB 的 SNR 时的上线性调频信号（10kHz~5MHz）的时域提取

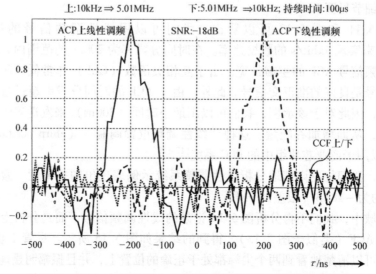

图 5.15 SNR = -18dB 时上/下线性调频信号匹配滤波器的输出

为了提高吞吐量，可以扩展线性调频信号的带宽，从而使 ACF 峰变窄，因此，需要一个闭路器（使得信号在一个较小范围的闭路中传输）。为了用更为直接的方式进一步改善鲁棒性，可以延长线性调频信号的持续时间，使 ACF 峰值振幅变大。总之，通过线性调频的设计，所期望的自适应和传输质量可以很容易地实现。

在低（＜500kHz）和高（＞1.5MHz）频率范围的典型电力线信道上，线性调频的理想特性不能完全使用，原因如下：

1）当信道表现出低通特性时，线性调频信号的带宽被限制到衰减较小的范围内。注意，任何衰减都会导致 ACF 峰值的退化。

2）线性调频信号需要具有无间隙的连续频谱，从而使禁止区域（'forbidden' regions）（例如通过监管区域时）对它表现出抑制作用。

3）为了在接收端进行完整的信号检测，信道必须在整个线性调频信号的带宽上呈现出线性相位特性。多径效应导致的相位失真，并使线性调频信号所需的信道相干性消失，结果导致 ACF 中的主峰减小，旁瓣增大。

4）在多径环境中，因为响应可能会与传输数据造成混叠，所以"线性调频位置调制"的使用受到严格地限制。

5.2.2.4　PLC 中 SS 技术的优点和缺点

本节总结了将频段扩展技术应用于电力线通信的优缺点。

1. 优点

1）SST 具有针对窄带选择性衰落和窄带干扰的鲁棒性，而窄带选择性衰落和窄带干扰都是电力线信道的主要特点。

2）由于功率谱密度（PSD）较低，所以很容易实现电磁兼容性。

3）SS 技术提供多种接入功能，并在多用户环境中表现出很好的降级特性。

4）通过使用 DSSS 和线性调频，可获得良好的自相关特性，因此可以在非常低的 SNR 条件下进行信号检测。自相关峰值的宽度由可用带宽确定，高度由波形持续时间确定。因此，一般来说，可以实现对各种需求的灵活匹配。由于上述原因，这样的波形是无线环境中的检测和测距任务的理想波形，例如无线电检测和测距（RADAR）和全球定位系统（GPS）。

5）除了上述优点之外，跳频（FH）还允许在传输带宽内的任意位置高度冗余地分配信息。因此，较差的信道特性或频谱间隔并不能限制 FH 的应用。

2. 缺点

1）实际上，电力线网络内的所有链路都表现出低通特性，使得理论带宽是不可用的。

2）由于电力线信道上通常缺乏带宽资源，因此频段扩展技术的使用似乎是不可行的。此外，由于干扰表现出的宽带特性，所以利用扩频调制实现增益也是不可能的。

3）对于 DSSS 和 FH 系统，我们必须要增强同步性要求，即定时精度要超过位检测所需的精度，这样会排除在全局同步中使用电压过零检测的可能性。

4）鉴于目前对高数据速率（在电力线网络的低频和高频范围内）的要求，具有巨大频谱冗余的通信系统似乎是不可能存在的。如上所述，处理增益低于 10 的技术几乎没有实用性，这意味着扩频过程将必须"牺牲"大约 90% 的可用带宽。因此，大多数情况下，所需的频谱资源无法保证。

5.2.2.5　SS 技术在 PLC 系统中的实际应用

下面我们来评估 SS 技术的性能、可能性和局限性。通常情况下，具有相同性质的连续频段在各种不同类型的电力线网络中都不能使用，因此一般不能使用频段扩展调制技术。对 SS 技术来说，即使在低通特性下，系统仍然可以有大的带宽，但是会抑制非线性相位响应，至少会抑制 DSSS 和线性调频。

正如我们所知，要使得该技术得到深入的发展，就必须研究针对典型信道特性鲁棒性和能够提供高频谱效率的技术。如上所述，在低频范围内，多载波方法（例如 OFDM）是理想的方案，其中多径传播和相应的响应都不会成为制约因素。特别地，OFDM 的主要优点是具有鲁棒性和足够精确的同步。而且对于多载波系统而言，符号的持续时间大于数据比特的持续时间，这可以降低同步精度的要求。

例如，对于 DSSS 来说，所需的同步精度较高，因为最大误差不能超过扩展时钟周期的 10%，所以需要使用匹配滤波器和用于跟踪的延迟锁相环，这就使得同步硬件成为 DSSS 接收机最大并且最昂贵的功能块。

在 FH 系统中，当跳跃速率大于比特率时，用于进行同步所需的精度就会变大。例如即使对每个比特都使用不超过 5 个频率来进行传输，线路电压的过零检测也仅适用于几百 bit/s 的数据速率[2,13,20]。

我们一般选择线性调频脉冲波形作为 OFDM 系统同步的前导码，因为它能够在噪声较大的情况下进行适当的同步，如图 5.15 所示。在多载波接收机中，需要使用专门用于线性调频的同步硬件，系统同步的鲁棒性应该比用于数据检测的好大约 10dB。

总之，对于基于 SS 的 PLC 系统，在 9～500kHz 的低频范围内，可以使用线性调频和改进的跳频系统[20,21]。但是，由于它们具有低数据速率和低频谱效率，所以与多载波方法相比，都将会被淘汰。我们可以考虑另一种技术，即脉冲调制（见 5.5 节）。

一般来说，SS 技术可能会在一些小型场景中使用，所以将不再进行深层次的扩展。对于基于 SS 的 PLC 来说，在 1.5～80MHz 的高频范围内也是如此。在数据速率受限的线性调频系统中，可能有机会在一些有限的小型应用场景中使用[17]。在中等数据速率的应用中，与其他技术相比，脉冲调制表现出很多优点。然而，该领域的实际应用很少，因此需要进行进一步的研究。

5.3 多载波调制

多载波（MC）系统采用了多个载波信号，其中，高速信号由宽带信道传输，并且该信道可以实现低速率并行信号的同步调制，并行信号则通过输入信号的串并（S/P）转换获得。该想法产生于 50 年前[22]，目的是：在具有严重符号间干扰（Inter Symbol Interference，ISI）的高频率选择性信道中实现信号的传输。将宽带信道分解成多个窄带信道，当使用足够多的子信道时，它们的频率响应几乎是平坦的。如果子信道中没有交叉干扰［例如载波间干扰（ICI）］，那么均衡器可以简化为单抽头滤波器。而且，MC 调制能够提高信道容量，因为当使用有限大的星座时，使用注水原理和位加载，可以在子信道间最优地分配可用的传输功率[23]。

在本节中，我们将介绍时域中使用滤波器组（FB）的一般 MC 结构。分析几种解决方案并讨论它们的共同点和不同点，即正交频分复用（OFDM）[24]、脉冲成形 OFDM[25]、滤波多音（Filtered Multitone FMT）[26]调制、偏移正交幅度调制 OFDM（OQAM – OFDM）[27]、离散小波多音调（DWMT）调制[28]和离散余弦变换 OFDM（DCT – OFDM）[29]。在 5.3.4 节中我们还将简单介绍其他 MC 方案，即多载波 CDMA、级联 OFDM – FMT 和使用循环滤波器组而不是线性滤波器组的循环块 FMT。

所有这些 MC 解决方案都与 PLC 有关，并有一部分已用于现有的宽带商业系统。例如由高速 PLC 联盟（High Definition PLC Alliance）[30]、HomePlug 电力线联盟[31]和通用电力线协会[32]开发的技术，都使用了具有特定解决方案的 MC 调制，表 5.4 总结了主要的规范。特别地，CEPCA 使用 DWMT 方案，而 HPPA 和 UPA 都使用脉冲成形 OFDM 方案。这些系统已经成为开发 G. hn（家庭网络）的宽带标准 IEEE P1901 和 ITU – T G. 9960 的基础。更多详细信息参见表 5.5 和第 7 章。由于 P1901 中包含两个物理层，所以它们的共存问题需要通过系统间协议（Inter – System Protocol，ISP）[33]来解决。不仅仅只有宽带 PLC 使用 MC 调制，近年来工作在 3 – 490kHz 的标准化窄带 PLC 系统也进行了 OFDM 的部署，即 IEEE P1901.2 和 ITU – T G. 9902（称为 G. hnem），有关详细信息，请参见表 5.5 和第 8 章。

表 5.4　现有宽带商业系统的规范

	HD – PLC	HPPA（AV/AV2）	UPA
调制	小波 OFDM（DWMT）	脉冲成形/窗口化 OFDM	脉冲成形/窗口化 OFDM
信道编码	纠错码，卷积，低密度奇偶校验码	并行 Turbo 码，卷积码	纠错码与网格编码调制级联
星座	最高 16 位 PAM	最高 1024/4096 位 QAM	最高 1024 位 DPSK
最大载波数	512 ~ 2048	1536/3455	1536

（续）

	HD – PLC	HPPA（AV/AV2）	UPA
MIMO	没有	没有/有	没有
采样频率（2B）[①]	62.5MHz	75/200MHz	>60MHz
有效频段	4~28MHz，2~28MHz 可选	2~28/1.8~86.13MHz	0~30MHz，0~20MHz 可选
最高 PHY 速率	190bit/s	200/2024bit/s	200bit/s

① B 为带宽。

表 5.5 现有窄带和宽带标准的规范

	G. hnem	G. hn	P1901.2	P1901
类别	NB – PLC	BB – PLC	NB – PLC	BB – PLC
标准	ITU	ITU	IEEE	IEEE
调制	OFDM	OFDM	OFDM	OFDM/W – OFDM
编码	RS，卷积	LDPC	RS，卷积	RS，卷积，LDPC
星座	最高 16 位 QAM	最高 4096 位 QAM	最高 16 位 QAM	最高 4096 位 QAM
单音数量	最大到 256	4096	最大到 256	最大到 3072
有效频段	3~148.5kHz（EU），9~490kHz（US）	1.8~80MHz	3~148.5kHz（EU），9~490kHz（US）	2~28MHz
最高 PHY 速率	1bit/s	1Gbit/s	0.5bit/s	540bit/s

5.3.1　作为滤波器组的多载波调制

在 MC 调制中，将高速率数据信号分成 M 个并行数据信号 $b^{(k)}(\ell N)$，$k = 0,\cdots,$ $M-1$，其中 N 表示系统中单位采样时间 T 内的子信道符号周期（见图 5.16）。每个数据信号都由因子 N 内插并用子信道脉冲 $g^{(k)}(n)$ 滤波。因此，离散时间 MC 信号可以表示为合成滤波器组（FB）的输出：

$$x(n) = \sum_{k=0}^{M-1} \sum_{\ell \in Z} b^{(k)}(\ell N) g^{(k)}(n - \ell N) \tag{5.10}$$

在最常见的 MC 解决方案中，通过对原型脉冲的调制可以获得子信道脉冲，该调制过程可以用指数函数或余弦函数完成。前者将形成所谓的指数调制 FB，后者将形成余弦调制 FB。分别将它们称为离散傅里叶变换（DFT）滤波器组和离散余弦变换（DCT）滤波器组。下面将讨论使用 DFT 或 DCT 来实现系统的性能优化。DFT FB 调制的典型示例是 FMT、OFDM、脉冲成形 OFDM 和 OQAM – OFDM。DCT FB 调制的典型示例是 DWMT 和 DCT – OFDM。

从图 5.16 中我们可以看出，数据流 $b^{(k)}(\ell N)$ 由信息数据流 $a^{(k)}(\ell N_1)$ 变换得到，信息数据流 $a^{(k)}(\ell N_1)$ 的符号由脉冲幅度调制（PAM）、相移键控（PSK）或正交幅度调制（QAM）的星座集构成，并且具有归一化的码元周期 N_1。下面将详细介绍添加变换器之后的各种调制方案。例如，在 FMT 中 $N_1 = N$，而在 OQAM – OFDM 中 $N_1 = M = 2N$。

如果 $N_1 = M$，则称 FB 调制方案为临界采样（CS）过程；如果 $N_1 > M$，则称为非临界采样（NCS）过程。

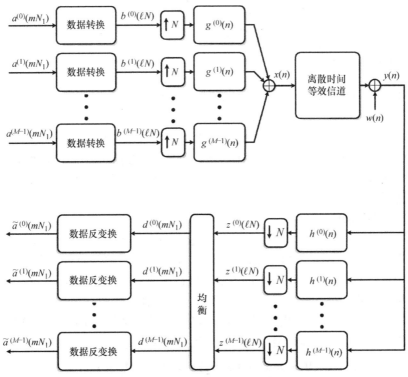

图 5.16　作为滤波器组的多载波调制

信号 $x(n)$ 在具有脉冲响应 $g_{CH}(n)$ 和加性噪声 $w(n)$ 的信道上传输，产生接收信号 $y(n)$，然后用具有子信道脉冲 $h^{(k)}(n)$ 的滤波器组来分析所接收到的信号。以 $1/N$ 的速率对输出进行采样得到

$$z^{(k)}(\ell N) = \sum_{n \in Z} y(n) h^{(k)}(\ell N - n)$$
$$= b^{(k)}(\ell N) g_{EQ}^{(k)}(0) + \text{ISI}^{(k)}(\ell N) + \text{ICI}^{(k)}(\ell N) + w^{(k)}(\ell N)$$

$$(5.11)$$

式中，$g_{EQ}^{(k)}(0) = g^{(k)} * g_{CH} * h^{(k)}(0)$ 是所研究数据的振幅（ $*$ 表示卷积运算符）；$w^{(k)}(\ell N)$ 是噪声部分；$\text{ISI}^{(k)}(\ell N)$ 和 $\text{ICI}^{(k)}(\ell N)$ 分别是符号间和载波间干扰分量，它们通常是由时变的频率选择性信道产生的。当通过理想信道传输时，可以设计出具有完美重建（PR）属性的 FB。当 FB 满足二维奈奎斯特准则时

$$g^{(k)} * h^{(k')}(\ell N) = V_0 \delta_\ell \delta_{k-k'}, k, k' \in \{0, \cdots, M-1\}, \ell \in Z$$

对于 $V_0 > 0$，δ_ℓ 是 Kronecker delta 函数。当解析脉冲与合成脉冲匹配时，即 $h^{(k)}(n) = g^{(k)} * (-n)$ 时，FB 是正交的。

我们知道，尽管将 FB 设计为具有 PR 属性，但是信道的时间色散及时间变化都有可能会破坏 FB 的正交性，因此，当存在 ISI 和 ICI 时，必须用均衡的方法来解

决。FB 的设计旨在实现 ISI 和 ICI 之间的权衡。虽然 ICI 和 ISI 是由多信道均衡器产生的，但是当只使用子信道均衡时，只会产生 ISI。

下面我们将描述几种 FB 调制方案。

5.3.2 DFT 滤波器组调制方案

在指数调制滤波器组中，定义子信道脉冲为

$$g^{(k)}(n) = g(n)e^{j2\pi f_k n}, h^{(k)}(n) = h(n)e^{j2\pi f_k n}$$

式中，$f_k(=k/M)$ 是第 k 个子载波的归一化频率。用式（5.10）中的脉冲表示低通复数 MC 信号。我们首先指出任何 DFT FB 都可以通过使用 DFT 和低速率子信道脉冲滤波来实现，其中，脉冲滤波可以通过原型脉冲的多相分解获得。然后，详细介绍几个例子。

5.3.2.1 高效实现

直接通过式（5.10）和式（5.11）完成合成和解析 FB 是很复杂的，因为它们需要实现 M 插值和抽取调制滤波器。因此，必须要设计更为有效的方案。在这里，我们使用本章参考文献 [34] 中的方法，并认为所有的指数调制 FB 解决方案都可以用常见的方式实现，其生成的框图如图 5.17 所示。

通过使用信号 $x(n)$ 的周期 M_2 来进行多相分解，设 $M_2 = \text{lcm}\ (M, N) = K_2 M = L_2 N$，其中 lcm（...）表示最小公倍数。第 n 个多相分量为

$$x^{(n)}(mM_2) = x(n + mM_2)n = 0, \cdots, M_2 - 1, m \in Z$$

$$= \sum_{\ell \in Z} \sum_{k=0}^{M-1} b^{(k)}(\ell N)e^{j\frac{2\pi}{M}k(n-\ell N)}g(n + mM_2 - \ell N)$$

$$= \sum_{\ell \in Z} B^{(n)}(\ell N)g_P^{(n)}(mL_2 N - \ell N) \tag{5.12}$$

其中，通过 $\left\{b^{(k)}(\ell N)e^{-j\frac{2\pi}{M}k\ell N}\right\}_{k=1,\cdots,M-1}$ 的 M 点离散傅里叶逆变换（IDFT）得到 $\{B^{(n)}(\ell N)\}_{n=0,\cdots,M_2-1}$，然后进行具有 $M_2 - M$ 个元素（K_2 次周期重复）的循环扩展。利用原型脉冲的多相分量，即 $g_P^{(n)}(\ell N) = g(n + \ell N)$ 对 M_2 个系数流进行滤波，然后以因子 L_2 对滤波器的输出进行采样，最后进行并串转换（P/S）。注意，在图 5.17 中，因为我们在无载波调制中使用了已调的子信道脉冲，所以需要引入数据符号的相位旋转 $e^{-j\frac{2\pi}{M}k\ell N}$。

类似地，将解析滤波器组表示为

$$z^{(k)}(\ell N) = \sum_{n=0}^{M_2-1} \underbrace{\left(\sum_m y^{(n)}(mL_2 N)h_P^{(-n)}(\ell N - mL_2 N)\right)}_{Y^{(n)}(\ell N)} e^{j\frac{2\pi}{M}(\ell N - n)k}$$

$$= e^{j\frac{2\pi}{M}\ell Nk} \sum_{n=0}^{M-1} \left(\sum_{m=0}^{K_2-1} Y^{(n+mM)}(\ell N)\right)e^{-j\frac{2\pi}{M}nk} \tag{5.13}$$

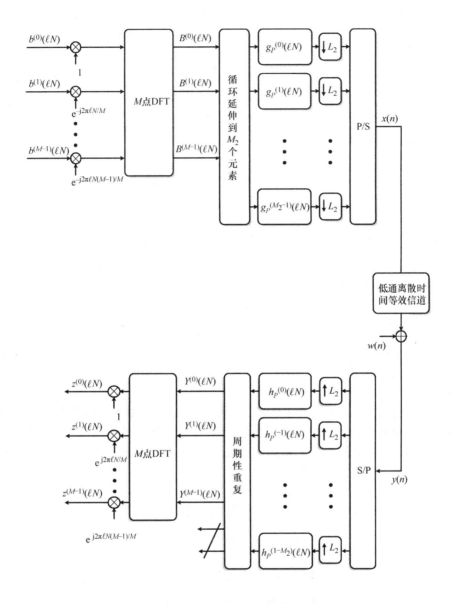

图 5.17　基于 DFT 的滤波器组调制的实现

也就是说，对接收的信号进行 S/P 转换可以获得 M_2 个系数流，然后使用原型脉冲的多相分解，用获得的内插脉冲 $h_P^{(-n)}(\ell N)=h(\ell N-n)$ 来对系数流进行滤波。使得每个数据符号块内的 M_2 系数 $Y^{(n)}(\ell N)$ 以周期 M 不断重复。然后，用 M 点 DFT 获得 M 个子信道的输出样本。因为我们使用了已调的子信道脉冲，所以在子信道 k 中需要再次引入相位旋转 $e^{j\frac{2\pi}{M}k\ell N}$。

本章参考文献［35］中描述了 DFT 调制 FB 的方法，其他方法可以在本章参考文献［26］中找到，它们的主要区别是是否使用了周期性时变子信道的多相脉冲。

应当注意，室内宽带电力线系统主要分布在 2～28MHz 的频段中。我们可以通过内插复数信号并将信号移位到中心载波处来获得实际的带通传输信号，或者可以直接对输入数据符号块使用 2M 点 IDFT 来合成实际的带通信号，其中输入的数据符号块是 Hermitian 共轭对称的[36]，将 OFDM 系统的这种基带实现称为离散多音（Discrete Multi Tone DMT）调制。

5.3.2.2 滤波多音（FMT）调制

FMT 调制最初用于超高速数字用户线（Veryhighspeed Digital Subscriber Line，VDSL)[26]；随后，用于研究多用户无线通信[37]；最近，又用于研究电力线通信[38]。

在 FMT 调制中，$N_1 = N$ 的复数据符号 $a^{(k)}(\ell N_1)$ 属于 QAM 信号集，如果我们使用具有载波调制的 FB，则会映射到符号 $b^{(k)}(\ell N) = a^{(k)}(\ell N) e^{j\frac{2\pi}{M}k\ell N}$ 上。如果使用无载波调制的 FB，则会映射到 $b^{(k)}(\ell N) = a^{(k)}(\ell N)$ 上，它们与载波调制的 FB 相同，调制过程中有无载波并不会对技术细节产生任何影响。子信道符号周期为 $N \geqslant M$ 并且解析脉冲与合成脉冲相匹配，因此总的传输速率为 $R = M/NT$ Symbol/s。

FMT 调制的特点是：原型脉冲是用来实现对高频部分的限制，所以正交解和非正交解都是有可能的，另外具有良好子信道频率约束的正交方案要求 FB 存在 NCS[39]。

我们在前面得到的调制架构允许以矩阵形式设计 PR 状态。由于 DFT 是正交变换的，所以如果 IDFT 块 $B^{(i)}(\ell N)$（见图 5.17）的输出的信号和 DFT 块 $Y^{(i)}(\ell N)$ 的输入的信号是相同的，那么我们就可以获得 PR。如果此时执行 L_2 阶多相分解，那么输入和输出信号之间的关系变为

$$Y_{p'}^{(i)}(mM_2) = \sum_{p=0}^{L_2-1} \sum_{n' \in Z} B_p^{(i)}(n'M_2) \sum_{k=0}^{K_2-1} \sum_{n \in Z} g_{Mk+i-Np}(nM_2 - n'M_2)$$
$$\times h_{-Mk-i+Np'}(mM_2 - nM_2) \qquad (5.14)$$

式中

$$Y_p^{(i)}(mM_2) = Y^{(i)}(mM_2 + p)$$
$$B_p^{(i)}(nM_2) = B^{(i)}(nM_2 + p)$$

是信号 $Y^{(i)}(\ell N)$、$B^{(i)}(\ell N)$ 的 L_2 阶多相分解的第 p 个分量，并且

$$g_i(nM_2) = g(nM_2 + i)$$
$$h_i(nM_2) = h(nM_2 + i) \qquad (5.15)$$

是原型滤波器 $g(n)$、$h(n)$ 的 M_2 阶多相分解的第 i 个分量。在 Zeta 域中式（5.14）变成

$$Y_{p'}^{(i)}(z) = \sum_{p=0}^{L_2-1} B_p^{(i)}(z) \sum_{k=0}^{K_2-1} H_{-Mk-i+Np'}(z) G_{Mk+i-Np}(z)$$

式中，$G_i(z)$ 和 $H_i(z)$ 是式（5.15）中原型脉冲多相分量的 z 变换。
完美重构条件可以写成

$$\sum_{k=0}^{K_2-1} H_{-Mk-i+Np'}(z) G_{Mk+i-Np}(z) = \delta_{p-p'}$$

矩阵形式为

$$\boldsymbol{H}_{-i}(z)\boldsymbol{G}_i(z) = \boldsymbol{I}_{L_2}, i \in \{0,1,\cdots,M-1\} \tag{5.16}$$

式中，$\boldsymbol{I}_{L_2}$ 是 $L_2 \times L_2$ 的单位矩阵；$\boldsymbol{G}_i(z)$ 是 $K_2 \times L_2$ 的子矩阵，定义为

$$\boldsymbol{G}_i(z) = \begin{bmatrix} G_i(z) & G_{M+i}(z) & \cdots & G_{(K_2-1)M+i}(z) \\ G_{i-N}(z) & G_{M+i-N}(z) & \cdots & G_{(K_2-1)M+i-N}(z) \\ \vdots & \vdots & \ddots & \vdots \\ G_{i-N(L_2-1)}(z) & G_{M+i-N(L_2-1)}(z) & \cdots & G_{(K_2-1)M+i-N(L_2-1)}(z) \end{bmatrix}^{\mathrm{T}}$$

$\boldsymbol{H}_{-i}(z)$ 是 $L_2 \times K_2$ 的子矩阵，为了满足正交性约束，有

$$\boldsymbol{H}_{-i}(z) = \boldsymbol{G}_i^{\mathrm{T}}(1/z^*) \tag{5.17}$$

式中，T 是共轭和转置运算符，正交条件由式（5.16）和式（5.17）给出。注意，当 $N = M$ 时，子矩阵被平方，我们通常选择长度为 M 的原型滤波器。子矩阵是多项式，当且仅当每个子矩阵分量是单项式时，它们的逆才是多项式。综上，可行的解决方案是使用长度为 M 的矩形脉冲，从而实现 OFDM 方案。

　　如果 $N > M$，则子矩阵变为矩形，可以使原型滤波器的选择更为灵活。产生正交 FB 原型脉冲可以使用 Givens 旋转或 Householder 变换，并且通过矩阵 $\boldsymbol{G}_i(z)$ 的因式分解来实现[40]。

　　准完美重构可以通过对根升余弦（Root Raised Cosine，RRC）脉冲进行加窗，从而获得 FIR 原型脉冲来实现。图 5.18 中给出了具有滚降系数 $\alpha = N/M - 1 = 0.2$ 的 RRC 脉冲。另一种准完美重建的实现方法是在频域中对根 – 奈奎斯特脉冲（root – Nyquist pulse）[34]进行采样从而来获得 FIR 脉冲。通常将脉冲设计成带内能量与带外能量比值最大的形式，这使得即使存在分散信道，产生的 ICI 仍然是可忽略的。然而，ISI 的存在依赖于子信道带宽和信道相干带宽之间的比，它可以通过简单的子信道均衡来抵消[26]。

5.3.2.3　正交频分复用（OFDM）

　　OFDM[24]是最常用的 MC 方案之一。使用的合成脉冲为

$$g^{(k)}(n) = \text{rect}\left(\frac{n}{N}\right) e^{\mathrm{j}\frac{2\pi}{M}nk} \tag{5.18}$$

解析脉冲为

$$h^{(k)}(n) = \text{rect}\left(-\frac{n+\mu}{M}\right) e^{\mathrm{j}\frac{2\pi}{M}nk} \tag{5.19}$$

其中矩形脉冲定义为 $\text{rect}(n/L) = 1$，$n = 0$，$\cdots$，$L-1$，否则为 0。持续时间为 M 的

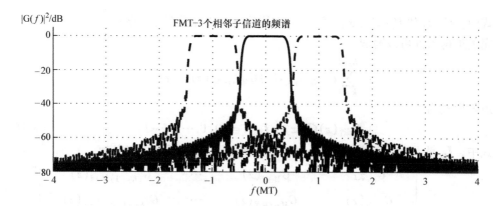

图 5.18 FMT 调制的频谱

解析脉冲与持续时间为 $N = M + \mu$ 的合成脉冲相互之间并不匹配，这样做是以牺牲数据速率和信噪比为代价来解决信道时间色散问题的，将其称为插入循环前缀（CP）。具体情况如下所示。首先，我们注意到 M 个归一化的子载波频率为 $f_k = k/M$，同时具有 $N_1 = N$ 的复数数据符号 $a^{(k)}(\ell N_1)$ 属于 QAM 信号集，并被映射到符号 $b^{(k)}(\ell N) = a^{(k)}(\ell N)\mathrm{e}^{-\mathrm{j}\frac{2\pi}{M}k\mu}$ 中，因此，总传输速率为 $R = M/NT\ \mathrm{symbol/s}$。

现在，我们进一步分解式（5.12）中的信号

$$x^{(n+pN)}(mM_2) = \sum_{\ell \in Z} B^{(n+pN)}(mM_2 + pN - \ell N)g_P^{(n)}(\ell N)$$

其中，$n = 0,\ \cdots,\ N - 1$，$p = 0,\ \cdots,\ L_2 - 1$，$m \in Z$。我们也可以写成 $p \in Z$，$n = 0$，$\cdots$，$N - 1$。

$$x^{(n)}(pN) = \sum_{\ell \in Z} B^{(n+pN)}(pN - \ell N)g_P^{(n)}(\ell N) \qquad (5.20)$$

由于合成脉冲是持续时间为 N 的矩形脉冲，所以式（5.20）中的多相分量有一个系数等于 1。它表示为

$$x^{(n)}(pN) = B^{(n+pN)}(pN) = \sum_{k=0}^{M-1} a^{(k)}(pN)\mathrm{e}^{\mathrm{j}\frac{2\pi}{M}k(n-\mu)}$$

即通过计算输入数据符号块的 M 点 IDFT，并且通过周期性将其长度扩展至 N 来简单地获得 N 个系数块 $\{x^{(n)}(pN)\}_{n=0,\cdots,N-1}$。换句话说，每个 IDFT 块的输出用最后 $N - M$ 个 IDFT 系数的前缀来填充，如图 5.19 所示。

图 5.19 在 N 个接收块中删除 CP，然后用 M 点 DFT 来分析 FB，该方法可以通过式（5.13）来证明。事实上，式（5.13）可以用下面的方式重新排列

$$z^{(k)}(\ell N) = \sum_{n=0}^{N-1} \left(\sum_{p \in Z} y^{(n)}(\ell N - pN)h_P^{(-n)}(pN)\mathrm{e}^{\mathrm{j}\frac{2\pi}{M}pNk} \right) \mathrm{e}^{-\mathrm{j}\frac{2\pi}{M}nk} \qquad (5.21)$$

由于解析脉冲在式（5.19）中定义的第一个多相分量是 0，而其余分量是 1。因此

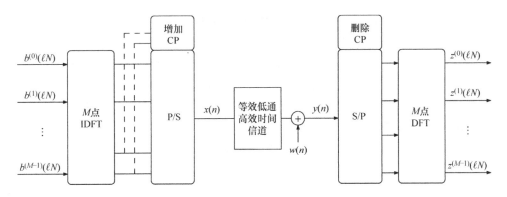

图 5.19　OFDM 的实现

$$z^{(k)}(\ell N) = \sum_{n=\mu}^{N-1} y^{(n)}(\ell N)\, e^{-j\frac{2\pi}{M}nk}$$

$$= \sum_{n=0}^{M-1} y(\ell N + \mu + n)\, e^{-j\frac{2\pi}{M}(n+\mu)k} \tag{5.22}$$

假设信道是持续时间小于 $N-M$（即 CP 长度）的滤波器，则对每个接收块中 CP 之后的采样由发送块和信道脉冲响应的循环卷积获得。因此，在不存在噪声的情况下，即每个子信道的输出对应于数据符号的加权，该加权过程通过对信道脉冲的 DFT 来实现，式（5.22）中的 DFT 的输出为

$$z^{(k)}(\ell N) = G_{CH}^{(k)} a^{(k)}(\ell N)$$

　　CP 的插入可以用简单的 PR 实现，但是其缺点是导致了数据速率的损失。为了使损失最小化，载波的数量必须比 CP 的长度大，而这又增加了复杂度。

　　此外，频段数目的增加将导致 OFDM 符号的持续时间变长。这在时变信道上传输时，会产生一定的影响，因为 OFDM 符号内的信道时间变化可能会造成子载波正交性的损失，从而导致载波间干扰[41]。PLC 信道在主循环上表现出周期性的时变特性，但是周期非常长。为了提高数据速率，可以缩短 CP，但是会造成正交性的损失，那么我们需要降低这一损失。降低损失的一种方法是使用时域均衡器（TEQ）[42,43]，其目的是在接收机应用 DFT 之前来减小信道脉冲响应。另一种方法是在 DFT 的输出端使用多信道均衡器。多信道均衡器可以是线性多信道均衡器[44]，也可以是最大后验（MAP）多信道均衡器[37]。MAP 均衡器可以通过迭代（turbo）检测策略（迭代地消除干扰分量）来实现次优化[37]。

　　尽管 OFDM 较为简单，但是由于子信道频率响应是 sinc 函数，所以 OFDM 的子信道频谱容量仍然很差。因此，会存在子信道的重叠，从而产生高灵敏度失调、载波频率偏移和信道时间选择性的问题，它们都将导致子信道频移/扩频。此外，为了压缩整个频谱以及实现陷波，需要减少频段数量，从而降低了传输速率。为了能够克服这种限制，我们提出了脉冲成形技术。

5.3.2.4 发射端脉冲成形的 OFDM 和有窗的 OFDM

更好的频谱遏制效果可以通过在 OFDM 中用奈奎斯特窗代替矩形窗来获得[25]，从而就产生了脉冲成形的 OFDM 的解决方案。然而，在时域中可以将它看作是 FMT 方案。式（5.18）中的合成子信道脉冲可以从原型脉冲中获得，例如该原型脉冲可以是具有整数滚降 α 和持续时间 $N + \alpha$ 的升余弦脉冲，其中 $N = M + \mu + \alpha$ 是子信道符号周期，如图 5.20 所示。

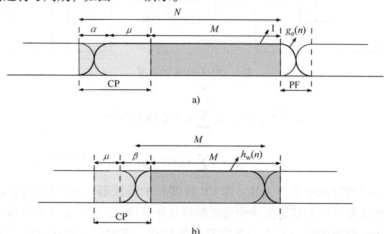

图 5.20　a）发射端的 OFDM 脉冲成形 b）接收端的 OFDM 窗口

其解析脉冲与 OFDM 中的解析脉冲相同

$$h^{(k)}(n) = \text{rect}\left(-\frac{n + \mu + \alpha}{M} \right) e^{j\frac{2\pi}{M}nk}$$

注意，符号周期扩展成了 α 个样本，这意味着 CP 也扩展成了 α 个样本。设图 5.16 中的符号为 $b^{(k)}(\ell N) = a^{(k)}(\ell N) e^{-j\frac{2\pi}{M}k(\mu + \alpha)}$。

结果可以通过式（5.20）获得。脉冲的多相分量是

$$g^{(n)}(\ell N) = \begin{cases} g_\alpha(n), \ell = 0; 1 - g_\alpha(n), \ell = 1, & \text{当 } n = 0, \cdots, \alpha - 1 \\ 1, \ell = 0; 0, \ell = 1, & \text{当 } n = \alpha, \cdots, N - 1 \end{cases}$$

其中 $g_\alpha(n)$ 是窗口的升余弦部分（见图 5.20），满足

$$x^{(n)}(pN) = \begin{cases} B^{(n+pN)}(pN)g^{(n)}(0) + B^{(n+pN)}[(p-1)N]g^{(n)}(N), & \text{当 } n = 0, \cdots, \alpha - 1 \\ B^{(n+pN)}(pN), & \text{当 } n = \alpha, \cdots, N - 1 \end{cases}$$

$$(5.23)$$

其对应的长度为 $\mu + \alpha$ 并且是具有 CP 的 OFDM 符号（见图 5.20），并附加长度为 α 的循环后缀（PF）。每个扩展的 OFDM 符号都是有窗的升余弦脉冲，然后根据式（5.23）进行周期为 N 的叠加运算。

假设子信道符号周期等于 $M + \mu + 2\alpha$，则不需要进行叠加，这在发射机中称为窗口。显然，这进一步降低了数据速率。

假设信道的离散时间脉冲响应小于 μ，则可以实现 PR。这可以通过观察解析脉冲与在 OFDM 中使用的是否相同来证明，并且其仅在合成窗口的平坦部分收集能量。

该假设的优点在于可以减少带外功率谱密度（PSD）的能量。然而，对于不加窗的 OFDM 来说，对子信道的约束并没有显著变化，频谱如图 5.21 所示。因此，为了增强抗窄带干扰的能力，必须设计最佳窗口[45,46]。

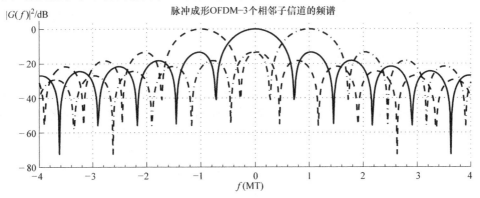

图 5.21　脉冲成形 OFDM 的频谱

5.3.2.5　接收端有窗的 OFDM

有窗的 OFDM 是在接收端使用窗口[25]，该想法类似于发射端的窗口。首先，假设循环前缀等于 $\mu+\beta$，使符号周期为 $N=\mu+\beta+M$。然后，接收的信号通过 FB，该 FB 的分析原型脉冲是由窗 $h_{\mathrm{w}}(n)$ 定义的脉冲响应，例如持续时间为 $\beta+M$ 的升余弦，如图 5.20 所示。式（5.21）的输出为

$$z^{(k)}(\ell N)=\sum_{n=\mu}^{N-1}\underbrace{y^{(n)}(\ell N)h_{\mathrm{w}}(n)}_{y_{\mathrm{w}}^{(n)}(\ell N)}\mathrm{e}^{-\mathrm{j}\frac{2\pi}{M}nk}$$

这表明，通过对接收信号进行窗口化可以简单地实现滤波操作，从而获得 $y_{\mathrm{w}}^{(n)}(\ell N)$。然后，在时域中对接收窗口块进行混叠（aliasing）以获得 M 个系数块，其本质是 M 点 DFT，即

$$z^{(k)}(\ell N)=\sum_{n=0}^{\beta-1}\left[y_{\mathrm{w}}^{(n+\mu)}(\ell N)+y_{\mathrm{w}}^{(n+M+\mu)}(\ell N)\right]\mathrm{e}^{-\mathrm{j}\frac{2\pi}{M}(n+\mu)k}+\sum_{n=\beta}^{M-1}y_{\mathrm{w}}^{(n+\mu)}(\ell N)\mathrm{e}^{-\mathrm{j}\frac{2\pi}{M}(n+\mu)k}$$

$$=\sum_{n=0}^{M-1}y_{\mathrm{w,a}}^{(n)}(\ell N)\mathrm{e}^{-\mathrm{j}\frac{2\pi}{M}nk}$$

式中，$y_{\mathrm{w,a}}^{(n)}(\ell N)$ 是混叠信号（aliased signal）。如果信道长度小于 μ，则不存在块间干扰。并且，由于其满足时域的奈奎斯特准则，所以不存在 ICI。

我们强调，发射机和接收机窗口的脉冲成形可以独立使用或联合使用。HPPA 和 UPA 系统都包含脉冲成形和窗口化。加窗的目的是：利用比矩形窗口更好的频率约束子信道脉冲，来分析接收信号。然而为了在存在窄带干扰时，仍然可以很好

地工作，必须设计最佳窗口[47]。

5.3.2.6 OQAM – OFDM

OQAM – OFDM 是另一个 DFT FB 调制结构[27]，在 PLC 的应用中已经提到过[48]。它的关键思想是生成 QAM 数据流，并且，实部和虚部在时间上和相邻子信道之间交替出现，可由图 5.16 中的数据变换块实现，对此我们将在下面进行详细解释。输入 QAM 信号的符号周期为 $N_1 = M$，子载波频率为 $f_k = k/M$，得到 CS 解。数据变换块将数据符号映射到 $b^{(k)}(\ell N)$ 上，其符号周期是输入符号周期的一半，即 $N = M/2$。根据

$$b^{(k)}(\ell N) = j^{(k+1)\%2} \sum_m \left[a_I^{(k)}(mM)\delta_{\ell-2m} + ja_Q^{(k)}(mM)\delta_{\ell-2m-1} \right]$$

其中 $a_I^{(k)}(mM) = \mathcal{R}[a^{(k)}(mM)]$，$a_Q^{(k)}(mM) = \mathcal{I}[a^{(k)}(mM)]$，% 表示模运算。因此，实部和虚部在时间上的偏移等于符号周期的一半，此外，实/虚变化也在相邻子信道之间交错。与 FMT 类似，原型脉冲具有集中的频率响应，然而，归一化的子信道脉冲带宽是 $1/N = 2/M$，即 FMT 的两倍，从而我们可以设计出 FIR OQAM 滤波器组[49]。如图 5.22 所示，我们采用根升余弦原型脉冲，并且，利用相同的原型脉冲来解析 FB，并且以 $1/N$ 的速率对输出进行采样

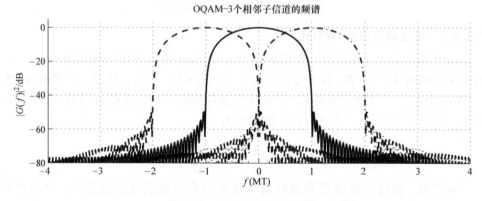

图 5.22　OQAM – OFDM 频谱

$$\mathcal{R}[z^{(k)}(2\ell N)] = a_I^{(k)}(\ell M), \mathcal{I}\{z^{(k)}[(2\ell+1)N]\} = a_Q^{(k)}(\ell M), k \text{ 为奇数}$$

$$\mathcal{I}[z^{(k)}(2\ell N)] = a_I^{(k)}(\ell M), \mathcal{R}\{z^{(k)}[(2\ell+1)N]\} = -a_Q^{(k)}(\ell M), k \text{ 为偶数}$$

因此，尽管子信道是重叠的，但是实部和虚部在相邻子信道之间交错，从而可以获得 PR。然而，在非理想信道上传输时，相邻子信道的高度重叠可能会引起 ICI。因此，必须应用时间和频率（跨子信道）的均衡。该方案可以根据图 5.17 中的结构来实现。然而，处理过程必须以两倍的速度进行，因此，当音调（tone）和原型脉冲长度相同时，OQAM – OFDM 的复杂度是 FMT 的两倍。有趣的是，OQAM – OFDM 信号的相位变化从不跨零，这产生了很好的峰值平均功率比，也使放大器的设计变得更容易。

5.3.3 DCT 滤波器组调制解决方案

余弦调制的 FB 可以使用 DCT 和低速率子信道滤波来实现。CS 和 NCS 解决方案已经广泛地应用于图像编码中[40]，也将它们称为重叠变换和扩展重叠变换 FB。下文中将讨论数字通信中这两个关键技术的采样方案。前者已经以 DWMT 的名义提出[28]，并且最初应用于 DSL，后来商业 HD – PLC 调制解调器也采用了这种调制方案，我们将后者称为 DCT – OFDM。

5.3.3.1 离散小波多音（DWMT）复用技术

该 FB 调制方案具有归一化的子载波频率 $f_k = k/2M$，子信道符号周期为 $N_1 = N = M$，余弦调制子信道脉冲为

$$g^{(k)}(n) = g(n)\cos\left[\frac{\pi}{M}(k + 0.5)\left(n - \frac{L_g - 1}{2}\right) - \theta^{(k)}\right]$$

$$h^{(k)}(n) = g(n)\cos\left[\frac{\pi}{M}(k + 0.5)\left(n - \frac{L_g - 1}{2}\right) + \theta^{(k)}\right]$$

式中，$0 \leqslant n \leqslant L_g - 1$；$\theta^{(k)} = (-1)^k \pi/4$；$L_g = 2KM$ 是脉冲长度[40]。此时，PR 是可以求解的，并且正交条件与 OQAM – OFDM 中的类似[49]。我们在图 5.23 中绘制了频谱，应当注意的是，该 FB 结构使用了实数星座图结构，因此式（5.10）表示离散时间实 MC 信号。此外，该方案采用了临界采样的方法，并且符号速率达到了 $R = 2/T$ 实数 Symbol/s。

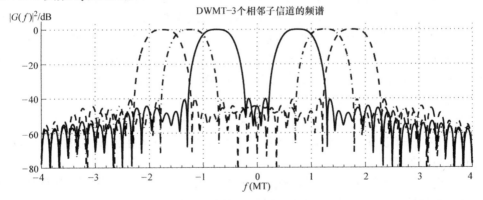

图 5.23　DWMT 的频谱

由于子信道具有高度的重叠性，所以通过分散信道传输之后，子信道的正交性可能会丢失。对于这个问题，目前已经有了若干个解决方案，如时域预均衡[28]、post – combiner 结构的多信道均衡[28]以及最近提出的简化盲解决方案[50,51]。

5.3.3.2 DCT – OFDM

如果我们令 $K = 1$，并且选择 $g(n) = \mathrm{rect}(n/2M)$，即持续时间为 $L_g = 2M$ 的矩形时域脉冲，可以将上述方案简化为 IDCT – DCT 结构[29]，此时的频谱图如图

5.24 所示。通过色散信道传输之后，DCT 的正交性明显消失了。可采取的解决方案是对每个传输块填零以避免块间干扰，然后，用最小均方误差（MMSE）块均衡器来管理载波间干扰，该均衡器能够解决时变频率选择性衰落信道的问题[52]。

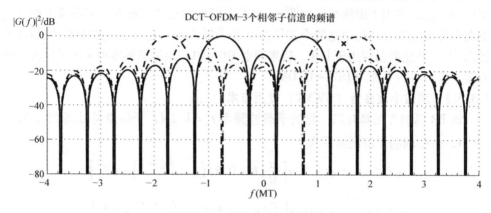

图 5.24   DCT – OFDM 的频谱

5.3.4   其他 MC 方案

文中还提出了一些与 PLC 相关的其他 MC 方案。

其中，有一种方案为多载波 CDMA[53]，其实质上是 OFDM 方案，数据符号利用扩频码在子信道上进行扩展。在无线通信中，因为每个数据符号都在独立衰落的子信道上进行扩展，所以可以进行频率分集，因此该方案已经引起了相当广泛的关注。此外，如果将扩频码分配给不同的用户，那么它可以采用多址接入技术。但是，该方案需要采用多信道均衡技术来恢复频率选择性信道所破坏的码正交性。一般的多载波 CDMA 结构也称为线性预编码 OFDM，它们已经用于 PLC 中[54]。

另一种方案称为级联 OFDM – FMT，它使用内部（相对于信道）FMT 调制器，通过向不同用户分配不同的 FMT 子信道来实现频分复用，然后在每个 FMT 子信道上用 OFDM 来解决剩余子信道的频率选择性问题，该方案在异步多址接入信道中具有很高的鲁棒性[55]。

最近，还出现了不同的滤波器组调制方法，其关键思想是用循环卷积代替滤波器组中的线性卷积[56]，我们将该方案称为循环块滤波多音（CB – FMT）调制。将在下文对其进行详细的描述。

5.3.4.1   循环块滤波多音调制

循环块滤波多音（CB – FMT）调制是根据滤波器组的理论知识，推导出的多载波调制方案，其目的是将 OFDM 和 FMT 调制的优点相结合[56,57]。与一般的 FMT 相同，CB – FMT 调制旨在产生好的局部子信道，然而，不同的是，CB – FMT 调制是以块为单位发送数据符号的。此外，CB – FMT 调制中的滤波器组使用的是循环卷积而不是线性卷积。与 OFDM 和 FMT 调制类似，块传输可以减少等待时间，但是对子信道的频率限制要高得多。即在给定相同的目标频谱效率的情况下，CB－FMT 调制比 OFDM 具有更高的频谱选择性、更受限的功率谱密度和更低的峰值平均功率比（PAPR）。当必须满足标准所规定的频谱掩码（spectral mask）时，与 OFDM 相比，CB－FMT 调制可以更好地利用频谱。

另一个重要方面是实现的复杂度。CB－FMT 调制的复杂度明显比具有相同数量子信道的 FMT 调制的复杂度要低，也比使用更多脉冲时的 FMT 调制的复杂度低。事实上，在频域（FD）中，如果 CB－FMT 调制中的合成和解析滤波器组由内部（信道）离散傅里叶变换（DFT）和外部 DFT 级联形成，则可以设计出更为有效的实现方案，这种 FD 结构可以通过迫零（ZF）准则或最小均方误差（MMSE）准则来设计实现。具体地，如果将循环前缀（类似于 OFDM）附加到每个信号系数块上，其中，每个信号系数块都是通过频率选择性信道发射的，则 ZF 解决方案将恢复其良好的正交性。该均衡方案能够相干地收集子信道能量，从而可以利用由衰落信道所提供的频率和时间分集，因此，可以提供比 OFDM 更好的性能，即更低的误符号率和更高的速率。

CB－FMT 调制在 PLC 中的应用主要集中在宽带高速传输方面[58]。在本章参考文献［59］中，讨论了当要有效地适应传输频谱时（根据认知通信应用的规定），CB－FMT 的具体作用。

5.3.4.1.1　系统模型

CB－FMT 调制方案的框图如图 5.25 所示。图中，通过因子 N 来插入低速率的数据序列，然后用原型脉冲进行滤波。与一般的 MC 调制不同，滤波器组中的卷积是循环卷积，用滤波器的输出乘以复指数来实现频谱搬移。最后，将 M 个调制信号相加，得到所发射的离散时间信号。

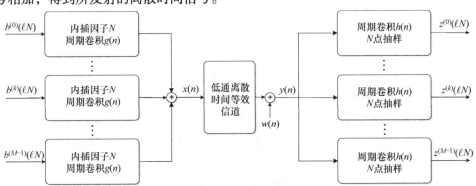

图 5.25　CB－FMT 调制收发机方案

为了实现循环卷积，需要进行块传输，因此，对于每个子信道，都在 L 个符号 $b^{(k)}(\ell N)$，$\ell \in \{0, \cdots, L-1\}$ 的块中收集低数据速率序列。我们认为原型脉冲 $g(n)$ 是因果有限脉冲响应（FIR）的滤波器，其中系数 $L_g = LN$。如果长度小于 L_g，

我们用零填充将脉冲长度扩展到 L_g。因此，CB - FMT 调制发射信号可写为

$$
\begin{aligned}
x(n) &= \sum_{k=0}^{M-1} \left[a^{(k)} \otimes g \right](n) \\
&= \sum_{k=0}^{M-1} \sum_{\ell=0}^{L-1} a^{(k)}(\ell N) g \left[(n - \ell N)_{L_g} \right] W_M^{-nk} \quad n \in \{0, \cdots, L_g - 1\}
\end{aligned}
$$

(5.24)

式中，$\otimes$ 是循环卷积算子；$g\left[(n)_{L_g}\right]$ 是原型脉冲 $g(n)$ 的周期性重复，即 $g\left[(n)_{L_g}\right] = g\left[\mathrm{mod}(n, L_g)\right]$，其中 $\mathrm{mod}(.,.)$ 是整数模运算符；$W_M^{-nk} = \mathrm{e}^{\mathrm{j}2\pi nk/M}$ 是复指数函数，j 是虚数单位。

与合成阶段类似，我们可以将循环卷积应用于解析滤波器组中。因此，第 k 个子信道的输出为

$$
z^{(k)}(nN) = \sum_{l=0}^{L_g-1} y(\ell) W_M^{\ell k} h\left[(nN - \ell)_{L_g}\right] k \in \{0, \cdots, M-1\}, n \in \{0, \cdots, L-1\}
$$

(5.25)

式中，$h\left[(n)_{L_g}\right]$ 是原型解析脉冲 $h(n)$ 的周期性重复。

每个子信道在 LNT 时间段内传送 L 个数据符号的块，因此，传输速率为 $R = M/(NT)$ Symbol/s。当 $M = N$ 时存在临界采样解，当 $M < N$ 时存在非临界采样解。从而可以形成使系统正交的简单 FD 脉冲的设计[60]。

5.3.5 共存和陷波

宽带 PLC 系统目前工作在 2 ~ 28MHz 的频段内。为了增加吞吐量，我们将研究 100MHz 及更高的频段，我们的问题将转化为与其他系统的共存以及不同 PLC 技术之间的互操作性。我们可以通过电磁兼容性来解决共存问题，同时通过使用媒体访问控制（MAC）和物理层（PHY）相关机制来解决互操作性问题。此外，不仅在 PLC 系统中，在诸如无线电业余系统、无线电广播系统，甚至在 DSL 技术（该技术工作在相同的或者相邻的频率中）中，共存问题都是必须考虑的。

PHY 机制（结合现有设备和新设备的通信机制）能够解决现有标准的互操作性以及兼容性问题。例如，我们可以在较低的频谱中采用支持现有传输技术的新系统，如脉冲成形 OFDM，同时在较高频率中采用另一种 MC 方案。一旦我们认识到各种 MC 方案都是基于前面所讨论的 FB 结构，那么将 MC 和 PHY 机制相结合将会很有可能实现系统的最优性能。

与其他技术的共存意味着 PLC PHY 需要对干扰具有鲁棒性，0 ~100MHz 频段的主要干扰源是无线电业余信号，以及 AM 和 FM 广播公司。能够实现共存的方法是在某些频率处截获发射信号。在图 5.26 中，我们绘制了一个功率谱密度（PSD）的掩码，它与 HomePlug AV 系统在 2 ~28MHz 频段内的 PSD 掩码类似[46]。

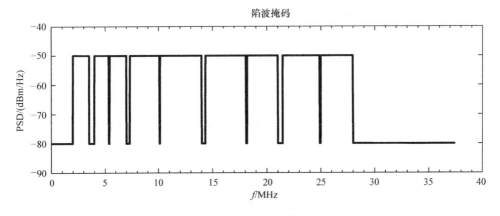

图 5.26　陷波掩码

为了优化频谱效率，可以使用检测与回避（detect – and – avoid）方法，即识别窄带干扰源并且对相关的频谱进行陷波。相反，静态的方法在于截获相应的频谱，例如 AM 广播无线电频谱。对于检测与回避方法，重点是获取高的陷波选择性，其可以定义为 $1/L$，其中 L 是为了满足所需的 PSD 掩模而关闭的子信道的数量。显然，它是关于子信道间隔和原型脉冲的函数。高陷波选择性意味着数据速率的低损耗，因此仅需要关闭很少的子信道。频率限制子信道脉冲的 MC 方案可以获得高陷波选择性，从而降低数据速率的损耗[38,45,48]。在下一节中将讨论用于 FMT 调制的陷波，以及图 5.26 中用于陷波掩码的脉冲成形 OFDM 存在或者不存在时，可达到的数据速率。

5.3.6　比特加载

MC 调制是解决资源分配问题的常用方法，即在子信道上分配比特和功率负载，从而提高信道容量[23]。假设系统模型是一组并行的高斯信道，注水原理提供了最优的功率分配，因此可以确定在给定子信道上加载的比特数目。额定电流仅受功率谱密度的影响，因此，商业系统一般使用恒定的 PSD，即在子信道上均匀地分配功率。当存在高斯噪声和干扰时，指数调制 FB 的速率是

$$R = \frac{1}{NT}\sum_{k=0}^{M-1}\log_2\left(1 + \frac{\mathrm{SINR}^{(k)}}{\Gamma}\right)(\mathrm{bit/s})$$

式中，Γ 是实际调制和信道编码的间隙因子；$\mathrm{SINR}^{(k)}$ 是子信道 k 上的信号与噪声和干扰之和的比。参数 Γ 为

$$\Gamma = \frac{1}{3}\left(Q^{-1}\left(\frac{P_e}{4 - \frac{4}{\sqrt{M_{\mathrm{QAM}}}}}\right)\right)^2$$

对于未编码的 QAM 星座图而言，P_e 是目标符号的差错概率，M_{QAM} 表示星座大小，

$Q^{-1}(x)$ 是归一化高斯互补分布的反函数。Γ 几乎不随星座图大小的改变而改变，所以我们假设它等于 9dB，这是由大小为 1024 的未编码 QAM 计算得到的，并且 $P_e = 10^{-6}$，可以加载到信道 k 中，使得比特数变为 $b^{(k)} = \log_2\left[1 + \text{SINR}^{(k)}/\Gamma\right]$。在实际情况中，为了使用 M – QAM 星座图，我们会将比特数进行取整。

应当注意，SINR 中的干扰包括窄带干扰、ISI 和 ICI（自干扰）。自干扰是由频率选择性的、破坏了 FB 正交性的时变 PLC 信道造成的。例如，在 OFDM 中，当 CP 长度小于信道的长度时，则存在 ICI。而在 FMT 中，ICI 是可以忽略的，但是 ISI 不可以忽略。所以，实际速率不仅取决于信道脉冲响应和背景噪声，还取决于所使用的原型脉冲、子信道的数目 M 和内插因子 N（在 OFDM 中 $N = M + \mu$），所以我们可以选择合适的参数使速率最大化。特别地，为了实现速率的最大化，CP 长度不必等于信道持续时间，但是与此同时，信道脉冲响应是会变化的，因此应该考虑 CP 长度与特定信道的匹配问题，这将转化成更一般的资源分配问题[61-63]。另一方面，本文未考虑耦合和阻抗自适应（impedance adaptation）。在 PLC 中，线路阻抗表现出高的频率选择性，这使得匹配具有一定的难度。本章参考文献 [64] 中研究了最佳接收机的阻抗自适应对可达到速率的影响。

下文中，我们将脉冲成形 OFDM 和 FMT 作为 FB 调制的例子来进行研究。我们假设低通复信号的采样频率为 $1/T = 37.5\text{MHz}$，有效的传输带宽为 2 ~ 28MHz。分析典型的 PLC 内部信道脉冲响应，其与从统计信道模型中获得的最差的信道响应一致[61,62]，零频率时的信噪比为 20dB 或 40dB。传输频段中的平均路径损耗与约 0.2dB/MHz 的近似线性衰减相匹配。图 5.27 和图 5.28 中，我们将可达速率作为系统频率总数的函数，设 $M = \{96, 192, 384, 768, 1536\}$。我们可以通过关闭边缘处的频段来获得 2 ~ 28MHz 内的有效传输频段，从而获得未屏蔽情况下（标 A 的图形）的可达速率；通过关闭额外的频率（满足图 5.26 中的掩码）来获得屏蔽情况下（标 B 的图形）的可达速率。此时，如果使用滚降系数为 $\alpha = \mu = \text{CP}/2$ 的升余弦窗口，则脉冲成形 OFDM 将具有更好的频谱容量，因此，可达速率就更高。使用滚降系数为 0.2 且长度为 12N 的 FMT 可以使子信道抑制得到明显的改进[62]。

由图 5.27 和图 5.28 可以看出，对于掩码和未掩码的情况，FMT 可达到的速率均比脉冲成形 OFDM 高。其中，速率增益是接收机复杂度的函数，应用于脉冲成形 OFDM 单抽头子信道的信道均衡中。在 FMT 中，可以使用相同的均衡方案（用单抽头均衡器标记）。FMT 具有子信道的 ISI，可以使用更复杂的均衡器来改善性能。这里，我们研究了使用抽头数为 2、10 和 20 的 MMSE 分数间隔子信道均衡，其中抽头数多于 20 时不再有明显的改进。本章参考文献 [37] 中还研究了一些其他更复杂的均衡方案，研究表明在 SNR 和频段数量方面，FMT 中的单抽头均衡都优于脉冲成形 OFDM。

增加频段数量的同时也提高了系统的速率，如果频段的数量变为无穷大，则所有 MC 系统都具有相同的性能，这是因为子信道脉冲在频域中可以看成是增量函

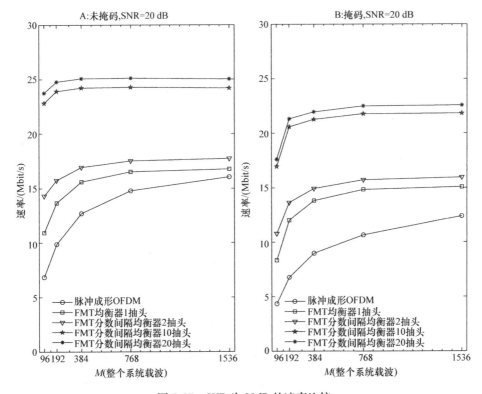

图 5.27　SNR 为 20dB 的速率比较

数。然而，应当注意，频段数量越多，符号周期就越长。因此，必须限制频段的数量，使得符号持续时间小于信道的相干时间，从而避免随信道时间变化的干扰[41]。

当频段数量一定时，脉冲成形 OFDM 的性能比 FMT 的差，因为它使用了更多的冗余，SNR 也有了损失，所以需要更多频段来实现 PSD 掩码。有趣的是，FMT 能够使用较少的频段来实现最大的速率，其中频段是由均衡器所提供的（此处频段数目为 384 个）。

5.4　电流和电压调制

由数字信号发生器与电力线耦合形成的发射机的性能不是很好，所以信号必须通过其他方式来产生。如果单纯采用数字信号发生器来产生信号，通常会使得可用波形受限，从而使许多调制方法都不能使用。在本节中，我们将讨论可以采用哪些发射机，以及如何将信息转换成发射信号并在接收端接收等问题。

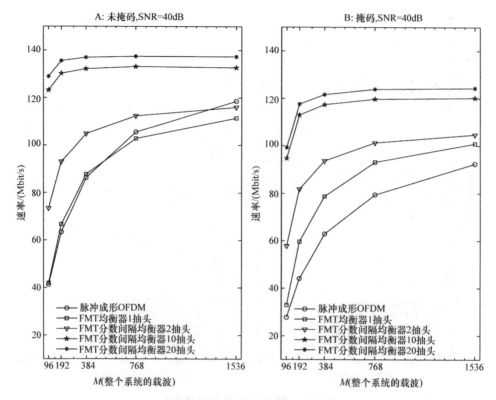

图 5.28　SNR 为 40dB 的速率比较

5.4.1　VLF/ULF PLC

当讨论电力线通信时，设计的网络通常需要具有如下特征：在相对较低的频率下（例如 50Hz 和 60Hz），能够有效传输高电压信号，而不是有效传输高频率信号，例如，成对的传输线通常具有较高的感应系数。由于产生了阻抗，所以高频信号具有明显的距离衰减。虽然变压器在严格意义上不是用于电力线通信的低通滤波器[65]，但是在整个配电系统中，由传输线、变压器和各种负载组成的低通滤波器的作用范围大于几 km[66]。因此，在具有多个分布的变压器和远距离通信的情况下，要保持低的载波频率。

在这些情况下通常使用 VLF 和 ULF 频段的电力线通信。由于 VLF 和 ULF 频段信号更接近 50Hz 或 60Hz 的系统频率，所以这些信号在电力线信道上具有很好的性能。特别地，这些低频率的信号具有较小的距离衰减[67]，并且可以有效地穿透配电变压器。然而，随着载波频率的减小，带宽也会随之减小并且数据速率也会降低。大多数现有的 VLF/ULF 系统都可以应用于 AMR/AMI 中，它们相对于其他通信系统而言，对数据速率的要求较低。因此，对于某些市场来说，VLF/ULF PLC 是一个很好的选择。

　　配电网络的种类十分丰富，但是为了本文的研究，可以将它分为两个基本的接线类型。在欧洲以及北美以外的其他国家，主要使用的是中压（MV）到低压（LV）变压器，服务数十甚至数百个端点（见图 5.29）。因此，我们将它称为"欧洲"接线模型。然而，在北美，每个 LV – MV 变压器通常只服务于 4 个端点，有时可能只服务于一个端点。这种差异对电力线通信的设计具有重要的影响。

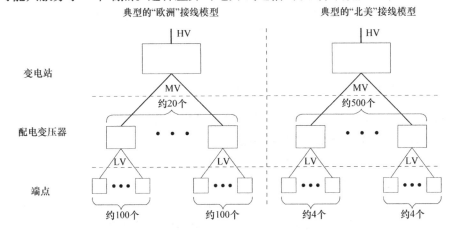

图 5.29　电力网络的"欧洲"接线模型（左）和"北美"接线模型（右）之间的差异图
（在这两种情况下，一个变电站大约服务 2000 个端点。在欧洲模型中，每个配电变
压器服务 100 个端点，而在北美模型中每个配电变压器只服务几个端点，通常远小于 10）

　　在欧洲接线模型的 LV 网络中，很容易实现电力线通信。欧洲接线模型有利于 PLC，因为各端点一般都距离很近，并由同一个配电变压器控制。在这种环境中，由距离产生的信号衰减几乎是不存在的。因此，单个路由器可以放置在配电变压器上，并且有效地向大量端点提供服务。

　　而在北美接线模型的网络中，每个服务变压器只服务于很少的端点。在农村地区，仪表密度非常低，可能低至 1 个端点/mile^2。如果路由器放置于每个配电变压器，则每个端点所需的路由器数量将过多，成本过高。此外，由于端点之间的距离巨大，所以由距离产生的信号衰减对较高频率的 PLC 来说是一个严重的问题。为了达到所需信号的强度，还需要安装许多信号增强器和中继器，从而使成本进一步增加。

　　VLF/ULF PLC 在许多北美接线模型中提供了降低成本的解决方案。在这种系统中，路由器可以放置在 MV 网络上的某处，通常是放在变电站内部，并且调制解调器可以放置在 LV 网络上的电表内。因为信号受距离的影响非常小并且可以穿透配电变压器，所以在不需要信号增强器或中继器的情况下就能维持链路通信。

　　波形发生器通常将耦合电容器连接到电力网络中，从而抑制放大器产生的 50Hz 或 60Hz 的电源信号，同时允许发射机中频率相对较高的信号能够顺利传递到电力线上。然而，当传输频率降低时，就需要更大的电容器。对于 VLF 和 ULF 频段信号，所需的电容器太大，所以不能放在住宅电表内。因此，电容耦合通常不是 VLF/ULF 频段 PLC 的选择。

一种可行的解决方案是将开关式负载传输器直接连接到电力网络中。我们将在下面的几节中讨论上述发射机，这些发射机的优点是，不需要大耦合电容器或变压器就能产生 VLF 和 ULF 频段信号。但是，它们会受到传输信号的限制，例如，这些发射机不能产生任意的波形，因此，调制和解调必须根据发射机信号的约束条件来设计。尽管与高频段电力线通信系统相比，该通信链路没有较高的数据速率，但是对于大多数 AMI/AMR 应用而言，这样的数据速率已经足够了。

5.4.2 带有开关负载发射机的 OOK

图 5.30 是一个由任意波形发生器与电容进行耦合的等效电路。框内部分是用电源阻抗模拟电源网络的戴维宁等效电路，虽然网络阻抗主要呈电感性，但是为了简化表示，这里使用了实际电阻。$v_s(t)$ 是电源电压，R_s 是整个配电系统的源阻抗，如发射机。发射机直接连接到电力网络中，并由开关和负载电阻 R_L 组成。开关闭合，将负载连接到网络中。开关的作用是在配电网络中产生电流 $i_s(t)$，该电流可以由相应的接收机接收。下面我们将导出由该电路产生的单个脉冲的方程。

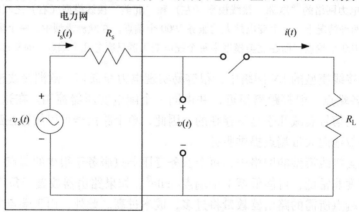

图 5.30 在电力网络上，通过将负载接入或断开来传输数据

我们将电源信号设为振幅为 V 和频率为 ω_0 的余弦波：

$$v_s(t) = V\cos(\omega_0 t) \tag{5.26}$$

负载在时间 $t \in [0, \pi/2\omega_0]$ 连接到电力网络中，这时的 t 在第一个零点之前。然后，在第一个过零点处，开关从电力网络中断开，此时 $t = \pi/2\omega_0$。开关的物理意义是当电流为零时，电路断开。由于该开关的操作，电源电流为

$$i_s(t;\tau) = \frac{V}{R_s + R_L}\cos(\omega_0 t)\left[u(t-\tau) - u\left(t - \frac{\pi}{2\omega_0}\right)\right] \tag{5.27}$$

其中

$$u(t) = \begin{cases} 1, & t > 0 \\ \dfrac{1}{2}, & t = 0 \\ 0, & t < 0 \end{cases} \tag{5.28}$$

如图 5.31 所示，该信号存在于电源的第一个半周期内。

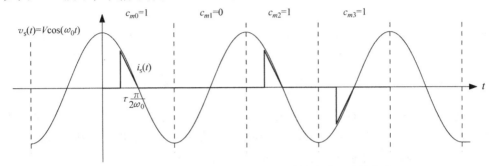

图 5.31　使用开关键控通过图 5.30 中的电路生成的电流

低成本发射机一般选择简单的电路，因为可以进行批量制造，并且可以在每个公用设施上分配成千上万个端点。例如 TWACS AMR 系统[68-70]。

每个脉冲的能量为

$$\begin{aligned} E_p &= \int_{-\infty}^{\infty} i_s^2(t;\tau)(R_L + R_s)\mathrm{d}t \\ &= \frac{V^2}{R_s + R_L} \int_{\tau}^{\frac{\pi}{2\omega_0}} \cos^2(\omega_0 t)\mathrm{d}t \\ &= \frac{V^2}{R_s + R_L} \frac{1}{4\omega_0}(\pi - \sin 2\omega_0 \tau - 2\tau\omega_0) \end{aligned} \tag{5.29}$$

我们定义一个新的参数 β，它的脉冲宽度是周期的 1/4：

$$\beta = \frac{\dfrac{\pi}{2\omega_0} - \tau}{\dfrac{\pi}{2\omega_0}} \tag{5.30}$$

开关的闭合时间 τ 是 β 的函数，可以通过下式来求解：

$$\tau = \frac{\pi}{2\omega_0} - \beta\frac{\pi}{2\omega_0} \tag{5.31}$$

将式（5.31）代入式（5.29）中，得到

$$E_p = \frac{V^2}{R_s + R_L} \frac{1}{4\omega_0}(\beta\pi - \sin\beta\pi) \tag{5.32}$$

如果这些脉冲在每个半周期内以概率 1/2 发送（正如我们看到的，它们至少使用一种调制方式），则平均发送功率是

$$P = \frac{1}{2} \frac{E_p}{\frac{\pi}{\omega_0}} = \frac{E_p \omega_0}{2\pi} \qquad (5.33)$$

将式（5.32）代入此表达式中

$$P = \frac{1}{8\pi} \frac{V^2}{R_s + R_L} (\beta\pi - \sin\beta\pi) \qquad (5.34)$$

假设将开关负载发射机用于 $V = 240\sqrt{2}$、源阻抗和负载阻抗为 $R_s + R_L = 2\Omega$ 的网络中，并且发射机占空比为 $\beta = 1/3$，则平均发射功率为

$$P = \frac{1}{8\pi} \frac{(240)^2 \times 2}{2} \left(\frac{\pi}{3} - \sin\frac{\pi}{3} \right) = 415\text{W} \qquad (5.35)$$

这说明，除了小型且易于实现之外，开关负载发射机还能够产生相当大的功率。但是，将一个 415W 的放大器安装在住宅电表中是十分困难的。利用这种巨大的发射功率，通信链路就能保证较高的 SNR。需要注意的是，负载电阻会产生较高的热量，因此，仪表必须具有非常好的散热性能。

尽管上述信号在高频中也具有频谱能量，但是其仍然是基带信号。它的形状不是理想的正弦波，其会随着电源电压的变化而变化，同时它也会受电源阻抗的影响。如果我们将网络设计成使用感应电源阻抗的形式，那么结果将会更准确，例如，所得到的脉冲形状将会更圆滑。此外，信号的频谱将随着网络的变化而变化，以及在相同网络上随时间而变化。重要的是，对于给定的设备，频谱被适当地参数化并且能够给出正确的均衡结果，从而使信号频谱可以满足任何 EMC 的要求。

图 5.31 表明了信号的生成方法，开关负载电路通过调整开关的断开和闭合来生成信号。开关的间隔时间是电源周期的一半，从而在每个过零点处产生脉冲。由于该间隔时间为 $T = \pi/\omega_0$，则长度为半个周期 K 的发送信号（电流）的形式为

$$s_m(t) = \sum_{k=0}^{K-1} c_{mk} \frac{V_s}{R_s + R_L} \cos\omega_0 t \left[u\left(t - \tau - \frac{k\pi}{\omega_0} \right) - u\left(t - \frac{k\pi}{\omega_0} - \frac{\pi}{2\omega_0} \right) \right] \quad (5.36)$$

式中，$c_{mk} \in \{0, 1\}$，是第 k 个半周期中是否发生通断。如果 $c_{mk} = 1$，则在第 k 个半周期中发生切换，而如果 $c_{mk} = 0$，则开关保持断开状态。可以通过设置 c_{mk} 的 K 个系数来产生信号 $s_m(t)$。因此，可以产生 2^K 个信号，并且每个信号都分配唯一的二进制序列。以这种方式分配给发射机的所有信号的集合就是符号星座图。

可以通过式（5.27）给出的 $i_s(t)$ 延迟 $k\pi/\omega_0$ 来简化信号表达式（5.36）

$$i_s\left(t - \frac{k\pi}{\omega_0}; \tau \right) = \frac{V}{R_s + R_L} \cos\left[\omega_0 \left(t - \frac{k\pi}{\omega_0} \right) \right]$$

$$\times \left[u\left(t - \frac{k\pi}{\omega_0} - \tau \right) - u\left(t - \frac{k\pi}{\omega_0} - \frac{\pi}{2\omega_0} \right) \right] \qquad (5.37)$$

$$= \frac{V}{R_s + R_L} \cos(\omega_0 t - k\pi) \left[u\left(t - \frac{k\pi}{\omega_0} - \tau \right) - u\left(t - \frac{k\pi}{\omega_0} - \frac{\pi}{2\omega_0} \right) \right]$$

$$= \frac{V}{R_s + R_L}(-1)^k \cos(\omega_0 t) \left[u\left(t - \frac{k\pi}{\omega_0} - \tau\right) - u\left(t - \frac{k\pi}{\omega_0} - \frac{\pi}{2\omega_0}\right) \right] \quad (5.38)$$

这个方程可以用来简化式（5.36）

$$s_m(t) = \sum_{k=0}^{K-1} c_{mk}(-1)^k i_s\left(t - \frac{k\pi}{\omega_0}; \tau\right) \quad (5.39)$$

如果我们定义归一化的传输电流为

$$\phi_k(t) = \frac{1}{\sqrt{E_g}} i_s\left(t - \frac{k\pi}{\omega_0}; \tau\right) \quad (5.40)$$

其中

$$E_g = \int_\tau^{\frac{\pi}{2\omega_0}} i_s^2(t; \tau) \, dt \quad (5.41)$$

很容易得出

$$\int_{-\infty}^{\infty} \phi_n(t)\phi_m(t) \, dt = \delta_{mn} \quad (5.42)$$

也就是说，当 $k = 0, 1, \cdots, K-1$ 时，$\phi_k(t)$ 定义了函数的正交集合。式（5.39）可以用这些正交函数来表示

$$s_m(t) = \sqrt{E_g} \sum_{k=0}^{K-1} (-1)^k c_{mk}\phi_k(t) \quad (5.43)$$

我们用 AWGN 信道进行信号的接收，在周期性干扰中接收到的信号与电力线上的 VLF 和 ULF 频段中接收到的信号相同。在 VLF 或 ULF 频段中发射 $s_m(t)$，则接收到的信号是

$$r(t) = As_m(t) + \mathcal{R}\left\{ \sum_{m=1}^{\infty} \alpha_m e^{jm\omega_0 t} \right\} + n(t) \quad (5.44)$$

式中，A 是信道增益；$n(t)$ 是 AWGN。可以看出，在 VLF 和 ULF 频段中，将噪声分成了周期分量和非周期分量[71]。式（5.44）右边的第二项是对周期分量取实部。α_m 是确定的或未知的复数常数，表示第 m 次谐波的相量。

将式（5.39）代入式（5.44）中，得到接收信号

$$r(t) = A\sqrt{E_g}\sum_{k=0}^{K-1}(-1)^k c_{mk}\phi_k(t) + \mathcal{R}\left\{ \sum_{m=1}^{\infty}\alpha_m e^{jm\omega_0 t} \right\} + n(t) \quad (5.45)$$

根据本章参考文献［4］的第4章，我们将接收信号与每个 $\phi_k(t)$ 进行积分，形成 K 个接收机的统计量：

$$r_k = \int_0^{\frac{K\pi}{\omega_0}} r(t)\phi_k(t) \, dt$$

$$= A\sqrt{E_g}(-1)^k c_{mk} + p_k + n_k \quad (5.46)$$

其中右边的第一项遵循式（5.42）。第三项是非周期性噪声的函数：

$$n_k(t) = \int_0^{\frac{K\pi}{\omega_0}} n(t)\phi_k(t) \, dt \quad (5.47)$$

它们是独立同分布的实随机变量[72]。第二项是周期性噪声的函数：

$$p_k = \int_0^{\frac{K\pi}{\omega_0}} \mathcal{R}\left\{ \sum_{m=1}^{\infty} \alpha_m e^{jm\omega_0 t} \right\} \phi_k(t) \, dt \tag{5.48}$$

将计算顺序进行改变，上式变为

$$p_k = \mathcal{R}\left\{ \sum_{m=1}^{\infty} \alpha_m \int_0^{\frac{K\pi}{\omega_0}} e^{jm\omega_0 t} \phi_k(t) \, dt \right\} \tag{5.49}$$

在该方程中，积分是傅里叶变换的形式。如果我们令 $\Phi_k(\omega)$ 表示 $\phi_k(t)$ 的傅里叶变换，则上式变为

$$p_k = \mathcal{R}\left\{ \sum_{m=1}^{\infty} \alpha_m \Phi_k(m\omega_0) \right\} \tag{5.50}$$

但是，由式（5.40）我们知道

$$\Phi_k(\omega) = \frac{1}{\sqrt{E_g}} I_s(\omega) e^{-\frac{jk\pi\omega}{\omega_0}} \tag{5.51}$$

其中 $I_s(\omega)$ 是 $i_s(t; \tau)$ 的傅里叶变换。则

$$p_k = \frac{1}{E_g} \mathcal{R}\left\{ \sum_{m=1}^{\infty} \alpha_m I_s(m\omega_0) e^{-\frac{jkm\pi\omega_0}{\omega_0}} \right\}$$

$$= \frac{1}{E_g} \mathcal{R}\left\{ \sum_{m=1}^{\infty} \alpha_m I_s(m\omega_0)(-1)^{km} \right\} \tag{5.52}$$

根据该等式知，p_k 的值取决于 k 是偶数还是奇数。即

$$p_k = \begin{cases} \dfrac{1}{\sqrt{E_g}} \mathcal{R}\left\{ \displaystyle\sum_{m=1}^{\infty} \alpha_m I_s(m\omega_0) \right\}, & k \text{ 是偶数} \\[3mm] -\dfrac{1}{\sqrt{E_g}} \mathcal{R}\left\{ \displaystyle\sum_{m=1}^{\infty} \alpha_m I_s(m\omega_0)(-1)^m \right\}, & k \text{ 是奇数} \end{cases} \tag{5.53}$$

因此，周期性噪声可以被分解为两个分量

$$p_k = p_1 + p_2(-1)^k \tag{5.54}$$

其中，p_1 和 p_2 具体的数值并不重要，上式主要表明，噪声的周期分量位于包含所有 1 的向量和交替存在 1 和 -1 向量的子空间中。式（5.46）中的第 k 个接收机的统计量变为

$$r_k = A\sqrt{E_g}(-1)^k c_{mk} + p_1 + p_2(-1)^k + n_k \tag{5.55}$$

对于等时二进制信令，发送的两个信号分别为 $s_1(t)$ 和 $s_2(t)$，接收机必须确定发射端最可能发送的是哪个信号，最佳 AWGN 接收机判决统计是

$$\gamma = \int_0^{\frac{k\pi}{\omega_0}} r(t)[s_1(t) - s_2(t)] \, dt \tag{5.56}$$

现在，用该接收机进行信号的接收，我们将式（5.43）代入上式中，得到

$$\gamma = \int_0^{\frac{k\pi}{\omega_0}} r(t)\sqrt{E_g}\sum_{k=0}^{K-1}(c_{1k}-c_{2k})(-1)^k\phi_k(t)\,dt$$

$$= \sqrt{E_g}\sum_{k=0}^{K-1}(c_{1k}-c_{2k})(-1)^k\int_0^{\frac{k\pi}{\omega_0}}r(t)\phi_k(t)\,dt$$

$$= \sqrt{E_g}\sum_{k=0}^{K-1}(c_{1k}-c_{2k})(-1)^k r_k \tag{5.57}$$

如果我们定义权重向量为

$$w_k = (c_{1k}-c_{2k})(-1)^k \tag{5.58}$$

那么判决统计量可以写为

$$\gamma = \sqrt{E_g}\sum_{k=0}^{K-1}w_k r_k \tag{5.59}$$

将式（5.55）中接收机的统计量代入上式中

$$\gamma = AE_g\sum_{k=0}^{K-1}c_{mk}(c_{1k}-c_{2k})+p_1\sum_{k=0}^{K-1}w_k+p_2\sum_{k=0}^{K-1}w_k(-1)^k+\sum_{k=0}^{K-1}w_k n_k \tag{5.60}$$

如果我们选择以下两种向量作为权重向量：①与全 1 向量正交的向量；② 与 1、
−1 交替正交的向量，那么只有让该方程中右边的第二项和第三项等于 0，才能使
AWGN 的接收机统计量是二进制的信号统计量。由于这些向量所在的向量空间是 K
维的，并且噪声的周期分量所占的子空间是二维的，因此可用的子空间是 $K-2$ 维
的。也就是说，存在 $K-2$ 个可能的权重向量。我们可以从 K 维哈达玛矩阵中选择
权重向量。例如，$K=8$，则该矩阵为

$$\mathbf{W} = \begin{bmatrix} 1 & 1 & 1 & 1 & 1 & 1 & 1 & 1 \\ 1 & -1 & 1 & -1 & 1 & -1 & 1 & -1 \\ 1 & 1 & -1 & -1 & 1 & 1 & -1 & -1 \\ 1 & -1 & -1 & 1 & 1 & -1 & -1 & 1 \\ 1 & 1 & 1 & 1 & -1 & -1 & -1 & -1 \\ 1 & -1 & 1 & -1 & -1 & 1 & -1 & 1 \\ 1 & 1 & -1 & -1 & -1 & -1 & 1 & 1 \\ 1 & -1 & -1 & 1 & -1 & 1 & 1 & -1 \end{bmatrix} \tag{5.61}$$

该矩阵的行是正交的，前两行是周期性噪声子空间的向量。因此，最后 6 行中的任
何一行都可以作为权重向量。一旦选择了权重向量，就可以通过式（5.58）中权
重向量的定义来选择码字

$$c_{1k}-c_{2k} = (-1)^k w_k \tag{5.62}$$

显然，如果 $w_k(-1)^k=1$，则 $c_{1k}=1$ 和 $c_{2k}=0$。如果 $w_k(-1)^k=-1$，则 $c_{1k}=0$ 和
$c_{2k}=1$。于是，式（5.60）中的接收机判决统计量变为

$$\gamma = AE_g\sum_{k=0}^{K-1}c_{mk}(c_{1k}-c_{2k})+\sum_{k=0}^{K-1}w_k n_k \tag{5.63}$$

当 $m = 1$ 时，

$$
\begin{aligned}
\gamma \big|_{m=1} &= AE_\mathrm{g} \sum_{k=0}^{K-1} c_{1k}(c_{1k} - c_{2k}) + \sum_{k=0}^{K-1} w_k n_k \\
&= AE_\mathrm{g} \sum_{k=0}^{K-1} (c_{1k}^2 - c_{1k}c_{2k}) + \sum_{k=0}^{K-1} w_k n_k \\
&= AE_\mathrm{g} \frac{K}{2} + \sum_{k=0}^{K-1} w_k n_k
\end{aligned}
\tag{5.64}
$$

其中最后的步骤解释为：c_{1k} 中的元素 k 恰好必须是 1，并且对于相同的 k，c_{1k} 和 c_{2k} 不能同时为 1。K 必须是偶数。类似地，当 $m = 2$ 时，

$$
\gamma \big|_{m=2} = - AE_\mathrm{g} \frac{K}{2} + \sum_{k=0}^{K-1} w_k n_k
\tag{5.65}
$$

因此，接收机的判决为

$$
\begin{cases}
\gamma < 0, & m = 2 \\
\gamma > 0, & m = 1
\end{cases}
\tag{5.66}
$$

因为 γ 的判决阈值为零，所以可以忽略式（5.59）中的 $\sqrt{E_\mathrm{g}}$。因为上述信号是正交信号，所以以与其他二进制正交信号的通信系统具有相同的性能。

5.4.3　使用谐振发射机的 OOK

图 5.30 中的电路可以产生较宽频率范围的电流信号。在实际情况中，接收机只能检测到相对较窄的频段，因此带外能量基本上都浪费了。同时还可能在相邻频段中引入干扰。在本节中，我们将讨论生成窄带信号的发射机[73]。该发射机的发射信号具有较好的频谱特性，而且，耗散的热量也比电阻开关负载发射机少。

如图 5.32 所示，我们用串联的电感（L）和电容（C）代替负载电阻来改变图 5.30 所示的发射机，用电阻 R_L 来模拟电感器和电容器的等效串联电阻，我们还使用了电阻器（R_D），将其称为漏极电阻器，它使得衰减作用更加明显。开关的作用是将电感器 – 电容器或漏极电阻器连接到网络中，从而能够在配电网络中产生电流 $i_\mathrm{s}(t)$，电流可以通过适当的接收机接收。下面我们将推导出由该电路产生的单个脉冲的方程。

与第 5.4.2 节中的步骤相同，我们先假设电源电压是理想的正弦曲线：

$$
v_\mathrm{s}(t) = V\cos(\omega_0 t)
\tag{5.67}
$$

我们将使用拉普拉斯变换来求解图 5.32 中的电流 $i_\mathrm{s}(t)$。电源电压的拉普拉斯变换是

$$
V_\mathrm{s}(s) = \frac{sV}{s^2 + \omega_0^2}
\tag{5.68}
$$

假设图 5.32 中的开关最初一直处于位置 2。在 $t = 0$ 时，开关移动到位置 1。注意，在 5.4.2 节中，接通时间可以是第一个四分之一周期内的任何时间，我们现在规定

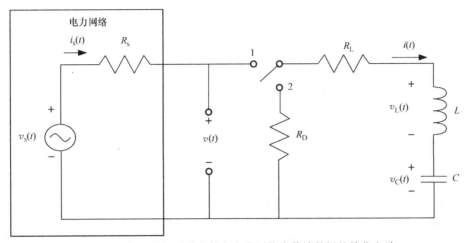

图 5.32　使用谐振开关负载在电力网络中传输数据的简化电路

在电源电压处于峰值时接通。用拉普拉斯变换描述所得到的电流为

$$I_\mathrm{s}(s) = \frac{sC}{1 + sRC + s^2LC} V_\mathrm{s}(s) \tag{5.69}$$

其中 $R = R_\mathrm{s} + R_\mathrm{L}$ 是电感器 – 电容器在连接到网络时的总串联电阻。将式（5.68）代入式（5.69）中，得到电流的拉普拉斯变换为

$$I_\mathrm{s}(s) = \frac{s^2 VC}{(s^2 + \omega_0^2)(1 + sRC + s^2LC)} \tag{5.70}$$

通过分式的拆分，式（5.70）变为

$$I_\mathrm{s}(s) = \frac{\beta_1 s + \beta_0}{s^2 + \omega_0^2} + \frac{\alpha_1 s + \alpha_0}{1 + sRC + s^2LC} \tag{5.71}$$

由拉普拉斯变换表可知，第一项的时域等效为

$$\frac{\beta_1 s + \beta_0}{s^2 + \omega_0^2} \xrightarrow{\ L^{-1}\ } \mathcal{R}\ \{I_\mathrm{L} e^{j\omega_0 t}\} \tag{5.72}$$

其中

$$I_\mathrm{L} = \beta_1 - \frac{\mathrm{j}}{\omega_0}\beta_0 \tag{5.73}$$

这是电路的强制响应，即开关长时间处于位置 1 时形成的电流。它是电感器、电容器、电阻器在 ω_0 处阻抗的函数，并且随着阻抗的变大而变小。式中 I_L 是 ω_0 处的电流分量，这里我们不再推导 β_0 和 β_1 的表达式。

自然响应（natural response）由式（5.71）中的右边第二项给出：

$$\frac{\alpha_1 s + \alpha_0}{1 + sRC + s^2LC} \xrightarrow{\ L^{-1}\ } \mathcal{R}\{I_\mathrm{c} e^{-\lambda_\mathrm{r} t} e^{j\omega_\mathrm{c} t}\} \tag{5.74}$$

其中

$$\lambda_\mathrm{r} = \frac{R}{2L} \tag{5.75}$$

$$\omega_c = \sqrt{\frac{1}{LC} - \lambda_r^2} \qquad (5.76)$$

$$I_c = \frac{1}{LC}\Big[\alpha_1 + \frac{j}{\omega_c}(\alpha_1\lambda_r - \alpha_0)\Big] \qquad (5.77)$$

这是电路的自然响应。这里我们不推导 α_1、α_0、I_c 的表达式[73]。此信号如图 5.33 所示。当 $t=0$ 时开关断开，电路开始在 ω_c 处谐振，并以时间常数 $R/2L$ 进行衰减。可以将电感和电容设置为所需的谐振频率。增加电感的大小会降低衰减速率。为了最大化整体信号的能量，我们将合理地设置这些参数。

总电流的表达式为

$$i_s(t;0) = \mathcal{R}\{I_L e^{j\omega_0 t}\} + \mathcal{R}\{I_c e^{-\lambda_r t} e^{j\omega_c t}\} \qquad (5.78)$$

右边的第一个分量是干扰信号，如果信号持续时间足够长，该信号将成为主要信号。它具有与电源信号相同的频率 ω_0，然而对于低峰值功率的通信信号来说这并不是一个很好的选择。然而，第二个分量的频率 ω_c 是可变的，由式（5.76）中的 L 和 C 确定。只要选择合适的电感值和电容值，使 ω_c 具有所需的频率并且 $|I_c| \gg |I_L|$，则它可以用于窄带通信中。通过选择合适的电感器和电容器，可以使 ω_0 处的电路阻抗较低，同时 I_c 最大。

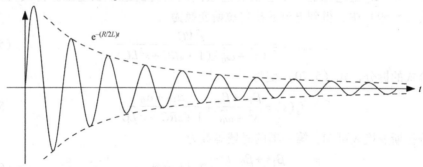

图 5.33　当图 5.32 中的谐振器在电源峰值处切换到电力网络时，其作为衰减的正弦波将短暂谐振（通过在该时段将其切断并将谐振器连接到电阻器 R_D，电容器电荷放电，并且上述波形可以在另一个电源半周期中重复）

忽略强制响应，如果开关在时间 $t=\tau$ 处移动到位置 1 并且在时间 $t=T_g+\tau$ 处移动到位置 2，则电流为

$$i_s(t;\tau) \approx \mathcal{R}\{I_c(\phi)e^{-\lambda_r(t-\tau)}e^{j\omega_c(t-\tau)}\}[u(t-\tau) - u(t-\tau-T_g)]$$
$$= \mathcal{R}\{g_1(t-\tau)e^{j2\pi f_c(t-\tau)}\} \qquad (5.79)$$

其中复杂的包络为

$$g_1(t) = I_c e^{-\lambda_r t}[u(t) - u(t-T_g)] \qquad (5.80)$$

该发射机提供了比 5.4.2 节描述的电阻性开关负载发射机更高的频谱效率，并且将数据传输速率进行改进，这使得该发射机在 VLF/ULF 电力线通信链路中具有一定的优势。如图 5.34 所示，图中比较了每个发射机产生的信号功率谱密度，阻

抗负载发射机并不能很好地控制频率中信号能量的分配。相比之下，电抗性负载发射机将信号能量集中在相对较窄的频段中。

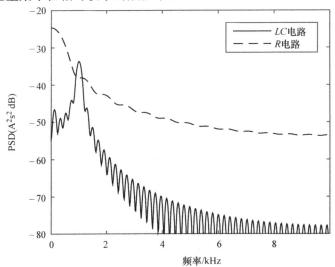

图 5.34　由电阻开关负载电路和电抗开关负载电路产生的信号之间的差异［在该示例中，电抗类发射机（reactive transmitter）具有 3.1mH 的电感、8.0μF 的电容和 2Ω 的串联电阻。电阻类发射机的串联电阻为 2Ω］

如果电路组件在每次开关之后都进行复位，则信号可以无限次重复。这可以通过电阻器 R_D 来完成。开关从位置 1 移动到位置 2 之后，电容器上还残留了一些电荷。上述推导过程的前提是负载首次连接时不会进行充电。在再次连接负载之前，电容器必须通过连接到漏极电阻器来放电，残留的电荷作为电阻器中的热耗散。R_D 的选择应满足：使 RLC 电路是临界阻尼的，并且使电荷耗散的时间最小化。

与具有电阻开关负载的 OOK 一样，谐振器可以每半个周期进行切换，如图 5.35 所示。定义第 m 个信号所处的信号星座为

$$s_m(t) = \sum_{k=0}^{K-1} c_{mk}(-1)^k i_s\left(t - \frac{k\pi}{\omega_0};0\right) \tag{5.81}$$

式中，$c_{mk} \in \{0, 1\}$，这样的信号可以通过监测发射机处的电压 $v(t)$ 来产生。在时间 t_k 处，如果要发送 1 比特，则将开关移动到位置 1，其对应于 $c_{mk} = 1$。在 T_g 秒之后，开关移动到位置 2，并且残留的电荷在漏极电阻器中被耗散。如果要发送 0 比特，则开关在时间 t_k 处保持位置 2。其对应于 $c_{mk} = 0$。注意，每个信号包含 K 个这样的切换，因此符号时间是 $T_s = KT_p$。

注意式（5.81）在功能上等同于式（5.39），唯一的区别是式（5.81）是用复值函数作为发送信号的结果。因此，解调方法与 5.4.2 节中的解调方法相同。

5.4.4　使用共振发射机的 PSK

在 5.4.2 节和 5.4.3 节中描述的 OOK 调制方法都限制为每半个周期发射 1 个

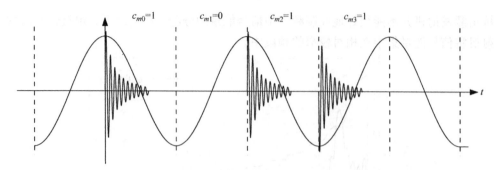

图 5.35 通信信号可以通过在某些半周期内将谐振负载切换到网络中产生，
而在其他半周期内将它断开

符号，尽管这两个电路都具有很高的发射功率，接收机的 SNR 也较大，但是由于这样的限制，很难进一步增大数据传输速率。我们可以改进 5.4.3 节和图 5.35 中的谐振发射机，使得频谱效率增加。我们先假设开关在每个间隔处都断开，如图 5.36 所示，第 m 个符号由 k 时刻从位置 2 切换到位置 1（见图 5.32）时产生，

$$t_k(m) = kT_p + t_{mk} \tag{5.82}$$

并在时间 $t_k(m) + T_g$ 处从位置 1 回到位置 2。与 OOK 一样，m 用于指示信号星座图内的信号。使用这种调制方法的第 m 个信号是

$$s_m(t) = \sum_{k=0}^{K-1} i_s(t; kT_p + t_{mk}) \tag{5.83}$$

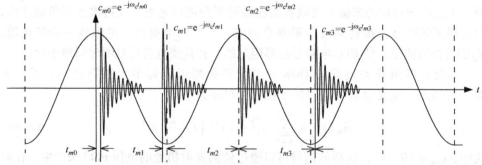

图 5.36 如何使用谐振负载的控制开关来产生通信信号
［可以通过延迟（或提前）切换时间来修改每个脉冲的相位］

通过式（5.79）有

$$i_s(t; kT_p + t_{mk}) = \mathcal{R}\{g_1(t - kT_p - t_{mk})e^{j\omega_c(t - kT_p - t_{mk})}\} \tag{5.84}$$

然而，切换延迟必须很小：$t_{mk} \ll T_p$。由于接通时间变化很小，所以复包络变化也非常小，我们可以对其进行近似

$$i_s(t; kT_p + t_{mk}) \approx \mathcal{R}\{g_1(t - kT_p)e^{j\omega_c(t - kT_p - t_{km})}\} \tag{5.85}$$

相位中的 t_{km} 不能忽略，因为即使开关时间的微小变化也可能会引起相位的明显改

变。式 (5.83) 的复包络是

$$s_{ml}(t) \approx \sum_{k=0}^{K-1} g_1(t - kT_p) e^{-jk\omega_c T_p} e^{-j\omega_c t_{km}} \tag{5.86}$$

上式可以写成

$$s_{ml}(t) \approx \sqrt{E_g} \sum_{k=0}^{K-1} c_{mk} \phi_k(t) \tag{5.87}$$

其中，我们定义

$$E_g = \int_0^{T_p} |g_1(t)|^2 \, dt \tag{5.88}$$

$$\phi_k(t) = E_g^{-1/2} g_1(t - kT_p) e^{-jk\omega_c T_p} \tag{5.89}$$

$$c_{mk} = e^{-j\omega_c t_{km}} \tag{5.90}$$

注意，式 (5.87) 在形式上与式 (5.43) 相同。但是，式 (5.87) 中的系数 c_{mk} 可以是任何复数指数，而在式 (5.43) 中，它们是严格的二进制形式。这增加了每个符号可映射的比特数量，因此可以提高数据传输速率。这种调制方法与 PSK 很像，用信号的相位来传输数字信息。合理地选择 t_{km} 可以构造出类似于 PSK 星座的符号星座。例如，

$$t_{mk} = \frac{2\pi c'_{km}}{M\omega_c} \tag{5.91}$$

式中，c' 是 $0 \sim M-1$ 之间的整数，将形成类似于 $M-PSK$ 的调制。

为了获得接收信号，我们使用与式 (5.44) 相同的信道模型。与中心频率 ω_c 分离之后，接收到的基带信号为

$$r_1(t) = A s_{ml}(t) + \sum_{m=1}^{\infty} \alpha_m e^{j(m\omega_0 - \omega_c)t} + n_1(t) \tag{5.92}$$

使用基带调制方程 (5.87) 我们可以得到

$$r_1(t) = A \sum_{k=0}^{K-1} c_{mk} \sqrt{E_g} \phi_k(t) + \sum_{m=1}^{\infty} \alpha_m e^{j(m\omega_0 - \omega_c)t} + n_1(t) \tag{5.93}$$

式中，$n_1(t)$ 是 $n(t)$ 的复包络。如上所述，我们用正交向量集合 $\phi_k(t)$ 生成统计量 r_k：

$$r_{kl} = \int_0^{T_s} r_1(t) \phi_k^*(t) \, dt \tag{5.94}$$

生成的统计量为

$$r_{kl} = A \sqrt{E_g} c_{mk} + p_{lk} + n_{lk} \tag{5.95}$$

其中

$$p_{lk} = \sum_{m=1}^{\infty} \alpha_m \int_0^{T_s} \phi_k^*(t) e^{j(m\omega_0 - \omega_c)t} \, dt \tag{5.96}$$

是噪声的周期分量的系数，并且

$$n_{1k} = \int_0^{T_s} \phi_k^*(t) n_1(t) \, dt \qquad (5.97)$$

是独立同分布的复杂正态随机变量。周期性噪声系数 p_{1k} 随着 k 的奇偶性改变而发生变化，满足式（5.54）。因此，式（5.95）可以写成

$$r_{kl} = A \sqrt{E_g} c_{mk} + p_{l1} + p_{l2}(-1)^k + n_{1k} \qquad (5.98)$$

OOK 接收机用加权矢量来选择码字，然而对于这种调制方法，c_{mk} 可以取复根，从而使得在选择码字时，降低了约束。可以使用式（5.99）来选择系数

$$c_{mk} = s_m w_k \qquad (5.99)$$

式中，s_m 是单位复根；$w_k \in \{-1, 1\}$。w_k 可以使用 5.4.2 节中的式（5.61）概述的步骤来进行选择。通过使用 w_k 计算 r_{1k} 的内积来形成新的统计量

$$\hat{s}_m = \sum_{k=0}^{K-1} r_{1k} w_k$$

$$= A \sqrt{E_g} s_m \sum_{k=0}^{K-1} w_k^2 + p_{l1} \sum_{k=0}^{K-1} w_k + p_{l2} \sum_{k=0}^{K-1} w_k(-1)^k + \sum_{k=0}^{K-1} w_k n_{1k}$$

$$(5.100)$$

我们选择 w_k 作为哈达玛矩阵的行［例如式（5.61）］，右边的第二项和第三项变为零。此外

$$\sum_{k=0}^{K-1} w_k^2 = K \qquad (5.101)$$

于是

$$\hat{s}_m = AK \sqrt{E_g} s_m + \sum_{k=0}^{K-1} w_k n_{1k} \qquad (5.102)$$

这是 s_m 的有偏估计。在考虑偏差之后，发射信号的估计值为

$$\hat{m} = \arg\min \left| AK \sqrt{E_g} s_m - \hat{s}_m \right| \qquad (5.103)$$

5.5　超宽带调制

另一种扩频传输技术是超宽带（UWB）调制，该技术已经吸引了相当多无线通信领域从业者的关注。根据联邦通信委员会的定义，我们把带宽为 2～28MHz 的商业宽带 PLC 系统归为超宽带系统，是因为其使用的带宽与中央载波两者之比大于 0.2。超宽带调制通常被认为是脉冲调制的同义词，这里称为 I - UWB。脉冲调制的基本思想是通过将比特流信息映射成一个占用大量带宽的短时间脉冲序列来传达信息[74]，不需要进行载波调制。为了应对部分通道时间分散的问题，单脉冲的后面都紧跟着一个保护间隔。如果保护间隔足够长，接收端检测到的干扰就可以忽略不计，这样就简化了匹配滤波接收机的设计要求，在接收机上使用模板波形，就可以关联出接收信号。我们可以对单脉冲调制进行设计，使其可以削弱由于传输系

统引起的频谱误差，特别是可以用来避免低频误差。此外，由于传输信号的功率谱密度（PSD）保持在低水平，所以以协作为目的的多级处理是没必要的。脉冲调制可以和 CDMA 技术相结合，CDMA 技术可以简单地实现高数据传输速率的多用户传输，而且面对严峻的信道频率选择性、多址干扰和脉冲噪声这些问题时，都具有较高的稳定性[75]。虽然还未进行大量的研究辅助，但是脉冲调制也是一个很有吸引力的技术，中等速率的应用程序（例如具有高数据传输速率且带宽较高的单脉冲应用程序，数据传输速率为 1Mbit/s 的 80MHz 带宽）需要简单的调制和解调架构。这些简单的收发机可以用于电力线路命令/控制系统，用于家庭和工业自动化的传感器网络，或为车载设备提供连接，还可以应用于智能电网能源的监测和控制。

5.5.1　I-UWB 发射机

在 I-UWB 系统中，以帧的形式传输数据。帧的时间周期是 T_f，因此传输速率为 $1/T_f$ Symbol/s。对于每一帧而言，短时间脉冲后都跟随着一个保护间隔。一个单脉冲对应着一个信息符号。传输信号可以写成

$$x(t) = \sum_k b_k\, g_{tx}(t - kT_f) \tag{5.104}$$

式中，b_k 是第 k 个帧中传播的符号；$g_{tx}(t)$ 是单脉冲的时间响应，这里的信息符号可以是实数或复数。为了保持低复杂性，我们将采用二进制 I-UWB，因此，一个符号映射为一个比特，可以用 $\{-1, 1\}$ 表示。在其他实现方案中可以使用高阶调制，而且，脉冲可以利用 CDMA 技术进行调制[75]。

在无线场景中，通常将单脉冲成形为高斯脉冲，而且这个脉冲也同样适用于 PLC 场景。在低频范围内，由于 PSD 的背景噪声较高，高斯脉冲并不会显示出其频率部分。高斯脉冲仅仅是单脉冲成形的一个例子，其他的脉冲成形方法也同样可以应用。

5.5.1.1　高斯脉冲成形设计

高斯脉冲被定义为

$$g_0(t) = \frac{K_0}{\sqrt{2}\, T_0}\, e^{-\frac{\pi}{2}\left(\frac{t}{T_0}\right)^2} \tag{5.105}$$

式中，T_0 是传输带宽参数；K_0 决定了传输脉冲 PSD 的峰值。在频域中，高斯脉冲的第 p 个导数可以写为

$$G_p(f) = \mathcal{F}\left[\frac{d^p}{dt^p}g(t)\right](f) = K_0\, (i2\pi f)^p\, e^{-2\pi T_0^2 f^2} \tag{5.106}$$

$\mathcal{F}[\cdot]$ 表示傅里叶变换符，单脉冲的传输带宽定义为 $B = f_h - f_l \cdot f_l$，且 $f_h > f_l$，这两个频率是由式（5.106）的最大值降低 10dB 后得到的。

图 5.37 显示了 I-UWB 发送信号的功率谱密度，该图中使用了高斯脉冲的二

阶导数，并将 PSD 的峰值设置在 $-80\mathrm{dBm/Hz}$ 的较低水平上。在低频范围内，并不存在单脉冲的频率成分。在我们感兴趣的频谱范围内，当存在如图所示的背景噪声时，信噪比的极值始终大于 30dB（并且小于 45dB）。

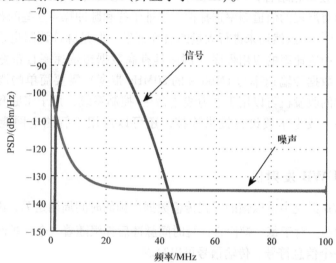

图 5.37 I – UWB 的 PSD 传输信号和背景噪声（作为单脉冲周期，考虑到了高斯脉冲的二阶导数）

5.5.2 I – UWB 接收机

接收机的信号输入为

$$y(t) = x * g_{ch} + n(t) \tag{5.107}$$

式中，g_{ch} 是信道脉冲响应；$n(t)$ 是有色背景噪声。在式（5.107）中接收到的信号都被模拟前端滤波器过滤，前端滤波器过滤完的信号为

$$u(t) = \sum_k b_k g_{tx} * g_{ch} * g_{fe}(t - kT_f) + d(t) \tag{5.108}$$

式中，$g_{fe}(t)$ 是前端滤波器的脉冲响应；$d(t)$ 是过滤的有色背景噪声，$d(t) = n * g_{fe}(t)$。发射机和接收机之间的等效脉冲响应为 $g_{eq}(t) = g_{tx} * g_{ch} * g_{fe}(t)$。将前端滤波器设置为 $g_{fe}(t) = g_{tx}(-t)$，使得它与单脉冲信号相匹配。

以时间间隔 $T_c = T_f/M$ 进行取样，从而得到前端滤波器的输出，其中 M 为样本/帧的数量。式（5.108）中被接收滤波器过滤后的离散时间信号表示为 $g_{rx}(mT_c)$。接下来，我们将描述几个离散时间接收机[76]。

5.5.2.1 滤波器接收机

匹配滤波器接收机是更简单的解决方案。单脉冲滤波器与前端滤波器相匹配，即 $g_{fe}(t) = g_{tx}(-t)$。接收机滤波器与信道脉冲响应相匹配，即 $g_{rx}(mT_c) = g_{ch}(-mT_c)$。并将这个信号表达为

$$\Lambda(k) = \sum_m u(mT_c)g_{rx}(kT_f - mT_c) \tag{5.109}$$

为了区别传播符号（用于二进制调制的 -1 或 1），式（5.109）针对信号进行了阈值判断。严格来说，在第 k 帧检测到的样本表达为

$$\hat{b}(kT_f) = \text{sign}\{\Lambda(k)\} \tag{5.110}$$

这个接收机称为匹配滤波器（MF）接收机，而且当背景噪声是白噪声时性能最优。

5.5.2.2 等效匹配滤波器接收机

在无线场景中，当 MF 接收机的背景噪声是白噪声时效果最好。相反，在 PLC 中，我们认为背景噪声是有色高斯噪声。因此，为了提升 MF 接收机的性能，在发射机和前端滤波器输出之间，使接收机滤波器与等效脉冲响应相匹配，即 $g_{rx}(mT_c) = g_{eq}(-mT_c)$，而且单脉冲与前端滤波器相匹配。利用式（5.110）可以证明等效匹配滤波器接收机的决策过程与 MF 接收机相同。因此，有频率响应的一系列高斯脉冲的波形与在低频范围内噪声 PSD 波形的逆波形接近，在低频范围内前端滤波器与白化滤波器接近。

这个接收机称为等效匹配滤波器（E-MF）接收机。

5.5.2.3 噪声匹配滤波器接收机

为了获得最佳的滤波器，必须了解有色噪声的相关性。背景噪声的离散时间相关性被定义为 $R_n(mT_c) = E[n(mT_c + t)n(t)]$，其中 $E[\cdot]$ 是期望运算符。

$R_n^{-1}(mT_c)$ 表示卷积噪声的逆相关性，函数定义为 $R_n^{-1} * R_n(mT_c) = \delta(mT_c)$。

接收机定义为 $g_{rx}(mT_c) = R_n^{-1} * g_{ch}^-(-mT_c)$，其中 $g_{ch}^-(mT_c) = g_{ch}(-mT_c)$。符号的定义均与式（5.109）中相符。

这个接收机指的是噪声匹配滤波器（N-MF）接收机。

5.5.2.4 N-MF 接收机的频域实现

上述提到的 3 个接收机均是在时域中实现的。在如下两个假设的前提下，可以实现频域上的接收机。首先，假设帧与帧之间的噪声互不影响；其次，帧的持续时间大于信道脉冲响应时间。更为普遍的最优 FD 接收机推导方法可以参考本章文献 [75]。首先我们来介绍矢量符号，在前端滤波器的输出端，第 k 帧的样本为

$$u_k = \{u(kMT_c), \cdots, u[(M-1+kM)T_c]\}^T \tag{5.111}$$

此外，第 k 帧的噪声样本用矢量 d_k 表示。在之前的假设中，帧与帧之间的处理是独立的，因此 M 点的离散傅里叶变换（DFT）可以由矢量 u_k 计算得到，在频域帧可以表示为

$$U_k = b_k G_{eq} + D_k \tag{5.112}$$

式中，b_k 是第 k 帧传输的信号；U_k、D_k 和 G_{eq} 分别是 u_k、d_k 和等效脉冲响应矢量 $g_{eq} = [g_{eq}(0), \cdots, g_{eq}(M-1)]$ M 点的离散傅里叶矢量。频率间距等于 $f_n = n/MT_c$。

为了获得式（5.112）最大化的矩阵，度量标准可以表示为

$$\wedge(k) = b_k G_{eq}^H K^{-1} U_k \tag{5.113}$$

式中，$\{\cdot\}^H$ 是共轭转置运算符；$K_k^{-1} = (E[D_k D_k^H])^{-1} = K^{-1}$，是一个考虑了噪声统计量的矩阵。在周围噪声是平稳噪声的假设前提下，对于每一帧而言这个矩阵是恒定不变的。根据式（5.113）、式（5.110）可以确定第 k 帧的传输符号。

这里的接收机即为频域（FD）接收机。

5.5.2.5　接收机的比较

图 5.38 比较了上述 I‑UWB 接收机。假设信号通过 MV 信道进行传输，并且

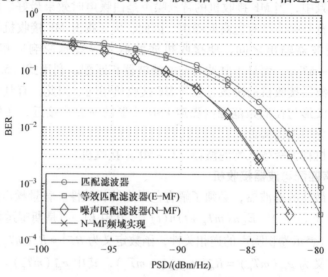

图 5.38　MV 场景下，用峰值 PSD 表示的不同接收机的 BER 性能

该信道的脉冲响应在实际网络中真实可测[77]，该系统中噪声的 PSD 如图 5.37 所示。单脉冲滤波器选用的是高斯脉冲的二阶导数，参数值为 $B = 20\text{MHz}$，$T_f = 5\mu s$，$1/T_c = 50\text{MHz}$。脉冲 PSD 的峰值介于 $-100 \sim -80\text{dB}$ 之间。当比特误码率低于 10^{-3} 时，N‑MF 接收机及其频域实现具有最佳性能，且高出其他接收机约 4dB。

一般来说，由于接收机结构简单，I‑UWB 显示了良好的性能。通过信道编码和及时传播脉冲可以有效地避免脉冲噪声的影响[75]，这就是窄带干扰的固有免疫特性。此外，已经证明 I‑UWB 与窄带 PLC 系统、宽带 PLC 系统都能共存[78]，这是由于 I‑UWB 有较低的 PSD 以及频谱扩散产生的高处理增益。

5.6　降低脉冲噪声的方法

PLC 信道是一个严峻的数据传输信道，这是由 PLC 传输信号的失真以及叠加在 PLC 接收端的干扰造成的。

本节中，我们将讨论应对 PLC 信道的噪声峰值或所谓的脉冲噪声的方法。首先简要回顾一下脉冲噪声建模，然后介绍基于数据传输的脉冲噪声的缓解方法和检测方法。

5.6.1　噪声的预备知识

对于 PLC 信道的噪声，包括脉冲噪声（或瞬时噪声）在内的一些细节已经在 2.7 节中讨论过了，我们认为脉冲噪声是噪声振幅短时间上升的序列，通常将脉冲噪声同步到交流电源周期中（在交流电网中），有潜在周期性的脉冲噪声周期比交流电源的周期短，比没有循环模式的孤立脉冲噪声周期也要短。脉冲噪声主要来自设备连接到电网（即电子负载）的辐射以及无线信号的接入，在脉冲建模的过程中，首要任务是要确保该模型是否适用于电力线的发射端（例如噪声发射机）或接收端（例如通信接收机），在噪声信号从发射端传输到接收端的过程中，前者保证噪声信号的特征和影响可以从电力线路中被分离出来，更详细的信道仿真方法参见 2.8 节。后者，通常是统计模型的形式，更直接地适用于探测器的设计和分析。

对脉冲噪声统计建模的方法通常为捕捉噪声的分布振幅、时间间隔或脉冲距离以及脉冲宽度。根据本章参考文献［79］的介绍，图 5.39 给出了这些量的定义。在这里，一个脉冲可以和按比例缩小振幅的脉冲波形相关联。不同模型下区分窄带和宽带 PLC（及其相关频段）、区分应用环境（室内和室外）、区分不同种类噪声的相关内容可以在本章参考文献［79］~［85］中查阅到。

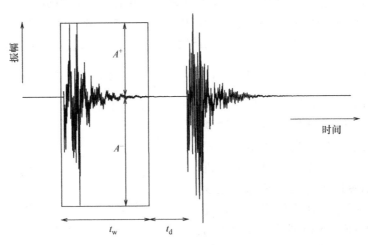

图 5.39　根据本章参考文献［79］的图 1，说明脉冲噪声及其参数：
振幅 $A = \max (A^+, A^-)$，脉冲距离 t_d 和脉冲宽度 t_w

对于降低噪声的方法，我们通常关注脉冲噪声样本振幅的边缘分布情况。这一考虑主要与在传输过程中发生的"完美的交错"（perfect interleaving）有关，因此可以忽略脉冲噪声类型之间的区别。本章参考文献［83］和［84］[⊖]表明，在接收机的某个时间点上，瞬时脉冲噪声的振幅是由多个从 PLC 信道过滤的噪声叠加而成，是米德尔顿甲级分布。

$$p_a(x) = \sum_{i=0}^{\infty} p_i \mathcal{N}(x, 0, \sigma_i^2) \tag{5.114}$$

其中

$$\mathcal{N}(x, 0, \sigma_i^2) = \frac{1}{\sqrt{2\pi\sigma_i^2}}\exp\left(-\frac{x^2}{2\sigma_i^2}\right), p_i = \frac{e^{-A}A^i}{i!}, \sigma_i^2 = \sigma_a^2\left(\frac{i/A + \Gamma}{1 + \Gamma}\right) \tag{5.115}$$

根据式（5.114），噪声的概率密度函数可以表示为概率为 p_i 的函数，p_i 是方差为 σ_i^2、均值为零的高斯分布中的一个随机变量。因此 $p_0\sigma_0^2$ 与 $\sum_{i=1}^{\infty} p_i \sigma_i^2$ 由背景功率和脉冲噪声构成。此外，$\sigma_a^2 = \sum_{i=1}^{\infty} p_i \sigma_i^2$ 是总噪声功率。参数 $\Gamma = \dfrac{p_0\sigma_0^2}{\sum_{i=1}^{\infty} p_i \sigma_i^2}$ 是背景脉冲噪声功率比，A 是脉冲指数。

它的近似分布可以由二阶高斯混合模型表示，如式（5.116）所示。

$$p_a(x) = (1 - \epsilon)\mathcal{N}(x, 0, \sigma_0^2) + \epsilon\mathcal{N}(x, 0, \sigma_0^2) \tag{5.116}$$

其中脉冲发生在概率为 ϵ 的地方。

脉冲到达时间以平均值为 ms 级别来表示，并且服从指数分布的随机变量模型[83]。脉冲宽度为数十 μs 的脉冲建模可以在本章参考文献［79］和［83］中查阅。

我们用具有复杂周期性且方差为 σ^2 的高斯分布变量来表示实数高斯变量的概率密度函数 $N(x, 0, \sigma^2)$，$N_c(x, 0, \sigma^2) = (\frac{1}{\pi\sigma^2})\exp(-|x|^2/\sigma^2)$。式（5.114）和式（5.116）介绍了与脉冲噪声分布等效的复数基带信号，并将其应用于同步和正交组件的传输过程中，例如正交振幅调制（QAM）[86]。

可以用本章参考文献［83］中提及的指数和二阶高斯混合分布的随机变量来表示脉冲到达时间和脉冲宽度测量的拟合模型。在降低噪声的过程中，Gilbert - Elliott 模型是一种常用的离散时间模型，因为该模型有可以用来捕捉脉冲噪声样本的特点。这个模

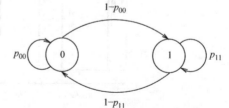

图 5.40 用于离散脉冲噪声建模的
Gilbert - Elliott 模型

⊖ 虽然本章参考文献［83］考虑了一般的脉冲噪声，但本章参考文献［84］特别关注了异步脉冲噪声——原书注

型的基本概念是有一个'好'状态（状态'0'）代表背景噪声，有一个'坏'状态（状态'1'）代表脉冲噪声。状态之间的转换由状态转移矩阵表示（见图5.40）。

$$T = \begin{bmatrix} p_{00} & 1 - p_{00} \\ 1 - p_{11} & p_{11} \end{bmatrix} \tag{5.117}$$

脉冲噪声样本的概率为

$$\epsilon = \frac{1 - p_{00}}{2 - p_{00} - p_{11}} \tag{5.118}$$

这里用到了式（5.116）中的边缘噪声概率密度函数，坏状态的运行周期，对应的脉冲噪声宽度是均值为 $1/(1 - p_{11})$ 的几何分布。相似的，好状态的运行周期，对应的脉冲间隔是均值为 $1/(1 - p_{00})$ 的几何分布。如果我们用 T_s 表示采样间隔，那么两次输入的时间间隔大约是参数为 $p_{00}T_s$ 的指数分布，Gilbert - Elliott 模型强调与脉冲噪声相关的噪声脉冲概念，如果（$1 - p_{11}$）的值较小就会导致噪声脉冲持续的时间较长，这将影响许多连续收到的样本。

5.6.2　传输方法

现在我们将介绍应对脉冲噪声的方法，首先将介绍用于降低脉冲噪声影响的传播策略。

重传：由于脉冲噪声具有振幅大和突发性的特点，这就可能导致在传输过程中将整个包丢失，使得在接收端无法解码。这种情况下，可以使用重传策略。接收机将通知发射机重新传输丢失的数据包。这种方法将脉冲噪声信道看成是数据包的消除信道（packet - erasure channel）。e 表示消除概率，（$1 - e$）表示每次传输数据包的数量（即吞吐量），也等于信道的容量[87,Ch.9]。重传机制需要接收机的反馈，是否有反馈与信道容量是无关的[87,Ch.50]。

交错传输：交错传输是一种可以降低脉冲噪声的影响，但不需要反馈的传输策略。其目的是将长脉冲分解为若干个较短的脉冲。交错传输时，将纠错码扩展为几个码字，就可以达到可靠传输的效果，这是因为每码字影响的最大符号数量减少了。此外，卷积编码很容易导致突发错误，所以将交错传输应用在几个码字之内都是有效的。考虑到信道卷积编码传输的中断率和误比特率，解码器交错传输的好处是无需利用噪声的突发性，这一问题在本章参考文献［88］中得到了证明。IEEE 1901.2 和 G3 - PLC 标准[89]均用到了交错传输。

除了通常使用的解码方法（忽略噪声的突发性），虽然交错传输是一个应对突发噪声的有效手段，但是我们认为它是一个"根据所需的冗余，消极地保护数据免受突发错误影响的方法"[87,Exercise11.4]。脉冲噪声样本后面的内容可以帮助接收机估计脉冲噪声的位置，并相应地调整它的进程。状态估计的马尔可夫链如图5.40所示。另一方面，如果没有状态信息，交错传输中接收机需要在平均性能较差的信道环境中进行操作。

应用程序层编码：这种传输策略用来调整噪声脉冲，纠正从传输样本到数据包的错误编码，换句话说是将纠错编码从物理层转移到应用层。本章参考文献［90］和［91］提出并研究了关于 PLC 视频传输的相关策略。由于突发错误，更好的冗余纠错是在应用程序层修正相对较少的数据包，而不是在物理层纠正大量的符号。特别的，纠错码也同样适用。用于在应用层纠错的标准代码是 Reed – Solomon 代码，其广泛应用于 PLC，内部解码后为了纠正突发错误，Reed – Solomon 代码可以作为级联码编码方案的外码。本章参考文献［90］建议使用所谓的"Raptor"代码，它是一个典型的数字喷泉码的例子[92,93,87(Ch.50)]。使用"Raptor"代码进行编码，就是让所需要的编码数据包尽可能多地生成。这使"Raptor"代码适应瞬间信道条件（即噪声），并使它们在广播通信的情况下变得特别有用，使得同一消息同时通过多个不同的信道传输。此外，"Raptor"代码的编码和解码复杂度比 Reed – Solomon 代码低。如果解码已经成功，使用"Raptor"代码所需的接收机与发射机通信反馈的频率较低。

自适应性：由于在交流电网中使用的是 50Hz 或 60Hz 电源周期，PLC 信道通常表现出电源频率两倍的周期性。由于在噪声源或接收机不同的信道频率响应的影响，会定期地产生噪声。这样的周期性在 5.6.1 节不能被一个马尔可夫模型描述，而是如 2.7 节所示通过确定的过滤模型来表示。噪声的周期性可以从接收机和发射机反馈得知，进而可以根据噪声的时间和频率变化调整其调制参数，或使用更一般的信噪比。例如本章参考文献［94］，由于自适应性使得 MAC 层的平均数据传输速率提高了 10%。本章参考文献［95］表明，当时变连续噪声模型与调制方法和功率匹配时，误码率会显著改善。此外，通过周期平稳的高斯过程建模[81]或线性时变过滤高斯过程建模[85]（见 2.7 节），本章参考文献［96］的工作确定了有周期性脉冲噪声的信道容量。结果表明，其信道容量高于在时频分区所能达到的容量[95,97]，而且该方法使用了预处理和后期处理技术，可以应用于有平稳噪声的多输入多输出信道。

5.6.3 检测方法

接收端处理信号时需要处理由于脉冲噪声而造成的衰落。我们从一个简单的离散时间传输模型展开讨论

$$r_k = s_k + n_k \tag{5.119}$$

式中，s_k 是传输样本；n_k 是加性噪声样本；r_k 是在离散时间 k 接收到的样本。我们假设信号是实值基带信号，具体来说就是二进制相移键控（BPSK）信号。如果 n_k 是方差为 σ_n^2 的零均值高斯噪声，那么最优接收机的对数似然比（LLR）为

$$\lambda^{GN}(r_k) = \log\left\{\frac{1}{\sqrt{2\pi\sigma_n^2}}\exp\left[-\frac{(r_k-1)^2}{2\sigma_n^2}\right]\right\} - \log\left\{\frac{1}{\sqrt{2\pi\sigma_n^2}}\exp\left[-\frac{(r_k+1)^2}{2\sigma_n^2}\right]\right\}$$

$$= 2r_k/\sigma_n^2 \tag{5.120}$$

在式（5.114）的脉冲噪声情况下，接收机的 LLR 将近似于

$$\lambda^{MN}(r_k) \approx \log\Big\{ \sum_{i=0}^{S-1} p_i \frac{1}{\sqrt{2\pi\sigma_i^2}} \exp\Big[-\frac{(r_k-1)^2}{2\sigma_i^2} \Big] \Big\}$$

$$- \log\Big\{ \sum_{i=0}^{S-1} p_i \frac{1}{\sqrt{2\pi\sigma_i^2}} \exp\Big[-\frac{(r_k+1)^2}{2\sigma_i^2} \Big] \Big\} \tag{5.121}$$

式中，S（非无穷）是假设的噪声状态。特殊情况当 $S=2$ 时相当于二项噪声模型，如式（5.116）。

式（5.120）和式（5.121）两个探测器之间 LLR 的差异如图 5.41 所示。我们假设参数 $\sigma_n^2 = \sigma_a^2 = 1$，信噪比为 0dB，$A = 0.01$，这意味着有 $1 - e^{-A} \approx 1\%$ 的样本被脉冲噪声影响，这里 $\Gamma = 0.1$。我们注意到，在收到的样本 r_k 中 LLR$\lambda^{GN}(r_k)$ 是线性的，它是由收到的振幅来决定的，$|r_k|$ 越大决策变量就越可靠。在 $\lambda^{MN}(r_k)$ 中，峰值在 $r_k = \pm 1$ 附近，这表明如果接收到的样本接近实际的信号点（例如 +1 或 -1）就有高的可靠性。但是，一旦脉冲噪声导致了样本振幅发生变化，就会使得接收到的样本非常不可靠。

当然，使用 $\lambda^{MN}(r_k)$ 的检测器需要知道（估计）参数 A、Γ、S 的数值。它依赖于一个假设，即米德尔顿甲级分布是一个真实的、表示实际脉冲噪声的分布。然而，从图 5.41 中可以发现，在受到脉冲噪声影响的情况下，可以用来开发简单探测器的信号样本大幅减少。这些探测器利用收到的不同非线性样本来降低脉冲噪声，其中最实用的是软限幅器（soft - limiter）和匿影（blanking）非线性电路。

$$y_k = \begin{cases} r_k, & |r_k| \le T \\ \dfrac{r_k}{|r_k|}T, & |r_k| > T \end{cases} \tag{5.122}$$

$$y_k = \begin{cases} r_k, & |r_k| \le T \\ 0, & |r_k| > T \end{cases} \tag{5.123}$$

式（5.122）和式（5.123）中的参数 T 是一个阈值，需要根据一些标准进行调整。相应的 BPSK 的 LLR 为 $\lambda(r_k) = 2y_k/\sigma_n^2$。图 5.42 表明 $\lambda^{SL}(r_k)$ 和 $\lambda^{BL}(r_k)$ 是接收样本 r_k 的函数，在图中已经选定 $T = 2$。此外为了便于比较，图 5.41 包含了 LLR。我们观察到脉冲噪声 LLR 的软限幅器和匿影非线性电路可以模拟出脉冲噪声的 LLR，如式（5.121）。参数 T 决定着我们在多大程度上调整收到的被剪裁或被忽视的样本振幅。

限幅电路和匿影非线性电路利用两种不同的门限可以组合出一种具有非线性特征的电路[98]。此外，本章参考文献[88]、[99]、[101] 提出了其他几种非线性电路的研究和分析。

图 5.43 是一个脉冲噪声信道误码率（BER）的例子。假设二阶高斯噪声 $\epsilon =$

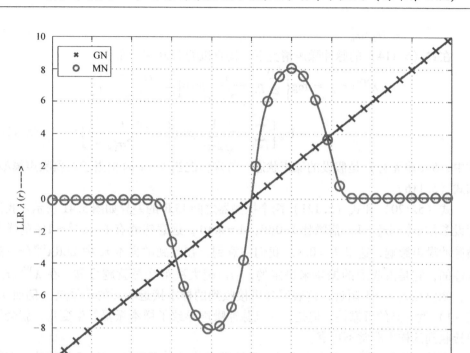

图5.41 式（5.120）（GN）和式（5.121）（MN）的 LLR$\lambda(r)$ 和接收样本 r 的关系

0.1 和 $\sigma_1^2/\sigma_0^2 = 100$，当 $A \approx 0.1$ 和 $\Gamma \approx 0.1$ 时接近米德尔顿甲级噪声。使用比率为 $-1/2$，内存为 -4 卷积码编码，使用 $\lambda^{MN}(r_k)$ 最大似然检测（MLD），使用基于欧氏距离检测（EDD）$\lambda^{GN}(r_k)$ 来进行 BPSK 编码通信。可以发现，模拟的误码率与分析得到的误码率近似，信噪比均为 $SNR_0 = 1/\sigma_0^2$。与传统的基于高斯噪声假设 EDD 度量相比，我们通过应用匹配脉冲噪声的 LLR 度量可以获得更大收益。我们还注意到 MLD 误码率曲线的形状类似于上述两种转变和 Gaussian-Q 扩展函数的叠加，这是由于两类噪声的影响：背景噪声和脉冲噪声，以上所述内容，在本章参考文献［88］中可以找到更多的细节。

尽管 MLD 使用基于噪声分布的解码（或检波）方法，但是它未能充分利用脉冲噪声的突发性这一特点。事实上，对于噪声的状态 S 而言，它是在米德尔顿甲级噪声［见式（5.114）］的近似值范围内，并且是如式（5.116）所示的二阶高斯混合噪声，这表明探测器可以估计当前的状态，然后应用一个具有适当噪声方差的、且基于高斯噪声的解码方法［如式（5.120）］。估计噪声状态的关键是离散噪声过程是否有记忆性［例如突发结构（burst-structure）］，如图5.40 中的 Gilbert-Elliott 模型。本章参考文献［102］、［103］介绍了进行噪声状态估计和以迭代方式进行数据检测的算法。

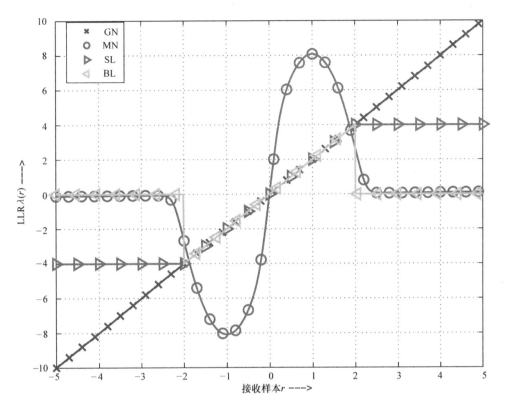

图 5.42 不同软限幅器（SL）和匿影（BL）非线性电路所对应的 LLR$\lambda(r)$ 与接收样本 r 的关系 ［为了便于比较，高斯噪声（GN）和米德尔顿甲级噪声（MN）的 LLR 也在图中表示出来］

本章参考文献［103］介绍了已知噪声状态方法时的性能限制，如果将信道内存定义为[104]

$$\mu = p_{00} + p_{11} - 1 \qquad\qquad (5.124)$$

它接近于 1。

当已知噪声状态时，则可以应用式（5.123）中的匿影非线性电路。这种方法在本章参考文献［105］中介绍过，将卷积码的消除标记（erasure marking）集成到维特比解码。如果脉冲噪声的方差比背景噪声大得多，消除后受到脉冲噪声冲击的接收样本会导致内容的丢失。与图 5.43 编码传输的例子相同，图 5.44 解释说明了这种噪声估计的状态，并体现了其性能的可实现性。针对具有已知噪声状态（MLD - KS）的 MLD、未知噪声状态的消除标记（erasure marking）解码（EMD - KS），分别给出了 BER 曲线。作为参考，图 5.44⊖包括了 MLD 曲线。通过使用噪声状态估计可以实现良好的性能，我们还注意到在 BER 较大时，MLD - KS 和 EMD - KS 具有类似的性能。为了得到更高的 SNR_0，当脉冲噪声成为主要信号时，

⊖　原书为 5.43，有误。——译者注

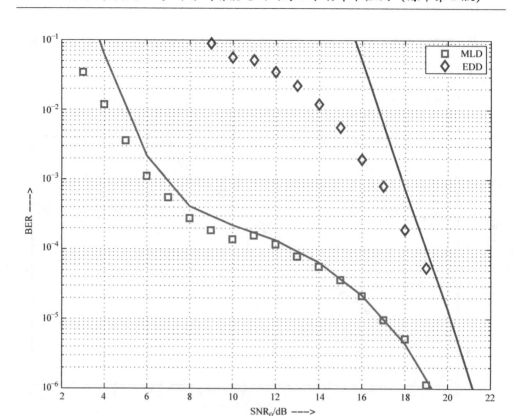

图 5.43　二阶脉冲噪声信道传输中 $\mathrm{SNR}_0 = 1/\sigma_0^2$ 所对应的误码率（BER）[使用 BPSK 以及
比率为 −1/2、内存为 −4 的卷积码编码，使用 $\lambda^{\mathrm{MN}}(r_k)$ 的最大似然检测（MLD），使用
$\lambda^{\mathrm{GN}}(r_k)$ 的基于欧氏距离的检测（EDD）来进行编码通信。标记对应的模拟结果和曲线，
分析结果近似于本章参考文献 [88]]

消除标记受到依赖于最小码距错误层面的影响[88]。

最后，注意到，在突发脉冲噪声的分割马尔可夫链模型中，我们得到了不同的检测方法[106]。在本章参考文献 [107] 中介绍了这个模型，描述了二进制信道中突发性错误的统计依赖性。图 5.40 中，Gilbert – Elliott 模型的两个好的和坏的状态分裂为多个好的和坏的状态，从而提供了一个良好的 PLC 脉冲噪声的测量方法[79]。

5.6.4　多载波传输的抑制方法

单载波传输一直应用于窄带 PLC、多载波调制、正交频分复用（OFDM），最近应用于多媒体开发和智能电网通信的 PLC 系统中，见第 8 和 9 章。5.6.1 节和5.6.2 节讨论的部分噪声模型和传输方法，适用于单载波传输，也同样适用于多载波传输，但是在检测方面有一些差异。式（5.122）和式（5.123）涉及软限幅器

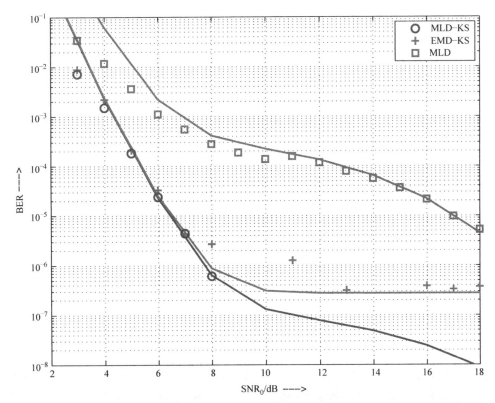

图 5.44　在二阶脉冲噪声信道中，BER 与 $SNR_0 = 1/\sigma_0^2$ 的关系［使用 BPSK 以及比率为 $-1/2$、内存为 -4 的卷积码编码，使用已知噪声状态（MLD-KS），基于已知噪声（EMD-KS）消除标记解码，使用 $\lambda^{MN}(r_k)$ 最大似然检测（MLD），标记对应的模拟结果和曲线，分析结果近似于本章参考文献［88］］

和匿影非线性电路的方法，可以应用在恒定的 OFDM 传输接收样本上，是因为在 OFDM 接收机时频转换之前，系统就实施了这种方法[98]。但是基于噪声分布和迭代检测的方法则需要考虑时频转变。

首先，我们来看时域接收样本 r_k 的序列和频域决策变量的定义

$$R_l = \frac{1}{\sqrt{K}} \sum_{k=0}^{K-1} r_k e^{-j\frac{2\pi kl}{K}}, l = 0,1,\cdots,K-1 \tag{5.125}$$

在有 K 个子载波的 OFDM 系统中，针对第 l 个子载波，假设复基带噪声样本 n_k 是独立同分布的，根据式（5.116）中复数变化的二项分布，R_l 噪声分量的分布为（见本章参考文献［108］）

$$p_A(x) = \sum_{i=0}^{K-1} \binom{K}{i} \epsilon^i (1-\epsilon)^{K-i} \mathcal{N}_c(x,0,\sigma_i^2), \sigma_i^2 = \sigma_0^2 + i\frac{\sigma_1^2}{K} \tag{5.126}$$

因此，有一个 K 阶的噪声分布。我们进一步注意到，这个分布是独立于子载波指

数 l 的。然而，即使时域脉冲噪声处于独立的峰值位置，所有子载波也都将受到影响，这一结论可以从式（5.125）中的离散傅里叶变换（DFT）方程得出。因此，如果使用许多交织 OFDM 符号，边际噪声分布式（5.126）只能应用于检测或解码，这是在本章参考文献［109］中的假定，当进行基于噪声分布的解码时，OFDM 方法通常比单载波传输对脉冲噪声更加敏感。此外，上一节讨论的不是基于频域变量 R_l 的噪声状态估计，而是噪声进行 DFT 之前，对时域样本 r_k 的操作。

通过上述描述，我们说明了为什么在多载波传输条件下需要去除噪声，其基本的接收机结构如图 5.45 所示。图中变量为矢量的长度 K，对应的是 OFDM 子载波的数量。脉冲噪声矢量 $\hat{i}$ 由收到矢量 r 减去低噪声接收矢量 y 获得。

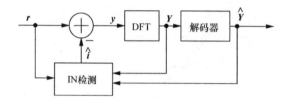

图 5.45　OFDM 系统中用于脉冲噪声消除的接收机结构框图

本章参考文献［110］提出了一个相对简单的降噪方法。从输入 Y 中减去译码器的输出 $\hat{Y}$，例如，根据解码结果和信道估计将接收到的矢量进行重建。式（5.123）'逆'匿影非线性电路应用于时域差分信号表示为

$$d = F^{\mathrm{H}}(Y - \hat{Y}) \tag{5.127}$$

式中，F 是 $K \times K$ DFT 矩阵

$$\hat{i}_k = \begin{cases} 0, & |d_k| < T, \\ d_k, & |d_k| \geqslant T, \end{cases} \quad k = 0, 1, \cdots, K-1 \tag{5.128}$$

解码和噪声消除以迭代次数的形式重复，未编码的信号传输则表现出了很高的误码率。

另一类用来估计脉冲噪声的算法是利用先验已知的 OFDM 子载波符号。这些通常被认为是导频符号或空子载波，其中后者用于在 PLC 通信过程中获得某些频段。时域脉冲噪声信号有助于这些子载波接收信号，通过减去已知数据信号的方法进行估计。最基本的原则是，我们预计收到只有很少的 K 个样本，每个 OFDM 符号都受到了脉冲噪声的影响。为了详细说明这一点，我们将脉冲和背景噪声分离为两个长度为 K 的矢量 i 和 n。此外，我们假定 i 是 m 稀疏的，即在矢量 i 中只有 m 个不为零的元素，其他均为零。然后，这些非零元素，在长度为 K 的矢量中矢量 i 的位置可以从 $2m < K$ 测量估计

$$w = F_1 i \tag{5.129}$$

式中，F_1是$2m \times K$ sub – DFT 矩阵，另外使用 Prony 离散版本估计位置的方法见本章参考文献 [111，Ch2]，应用此原则方法的例子可以在本章参考文献 [112]、[113] 中找到。

本章参考文献 [114] 给出了一个重要的推广，它基于最近推广的凸优化方法，从缺乏等级测量中 [如式（5.129）] 重构稀疏信号，称为压缩感知[111]，这些方法可以提供更高的灵活性。相比 Prony 类方法，该方法可以定位导频符号和空子载波，从而获得更好的背景噪声 [如式（5.129）中忽略的矢量 n] 鲁棒性。例如，图 5.46 显示了 IEEE 1901 标准中为北美 OFDM 物理层定义的广播音调掩码[115]。我们观察到，禁止使用特定的 OFDM 子载波，是为了避免无线系统操作的干扰，例如业余无线电波段。假设在 OFDM 接收机没有受到其他无线系统的干扰，则这些空子载波可以用于脉冲噪声的估计[116]。即表示子载波数据的数量 N，然后 $(K - N) \times K$ sub – DFT F_1 对应行的位置是用于脉冲噪声检测的 $K - N$ 个空子载波的位置[114,116]。

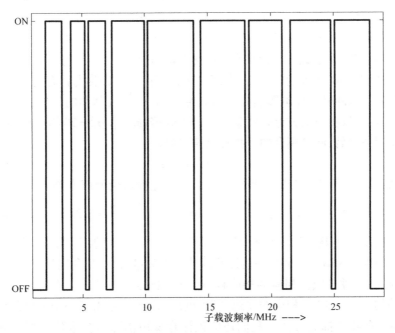

图 5.46　IEEE 1901 标准中为北美 OFDM 物理层定义的广播音调掩码

本章参考文献 [114] 认为脉冲噪声样本到达是统计独立的，本章参考文献 [116] 介绍了压缩感知过程中，基于脉冲噪声消除时脉冲噪声样本的突发结构（burst – structure）。脉冲噪声矢量 i 用块矢量表示

$$i = [\underbrace{i_1, \cdots, i_\delta}_{i^{\mathrm{T}}[1]}, \cdots, \underbrace{i_{K-\delta+1}, \cdots, i_K}_{i^{\mathrm{T}}[p]}]^{\mathrm{T}} \tag{5.130}$$

其中块大小 δ 与预计的区间长度相关。因此矢量 i 被认为是块稀疏的[117]。然后，

应用以下的检测算法。

1）测量矢量为

$$w = F_1 r \tag{5.131}$$

2）解

$$\widetilde{i} = \min_i \sum_{j=1}^{p} \| i[j] \|_2 \tag{5.132}$$

$$s.\,t.\ \| w - F_1 i \|_2 \leqslant \varepsilon$$

其中，ε 根据概率 $\| F_1 n \|_2 \leqslant \varepsilon$ 进行调整，因此它取决于背景噪声方差 σ_0^2。

3）估计 i

$$\hat{I} = \{ j : |\widetilde{i}_j|^2 > \sigma_0^2 \} \tag{5.133}$$

4）使 $\hat{m} = |\hat{I}|$，$i[j]$ 是 j 在 $\hat{I}$ 中的位置，例如 $1 \leqslant i|j| \leqslant \hat{m}$。创建 $(K-N) \times \hat{m}$ 的选择矩阵 S，其中 $j \in \hat{I}$ 且 $s_{ji[j]} = 1$，否则为零。让 $A = F_1 S$，获得最小二乘估计

$$\hat{i} = S(A^H A)^{-1} A^H w \tag{5.134}$$

在以上假设的前提下，图 5.47 显示了上述算法的一个示例结果。在图 5.46 中使用音调掩码，有 $K = 1224$ 个 OFDM 子载波位于传输频段，其中有 917 个子载波是活跃的。还有 31 个子载波，在活跃子载波中均匀分布，这样就有 $N = 886$ 个活跃子载波（比 IEEE 190 低将近 3%）。式（5.134）应用最小二乘法后有更好的稳定性。$m = 30$ 的突发脉冲噪声样本影响收到的矢量 r。这个突发脉冲的位置是随机均匀选择的，脉冲加背景噪声的方差是背景噪声的 100 倍，即 $\sigma_1^2 / \sigma_0^2 = 20\mathrm{dB}$。在每个脉冲噪声出现及消失之后，测量剩余的干扰加噪声信号。

$$\rho = i + n - \hat{i} \tag{5.135}$$

图 5.47 显示了基于 500 个脉冲噪声实现的相对经验剩余噪声方差 $\sigma_\rho^2 / \sigma_0^2$ 与块大小 δ 的关系。脉冲噪声没有消除时，$\sigma_\rho^2 / \sigma_0^2 = \dfrac{100m + K - m}{K} \approx 5.34\mathrm{dB}$，即脉冲噪声的平均信噪比比 K 还差 5dB。当脉冲噪声消除时，为了有足够大的块大小 δ，平均信噪比几乎减少到 3dB。不是减去估计的脉冲噪声矢量 $\hat{i}$，而是利用从式（5.133）中估计得到的 $\hat{I}$，并且减去相应的接收样本［类似于式（5.123）中的匿影非线性电路］得到的。图 5.47 中相应的曲线（脉冲噪声消除）给出了一个更好的使用匿影非线性电路的噪声抑制方法，我们还应该注意噪声消除后会删除一部分有用的信号。最后，图 5.47 显示了一个性能约束（最小二乘约束），假设全部突发脉冲噪声的位置已知，而且应用了式（5.134）中的最小二乘估计，将剩余噪声的方差几乎减少到背景噪声方差的水平。这表明脉冲噪声位置的估计比部分脉冲噪声消除更重要。

另外，还有其他文献针对脉冲噪声的一系列不基于检测消除的扩展和变化进行了研究。在本章参考文献［118］中讨论了窄带 PLC 的应用（PRIME 系统），本章参考文献［119］提出了不做噪声参数假设的贝叶斯学习方法。

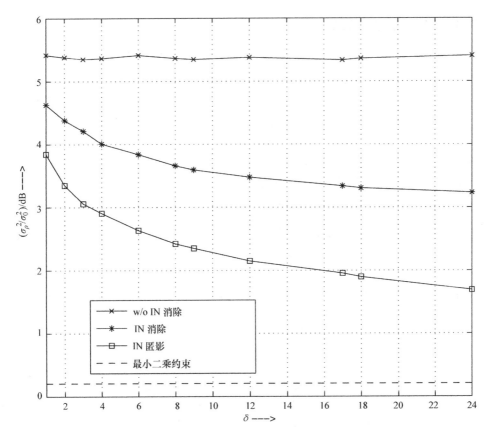

图 5.47　使用压缩感知的脉冲噪声抑制后，不同检测块大小 δ 与对应的相关经验剩余噪声方差 σ_ρ^2/σ_0^2 的关系（假设收到的样本受脉冲噪声的影响，并且根据最小二乘约束的假设，我们可以完全知道脉冲噪声样本的位置）

5.7 MIMO 传输

当网络传输信道有多个发射机和接收机可用时，就形成了多输入多输出（MIMO）系统。与单个发射机和单个接收机的情况相比，它可以增加系统容量，这就使得 MIMO 技术进入了许多无线或有线线路（包括 PLC）的标准中。本书从 5.7.1 节中的 MIMO 信道和符号定义开始，探讨一些 MIMO 背景。MIMO 系统导致的容量增加将在 5.7.2 节中做出描述，并且其空间复用和空间分集将分别在 5.7.3 节和 5.7.4 节中进一步展开。MIMO 信道估计和此类信道中一些重要的权衡技术将在 5.7.5 节中讨论。宽带 MIMO 系统将在 5.7.6 节中讨论，关于 PLC 特定的 MIMO 问题将在之后的 5.7.7 节中进行概述。

5.7.1 MIMO 信道和定义

多输入多输出（MIMO）系统的特征是具有 K 个发射和 M 个接收节点，如图 5.48 所示。在有 K 个发射机和 M 个接收机的单独信道中，该发射机向该接收机发送的信号为 $s_k[n]$，则该接收机的测量值 $r_m[n]$ 可通过脉冲响应 $h_{mk}[n]$ 表示：

$$r_m[n] = \sum_{v=0}^{N} h_{mk}[v] s_k[n-v] \tag{5.136}$$

其中假设信道阶数不超过 N。因此，整个 MIMO 信道是由 KM 个信道脉冲响应组成的，该脉冲响应可以写为以下矩阵形式：

$$\boldsymbol{H}[n] = \begin{bmatrix} h_{11}[n] & h_{12}[n] & \cdots & h_{1K}[n] \\ h_{21}[n] & h_{22}[n] & & \vdots \\ \vdots & & \ddots & \\ h_{M1}[n] & \cdots & & h_{MK}[n] \end{bmatrix} \tag{5.137}$$

其中 $\boldsymbol{H}[n] \in \mathbb{C}^{M \times K}$ 是一个有限冲激响应（FIR）滤波器的矩阵。它的 z 变换为

$$\boldsymbol{H}(z) = \sum_{n=0}^{N} \boldsymbol{H}[n] z^{-n} \tag{5.138}$$

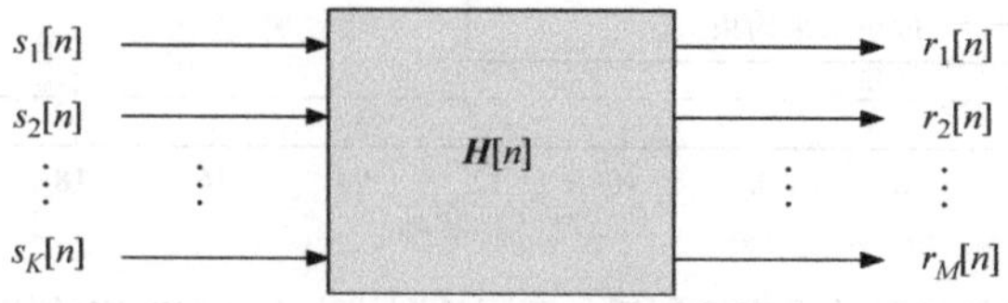

图 5.48 一般多输入多输出(MIMO)系统具有 K 个发射信号，即 $s_k[n]$，$n=1,2,\cdots,K$ 和 M 个接收信号 $r_m[n]$，$m=1,2,\cdots,M$；为了简单起见，该信道被认为是无噪声的

是带矩阵值系数的多项式，或多项式矩阵[40]。

为了压缩 MIMO 系统的符号，发射和接收信号可以由矢量形式表示，

$$\boldsymbol{s}[n] = [s_1[n] \quad s_2[n] \cdots s_K[n]]^{\mathrm{T}} \tag{5.139}$$

$$\boldsymbol{r}[n] = [r_1[n] \quad r_2[n] \cdots r_M[n]]^{\mathrm{T}} \tag{5.140}$$

因此 $\boldsymbol{s}[n] \in \mathbb{C}^K$ 和 $\boldsymbol{r}[n] \in \mathbb{C}^M$。符号 $\{\cdot\}^{\mathrm{T}}$ 表示转置，通过式（5.137），推导出以下描述：

$$\boldsymbol{r}[n] = \sum_{v=0}^{L} \boldsymbol{H}[v] \boldsymbol{s}[n-v] + \boldsymbol{v}[n] \tag{5.141}$$

其中在一个矢量 $\boldsymbol{v}[n] \in \mathbb{C}^M$ 中还包括附加信道噪声，其结构类似于式（5.140），这种情况如图 5.49 所示。

信号 $\boldsymbol{s}[n]$、$\boldsymbol{v}[n]$ 和 $\boldsymbol{r}[n]$ 一般是随机的并根据统计特征定义的。假设所有信号的平均值均为零，输入的协方差矩阵采用期望值 $\varepsilon\{\cdot\}$ 表征，因此发射信号的协方

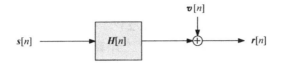

图 5.49　通用多输入多输出（MIMO）系统：输入矢量 $s[n] \in \mathbb{C}^{K}$，

MIMO 信道 $\boldsymbol{H}[n] \in \mathbb{C}^{M \times K}$，噪声矢量 $\boldsymbol{v}[n] \in \mathbb{C}^{M}$ 和接收信号矢量 $\boldsymbol{r}[n] \in \mathbb{C}^{M}$

差矩阵为 $\boldsymbol{R}_{ss} = \varepsilon\{s[n]s^{H}[n]\} \in \mathbb{C}^{K \times K}$，噪声协方差矩阵为 $\boldsymbol{R}_{vv} = \varepsilon\{v[n]s^{H}[n]\} \in \mathbb{C}^{M \times M}$，并且接收信号矢量的协方差矩阵为 $\boldsymbol{R}_{rr} = \varepsilon\{v[n]v^{H}[n]\} \in \mathbb{C}^{M \times M}$。所有协方差矩阵仅反映元素之间的空间相关性，并且不考虑可能存在的任何时间相关性。信道矩阵 $\boldsymbol{H}[n]$ 是可以确定的，例如，已被测量的或是已知量，以及如果需要整个信道上实现的结果，则可以将其视为统计量。

大多数 MIMO 技术都是针对窄带情况定义的，在窄带情况下 $\boldsymbol{H}[n]$ 中包含脉冲响应 $L=0$ 的情况，并且将该脉冲响应简化为复增益。在 5.7.6 节将描述一些将宽带信道转换成窄带信道系统的方法，例如通过 OFDM，或通过将窄带技术推广到宽带情况应用。下面，我们假设简化 $\boldsymbol{H}[n] = \boldsymbol{H}$。

窄带过渡意味着图 5.49 和式（5.141）描述的信道可简化为

$$r[n] = Hs[n] + v[n] \tag{5.142}$$

根据式（5.142）和定值 $\boldsymbol{H}$（作为与期望算子有关的常数），所接收信号的协方差矩阵为

$$\boldsymbol{R}_{rr} = \boldsymbol{H}\boldsymbol{R}_{ss}\boldsymbol{H}^{H} + \boldsymbol{R}_{vv} \tag{5.143}$$

通常假定噪声 $\boldsymbol{v}[n]$ 独立且均匀分布，且 $\varepsilon\{v_{m}[n]v_{m}^{*}[n]\} = \sigma_{v}^{2}$，$k = 1$，$2$，$\cdots M$，因此在 $\boldsymbol{R}_{vv} = \sigma_{v}^{2}\boldsymbol{I}_{M}$ 情况下为第 $\boldsymbol{I}_{M}$ 个 $M \times M$ 的单位矩阵。这些统计数据将用于表征 MIMO 系统容量。

5.7.2　MIMO 容量

著名信道的 Shannon 限制[120,121]，$C = \log_{2}(1 + \gamma)$（γ 作为接收机上的 SNR）在 MIMO 中也适用[122]，

$$C = \max_{\boldsymbol{R}_{ss}} \log_{2}\det\left(\boldsymbol{I}_{M} + \frac{1}{\sigma_{v}^{2}}\boldsymbol{H}\boldsymbol{R}_{ss}\boldsymbol{H}^{H}\right) \tag{5.144}$$

其中 $\det(\cdot)$ 是行列式。式（5.144）中的最大值超过了 $s[n]$ 的空间分布范围，由此传输功率限定为 P_{0}，即 $\mathrm{tr}\{\boldsymbol{R}_{ss}\} = P_{0}$，其中 $\mathrm{tr}\{\cdot\}$ 是跟踪运算符。

如果信道 $\boldsymbol{H}$ 是确定的但对于发射机是未知的，则可以忽略 $s[n]$ 的空间分布，并且相互不相关的发射信号分配到的功率相等，因此 $\boldsymbol{R}_{ss} = (P_{0}/K)\boldsymbol{I}_{K}$，且式（5.144）简化为

$$C = \log_{2}\det\left(\boldsymbol{I}_{M} + \frac{P_{0}}{K\sigma_{v}^{2}}\boldsymbol{H}\boldsymbol{H}^{H}\right) \tag{5.145}$$

信道奇异值分解（SVD）为[123]

$$H = U\Sigma V^H \tag{5.146}$$

可以用单一矩阵 $U \in \mathbb{C}^{M \times M}$ 和 $V \in \mathbb{C}^{K \times K}$ 计算，并且对角线、实值和正半定子 $\Sigma \in \mathbb{C}^{M \times K}$，

$$\Sigma = \begin{cases} [\Lambda \quad 0], & M < K \\ \begin{bmatrix} \Lambda \\ 0 \end{bmatrix}, & M \geq K \end{cases} \tag{5.147}$$

其中包含奇异值 $\Lambda = \mathrm{diag}\{\lambda_1 \lambda_2 \cdots \lambda_R\} \in \mathbb{R}^R$，$R = \min(K, M)$。等价地，特征值分解（EVD）$HH^H = U\Lambda^2 U^H$ 提供相同的因式分解。引入伪 $I_M = UU^H$，式（5.145）演变成

$$C = \log_2 \det\left[\left(U\left(I_M + \frac{P_0}{K\sigma_v^2}\Sigma\Sigma^H\right)U^H \right) \right. \tag{5.148}$$

$$= \log_2 \det\left(I_M + \frac{P_0}{K\sigma_v^2}\Sigma\Sigma^H \right) \tag{5.149}$$

$$= \log_2 \prod_{m=1}^R \left(1 + \frac{P_0\lambda_m^2}{K\sigma_v^2}\right) = \sum_{m=1}^R \log_2\left(1 + \frac{P_0\lambda_m^2}{K\sigma_v^2}\right) \tag{5.150}$$

式（5.148）到式（5.149）的步骤利用了方程 A 和 B：$\det(AB) = \det(A)\det(B)$[123]。

如果信道矩阵 H 是正交的，则可达到式（5.150）情况中的最大容量，使得 $HH^H = K\sigma_h^2 I_R$，并且所有奇异值相同，$\lambda_m^2 = K\sigma_h^2 \, \forall \, m$，其中 σ_h 是包含在 H 中的信道系数的增益。注意，MIMO 在式（5.150）中的容量变为 C。

$$C = R\log_2\left(1 + \frac{p_0\lambda_h^2}{\sigma_v^2}\right) \tag{5.151}$$

其等效为相同发射功率 P_0 和噪声功率 σ_v^2 的单输入单输出（SISO）系统容量的 R 倍。因此，信道容量随着发射机或接收机数量的减少而线性增加[124-126]。

如果在发射机处确定性信道 H 是已知的，则可以通过适当的线性预编码矩阵 P 和线性均衡器 W（如图 5.50 所示）最大化容量从而达到式（5.144）的要求。

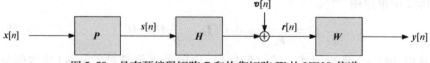

图 5.50　具有预编码矩阵 P 和均衡矩阵 W 的 MIMO 信道

为使包括容量优化的多种感知达到最佳性能，P 和 W 以式（5.146）中的信道矩阵的 SVD 为基础，设置为 $P = V\Gamma$ 和 $W = U^H$[127]。在预编码器的 $\tilde{R}$ 维度输入 $x[n] \in \mathbb{C}^{\tilde{R}}$，则均衡器输出的 $y[n] \in \mathbb{C}^{\tilde{R}}$ 为信道矩阵 H 的秩，其等于 Λ 中的有限奇异值的数量。对角线 $\Gamma = \mathrm{diag}\{\gamma_1 \gamma_2 \cdots \gamma_{\tilde{R}}\}$ 控制发射功率 P_0 在 $x[n]$ 的分布，即 Γ 由 $\{\Gamma\} = \sqrt{P_0}$ 得出。输出

$$\boldsymbol{y}[n] = \boldsymbol{U}^{\mathrm{H}}\boldsymbol{r}[n] = \boldsymbol{U}^{\mathrm{H}}\boldsymbol{H}\boldsymbol{V}\boldsymbol{\Gamma}\boldsymbol{x}[n] + \boldsymbol{U}^{\mathrm{H}}\boldsymbol{v}[n] = \boldsymbol{\Lambda}\boldsymbol{\Gamma}\boldsymbol{x}[n] + \boldsymbol{U}^{\mathrm{H}}\boldsymbol{v}[n]$$

$$(5.152)$$

以上等式显示：图 5.51 所示的预编码器和均衡器已经对信道进行了解耦。注意，由于是在 $\boldsymbol{P}$ 中为 $\boldsymbol{W}$ 选择酉矩阵，所以它们保留了欧氏方程[123]，从 $\|\boldsymbol{s}[n]\|_2 = \|\boldsymbol{\Gamma}\boldsymbol{x}[n]\|_2$，预编码器可以精确地控制发射功率；并且均衡器不会放大信道噪声，即 $\|\boldsymbol{U}^{\mathrm{H}}\boldsymbol{v}[n]\|_2 = \|\boldsymbol{v}[n]\|_2$。

在发射功率被 $\boldsymbol{\Gamma}$ 控制的情况下，输入协方差矩阵变为 $\boldsymbol{R}_{xx} = \varepsilon\{\boldsymbol{x}[n]\boldsymbol{x}^{\mathrm{H}}[n]\} = \boldsymbol{I}_{\tilde{R}}$，并且均衡器输出的协方差矩阵为

$$\boldsymbol{R}_{yy} = \varepsilon\{\boldsymbol{y}[n]\boldsymbol{y}^{\mathrm{H}}[n]\} = \boldsymbol{\Lambda}\boldsymbol{\Gamma}\boldsymbol{R}_{xx}\boldsymbol{\Gamma}^{\mathrm{H}}\boldsymbol{\Lambda}^{\mathrm{H}} + \boldsymbol{U}^{\mathrm{H}}\boldsymbol{R}_{vv}\boldsymbol{U} \qquad (5.153)$$

$$= \boldsymbol{\Gamma}^2\boldsymbol{\Lambda}^2 + \sigma_v^2\boldsymbol{I}_{\tilde{R}} \qquad (5.154)$$

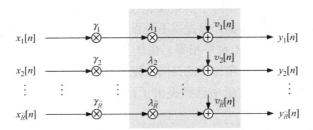

图 5.51　解耦 MIMO 信道相当于图 5.50（阴影部分表示具有增益 λ_m 的等效信道，而 γ_m 是施加到各个信道 $m = 1, 2\cdots, \tilde{R}$ 的发射增益）

由此推导出 MIMO 信道容量公式

$$C = \max_{\boldsymbol{\Gamma}} \sum_{m=1}^{\tilde{R}} \widetilde{R}\log_2\left(1 + \frac{\gamma_m^2\lambda_m^2}{\sigma_v^2}\right) \qquad (5.155)$$

根据倒水算法[128]或注水算法[129]可以计算容量功率的最优分配，在约束轨迹 $\{\boldsymbol{\Gamma}\} = \sqrt{P_0}$ 时最优功率分配最大化，见式（5.155）。

注水算法在图 5.52 中描述，在功率分配之前，将已计算出 $\mathrm{SNR}\ \dfrac{\sigma_v^2}{\lambda_m^2}$ 的反向子信道排序，并且确定水位 μ，使得 μ 以下的区域面积（即图 5.52 中的阴影区域面积）等于功率预算 P_0。反向子信道 SNR 和水位 μ 之间的差是分配的发射功率，若该值为正，即

$$\gamma_m^2 = \max\left(\mu - \frac{\sigma_v^2}{\lambda_m^2}, 0\right) \qquad (5.156)$$

在传输过程中，需要除去未达到水位位置 μ 的反向 SNR 子信道，并且这些子信道不接收发射功率。注意，该容量最优功率分配方式是：把最大发射功率分配给具有最高 SNR 的子信道——与均衡概念相反。均衡概念中最大功率分配给最弱的子信道——发射功率将浪费在处于最差模式的 MIMO 信道上。

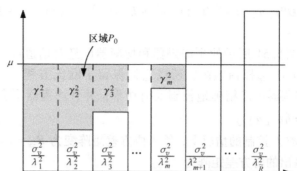

图 5.52　注水算法图示[129]（其中反向 SNR 以升序排序。水位 μ 下的
发射功率 γ_m^2 预算决定了可服务的子信道个数）

在实际系统中，通过对不同子信道实施注水算法会导致 SNR 的不平衡。因此需要比特分配或比特加载方案，以提供不同级别的优化。理想情况下，应当执行比特加载，使得子信道与 BER 水平相等。由于 M - QAM 实施方案具有较高的颗粒度，因此通常需要通过功率和比特的共同分配来实现最优方案，通常需要组合功率和比特分配来实现优化。文献中已经提出了许多方法，例如增量算法[130,131]或贪婪算法[132 - 137]。

为了评估具有随机波动的信道的容量，可以通过描述信道的总和来表征 MIMO 系统。根据用于 Rx CSI 的式（5.150）和用于 Tx CSI 的式（5.155），已获得用于实现 10^4 个信道的容量分布集合，如图 5.53 所示，在这种算法下从均值为零的复高斯分布中可以得出的 $\boldsymbol{H} \in \mathbb{C}^{2 \times 2}$ 系数，并且 SNR 为 $\frac{P_0}{K\sigma_v^2} = 10\text{dB}$ 时单位方差 $P_0 = 10$。对于全球通用的 CSI，式（5.155）中注水算法所得出的容量将高于式（5.150）中传输信道未知的情况。从图 5.53 中显示的测量或仿真的分布中，可以得出两个重要且经常出现的量：①代表分布的平均值 $\varepsilon\{C\}$ 的遍历容量，中断能力则表示了分布的尾部特征；②10% 的中断容量（表示低于总容量的 10% 的容量），该值表示系统性能的置信区间类型，并可以用于评估 MIMO 传输的鲁棒性。

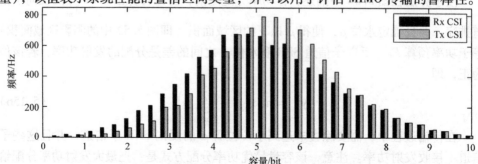

图 5.53　在 SNR 为 10dB，信道容量为 C 时，具有零均值单位方差复高斯项的 $\boldsymbol{H} \in \mathbb{C}^{2 \times 2}$，
实现的 10^4 个集合的分布

图 5.54 中描述了不同维度 MIMO 信道集合的遍历容量。特别是 SNR 值较高时，很明显看出，当从 $K = M = 1$ 变为 $K = M = 2$ 时，信道容量几乎成倍增长。

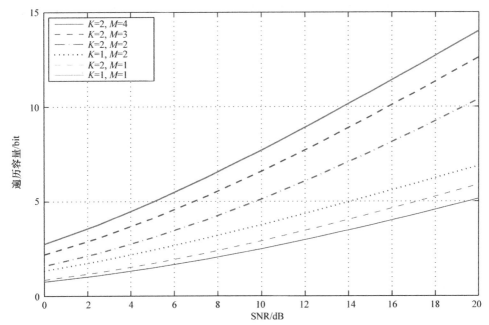

图 5.54　不同 MIMO 信道矩阵 $\boldsymbol{H} \in \mathbb{C}^{M \times K}$ 集合的遍历容量（根据式（5.150）Rx CSI 公式计算得出）

对于具有 $\{K = 2, M = 1\}$ 和 $\{K = 1, M = 2\}$ 的非正方形矩阵，在发射功率相同时，后一种情况往往达到高容量；但在接收机 M 更多时此配置会损耗更多功率。$K = 2$ 和 $M \in \{3, 4\}$ 的配置也显示出与 PLC 的相关性。

对于 Rx CSI 的情况，如果信道矩阵 $\boldsymbol{H}$ 是正交的，则可以利用式（5.151）获得最大容量。实际上，由于不存在局部散射或者由于 MIMO 系统的天线间距不足，无线系统经常出现相互干扰。在 PLC 中，因为屏蔽不充分以及紧密相连的拓扑结构会引起脉冲响应，所以需要着重考虑矩阵 $\boldsymbol{H}$ 的空间相关性对容量的影响。这里，我们采用空间相关的 MIMO 信道矩阵[122,138-140]的简单模型。假定通过发射和接收机空间相关矩阵 $\boldsymbol{\Xi}$ 和 $\boldsymbol{\Psi}$ 对信道进行因式分解，使得

$$\boldsymbol{H} = \boldsymbol{\psi}^{\frac{1}{2}} \widetilde{\boldsymbol{H}} \boldsymbol{\Xi}^{\frac{1}{2}} \tag{5.157}$$

信道矩阵 $\widetilde{\boldsymbol{H}}$ 与先前不相关的 MIMO 系统矩阵相同。空间相关矩阵包含相邻节点之间的相关性，由此特别简单的指数相关结构[141]由式（5.158）给出

$$\boldsymbol{\Xi} = \begin{bmatrix} 1 & \rho_{\text{Tx}} & \cdots & \rho_{\text{Tx}}^{K-1} \\ \rho_{\text{Tx}}^{*} & 1 & & \vdots \\ \vdots & & \ddots & \vdots \\ \rho_{\text{Tx}}^{K-1,*} & \rho_{\text{Tx}}^{K-2,*} & \cdots & 1 \end{bmatrix}. \tag{5.158}$$

其中 ρ_{Tx} 是发射机的局部相关因子。空间接收相关矩阵 $\boldsymbol{\Psi}$ 可以通过式（5.158）中的公式定义，并且该矩阵具有接收相关因子 ρ_{Rx}。

因为式（5.158）中空间相关因子的存在，通过对式（5.157）进行因式分解可以得出 10^4 个 MIMO 信道矩阵 $\boldsymbol{H} \in \mathbb{C}^{2 \times 2}$ 集合的仿真结果，如图 5.55 所示。随着

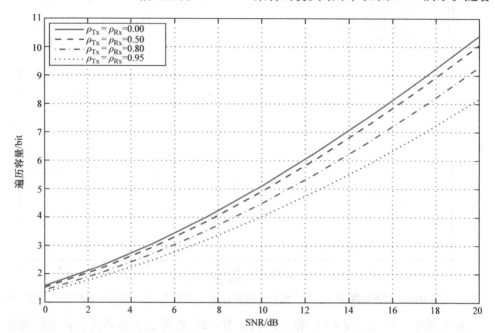

图 5.55　为不同空间相关 MIMO 信道矩阵 $\boldsymbol{H} \in \mathbb{C}^{2 \times 2}$ 集合的遍历容量
（根据式（5.150）Rx CSI 的公式计算得出）

空间相关性增加，信道的 MIMO 容量逐渐减小。

可以通过对空间的复用或利用系统提供的分集增益来提高 MIMO 系统的容量。这些将在以下两个小节中轮流探讨。

5.7.3　空间复用法

5.7.2 节中探讨了在 Tx CSI 情况下容量最大化的情况，并且利用了 MIMO 信道的 SVD 技术，这种方法是以最先进的形式有效地实现了空间复用。本部分将仅强调该技术的一些细节问题，以及其与波束成形和波束导向的关系。

在式（5.146）计算了信道矩阵的 SVD，其可以扩展为

$$\boldsymbol{H} = \begin{bmatrix} \boldsymbol{U}_s & \boldsymbol{U}_s^{\perp} \end{bmatrix} \begin{bmatrix} \widetilde{\boldsymbol{\Lambda}} & \boldsymbol{0} \\ \boldsymbol{0} & \boldsymbol{0} \end{bmatrix} \begin{bmatrix} \boldsymbol{V}_s^{\text{H}} \\ \boldsymbol{V}_s^{\perp \text{H}} \end{bmatrix} \qquad (5.159)$$

其中，$\widetilde{\boldsymbol{\Lambda}} \in \mathbb{R}^{\widetilde{R} \times \widetilde{R}}$ 仅包含 SVD 中 R 个非零奇异值，秩 $\{\boldsymbol{H}\} = \widetilde{R} \leqslant \min(M, K)$。在式（5.146）中，式（5.159）的酉矩阵 $\boldsymbol{U} \in \mathbb{C}^{M \times M}$ 和 $\boldsymbol{V}^{\text{H}} \in \mathbb{C}^{K \times K}$ 被分成两个跨信号

子空间：$\boldsymbol{U}_s = [\boldsymbol{u}_1 \cdots \boldsymbol{u}_{\widetilde{R}}]$ 和 $\boldsymbol{V}_s = [\boldsymbol{v}_1 \cdots \boldsymbol{v}_{\widetilde{R}}]$，从该子空间中可以构造出 $\boldsymbol{H}$。

$$\boldsymbol{H} = \sum_{m=1}^{\widetilde{R}} \lambda_m \boldsymbol{u}_m \boldsymbol{v}_m^{\mathrm{H}} \tag{5.160}$$

$\boldsymbol{V}_s^{\perp}$ 中的 $K - \widetilde{R}$ 列贯穿 $\boldsymbol{H}$ 零空间，即对 $\boldsymbol{H}$ 的输入都将使矩阵输出零矢量（$\boldsymbol{H}\boldsymbol{a} = \underline{0}$），而这些输入都是通过 $\boldsymbol{V}_s^{\perp}$ 中列矢量的线性组合 $\boldsymbol{a} \in \mathbb{C}^K$ 形成的。因此，若要通过 $\boldsymbol{H}$ 发送，成功发送矢量必须在 $\boldsymbol{V}_s \in \mathbb{C}^{\widetilde{R} \times K}$ 列的空间内；任何传输（包括 $\boldsymbol{H}$ 零空间）在接收机处不会被检测出来，并且不会造成发射功率的浪费。

如果只有一个数据流要在 $\boldsymbol{H}$ 上传输，则最佳发射处理器将使用单位范数波束导向矢量 $\boldsymbol{v}_1$ 来规划数据。该数据将由增益因子 γ_1 加权并映射到 $\boldsymbol{H}$ 的 K 输入端口上，从而调整发射功率，如图 5.56 所示（为简单起见，省略了信道噪声）。在接收机中，波束形成矢量 $\boldsymbol{u}_1^{\mathrm{H}}$ 将引导接收机在 $\boldsymbol{H}$ 主模式方向上的灵敏度。

注意，输出为

$$\boldsymbol{y}[n] = \boldsymbol{u}_1^{\mathrm{H}} \boldsymbol{H} \boldsymbol{v}_1 \gamma_1 \boldsymbol{x}[n] = \boldsymbol{u}_1^{\mathrm{H}} \sum_{m=1}^{\widetilde{R}} \lambda_m \boldsymbol{u}_m \boldsymbol{v}_m^{\mathrm{H}} \boldsymbol{v}_1 \gamma_1 \boldsymbol{x}[n] = \lambda_1 \gamma_1 \boldsymbol{x}[n] \tag{5.161}$$

提取了信道增益最大时的奇异值 λ_1 加权后的输入值。因此，图 5.56 为图 5.51 中的第一个传输路径。图 5.56 中的矢量 $\boldsymbol{v}_1$ 和 $\boldsymbol{u}_1^{\mathrm{H}}$ 起到波束形成和波束控制矢量[142]的作用：用于在信道的主模式方向上引导发射功率和接收灵敏度。并且它们由 $\boldsymbol{H}$ 的主奇异矢量 $\boldsymbol{\lambda}_1$ 表征。

图 5.56 单信道发射时，具有发射导向矢量 $\boldsymbol{v}_1$ 和接收波束形成器 $\boldsymbol{u}_1^{\mathrm{H}}$ 的 MIMO 系统

如果要在 $\boldsymbol{H}$ 上复用若干个数据流，则有可能叠加波束形成器。而这些波束形成器需要利用 MIMO 信道矩阵的第一主模式。因此，如图 5.57 所示，这样的波束形成器可以叠加到 $\widetilde{R}$ 个，其中 $\widetilde{R}$ 是 $\boldsymbol{H}$ 的秩。由于由 SVD 提取的模式是正交的，所以 SVD 直接产生 $\widetilde{R}$ 个正交发射导向矢量 $\boldsymbol{v}_m$，$m = 1, 2, \cdots, \widetilde{R}$，形成 $\boldsymbol{V}_s$ 的列，并接收形成 $\boldsymbol{U}_s$ 列的导引矢量 $\boldsymbol{u}_m$，$m = 1, 2, \cdots, \widetilde{R}$。

如果所有信道 $\widetilde{R}$ 都用于复用，则其容量最优布置如图 5.50 所示，且其等效公式（见图 5.51）由图 5.57 中的结构实现。

5.7.4 分集

如果发射机和接收机之间存在几个理想的独立链路，则通过所有链路发射相同的信号会产生分集。简单地说，如果 ρ 是具有较差增益的单个信道的概率，例如，由于衰落，$R > 1$ 的独立链路中都不能提供有效增益的概率是 $\rho^R < \rho$。最大化"MIMO 系统的分集增益"意味着最大化接收机输出处的 SNR。这不同于在 5.7.3

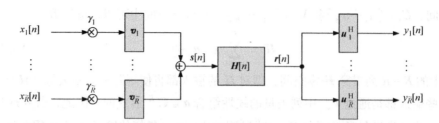

图 5.57 正交发射和接收波束形成器的叠加，以在 MIMO 信道 $\boldsymbol{H}$ 上复用
$\widetilde{R}$ 个数据流 $x_m [n]$，$m = 1, 2, \cdots, \widetilde{R}$

节中所述的：通过复用来最大化数据吞吐量。

通过在 M 个传感器 [例如，具有 M 个接收机的单输入多输出（SIMO）系统] 获取发射信号来接收分集，可以用于最大化线性组合信号的 SNR。该方案中被称为最大比合并（MRC）[143,144]，通过信噪比的二次方根，γ_m，$m = 1, \cdots, M$ 来衡量 M 的贡献，$\boldsymbol{r}[n] = \sum_m \gamma_m r_m[n]$。注意，虽然对 $\boldsymbol{r}[n]$ 的主要贡献将来自具有高 SNR 的 MIMO 子信道，但是低 SNR 的子信道没有被丢弃，而是用于进一步增强 $\boldsymbol{r}[n]$。

发射分集是根据 K 个发射机的可用性得出的，其中发射机可以用于多输入单输出（MISO）系统中。并且空时块编码（STBC）[145-147] 等可以利用该发射分集。在没有发射 CSI 的情况下，发射机将在 STBC 中创建 K 个正交发射序列。对于 $K = 2$ 的情况，出现 Alamouti 方案[145]，其中正交发射矩阵为

$$\boldsymbol{S}_{2n} = [\,s_{2n} \quad s_{2n+1}\,] = \begin{bmatrix} s[2n] & -s^*[2n+1] \\ s[2n+1] & S^*[2n] \end{bmatrix} \tag{5.162}$$

为两个连续时隙 n 定义了发射向量 $s[n]$。如果在 STBC 周期上的接收信号被叠加为

$$\begin{bmatrix} r[2n] \\ r^*[2n+1] \end{bmatrix} = \begin{bmatrix} h_{1,1} & h_{1,2} \\ h_{1,2}^* & -h_{1,1}^* \end{bmatrix} \begin{bmatrix} s[2n] \\ s[2n+1] \end{bmatrix} + \begin{bmatrix} v[2n] \\ v^*[2n+1] \end{bmatrix}$$

$$= \boldsymbol{H}_{\mathrm{eff}} s[2n] + \widetilde{\boldsymbol{v}}[2n]$$

则 $\boldsymbol{S}_{2n}$ 的正交性被转移到有效信道矩阵 $\boldsymbol{H}_{\mathrm{eff}}$ 上。由于正交性，SNR 优化接收机可以作为相应的滤波器，$\boldsymbol{H}_{\mathrm{eff}}^{\mathrm{H}}$

$$\hat{s}[2n] = \boldsymbol{H}_{\mathrm{eff}}^{\mathrm{H}}(\boldsymbol{H}_{\mathrm{eff}}^{\mathrm{H}} s[2n] + \widetilde{\boldsymbol{v}}[2n]) = \beta s[2n] + \boldsymbol{H}_{\mathrm{eff}}^{\mathrm{H}} \widetilde{\boldsymbol{v}}[2n] \tag{5.163}$$

式中，$\beta = |h_{1,1}|^2 + |h_{1,2}|^2$，是分集增益。当期望超过具有 $\varepsilon\{|h_{i,j}|^2\} = \sigma_h^2$ 的信道时，分集增益变为 $\beta = 2\sigma_h^2$。

发射分集方案与 $K > 2$ 的 Almouti 方案类似，并且该方案是由类似于式（5.162）（从 P 个连续符号中创建了 N 个发射序列）的发射矩阵 $\boldsymbol{S}$ 生成的，且 $P/N \leqslant 1$。对于复符号序列 $s[n] \in \mathbb{C}$，只有发射机数 $K = 2$ 时，才有可能同时实现最大分集增益 $\beta = K\sigma_h^2$，且码率为 1，并所有发射序列相互正交。对于实数字符，

$s[n] \in \mathbb{R}$，这个限制上升到 $K=8$。然而，可以通过放宽一些约束来避免这些限制：例如，在 $K=4$ 的情况下，在扩展正交 STBC[148] 中包含的传输 CSI 不仅可以实现单位码率和码正交性，而且可以实现 $\beta = (4 + \pi) \sigma_h^{2}$ [149]。

在图 5.58 中比较了许多不同的发射和接收分集方案。它们的 BER 性能处于衰退状态。

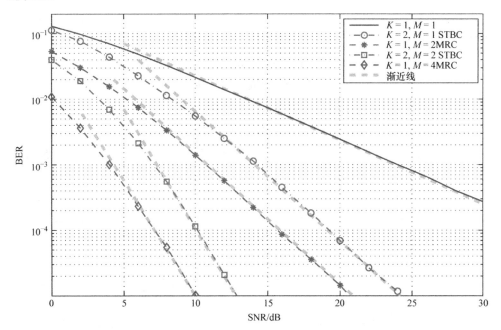

图 5.58　相同的发射功率和信道能量 σ_h^2 下，不同的发射和接收分集方案的误码率的比较

可以观察到，增加发射机个数 K 或接收机个数 M 都将增强 BER。对于高 SNR，渐近行为是典型的衰落状态，其中该对数－对数图示中渐近线的渐变显示了系统的分集增益。所有情况下都具有该增益，此时 $\beta = KM$。如前所述，接收分集优于发射分集，因为后一种方案的发射功率是相同的，因此恢复过程将耗散更多的能量，但 SNR 会更好，这就引起了编码增益，由图 5.58 中的 BER 曲线的水平偏移显示出 MK 是常数的 STBC 和 MRC 方案之间的编码增益。

5.7.5 信道估计

通常使用信道探测的导频序列进行信道识别或估计。

如果 M 个发射信道的导频序列保持在矩阵 $\boldsymbol{X} \in \mathbb{C}^{KL}$ 中（其中 L 是导频序列的长度），则系统输出 $\boldsymbol{Y} \in \mathbb{C}^{ML}$ 是

$$\boldsymbol{Y} = \boldsymbol{HX} + \boldsymbol{V} \tag{5.164}$$

式中，$\boldsymbol{H} \in \mathbb{C}^{MK}$，是 MIMO 信道矩阵；$\boldsymbol{V} \in \mathbb{C}^{ML}$，对接收机处的加性高斯噪声进行

建模。通过连接它们的列矢量如 $\text{vec}\{X\} \in \mathbb{C}^{KL}$ 来表示矢量化矩阵。式（5.164）可以重写为

$$\text{vec}\{Y\} = (X^T \otimes I_M)\text{vec}\{H\} + \text{vec}\{V\} \qquad (5.165)$$

在式（5.165）中，已经利用了定义 $\text{vec}\{ABC\} = (C^T \otimes A)\text{vec}\{B\}$，其使用 Kronecker（克罗内克）生成 $\otimes$（积）。已知二阶统计 $\text{vec}\{H\} \in \mathcal{N}(\underline{0}, R_H)$，$\text{vec}\{V\} \in \mathcal{N}(\underline{0}, R_V)$ 以及 $\tilde{X} = (X^T \otimes I_K)$，得出 H 对 $\hat{H}_{\text{HMSE}}$ 的 Wiener – Hopf 或最小均方误差（MMSE）为

$$\text{vec}\{\hat{H}_{\text{HMSE}}\} = (R_H^{-1} + \tilde{X}^H R_V^{-1} \tilde{X})^{-1} \tilde{X}^H R_V^{-1} \text{vec}\{Y\}$$
$$= R_H \tilde{X}^H (\tilde{X} R_H \tilde{X}^H + R_V)^{-1} \text{vec}\{Y\} \qquad (5.166)$$

通过式（5.166）中的解决方案得出的 $\text{MMSE}_{\xi_{\text{MMSE}}}$ 为

$$\xi_{\text{MMSE}} = \varepsilon\{\|\text{vec}\{H\} - \text{vec}\{\hat{H}_{\text{MMSE}}\}\|_2^2\}$$
$$= \text{tr}\{(R_H^{-1} + \tilde{X}^H R_V^{-1} X^H)^{-1}\} \qquad (5.167)$$

式中，$\text{tr}\{\cdot\}$ 是迹运算符。

如 5.7.2 节所示，K 个发射机和 M 个接收机在系统容量方面增益是令人满意的，但是在信道估计模拟方面有一些缺点，如图 5.59 所示。若要增加在 H 中估计的 MK 参数，则需要更长的导频序列，才能达到实现预设的 MMSE 精度。

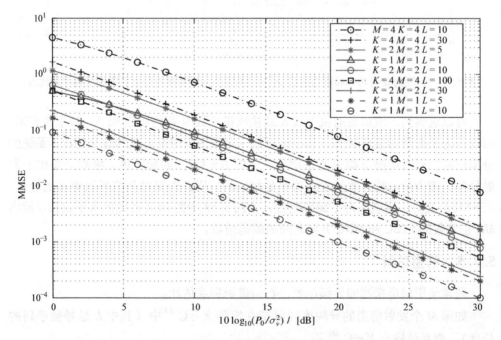

图 5.59 K 个发射机、M 个接收机数量和导频序列长度 L 不同的情况下，在 10^4 个导频序列的集合上（R_H 和 R_V 都不相关的）计算出的 MMSE 中值

如果导频序列长度 L 保持恒定，则 $\boldsymbol{H}$ 中的参数 MK 的数目每增加 4 倍则会导致 MMSE 衰退大约 10dB。换言之，在导频序列长度 L 相同的情况下，为了保持相同的 MMSE 精度，MK 每增长 4 倍则需要增加 10dB 的 SNR。在图 5.59 中所示范围内，为了在相同的 SNR 下保持相同的 MMSE 精度，则 MK 每增长 4 倍，L 必须增加大约一个数量级。

因此，在信道探测时段，增加 MIMO 系统容量需要以牺牲带宽需求为代价。

在有噪声影响并且 $\boldsymbol{R}_V \neq \sigma_v^2 \boldsymbol{I}_{ML}$ 的情况下，则可以通过附加调整导频序列来增强式（5.166）基本 MMSE 方法的信道估计性能。类似地，如果式（5.157）中发射/接收相关矩阵已知或者需要约束导频序列的发射功率，则本章参考文献 [150]，[151] 中的方案可以用于估计信道本身或者获得最佳导频序列。

如果 $\boldsymbol{R}_H$ 和 $\boldsymbol{R}_V$ 未知或样本量不足 [无法达到式（5.166）的统计学计算的可靠度的要求]，则可以通过迭代方法替式（5.166）中的 Wiener–Hopf 解。两种常用的方式是：最小均方（LMS）法和递归最小二乘（RLS）法[152,153]。这两种方法都利用了均方误差（MSE）成本函数的二次性质。LMS 法使用随机梯度方法，通过求出迭代更新过程中梯度噪声的均值来补偿成本函数的不良估计。在每次迭代中均采用 RLS 最小化最小二乘误差的算法将更快捷但也更昂贵。在有足够的样本，并且合理配置 LMS 法和 RLS 法两者收敛参数的情况下，LMS 法和 RLS 法与式（5.166）中的 MMSE 解近似相同。若数据需求在 M 和 K 增长时导致了导频序列长度的增加，则数据需求（如 LMS 法）将随待识别的参数数量而直线增加[152]。

5.7.6　宽带 MIMO

到目前为止，5.7 节讨论的大多数分析和所有技术都涉及窄带情况。在宽带情况下，需要通过脉冲响应使两个点之间的信道在时域中得到表征，因此信道矩阵转变为 FIR 滤波器矩阵，$\boldsymbol{H}[n]$ [如式（5.137）所述]。在稳定情况下，其 z 变换 $\boldsymbol{H}(z) = \sum_{n=0}^{N} \boldsymbol{H}[n] z^{-n}$ 是多项式矩阵。如果信道的延迟扩展与符号长度相比较短，或者如果信道仅充当延迟但没有多径传播，则矩阵可以通过窄带系统矩阵 $\boldsymbol{H}$ 进行概率估算。然而，MIMO 系统的后一部分将形成所谓的"锁眼信道"（key–hole channel），其中式（5.157）中的发射和接收相关矩阵都是秩为 1 的，并且发挥不出 MIMO 的优势。因此，下面我们集中讨论宽带信道脉冲响应矩阵 $\boldsymbol{H}[n]$ 及其传递函数 $\boldsymbol{H}(z)$ 的情况。

许多最优窄带处理技术 [例如在式（5.146）中将 SVD 用于的 MIMO 信道的解耦] 不能直接扩展到宽带情况。为了近似窄带系统，MIMO 系统的输入和输出可以由在其输入处的"并行到串行"转换器和在其输出处的"串行到并行"转换器进行 P 次多路复用。所得到的系统具有 PK 个输入和 PM 个输出，并且在新的 MIMO 系统矩阵 $\boldsymbol{A}(z) \in \mathbb{C}^{PM \times PK}$ 之间。

$$A(z) = \begin{bmatrix} H_0(z) & z^{-1}H_{P-1}(z) & \cdots & z^{-1}H_1(z) \\ \vdots & \ddots & \ddots & \vdots \\ H_{P-2}(z) & & H_0(z) & z^{-1}H_{P-1}(z) \\ H_{P-1}(z) & H_{P-2}(z) & \cdots & H_0(z) \end{bmatrix}. \tag{5.168}$$

这个新的 MIMO 系统矩阵 $A(z)$ 是块 – 伪循环模式，并且包含多相元素 $H_p(z) = \sum_n H[nP+p]z^{-n}$[40,154]。在 $L \leqslant P < \infty$ 时，$A(z)$ 减小到一阶。然而，包含 z^{-1} 的元素限制在 $A(z) = A_0 + z^{-1}$ 图的右上角位置，其中 A_0 是左上块三角形[⊖]，如图 5.60 所示，A_1 是右上三角形。为了消除 $A(z)$ 的多项式性质，可以在发射矢量中插入一个保护间隔，并将其在接收机中剔除。因此，现在有效信道矩阵 $\tilde{A}_0$ 仅包含 A_0 的分量[155–157]。因其不再包含多项式分量，所以现在标准窄带技术可以应用于 $\tilde{A}_0$。

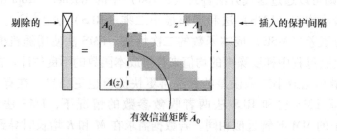

图 5.60　对于 $P > L$ 并通过在发射矢量中插入一个保护间隔可以使复用块 – 伪循环 MIMO 系统矩阵
　　　　成为标量，之后将其在接收机中剔除，从而推导出非多项式有效信道矩阵 $\tilde{A}_0$

如果发射机的有效信道矩阵 $\tilde{A}_0$ 已知，则用于预编码和均衡技术的最佳滤波器组的设计技术可以应用于以下方面，例如：创建空间 – 时间解耦子信道[155–157]。这之后可以进行注水算法，以实现发射功率分配最优化，如图 5.52 所示。

如果 CSI 在发射机处不可用，而可以使 P 超过信道阶数 L，则未知的有效信道矩阵 $\tilde{A}_0$ 出现的情况下仍然可以出现非多项式。如果另外将保护间隔选择为发射矢量的循环前缀，则 $\tilde{A}_0$ 变为块 – 循环模式，并且可以通过将 DFT 和逆 DFT 应用于 $A(z)$ 的输入 K 组和输出 M 组中，$A(z)$ 用于实现正交频分复用（OFDM）[158]。在 OFDM 系统的每个频段内，可以应用的窄带 MIMO 技术包括：空间复用或分集技术，诸如空时块编码。除了只可以在独立频率仓内操作的空时块编码技术之外，还可以利用空间频率块码[159]，以及不同子载波范围的可用分集[160]。

基于滤波器组的多载波（FBMC）方法[41,161–164]在包括 PLC 的许多通信领域中越来越受欢迎（参见 5.3 节）。它们的目的是通过滤波器组将频谱分成更窄的频段。而滤波器组可以通过 DFT 的效用，提供比在 OFDM 中更高的选择性。此外，

⊖　原书为左下块三角形，有误。——译者注

FBMC 通常使用过采样滤波器组，其中频段之间有小的保护间隔或频谱冗余插入。因此在同步误差方面 FBMC 与 OFDM 相比具有较强的鲁棒性，但是子带信号仍然保持宽带。因此，将窄带 MIMO 技术与 FBMC 组合使用是有困难的。

除了空间频率块码，研究者们已经考虑了许多特定的 MIMO 宽带分集方案。这些包括：用于分散信道的空时块码[165]，称为"时间反转 STBC"。与 STBC 相比，现在式（5.162）中的矩阵中的条目是符号块，并且分量的 Hermitian 变换伴随着特定块的时间反转。STBC 方法也可以与均衡器组合，均衡器也可以组装为便于利用 STBC 码的特定结构[166,167]。

为了扩展最优窄带技术（如 EVD 和 SVD）在宽带情况下的应用，进行 Hermitian 变换和时间反演后，多项式矩阵特征值的最新分解方法（PEVD）[169]可以分解为一个对数矩阵 $R(z) \approx Q(z) \Lambda(z) \tilde{Q}(z)$，其中在 parahermitian 操作 $\tilde{R}(z) = R^H$ (z^{-1}) 时，$R(z) = \tilde{R}(z)$。对于因子分解，$Q(z)$ 是一个仿酉矩阵 $Q(z)\tilde{Q}(z) = I$，因此，$\Lambda(z)$ 矩阵还有多项式，但是其经过了对角化和频谱优化[40]。两个 PEVD 可以实现多项式的 SVD[168]，其可以用于解耦 MIMO 系统矩阵 $A(z)$。由于分解是通过仿酉矩阵（代表无损滤波器组[40]）实现的，类似于式（5.146）中的 SVD，多项式 SVD 允许提取不改变发射功率的线性预编码器和不提供噪声放大的线性均衡器。这种与通信相关的宽带 MIMO 技术的应用研究有很多，如本章参考文献［154］，［170］－［172］。

5.7.7 关于 PLC 的 MIMO 研究

在 PLC 中提高数据吞吐量已经引发了人们对 MIMO 技术的探索，其中包括 PLC 信道可能是具有 2 个发射机和 4 个接收机的一系列研究[173,174]（参见 2.6 节）。由这种系统提供的容量增益已经通过 STBC 用于多路复用[175,176]和分集[177]。本章参考文献［178］介绍了由于 MIMO 子信道的空间干扰引起，使得理想 MIMO 容量增益下降的情况[179]，本章参考文献［180］介绍了减少空间干扰噪声的问题，相关研究还包括在本章参考文献［174］，［181］，［182］中。此外，已有关于 MIMO 信道模拟器的研究[183]，并且本章参考文献［184］中提出了现实的 MIMO 仿真器。

由于 PLC 标准化工作的成果，HomePlug AV2 通过 2 个发射节点和 4 个接收节点与 MIMO 技术相结合，实现了空间复用[173,185]。这里的宽带信道通过 OFDM 被分成窄带子载波，并且通过如式（5.146）中概述的 SVD 来计算每个子载波的预编码和均衡矩阵。HomePlug AV2 MIMO 方案也被称为波束形成，其中每个波束形成器分别执行式（5.146）的奇异矩阵 U 和 V^H 的每一列。

5.8 编码技术

由于电力线不是通信信道，我们无法希望通过电力线来进行有效的通信。正如已经看到的，对于通信而言，既存在一般的 AWGN（加性高斯白噪声）信道，也存在窄带干扰和脉冲噪声。因此，正常的误差控制技术是不够的，我们还需要调试，或者在某些情况下，需要使用新策略来处理电力线上的噪声。虽然不同于无线信道，但这种场景下的编码技术已经在 PLC（电力线通信）中得到了应用。

编码技术需要规定不同的噪声类型。分段编码已经采用了标准技术，我们将看到 ECC（纠错码）技术如何规定这些类型的错误。一般来说，一些 ECC 代码用于纠正背景噪声引起的误差，例如卷积码、Reed Solomon（里德所罗门）码、LDPC（低密度码）或这些编码的组合等。PLC 中的频率选择性衰落会导致突发错误，因此需应用交错传输来对相邻比特进行传播和分离。如果设计得当，调制期间相邻的编码比特会映射到非相邻的载波上。根据信道上噪声的严重程度，信息也可以重复传播多次。

本书假定读者熟悉差错编码中的术语。如果读者不熟悉，推荐先阅读关于 ECC 方面的书，如本章参考文献［186］。研究重点是在物理层，并具体到这一层所采用的 ECC 技术。我们了解到在物理层上可以应用调制、扰码等技术，但这不是本节研究的重点，本书会有相关章节介绍这些技术。

大多数情况下，循环冗余校验（CRC）码可应用于 MAC 层。这是一个检测误差的代码，通常用来覆盖和保护整个数据，作为除了物理层上 ECC 以外的第二误差处理机制。物理层上的 ECC 将尝试检测和纠正出现的任何错误。然而，如果 ECC 无法处理或纠正错误，MAC 层的 CRC 码将会检测失误并要求再次发送数据包。

首先，我们先来了解早期产品/协议中使用的编码技术。其次，我们来研究 PLC 标准中提议和使用的编码技术，其中一些是从早期协议中开发出来的。最后，我们探究在文献研究中提到的一些有趣的编码技术。这些概述并非详尽无遗，但详尽地介绍了 PLC 中应用的不同编码技术。

5.8.1　各种协议中的编码技术

这里我们将简要讨论用于窄带（例如家庭自动化）和宽带（例如多媒体）的编码技术，本书的其他章节也将做进一步论述。大家会注意到，家庭自动化协议中采用的技术相对简单，这是因为这些技术通常以低速率操作，因此这类错误事件不会影响太多流量。

最早的一种家庭自动化协议是 X10（见 7.3.1 节）。该协议没有采用纠错技术，而是进行了重复，即将相同的信息发送多次。在 X10 中，数据包重复发送两次。正如下面将会看到的，即使标准中使用更先进的纠错技术，也会包括某种形式的重复。

在 KNX 中（参见 7.3.2 节和本章参考文献［187］），检测错误时会用到交叉检查以及水平和垂直奇偶校验检查的方法，实际上这是一个非常简单的乘积码。数据包（或 KNX 中的电报）分为 8 个位段。电报包括不同字段，每个字段有 8bit 长度，例如控制、源地址、目的地址和用户数据等，如图 5.61 所示。然后每个字段上都会附加第 9 个奇偶校验位，以确保该段具有水平的偶校验。电报中的最后一个字段是校验和，它包括逐列添加的奇偶校验，以确保垂直的校验。其次，这些字段会被序列化并通过信道发送出去。这种方法不仅可以校正电报中的单比特错误，还可以检测较大范围的随机错误。

字段	b_0	b_1	b_2	b_3	b_4	b_5	b_6	b_7	p
控制									
源地址,字节1	0	1	0	1	0	1	1	0	0
源地址,字节2	1	1	0	1	0	1	0	1	1
目的地址,字节1	1	0	1	0	1	0	1	0	0
目的地址,字节2	0	0	1	0	0	1	1	0	1
路由/长度	1	1	0	1	1	1	1	1	1
用户数据,字节1	0	1	0	0	0	0	0	0	1
用户数据,字节2	0	1	1	1	0	0	0	0	1
校验和,s	0	0	0	1	1	1	1	1	1

（右侧纵向标注：偶数；底部标注：奇数）

图 5.61　KNX 电报用水平和垂直奇偶校验进行检测

另一个家庭自动化协议是 LONWorks（见 7.3.3 节），它使用了高效、专利、低开销的前向纠错算法，能够检测和纠正单比特错误。此外，CRC 码可以用来解决非正常出错情况。

AMIS CX1 - Profile 协议（见 7.5 节和本章参考文献 [188]）使用了重复和交错传输的方法。PHY 块（由前导码、PHY 包头和 PHY 数据组成）的编码过程使用了二进制重复分组码 $(N, 1, N)_2$，其中 N 表示传输模式中使用的跳频数目。因此，编码器具有 $1/N$ 的速率，其中 N 值根据所选的传输模式在 5 和 8 之间取值。如果使用 DBPSK，则使用 $(N, 1, N)_2$ 码对 PHY 块进行编码。如果使用 DQPSK，则 PHY 块首先分为两个流，一个包含奇数指数，另一个包含偶数指数。然后使用相同的重复码对两个流分别进行编码。最后将数据（一个或两个流，取决于所选择的调制模式）分为长度为 $2N^2$ 的片段。使用 mod $(2N^2)$ 算法对每段进行周期性的交织，再将数据进行调制。

我们看到的最后一个窄带协议是 DigitalSTROM（参见 7.6 和本章参考文献 [189] 节）。在这个协议中，系统被设计为使用不同的编码技术的下行和上行通信系统。我们发现，对于下行通信，使用额外校验位扩展的标准汉明码是足够的。对于上行通信，先使用 R = 1/2 的卷积码，然后使用扰码器和交织器。在电源半周期内传送一定数量的信道比特，如果交织器的深度设置为该数量，则有助于将错误比特的长度保持在卷积码的约束长度以下。

接下来，我们将提到两种用于多媒体通信的协议，但是由于这些规范已经纳入 IEEE 1901 标准（见 5.8.2.4 节），因此我们将省略掉细节描述。HomePlug AV 宽带规范可以在高带宽多媒体应用（如 HDTV 和 VoIP）的家庭网络中使用，它利用速率为 1/2 和 16/21 的涡轮卷积码发挥功能。IEEE1901 FFT 标准是向后兼容的，因此它们使用了相同的 FEC。同样，HD - PLC 规范是为高速家庭网络设计的，它将 Reed - Solomon 码与卷积码结合起来使用。IEEE 1901 标准与 HD - PLC 后向兼容。

5.8.2 标准中的编码技术

在这里，我们讨论应用于不同标准的编码技术。特别地，我们研究 PRIME、G3 - PLC、ITU - T G.9960 和 IEEE 1901。

5.8.2.1 PRIME

PRIME[190] 是一种用于窄带 PLC 的规范，广泛应用于自动抄表系统。它已按规范校准为 ITU - T G.9904 PRIME（详情请参阅 9.2.3 节）。

PRIME 规范利用了基本的 FEC（前向纠错编码）方案。如果更高层得以成功激活，这一规范就使用一个包含位交织的卷积码。如果信道不够好，则不启用 FEC 方案。

简单来说，PHY 包头会附加一个循环冗余校验（CRC），作为错误检测机制。因为这是由 MAC 层运行的，所以 CRC 没有添加到有效载荷。如果 FEC 激活，则执行卷积编码。请注意这里一直在对 PHY 包头进行编码，不论是否选择 FEC，之后对 PHY 包头和有效载荷也在一直进行扰码。如果 FEC 被启用，则交织编码作为最后一步执行。然后对编码位进行调制（使用一个可用的调制方案）并转换为 OFDM 符号。编码器的分组框图如图 5.62 所示。

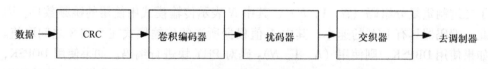

图 5.62　PRIME FEC 编码器

如上所述，PHY 包头一直保持 FEC 的开启状态。然而，MAC 层需要基于以往的错误传输来决定载荷时是否需要将 FEC 开启或关闭。同时也决定了使用哪种最佳的调制方案。请注意，在 FEC 的选择或调制方案中，标准不指定任何目标错误率。这部分是留给设计师去考虑的。

更多细节：未编码的 PHY 包头（和未编码的有效载荷位，如果 FEC 是开启的）通过使用一个约束长度为 $K = 7$ 的半速率卷积编码器进行编码，并且产生多项式 1111001 和 1011011，如图 5.63 所示。在每个 PPDU 传输开始时，将编码器状态设置为零。为了让编码器归零，需要在未编码的包头位附加 8 个 0。如果 FEC 是开启的，则出于同样的目的，在未编码的载荷上附加 6 个 0。

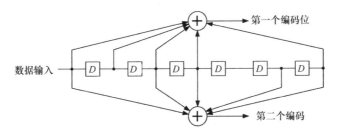

图 5.63　用于 PRIME 的 $R = 1/2$ 且 $K = 7$ 的卷积编码器

扰码器是用来随机分布比特流的。IFFT 之后，使用扰码器有助于降低峰值，编码后在包头或有效载荷中就会出现一长串的 1 或 0。从本质上讲，这些编码位是异或效果并且采用伪随机序列进行排序。

如果 FEC 是开启的，那么交织编码将是最后一步。窄带干扰会导致频谱的深度衰落，还会影响到 OFDM 子载波，这会导致突发错误的发生。交织编码确保了这些突发错误传播以预先决定好的方式重新对码位进行排序，使得编程码似乎是随机分布的，这样做有助于卷积码编码，因为卷积码只能处理随机错误。

本章参考文献 [190] 介绍了更多关于扰码器和交织器的操作细节。

接收机上所有的编码操作均可以用于解码。

有效载荷将得到以下每个 OFDM 符号的比特信息，这取决于选择调制的方式和 FEC 的状态（打开还是关闭）：

· DBPSK：48（开）和 96（关），
· DQPSK：96（开）和 192（关），
· D8PSK：144（开）和 288（关）。

当 FEC 处于开启状态且包头使用 DBPSK 时，每个 OFDM 符号的信息比特为 42。

本章参考文献 [191] 描述了 PRIME 的物理规格，描述了 FEC 的模型和调制元件，以确定文献中出现的模拟信道模型的 PRIME 性能。根据使用的调制方式，结果表明使用 FEC 时 SNR（信噪比）可以提高 4 ~ 5dB。

5. 8. 2. 2　G3 – PLC

G3 – PLC[192] 是一个针对智能电网的低层协议，通过各种电力经销商和供应商进行推广。它已按规范校准为 ITU G. 9903 G3 – PLC（见 9.2.2），而且标准 ITU – T G. 9902 G. hnem（见 9.2.1）和 IEEE 1901. 2 PLC（见 9.2.4）以它为基础。

在这个方案中，卷积码和 Reed – Solomon（RS）编码用来应对由背景噪声和脉冲噪声引起的错误。同时还会使用一个二维交织方案提供时间和频率上的多样性变化，来应对突发错误。此外，如果需要，还可以使用重复编码器。整个 FEC 编码器和解码器如图 5.64 所示。

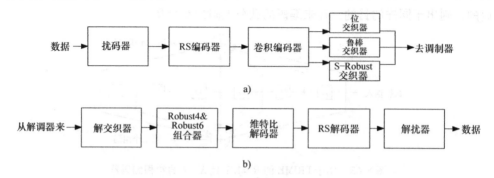

图 5.64　G3 – PLC 的 FEC 块显示

a）编码器　b）解码器

目前有两种不同的操作模式可用：正常模式和鲁棒模式。在正常模式中，FEC 由一个 RS 编码器和卷积编码器组成。在鲁棒模式中，除了 RS 编码器和卷积编码器，FEC 还会使用重复码，每个码位重复 4 次，增加了额外的保护。

首先，帧控制头（Frame Control Header，FCH）通过一个 5 位的循环冗余校验（CRC）进行保护。之后与以往的方案一样，使用扰频器来给数据进行随机分布处理。数据是异或编码，并带有预定的伪噪声序列。

经过扰码器后，使用两个缩短系统 RS 码中的一个对数据进行编码。这两个代码的参数是 $n=255$，$k=239$，$t=8$；$n=255$，$k=247$，$t=4$。其中 n 是输出符号的个数，k 是输入符号的个数，t 是可以纠正的符号个数。代码使用伽罗瓦域（Galois Field，GF）（2^8）。代码生成的多项式为

$$g(x) = \prod_{i=1}^{2t}(x - \alpha^i)$$

并且值域生成多项式：

$$p(x) = x^8 + x^4 + x^3 + x^2 + 1$$

请注意，在鲁棒模式下，使用 $t=4$ 的代码。

接着，使用一个约束长度为 $K=7$ 的半速率卷积编码器对 RS 编码器的输出进行编码，并且产生多项式 1111001 和 1011011。请注意，这是与 PRIME 相同的卷积编码器（见图 5.63）。若要将卷积编码器归零，则需要在数据的最后一位插入 6 个 0。由于突发错误会影响连续的 OFDM 符号，而且深度频率衰减将影响到一些 OFDM 符号中相邻的频率，所以将最后阶段（正常模式下）设计为交织编码，目的是提供对抗突发错误的鲁棒性。

它通过两个步骤来实现对突发错误的检测。在交织编码开始之前，矩阵中组建码位，矩阵的列代表了不同的 OFDM 符号，行代表了不同的子载波。首先，每一列循环移位不同的次数以确保损坏的 OFDM 符号分散在不同的符号中。其次，每

一行循环移动不同的次数，以确保频率衰减不会破坏整个列。了解交织器的具体实施细节可以参考本章参考文献［192］。

如果编码器使用鲁棒模式，那么重复编码器会从交织器开始将产生的数据包重复 4 次。请注意，FCH 是使用超级鲁棒模式发送的，意味着它将重复 6 次。

不同的配置实现的编码率如表 5.6 所示。

在本章参考文献［193］中可以看到基于仿真结果的预期性能。当考虑到脉冲噪声时，在使用交织器和不使用交织器的情况下有大约 3dB 的增益差距。进一步的结果表明了在未编码情况下，带有交织器的卷积编码器、带有交织器的 RS/卷积编码器、带有交织器/重复的 RS/卷积交织器的编码性能。在 BER 为 10^{-4} 时，加入 RS 码提供了大约 1.3dB 的增益。通过添加重复编码器，可以获得额外约 3dB 的增益。

本章参考文献［194］中可以发现对 PRIME 和 G3 - PLC 的物理层的比较，以及提供的理论分析和模拟结果。

表 5.6　RS 块大小和各种调制方式的编码率

符号数	DQPSK	DBPSK	Robust
12	37/53	10/26	—
20	73/89	28/44	—
32	127/143	55/71	—
40	163/179	73/89	13/21
52	217/233	100/116	20/28
56	235/251	109/125	22/32
112	—	235/251	54/62
252	—	—	133/141

对于 PRIME 和 G3 - PLC 中常见的 3 种成分，即卷积编码、位交织和 PSK 调制，本章参考文献［195］在窄带干扰的情况进行了探究。结果表明通过改变 PSK 调制中特定顺序变化的交织深度，可以提高卷积码的性能。并且在频域中将信号调零，可以进一步改进卷积码的性能，这样做可以使得卷积解码器能够在软判决模式下运行。

5.8.2.3　ITU - T G.9960

在这一节中我们将了解到编码中使用的 ITU - T G.9960[196]。本节介绍定义了家庭网络技术中 G.hn 族的物理层规范，通常使用电力线、电话线和同轴电缆。读者可参考 8.8 节了解更多关于本标准其他方面的细节。

编码过程的第一步包括加密信息数据，随后有两个 FEC 和重复编码器，一个用于包头，一个用于有效载荷。为了完成物理层上的帧传输，可以以 OFDM 符号的形式进行发送，这就需要重复利用编码信息并将符号帧分割成一个整数。

包头和有效载荷的所有数据都受到伪随机序列的干扰。伪随机序列由一个多项

式为 $p(x) = x^{23} + x^{18} + 1$ 的线性反馈移位寄存器生成，如图5.65所示。移位寄存器需要矢量进行初始化之后，再为有效载荷进行第二次初始化，由扰码器初始化值表示（零值表示第二次初始化没有发生）。

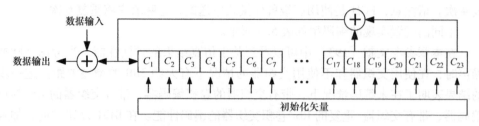

图5.65 用于 ITU－T G.9960 的扰码器

扰乱后，包头和有效载荷会发送到不同的 FEC 编码器中。该编码器是由系统的准循环低密度奇偶校验（QC－LDPC）码组成，利用速率为 $R = 1/2$，$R = 2/3$ 和 $R = 5/6$ 的3个母码，这些母码之后可以通过打孔来适应于更高速率的编码。

对于每个母码，其速度取决于尺寸为 $(n-k) \times n$ 的奇偶校验检查矩阵 $\boldsymbol{H}$，其中 k 是信息比特数，n 是编码比特数。每个 $\boldsymbol{H}$ 都是使用循环子矩阵构成的数组，通过选择子矩阵的特定参数，可以实现不同速率。基于信息块的速率和大小（见表5.7详细信息），可以选择使用7种不同的母码。本章参考文献［196］中可见参数和 $\boldsymbol{H}$ 矩阵的精确细节。从表5.7中我们可以看出，包头总是用 $R = 1/2$ 的码进行编码，而有效载荷的编码速率可以根据信道条件的不同而变化。

表5.7 ITU－T G.9960 的 FEC 参数

	母码	码率，R	信息大小，k	编码，n	打孔模式，pp
用于包头	$(1/2)_H$	1/2	168	336	n/a
用于有效载荷	$(1/2)_S$	1/2	960	1920	n/a
	$(1/2)_L$	1/2	4320	8640	n/a
	$(2/3)_S$	2/3	960	1440	n/a
	$(2/3)_L$	2/3	4320	6480	n/a
	$(5/6)_S$	5/6	960	1152	n/a
	$(5/6)_L$	5/6	4320	5184	n/a
	$(5/6)_S$	16/18	960	1080	$pp^{(72)}_{1152}$
	$(5/6)_L$	16/18	4320	4860	$pp^{(324)}_{5184}$
	$(5/6)_S$	20/21	960	1008	$pp^{(144)}_{1152}$
	$(5/6)_L$	20/21	4320	4536	$pp^{(648)}_{5184}$

编码操作遵循常用的分块编码原则：编码器中编入一组信息码位（长度 k），使用奇偶校验矩阵的 $n-k$ 的奇偶校验位进行计算并附加到信息位。由此产生的码字 $\boldsymbol{x}$，并且满足校验方程，$\boldsymbol{x}\boldsymbol{H}^T = 0$。

　　如果使用一个更高速率的代码，那么码字根据打孔模式 $pp_T^{(i)}$ 进行打孔，其中 i 代表模式中的零点个数，T 代表模式的长度。使用的打孔模式为

$$pp_{1152}^{(72)} = \left[\underbrace{1\ 1\ \cdots\ 1}_{720}\quad \underbrace{0\ 0\ \cdots\ 0}_{36}\quad \underbrace{1\ 1\ \cdots\ 1}_{360}\quad \underbrace{0\ 0\ \cdots\ 0}_{36} \right]$$

$$pp_{5184}^{(324)} = \left[\underbrace{1\ 1\ \cdots\ 1}_{3240}\quad \underbrace{0\ 0\ \cdots\ 0}_{162}\quad \underbrace{1\ 1\ \cdots\ 1}_{972}\quad \underbrace{0\ 0\ \cdots\ 0}_{162}\quad \underbrace{1\ 1\ \cdots\ 1}_{648} \right]$$

$$pp_{1152}^{(144)} = \left[\underbrace{1\ 1\ \cdots\ 1}_{720}\quad \underbrace{0\ 0\ \cdots\ 0}_{48}\quad \underbrace{1\ 1\ \cdots\ 1}_{240}\quad \underbrace{0\ 0\ \cdots\ 0}_{96}\quad \underbrace{1\ 1\ \cdots\ 1}_{48} \right]$$

$$pp_{5184}^{(648)} = \left[\underbrace{0\ 0\ \cdots\ 0}_{216}\quad \underbrace{1\ 1\ \cdots\ 1}_{4320}\quad \underbrace{0\ 0\ \cdots\ 0}_{432}\quad \underbrace{1\ 1\ \cdots\ 1}_{216} \right].$$

在打孔模式中的 1 表示相应的码位会出现在最后的码字中，0 表示相应的码位会将打孔，也就是说它不会出现在最终的码字中。使用打孔模式与母码一起，会产生 $R = 16/18$ 和 $R = 20/21$ 的码率，详见表 5.7。

　　FEC 后的最后一步是重复编码器，即为每个码字复制一定数量的副本，然后将码位在预定义的模式中重新排列。

　　包头编码器和有效载荷编码器的操作可以概括如下：

　　包头编码器：使用如上所述的 FEC 对包头进行编码，并且一直取 $R = 1/2$ 和 $k = 168$。然后包头重复编码器对编码包头备份 M 份，其中 M 取决于所使用包头中携带的 OFDM 符号上码位的数量。两个编码的包头字段是通过编码包头的 M 个副本的变形版本构建而成。在第一个字组中，编码包头码字的 M 个副本串联在一起，每一次连续的复制都是由两个码位循环移位产生。第二个字组是以同样的方式形成的，除了第一个副本是由 168 个码位循环移位产生（编码码字大小的一致），后续的副本则通过两个码位的循环移位产生。

　　有效载荷编码器：有效载荷编码器采用如上所述的 FEC 进行编码，可以使用任意合适的速率和输入尺寸。对于有效载荷来说，可以选择使用或不使用有效载荷重复编码器。在正常操作模式下，重复编码器会被禁用。在鲁棒通信模式中，每个码字均会重复 2、3、4、6 或 8 次。每个副本分为几个部分，每个部分包含一定数量的码位数，其数量取决于将加载到 OFDM 符号上的码位总数。在每一节中出现的码位，按照原始码字相同的顺序进行排列。重复编码器的第一个副本包含了原始顺序中的所有部分。后续的副本也包含所有的部分，但进行了循环移位。移位通过循环截面移位矢量进行定义，由选择的重复编码的数目确定。

　　按照不同的物理层参数，如 FEC 块的尺寸、数据包大小和重复数量，我们可以确定整个系统的输出量[197]。

5.8.2.4　IEEE 1901

　　IEEE 1901 标准[198] 专门用于宽带 PLC，以实现高速通信。它可以利用两种不同的物理层，一种基于快速傅里叶变换，另一种基于小波，其他详情见 8.5 节。

5.8.2.4.1 FFT – OFDM

IEEE 1901 中基于 FFT 的编码器和解码器的原理框图如图 5.66 所示。编码器包含几个不同的独立编码器，分别给 TIA – 1113 包头数据、IEEE 1901 包头数据和其他有效载荷数据进行编码。

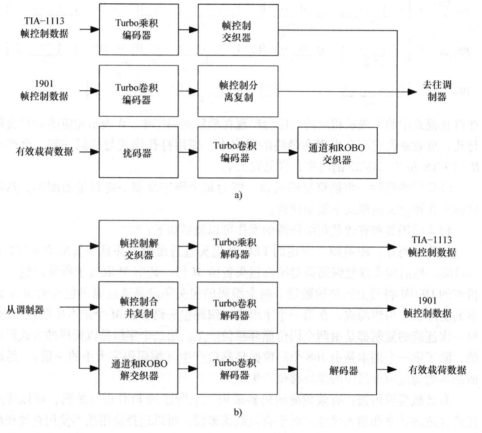

图 5.66　IEEE 1901 FFT FEC 块
a）编码器　b）解码器

TIA – 1113 帧控制数据首先使用 $R = 1/4$ 的乘积码进行编码。该乘积码（100，25）的最小汉明距离为 16，衍生自一个（10，5）的缩短扩展汉明码，其最小汉明距离为 4，利用其生成矩阵：

$$G = \begin{bmatrix} 1 & 0 & 0 & 0 & 0 & 0 & 0 & 1 & 1 & 1 \\ 0 & 1 & 0 & 0 & 0 & 0 & 1 & 1 & 1 & 0 \\ 0 & 0 & 1 & 0 & 0 & 1 & 1 & 1 & 0 & 0 \\ 0 & 0 & 0 & 1 & 0 & 1 & 1 & 0 & 0 & 1 \\ 0 & 0 & 0 & 0 & 1 & 1 & 0 & 0 & 1 & 1 \end{bmatrix}$$

乘积码按照下列排列构建：

$$\begin{bmatrix} i_{11} & i_{12} & i_{13} & i_{14} & i_{15} & p_{\rm r} & p_{\rm r} & p_{\rm r} & p_{\rm r} & p_{\rm r} \\ i_{21} & i_{22} & i_{23} & i_{24} & i_{25} & p_{\rm r} & p_{\rm r} & p_{\rm r} & p_{\rm r} & p_{\rm r} \\ i_{31} & i_{32} & i_{33} & i_{34} & i_{35} & p_{\rm r} & p_{\rm r} & p_{\rm r} & p_{\rm r} & p_{\rm r} \\ i_{41} & i_{42} & i_{43} & i_{44} & i_{45} & p_{\rm r} & p_{\rm r} & p_{\rm r} & p_{\rm r} & p_{\rm r} \\ i_{51} & i_{52} & i_{53} & i_{54} & i_{55} & p_{\rm r} & p_{\rm r} & p_{\rm r} & p_{\rm r} & p_{\rm r} \\ p_{\rm c} & p_{\rm c} & p_{\rm c} & p_{\rm c} & p_{\rm c} & p_{\rm p} & p_{\rm p} & p_{\rm p} & p_{\rm p} & p_{\rm p} \\ p_{\rm c} & p_{\rm c} & p_{\rm c} & p_{\rm c} & p_{\rm c} & p_{\rm p} & p_{\rm p} & p_{\rm p} & p_{\rm p} & p_{\rm p} \\ p_{\rm c} & p_{\rm c} & p_{\rm c} & p_{\rm c} & p_{\rm c} & p_{\rm p} & p_{\rm p} & p_{\rm p} & p_{\rm p} & p_{\rm p} \\ p_{\rm c} & p_{\rm c} & p_{\rm c} & p_{\rm c} & p_{\rm c} & p_{\rm p} & p_{\rm p} & p_{\rm p} & p_{\rm p} & p_{\rm p} \\ p_{\rm c} & p_{\rm c} & p_{\rm c} & p_{\rm c} & p_{\rm c} & p_{\rm p} & p_{\rm p} & p_{\rm p} & p_{\rm p} & p_{\rm p} \end{bmatrix}$$

信息码放置在 i_{ij} 的位置，其中，$1 \leqslant i$，$j \leqslant 5$，并且生成的矩阵应用于每一行，产生横向奇偶校验值 $p_{\rm r}$。然后生成的矩阵应用于纵列，产生纵向奇偶校验 $p_{\rm c}$，和覆盖的奇偶校验值 $p_{\rm p}$。然后使用交织器在四帧控制符号的载体上传播数据。

IEEE 1901 帧控制数据由 128bit 组成，其中 Turbo 卷积编码器（$R = 1/2$ 模式运行）编码为 256bit，通过使用交织器对编码器的输出进行随机分布。最后一步是运用多种复制机来复制编码，并在映射到载体前将码位交织。无论是 Turbo 卷积编码器还是交织器，对于有效载荷的编码来说都是相同的，正如接下来我们要讨论的。

有效载荷数据受到干扰，Turbo 卷积进行交织编码。Turbo 编码器按照 $R = 1/2$、$R = 16/21$ 或 $R = 16/18$（可选）的速率运行。在 ROBO 模式下，只有使用速率 $R = 1/2$ 时，交织器之后才会紧跟着 ROBO 交织编码。有效载荷的编码器作用于一组 520 或 136 长度的八位位组。

在 ITU – T G. 9960 中，有效载荷数据受到伪随机序列的干扰，可以由多项式 $p(x) = x^{10} + x^3 + 1$ 计算得到，如图 5.67 所示。移位寄存器在处理开始之前将所有数据初始化。

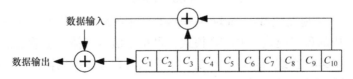

图 5.67　IEEE 1901 FFT 有效载荷数据使用的扰码器

利用 $R = 1/2$ 的 Turbo 卷积编码器对加扰数据进行编码。该编码器是由两个 $R = 2/3$ 的递归系统卷积码（RSC）和一个 Turbo 交织器组成。利用打孔的方法获得 $R = 16/21$ 和 $R = 16/18$ 的附加速率。八态 RSC 编码器状态如图 5.68 所示。输入位 $(u_1，u_2)$ 不会进行打孔，只有额外的编码位（v_1，v_2）会打孔。该数据要通过编码器两次，以确保全部完成。第一次通过时，编码器被初始化为全零状态，有效载荷数据被编码为正常状态，第一次通过时没有使用输出的情况除外。之后通过编码器的最终状态来确定第二次通过的起始状态，以便第二次的起始状态和第一次的最终状态相同。在第二次通过时，有效载荷数据会再次发送到编码器中，然后将编码数据进行删除。

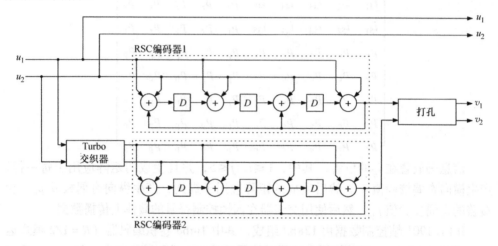

图 5.68　IEEE 1901 使用的 Turbo 卷积编码器

当使用的编码器在 $R = 1/2$ 模式时，u_1、u_2、v_1 和 v_2 被直接发送到输出端。对于其他两个速率，使用打孔模式 $\boldsymbol{pp}_{v_i}$ 来对 v_i 进行编码，如果打孔模式包含其中一个速率，则输出 v_i。对于 $R = 16/21$，有

$$\boldsymbol{pp}_{v_1} = \begin{bmatrix} 1001001001001000 \end{bmatrix}$$

$$\boldsymbol{pp}_{v_2} = \begin{bmatrix} 1001001001001000 \end{bmatrix},$$

而对于 $R = 16/18$，有

$$\boldsymbol{pp}_{v_1} = \begin{bmatrix} 1000000010000000 \end{bmatrix},$$

$$\boldsymbol{pp}_{v_2} \begin{bmatrix} 1000000010000000 \end{bmatrix}.$$

最后，使用一个信道交织器对 Turbo 卷积编码器中收到的码位进行排序。

3 个操作中的鲁棒模式或 ROBO 模式，可用于信号广播、组播通信、会话建立和管理信息。ROBO 交织器可以看作是一个交织器和重复编码器，因为数据会经多次复制，然后与原始数据一起交织。在任意 ROBO 模式中，常用 $R = 1/2$ 的 Turbo 卷积编码器和下列模式及相应的参数：

1）标准 ROBO 模式：长度为 520 的物理块，并重复 4 次；

2）高速 ROBO 模式：长度为 520 的物理块，并重复 2 次；

3）微型 ROBO 模式：长度为 136 的物理块，并重复 5 次。

通常情况下，使用标准 ROBO 模式，但是如果有可能进行可靠的通信，则编

码器可以改变为高速 ROBO 模式，将通信速率加倍。对于小的有效载荷，需要更高的可靠性，可以使用微型 ROBO 模式，用最小的物理块尺寸并重复最多次。

5.8.2.4.2 Wavelet – OFDM

对于 Wavelet – OFDM ，我们研究了有效载荷数据的编码。

正如之前所述，有效载荷数据受到伪随机序列的干扰，并生成多项式 $p(x) = x^7 + x^4 + 1$，如图 5.69 所示。移位寄存器在开始处理之前将所有数据进行初始化。

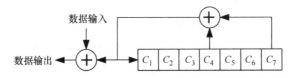

图 5.69 IEEE 1901 小波有效载荷数据使用的扰码器

接下来，扰码数据由 RS 编码器或者级联编码器进行编码，级联编码器包含一个 RS 编码器和一个卷积编码器。RS 编码器使用相同的场频信号发生器多项式和码位发生多项式（如 G3 – PLC）。根据选择的参数，可以得到编码速率为 $R = 239/255$（用于有效载荷），$R = 40/56$（用于利用分集 OFDM 的有效载荷）和 $R = 34/50$（用于控制帧）。$R = 1/2$，$K = 7$ 的卷积编码器也和 PRIME、G3 – PLC（见图 5.63）的编码器相同。在每个数据字段的开始，将编码器复位到零，然后在每个数据字段的结束插入一个 6bit 尾，强制编码器归零。通过使用表 5.8 中的打孔可以得到不同的速率。根据信道估计，在有效载荷中使用 1/2 至 7/8 的编码速率，多种 OFDM 的有效载荷使用 1/2 的速率，来控制帧和单音图索引（tone map indices）。

低密度奇偶校验卷积码（最初在本章参考文献 [199] 提出）可以随意使用，而 RS/卷积编码器却不能。一般来说，这些卷积码由移位寄存器的信息位、奇偶校验位、权重控制器和增加器、权重乘法器构成，并定义为无限的校验矩阵，可以周期性地改变。LDPC 卷积码所选择的编码速率为 $R = 1/2$，$R = 2/3$，$R = 3/4$ 和 $R = 4/5$。将尾比特（其中的数目取决于编码速率和使用的信息尺寸大小）包括在内，从而实现将编码强制调回到已知状态。

表 5.8 IEEE 1901 小波卷积编码器的编码速率和打孔模式

编码速率	打孔模式	
	第一个编码位	第二个编码位
2/3	10	11
3/4	101	110
4/5	1000	1111
5/6	10101	11010
6/7	100101	111010
7/8	1000101	1111010

最后，卷积编码器或卷积 LDPC 编码器中的输出是交织的。在仅应用 RS 编码的情况下，编码的数据不会交织。所选交织信息块的大小要与 OFDM 符号中的码位数对应。

5.8.3　其他编码技术

最后在本节中，将着眼于研究文献中出现的其他编码技术。本节讨论的技术将在前一部分讨论过的标准的基础上。

我们还将探究 5.2.1 节中所讨论的置换码和 $M-FSK$ 码的组合编码和调制。考虑到之前的分组置换码，这里将组合置换码和卷积码形成置换网格码。置换分组码的缺点在于难以构造长分组码，并且这种情况下置换的一般解码算法是未知的。为了克服这一点，使用保距同构（DPM）的方法来将标准卷积编码器的二进制输出映射为置换符号。这样，既保留了与 $M-FSK$ 组合时置换码的优点，同时通过使用众所周知的 Viterbi 算法使得解码更容易。图 5.70 显示出所指系统的框图。按照设想，这些编码技术可以用于可靠性比通信速度更重要的控制或安全应用中。

DPM 的保距性质要求：其在非约束集合中的一个码字和另一个码字之间的代码间距，必须大于等于映射到另一集合中的相应码字之间的代码距离。如果使用纠错码作为映射的输入，则保距映射要确保映射之后得到的代码也具有纠错能力。在本章参考文献［200］和［201］中，显示了通过使用保距映射，卷积码可以映射到置换码，从而形成置换网格码。二进制卷积码用作基本码，使用 DPM 将输出映射为置换码。所得的置换网格码将具有与原始基本码相同的结构，使得 Viterbi 解码成为可能。

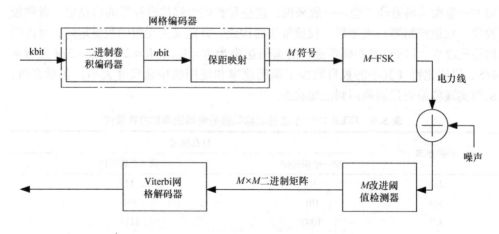

图 5.70　置换编码与 $M-FSK$ 调制结合的框图

我们认为 5.2.1 节中的 $M-FSK$ 使用了改进的硬判决阈值检测器。网格编码器

（与 DPM 组合的二进制编码器）的输出 M 符号代表着网格中特定转换的置换码字，并且按照相应的频率及时发送。利用修改的阈值检测器，长度为 M 的传输码字因此会接收到 $M \times M$ 的二进制矩阵。不同噪声类型对解码过程的影响与 5.2.1 节和图 5.2 中描述的相同。

考虑到每种噪声类型对误差度量的影响，可以在解码正确的时候设置度量条件。我们认为 d 位置上网格中的两条路径各不相同。对于背景噪声或脉冲噪声，可能发生 $d-1$ 个错误，并且当它们合并时，Viterbi 解码器仍将选择正确的路径。窄带噪声会持续很长时间，并将影响路径中的所有序列。比较长度为 L 的两条路径，我们会发现错误路径上窄带噪声造成的误差度量会减小 L。如果 L 小于 d，不管窄带噪声是否影响，都将进行正确的解码。如果窄带噪声与其他噪声一起发生，则 L 加上背景噪声和脉冲噪声的数量必须小于 d，以便发生正确的解码。

读者可参考本章参考文献 ［201］ ～ ［204］ 得到置换网格码的仿真结果。

置换码的概念也已经在 PLC 的其他编码方案中得到应用。

在本章参考文献 ［205］ 中，$M - FSK$ 调制与时间分集置换编码方案相结合。该设置类似于置换网格码中接收 $M \times M$ 的二进制矩阵。然而，每当检测到行或列（分别对应于窄带噪声和脉冲噪声）时，就会使用归零的方法来消除噪声的影响。使用具有可选软判决输出的多数逻辑解码过程来校正来自背景噪声的加性误差。此外，我们可以使用时隙分集编码器来防止会影响到个别码字的突发错误。

在本章参考文献 ［206］ 中提到了与 OFDM 组合的无比率置换编码方案。置换编码和解码与本章参考文献 ［205］ 中的相同，这里引入喷泉码以抵抗错误突发的干扰，突发错误可能会干扰到一些码字。喷泉码提供了时间分集，并且由于它不具有固定速率，所以它可以适应信道条件的改变，从而使得资源能得到更有效的使用。

基于置换码的研究，本章参考文献 ［207］ 提出了一种更普遍的代码来处理窄带噪声和信号衰弱。它们提出了一个新的参数：符号权重，并讨论了该参数如何影响系统的性能。对于这个新的参数，公平的符号权重编码就是最优的编码方案，并且与先前已知的编码方法相比，仿真结果证实该代码具有更好的性能。

如我们已经看到的，在 ITU – T G.9960 中使用的 LDPC 码，也是其他通信系统中很重要的一类码。本章参考文献 ［208］ 中对速率为 1/2、1/3、2/3、3/4 和 4/5 的 QC – LDPC 码以及不同的解码算法如何影响 PLC 条件下的性能进行了研究。我们研究了置信传播迭代解码算法，以及比特翻转算法的变形，其中每次迭代都是单个比特进行翻转，而不是多个比特翻转。作者还提出了一种混合解码算法，其中首先应用置信传播迭代解码算法，如果它未能找到正确的码字，则应用适配的比特翻转算法。扩展研究[209] 具体研究了 QC – LDPC 码如何在脉冲噪声条件下运行。QC – LDPC 码作为内部码，和其他级联方案中的外部码，以及 RS 码或卷积码进行了比较，作者得出结论，LDPC 码作为外部码和作为内部码的 RS 码相结合可以发挥最好的效能。

为了研究速率兼容 QC - LDPC 码[210]，提出了列扩展的方法和程度分布的优化。结果表明新代码的性能要优于 ITU - T G. 9960 中使用的当前代码。在本章参考文献 ［211］ 中，我们使用差分演化法来构造用于窄带 PLC 不规则优化 LDPC 的短码，以找到可以提高性能的度数分布对。

在本章参考文献 ［212］ 中完成了对 QC - LDPC 码和 Turbo 码的比较研究。结果显示有较长块长度的 LDPC 码，可以在低 SNR 值的情况下，出现近似 Turbo 码的性能。

继续研究 Turbo 码，本章参考文献 ［213］ 提出了可以在恶劣的脉冲噪声条件下进行 Turbo 编码的单载波系统。Turbo 解码器通常需要脉冲噪声的相关统计知识，才能发挥最佳功效。作者提出了在网状结构中，执行一种剪切操作，因此每一个接收到的符号都可以视为一个无记忆性削波噪声，并且很容易地获得其 PDF。双二进制 Turbo 编码系统与 OFDM 相结合的研究在本章参考文献 ［214］ 中有介绍。

KNX 协议中使用了一个简单的阵列码，本章参考文献 ［215］ 和 ［216］ 探讨了更广泛的阵列码，具体研究了广义阵列码以及行和列的阵列码。另外，KNX 中字段按顺序串行级联并发送，这个研究让每行比特都映射到一个调制符号中。因此，列的数目将决定要使用的调制方案的顺序。通过使用计算机仿真得到了该编码技术的性能，并与卷积码进行了比较。

与本章参考文献 ［206］ 类似，本章参考文献 ［217］ 建议使用 LT 码作为一个外部码，连同不规则的 LDPC 码一起作为 OFDM 系统的内码。按照 LDPC 解码器执行的解码操作，如果受到脉冲噪声的很大影响，那么由 LT 解码器发送的数据包将被消除。因为 LT 编码器中包含了一小部分附加数据包，因而解码器可以处理删除的数据包并且原始数据都可以恢复。

作为最后一节，我们利用网络编码讨论了一些研究成果。虽然网络编码没有像本节的其余部分讨论的内容一样强调纠错，并且通常是在物理层以上来实现的，但它仍然有助于提高网络效率。编码研究已经成为通信领域的一个热门话题，在未来几年内，也必将成为 PLC 领域的一个热门话题。本章参考文献 ［218］ 提出了一种在物理层利用网络编码的 G. hn 系统，本章参考文献 ［219］ 提出了链路层中使用的基于网络编码的协作方案。6. 5 节中将详细讨论该协作网络。

参 考 文 献

1. T. Schaub, Spread frequency shift keying, *IEEE Trans. Commun.*, 42(2/3/4), 1056–1064, Feb./Mar./Apr. 1994.

2. K. Dostert, Frequency hopping spread spectrum modulation for digital communications over electrical power lines, *IEEE J. Sel. Areas Commun.*, 8(4), 700–710, May 1990.

3. J. G. Proakis, *Digital Communications*. New York: McGraw-Hill, 1989.

4. J. G. Proakis and M. Salehi, *Digital Communications*, 5th ed. McGraw-Hill, 2008.

5. I. F. Blake, Permutation codes for discrete channels, *IEEE Trans. Inf. Theory*, 20(1), 138–140, Jan. 1974.

6. J. Häring and A. J. H. Vinck, Iterative decoding of codes over complex numbers for impulsive noise channels, *IEEE Trans. Inf. Theory*, 49(5), 1251–1260, May 2003.

7. J. O. Onunga and R. W. Donaldson, A simple packet retransmission strategy for the power-line throughput and delay enhancement on power line communication channels, *IEEE Trans. Power Delivery*, 8(3), 818–826, Jul. 1993.

8. R. C. Dixon, *Spread Spectrum Systems with Commercial Applications*, 3rd ed. Wiley-Interscience, 1994.

9. P. Baier, K. Dostert, and M. Pandit, A novel spread-spectrum receiver synchronization scheme using a SAW tapped delay line, *IEEE Trans. Commun.*, 30(5), 1037–1047, May 1982.

10. K. Dostert, Ein neues Spread-Spectrum Empfängerkonzept auf der Basis angezapfter Verzögerungsleitungen für akustische Oberflächenwellen, Ph.D. dissertation, University of Kaiserslautern, Germany, 1980.

11. H. Ochsner, Data transmission on low voltage power distribution lines using spread spectrum techniques, in *Proc. Canadian Commun. Power Conf.*, Montreal, Quebec, Oct. 15–17, 1980, 236–239.

12. P. van der Gracht and R. W. Donaldson, Communication using pseudonoise modulation on electric power distribution circuits, *IEEE Trans. Commun.*, 33(9), 964–974, Sep. 1985.

13. K. Dostert, A novel frequency hopping spread spectrum scheme for reliable power line communications, in *Proc. IEEE Int. Symp. Spread Spectrum Techniques and Applic.*, Yokohama, Japan, Nov. 29–Dec. 2, 1992, 183–186.

14. *Power Line Kommunikation (in German)*. Franzis Verlag, 2000.

15. *Powerline Communications*. Prentice Hall, 2001.

16. Signalling on low voltage electrical installations in the frequency range 3 kHz to 148.5 kHz, European Committee for Electrotechnical Standardization (CENELEC), Brussels, Belgium, Standard EN 50065-1, 1991.

17. ITRAN Communications Ltd., Spread spectrum communication system utilizing differential code shift keying, Sep. 2001, International Patent Application WO 01/67652 A1.

18. Code shift keying transmitter for use in a spread spectrum communications system, Jun. 2001, International Patent Application WO 01/41383 A2.

19. Receiver for use in a code shift keying spread spectrum communications system, Oct. 2001, International Patent Application WO 01/80506 A2.

20. T. Waldeck and K. Dostert, Comparison of modulation schemes with frequency agility for application in power line communication systems, in *Proc. IEEE Int. Symp. Spread Spectrum Techniques and Applic.*, 2, Mainz, Germany, Sep. 22–25, 1996, 821–825.

21. T. Waldeck, Einzel- und Mehrträgerverfahren für die störresistente Kommunikation auf Energieverteilnetzen (in German), Ph.D. dissertation, Logos Verlag, Berlin, Germany, 2000.

22. M. L. Doelz, E. T. Heald, and D. L. Martin, Binary data transmission techniques for linear systems, *Proc. IRE*, 45(5), 656–661, May 1957.

23. I. Kalet, The multitone channel, *IEEE Trans. Commun.*, 37(2), 119–124, Feb. 1989.

24. S. Weinstein and P. Ebert, Data transmission by frequency-division multiplexing using the discrete Fourier transform, *IEEE Trans. Commun. Technol.*, 19(5), 628–634, Oct. 1971.

25. F. Sjöberg, R. Nilsson, M. Isaksson, P. Ödling, and P. O. Börjesson, Asynchronous zipper, in *Proc. IEEE Int. Conf. Commun.*, 1, Vancouver, Canada, Jun. 6–10, 1999, 231–235.

26. G. Cherubini, E. Eleftheriou, and S. Ölçer, Filtered multitone modulation for very high-speed digital subscriber lines, *IEEE J. Sel. Areas Commun.*, 20(5), 1016–1028, Jun. 2002.

27. B. Saltzberg, Performance of an efficient parallel data transmission system, *IEEE Trans. Commun. Technol.*, 15(6), 805–811, Dec. 1967.

28. S. D. Sandberg and M. A. Tzannes, Overlapped discrete multitone modulation for high speed copper wire communications, *IEEE J. Sel. Areas Commun.*, 13(9), 1571–1585, Dec. 1995.

29. J. Tan and G. L. Stuber, Constant envelope multi-carrier modulation, in *Proc. IEEE Mil. Commun. Conf.*, 1, Anaheim, USA, Oct. 7–10, 2002, 607–611.

30. High Definition PLC Alliance. [Online]. Available: http://www.hd-plc.org.

31. HomePlug Powerline Alliance. [Online]. Available: http://www.homeplug.org.

32. Universal Powerline Association. [Online]. Available: http://www.upaplc.org.

33. S. Galli and O. Logvinov, Recent developments in the standardization of power line communications within the IEEE, *IEEE Commun. Mag.*, 46(7), 64–71, Jul. 2008.
34. A. M. Tonello, Time domain and frequency domain implementations of FMT modulation architectures, in *Proc. IEEE Int. Conf. Acoustics, Speech and Sig. Proc.*, 4, Toulouse, France, May 14–19, 2006, 625–628.
35. S. Weiss and R. W. Stewart, Fast implementation of oversampled modulated filter banks, *Electron. Lett.*, 36(17), 1502–1503, Aug. 2000.
36. J. M. Cioffi, A multicarrier primer, *Amati Communications Corporation and Stanford University*, Nov. 1991, TIE1.4/91-157.
37. A. M. Tonello, Asynchronous multicarrier multiple access: Optimal and sub-optimal detection and decoding, *Bell Syst. Tech. J.*, 7(3), 191–217, Mar. 2003, Special issue: Wireless Radio Access Networks.
38. A. M. Tonello and F. Pecile, Efficient architectures for multiuser FMT systems and application to power line communications, *IEEE Trans. Commun.*, 57(5), 1275–1279, May 2009.
39. C. Siclet, P. Siohan, and D. Pinchon, Perfect reconstruction conditions and design of oversampled DFT-modulated transmultiplexers, *EURASIP J. Adv. Signal Process.*, 2006, article ID 15756.
40. P. P. Vaidyanathan, *Multirate Systems and Filter Banks*. Prentice Hall, 1993.
41. A. M. Tonello and F. Pecile, Analytical results about the robustness of FMT modulation with several prototype pulses in time-frequency selective fading channels, *IEEE Trans. Wireless Commun.*, 7(5), 1634–1645, May 2008.
42. N. Al-Dhahir and J. M. Cioffi, Optimum finite-length equalization for multicarrier transceivers, *IEEE Trans. Commun.*, 44(1), 56–64, Jan. 1996.
43. G. Arslan, B. L. Evans, and S. Kiaei, Equalization for discrete multitone transceivers to maximize bit rate, *IEEE Trans. Signal Process.*, 49(12), 3123–3135, Dec. 2001.
44. T. Pollet, M. Peeters, M. Moonen, and L. Vandendorpe, Equalization for DMT based broadband modems, *IEEE Commun. Mag.*, 38(5), 106–113, May 2000.
45. D. Umehara, H. Nishiyori, and Y. Morihiro, Performance evaluation of CMFB transmultiplexer for broadband power line communications under narrowband interference, in *Proc. IEEE Int. Symp. Power Line Commun. Applic.*, Orlando, USA, Mar. 26–29, 2006, 50–55.
46. K. H. Afkhamie, H. Latchman, L. Yonge, T. Davidson, and R. E. Newman, Joint optimization of transmit pulse shaping, guard interval length, and receiver side narrow-band interference mitigation in the HomePlugAV OFDM system, in *Proc. IEEE Workshop Signal Process. Adv. Wireless Commun.*, New York City, USA, Jun. 5–8, 2005, 996–1000.
47. A. J. Redfern, Receiver window design for multicarrier communication systems, *IEEE J. Sel. Areas Commun.*, 20(5), 1029–1036, Jun. 2002.
48. A. Skrzypczak, P. Siohan, and J.-P. Javaudin, Application of the OFDM/OQAM modulation to power line communications, in *Proc. IEEE Int. Symp. Power Line Commun. Applic.*, Pisa, Italy, Mar. 26–28, 2007, 71–76.
49. P. Siohan, C. Siclet, and N. Lacaille, Analysis and design of OFDM/OQAM systems based on filterbank theory, *IEEE Trans. Signal Process.*, 50(5), 1170–1183, May 2002.
50. B. Farhang-Boroujeny, Multicarrier modulation with blind detection capability using cosine modulated filter banks, *IEEE Trans. Commun.*, 51(12), 2057–2070, Dec. 2003.
51. T. Ihalainen, T. H. Stitz, M. Rinne, and M. Renfors, Channel equalization in filter bank based multicarrier modulation for wireless communications, *EURASIP J. Adv. Signal Process.*, 2007, article ID 49389.
52. P. Tan and N. C. Beaulieu, A comparison of DCT-based OFDM and DFT-based OFDM in frequency offset and fading channels, *IEEE Trans. Commun.*, 54(11), 2113–2125, Nov. 2006.
53. S. Hara and R. Prasad, Overview of multicarrier CDMA, *IEEE Commun. Mag.*, 35(12), 126–133, Dec. 1997.
54. M. Crussiere, J.-Y. Baudais, and J.-F. Hélard, Adaptive spread-spectrum multicarrier multiple-access over wirelines, *IEEE J. Sel. Areas Commun.*, 24(7), 1377–1388, Jul. 2006.
55. A. M. Tonello, A concatenated multitone multiple antenna air-interface for the asynchronous multiple access channel, *IEEE J. Sel. Areas Commun.*, 24(3), 457–469, Mar. 2006.
56. A. Tonello, Method and apparatus for filtered multitone modulation using circular convolution, 2008, patent n. UD2008A000099, PCT WO2009135886A1.
57. A. M. Tonello and M. Girotto, Cyclic block filtered multitone modulation, *EURASIP J. Adv. Signal Process.*, vol. 2014, 2014.
58. Cyclic block FMT modulation for broadband power line communications, in *Proc. IEEE Int. Symp. Power Line Commun. Applic.*, Johannesburg, South Africa, Mar. 24–27, 2013, 247–251.

59. M. Girotto and A. M. Tonello, Improved spectrum agility in narrow-band PLC with cyclic block FMT modulation, in *Proc. IEEE Global Telecom. Conf.*, Austin, USA, Dec. 8–12, 2014, 2995–3000.

60. Orthogonal design of cyclic block filtered multitone modulation, in *Proc. European Wireless Conf.*, Barcelona, Spain, May 14–16, 2014, 1–6.

61. A. M. Tonello, S. D'Alessandro, and L. Lampe, Bit, tone and cyclic prefix allocation in OFDM with application to in-home PLC, in *Proc. IFIP Wireless Days Conf.*, Dubai, United Arab Emirates, Nov. 24–27, 2008, 1–5.

62. F. Pecile and A. M. Tonello, On the design of filter bank systems in power line channels based on achievable rate, in *Proc. IEEE Int. Symp. Power Line Commun. Applic.*, Dresden, Germany, Mar. 29–Apr. 1, 2009, 228–232.

63. A. M. Tonello, S. D'Alessandro, and L. Lampe, Cyclic prefix design and allocation in bit-loaded OFDM over power line communication channels, *IEEE Trans. Commun.*, 58(11), 3265–3276, Nov. 2010.

64. M. Antoniali, A. M. Tonello, and F. Versolatto, A study on the optimal receiver impedance for SNR maximization in broadband PLC, *J. Electric. Comput. Eng.*, vol. 2013, 1–11, 2013.

65. W. C. Black and N. E. Badr, High-frequency characterization and modeling of distribution transformers, in *Proc. IEEE Int. Symp. Power Line Commun. Applic.*, Rio de Janeiro, Brazil, Mar. 28–31, 2010, 18–21.

66. B. Varadarajan, I. H. Kim, A. Dabak, D. Rieken, and G. Gregg, Empirical measurements of the low-frequency power-line communications channel in rural North America, in *Proc. IEEE Int. Symp. Power Line Commun. Applic.*, Udine, Italy, Apr. 3–6, 2011, 463–467.

67. D. W. Rieken and M. R. Walker, Distance effects in low-frequency power line communications, in *Proc. IEEE Int. Symp. Power Line Commun. Applic.*, Rio de Janeiro, Brazil, Mar. 28–31, 2010, 22–27.

68. S. T. Mak and D. L. Reed, TWACS, a new viable two-way automatic communication system for distribution networks. Part I: Outbound communication, *IEEE Trans. Power Apparatus Syst.*, 101(8), 2941–2949, Aug. 1982.

69. S. T. Mak and T. G. Moore, TWACS, a new viable two-way automatic communication system for distribution networks. Part II: inbound communications, *IEEE Trans. Power Apparatus Syst.*, 103(8), 2141–2147, Aug. 1984.

70. S. T. Mak and R. L. Maginnis, Power frequency communication on long feeders and high levels of harmonic distortion, *IEEE Trans. Power Delivery*, 10(4), 1731–1736, Oct. 1995.

71. D. W. Rieken, Periodic noise in very low frequency power-line communication, in *Proc. IEEE Int. Symp. Power Line Commun. Applic.*, Udine, Italy, Apr. 3–6, 2011, 295–300.

72. H. L. van Trees, *Detection, Estimation, and Modulation Theory, Part I*. Wiley-Interscience, 2001.

73. D. W. Rieken and M. R. Walker, Ultra low frequency power-line communications using a resonator circuit, *IEEE Trans. Smart Grid*, 2(1), 41–50, Mar. 2011.

74. M. Z. Win and R. A. Scholtz, Impulse radio: How it works, *IEEE Commun. Lett.*, 2(2), 36–38, Feb. 1998.

75. A. M. Tonello, Wide band impulse modulation and receiver algorithms for multiuser power line communications, *EURASIP J. Adv. Signal Process.*, 2007, article ID 96747.

76. F. Versolatto, A. M. Tonello, M. Girotto, and C. Tornelli, Performance of practical receiver schemes for impulsive UWB modulation on a real MV power line network, in *IEEE Int. Conf. Ultra-Wideband*, Bologna, Italy, Sep. 14–16, 2011, 610–614.

77. A. M. Tonello, F. Versolatto, and C. Tornelli, Analysis of impulsive UWB modulation on a real MV test network, in *Proc. IEEE Int. Symp. Power Line Commun. Applic.*, Udine, Italy, Apr. 3–6, 2011, 18–23.

78. A. M. Tonello, F. Versolatto, and M. Girotto, Multitechnology (I-UWB and OFDM) coexistent communications on the power delivery network, *IEEE Trans. Power Delivery*, 28(4), 2039–2047, Oct. 2013.

79. M. Zimmermann and K. Dostert, Analysis and modeling of impulsive noise in broad-band powerline communications, *IEEE Trans. Electromagn. Compat.*, 44(1), 249–258, Feb. 2002.

80. T. Esmailian, F. R. Kschischang, and P. G. Gulak, In-building power lines as high-speed communication channels: Channel characterization and a test-channel ensemble, *Int. J. Commun. Syst.*, 16(5), 381–400, Jun. 2003, Special Issue: Powerline Communications and Applications.

81. M. Katayama, T. Yamazato, and H. Okada, A mathematical model of noise in narrowband power line communication systems, *IEEE J. Sel. Areas Commun.*, 24(7), 1267–1276, Jul. 2006.

82. J. A. Cortés, L. Díez, F. J. Cañete, and J. J. Sánchez-Martínez, Analysis of the indoor broadband power line noise scenario, *IEEE Trans. Electromagn. Compat.*, 52(4), 849–858, Nov. 2010.

83. L. Di Bert, P. Caldera, D. Schwingshackl, and A. M. Tonello, On noise modeling for power line communications, in *Proc. IEEE Int. Symp. Power Line Commun. Applic.*, Udine, Italy, Apr. 3–6, 2011, 283–288.

84. M. Nassar, K. Gulati, Y. Mortazavi, and B. L. Evans, Statistical modeling of asynchronous impulsive noise in powerline communication networks, in *Proc. IEEE Global Telecom. Conf.*, Houston, USA, Dec. 5–9, 2011, 1–6.

85. M. Nassar, A. Dabak, I. H. Kim, T. Pande, and B. L. Evans, Cyclostationary noise modeling in narrowband powerline communication for smart grid applications, in *Proc. IEEE Int. Conf. Acoustics, Speech and Sig. Proc.*, Kyoto, Japan, Mar. 25–30, 2012, 3089–3092.

86. S. Miyamoto, M. Katayama, and N. Morinaga, Performance analysis of QAM systems under class A impulsive noise environment, *IEEE Trans. Electromagn. Compat.*, 37(2), 260–267, May 1995.

87. D. J. C. MacKay, *Information Theory, Inference, and Learning Algorithms*. Cambridge University Press, 2003.

88. J. Mitra and L. Lampe, Convolutionally coded transmission over markov-gaussian channels: Analysis and decoding metrics, *IEEE Trans. Commun.*, 58(7), 1939–1949, Jul. 2010.

89. IEEE standard for low-frequency (less than 500 kHz) narrowband power line communications for smart grid applications, IEEE Standards Association, IEEE Std. 1901.2-2013, Dec. 2013.

90. M. Luby, M. Watson, T. Gasiba, and T. Stockhammer, High-quality video distribution using power line communication and aplication layer forward error correction, in *Proc. IEEE Int. Symp. Power Line Commun. Applic.*, Pisa, Italy, Mar. 26–28, 2007, 431–436.

91. T. Stockhammer, Internet protocol television over PLC, in *Power Line Communications: Theory and Applications for Narrowband and Broadband Communications over Power Lines*, H. C. Ferreira, L. Lampe, J. Newbury, and T. G. Swart, Eds. John Wiley & Sons, Jun. 2010.

92. A. Shokrollahi, Raptor codes, *IEEE Trans. Inf. Theory*, 52(6), 2551–2567, Jun. 2006.

93. M. Luby, LT codes, in *Proc. IEEE Symp. Found. Comput. Sci.*, Vancouver, Canada, Nov. 16–19, 2002, 271–280.

94. S. Katar, B. Mashburn, K. Afkhamie, H. Latchman, and R. Newman, Channel adaptation based on cyclostationary noise characteristics in PLC systems, in *Proc. IEEE Int. Symp. Power Line Commun. Applic.*, Orlando, USA, Mar. 27–29, 2006, 16–21.

95. N. Sawada, T. Yamazato, and M. Katayama, Bit and power allocation for power-line communications under nonwhite and cyclostationary noise environment, in *Proc. IEEE Int. Symp. Power Line Commun. Applic.*, Dresden, Germany, Mar. 29–Apr. 1, 2009, 307–312.

96. N. Shlezinger and R. Dabora, On the capacity of narrowband PLC channels, *IEEE Trans. Commun.*, 63(4), 1191–1201, Apr. 2015.

97. M. A. Tunc, E. Perrins, and L. Lampe, Optimal LPTV-aware bit loading in broadband PLC, *IEEE Trans. Commun.*, 61(12), 5152–5162, Dec. 2013.

98. S. V. Zhidkov, Analysis and comparison of several simple impulsive noise mitigation schemes for OFDM receivers, *IEEE Trans. Commun.*, 56(1), 5–9, Jan. 2008.

99. J. Häring and A. J. H. Vinck, Performance bounds for optimum and suboptimum reception under class-A impulsive noise, *IEEE Trans. Commun.*, 50(7), 1130–1136, Jul. 2002.

100. J. Mitra and L. Lampe, Robust decoding for channels with impulse noise, in *Proc. IEEE Global Telecom. Conf.*, San Francisco, USA, Nov. 27–Dec. 1, 2006, 1–6.

101. D. Fertonani and G. Colavolpe, A simplified metric for soft-output detection in the presence of impulse noise, in *Proc. IEEE Int. Symp. Power Line Commun. Applic.*, Pisa, Italy, Mar. 26–28, 2007, 121–126.

102. On reliable communications over channels impaired by bursty impulse noise, in *Proc. IEEE Int. Symp. Power Line Commun. Applic.*, Jeju Island, Korea, Apr. 2–4, 2008, 357–362.

103. J. Mitra and L. Lampe, On joint estimation and decoding for channels with noise memory, *IEEE Commun. Lett.*, 13(10), 730–732, Oct. 2009.

104. M. Mushkin and I. Bar-David, Capacity and coding for the Gilbert-Elliott channels, *IEEE Trans. Inf. Theory*, 35(6), 1277–1290, Nov. 1989.

105. T. Li, W.-H. Mow, and M. Siu, Joint erasure marking and Viterbi decoding algorithm for unknown impulsive noise channels, *IEEE Trans. Wireless Commun.*, 7(9), 3407–3416, Sep. 2008.

106. J. Mitra and L. Lampe, Coded narrowband transmission over noisy powerline channels, in *Proc. IEEE Int. Symp. Power Line Commun. Applic.*, Dresden, Germany, Mar. 29–Apr. 1, 2009, 143–148.

107. B. D. Fritchman, A binary channel characterization using partitioned Markov chains, *IEEE Trans. Inf. Theory*, 13(2), 221–227, Apr. 1967.

108. M. Ghosh, Analysis of the effect of impulse noise on multicarrier and single carrier QAM systems, *IEEE Trans. Commun.*, 44(2), 145–147, Feb. 1996.

109. R. Pighi, M. Franceschini, G. Ferrari, and R. Raheli, Fundamental performance limits for PLC systems impaired by impulse noise, in *Proc. IEEE Int. Symp. Power Line Commun. Applic.*, Orlando, USA, Mar. 27–29, 2006, 277–282.

110. J. Häring and A. J. H. Vinck, OFDM transmission corrupted by impulsive noise, in *Proc. Int. Symp. Power Line Commun. Applic.*, Limerick, Ireland, Apr. 5–7, 2000, 9–14.

111. S. Foucart and H. Rauhut, *A Mathematical Introduction to Compressive Sensing*. Birkhäuser, Basel, 2013.

112. F. Abdelkefi, P. Duhamel, and F. Alberge, Impulsive noise cancellation in multicarrier transmission, *IEEE Trans. Commun.*, 53(1), 94–106, Jan. 2005.

113. A. Mengi and A. J. H. Vinck, Impulsive noise error correction in 16-OFDM for narrowband power line communication, in *Proc. IEEE Int. Symp. Power Line Commun. Applic.*, Dresden, Germany, Mar. 29–Apr. 1, 2009, 31–35.

114. G. Caire, T. Y. Al-Naffouri, and A. K. Narayanan, Impulse noise cancellation in OFDM: An application of compressed sensing, in *Proc. IEEE Int. Symp. Inform. Theory*, Toronto, Canada, Jul. 6–11, 2008, 1293–1297.

115. IEEE standard for broadband over power line networks: Medium access control and physical layer specifications, IEEE Standards Association, IEEE Standard 1901-2010, Sep. 2010. [Online]. Available: http://grouper.ieee.org/groups/1901/.

116. L. Lampe, Bursty impulse noise detection by compressed sensing, in *Proc. IEEE Int. Symp. Power Line Commun. Applic.*, Udine, Italy, Apr. 3–6, 2011, 29–34.

117. Y. C. Eldar, P. Kuppinger, and H. Bölcskei, Block-sparse signals: Uncertainty relations and efficient recovery, *IEEE Trans. Signal Process.*, 58(6), 3042–3054, Jun. 2010.

118. J. Matanza, S. Alexandres, and C. Rodriguez-Morcillo, Compressive sensing techniques applied to narrowband power line communications, in *Proc. IEEE Int. Conf. Signal Process. Comput. and Control*, Solan, India, Sep. 26–28, 2013, 1–6.

119. J. Lin, M. Nassar, and B. L. Evans, Impulsive noise mitigation in powerline communications using sparse Bayesian learning, *IEEE J. Sel. Areas Commun.*, 31(7), 1172–1183, Jul. 2013.

120. C. E. Shannon, A mathematical theory of communications (Part I), *Bell Syst. Tech. J.*, 27(3), 379–423, Jul. 1948.

121. A mathematical theory of communications (Part II), *Bell Syst. Tech. J.*, 27(4), 623–656, Oct. 1948.

122. A. Paulraj, R. Nabar, and D. Gore, *Introduction to Space-Time Wireless Communications*. Cambridge University Press, 2003.

123. G. H. Golub and C. F. van Loan, *Matrix Computations*, 3rd ed. John Hopkins University Press, 1996.

124. G. J. Foschini and M. J. Gans, On limits of wireless communications in a fading environment when using multiple antennas, *Wireless Personal Commun.*, 6(3), 311–335, Mar. 1998.

125. I. E. Telatar, Capacity of multi-antenna Gaussian channels, *European Trans. Telecommun.*, 10(6), 585–595, Nov.–Dec. 1999.

126. D. Gesbert, M. Shafi, D.-S. Shiu, P. J. Smith, and A. Naguib, From theory to practice: An overview of MIMO space-time coded wireless systems, *IEEE J. Sel. Areas Commun.*, 21(3), 281–302, Apr. 2003.

127. M. Vu and A. Paulraj, MIMO wireless linear precoding, *IEEE Signal Process. Mag.*, 24(5), 86–105, Sep. 2007.

128. T. M. Cover and J. A. Thomas, *Elements of Information Theory*. John Wiley & Sons, Inc., 1991.

129. D. P. Palomar and J. R. Fonollosa, Practical algorithms for a family of waterfilling solutions, *IEEE Trans. Signal Process.*, 53(2), 686–695, Feb. 2005.

130. R. F. H. Fischer and J. B. Huber, A new loading algorithm for discrete multitone transmission, in *Proc. IEEE Global Telecom. Conf.*, 1, London, United Kingdom, Nov. 18–22, 1996, 724–728.

131. A. M. Wyglinski, F. Labeau, and P. Kabal, Bit loading with BER-constraint for multicarrier systems, *IEEE Trans. Wireless Commun.*, 4(4), 1383–1387, Jul. 2005.

132. A. Fasano, G. Di Blasio, E. Baccarelli, and M. Biagi, Optimal discrete bit loading for DMT based constrained multicarrier systems, in *Proc. IEEE Int. Symp. Inform. Theory*, Lausanne, Switzerland, Jun. 30–Jul. 5, 2002, 243.

133. X. Zhang and B. Ottersten, Power allocation and bit loading for spatial multiplexing in MIMO systems, in *Proc. IEEE Int. Conf. Acoustics, Speech and Sig. Proc.*, 5, Hong Kong, China, Apr. 6–10, 2003, 53–56.

134. A. Goldsmith, S. A. Jafar, N. Jindal, and S. Vishwanath, Capacity limits of MIMO channels, *IEEE J. Sel. Areas Commun.*, 21(5), 684–702, Jun. 2003.

135. G. Kulkarni, S. Adlakha, and M. Srivastava, Subcarrier allocation and bit loading algorithms for OFDMA-based wireless networks, *IEEE Trans. Mobile Computing*, 4(6), 652–662, Nov.–Dec. 2005.

136. N. Papandreou and T. Antonakopoulos, Bit and power allocation in constrained multi-carrier systems: The single-user case, *EURASIP J. on Adv. in Signal Process.*, vol. 2008, 1–14, Jul. 2007.
137. W. Al-Hanafy and S. Weiss, Discrete rate maximisation power allocation with enhanced bit error ratio, *IET Commun.*, 6(9), 1019–1024, Jun. 2012.
138. D. P. Palomar and M. A. Lagunas, Joint transmit-receive space-time equalization in spatially correlated MIMO channels: A beamforming approach, *IEEE J. Sel. Areas Commun.*, 21(5), 730–743, Jun. 2003.
139. J. Adeane, W. Q. Malik, I. J. Wassell, and D. J. Edwards, Simple correlated channel model for ultrawideband multiple-input multiple-output systems, *IET Microwaves, Antennas & Propagation*, 1(6), 1177–1181, Dec. 2007.
140. T. Kaiser, F. Zheng, and E. Dimitrov, An overview of ultra-wide-band systems with MIMO, *Proc. IEEE*, 97(2), 285–312, Feb. 2009.
141. X. Zhang, D. P. Palomar, and B. Ottersten, Statistically robust design of linear MIMO transceivers, *IEEE Trans. Signal Process.*, 56(8), 3678–3689, Aug. 2008.
142. H. L. Van Trees, *Optimum Array Processing*. New York: John Wiley & Sons, Inc., 2002.
143. J. Proakis, *Digital Communications*. McGraw-Hill, 1995.
144. H. V. Poor and G. W. Wornell, *Wireless Communications: Signal Processing Perspectives*. Upper Saddle River, NJ: Prentive-Hall, 1998.
145. S. Alamouti, A simple transmit diversity technique for wireless communications, *IEEE J. Sel. Areas Commun.*, 16(8), 1451–1458, Oct. 1998.
146. V. Tarokh, N. Seshadri, and A. R. Calderbank, Space-time codes for high data rate wireless communication: performance criterion and code construction, *IEEE Trans. Inf. Theory*, 44(2), 744–765, Mar. 1998.
147. V. Tarokh, H. Jafarkhani, and A. R. Calderbank, Space-time block codes from orthogonal designs, *IEEE Trans. Inf. Theory*, 45(5), 1456–1467, Jul. 1999.
148. J. Akhtar and D. Gesbert, Extended orthogonal block codes with partial feedback, *IEEE Trans. Wireless Commun.*, 3(6), 1959–1962, Nov. 2004.
149. M. N. Hussin and S. Weiss, Extended orthogonal space-time block coded transmission with quantised differential feedback, in *Proc. Int. Symp. Wireless Commun. Syst.*, York, United Kingdom, Sep. 19–22, 2010, 179–183.
150. E. Bjornson and B. Ottersten, A framework for training-based estimation in arbitrarily correlated Rician MIMO channels with Rician disturbance, *IEEE Trans. Signal Process.*, 58(3), 1807–1820, Mar. 2010.
151. T. Kong and Y. Hua, Optimal design of source and relay pilots for MIMO relay channel estimation, *IEEE Trans. Signal Process.*, 59(9), 4438–4446, Sep. 2011.
152. B. Widrow and S. D. Stearns, *Adaptive Signal Processing*. Prentice Hall, 1985.
153. S. Haykin, *Adaptive Filter Theory*, 3rd ed. Prentice Hall, 1996.
154. S. Weiss, C. H. Ta, and C. Liu, A Wiener filter approach to the design of filter bank based single-carrier precoding and equalisation, in *Proc. IEEE Int. Symp. Power Line Commun. Applic.*, Pisa, Italy, Mar. 26–28, 2007, 493–498.
155. A. Scaglione, G. B. Giannakis, and S. Barbarossa, Redundant filterbank precoders and equalizers. I. Unification and optimal designs, *IEEE Trans. Signal Process.*, 47(7), 1988–2006, Jul. 1999.
156. Redundant filterbank precoders and equalizers. II. Blind channel estimation, synchronization, and direct equalization, *IEEE Trans. Signal Process.*, 47(7), 2007–2022, Jul. 1999.
157. A. Scaglione, S. Barbarossa, and G. B. Giannakis, Filterbank transceivers optimizing information rate in block transmission over dispersive channels, *IEEE Trans. Inf. Theory*, 45(4), 1019–1032, Apr. 1999.
158. L. Hanzo, M. Münster, B. J. Choi, and T. Keller, *OFDM and MC-CDMA for Broadband Multi-User Communications, WLANs, and Broadcasting*. Wiley-IEEE Press, 2003.
159. K. F. Lee and D. B. Williams, A space-frequency transmitter diversity technique for OFDM systems, in *Proc. IEEE Global Telecom. Conf.*, 3, San Francisco, USA, Nov. 27–Dec. 1, 2000, 1473–1477.
160. H. Bölcskei and A. J. Paulraj, Space-frequency coded broadband OFDM systems, in *Proc. IEEE Wireless Commun. Netw. Conf.*, 1, Chicago, USA, Sep. 23–28, 2000, 1–6.
161. G. Cherubini, E. Eleftheriou, and S. Ölçer, Filtered multitone modulation for very high-speed digital subscriber lines, *IEEE J. Sel. Areas Commun.*, 20(5), 1016–1028, Jun. 2002.
162. M. G. Bellanger, G. Bonnerot, and M. Coudreuse, Digital filtering by polyphase network: Application to sample rate alteration and filter banks, *IEEE Trans. Acoust., Speech, Signal Process.*, 24(4), 109–114, Apr. 1976.
163. M. Bellanger, M. Renfors, T. Ihalainen, and C. A. F. da Rocha, OFDM and FBMC transmission techniques: a compatible high performance proposal for broadband power line communications, in *Proc. IEEE Int. Symp. Power Line Commun. Applic.*, Rio de Janeiro, Brazil, Mar. 28–31, 2010, 154–159.

164. B. Farhang-Boroujeny, OFDM versus filter bank multicarrier, *IEEE Signal Process. Mag.*, 28(3), 92–112, May 2011.
165. S. Geirhofer, L. Tong, and A. Scaglione, Time-reversal space-time coding for doubly-selective channels, in *IEEE Wireless Commun. Netw. Conf.*, 3, Las Vegas, USA, Apr. 3–6, 2006, 1638–1643.
166. S. Bendoukha and S. Weiss, Blind CM equalisation for STBC over multipath fading, *IET Electron. Lett.*, 44(15), 922–923, Jul. 2008.
167. A. Daas, S. Bendoukha, and S. Weiss, Blind adaptive equalizer for broadband MIMO time reversal STBC based on PDF fitting, in *Proc. Asilomar Conf. on Signals, Systems and Computers*, Pacific Grove, USA, Nov. 1–4, 2009, 1380–1384.
168. J. G. McWhirter, P. D. Baxter, T. Cooper, S. Redif, and J. Foster, An EVD algorithm for para-Hermitian polynomial matrices, *IEEE Trans. Signal Process.*, 55(5), 2158–2169, May 2007.
169. S. Redif, S. Weiss, and J. G. McWhirter, Sequential matrix diagonalization algorithms for polynomial EVD of parahermitian matrices, *IEEE Trans. Signal Process.*, 63(1), 81–89, Jan. 2015.
170. C. H. Ta and S. Weiss, A design of precoding and equalisation for broadband MIMO systems, in *Proc. Asilomar Conf. on Signals, Systems and Computers*, Pacific Grove, USA, Nov. 4–7, 2007, 1616–1620.
171. W. Al-Hanafy, A. P. Millar, C. H. Ta, and S. Weiss, Broadband SVD and non-linear precoding applied to broadband MIMO channels, in *Proc. Asilomar Conf. on Signals, Systems and Computers*, Pacific Grove, USA, Oct. 26–29, 2008, 2053–2057.
172. N. Moret, A. Tonello, and S. Weiss, MIMO precoding for filter bank modulation systems based on PSVD, in *Proc. IEEE Veh. Technol. Conf.*, Yokohama, Japan, May 15–18, 2011, 1–5.
173. L. Yonge, J. Abad, K. Afkhamie, L. Guerrieri, S. Katar, H. Lioe, P. Pagani, R. Riva, D. M. Schneider, and A. Schwager, An overview of the HomePlug AV2 technology, *J. Electric. Comput. Eng.*, vol. 2013, 1–20, 2013.
174. A. Pittolo, A. M. Tonello, and F. Versolatto, Performance of MIMO PLC in measured channels affected by correlated noise, in *Proc. IEEE Int. Symp. Power Line Commun. Applic.*, Glasgow, Scotland, Mar. 30–Apr. 2, 2014, 261–265.
175. A. Canova, N. Benvenuto, and P. Bisaglia, Receivers for MIMO-PLC channels: Throughput comparison, in *Proc. IEEE Int. Symp. Power Line Commun. Applic.*, Rio de Janeiro, Brazil, Mar. 28–31, 2010, 114–119.
176. M. Biagi, MIMO self-interference mitigation effects on power line relay networks, *IEEE Commun. Lett.*, 15(8), 866–868, Aug. 2011.
177. Z. Quan and M. V. Ribeiro, A low cost STBC-OFDM system with improved reliability for power line communications, in *Proc. IEEE Int. Symp. Power Line Commun. Applic.*, Udine, Italy, Apr. 3–6, 2011, 261–266.
178. R. Hashmat, P. Pagani, A. Zeddam, and T. Chonavel, MIMO communications for inhome PLC networks: Measurements and results up to 100 MHz, in *Proc. IEEE Int. Symp. Power Line Commun. Applic.*, Rio de Janeiro, Brazil, Mar. 28–31, 2010, 120–124.
179. A. Tomasoni, R. Riva, and S. Bellini, Spatial correlation analysis and model for in-home MIMO power line channels, in *Proc. IEEE Int. Symp. Power Line Commun. Applic.*, Beijing, China, Mar. 27–30, 2012, 286–291.
180. B. Nikfar and A. J. H. Vinck, Combining techniques performance analysis in spatially correlated MIMO-PLC systems, in *Proc. IEEE Int. Symp. Power Line Commun. Applic.*, Johannesburg, South Africa, Mar. 24–27, 2013, 1–6.
181. R. Hashmat, P. Pagani, T. Chonavel, and A. Zeddam, A time-domain model of background noise for in-home MIMO PLC networks, *IEEE Trans. Power Delivery*, 27(4), 2082–2089, Oct. 2012.
182. B. Nikfar, T. Akbudak, and A. J. H. Vinck, MIMO capacity of class a impulsive noise channel for different levels of information availability at transmitter, in *Proc. IEEE Int. Symp. Power Line Commun. Applic.*, Glasgow, Scotland, Mar. 30–Apr. 2, 2014, 266–271.
183. F. Versolatto and A. M. Tonello, A MIMO PLC random channel generator and capacity analysis, in *Proc. IEEE Int. Symp. Power Line Commun. Applic.*, Udine, Italy, Apr. 3–6, 2011, 66–71.
184. N. Weling, A. Engelen, and S. Thiel, Broadband MIMO powerline channel emulator, in *Proc. IEEE Int. Symp. Power Line Commun. Applic.*, Glasgow, Scotland, Mar. 30–Apr. 2, 2014, 105–110.
185. H. A. Latchman, S. Katar, L. W. Yonge, and S. Gavette, *HomePlug AV and IEEE 1901: A Handbook for PLC Designers and Users.* Wiley-IEEE Press, 2013.
186. S. Lin and D. J. Costello Jr., *Error Control Coding: Fundamentals and Applications.* Englewood Cliffs, NJ: Prentice Hall Inc., 1983.
187. KNX Powerline PL 110, KNX Association, Tech. Rep., Jun. 2007. [Online]. Available: http://www.knx.org/media/docs/KNX-Tutor-files/Summary/KNX-Powerline-PL110.pdf.

188. SIEMENS AMIS CX1-Profil (Compatibly/Consistently Extendable Transport Profile V.1) Layer 1-4 (in German), SIEMENS, Tech. Rep., Sep. 2011. [Online]. Available: http://quad-industry.com/titan_img/ecatalog/CX1-Profil_GERrKW110928.pdf.

189. G. Dickmann, digitalSTROM®: A centralized PLC Topology for Home Automation and Energy Management, in *Proc. IEEE Int. Symp. Power Line Commun. Applic.*, Udine, Italy, Apr. 3–6, 2011, 352–357.

190. PRIME Specification revision v1.4, Specification for powerline intelligent metering evolution, Oct. 2014. [Online]. Available: http://www.prime-alliance.org/wp-content/uploads/2014/10/PRIME-Spec_v1.4-20141031.pdf.

191. J. M. Domingo, S. Alexandres, and C. Rodriguez-Morcillo, PRIME performance in power line communication channel, in *Proc. IEEE Int. Symp. Power Line Commun. Applic.*, Udine, Italy, Apr. 3–6, 2011, 159–164.

192. PLC G3 physical layer specification, Électricité Réseau Distribution France, Specification.

193. K. Razazian, M. Umari, and A. Kamalizad, Error correction mechanism in the new G3-PLC specification for powerline communication, in *Proc. IEEE Int. Symp. Power Line Commun. Applic.*, Rio de Janeiro, Brazil, Mar. 28–31, 2010, 50–55.

194. M. Hoch, Comparison of PLC G3 and PRIME, in *Proc. IEEE Int. Symp. Power Line Commun. Applic.*, Udine, Italy, Apr. 3–6, 2011, 165–169.

195. T. Shongwe and A. J. H. Vinck, Interleaving and nulling to combat narrow-band interference in PLC standard technologies PLC G3 and PRIME, in *Proc. IEEE Int. Symp. Power Line Commun. Applic.*, Johannesburg, South Africa, Mar. 24–27, 2013, 258–262.

196. Unified high-speed wire-line based home networking transceivers – system architecture and physical layer specification, ITU-T, Recommendation G.9960, 2011.

197. S. Mudriievskyi and R. Lehnert, Performance evaluation of the G.hn PLC PHY layer, in *Proc. IEEE Int. Symp. Power Line Commun. Applic.*, Glasgow, Scotland, Mar. 30–Apr. 2, 2014, 296–300.

198. IEEE P1901, Standard for broadband over power line networks: Medium access control and physical layer specifications. [Online]. Available: http://grouper.ieee.org/groups/1901/index.html.

199. A. J. Felström and K. S. Zigangirov, Time-varying periodic convolutional codes with low-density parity-check matrix, *IEEE Trans. Inf. Theory*, 45(6), 2181–2191, Sep. 1999.

200. H. C. Ferreira and A. J. H. Vinck, Interference cancellation with permutation trellis codes, in *Proc. IEEE Veh. Technol. Conf.*, Boston, MA, USA, Sep. 24–28, 2000, 2401–2407.

201. H. C. Ferreira, A. J. H. Vinck, T. G. Swart, and I. de Beer, Permutation trellis codes, *IEEE Trans. Commun.*, 53(11), 1782–1789, Nov. 2005.

202. T. G. Swart, I. de Beer, H. C. Ferreira, and A. J. H. Vinck, Simulation results for permutation trellis codes using M-ary FSK, in *Proc. IEEE Int. Symp. Power Line Commun. Applic.*, Vancouver, Canada, Apr. 6–8, 2005, 317–321.

203. T. G. Swart, A. J. H. Vinck, and H. C. Ferreira, Convolutional code search for optimum permutation trellis codes using M-ary FSK, in *Proc. IEEE Int. Symp. Power Line Commun. Applic.*, Pisa, Italy, Mar. 26–28, 2007, 441–446.

204. T. G. Swart, Distance-preserving mappings and trellis codes with permutation sequences, Ph.D. dissertation, University of Johannesburg, Johannesburg, South Africa, Aug. 2006.

205. L. Cheng and H. C. Ferreira, Time-diversity permutation coding scheme for narrow-band power-line channels, in *Proc. IEEE Int. Symp. Power Line Commun. Applic.*, Beijing, China, Mar. 27–30, 2012, 120–125.

206. L. Cheng, T. G. Swart, and H. C. Ferreira, Adaptive rateless permutation coding scheme for OFDM-based PLC, in *Proc. IEEE Int. Symp. Power Line Commun. Applic.*, Johannesburg, South Africa, Mar. 24–27, 2013, 242–246.

207. Y. M. Chee, H. M. Kiah, P. Purkayastha, and C. Wang, Importance of symbol equity in coded modulation for power line communications, *IEEE Trans. Commun.*, 61(10), 4381–4390, Oct. 2013.

208. N. Andreadou and F.-N. Pavlidou, QC-LDPC codes and their performance on power line communications channel, in *Proc. IEEE Int. Symp. Power Line Commun. Applic.*, Dresden, Germany, Mar. 29–Apr. 1, 2009, 244–249.

209. ——, Mitigation of impulsive noise effect on the PLC channel with QC-LDPC codes as the outer coding scheme, *IEEE Trans. Power Delivery*, 25(3), 1440–1449, Jul. 2010.

210. Z. Liu, K. Peng, W. Lei, C. Qian, and Z. Wang, Rate-compatible QC-LDPC codes design in powerline communication systems, in *Proc. IEEE Int. Symp. Power Line Commun. Applic.*, Beijing, China, Mar. 27–30, 2012, 126–131.

211. N. Andreadou and A. M. Tonello, Short LDPC codes for NB-PLC channel with a differential evolution construction method, in *Proc. IEEE Int. Symp. Power Line Commun. Applic.*, Johannesburg, South Africa, Mar. 24–27, 2013, 236–241.

212. G. Prasad, H. A. Latchman, Y. Lee, and W. A. Finamore, A comparative performance study of LDPC and Turbo codes for realistic PLC channels, in *Proc. IEEE Int. Symp. Power Line Commun. Applic.*, Glasgow, Scotland, Mar. 30–Apr. 2, 2014, 202–207.

213. D.-F. Tseng, T.-R. Tsai, and Y. S. Han, Robust turbo decoding in impulse noise channels, in *Proc. IEEE Int. Symp. Power Line Commun. Applic.*, Johannesburg, South Africa, Mar. 24–27, 2013, 230–325.

214. E. C. Kim, S. S. Il, J. Heo, and J. Y. Kim, Performance of double binary turbo coding for high speed PLC systems, *IEEE Trans. Consumer Electron.*, 56(3), 1211–1217, Aug. 2010.

215. N. Andreadou and F.-N. Pavlidou, Performance of array codes on power line communications channel, in *Proc. IEEE Int. Symp. Power Line Commun. Applic.*, Jeju Island, Korea, Apr. 2–4, 2008, 129–134.

216. PLC channel: Impulsive noise modelling and its performance evaluation under different array coding schemes, *IEEE Trans. Power Delivery*, 24(2), 585–595, Apr. 2009.

217. N. Andreadou and A. M. Tonello, On the mitigation of impulsive noise in power-line communications with LT codes, *IEEE Trans. Power Delivery*, 28(3), 1483–1490, Jul. 2013.

218. H. Gacanin, Inter-domain bi-directional access in G.hn with network coding at the physical-layer, in *Proc. IEEE Int. Symp. Power Line Commun. Applic.*, Beijing, China, Mar. 27–30, 2012, 144–149.

219. J. Bilbao, A. Calvo, I. Armendariz, P. M. Crespo, and M. Médard, Reliable communications with network coding in narrowband powerline channel, in *Proc. IEEE Int. Symp. Power Line Commun. Applic.*, Glasgow, Scotland, Mar. 30–Apr. 2, 2014, 316–321.

第6章 电力线通信系统的 MAC 层及上层协议

J. A. Cortés, S. D' Alessandro, L. P. Do, L. Lampe,
R. Lehnert, M. Noori, 和 A. M. Tonello

6.1 简介

电力线提供共享通信信道，因此可以实现物理层之上的媒体接入控制（MAC）和协议。本章将介绍 MAC 层及上层协议。

6.2 节总结了 MAC 原理。在 6.3 节中，介绍了多小区中的电力线通信（PLC）网络结构，并讨论了该场景下宽带 PLC 小区之间在该场景下的媒体接入方案和资源共享策略。为了满足不同的服务质量，采用了集合争用和无争用接入的混合 MAC 协议。与宽带无线通信系统非常相似，数据在共享的传输媒介中进行传输。

6.4 节介绍了单小区多用户网络中的资源分配问题，并分别讨论了在时分多址（TDMA）和频分多址（FDMA）中的可实现速率和广播信道，提出了具有周期平稳噪声的周期性时间变化响应的特定 PLC 信道的资源分配问题。

最后，在 6.5 节中，提出了协作通信机制，该机制可以通过与物理层的紧密连接来实现，这种通信机制使用了协作编码和中继技术。

6.2 MAC 层概念

如前面章节所述，网络拓扑变化、负载变化、噪声及干扰导致了电力线信道的可变性。由于断路器和变压器的存在，网络可能对信号进行分段传播。一般来说，大型网络可能需要中继器来实现完全覆盖。考虑到这些因素，同一介质中存在竞争的传输站的信道容量分配问题是一个难题。接收端时变的信噪比导致了当前可用带宽是时间相关的，局部干扰和阻抗的变化导致了当前可用带宽是位置相关的。由于信号随距离变长而衰减，因此不是所有的基站都可以互相通信。这会引起隐藏站的问题，加大了资源分配问题的复杂性。

从上面的描述可见，我们必须通过媒介来发送通信数据，媒介的容量随时间变化并且这种变化取决于调制解调器之间的距离。在基于 OFDM 的多载波系统中，可以在频域中分配 OFDM 载波（使用 FDMA 方法），并且在时域中分配时隙（使用 TDMA 方法）。N 个时隙构成一帧，可获得 F 个载波。因此，我们有一个 $M \times N_{AU}$ 分配单元（AU）的二维块，如图 6.1 所示。每个 AU 表示一个（一组）载波和一

个（一组）时隙。时变信道和不同
PLC 调制解调器之间的衰减导致 AU
的适用调制阶数发生变化，因此，AU
的容量相应地变化。

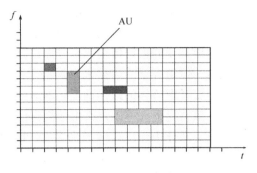

图6.1　二维容量分配

为了在两个调制解调器之间实现
给定速率的传输，研究过程中必须分
配 i 个 AU，$1 \leqslant i \leqslant N_{AU}$。如果所需 AU
的数量 $i \geqslant N_{AU}$，则不能满足传输请
求。由于采用了低阶调制，在距离较
远的调制解调器之间进行高速传输是
不可实现的。

　　可以对每个帧进行分配。调度器的任务是根据一些规则和一定的条件分配请
求。调度可以由一个实体完成，例如中心调度器。理想情况下，中心调度器可获知
所有请求和信道状态，因此可以实现最佳的资源分配。一些 PLC 系统应用了分布
式调度器。例如，采用著名的载波侦听多址访问（Carrier Sense Multiple Access,
CSMA）原理的调度器。但是由于它的不协调性，所以可能会发生信道冲突从而浪
费信道容量。为了避免冲突，通常使用 CSMA / CA（具有冲突避免的 CSMA），例
如宽带 PLC 标准 IEEE P. 1901。CSMA / CA 不能完全避免冲突。中心调度器可以根
据获得的状态信息进行更有效的资源分配。

　　PLC 信号沿着链路衰减，因此无法进行远距离数据传输。在某一距离处，最低
调制指数刚好足以正确地解码信号，而对于更远的调制解调器，无法正确地解码信
号，这会导致信号淹没在噪声中。因此，我们需要使用移动通信系统中的隐藏站。
为了实现远距离数据传输，需要中心调制解调器重复发送信号。这意味着一组 AU
中接收的数据块必须在下一帧的另一跳上进行重传和转发，并且最终在可能具有不
同调制指数的另一组 AU 中重传和转发。信道是时变的，信道所能达到的最远传输
距离也是随时间变化的。这会导致网络的拓扑结构可能随时间变化。网络拓扑结构
的变化可能由诸如阻抗变化的局部效应产生，但是也会因为噪底的变化而产生更大
的变化，例如，日变化（daily variations）。

　　每个请求的容量分配可以由规则和目标控制：

　　1）流可以具有优先级。

　　2）应公平对待同一优先级的流。

　　3）公平性可以由数据传输速率、分配的 AU、其他参数或者所有因素的组合
来表示。

　　4）公平性可以在本地（调制解调器中的调度器），端到端的每个流，或者整
个网络中的所有流都实现。

　　所有激活流队列中的头元素在下一帧中进行调度。该元素可以是一个 3 层 IP

数据包，可以是来自聚合层的段等。如果只是调度头元素，就是我们所谓的门控服务。原则上，队列可以在其他队列用于调度之前被清空。所谓详尽的服务仅仅在关于单个本地调度的数据传输速率方面是公平的。

通常，信道容量受诸如来自局部干扰的噪底等局部效应的影响。在这种情况下，不需要考虑整体的最佳调度。本地或区域调度器基本接近最佳调度，而且复杂性更低。该情况下，可以定义由他们自己的调度器管理的 PLC 区域。

在以下部分中，PLC 区域命名为 PLC 小区。随着业务在统计上的不断变化，传输容量可能临时调度到相邻小区以应对瞬时的高负载。在下面内容中对这种机制进行了介绍和评估。

6.3 不同电力线通信应用和域的协议

6.3.1 多个 PLC 小区之间的传输资源共享

为了提高网络的覆盖率，可以将网络划分成多个较小的 PLC 网络群集，即 PLC 小区。本节重点介绍 PLC 小区之间的资源分配，小区内资源分配的问题将在 6.4 节中介绍。PLC 小区之间的资源分配受到诸如多个逻辑网络或小区共存的 HPAV 或 G3 – PLC 等标准的约束。

针对 PLC 系统研究了移动网络中的蜂窝原理。由若干相邻小区组成的 PLC 网络中，不同小区的数据并行传输可能会发生干扰，因此不允许单个小区使用所有的传输资源。每个小区应仅分配可用传输资源的一个子集。为了实现这种机制，将传输资源划分成一系列可供分配的小区间资源单元或信道。考虑网络中相邻小区之间的干扰情况和信道的时变性，本节详细介绍了将有限传输资源分配给每个小区的方法。部分工作请参考本章参考文献 [1] 和 [2]。

由移动网络（例如 GSM 系统）可知，信道分配技术可以分为两类，即固定分配和动态分配。如图 6.2 所示给出了信道分配方案的分类。一些关于 PLC 网络信道分配问题的研究中，提出并分析了部分解决方案，例如，本章参考文献 [3] 和 [4] 分析了可应用于多小区 PLC 网络的可用信道分配方案。

6.3.1.1 PLC 小区之间的固定信道分配

固定信道分配方案需要完全了解网络拓扑以及来自整个网络的小区业务需求。在该方案中，为实现某小区长期稳定运行，将信道中所有分散资源分配给该小区。由于信道分配需要完整的资源信息，因此通常在网络的计划阶段执行分配。分配也可以通过最优算法[5,6]执行。一些研究通过统计方式共享 PLC 网络中小区之间的传输资源，例如，本章参考文献 [3] 提出在规划网络时解决信道分配问题。

图 6.3 中展示了一个固定信道分配（Fixed Channel Allocation，FCA）解决方案的示例。所示网络由 4 个小区（$C = \{C_i\}, i = 1, \cdots, 4$）组成，并假定有 5 个信道

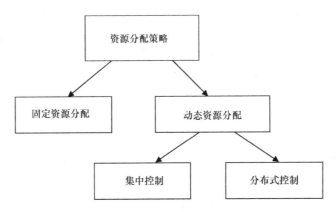

图 6.2　蜂窝网络的资源分配方案分类

$(F = \{F_i\}$，$i = 1$，…，$5)$ 可用。如图所示，小区 C_1 和小区 C_2 的传输可能相互干扰，因此为它们分配不同的信道。小区 C_3 远离小区 C_1，因此 C_3 重用已经在 C_1 中使用的信道 F_1。在网络规划阶段，或许能够通过这种方式实现每个小区最佳的信道分配，但是当来自用户的业务需求变化时，固定信道分配数量会导致不同小区中用户的不公平。

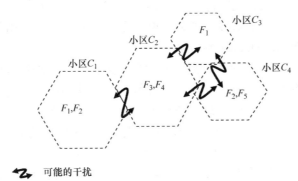

图 6.3　PLC 细胞间固定信道分配方案

　　因为固定分配算法不必实时运行，所以这种方法的优点是可以通过多种算法实现分配，包括穷举搜索或启发式算法。虽然这种方案可以实现计划业务的最优分配，但是，作为问题求解器输入的业务需求通常来自于每个小区的预测，可能不同于运行期间的实际业务需求，因此，在系统运行期间无法保证信道分配方案最优化。

6.3.1.2　PLC 小区之间的动态信道分配

　　动态信道分配（Dynamic Channel Allocation，DCA）不是给某小区分配固定的信道资源而是根据小区的业务需求进行资源的动态分配。信道是运行期间可以从一个小区移动到另一个小区的资源单元。现有的关于动态求解信道分配问题的大多数算法最初是为无线蜂窝系统提出的，例如，GSM 系统[7,8]。动态信道分配可以使用集中式或分布式方法实现。在集中式方法中，对信道的请求必须发送到共同的中心控制器，控制器估计总体网络业务需求，为小区分配信道。在分布式方法中，所有小区参与网络中信道分配问题的决策。对于主从模型的小区，每个基站（BS）基于其自己的信息和来自其相邻小区的信息做出决定。

6.3.1.2.1 回顾动态信道分配问题的解决方法

目前已经提出了一些解决 DCA 问题的算法。针对蜂窝 GSM 网络，人们进行了关于 DCA 问题的许多研究，如本章参考文献［9］和［10］。此外，考虑 GSM 网络的特定特性，本章参考文献［11］提出通过 DFCA（动态频率和信道分配）在小区之间动态地分配频段，而本章参考文献［12］和［13］为移动通信系统提出通过 TDMA 来解决小区之间 DCA 问题的算法。

根据 GSM 系统的特性为一些著名的 DCA 算法（如自主复用分区方案[14]和最小干扰[15]）提出了不同的解决方案。本章参考文献［16］使用几何信息策略解决突发性用户的 DCA 问题。本章参考文献［17］和［18］中提出了使用分布式方式来解决 DCA 问题。本章参考文献［19］通过基于提供服务、流量负载和小区之间干扰的成本函数来定义和评估 DCA 解决方案。

在电信的其他领域，也进行了一些 DCA 问题的研究，提出了基于通信技术特性的解决方案，例如，本章参考文献［20］提出的解决方案已用于以太网无源光网络（Ethernet Passive Optical Network，EPON）。

可以通过博弈论解决 DCA 问题。本章参考文献［21］综述和分析了博弈论的方法及其在通信领域的应用。本章参考文献［22］使用博弈论进行 MIMO 信道中的功率分配，本章参考文献［23］使用博弈论进行 CDMA（码分多址）系统中的功率控制。通常，每场博弈由若干个玩家组成，他们试图达到某一特定目标，这种目标称为收益[24]。在博弈问题中，当玩家决定同时或连续地执行某些动作时，执行解决方案。解决方案的收益取决于玩家执行的动作的组合。本章参考文献［25］和［26］分别使用动态博弈论和合作博弈论实现频谱共享。本章参考文献［27］通过博弈论来解决多小区无线网络的 DCA 问题。

6.3.1.2.2 集中式方法

集中式方法需要一个中心控制器，并且将中心控制器与各小区进行连接，如图 6.4 所示。如果网络由一个服务提供商或一个合作网络服务提供商拥有，则中心控制器的组织形式是可行的。

信息在小区和中心控制器之间周期性地交换。所有的信道信息，例如信道状态和每个信道的容量，都会存储在中心控制器的数据库中。网络结构，例如小区之间的干扰描述的信息也存储在该单元中。小区定期向中心控制器发送信道请求。控制器根据获得的信道信息估计整个网络的业务需求，计算每个小区中的信道，并且向小区通知新分配的信道。图 6.5 给出了中心控制器集中式动态信道分配过程的消息

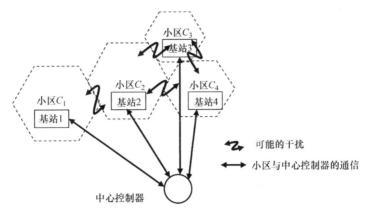

图 6.4　集中式动态信道分配

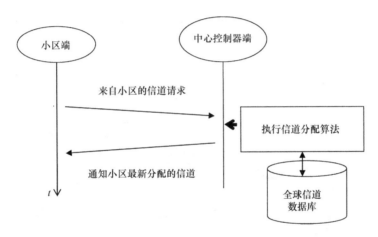

图 6.5　中心控制器动态信道分配的消息序列图

序列图（MSC）。这种方案需要中心控制器具备快速决策和即时响应[28]的能力。

6.3.1.2.3　分布式方法

　　当集中式动态信道分配方案不适用时，可以使用分布式动态信道分配方案，例如，在包含很多小区的大规模网络中使用分布式动态信道分配方案。在 PLC 网络中，小区可以具有不同的拥有者或服务提供商，这意味着难以组织用于整个 PLC 网络的公共中心控制站。在分布式方法中，每个基站必须参与对其小区及其相邻小区分配信道的决策。此方法必须在没有公共中心控制站的情况下执行。在这种情况下，基站不连接到公共单元，而是连接到其相邻小区以交换信道信息并且对信道分配做出决策。每个小区使用具有一系列规则的相同算法，小区间可以相互协作做出决策。

　　考虑图 6.6 所示的由 4 个小区组成的示例网络。在这种情况下信道分配过程必须在每个基站进行，如图 6.7 所示。小区 C_2 是小区 C_1 和 C_4 的邻居，因此，其信道

决策将影响小区 C_1 和 C_4 使用的信道。如果小区 C_2 占用信道 F_3 和 F_4，则 C_1 和 C_4 应使用剩余信道以避免干扰。然而，小区 C_1 和 C_4 的决策必须针对小区 C_3 中使用的信道做出，否则可能发生小区 C_1 或 C_4 和 C_3 之间的干扰。

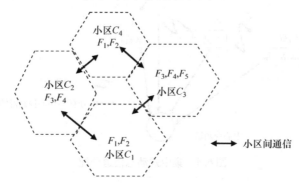

图 6.6　多小区间的分布式信道分配方案

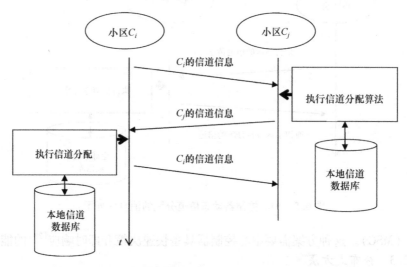

图 6.7　分布式动态信道分配方案的消息序列图

6.3.2　PLC 小区之间传输资源共享

由于相邻小区之间的干扰，OPERA 联盟[29] 和 IEEE P1901 工作组[30] 提供的 PLC 规范建议将传输资源细分为更小的单元分发到小区中。然而，这些规范只是针对在固定分配方案之后处理接入小区和内部小区之间的共存问题，无法解决来自整个 PLC 网络中不同小区的动态业务请求问题。先前的研究提出通过利用优化问题解决方案将传输资源分配给 PLC 网络中的小区。但是，为了解决这些优化问题，需要对整个网络的业务需求有全面的了解。因此，该问题只能在网络设计阶段解决，例如，本章参考文献［3］和［31］使用启发式算法进行信道分配。固定信道分配解决方案意味着每个小区分配多个固定信道，并且这些分配的信道在运行期间不变。当来自用户的业务需求变化或小区结构发生改变时，这种解决方案会导致不同小区中用户之间的不公平。

另一方面，有几个关于动态信道分配问题的研究，但是大多数现有的动态信道分配问题的研究是为 GSM 蜂窝系统提出的[9,10,13]。由于系统之间的差异，这些可用的动态信道分配方法不能直接应用于 PLC 系统。主要原因是当网络由不同的服务提供商拥有的群簇组成时，实现用于控制完整 PLC 网络的中心单元是不可行的。类似于在 GSM 系统情况下的切换过程，小区之间的 PLC 用户重组并非总是可行。因此，提出了一种新颖的应用于 PLC 网络中每个基站的协商策略。该策略允许所有基站在运行时以分布式方式动态地协作和共享传输资源。该策略允许每个小区最大化预留信道，同时最小化信道干扰，并且保持不同小区中用户之间的公平性。共享方法必须考虑网络的参数，例如，小区的大小、来自小区的资源需求、小区之间的干扰、可用信道的数量。接下来的研究使用的参考网络是基于欧洲框架 7 项目 OPERA 的电网[29]。

6.3.2.1　干扰

PLC 中存在多个干扰源，参见本章参考文献［32］。通常，通过电力线发送通信信号时，可能干扰其他信号也可能受其他信号的干扰，例如，来自于无线电信号或来自于其他 PLC 传输的干扰。由于来自外部系统噪声的影响是不可避免的，因此该研究更加倾向于减少由 PLC 传输本身引起的干扰。PLC 网络中的传输信号之间存在两种干扰，直连式干扰和空间内干扰[3,32]。可以利用 PLC 蜂窝原理来研究减少相邻小区之间传输干扰的可能性。图 6.8 示出了在 PLC 网络选段中两个相邻小区中由传输引起的潜在的直连式干扰和空间内干扰。

1）当两个小区同时使用电力线时发生直连式干扰。例如，在安装有 BS1 和 BS2 的两个街头机柜之间的线路中，两个小区变成邻居。在这种情况下，如果它们同时使用相同的频段，从网络设备到其中一个小区的传输将被邻居干扰，这是一种传输信号之间的碰撞。因此，来自两个小区的网络设备必须在传输时使用不同的频段或时隙。

2）当两条承载 PLC 信号的电力线安装得很近时会发生空间内干扰。干扰产生的原因是一根电力线电缆在另一根电缆的空间中产生电磁场。在这种情况下，当天线发射和接收来自另一个天线的信号时，两个电力线电缆被动地工作。当考虑相邻小区的实际位置时，取决于网络布线的空间内干扰比直连式干扰引起的问题要少[3,32]。

干扰避免必须在主站调度时进行。如果连接到基站的链路中存在潜在干扰，则该链路的传输将会以时隙或频段的方式干扰相邻小区。如果链路不受相邻小区的任何干扰影响，则该链路可以自由地使用所有可用的时隙和频段。在最坏的情况下，

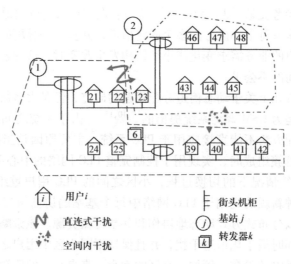

图 6.8　相邻小区间的干扰形式

如果小区中的所有链路都会干扰相邻小区，则必须在相邻小区不使用的时隙和频段中进行传输。

6.3.2.2　信道组织

信道可以定义为分配给小区的传输资源单元。假定 PLC 系统使用 PLC 规范[29,30,33]中规定的正交频分复用（OFDM）调制方式。一般来说，信道可以定义为一组载波，每个时间帧中的时隙重复使用，或者时隙和频率载波混合使用。下面分析了这些信道组织的优缺点。

1）信道可以定义为每个时间帧中时隙的重复使用，如图 6.9 所示。在这种信道组织中，划分每个时间帧为若干时隙，每个时隙可以由几个 OFDM 符号组成。这种信道组织的优点是在某一时间整个频段全部分配给某一小区，避免了频率选择性噪声或在某些特定频率中的陷波（notching）。某些载波信号的抑制会降低某些特定频段的传输容量。小区保留了时间帧中一些不连续的时隙，但是传输时间的分段增加了小区内用户后续调度的复杂性。这可能会降低资源利用率，因为用户在不同时隙中的传输需要额外的开销。该系统还要求相邻小区之间时隙同步。基于同步的精度，时隙之间可能需要一个保护间隔。

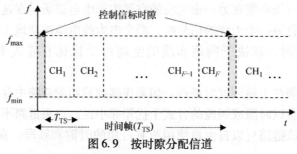

图 6.9　按时隙分配信道

2）信道可以定义为载波组，如图 6.10 所示。与先前的情况相反，信道组织允许在时间帧中为每个小区保留一个或几个载波组。可以利用整个时间帧实现需要短传输延迟的敏感时间服务。每个小区在运行期间可以灵活地接入介质，所以对整个时间帧的接入具有较低的调度运算复杂性。为了支持不同的 PLC 规范，每个小区均可以在保留的频率信道内使用特定的调制方案。该信道组织的主要缺点是将小区中的每个信道质量考虑进小区间信道分配的过程过于复杂。这是因为信道可以在若干连接中的小区中调度，每个小区内连接具有不同的信道质量。

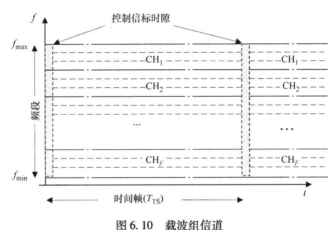

图 6.10　载波组信道

3）信道定义为时隙和载波组。这种信道组织结合了上面两个信道组织的优点和缺点，并且在资源分配问题的时间和频率维度上具有灵活性。但是，这也增加了每个小区内调度器的复杂性，现实中可能并不适用于 PLC 系统。

通过上述分析，为了实现最低调度复杂度，应定义信道为一组载波。作为时间帧中小区间资源单元的信道组织，如图 6.10 所示。如果一个信道由许多载波组成，则仅有少量信道用于小区间共享。将信道分配给小区时可能会降低灵活性。另一方面，由于信道是小的载波组，则存在大量信道时，小区间用于索引信道的信息量和用于交换的信息量会很大。

考虑具有 $N_{\text{All}}^{\text{Carrier}}$ 个可用载波的多小区 PLC 网络：如果每个信道载波数是 $N_{\text{1Channel}}^{\text{Carrier}}$，则信道数目 F 是

$$F = \frac{N_{\text{All}}^{\text{Carrier}}}{N_{\text{1Channel}}^{\text{Carrier}}} \tag{6.1}$$

信道作为小区间资源进行调度，因此它独立于频域和时域的划分。

提出的小区间资源分配为每个 PLC 小区提供传输资源的分配。信道分配工作意味着为网络中的每个小区预留信道。根据相邻小区的资源使用情况和业务请求情况，小区相应地调整其预留的传输容量。现在已经提出了用于在相邻小区之间发送信息的方法和用于调整传输资源的标准。方案的性能由网络参考模型进行评估。

总而言之，对于多小区 PLC 网络，每个 PLC 小区使用一个基站向所有用户提供通信服务，并且通过基站与骨干网相连接。整个 PLC 网络调度有限的传输资源。当小区相邻时，小区中的传输可能对其他小区的传输产生干扰。所以相邻小区不能同时利用相同的载波。来自每个小区资源需求的动态变化是网络的另一个特性，例如，用户设备的开关导致资源需求的改变。因此，小区之间的动态信道分配协议至关重要。本节提出了一种采用分布式运行方式的信道分配协议，用于动态组织多个 PLC 小区之间的有限传输带宽。使用这些机制可以提高整体传输资源的利用率，同时又能保持用户之间和小区之间的公平性。

6.3.3 分布式 PLC 小区之间资源分配协议

6.3.3.1 PLC 网络结构概述

根据电力网络中的客户分布，多 PLC 小区网络可以按照本章参考文献 [34] 中提出的欧洲电网拓扑组织成链形、环形或者网状结构。一个网状网络可以分成链、环和星形部分。一个接入 PLC 小区附近存在几个激活的内部 PLC 小区时，它们可以形成星形网络结构。如图 6.11 所示，3 个符合逻辑的多小区 PLC 网络结构，链形结构、环形结构和星形结构，利用这些网状结构来研究资源分配协议。每个 PLC 网络由 $C_1 \sim C_S$ 的 S 个 PLC 小区组成。如前所述，本节着重于不同小区之间的资源分配，在 6.4 节中研究给定小区内的资源分配。

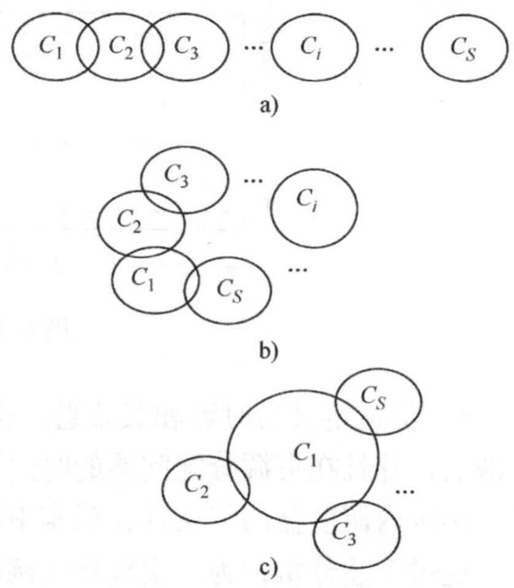

图 6.11　PLC 网络的 3 个拓扑结构
a）链形　b）环形　c）星形

6.3.3.2 资源单位定义和要求

将信道定义为用于传输的一组载波。PLC 系统包含分配给 PLC 小区的多个信道。类似于大多数通信系统，PLC 网络通过时间帧（TF）完成数据传输，时间帧具有恒定持续时间 T_{TF}。时间帧从控制信标时隙开始，控制信标用于 PLC 小区之间的同步。从 $CH_1 \sim CH_F$ 的 F 个信道在 PLC 小区间共享频段 $[f_{min}; f_{max}]$。信道的容量随着连接的位置和来自环境的频率选择噪声而变化。

6.3.3.3 PLC 网络中的资源利用率

考虑本章参考文献 [35] 中的干扰模型，当小区共享相同的电力线时会形成邻域。由于可能会发生干扰，相邻小区不能使用相同的信道。小区不相邻时，允许它们使用相同的信道。假定 PLC 小区的调度器不允许小区内信道重用，则与其相邻小区相比，小区中的所有网络节点必须使用不同的信道进行传输。每个 PLC 小区使用分配的信道实现用户之间的进一步共享。假设所有的分配信道都被小区用户使用，则可以定义小区中的资源利用率为该小区中分配的信道的数量。

6.3.3.4　传输资源分配协议的描述

为了适应 PLC 的网络特性，提出了分配给每个基站（BS）的分布式 PLC 小区资源分配协议的通用操作集合。该协议在相邻小区之间交换信道信息，交换的信息由每个基站单独处理。每个基站根据内部状态和接收的信息决定是否释放或占用信道。

根据本章参考文献［36］中的原理，小区之间交换的信息由信道声明消息（Channel Announcement Message，CA – Msg）承载。此消息是预定义的，网络的所有节点都可以进行发送和接收。CA – Msg 在每个小区的基站生成并定期发送出去。协议的目标由资源决策过程内的功能实现。通过执行该过程，每个基站尝试捕获尽可能多的信道以增加"捕获"子过程的资源利用率，名为"release"的其他过程用于维护公平性。如果此小区每个用户的信道数比其邻居多很多，则强制小区释放信道。

6.3.3.5　基站间的通信

PLC 单元之间按照本章参考文献［36］和［2］中给出的原理进行传输。用于在 PLC 小区之间通信的特定消息易于支持大型 PLC 网络。消息包括发送小区的基本状态和信道信息，如图 6.12 所示，其中：

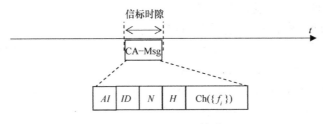

图 6.12　CA – Msg 格式

- *AI*：用于识别 PLC 小区是访问小区还是家庭小区（1B）；
- *ID*：用于识别发送基站（6B）；
- *N*：用于携带当前活动用户数（1B）；
- *H*：相邻小区的数目（1B）；
- $Ch(\{f_i\})$：信道列表，其中信道 f_i 用 2bit 表示，$Ch(\{f_i\})$ 的值为
- 0：此信道是空闲的；
- 1：为此小区分配信道；
- 2：信道由一个相邻小区使用；
- 3：信道由多个相邻小区使用。

每个 PLC 小区在选定的信标时隙发送 CA – Msg 来通知所有相邻小区自身的存

在和信道使用情况。当小区决定发送自身信道信息时，小区基站在数据下行链路传输期间生成 CA - Msg 并向用户发送。该小区中的所有网络元件在下一个相同的信标时隙发送 CA - Msg，例如，将 CA - Msg 从小区广播到所有相邻小区。另一方面，当网络节点从邻居接收 CA - Msg 时，消息通过数据上行链路转发到基站。

CA - Msg 的传输也需要传输资源。对于短 CA - Msg，一个 OFDM 符号足以携带具有最强鲁棒调制方案的 CA - Msg。根据本章参考文献［37］和［29］中同步过程的一致性，假设所有 PLC 小区都同步，并且相邻小区在同一时间传输 CA - Msg 时会彼此干扰，则每个 PLC 小区以特定概率选择信标时隙来广播 CA - Msg。

从基站发送 CA - Msg 时采用本章参考文献［36］中选择信标时隙的概率估计方法，小区 C_j（具有 H_j 个相邻小区）的概率通过相邻小区的集合（$C_{nb}^{(j)}$）来计算：

$$p_j^{send} = \frac{1}{H_j} \cdot \sum_{C_k \in C_{nb}^{(j)}} \frac{1}{H_k + 1} \tag{6.2}$$

式中，C_k 是 C_j 的邻居，并且其本身具有 H_k 个邻居。

6.3.4 信道重分配策略原理

资源分配协议定义了基站的规则集，根据这些规则，小区中分配的资源动态地适应该小区和相邻小区中的业务变化。当信道从小区释放并被另一小区占用时，该信道虚拟地从网络中的一个小区移动到另一个小区。根据本章参考文献［36］中给出的协议原理，每个基站在发送 CA - Msg 之前均执行"资源决策过程"，确定预留信道的数量。该过程由两个块组成，即"占用"和"释放"块。两个 PLC 小区之间交换 CA - Msg 和资源决策过程的流程图如图 6.13 和图 6.14 所示。对于每个用户具有比其邻居更大数目信道的小区，将它们中的一些信道标记为空闲来释放信

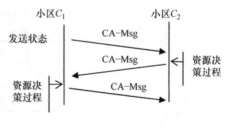

图 6.13　CA - Msg 交换

道。当相邻小区通过接收 CA - Msg 检测到空闲信道时，释放的信道将被相邻小区占用。

每个小区 C_i 捕获了 B_i 信道，该小区的 R 值表示为每个活动用户数（N_i）所分配的信道数的比率。通过式（6.3）计算小区 C_i 的 R 值：

$$R_i = \begin{cases} B_i/N_i, & \text{若 } N_i > 0 \\ B_i, & \text{其他} \end{cases} \tag{6.3}$$

基于 R 值（R_i）和其邻居的最小 R 值（$R_{min}^{nei} = R_k$，小区 C_k 的 R_k）来计算要从小区 C_i 释放的信道数目（B_i^-）。如果小区具有大于 R_{min}^{nei}（$R_i > R_{min}^{nei}$）的 R_i，则在从 C_i 释放 B_i^- 个信道并且这些信道被 C_k 占用之后，则这两个小区应当具有相同的 R

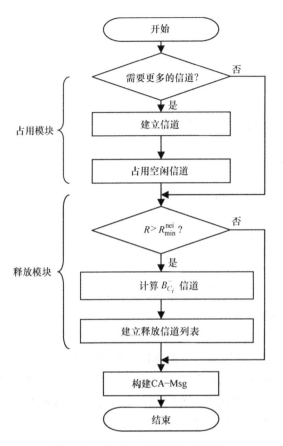

图 6.14　小区 C_i 的资源决策过程

值：$R_i^{\text{after-release}} = R_k^{\text{after-seize}}$，因此

$$\frac{B_i - B_i^-}{N_i} = \frac{B_k + B_k^-}{N_k} \tag{6.4}$$

式中，N_i 和 N_k 分别是小区 C_i 和 C_k 中活动用户的数量。要释放的信道数量是整数，因此，B_i^- 是下限函数取整得来的：

$$B_i^- = \left\lfloor \frac{B_i N_k - B_k N_i}{N_i + N_k} \right\rfloor \tag{6.5}$$

小区 C_i 释放的信道 f_t 是小区 C_k 可以占用的信道。这意味着，除了 C_i 之外，该信道没有被 C_k 的其他邻居占用。因此，从 C_k 接收的 CA-Msg 中可以找出该信道，其中 $\text{Ch}(f_t) = 2$。

6.3.5　评价指标

6.3.5.1　CA-Msg 的吞吐量和传输时间

信道重新分配对网络变化的适应时间取决于小区之间 CA-Msg 的传递时间。

因此，必须评估所有相邻小区间的 CA - Msg 平均传送时间。当 C_j 向具有 H_i 个相邻小区 $\{C_k, k = 1, \cdots, H_i\}$ $(C_j \in \{C_k\})$ 的 C_i 发送 CA - Msg 时，C_i 处的 CA - Msg 的接收概率为

$$p_{i,j}^{\mathrm{recv}} = p_j^{\mathrm{send}}(1 - p_i^{\mathrm{send}}) \prod_{k=1, k \neq j}^{H_i} (1 - p_k^{\mathrm{send}}) \tag{6.6}$$

将一个消息从 C_j 传送到 C_i 的平均时间是

$$D_{i,j} = 1/p_{i,j}^{\mathrm{recv}} \tag{6.7}$$

因此，CA - Msg 在网络中的平均交付时间是

$$\overline{D_{\mathrm{Ch}}} = \frac{1}{2n^{\mathrm{conn}}} \sum_{i=1}^{S} \sum_{j=1}^{S} c_{i,j} D_{i,j} \tag{6.8}$$

式中，$c_{i,j}$ 是在小区 C_i 和小区 C_j 之间是否存在连接，存在为 1，不存在为 0；n^{conn} 是两个小区基站之间的端到端连接的总数：

$$n^{\mathrm{conn}} = \sum_{i=1}^{S-1} \sum_{j=i+1}^{S} c_{i,j} \tag{6.9}$$

6.3.5.2 分配协议的性能

6.3.5.2.1 信道重用因子

信道重用因子表示使用信道分配协议的网络的资源利用增益。信道重用因子定义为在整个 PLC 网络中使用的所有信道的总和与可用信道数（F）之比。小区 C_i 占用信道的数量（B_i）通过 Ch(f_i) 值等于 1 的信道列表 Ch($\{f_i\}$) 来计算。S 个 PLC 小区元的信道重用因子通过式（6.10）计算：

$$f_{\mathrm{CR}} = \frac{1}{F} \sum_{k=1}^{S} B_i \tag{6.10}$$

6.3.5.2.2 每个活动用户的平均信道数和公平指数

每个活动用户的平均信道数量简单地通过网络中 S 个 PLC 小区中每个活动用户的信道数量来计算：

$$\overline{R} = \frac{1}{S} \sum_{i=1}^{S} R_i \tag{6.11}$$

每个活跃用户在不同 PLC 小区中的信道数量之间的公平性的定量测量来自 Jain 的公平指数[38]。公平指数的值由式（6.12）计算：

$$F_{\mathrm{Fair}} = \frac{\left(\sum_{i=1}^{S} R_i\right)^2}{S \cdot \sum_{i=1}^{S} (R_i)^2} \tag{6.12}$$

当所有 PLC 小区具有相同的 R 值时，公平指数达到最大，值为 1。

6.3.6 数值结果

假设研究的 PLC 系统基于本章参考文献 [9] 中的规范。在物理层中，系统使

用正交频分复用（OFDM）调制方案进行发送。OFDM 符号的持续时间是 71.2μs。时间帧的持续时间 T_{TF} = 240ms，假设发送频段被划分为 F（=80）个信道。使用 YATS 模拟器[39]进行模拟评估。模拟结果的平均值和置信区间（置信水平为 0.95）通过 10 个子排列计算，每个持续 100 000 个时间帧。

6.3.6.1　CA – Msg 的吞吐量和传输时间

80 个信道的 CA – Msg 的长度为 29B。根据本章参考文献［29］中给出的符号容量，需要一个 OFDM 符号进行传输。用于发送一个 CA – Msg 和一个时间帧的开销比率小到可以忽略不计：71.2μs/240ms = 0.29 × 10^{-3}。CA – Msg 的平均传输时间是基于模拟测量的，通过式（6.8）计算。在 PLC 小区中 CA – Msg 的吞吐量是式（6.6）计算的时间范围内来自其他 PLC 小区的所有接收 CA – Msg 的总和。因此可以计算整个 PLC 网络中 CA – Msg 的平均吞吐量（p^{recv}）。

针对具有不同网络大小的 3 个 PLC 网络结构（链形、环形和星形结构），评估了它们 CA – Msg 的平均传输时间和平均吞吐量，如图 6.15 和图 6.16 所示。在模拟期间，每个 PLC 小区根据式（6.2）计算出相邻小区的数量来确定在一个时间帧中的发送概率，分析和模拟结果在图中给出。与网络结构一致的 PLC 网络的计算值在模拟值的置信区间内。通过计算 PLC 网络中包含更多 PLC 小区的 CA – Msg 的平均传输时间，在链形和环形 PLC 网络中 CA – Msg 的平均传输时间收敛到 6.75 时间帧（TF），而星形网络中随着 PLC 小区数的增加而增加。链形和环形网络中 CA – Msg 的平均吞吐量收敛到 0.269（TF），在星形网络中收敛到 0.5（TF）。从结果可以看出，链形和环形网络的大小对信道重新分配单元中业务请求变化的反应影响很小。星形网络的反应时间在很大程度上取决于小区的连接数。

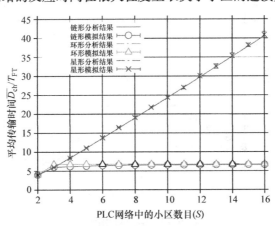

图 6.15　CA – Msg 的平均传输时间

6.3.6.2　分配协议的性能

为了分析协议的性能，假设每个 PLC 小区都有一个基站和 20 个用户。每个用

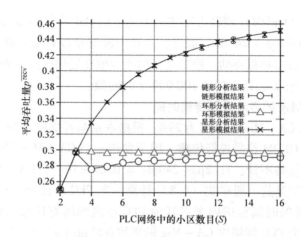

图 6.16　CA - Msg 的平均吞吐量

户在持续一段时间之后，根据平均值为 800TF 的几何分布，在活动和非活动状态之间切换状态。在不同网络结构和网络大小的小区模拟测量信道重用因子、每个活动用户的平均信道数量和公平指数，结果分别如图 6.17 ~图 6.19 所示。

如图 6.17 所示，信道重用因子取决于 PLC 小区数量。具有相同数量的 PLC 小区时，不同 PLC 网络结构的信道重用因子略有不同。在图 6.18 中，具有大量 PLC 小区的情况下，3 种结构（链形、环形和星形结构）中，每个用户的平均信道数几乎相同。这意味着每个用户可以使用的信道的平均数量不依赖于网络大小。

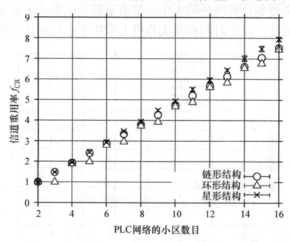

图 6.17　信道重用因子

当 3 种结构（链形、环形和星形结构）中的任何一个 PLC 网络中存在 16 个小区时，平均每个用户保留多于 3.5 个信道用于传输。如图 6.19 所示，当网络较大时，公平指数略有下降。不管网络结构的类型和 PLC 网络的大小如何变化，公平

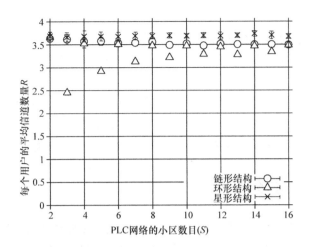

图 6.18　每个用户的信道数

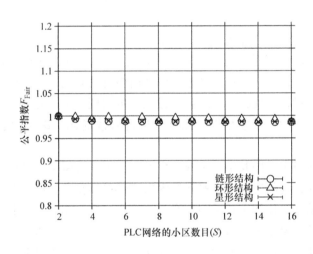

图 6.19　公平指数

指数的值总是接近 1。

6.3.7　小结

本章提出的信道分配协议允许网络在运行期间对 PLC 小区之间的信道进行动态重新分配。信道重新分配的目的是保证不同小区间活动用户的信道数量的公平性，同时最大化信道重用因子，避免在相邻小区中使用相同的信道。

该协议需要在每个小区的基站中进行配置，这些配置将允许基站经由信道声明消息（CA – Msg）与其他小区交换信道信息。保留一个具有 OFDM 符号持续时间的时隙用于在每个时间帧（TF）的开始处在基站之间发送该消息。CA – Msg 的传输基于 PLC 网络的线内干扰特性：当两个小区彼此干扰时，它们共享至少相同的电线。

对该协议进行模拟和分析表明，在大多数参考的 PLC 网络中，协议在不同小区中的用户之间达到近乎完美的公平性，信道重用因子高，并且不存在干扰信道的出现。

一般来说，该协议可以应用于 PLC 访问小区和 PLC 家庭单元。协议使用分布式方式工作，所以小区仅需要邻居的信道信息就可以确定本地保留信道。分析表明，协议的性能很大程度上取决于相邻小区的数量，而不取决于 PLC 网络的大小。

6.4 多用户资源分配⊖

6.3 节中的研究表明，移动网络中使用的蜂窝原理也可以应用于大型 PLC 网络。在这种背景下，传输资源首先在覆盖区域划分成的小区间共享，然后分配给小区中的用户。6.3 节主要涉及小区间资源共享的问题，本节涉及小区内用户资源分配的问题。

如第 5 章中所述，通过满足多个约束来找到在给定信道条件下的系统参数的最优值，可以实现单用户通信场景中的资源分配。例如，在 PS OFDM 中，可以优化许多系统参数，如比特、子信道功率、循环前缀持续时间、发射机脉冲形状、子信道数量和编码方案，以便在功率约束下最大化可实现速率。此外，在如同电力线信道这样的时变信道中，必须根据信道条件进行参数优化，这增加了参数优化的复杂性。

在多用户网络中，即其中一个或多个发射机可能希望与一个或多个接收机通信的网络中，资源分配问题由于一些新的因素变得更加复杂，例如在多用户之间分配资源时需要考虑到协作和干扰反馈因素。与单用户情况相反，一般多用户情况下的离散无记忆信道的容量是未知的。仅在特殊情况下，多用户信道的容量区域[40,41]是已知的。因此，给定资源分配算法下性能的实现变得更加复杂。

本节结构如下，6.4.1 节首先简要概述两个具有代表性的多用户信道的可实现速率：多用户信道，N_U 个用户同时与一个用户和一个广播信道通信，在该广播信道中，其中一个用户向 N_U 个用户发送数据。对于每个信道，尽可能报告 FDMA 和 TDMA 的可实现速率。在 6.4.2 节中，简要介绍了 PLC 在一些主要应用场景（即室内和室外）下的特性，重点介绍了多用户信道和接入技术。在 6.4.3 节中，提出

⊖ J. A. Cortés, L. Díez, F. J. Cañete 和 J. T. Entrambasaguas, Analysis of DMT – FDMA as a multiple access scheme for broadband indoor power – line Communications, IEEE Transactions on Consumer Electronics, vol. 52, no. 4, pp. 1184 – 1192, Nov. 2006, ⓒ 2006 IEEE, 以及 A. M. Tonello, J. A. Cortés 和 S. D' Alessandro, Optimal time slot design in an OFDM – TDMA system over power – line time – variant channels, in "Proceedings IEEE International Symposium on Power Line Communications and Its Applications", Dresden, Germany, Mar. 29 – Apr. 1, 2009, pp. 41 – 46, ⓒ 2009 IEEE。

了将在 6.4.4 节和 6.4.5 节中使用的 PHY 层系统模型, 用来解决 FDMA 和 TDMA 无争用接入技术实际资源的分配问题。关于混合使用无争用和争用的接入技术在 6.4.6 节中提出。最后, 6.4.7 节专门介绍了多用户资源分配方向的 PLC 相关参考文献。

6.4.1　信息论方法: 多用户高斯信道

在本节中, 认为通信在高斯信道中进行 (另有说明情况除外)。有两个主要原因, 首先, 高斯信道是通用基准通信通道, 例如在 PLC 中, 当不知道所研究信道容量的分析表达式时, 具有参考范围是特别重要的。其次, 一般只要没有脉冲噪声就可以假定 PLC 信道中的噪声是高斯的[42]。该研究可以扩展到具有脉冲噪声的信道的情况[43-45]。此外, 我们重点研究半双工传输, 即, 我们认为通信发生在一个方向。可以通过在正交信道上的双向传输来获得全双工情况的模拟, 例如, 使用不同的频段 (FDD) 或时隙 (TDD)。

在讨论多用户信道之前, 先给出单用户高斯信道的概述。

6.4.1.1　单用户高斯信道

$x(n)$ (其中 $n \in \mathbf{Z}$) 是通过高斯信道传输的时间离散的基带复信号, 则接收信号由本章参考文献 [40] 给出:

$$y(n) = x(n) + \eta(n) \tag{6.13}$$

式中, $\eta(n) = \eta_R(n) + j\eta_I(n)$, 是独立同分布复高斯噪声, 方差为 $P_\eta / 2$, 即 $\eta_R(n), \eta_I(n) \sim N(0, P_\eta / 2)$。现在, 如果假设发射信号对发射功率具有约束并且是高斯白噪声分布的, 即 $x(n) = x_R(n) + jx_I(n)$, 其中 $x_R(n), x_I(n) \sim N(0, P/2)$, 则信道容量由式 (6.14) 给出:

$$C = C(\gamma) = \log_2(1 + \gamma) \, \text{bit/use} \tag{6.14}$$

式中, $\gamma = P / P_\eta$, 是 SNR。可以看出, 可以通过扩展先前的定义来研究在频段受限信道上传输的情况。假设连续时间信号在具有脉冲响应 $g_{ch}(t)$ 的信道上传输, 其中 $t \in \mathbf{R}$。进一步假设信道带宽为 B, 然后从采样定理得知发射信号可以由速率为 $T = 1/B$ 的采样点确定。对于每个样本, 我们均可以使用式 (6.14) 来计算信道容量, 因此, 假设 $1/T$ 采样在一秒内发送, 容量由式 (6.15) 给出:

$$C = C(\gamma) = \frac{1}{T}\log_2(1 + \gamma) \, \text{bit/s} \tag{6.15}$$

式中, $\gamma = |H|^2 P / P_\eta$; H 是信道增益。

同样, 先前的定义可以扩展到 M 个并行高斯信道的集合, 其中每个信道具有带宽 $B^{(k)}$。例如 $B^{(k)} = 1/(MT)$, $k = 0, \cdots, M-1$。在这种情况下, 假设 $P^{(k)} (\leqslant P)$ 是在第 k 个信道上发送的信号功率, $H^{(k)}$ 是第 k 个信道增益, 容量由式 (6.16) 给出:

$$C = \frac{1}{MT} \sum_{k=0}^{M-1} \log_2 \left[1 + \gamma^{(k)} \right] \text{bit/s} \tag{6.16}$$

式中，$\gamma^{(k)} = |H^{(k)}|^2 P^{(k)} / P_\eta^{(k)}$。我们将在下面章节中介绍，式（6.16）可以用于计算 OFDM 系统的可实现速率范围。

6.4.1.2 多址接入信道

在多址接入信道中，N_U 个用户同时与一个用户通信。考虑如图 6.20a 所示的室内 PLC 网络，其中 N_U 个用户希望发送数据到 CCo。对于该信道，已经给出了任意数目用户的可实现速率范围[40]。考虑 $N_U = 2$ 的情况，假设 $P^{(u)}$ 为用户 u 的功率约束并且信道是高斯信道，则可实现速率范围的边界由式（6.17）给出：

$$\begin{aligned} R^{(1)} &\leqslant C(\gamma^{(1)}) \\ R^{(2)} &\leqslant C(\gamma^{(2)}) \\ R^{(1)} + R^{(2)} &\leqslant C(\gamma^{(1)} + \gamma^{(2)}) \end{aligned} \tag{6.17}$$

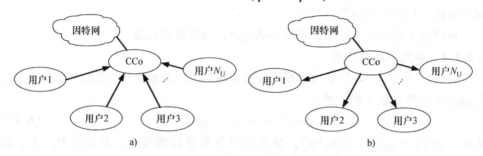

图 6.20　a）多址接入信道和 b）广播信道的示例

式中，$\gamma^{(u)} = P^{(u)} |H^{(u)}|^2 / P_\eta$；$H^{(u)}$ 是用户 u 和接收机之间的信道增益；P_η 是接收机处的噪声功率。当发送的信号符合高斯分布时，得到容量区域边界，即可实现速率区域的边界。

图 6.21a 展示了容量区域。可以看到，容量区域对应于五边形。此外，如图所示，可以使用两步解码过程来得到角。第一步，把第一个用户的信号看作噪声，将第二个用户的信号解码。第二步，可以通过减去第二用户的信号来解码第一用户的信号。该过程称为洋葱削皮（onion-peeling），并且可以扩展到任意数量用户的情况。图 6.21a 还表明了使用 FDMA 和 TDMA MAC 技术可实现的两个可实现速率区域。

在经典的 FDMA 技术中，每个用户占用信道的不相交频段 $B^{(u)}$，使得 $\sum_{u=1}^{N_U} B^{(u)} = B$。在这种背景下，可实现速率区域可以基于频段受限信道使用式（6.15）来计算，如图 6.21a 所示。显而易见，FDMA 可实现速率在一个点上与容量相交。具有较高 SNR 的用户分配更多带宽时可实现速率可以达到该点。很明显，FDMA 可以很容易在多载波调制（例如，OFDM 调制）网络中实现。例如在宽带 PLC 系统中，PHY 层使用 OFDM 方式来利用信道的频率选择性。

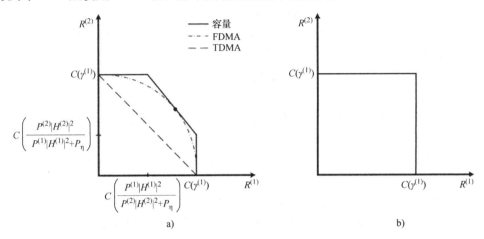

图 6.21　a）多址接入信道的实现区域和 b）正交广播信道

在 TDMA 中，划分时间为时隙，每个用户占用一个时隙中的信道。在图 6.21a 中，我们示出了使用 TDMA 的可实现速率区域，每个用户实现速率 $R^{(u)} = t^{(u)} C(\gamma^{(u)})$，其中 $t^{(u)} \in [0, 1]$。与这种简单的 TDMA 方案相比，FDMA 实现了更高的速率。通过在用户之间实现最佳的资源分配（时隙持续时间和功率），TDMA 和 FDMA 可以实现相同的速率[40,第15章和41,3.7节]。

上述容量区域也可以通过 CDMA 方式获得，即通过向用户分配不同的码字并每次解码一个用户（洋葱剥离）来实现。

6.4.1.3　广播信道

广播信道本质上是双重多址接入信道。在广播信道中（见图 6.20b），节点同时与 N_U 个用户通信。例如在家庭 PLC 网络中，多个节点想要通过 CCo 下载来自互联网的数据（例如视频流）。

针对任意数目用户的广播信道数量目前尚无定义。不过，某些情况下其信道容量很容易计算获得。第一种情况是两用户的高斯广播信道。对于该信道，假设 $P_\eta^{(u)}$ 是用户 u 的噪声功率，并且 $P = P^{(1)} + P^{(2)}$ 是发射的总功率，容量区域由式（6.18）给出：

$$R^{(1)} < C(\gamma^{(1)})$$

$$R^{(2)} < C\left(\frac{\gamma^{(2)}}{1 + P^{(1)} |H^{(2)}|^2 / P_\eta^{(2)}}\right) \tag{6.18}$$

其次，考虑通过正交信道向用户发送信号的正交广播信道。这种情况在卫星通信中很常见，其中不同的信道用于向不同的用户发送数据。容量区域是图 6.21b 所示的矩形。类似于多址接入信道，在广播信道的情况下，当信道不正交时，例如，在上述 PLC 网络示例中，可以采用 FDMA 和 TDMA 的实际 MAC 接入方案来使信道正交化。因此，相应的理论可实现速率与多址接入信道的可实现速率相同。

6.4.1.4 观察实际执行中的可实现速率

在实际实现中，对于多址接入和广播信道，用 FDMA 和 TDMA 技术实现的可实现速率可能比信道容量小得多。有如下几种可能原因：

1）通常存在非理想条件。例如，在时间或频率上的符号未对准引起的干扰及硬件损伤等。

2）为了进行资源分配，需要在网络节点之间交换反馈信息：向网络用户分配信道（FDMA 中的频段或 TDMA 中的时隙）和功率值。

3）发射的符号属于有限大小的星座（例如 $M - QAM$），而不属于在先前容量公式的推导中假设的高斯分布。

4）由于信道频率选择性，可能存在 ISI（见 5.3 节）。

下一节介绍和分析了在典型 PLC 网络上使用 FDMA 和 TDMA 方案实现的资源分配问题。

6.4.2　PLC 场景下的多用户资源分配

不同的 LV（低电压）PLC 场景中的多用户资源分配有很大的差别。下面总结了这些场景的主要特点：

1. 室内 PLC

1）宽带：此场景中最常见的部署之一，由一组连接到因特网网关的不同设备组成。下行链路是广播信道，上行链路是多址接入信道。传输距离很短，这有两个重要的意义，第一是通常不需要中继（读者参考 5.3.2.3 节关于中继传输的细节），第二是链路传播延迟差异相当小。这大大减少了使用 FDMA 方案时的 MAI（Multiple Access Interference，多址接入干扰），如 6.4.4.1 节所示。在这种情况下通常不需要网络规划（除了在办公室或建筑物中）。因此，网络设备必须动态地解决资源分配问题。由于其简单的特性，该类别中的大多数 PLC 系统使用具有无争用区域的 TDMA 方案，由中央协调器（CCo）和争用区域管理。

2）窄带：通常是用于实现家庭自动化的简单网络。包括主设备和一组从节点。下行链路是广播信道，上行链路是多址接入信道。网络需要非常低的数据传输速率并且几乎没有 QoS 约束。在欧洲，使用 CENELEC B（95 ~ 125kHz）和 C（125 ~ 140kHz）频段。此外，在 C（125 ~ 140kHz）频段中只能使用 CSMA。窄带部署在设计时主要考虑的是项目成本而非传输效率。

2. 室外 PLC

1）宽带：将 LV 网络作为最后一英里媒介是这一类别最广泛的应用。宽带 PLC 接入网络由每个最终用户的 LV 头端和终端用户的 NTU（网络终端装置）组成。在西欧网络中，平均链路长度为 $150 ~ 800\mathrm{m}^{[46]}$。与室内情况相反，NTU 到 LV 头端的传播延迟存在显著差异。通常需要中继器来补偿高衰减值。LV 头端可以位于方便接入骨干网的任意地方,包括变压器站中或者位于可以通过 PLC、DSL、无线方便接入的骨干网中或任何其他技术。下行链路是广播信道,上行链路是多址接入信道。低压配电网可以分为若干个 PLC 接入网[47]。每个段由 LV 头端和连接到其的多个 NTU 组成。如 6.3 节所述,这种场景下的一个重要任务是网络规划。必须解决两个问题:LV 头端的放置及其资源分配[48]。后者可以通过 TDMA、FDMA 或两者的组合来实现。宽带 PLC 接入网络应提供高数据传输速率和严格的 QoS 标准。

2) 窄带:此类别包括使用 CENELEC A 频段(9 ~ 95kHz)的欧洲系统,以及使用高达 500kHz 频段的北美和日本系统。该类别广泛地用于智能电网,特别是 AMM。AMM 系统的最后一段包括位于变电站的主节点和从站中的多个端节点,通常需要使用中继器。中继器可以由专用节点或终端节点完成[46]。在宽带情况下,可能存在显著的传播延迟差异。目前,AMM 主要限于远程计量,需要较低的数据传输速率和适度的 QoS 标准。

3. 车载 PLC

在这种情况下,PLC 用于连接安装在车辆中的大量传感器、致动器和电子控制单元。在车辆内存在不同的业务模式(时间触发和事件触发),不同模式有不同的 QoS 需求,比如响应时间、抖动、带宽及用于容许传输错误的冗余通信信道、位错误率等。不同的业务模式也有不同的数据传输速率需求,其范围从几十 kbit/s 到几 Mbit/s[49]。由于车载 PLC 环境中,节点之间的传输距离非常短,所以不同节点之间的优先级是必不可少的。下行链路是广播信道,上行链路是多址接入信道。它们在一些功能域中的使用是非常不对称的,例如,用于音视频分发的多媒体。与目前在其他 PLC 系统中使用的 TDMA 方案类似,该方案具有由中央协调器和争用区域管理的无争用区域,可以使用 FDMA 技术来满足每个功能域的不同需求。

6.4.3　PHY 层系统模型

如第 2 章所述,LV PLC 信道是频率选择性和时变的。研究表明,它们可以模拟为具有加性周期平稳有色噪声的 LPTV 系统[50,51]。因此,为了减轻信道的频率选择性,技术最先进的系统在 PHY 层采用 OFDM 技术。OFDM 在实际中具有良好的应用潜力,譬如它可以通过 DFT/IDFT 操作实现调制解调,通过使用 CP(Cyclic Prefix,循环前缀)实现干扰抑制,在不同子信道上根据衰减因子来分配功率并实现注水原理,通过信道频率选择性以及通过实现 OFDMA 的网络用户之间分割载波,进而最大限度地实现 FDMA 功能。有关 OFDM 的详细处理,请参阅 5.3.2.3 节。

在下文中,我们考虑位于相同小区(参见 6.3 节)中的节点组成的网络,其 PHY 层基于 PS - OFDM(即在发射机处采用奈奎斯特窗口的 OFDM)技术使用 M 个子信道和一个长度为 μ 的 CP。归一化的 OFDM 符号持续时间等于 N 个样本时间，$N = M + \mu$。假设 T 等于采样周期，则以 s 为单位的符号持续时间等于 $T_0 = NT$。通过 $g_{ch}(n;i)$ 将 n 时刻的信道脉冲响应表示为前 i 时刻的脉冲，接收信号可以写为

$$y(n) = \sum_{i=0}^{v-1} x(n-1) g_{ch}(n;i) + \eta(n) \tag{6.19}$$

式中，vT 是脉冲响应持续时间；$x(n)$ 是 OFDM 发射信号；$\eta(n)$ 是循环平稳加性噪声。信道响应和周期平稳噪声都具有与电源信号一样的周期（在欧洲为 20ms）。在接收机处，符号同步之后，CP 被丢弃并且使用加窗处理。下一步，计算 M 点 DFT。第 k 个子信道输出可以写为

$$z^{(k)}(\ell N) = H^{(k)}(\ell N) a^{(k)}(\ell N) + I^{(k)}(\ell N) + W^{(k)}(\ell N) \tag{6.20}$$

式中，$a^{(k)}(\ell N)$ 是在该子信道上发送的第 n 个数据符号；$H^{(k)}(\ell N)$ 是有效信道传递函数；$W^{(k)}(\ell N)$ 是噪声项；$I^{(k)}(\ell N)$ 是干扰。后者由单用户场景中的 ICI 加 ISI 以及多用户场景中的 MAI 给出。必须强调的是，CP 不足、信道时变以及多址接入会引起信道正交性损失，这些损失会引起信号失真，例如，不同发射机接收到的符号错位。假设子信道的数量足够多，则预期干扰项具有高斯分布[52,53]（当信号是高斯时它是严格的）。考虑到传输是与电源同步的并且 L 个 OFDM 符号可以适配到每个电源周期中，符号索引可以写为 $\ell = m + Lr$，其中 $0 \le m \le L - 1$ 和 $r \in \mathbb{Z}$。

在下文中，假设发送的信号需要满足对 PSD（功率谱密度）掩码的约束。这是室内 PLC 系统符合 EMC 约束的实际情况的一种假设[54]。

现在，假设一个 OFDM 信号传输具有恒定的 PSD，式（6.20）中的所有项的功率是周期性的，第 m 个时刻在第 k 个子信道中的 SINR 可以表示为

$$\mathrm{SINR}^{(k)}(mN) = \frac{P_U^{(k)}(mN)}{P_W^{(k)}(mN) + P_I^{(k)}(mN)} \tag{6.21}$$

其中

$$P_U^{(k)}(mN) = |H^{(k)}(mN)|^2 E[|a^{(k)}(mN)|^2]$$

$$P_W^{(k)}(mN) = E[|W^{(k)}(mN)|^2]$$

$$P_I^{(k)}(mN) = E[|I^{(k)}(mN)|^2] \tag{6.22}$$

在训练阶段，发射机周期性地发送已知训练符号，接收机可以通过接收这些信号来估计子信道的 SINR。在数据传输期间可以使用数据判决导向模式来进一步精确或更新估计[55]。例如下面所述，先前的观察对 TDMA 方案是有效的，但是对 FDMA，只有在估计 SINR 时存在 MAI 项的情况下才是有效的。这仅在所有剩余用户正在传输同时期望用户正在估计 SINR 时发生。

使用式（6.21）定义 SINR，假设噪声、干扰和发送符号为独立的高斯分布，分布在 M 个平行高斯信道上，可以使用式（6.16）计算容量，

$$C(mN) = \frac{1}{NT} \sum_{k \in \mathbf{K}_{ON}} \log_2 [1 + \mathrm{SINR}^{(k)}(mN)] \tag{6.23}$$

其中 K_{ON} 表示在小区（见 6.3 节）中发送有用数据的子信道索引集合，$K_{ON} \subseteq \{0, \cdots, M-1\}$。

在 PSD 掩码约束且没有干扰的背景下，在 PSD 极限水平下根据式（6.23）得到的容量是最大的[56]。此外，结果表明，即使存在干扰，在 PSD 极限水平恒功率分配与使用迭代注水算法获得的数值接近[57]。因此，在其余部分中，假设 OFDM 信号以 PSD 极限水平发送。

式（6.23）假设每个子信道上加载的比特数是实数值。对于实际系统却不是这种情况，实际系统中每个子信道上加载的比特数量是整数值，此外，所发送的符号通常属于 M – QAM 星座。为了克服这个问题，在实际系统中使用比特加载算法[58,59]。当示出数值结果时，采用以下公式分配信道比特数：

$$b^{(k)}(mN) = \left\lfloor \log_2\left[1 + \frac{\mathrm{SINR}^{(k)}(mN)}{\Gamma}\right]\right\rfloor \qquad (6.24)$$

式中，Γ 是考虑实际编码/调制约束的间隙因子[60,61]；$\lfloor \cdot \rfloor$ 是到最近的可用星座的取整。

6.4.4　FDMA

在经典的 FDMA 技术中，将可用带宽划分为分配给用户的非重叠子带。然而，不同用户的信号之间的正交性也可以用重叠的子带来实现。该策略可以通过在物理层使用 OFDM 技术并且通过向每个用户分配不同的载波集合来实现。该方案称为 OFDMA，本节中将会进行介绍。载波分配通常由中央协调器（CCo）完成，该中央协调器动态地进行资源分配以保证必要的 QoS。

OFDMA 与 TDMA 方案相比主要的优点是具有更高的效率。尽管在高斯信道中使用适当的时隙和功率分配方案，TDMA 可以实现与 OFDMA 相同的性能，但是这种方案可能会浪费频率选择性信道的信道容量。原因是 TDMA 不利用链路中的未使用的载波（因为它们的低 SNR），这些未使用的载波可能在其他链路中的 SNR 是可以接受的。此外，由于在 OFDMA 中，协议数据单元长度不再受时隙持续时间的限制，所以协议开销可以更小。

另一方面，OFDMA 需要符号和频率同步以避免 MAI[62]。此外，用户与 CCo 交换的信令量较高，因为用户必须通知 CCo 每个载波的数据量，而在 TDMA 中每个用户必须通知 CCo 每个时隙的数据量。在当前的宽带 PLC 系统中，载波的数量可以比每帧时隙的数量大几百倍。OFDMA 的这些限制存在于所有多用户场景中。它们在同时执行多个点到点连接的环境中特别严重。

6.4.4.1　OFDMA 网络中的载波分配技术

解决任何资源分配问题的第一步是规定最优标准和分配过程中的规则约束。当所涉及的信道条件有很大差异时，最大化所有用户的聚合数据传输速率会引起资源共享的不公平性。另一方面，当用户请求具有不同数据传输速率的服务时，最大最小（max - min）标准对总体数据传输速率不适用。为了解决这个问题，在本章参考文献［63］中提出了平衡容量的概念，平衡容量定义为可达到的最大传输速率的分布规律与单用户的数据传输速率是成正比的。本章参考文献［64］中提出为每个链路提供最小数据传输速率并根据每个链路的质量分配剩余资源的备选标准。本章参考文献［65］研究了实时和非实时服务之间的公平性。无论优化标准如何，功耗约束通常都存在。同时，PLC 中还需要 PSD 约束。

解决载波分配问题中的另一个步骤是决定载波是单独分配还是分组分配。后者通常称为音调分组（tone - grouping），音调分组受 MAI 影响较小，降低了计算复杂度，但是不太灵活。在存在 ICI 或 MAI 的情况下，每个载波的 SINR 以及每个载波的比特数目取决于剩余载波的分配。为了简化问题，在实践中忽略了这两种效应的影响。因此，获得的解决方案只有在这些影响可以忽略不计时才有效。

最后，必须解决最优化问题。频率选择性网络中的最优载波分配策略是非线性优化问题的解决方案，通常通过线性或整数规划来逼近求解[66]。在实践中，整数规划求解方案的计算复杂度非常高，以至于它只能应用于音调分组。另一方面，使用线性规划解决载波分配的方案必须在用户之间共享，例如下面引出的混合TDMA - OFDMA 方案。为了降低计算复杂度，本章参考文献［67］提出了将问题重构为凸优化问题。本章参考文献［64］和［65］提出了其他的解决方案。

一个载波分配问题的示例，假设最优准则是使具有 N_L 个链路的网络的总比特率最大化。应当注意，虽然在广播和多址接入信道中链路数目 N_L 等于用户数目 N_U，但是在具有多个点对点连接的情况下 N_L 不一定等于 N_U。优化受到以下限制：每个链路必须至少实现其在单用户场景中比特率给定的百分比 $p(\%)$。用 $b^{(u,k)}$ 表示当在链路 u 中使用时可以分配给载波 k 的比特数。$b^{(u,k)}$ 可以使用式（6.24）计算。M 表示当单独分配时的载波数量和当采用音调分组时的载波组的数量。可以获得分配给每个链路的载波作为以下优化问题的解：

$$\max \sum_{u=1}^{N_L} \sum_{k=0}^{M-1} b^{(u,k)} c^{(u,k)} \tag{6.25}$$

受限于

$$\sum_{k=0}^{M-1} b^{(u,k)} c^{(u,k)} \geqslant \frac{p}{100} \sum_{k=0}^{M-1} b^{(u,k)}, \ u = 1, \cdots, N_L \tag{6.26}$$

式中，$c^{(u,k)}$ 是载波 k 是否分配给链路 u，$c^{(u,k)} = 1$ 或者 $c^{(u,k)} = 0$。为了使每个载波或载波组仅分配给一个链路，施加以下约束：

$$\sum_{u=1}^{N_L} c^{(u,k)} = 1, k = 0, \cdots, M-1 \tag{6.27}$$

在实践中，通过 LP 求解问题时，条件式（6.27）可能使 $c^{(u,k)}$ 取 ［0, 1］中的非整数值。此时将载波 k 分配给链路 u，由于 $c^{(u,k)}$ 是非整数值，所以该分配只能持续部分时间，从而导致混合 TDMA – OFDMA 的出现。这种情况通常在链路的传输特性非常相似时发生。为了获得 OFDMA 方案，获得的 $c^{(u,k)}$ 必须舍入。该舍入过程可能导致求出的解远离目标值。

　　为了说明这一点，图 6.22 描述了当使用 LP 分别分配物理层的 1024 个载波，及将这些载波分组成使用 IP 分配的 16 个子带时，3 个室内 PLC 网络的两个链路（标记为 R1 和 R2）获得的相对比特率失衡。通过在载波分配中施加目标值来测量的不平衡度，等于在单用户环境中每个链路实现的比特率的 $p = 40\%$。在每种情况下获得的总比特率非常相似，如表 6.1 所示。然而，由 LP 提供的 $c^{(u,k)}$ 系数的舍入可能导致在每个链路中实现的比特率严重失衡。此外，它会使解决方案违反在优化过程中施加的约束。这可以在场景 2 中清楚地看出，其中比特率 R2 比目标值低约 67%。

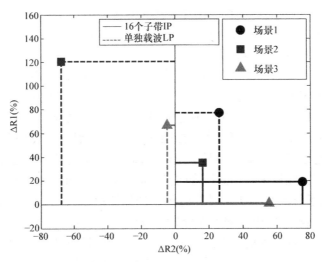

图 6.22　当使用 LP 分别分配物理层的 1024 个载波和使用 IP 对音调分组（16 个子带）时，3 个网络的两个链路的相对比特率不平衡

表 6.1　图 6.22 所示的比特率的汇总值　　　（单位：Mbit/s）

场景	单独载波（LP）	16 个子带（IP）
1	425.96	424.59
2	376.77	376.87
3	170.75	180.00

　　在上面介绍的载波分配过程中，假设信道是时变的。然而，宽带室内 PLC 信道响应和噪声电平都会发生与电源同步的周期性变化。因此，载波分配也应该周期性地变化。不过，噪声和信道响应变化往往是相关的，至少在室内网络中是如此。

可以使用在电源周期内的任何时刻获得的信道状态信息完成载波分配，然后在分配给每个用户的载波中执行循环比特加载。

6.4.4.2 FDMA 网络中的多址接入干扰

本节分析 OFDMA 网络中的 MAI。在 OFDMA 网络中，MAI 的产生归结于 4 个原因：信道的频率选择性，期望接收机输入处的期望符号和干扰符号未对准，用户之间的采样频率偏移和用户之间的载波频率偏移[68]。如果物理层使用 DMT（Discrete Multitone 离散多音频）调制而不是 OFDM 调制，则不存在用户之间的采样频率偏移和用户之间的载波频率偏移。同样，广播信道中不存在由于符号未对准和采样频率偏移而导致的 MAI。

信道的频率选择性破坏了每个用户使用的载波的正交性，导致了 ICI 和 ISI，不同用户使用不同的载波导致了 MAI。假设由不同用户发送的符号在期望接收机处完全对准，则可以通过使用比信道脉冲响应更长的 CP 克服这种类型的 MAI。但是，由于室内电力线信道具有长脉冲响应，选择的 CP 的长度通常会比信道脉冲响应短，这就会导致残余 MAI 的存在。

多址接入信道中，在多个点到点连接的场景下，如果由不同用户发送的符号在接收机的输入处未对准，也会产生 MAI。即使所有的用户传输完全同步，链路传播延迟的差异也可能导致符号失准。有趣的是，延迟的干扰符号或时间超前的干扰符号可能会导致明显不同的 MAI。考虑如图 6.23 所示的情况，图中分别描绘了 3 种情况下的两个连续符号：期望信号、超前（$\Delta t < 0$）干扰信号、延迟（$\Delta t > 0$）干扰信号。在期望接收机中采用的符号同步策略导致了如图 6.23a 所示的 DFT 窗口。图 6.23 还给出了每当 OFDM 符号穿过频率选择性信道时发生的瞬变。如图所示，虽然预期的由正偏移 Δt 引起的大部分失真被循环前缀吸收，但是在相反方向上的偏移情况则明显不同。因此，在这种情况下，由于干扰源符号中的瞬变引起的 MAI 将会更大。在同步室内 PLC 网络中，由于符号未对准引起的 MAI 可以通过适当调整 OFDM 参数而变得非常小，因为来自特定站点的链路传播延迟没有显著差异。另一方面，在户外 PLC 网络中可能发生明显的延迟。

对于给定的符号未对准和采样或载波频率误差，所得 MAI 的功率取决于干扰信道的衰减与期望信道衰减之间的差异性，取决于干扰信道的频率选择性以及干扰源和干扰载波之间的频率间隔。因此，采用音调分组代替单独载波是一种减少这种类型的 MAI 的通常使用的技术。在发射机（PS - OFDM）和接收机（加窗的 OFDM）处可以使用比矩形方式更高的约束的脉冲窗口化（OFDM），这是解决 OFDMA 系统中 MAI 的最有力的方法，也可以使用具有较高频谱限制脉冲的其他调制方案处理这个问题，例如，FMT（见 5.3.2.2 节）[69]。然而，在任何情况下都会进行下面的权衡：在发射机或接收机处使用较大的脉冲增加了 SINR，但是却降低了符号率。以下小节将研究由于符号未对准和采样频率误差以及脉冲整形和窗口效应引起的 MAI。关于后一种技术及其关键参数 α 和 β 的更多细节，参考 5.3.2.2

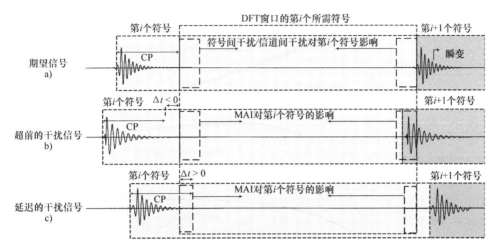

图 6.23　符号未对准情况的示意图

节，对于对 MAI 的估算过程，参考本章参考文献 [68]。

6.4.4.2.1　接收机端符号未对准引起的 MAI

为了说明符号未对准引起的 MAI 的影响，图 6.24 描述了具有两个点对点链路的 3 个室内 PLC 网络的总比特率。这些网络分为低 MAI、中 MAI 和高 MAI。它们之间的主要区别是从期望发射机到期望接收机（期望信道）的信道衰减与从干扰源发射机到期望接收机（干扰信道）的信道衰减的不同。在低 MAI 情况下，期望信道具有很小的衰减，而干扰信道具有严重的衰减。相反，在高 MAI 情况下，期望信道衰减很严重，干扰信道具有很小的衰减。在中 MAI 中，期望信道和干扰信道都具有相近的衰减。物理层在高达 30MHz 的频段中使用 1024 个载波。载波使用具有 16 和 64 个子带的音调分组来分配。为了获得 MAI 的上限，将相邻子带分配给不同用户（交织），并且期望符号和干扰符号之间大约有一半未对准。利用 $\alpha = \beta$ 作为脉冲整形和加窗参数的函数计算比特率。本章参考文献 [68] 研究了这种情况下的最优性能，其中，假设噪声和失真项是独立高斯分布。

图 6.24 所示为"比特率损失渐近线"的参考曲线。它是通过对低 MAI 场景中两个用户获得的单用户比特率求和而获得的。在这种情况下，比特率损失几乎都是由脉冲整形和加窗引起的符号率降低引起的。值得注意的是，在低 MAI 情况下，由于 MAI 非常小，脉冲整形和加窗的效果几乎总是相反的。16 个交织子带方案的比特率与比特率渐近线近似一致可以说明这一结论。另一方面，增加高 MAI 网络中的 α 和 β（在所考虑的范围内）能提高信道性能。在中 MAI 网络中，增加这两个参数虽然提高了信道性能，但是，当使用更密集星座的时候，MAI 功率的降低不能弥补符号率的降低，增加 α 和 β 会降低比特率。

图 6.25 显示了在图 6.24 所示的低 MAI 和高 MAI 网络的性能，Δt（以符号长度的百分比表示）代表符号未对准函数。评估两个物理层，一个使用脉冲整形和

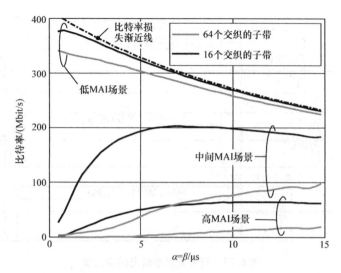

图6.24 不同 MAI 场景中的聚合比特率作为 α 和 β 的函数

（符号未对准等于符号长度的 1/2）[68] © 2006 IEEE

加窗技术的 OFDM，$\alpha = \beta = 8.3\mu s$，该值是 3 个网络的一个很好的权衡值，如图 6.24 所示。另一物理层采用具有矩形脉冲的 OFDM，表示为常规 OFDM。性能是根据聚合比特率损耗来衡量的，在这些场景中用常规 OFDM 系统获得的单用户比特率之和作为参考。考虑 3 种载波分配方案：使用 LP 单独分配载波，两个使用具有 64 个子带的音调分组的策略。在其中一个策略中，使用 IP 分配子带，而将相邻子带分配给另一组中的不同用户（交织）。后者用于获得性能的下限。

图 6.25 揭示了在接收机端对准期望和干扰符号时，由信道频率选择性造成的性能下降是可以忽略的。另一方面，传统 OFDM 系统的性能对码元失准非常敏感，并且在高 MAI 场景中网络可能会发生中断。由于符号率降低，使用脉冲整形和加窗会导致比特率损失，而在低 MAI 场景下正好相反。然而，在高 MAI 场景中，这种方案对符号偏差的适应性更强。注意载波分配对性能降级的影响也很重要。单独的载波分配和具有交织子带的音调分组是降低 MAI 影响的最有效的策略。

6.4.4.2.2 采样频偏引起的 MAI

考虑一个网络，在这个网络中，通过以适当速率发送定期同步信标来实现同步。用户在接收到信标之后调整其时钟相位，但是调整的时钟频率会在两个连续的同步信标之间漂移。这种方式在接收符号少于一个采样点未对准的情况下也会引起 MAI。在这种情况下，在发射机处的脉冲整形几乎总会得到相反的效果，只有加窗可以减少 MAI。

图 6.26a 描述了 3 个 MAI 场景中，当频偏 $\Delta f = 25 \times 10^{-6}$ 时函数 β 的聚合比特率。可以看出，尽管在最佳 MAI 场景下加窗总是适得其反，但是在其他场景下，提高了比特率。事实上，这种行为与符号异步情况下的行为非常相似。

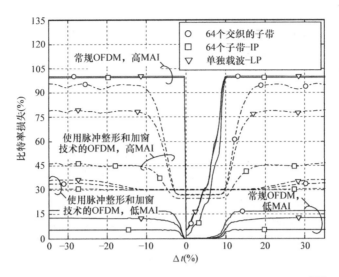

图 6.25　低 MAI 和高 MAI 场景下的比特率损失作为符号未对准的函数[68] © 2006 IEEE

图 6.26b 描述了作为 $\beta = 8\mu s$ 的频率失配的函数的总比特率损失（相对于在所考虑的场景中用常规 OFDM 系统获得的单用户比特率的总和）。可以看出，常规 OFDM 系统的性能几乎不受低 MAI 场景下频率失配的影响。另一方面，即使是小的频率偏移也会导致高 MAI 场景中严重的性能下降。在这种情况下，即使 $\Delta f = 30 \times 10^{-6}$，加窗 OFDM 的比特率损失对于一些载波分配也可能是相当大的。

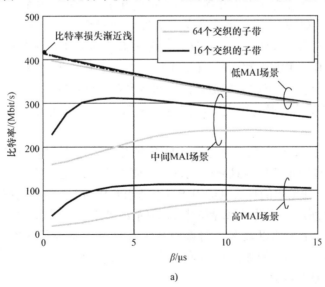

a)

图 6.26　作为 β 的函数，在不同场景下由采样频率偏移引起的聚合比特率；
高 MAI 和低 MAI 场景下的比特率损失作为频率失配的函数[68] © 2006 IEEE

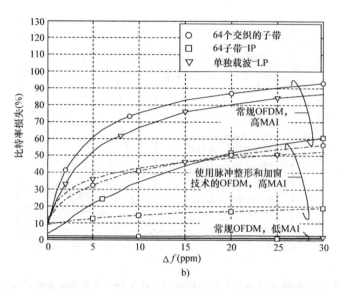

图 6.26　作为 β 的函数，在不同场景下由采样频率偏移引起的聚合比特率；
高 MAI 和低 MAI 场景下的比特率损失作为频率失配的函数[68] ⓒ 2006 IEEE（续）

6.4.5　TDMA

6.4.5.1　无争用的 TDMA：最优时隙设计和分配过程

在本节中，将分析 6.4.3 节规定的物理层基于 OFDM 调制的室内 PLC 系统的资源分配问题，研究具有周期平稳噪声的周期性时变信道。MAC 层由用于提高 QoS 的自适应 TDMA 区域组成。在许多宽带 PLC 标准和工业规范中描述了类似的方案。例如，IEEE P1901 和 ITU – T G. hn[70] 标准，HomePlug AV HPAV 和 Home-Plug AV2[71] 规范。与 HPAV 类似，假设网络中有一个 CCo 节点，我们专注于 CCo 向 N_U 网络用户发送数据的正交广播信道［见图 6.20b］，还要考虑 TDMA 区域的优化。

在这种情况下，CCo 负责通过收集网络状态（即用户数量、信道条件、每个用户请求所需的 QoS 等）信息来分配资源。值得注意的是，虽然我们研究的是正交广播信道，下面给出的算法也适用于具有适当差异的上行链路情况。

如图 6.27 所示，假设 MAC 帧的持续时间 T_F 等于电源周期，例如欧洲的 $T_F =$ 20ms。子帧由一个头部以及多个时隙组成。头部和时隙的持续时间等于整数个 OFDM 符号持续时间，例如，它们等于 $T_H = N_H T_0$，$T_S = N_{ITS} T_0$。可以使用多个 MAC 帧来满足 QoS 约束。

MAC 帧头部携带以下信息：

1）时隙持续时间；

2）时隙调度，调度是每个时隙索引与已经被预留的时隙节点的物理地址之间

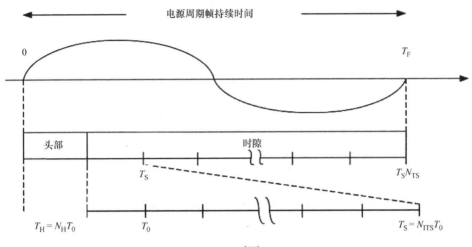

图 6.27 框架结构[72] © 2009 IEEE

的对应关系；

3）调度有效的电源周期数。

每个时隙还承载 PHY 层用于同步和信道估计算法的一些 OH 信息。

6.4.5.1.1 MAC 过程

MAC 协议包括 3 个阶段，包括：网络状态学习、资源分配和数据交换。前两个步骤必须在新节点加入网络时执行，或者在当前分配不能满足节点所需的 QoS 时执行，比如，在信道发生了明显变化时，必须执行前两个步骤。

在网络状态学习期间，CCo 获知网络状态，例如自身与节点之间的链路状况、应用所需的 QoS 等。为了获知网络状态，CCo 可以向用户发送训练序列，例如 OFDM 符号的每个子信道采用 QAM。所有用户估计它们在 TDMA 子帧中的每个子信道和 OFDM 符号中的 SINR，并且计算所有符号的比特加载。比特加载映射用 $b^{(u,k)}$ （mN）表示，如果 CCo 在 MAC 帧的第 m 个 OFDM 符号期间发送，那么它会给出一个比特数，该比特数代表可以通过第 k 个子信道向第 u 个用户发送的数据量 [见式（6.24）]。然后将比特加载映射反馈到 CCo。值得注意的是，由于信道是 LPTV，周期等于电源周期，每个用户只需发送一个电源周期的信息，即 $b^{(u,k)}$ （mN），其中 $m = 0$，…，$L-1$。此外，我们指出，CCo 仅需要每个 OFDM 符号的比特加载信息来执行时隙持续时间优化，即找到最佳 N_{ITS}。如果采用固定的时隙长度，则仅需要每个时隙的比特加载映射。

一旦 CCo 从节点接收到比特加载映射，就能够确定资源分配和调度。为此，其首先在第 s 个时隙期间计算自身与第 u 个用户之间的传输的吞吐量

$$R_s^{(u)}(N_{\text{ITS}}) = \begin{cases} \dfrac{N_{\text{ITS}} - 1}{T_F} \sum_{k \in \mathbf{K}_{\text{ON}}} \hat{b}_s^{(u,k)}, & N_{\text{ITS}} > 1 \\ 0, & \text{其他} \end{cases} \tag{6.28}$$

式中，$\hat{b}_s^{(u,k)}$ 是时隙 s 期间在子信道 k 上加载的比特的数量，并且假设使用完整 OFDM 符号作为 PHY 层 OH 的调度过程。本章参考文献［73］中讨论了上述过程。在这种情况下，我们可以在 PHY 头部中发送要在时隙中使用的位图，就像在 HPAV 中一样。不同调度过程的描述可以在本章参考文献［72］中找到。

在式（6.28）中，使用式（6.24）计算每个子信道上加载的比特数

$$\hat{b}_s^{(u,k)} = \min_m \{ b^{(u,k)}(sN_{ITS}T_0 + mT_0) \}, s = 0, \cdots, N_{TS} - 1; m = 0, \cdots, N_{ITS} - 1$$

(6.29)

因此假设在每个时隙期间比特加载是不变的。

一旦 CCo 已经计算了它在每个时隙中向每个用户发送的速率，即 $R_s^{(u)}(N_{ITS})$，则它必须在用户之间分配时隙，并且必须计算最佳时隙持续时间。该问题可以表示为优化问题，如下，

$$\max_{c, N_{ITS}} \sum_{u=1}^{N_U} \sum_{s=0}^{N_{TS}-1} c^{(u,s)} R_s^{(u)}(N_{ITS}),$$

$$\text{s.t.} \sum_{u=1}^{N_U} c^{(u,s)} = 1, s = 0, \cdots, N_{TS} - 1,$$

$$\sum_{s=0}^{N_{TS}-1} c^{(u,s)} R_s^{(u)}(N_{ITS}) \geqslant \frac{p^{(u)}}{100} \sum_{s=0}^{N_{TS}-1} R_s^{(u)}(N_{ITS}), u = 1, \cdots, N_U \quad (6.30)$$

其中，如果时隙 s 分配给用户 u，则 $c^{(u,s)}$ 等于 1，否则为 0。参数 $p^{(u)}$ 是加权因子，它表示第 u 个用户的数据传输速率相对于其在相应的单用户场景中实现的数据传输速率的百分比。一旦 N_{ITS} 固定，式（6.30）可以使用整数规划求解。然而，在一些情况下，整数规划不能在合理的计算时间内计算出式（6.30）的解。此外，求解过程中还可能发生无法满足约束条件的情况，导致无法得到问题的解。在这种情况下，可以放宽一些约束，直到整数编程给出问题的解决方案。不过，这个问题可能还是无法在合理的时间内解决。为了简化复杂性，一旦 N_{ITS} 固定，我们建议使用 LP［74，第4章］。也就是说，对于 N_{ITS} 的每个值，经由 LP 返回给出时隙分配的系数，然后舍入系数 $c^{(u,s)}$。因此，对于不同的时隙持续时间值，确定最佳时隙持续时间使用式（6.30），即，N_{ITS}^{opt} 是使总传输速率最大化的 OFDM 符号的数量。显然，在某些情况下，LP 随后的舍入系数可以给出不满足所有约束的式（6.23）的解。在这种情况下，可以采用启发式解决方案。

值得注意的是，由于 T_F 和 SINR 取决于 OFDM 符号持续时间并且取决于发射机和接收机脉冲，所以式（6.30）的优化问题也可以考虑这些参数，为了简单起见，忽略这些参数。

数值示例

为了展示数值示例，假设存在以下参数：传输频段设置为 $0 \sim 37.5\text{MHz}$，并且使用具有矩形发射脉冲和接收机窗口的 OFDM；子信道的数量是 $M = 1536$，使用其

中的 1066 个子信道，在 2 ~ 28MHz 中产生可用的频段；循环前缀持续时间为 6.32μs；OFDM 符号持续时间为 47.28μs；以 -50dBm/Hz 的功率谱密度发送信号；TDMA 子帧中的 OFDM 符号的数量等于 423；头部由 3 个 OFDM 符号组成；帧中有 420 个有用的 OFDM 符号；对于节点数目 N_U 等于 4 的网络，时隙持续时间可以在 1 ~ 105 个 OFDM 符号之间变化；比特加载采用 2 - PAM、4 - QAM、8 - QAM、16 - QAM、64 - QAM、256 - QAM 和 1024 - QAM 星座。此外，SNR 差设置为 $\Gamma = 9$dB。

图 6.28 显示了在不同时隙持续时间内式（6.30）的四用户场景的总速率。还显示了所得到的单用户速率。虽然这里没有指出，但是在本章参考文献 [72] 中，研究了两用户和三用户场景的类似行为。

从图 6.28 可以看出，总速率具有最大值。通过回顾每个时隙引入固定量的 OH 可以解释这个结果（在我们的情况下是一个 OFDM 符号）。所以，OH 对总速率的影响通过增加时隙持续时间而降低。这对于大多数的时隙持续时间是正确的，但是当信道条件的变化对比特加载的程度影响不明显时，总传输速率开始下降。总速率趋于平坦时，表明速率到达时隙持续时间的"全局"最优值。因此，资源分配简化为时隙分配的计算。

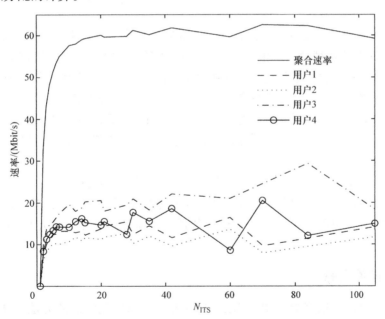

图 6.28　不同时隙持续时间的聚合和单用户速率[72] © 2009 IEEE

本章参考文献 [72] 中的研究表明，50 个 OFDM 符号（~2.5μs）是良好的时隙值。此长度导致的总比特率损失值小于 5%。在实践中，因为使用固定的时隙长度显著地减少了节点必须发送到 CCo 的信令量，这种损失可以小得多（甚至可以是增益）。结果也证实了本章参考文献［75］中建议的 1 ~ 2ms 的时隙持续时间。

6.4.6　TDMA 和 FDMA 基于争用的协议

在前面部分中讨论的 TDMA 和 OFDMA 方案中，CCo 为每个站分配共享资源（包括时域、频域）。这种策略称为计划接入，它们的主要优势是传输效率和管理具有不同 QoS 要求用户的能力。另一方面，它们具有高信令开销和严格的同步要求，特别是 OFDMA。相比之下，研究者们也提出了一些其他的随机接入策略。其中，CSMA/CA 是 PLC 中最受欢迎的。这是一种 TDMA 技术，每个用户仅在该信道被感知为空闲之后进行随机发送。其主要优点是简单，因为不需要 CCo，但是由于空闲时隙和碰撞，特别是在重载条件下，计划策略的性能会下降。

OFDMA 具有利用相关链路信道响应之间的差异、利用随机接入方案减少信令的能力，为了结合这些能力，在本章参考文献［76］中提出了用于 OFDMA 系统的广义 CSMA/CA。在该策略中，通过将系统载波划分为子集来获得多个并行子信道。由于用户可以感知每个 OFDM 符号处的所有子信道的状态，因此可以在每个子信道中采用 CSMA/CA，这就产生了二维 CSMA/CA。二维 CSMA/CA 的用户可以在时域和频域上同时进行争用。当用户具有要发送的数据时，它随机地占用一个空闲的子信道。

为了利用 PLC 信道的频率选择性，本章参考文献［77］中提出了与上述 OFD-MA CSMA/CA 技术稍微不同的技术。在这种情况下，CCo 建立子信道集合，每个站从集合中选择自己的子信道。CCo 在每个子信道中广播具有用户数量的信标。在接收到信标之后，每个用户选择能使其达到最大吞吐量的子信道。因此，该方案将广义 OFDMA CSMA/CA 的较低碰撞概率与 OFDMA 的频谱效率相结合，而在本章参考文献［76］中没有利用这一点。该方案可以提高在常规单信道操作中使用的 CSMA/CA 的性能[77]。

本章参考文献［78］中提出了 OFDMA 系统的机会随机接入。在该策略中，在争用时间结束时将子信道分配给需要更好信道条件的用户。此外，考虑到各个子信道的传输特性，更新每个用户的退避计数器，退避计数器用来决定信道是否尝试传输。

6.4.7　相关文献

文献中提出了很多处理 PLC 网络中多用户资源分配问题的方法。在下文中，给出了关于该专题的若干文章。这些文献是根据所采用的信道接入技术进行分类的，即 FDMA 技术或无争用和基于争用的 TDMA。

6.4.7.1　FDMA

本章参考文献［64］、［67］、［77］－［83］研究了基于 FDMA 信道接入的室内宽带 PLC 场景中的多用户资源分配问题。本章参考文献［64］中，提出了一种实用的资源分配算法，该算法参照每个链路的信道质量，实现网络用户之间的信道分配，在 PSD 约束和最小数据传输速率约束下最大化总网络速率。研究通过 FDD 获得的广播（下行链路）和多址接入（上行链路）通信。

本章参考文献 [67] 中，研究了一个优化问题，目的是在总功率约束下最大化加权和速率。通过对凸优化问题的近似来解决所得到的非线性整数问题。数值结果表明，该方法给出的结果接近最佳。该算法可以扩展到两跳 PLC 中继网络[79]。

本章参考文献 [80] 中，提出了一种迭代算法，其联合计算用于下行链路情况的 FDMA 信道和功率分配，以便在公平性、总功率和 PSD 约束下最大化总网络吞吐量[84]。在每次迭代时，外部循环负责在网络用户之间分配信道，而内部循环计算功率分配。在相同条件下，本章参考文献 [81] 通过一种启发式算法在网络用户之间划分信道，目的是在公平约束下最大化由 FDMA 和 TDMA 比特率之间的比率给出的增益。数值结果表明在 PHY 层，FDMA 优于 TDMA，并且该解决方案用于本章参考文献 [82] 中提出的较简单的信道分配过程中时具有更高的增益。然而，本章参考文献 [83] 中的研究表明，当考虑传输层 UDP 业务下的性能时，FDMA 吞吐量增益不一定优于 TDMA。其背后的原因是虽然 FDMA 具有更高的 PHY 层比特率，但它需要更大量的 OH。因此，只有当频率多样性的利用超过额外的 OH 造成的损失时，该方案才是有益的。

在本章参考文献 [77] 中提出了一种利用 CSMA/CA 和 FDMA 的用于上行链路信道的有趣的混合方案。根据所提出的方案，每个用户仅争用允许高比特率传输的 OFDM 子信道，从而减少传输冲突，增加聚合网络吞吐量。该方案在本章参考文献 [78] 中进行了优化。

6.4.7.2　TDMA

本章参考文献 [85] 中首次提出在室内宽带 PLC 网络上使用无争用的 TDMA 信道接入方案，以允许 HomePlug AV 设备提供没有帧丢失的 HDTV 流。该方案中，根据发送/清除发送协议的请求，节点可以持久地占用多个时隙。协议是分布式的，即没有网络协调器。在本章参考文献 [86] 中，作者提出了一种基于机会争用的协议来提高 QoS 上行流量。该协议利用在接收机处噪声的周期平稳行为将电源周期划分为两种类型的区域：具有高 SNR 和低 SNR 的区域。具有高优先级的节点在高 SNR 区域期间争用并占用信道，而具有低优先级的节点在低 SNR 区域期间争用信道。数值结果显示该方案在吞吐量方面有良好的改进，参照 HomePlug AV 设备采用的优先级 CSMA/CA。

本章参考文献 [87] 中也提出了使用 TDMA 的方案，该方案用来提高由用于智能家居/建筑应用的 G3 - PLC 标准定义的 CSMA/CA 信道接入协议的性能。

6.5　协作电力线通信

本节介绍 PLC 系统中协作传输技术的应用。首先，对协作通信进行简要回顾，然后提出协作 PLC 的最新技术。应该指出的是，在本节中，协作指的是物理层协作技术。这与传统的多跳传输方案不同，传统的多跳传输方案是指网络节点通过路由表使用连续的传输将消息从源节点传送到目的节点。

6.5.1　协作通信简介

协作通信[88]是对传统点对点通信的扩展延伸。在点对点系统中，每个用户与目的地直接通信，在通信过程中不会与其他用户合作。这种方法有益于提高拥有较多资源用户的服务质量，但是会损害其他用户的服务质量。在协作通信系统中，用户通过共享诸如功率和计算等资源来相互合作，以便改进系统所有用户的性能指标或节省整个系统的资源。换句话说，协作用户采用更多的利他方法，不仅传送自己的数据，还负责传送其他用户的数据。

图 6.29 所示的三节点网络是协作系统最简单的模式。在这种模式中，存在一个源节点、一个目的节点和一个中继节点。中继节点与源节点通过协作来帮助源节点与目的节点进行数据通信。在三节点协作情况下，如果源节点和目的节点之间的直接信道不可靠，则可以通过中继节点经由不同路径将消息传送到目的节点。换句话说，在协作通信中，当直接链路发生损坏从而破坏数据通信时，可以通过替代链路来进行通信，例如图 6.29 中使用中继信道进行通信。简单的三节点设置可以扩展到使用多个中继进行通信的情况。所有中继节点均可以通过并行模式工作，也就是说，它们都直接从源节点接收信号并直接传送到目的节点，也可以以串联模式工作，在串联工作模式下，数据通过多跳传送到目的节点。

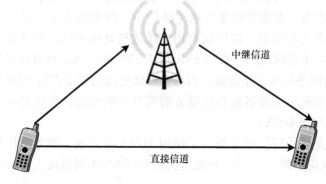

图 6.29　一个简单的三节点协作设置

20 世纪 70 年代初 Van der Meulen 首次研究了协作通信，本章参考文献 [89]

和［90］研究了基本的三节点模型。解决了节点协作情况下信道的有效数据传输问题。在本章参考文献［91］中，Cover 和 El Gamal 做出了关于协作通信的突破性进展。他们研究了三节点中继信道的信息论。尽管协作通信在通信理论中出现得很早，但是直到近年才在研究领域有所进展。在这之前，大多数研究，例如，本章参考文献［92］和［93］侧重于协作通信方面的信息论，并表明协作可以提高系统容量。然而，这种情况在 21 世纪初发生了改变，为了增加无线通信的覆盖面积，提高无线通信的可靠性，协作通信引起了广泛的关注和研究动力。因此，相继地产生了几种中继协议，参见本章参考文献［88］，［94］－［98］。

在为协作通信系统研究的中继策略中，放大转发（AF）和解码转发（DF）[97,98] 是用户协作的关键策略。考虑图 6.29 中所示的三节点设置，在 AF 中，源节点发送信号，目的节点和中继节点接收信号。中继节点接收到信号之后仅将接收到的信号放大，并将其转发到目的节点。对于 DF，中继对接收到的信号进行解码，然后做进一步的处理。在对源消息进行重新编码后，中继器将重新编码的信号发送到目的节点。本章参考文献［99］研究了衰落信道中使用不同的 TDMA 协议时，AF 和 DF 协作方案的性能，阐明了协作通信对性能的改进。

由于用户协作的诸多优点，特别是能够扩展网络覆盖范围、提高系统容量，在制定新的无线标准时采用了协作通信，例如，长期演进（LTE）[100] 和 IEEE 802.16[101]。虽然已经对协作无线通信进行了很多研究，但是，协作 PLC 仍是未开发的领域。下面章节中，我们讨论了为什么协作通信是一种提高 PLC 系统性能的有前景的方法，并且对协作 PLC 的技术水平进行了评估。

6.5.2　协作电力线通信简介

虽然使用现有的电力线架构可以降低数据通信的成本，但也面临几个重要的挑战。主要挑战之一是 PLC 信道的双选择特性，即信道在频率和时间上都是选择性的。频率选择性是由电力电缆的频率特性、网络中的负载以及不匹配的电力线连接点造成的。虽然电缆和接头的效果几乎不会随着时间的推移而发生变化，但是负载阻抗有可能在任意时间发生变化（在插入电气设备时突然发生变化或者随电源周期变化），这种变化会改变信道频率响应并导致信道的时间选择性。PLC 网络中的另一个挑战是信号衰减严重，发生这种衰减的主要原因有两个，一是电力电缆带来的损耗，二是负载吸收了信号能量。有损信道和频率选择性信道会导致接收机处的信号功率低和数据通信质量差。虽然可以使用增加发射功率的方法来补偿信号的功率损耗，但是，由于受到电磁兼容（EMC）的约束，这种方法并不可行。因此，应当寻求其他解决方案。

无线系统中协作通信的速率和覆盖范围的提高，似乎是克服上述 PLC 挑战的可行选择。此外，PLC 信道的广播特性进一步促进了协作方案的应用。为了更好地解释这一点，考虑图 6.30 中描述的 PLC 网络，源节点想要将 u_s 数据发送到目的节

点 u_d。连接 u_s 和 u_d 的电力电缆横穿 N 个中间用户，表示为 u_1, u_2, …, u_N。当 u_s 向 u_d 传送信号时，由于信道的广播性质，其中一些或所有的 u_i 能够接收到信号。中间用户可以使用诸如 AF 或 DF 的协作方案，并且通过监听信号来协助数据进行传输。

图 6.30　示出了具有源节点 u_s，目的节点 u_d 和 N 个中间节点的 PLC 网络

尽管用户之间的协作可能有益于无线系统和 PLC 系统，但是应该意识到这两种通信介质之间的实质性差异。在无线系统中，不同协作节点接收的信号主要是统计独立的。例如，在无线系统中，图 6.29 中直接传输的信号和中继信号通常具有独立的衰落。然而，考虑图 6.30 中所示的 PLC 系统的情况，从 u_s 或任何 u_i 发送并在 u_d 处接收的信号在主电力电缆的公共段（图中的水平线）上传输。这意味着从不同发射节点接收到的信号之间具有依赖性。这种依赖性最基本的影响是当主电力电缆发生损坏时，会损害从所有中间节点接收的信号质量。一般来说，任何两个 PLC 网络节点之间的信道频率响应，均可以定义为两个节点之间的信道频率响应的乘积（参见本章参考文献［102］的式（15））。因此，通过同一信道段的信号将具有依赖性，这对 PLC 可实现的分集特性有一定的影响，参考本章参考文献［103］。由于 PLC 网络通常具有树形拓扑⊖，所以除了图 6.30 所示的 PLC 模式之外的其他 PLC 模式，也符合协作节点信号之间依赖性的理论。

根据系统中的信息流动，协作 PLC 系统分为单向和双向/多路系统。在单向协作 PLC 中，存在一组源节点，经由中间（中继）节点将它们的数据发送到一组目的节点。在单向网络中，源节点集合和目的节点集合是不相交的，因此信息流只有一个方向，即从源节点到目的节点。图 6.30 中描述的 PLC 网络情形是单向协作 PLC 网络。与单向协作 PLC 不同，在双向/多路系统中源节点集和目的节点集是可以相交的，部分或所有用户可以同时充当源节点和目的节点。因此，信息在网络中的多个方向上流动。

接下来，我们介绍单向和双向/多路 PLC 系统的研究进展。注意我们主要讨论半双工场景下的 PLC，在此场景中，每个节点均处于发送或接收模式。

6.5.3　单向协作 PLC 系统

从源节点到目的节点的直接传输（DT）的非协作方法是评估协作 PLC 方案性能的最简单的基准。除了直接传输之外，单向 PLC 系统中还可以使用传统的多跳

⊖　请注意，在树形图中，图形的任何两个顶点之间只有一个不相交的路径。——原书注

传输（基于路由表的）将数据从源节点发送到目的节点。注意，该方法在物理层中没有发生协作，因为每次只有一个用户根据路由表调度发送，这种方法称为单节点重传[104]。然而，大多数协作 PLC 研究主要集中在物理层协作方面。一些文献提出了在单向 PLC 系统中关于物理层协作的几种策略。在下面的内容中，我们介绍这几种策略。

6.5.3.1　单频网络

本章参考文献 [105] 是关于物理层寻址协作 PLC 最早的研究之一。该文献中提出的协作策略建立在单频通信[106]和数据洪泛的基础上，通过多跳方式实现用户之间的数据通信。虽然这种方法有益于提升网络拓扑变化的鲁棒性并减少网络的路由开销，但是，它也有若干方面的缺点。具体来说，用户同一时间发送的信号可能会被破坏并且相互抵消。此外，同步机制对于单频率通信是至关重要的。全网时钟不仅是单频网络（Single Frequency Networking，SFN）所必需的，而且对于 PLC 网络中所有的协作机制也是必不可少的。另一方面，本章参考文献 [105] 中提出了洪泛对网络状况的负面影响。本章参考文献 [107] 中描述了减轻这种影响的方案。

6.5.3.2　分布式空时分组码

根据本章参考文献 [104]、[109]、[110] 中研究的空时编码[108]方案，本章参考文献 [105] 对单频传输方法进行了延伸。在单频通信中，信号的多个重传副本可能遭到破坏。与单频通信不同，该方案中采用空时编码来提高中间节点重传的有效性。空时编码背后的基本思想是在时间和空间（即来自不同节点）上智能地发送多个数据副本，通过目的节点信号组合提高接收 SNR。对类似于图 6.30 的简单的 PLC 线性网络，本章参考文献 [104] 中首次研究了正交空时块码（Orthogonal Space – Time Block Codes，OSTBC）。虽然 OSTBC 对单频通信（在本章参考文献 [104] 中称为简单传输）的性能进行了改进，但是这种方案会引起数据传输速率的损失，并且会随着用户数量的增加而降低了效率。这是由于中间用户大于 2 ($N_u > 2$) 的情况下，不存在速率为一的码字[104]。为了将空时编码的应用扩展到更大的网络，在本章参考文献 [104] 中提出了一种基于分布式空时块码（Distributed Space – Time Block Codes，DSTBC）[111]的方法。使用 DSTBC，将唯一的签名分配给每个节点，在目的节点处有效地组合不同用户的信号，该方案能避免速率损失。

在进行 DSTBC 的性能评估之前，我们引入了一个称为中断概率的重要指标。中断概率代表数据传输速率低于某一速率阈值的概率。一般来说，PLC 信道输入 u_s 和信道输出 u_d 的互信息表示为 I，并且速率阈值由 R 表示，则中断概率为

$$p_{out} = \Pr\{I < R\} \tag{6.31}$$

其中数据传输速率以每信道使用的比特来定义。中断概率通常也称为中断容量，通过最优化 I 或将互信息视为（例如信号星座图）约束容量。

为了评估协作 PLC 空时编码的性能，考虑具有 6 个中间节点的线性 PLC 网络。源节点和目的地节点间隔 100m，并且中间节点随机分布于源节点和目的节点之间的电力电缆上。基于本章参考文献［112］中建议的模型选择电缆参数。如图 6.31 所示，在归一化目标速率 $R = 1$bit/（使用信道）和信道频率响应为 1MHz 的情况下，给出了空时编码连同其他协作方案的中断性能。图 6.31a 是网络目标节点处阻抗为 $Z_d = 10^4 \Omega$ 的情况，图 6.31b 给出了 Z_d 的振幅在 ［2，200）Ω 均匀分布和相位在 ［0，2π）均匀分布的结果。OSTBC 不适用于有多于两个中间节点的网络，图 6.31 可以用来表示 DSTBC 性能的上限。从图中可以看出，DSTBC 获得了接近 OSTBC 的中断概率，并实现了优于直接传输、基于路由表的单节点传输和使用单频通信的简单重传。

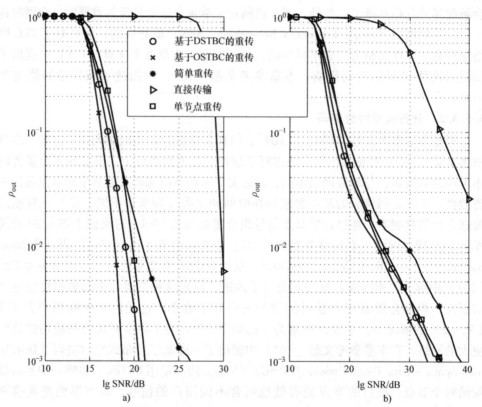

图 6.31　中断概率随信噪比的变化 （$R = 1$bit/s）[104] © 2006 IEEE

除了中断特性之外，上述传输策略的延迟特性也是值得研究的。为了研究延迟特性，将目的节点处传输数据所需的网络节点的总传输数量作为衡量标准，该参数称为 D。图 6.32 示出了对于两个不同的 SNR 值的 D 的补充累积分布函数（CCDF），由 $\Pr\{D > x\}$ 表示。可以观察到 DSTBC 的延迟特性优于简单重传和单节点重传，接近 OSTBC 基准。

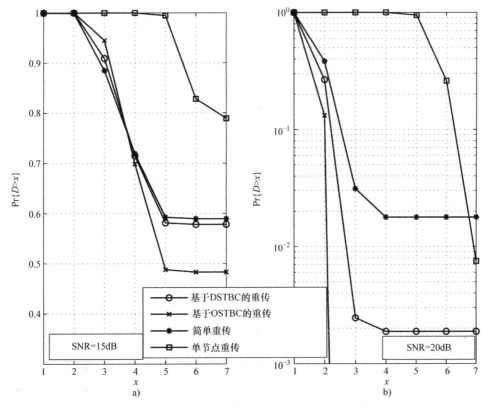

图 6.32   不同方案下参数 D 的补充累积分布函数（2 个 SNR 值）[104] © 2006 IEEE

6.5.3.3   协作编码

另一种有效协作 PLC 的方案是协作编码[103,113,114]。为了解释协作编码背后的基本思想，考虑类似于图 6.30 中的 PLC 网络。当 u_s 通过电缆传输信号时，其他节点可以部分或完全地解码传输的信息。由于信号会随着电缆的传输距离发生损耗，u_1 是最容易完全解码源消息的节点，u_d 是最难解码源消息的节点。其他所有的中间节点都介于这两者之间。为了帮助 u_d 完全解码传输的信息，中间节点重复发送 u_s 信息，直到信息在 u_d 处完全解码。为了节约传输能量和信道资源，u_1 只发送足以使 u_2 对原始信息进行完全解码的部分信息，而不是重传完整的源信息。也就是说，组合第一次传输和第二次传输的信号，u_2 能够完全解码源信息 u_s。然后，u_2 重传部分源信息，使得 u_3 能够完全解码源信息 u_s。重复执行此过程，直到 u_N 已经进行传输并且 u_d 能够完全解码源信息。

在这里，我们计算协作编码的可实现数据传输速率。假设 u_s 发送 k 比特信息到目的节点，方便起见，将 u_s 和 u_d 分别表示为 u_0 和 u_{N+1}。用 $C_{i,j}$ 来表示 u_i 和 u_j 之间线路段的链路容量（bit/使用信道），需要在 u_0 处进行 $n_0 = k/C_{0,1}$ 个传输，从而在 u_1 完全接收源消息。同时，u_2 从源消息接收到 $n_0 C_{0,2}$ 比特的信息内容。现在，为了确保我们的消息在 u_2 可完全解码，u_1 只需要传输 n_1 个编码比特，使得 $k = n_0 C_{0,2} + n_1 C_{1,2}$。类似地，$u_2$ 仅需要发送必需的信息，使得 u_3 能够解码完整的源消息。继续该过程，链路容量和每个节点的传输数量之间的关系可表示为

$$\begin{bmatrix} C_{0,1} & 0 & \cdots & 0 \\ C_{0,2} & C_{1,2} & 0 & \cdots \\ \vdots & \vdots & \ddots & \vdots \\ C_{0,N+1} & C_{1,N+1} & \cdots & C_{N,N+1} \end{bmatrix} \begin{bmatrix} n_0 \\ n_1 \\ \vdots \\ n_N \end{bmatrix} \begin{bmatrix} k \\ k \\ \vdots \\ k \end{bmatrix} \tag{6.32}$$

从式（6.32）可以看出，源信息在每个节点处逐渐累积，直到节点能够对信息进行完全解码。由于需要 $n_0 + n_1 + \cdots + n_N$ 个传输用来将 k 比特消息从 u_s 传送到 u_d，所以用于协作编码方案的总数据传输速率是

$$R_{\text{coop}} = k \left(\sum_{i=0}^{N} n_i \right)^{-1} \tag{6.33}$$

现在，如果应用传统的 DF 方案，其中的节点不利用其监听到的信号，在相同的PLC 设置下，可实现的数据传输速率是

$$R_{\text{DF}} = \frac{1}{N+1} \min C_{i,i+1}, \, i = 0, 1, \cdots, N \tag{6.34}$$

图 6.33 比较了协作编码和传统 DF 的可实现数据传输速率，其中源节点和目的节点相隔1km。u_s 和 u_d 之间的中间节点等间距，使用二进制调制方案进行数据传输。此外，信道上的信号衰减由衰减因子 δdB/km 和信号的传输距离决定。这里，给出了 $\delta = 40$dB/km，60dB/km，100dB/km 的 3 个不同值的结果。可以看出，协作编码方案明显优于 DF 方案，N 值较大时协作编码的优势更明显。另一个有趣的现象是，协作编码的数据传输速率是 N 的递增函数，但是传统 DF 方案则不是 N 的递增函数。

6.5.3.4　AF 和 DF 中继

AF 中继可应用于协作式单向 PLC 系统。Cheng 和他的团队[115,116]研究了 PLC系统中双跳 AF 协作可实现的数据传输速率，即 $N = 1$ 时，如图 6.30 所示。假定信道是频率选择性的，通过优化频段上的功率分配来分析这种中继辅助系统的容量。研究表明，在连接主电源线的负载分支密度高、负载阻抗低的情况下，AF 中继辅助 PLC 方案更加有益。另外，本章参考文献 [117] 比较了使用正交频分复用（OFDM）时中压电网上的双跳 AF 和 DF 中继的性能。虽然 AF 比 DF 的中继复杂度低，但是 AF 的可实现数据传输速率明显优于 DF。在本章参考文献 [118] 中，为大的中压电网（根据中间节点的数量）设计了基于 AF 的新协作协议。与传统 AF方案相比，该协议具有更好的协作增益，而且显著增加了系统的可实现数据传输速率。

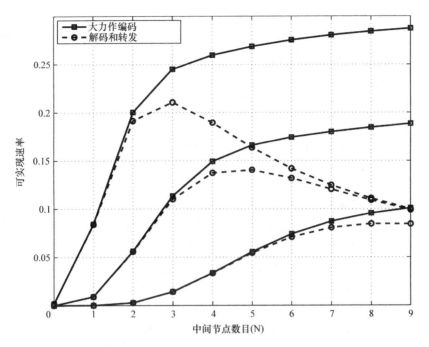

图 6.33　对于 $\delta = 40\text{dB/km}$, 60dB/km, 100dB/km（从上到下的曲线，
根据本章参考文献［114］的图 8 的数值数据）的
协作编码和传统 DF 的可达到的端到端速率（bit/使用）

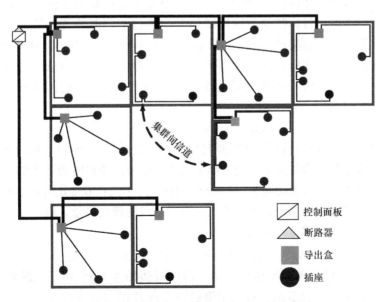

控制面板

断路器

导出盒

插座

图 6.34　家庭 PLC 系统及其组件的示意图[119]

6.5.3.5 室内 PLC 的 AF 和 DF 中继

协作方案也可应用于室内 PLC 系统。用户协作的主要目的是满足高速率数据传输要求，例如，视频游戏和高清电视。图 6.34 为一个室内 PLC 系统，它由几个通过其簇头连接的插座组成，通常称为导出盒（DB）。房屋内的 DB 相互连接并和控制面板（MP）相连接。电力通过断路器从降压变压器到房屋控制面板，然后通过 DB 分布在插座上。当来自不同集群的两个用户（插座）彼此通信时，它们的信号通过集群间信道传输。由于下面的原因，通过集群间信道传输的信号可能会有显著的衰减：①电缆过长；②经过两个或更多个 DB 和 MP；③连接到插座的负载的影响。可以通过中继辅助协作方案来补偿集群间的信号损耗，从而改进系统整体性能，例如数据传输速率和能量效率等。

本章参考文献 [79] 首次进行了关于室内 PLC 系统协作应用的研究。研究发现，如果没有适当的资源分配，使用中继器可能降低数据吞吐量。这是因为，一部分直接链路资源可能分配给了性能较差的中继信道；考虑到这一点，提出了基于 OFDMA 的双跳中继辅助协议；在该方案中，信道与功率资源将以最优方式分配给源节点和中继节点。正如本章参考文献 [79] 中得出的结论，这种精心设计的协议显著地提高了上述室内 PLC 场景下的数据传输速率。

室内 PLC 系统协作通信的另一种实现方案是使用 OFDM 机会中继[119-121]，其中子信道的功率分配满足功率谱密度（Power Spectral Density，PSD）掩码约束。机会中继可以基于 DF 或 AF，分别称为机会型 DF（ODF）和机会型 AF（OAF）。机会型协作 PLC 的概念依赖于中继器，有以下优点：①PSD 低于预定阈值时提高数据传输速率，②满足目标数据传输速率和 PSD 阈值的同时节省能量。如果中继的性能较差，那么用户直接进行通信。机会中继可以看作传统 DF 和 AF 方案的组合，其中继总是参与数据通信，DT 是指系统中没有中继。考虑源消息传送到目的节点时，使用 DT 和传统 DF 的数据传输速率来计算 ODF 单位传输时间的可实现数据传输速率，公式如下[119]：

$$R_{ODF} = \max\{R_{DT}, R_{DF}(\tau)\} \tag{6.35}$$

式中，R_{DT} 是直接传输时可实现的数据传输速率。此外，$0 \leqslant \tau \leqslant 1$，$R_{DF}(\tau)$ 表示 DF 方案中当源节点在传输时间 τ 内向中继节点和目的节点传输时的可实现数据传输速率，中继向目的节点传输时间为 $(1-\tau)$。用 $C_{s,d}$、$C_{s,r}$ 和 $C_{r,d}$ 分别表示源节点 - 目的节点、源节点 - 中继节点和中继节点 - 目的节点的链路容量，则

$$R_{DT} = C_{s,d} \tag{6.36}$$
$$R_{DF}(\tau) = \min\{\tau C_{s,r}, \tau C_{s,d} + (1-\tau)C_{r,d}\}$$

根据 DT 和 AF 的可实现数据传输速率，可以近似描述 OAF 的可实现数据传输速率。从式（6.36）可以看出，机会中继的可实现数据传输速率取决于 τ 和链路容量，其中链路容量是源节点和中继节点发射功率的函数。因此，为了获得最优的系统性能，应当对 τ 以及源节点和中继节点之间的功率分配进行优化，进而改善数据

传输速率或节省能量。关于时间和功率分配优化问题的更多细节，感兴趣的读者参考本章参考文献 [119]。

除了时间和功率分配，中继的分布也会影响系统的性能，应视其为设计参数之一。然而，如本章参考文献 [119] 中所述，中继的分布受限于网络的可接入点。换句话说，继电器只能放在插座、DB 或 MP 上。考虑到这一点，提出了下面几种可实现的中继配置[119]：

1) 插座继电器装置（Outlet Relay Arrangement，ORA）：继电器连接到随机选择的插座。

2) 控制面板选择（Main Panel Selection，MPS）：继电器置于 MP 中。

3) 随机导出盒（Random Derivation Box，RDB）：随机选择一个 DB 来放置继电器。

4) 源导出盒（Source Derivation Box，SDB）：继电器位于源集群服务的 DB 中。

5) 目标导出盒（Destination Derivation Box，DDB）：继电器置于向目标插座馈送的 DB 内。

6) 骨干导出盒（Backbone Derivation Box，BDB）：用 S 表示从源节点到目的节点的路径上的 DB 的集合。请注意，源数据块和目的数据块都属于 S。在这种中继布局方法中，随机选择 S 中的一个 DB 来配置中继。该方法与 RDB 不同，RDB 中还包括了不在 S 中的 DB。

为了提高数据传输速率、节省能量，本章参考文献 [119] 对机会中继的性能进行了广泛的研究，影响性能的因素主要包括时间的优化、功率分配和中继的分布。为此，文献考虑了基于测量的现实信道模型以及基于本章参考文献 [102]、[122] 的统计信道模型。其中一些结果如表 6.2 和图 6.35 所示。有兴趣的读者可以参考本章参考文献 [119] 中的完整结果和细节的设置。

表 6.2　不同中继方案的可实现速率[119]

配置	R_{DT}	R_{DF}	R_{ODF}	U (ODF)	R_{AF}	R_{OAF}	U (OAF)
SDB	182.8	220.2	220.2	99.9	128.9	183.8	12.0
BDB	183.2	216.5	216.8	99.9	127.0	186.4	18.8
RDB	190.3	104.3	207.6	52.8	113.9	191.9	11.1
MPS	190.2	99.2	205.9	48.5	112.5	191.7	9.5
ORA	193.6	70.6	202.7	29.8	107.7	194.2	6.6
DDB	182.9	189.0	189.9	99.4	106.2	183.0	0.7

使用继电器配置的不同中继方案具有不同的可实现数据传输速率，表 6.2 给出了这些方案之间的比较。在该表中，U(ODF) 和 U(OAF) 分别表示在传输期间 ODF 和 OAF 中的中继器使用率。此外，所有数据传输速率单位均为 Mbit/s。为了获得上述结果，假定噪声 PSD 为 −110dBm/Hz，在室内 PLC 标准中通常使用 1~28MHz

频段进行数据通信。此外，PSD 掩码约束设置为 –50dBm/Hz，PLC 信道基于本章参考文献［119］中的统计模型生成。上述结果表明，尽管 ODF 显著地提高了数据传输速率，但是 OAF 对 DT 的性能改进是非常小的。可以看出，ODF（OAF）通过巧妙地组合 DT 和 DF（AF）来实现性能的最优化。通过 SDB 和 BDB 可以实现 ODF 的最佳性能，同时继电器大量参与了数据通信。与 ODF 不同，OAF 仅利用中继进行数据传输，因此其性能基本上由源节点和目的节点之间的直接链路的容量决定。另一观察结果是 DF 和 AF 的性能很大程度上取决于中继的位置。本章参考文献［79］中指出，在特定的情况下，DF 和 AF 的性能可能超过 DT。

图 6.35 描述了直接传输（DT）、ODF 和 OAF 发射功率的累积分布函数（CDF），发射功率作为能量效率的衡量标准。为了获得该图中的结果，将目标数据传输速率设置为直接链路容量 $C_{s,d}$。然后，对源节点功率、中继节点功率和 τ 进行优化以达到节能的最大化。在数据传输速率结果中可以看出，相比于直接传输，ODF 有更显著的节能效果，而 OAF 则有轻微的改进。

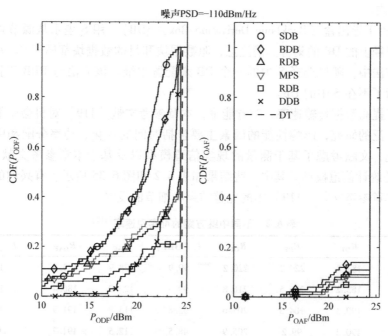

图 6.35　DT、ODF 和 OAF 发射功率的 CDF[119]

6.5.4　双向和多路协作 PLC 系统

在了解了使用协作 PLC 提高单向 PLC 系统性能的优点之后，现在进一步研究用于双向（Two – Way，TW）[123]或多路（Multi – Way，MW）[124]PLC 场景的协作方案。为了更好地理解 TW（MW）场景，考虑图 6.34 中给出的模型，假设两个

（几个）用户想交换它们的数据。用户可以来自同一个集群或不同的集群。这种场景可能是视频会议、文件共享或者游戏合作。在这种背景下，实现数据通信的一种方法是使用 TDMA 方案将传输时间划分为几个时隙。在每个时隙期间，特定用户在中继的帮助下使用单向中继的方法将数据传送给其余用户。

在该场景下进行数据通信的另一种方法是根据网络编码使用双向中继（Two - Way Relaying，TWR）或多路中继（Multi - Way Relaying，MWR）。网络编码[125]是提高通信系统中频谱效率和数据吞吐量的有效技术。网络编码的基本概念是在中间节点处进行数据组合，而不只是简单地转发。在中间节点处进行数据组合的一种简单方案是转发接收到的数据分组的和。物理层网络编码（Physical Layer Network Coding，PLNC)[126]是网络编码的变体，其允许在信道进行数据组合，而不是在中间节点进行数据组合。通过允许用户同时传输以及对中继器处干扰信号的适当处理来实现这种方案。

如图 6.36 所示为在协作系统中 PLNC 是如何提高数据传输速率的。该图设置了两个用户 u_1 和 u_2 想要共享他们的信息 x_1 和 x_2。可以看出，当使用单向中继时，用户在不同的时隙中将其信息发送到中继。在接收到每个用户的信息之后，中继在另一个时隙中将信息转发给其他用户。这意味着对于双用户设置，用户需要 4 个时隙来交换他们的信息。

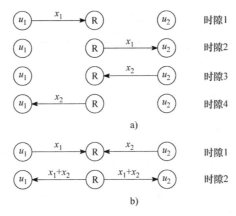

图 6.36　a）具有 TDMA 的传统单向中继，b）具有物理层网络编码的双向中继

然而，当使用基于 PLNC 的 TWR 时，两个用户在第一时隙中发送信息。通信系统中通常假定信道是加性信道，中继接收叠加的用户信号并在第二时隙中进行广播。现在，在过滤自身的信号之后，每个用户均能够获得其他用户的信息。比较单向和双向方案的传输时间，我们观察到使用基于 PLNC 的 TWR 将信道使用率减半，提高了数据传输速率。相同的理论适用于多于两个用户共享数据的 MWR。有关 MWR 优于单向中继的更多信息，参见本章参考文献［127］。

TWR 在协作 PLC 系统中的应用首次在本章参考文献［128］中出现。在文献中，作者比较了室内 PLC 环境中，AF 和 DF 中继场景下的 TWR 和单向中继的可实现数据传输速率。一般来说，可以观察到，依赖源节点和目的节点之间的距离，与单向中继和直接传输相比，TWR 的性能有明显的改进。本章参考文献 [129] 研究了基于 ITU-T G. hn 标准的 TWR 在域间通信的应用，并且提出了使用逻辑链路控制栈来有效地实现 TWR。

MWR 还用于提高具有两个以上用户的 PLC 系统的性能。本章参考文献 [130] 首次研究了这个方法，其中少于 K 个用户希望在室内 PLC 中使用中继来共享数据，类似于图 6.34。为了克服信道的频率选择性，采用 OFDM 技术和 AF 中继来帮助用户进行数据通信。然后，根据本章参考文献 [112] 中给出的噪声模型，作者计算了 TDMA 单向中继和 AF MWR 的可实现公共数据传输速率和频谱效率。$K=2$ 和 $K=4$ 时的频谱效率结果分别如图 6.37 和图 6.38 所示。有关模拟设置的详细信息，包括电源线的长度及其参数以及连接到插座的负载信息参见本章参考文献 [130]。可以看出，MWR 在 AF 和 DF 场景下都优于单向中继（OWR），而且具有更好的频谱效率。此外，本章参考文献 [130] 得到 MWR 的可实现数据传输速率和频谱效率与 $\frac{1}{K-1}$ 成比例，而单向中继则与 $\frac{1}{K}$ 成比例。这解释了为什么与 $K=4$ 相比，对于 $K=2$，MWR 具有比单向中继更优的性能。

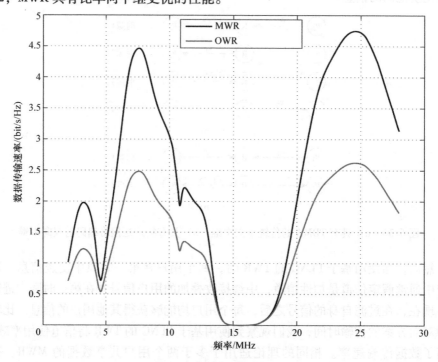

图 6.37 $K=2$ 时可达到的频谱效率[130] © 2013 IEEE

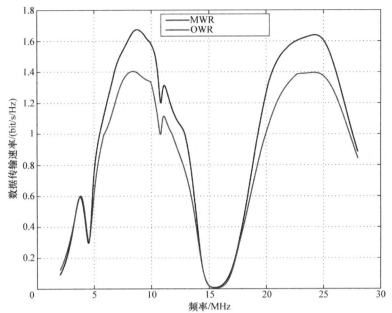

图 6.38　*K* = 4 时可达到的频谱效率[130] ⓒ 2013 IEEE

参 考 文 献

1. L. P. Do, Hierarchical resource allocation for powerline communications (PLC) networks, Ph.D. dissertation, Technische Universität Dresden, Dresden, Germany, 2012.
2. L. P. Do and R. Lehnert, Dynamic resource allocation protocol for large PLC networks, in *Proc. IEEE Int. Symp. Power Line Commun. Applic.*, Beijing, China, Mar. 27–30, 2012, 41–46.
3. A. Haidine and R. Lehnert, Analysis of the channel allocation problem in broadband power line communications access networks, in *Proc. IEEE Int. Symp. Power Line Commun. Applic.*, Pisa, Italy, Mar. 26–28, 2007, 192–197.
4. S. Galli, A. Kurobe, and M. Ohura, The inter-PHY protocol (IPP): A simple coexistence protocol for shared media, in *Proc. IEEE Int. Symp. Power Line Commun. Applic.*, Dresden, Germany, Mar. 29–Apr. 1, 2009, 194–200.
5. J. Chen, D. Seah, and W. Xu, Channel allocation for cellular networks using heristic methods, Cornell University, Tech. Rep. CS574, 2001. [Online]. Available: http://foulard.ece.cornell.edu/wxu/.
6. S. H. Wong, Channel allocation for broadband fixed wireless access networks, Ph.D. dissertation, University of Cambridge, England, 2003.
7. Y. Aryopoulos, S. Jordan, and S. P. R. Kumar, Dynamic channel allocation in interference-limited cellular systems with uneven traffic distribution, *IEEE Trans. Veh. Technol.*, 48(1), 224–232, Jan. 1999.
8. S. Anand, A. Sridharan, and K. N. Sivarajan, Performance analysis of channelized cellular systems with dynamic channel allocation, *IEEE Trans. Veh. Technol.*, 52(4), 847–859, Jul. 2003.
9. F. D. Priscoli, N. P. Magnani, V. Palestini, and F. Sestini, Application of dynamic channel allocation strategies to the GSM cellular network, *IEEE J. Sel. Areas Commun.*, 15(8), 1558–1567, Oct. 1997.
10. L. Le Bris and W. Robion, Dynamic channel assignment in GSM networks, in *Proc. IEEE Veh. Technol. Conf.*, vol. 4, Amsterdam, Netherlands, Sep. 19–22, 1999, 2339–2342.
11. M. Salmenkaita, J. Gimenez, and P. Tapia, A practical DCA implementation for GSM networks: Dynamic frequency and channel assignment, in *Proc. IEEE Veh. Technol. Conf.*, 4, Rhodes, Greece, May 6–9, 2001, 2529–2533.
12. J.-H. Wen, W.-J. Chen, S.-Y. Lin, and K.-T. Huang, Performance evaluation of LIBTA/hybrid time-slot selection algorithm for cellular systems, *Intl. J. Commun. Syst.*, 14(6), 575–591, Aug. 2001.
13. A. Lozano and D. C. Cox, Distributed dynamic channel assignment in TDMA mobile communication systems, *IEEE Trans. Veh. Technol.*, 51(6), 1397–1406, Nov. 2002.
14. T. Kanai, Autonomous reuse partitioning in cellular systems, in *Proc. IEEE Veh. Technol. Conf.*, 2, Denver, USA, May 10–13, 1992, 782–785.

15. S. M. Shin, C.-H. Cho, and D. K. Sung, Interference-based channel assignment for DS-CDMA cellular systems, *IEEE Trans. Veh. Technol.*, 48(1), 233–239, Jan. 1999.
16. A. Baiocchi, F. D. Priscoli, F. Grilli, and F. Sestini, The geometric dynamic channel allocation as a practical strategy in mobile networks with bursty user mobility, *IEEE Trans. Veh. Technol.*, 44(1), 14–23, Feb. 1995.
17. A. Boukerche, S. Hong, and T. Jacob, Distributed dynamic channel allocation for mobile communication systems in *Proc. Intl. Symp. on Modeling, Analysis and Simulation of Computer and Telecommun. Syst.*, San Francisco, USA, Aug. 29–Sep. 1, 2000, 73–81.
18. N. Lilith and K. Dogancay, Distributed dynamic call admission control and channel allocation using SARSA, in *Proc. Asia-Pacific Conf. on Commun.*, Perth, Australia, Oct. 3–5, 2005, 376–380.
19. M. Bublin, M. Konegger, and P. Slanina, A cost-function-based dynamic channel allocation and its limits, *IEEE Trans. Veh. Technol.*, 56(4), 2286–2295, Jul. 2007.
20. R. Mastrodonato and G. Paltenghi, Analysis of a bandwidth allocation protocol for ethernet passive optical networks (EPONs), in *Proc. Int. Conf. Transparent Optical Netw.*, 1, Barcelona, Spain, Jul. 3–7, 2005, 241–244.
21. M. Felegyhazi and J. P. Hubaux, Game theory in wireless networks: A tutorial, École Polytechnique Fédérale de Lausanne, Switzerland, Tech. Rep., 2007. [Online]. Available: http://infoscience.epfl.ch/record/79715/files/
22. W. Zhong, Y. Xu, and Y. Cai, Capacity and game-theoretic power allocation for multiuser MIMO channels with channel estimation error, in *Proc. IEEE Int. Symp. Commun. Inform. Technol.*, Beijing, China, Oct. 12–14, 2005, 716–719.
23. F. Meshkati, M. Chiang, S. C. Schwartz, H. V. Poor, and N. B. Mandayam, A non-cooperative power control game for multi-carrier CDMA systems, in *IEEE Wireless Commun. Netw. Conf.*, vol. 1, New Orleans, USA, Mar. 13–17, 2005, 606–611.
24. M. B. Stinchcombe, Notes for a course in game theory, Massachusetts Institute of Technology Cambridge, The MIT Press, Tech. Rep., 2002.
25. D. Niyato and E. Hossain, Optimal price competition for spectrum sharing in cognitive radio: A dynamic game-theoretic approach, in *Proc. IEEE Global Telecom. Conf.*, Washington, USA, Nov. 26–30, 2007, 4625–4629.
26. J. E. Suris, L. A. DaSilva, Z. Han, and A. B. MacKenzie, Cooperative game theory for distributed spectrum sharing, in *Proc. IEEE Int. Conf. Commun.*, Glasgow, Scotland, Jun. 24–28, 2007, 5282–5287.
27. S. H. Wong and I. J. Wassell, Application of game theory for distributed dynamic channel allocation, in *Proc. IEEE Veh. Technol. Conf.*, 1, Alabama, USA, May 6–9, 2002, 404–408.
28. P. M. Papazoglou, D. A. Karras, and R. C. Papademetriou, A dynamic channel assignment simulation system for large scale cellular telecommunications, in *HERCMA Conf. Proc.*, Athens, Greece, Sep. 2005, 1–7.
29. OPERA specification Part 1: Technology, Part 2: System, The OPERA Consortium, Specification, Jan. 2006.
30. Merged of HomePlug and Panasonic as draft standard for broadband over power line networks: Medium access control and physical layer specifications, Sep. 2007, release 037.
31. A. Haidine and R. Lehnert, Solving the generalized base station placement problem in the planning of broadband power line communications access networks, in *Proc. IEEE Int. Symp. Power Line Commun. Applic.*, Jeju Island, South Korea, Apr. 2–4, 2008, 141–146.
32. K. Dostert, *Powerline Communications*. Prentice Hall, 2001.
33. Deliverable D28: Improved coexistence specification, The OPERA2 Consortium, Tech. Rep., Mar. 2007.
34. Deliverable D13: Reference guide on the design of an integrated PLC network, including the adaptations to allow the carriers' carrier model, The OPERA Consortium, Tech. Rep., Mar. 2007.
35. A. Haidine and R. Lehnert, The channel allocation problem in broadband power line communications access networks: analysis, modelling and solutions, *Int. J. Autonomous and Adaptive Commun. Syst.*, 3(4), 396–418, 2010.
36. L. P. Do and R. Lehnert, Distributed dynamic resource allocation for multi-cell PLC networks, in *Proc. IEEE Int. Symp. Power Line Commun. Applic.*, Dresden, Germany, Mar. 29–Apr. 1, 2009, 95–100.
37. S. Goldfisher and S. Tanabe, IEEE 1901 access system: An overview of its uniqueness and motivation, *IEEE Commun. Mag.*, 48(10), 150–157, Oct. 2010.
38. R. Jain, D. Chiu, and W. Hawe, A quantitative measure of fairness and discrimination for resource allocation in shared computer systems, Digital Equipment Corporation, Maynard, MA, Tech. Rep., 1984.
39. M. Baumann, YATS-simulator, users and programmers manual, Dresden University of Technology, Manual, 2008.
40. T. M. Cover and J. A. Thomas, *Elements of Information Theory*, 2nd ed. Wiley, Chichester, 2006.
41. G. Kramer, I. Marić, and R. D. Yates, Cooperative communications, *Foundations and Trends in Networking*, 1(3–4), 271–425, 2006.
42. J. A. Cortés, L. Díez, J. J. Cañete, and J. J. Sánchez-Martínez, Analysis of the indoor broadband power-line noise scenario, *IEEE Trans. Electromagn. Compat.*, 52(4), 849–858, Nov. 2010.
43. M. Zimmermann and K. Dostert, Analysis and modeling of impulsive noise in broad-band powerline communications, *IEEE Trans. Electromagn. Compat.*, 44(1), 249–258, Feb. 2002.
44. J. Häring and A. J. H. Vinck, OFDM transmission corrupted by impulsive noise, in *Proc. Int. Symp. Power Line Commun. Applic.*, Limerick, Ireland, Apr. 5–7, 2000, 9–14.

45. R. Pighi, M. Franceschini, G. Ferrari, and R. Raheli, Fundamental performance limits for PLC systems impaired by impulse noise, in *Proc. IEEE Int. Symp. Power Line Commun. Applic.*, Orlando, USA, Mar. 27–29, 2006, 277–282.
46. H. C. Ferreira, L. Lampe, J. Newbury, and T. G. Swart, Editors, *Power Line Communications: Theory and Applications for Narrowband and Broadband Communications over Power Lines*, 1st ed. Wiley, Chichester, 2010.
47. H. Hrasnica, A. Haidine, and R. Lehnert, *Broadband PowerLine Communications Networks: Network Design.* Wiley, Chichester, 2004.
48. A. Haidine and R. Lehnert, Analysis of the channel allocation problem in broadband power line communications access networks, in *Proc. IEEE Int. Symp. Power Line Commun. Applic.*, Pisa, Italy, Mar. 26–28, 2007, 192–197.
49. M. Thompson, The thick and the thin of car cabling, *IEEE Spectrum*, 33(2), 42–45, Feb. 1996.
50. F. J. Cañete, J. A. Cortés, L. Díez, and J. T. Entrambasaguas, Analysis of the cyclic short-term variation of indoor power line channels, *IEEE J. Sel. Areas Commun.*, 24(7), 1327–1338, Jul. 2006.
51. M. Katayama, T. Yamazato, and H. Okada, A mathematical model of noise in narrowband power line communication systems, *IEEE J. Sel. Areas Commun.*, 24(7), 1267–1276, Jul. 2006.
52. J. L. Seoane, S. K. Wilson, and S. Gelfand, Analysis of intertone and interblock interference in OFDM when the length of the cyclic prefix is shorter than the length of the impulse response of the channel, in *Proc. IEEE Global Telecom. Conf.*, vol. 1, Phoenix, USA, Nov. 3–8, 1997, 32–36.
53. J. A. Cortés, F. J. Ca nete, L. Díez, and L. M. Torres, On PLC channel models: an OFDM-based comparison, in *Proc. IEEE Int. Symp. Power Line Commun. Applic.*, Johannesburg, South Africa, Mar. 24–27, 2013, 333–338.
54. Final draft of EN-50561-1 standard. Power line communication apparatus used in low-voltage installations – radio disturbance characteristics – limits and methods of measurement – Part 1: Apparatus for in-home use, European Committee for Electrotechnical Standardization (CENELEC), Brussels, Belgium, Draft standard, 2012.
55. J. A. Cortés, A. M. Tonello, and L. Díez, Comparative analysis of pilot-based channel estimators for DMT systems over indoor power-line channels, in *Proc. IEEE Int. Symp. Power Line Commun. Applic.*, Pisa, Italy, Mar. 26–28, 2007, 372–377.
56. N. Papandreou and T. Antonakopoulos, Bit and power allocation in constrained multi-carrier systems: The single-user case, *EURASIP J. on Adv. in Signal Process.*, vol. 2008, pp. 1–14, Jul. 2007.
57. S. D'Alessandro, A. M. Tonello, and L. Lampe, On power allocation in adaptive cyclic prefix OFDM, in *Proc. IEEE Int. Symp. Power Line Commun. Applic.*, Rio de Janeiro, Brazil, Mar. 28–31, 2010, 183–188.
58. J. Campello, Optimal discrete bit loading for multicarrier modulation systems, in *Proc. IEEE Int. Symp. Inform. Theory*, Cambridge, USA, Aug. 16–21, 1998, 193.
59. ——, Practical bit loading for DMT, in *Proc. IEEE Int. Conf. Commun.*, vol. 2, Vancouver, Canada, Jun. 6–10, 1999, 801–805.
60. I. Kalet, The multitone channel, *IEEE Trans. Commun.*, 37(2), 119–124, Feb. 1989.
61. J. M. Cioffi, EE379C - Advanced Digital Communication, Lecture notes, 2008, ch. 4. [Online]. Available: http://www.stanford.edu/class/ee379c/
62. J.-J. van de Beek, P. O. Börjesson, M.-L. Boucheret, D. Landström, J. M. Arenas, P. Ödling, C. Östherg, M. Wahlqvist, and S. K. Wilson, A time and frequency synchronization scheme for multiuser OFDM, *IEEE J. Sel. Areas Commun.*, 17(11), 1900–1914, Nov. 1999.
63. T. Sartenaer, L. Vandendorpe, and J. Louveaux, Balanced capacity of wireline multiuser channels, *IEEE Trans. Commun.*, 53(12), 2029–2042, Dec. 2005.
64. N. Papandreou and T. Antonakopoulos, Resource allocation management for indoor power-line communications systems, *IEEE Trans. Power Delivery*, 22(2), 893–903, Apr. 2007.
65. Z. Xu, M. Zhai, and Y. Zhao, Optimal resource allocation based on resource factor for power-line communication systems, *IEEE Trans. Power Delivery*, 25(2), 657–666, Apr. 2010.
66. W. Yu and J. M. Cioffi, FDMA capacity of gaussian multiple-access channels with ISI, *IEEE Trans. Commun.*, 50(1), 102–111, Jan. 2002.
67. H. Zou, S. Jagannathan, and J. M. Cioffi, Multiuser OFDMA resource allocation algorithms for in-home power-line communications, in *Proc. IEEE Global Telecom. Conf.*, New Orleans, USA, Nov. 30–Dec. 4, 2008.
68. J. A. Cortés, L. Díez, F. J. Cañete, and J. T. Entrambasaguas, Analysis of DMT-FDMA as a multiple access scheme for broadband indoor power-line communications, *IEEE Trans. Consumer Electron.*, 52(4), 1184–1192, Nov. 2006.
69. A. M. Tonello and F. Pecile, Efficient architectures for multiuser FMT systems and application to power line communications, *IEEE Trans. Commun.*, 57(5), 1275–1279, May 2009.

70. M. M. Rahman, C. S. Hong, S. Lee, J. Lee, M. A. Razzaque, and J. H. Kim, Medium access control for power line communications: An overview of the IEEE 1901 and ITU-T G.hn standards, *IEEE Commun. Mag.*, 49(6), 183–191, Jun. 2011.

71. L. Yonge, J. Abad, K. Afkhamie, L. Guerrieri, S. Katar, H. Lioe, P. Pagani, R. Riva, D. M. Schneider, and A. Schwager, An overview of the HomePlug AV2 technology, *J. Electric. Comput. Eng.*, vol. 2013, 1–20, 2013.

72. A. M. Tonello, J. A. Cortés, and S. D'Alessandro, Optimal time slot design in an OFDM-TDMA system over power-line time-variant channels, in *Proc. IEEE Int. Symp. Power Line Commun. Applic.*, Dresden, Germany, Mar. 29–Apr. 1, 2009, 41–46.

73. S.-G. Yoon and S. Bahk, Rate adaptation scheme in power line communication, in *Proc. IEEE Int. Symp. Power Line Commun. Applic.*, Jeju Island, South Korea, Apr. 2–4, 2008, 111–116.

74. S. Boyd and L. Vandenberghe, *Convex Optimization*. Cambridge University Press, 2004.

75. S. Katar, B. Mashburn, K. Afkhamie, H. Latchman, and R. Newman, Channel adaptation based on cyclo-stationary noise characteristics in PLC systems, in *Proc. IEEE Int. Symp. Power Line Commun. Applic.*, Orlando, USA, Mar. 27–29, 2006, 16–21.

76. H. Kwon, H. Seo, S. Kim, and B. G. Lee, Generalized CSMA/CA for OFDMA systems: Protocol design, throughput analysis, and implementation issues, *IEEE Trans. Wireless Commun.*, 8(8), 4176–4187, Aug. 2009.

77. S.-G. Yoon, D. Kang, and S. Bahk, OFDMA CSMA/CA protocol for power line communication, in *Proc. IEEE Int. Symp. Power Line Commun. Applic.*, Rio de Janeiro, Brazil, Mar. 28–31, 2010, 297–302.

78. R. Dong, M. Ouzzif, and S. Saoudi, Opportunistic random-access scheme design for OFDMA-based indoor PLC networks, *IEEE Trans. Power Delivery*, 27(4), 2073–2081, Oct. 2012.

79. H. Zou, A. Chowdhery, S. Jagannathan, J. M. Cioffi, and J. Le Masson, Multi-user joint subchannel and power resource-allocation for powerline relay networks, in *Proc. IEEE Int. Conf. Commun.*, Dresden, Germany, Jun. 14–18, 2009.

80. M. Biagi and V. Polli, Iterative multiuser resource allocation for in-home power-line communications, in *Proc. IEEE Int. Symp. Power Line Commun. Applic.*, Udine, Italy, Apr. 3–6, 2011, 388–392.

81. P. Achaichia, M. Le Bot, and P. Siohan, Point-to-multipoint communication in power line networks: A novel FDM access method, in *Proc. IEEE Int. Conf. Commun.*, Ottawa, Canada, Jun. 10–15, 2012, 3424–3428.

82. T. Hayasaki, D. Umehara, S. Denno, and M. Morikura, A bit-loaded OFDMA for in-home power line communications, in *Proc. IEEE Int. Symp. Power Line Commun. Applic.*, Dresden, Germany, Mar. 29–Apr. 1, 2009, 171–176.

83. P. Achaichia, M. Le Bot, and P. Siohan, Frequency division multiplexing analysis for point-to-multipoint transmissions in power line networks, in *Proc. IEEE Int. Symp. Power Line Commun. Applic.*, Beijing, China, Mar. 27–30, 2012, 230–235.

84. M. Biagi, E. Baccarelli, N. Cordeschi, V. Polli, and T. Patriarca, Physical-layer goodput maximization for power line communications, in *Proc. IEEE IFIP Wireless Days*, Paris, France, Dec. 15–17, 2009.

85. Y.-J. Lin, H. A. Latchman, J. C. L. Liu, and R. Newman, Periodic contention-free multiple access for power line communication networks, in *Proc. IEEE Intl. Conf. Adv. Information Netw. Applic.*, 2, Taipei, Taiwan, Mar. 28–30, 2005, 315–318.

86. A. Chowdhery, S. Jagannathan, J. M. Cioffi, and M. Ouzzif, A polite cross-layer protocol for contention-based home power-line communications, in *Proc. IEEE Int. Conf. Commun.*, Dresden, Germany, Jun. 14–18, 2009.

87. L. D. Bert, S. D'Alessandro, and A. M. Tonello, Enhancements of G3-PLC technology for smart-home/building applications, *J. Electric. Comput. Eng.*, vol. 2013, 1–11, 2013.

88. A. Nosratinia, T. E. Hunter, and A. Hedayat, Cooperative communication in wireless networks, *IEEE Commun. Mag.*, 42(10), 74–80, Oct. 2004.

89. E. C. van der Meulen, Transmission of information in a T-terminal discrete memoryless channel, Ph.D. dissertation, University of California, USA, 1968.

90. ——, Three-terminal communication channels, *Adv. Appl. Prob.*, 3(1), 120–154, Spring 1971.

91. T. Cover and A. E. Gamal, Capacity theorems for the relay channel, *IEEE Trans. Inf. Theory*, 25(5), 572–584, Sep. 1979.

92. A. E. Gamal and M. Aref, The capacity of the semideterministic relay channel, *IEEE Trans. Inf. Theory*, 28(3), 536, May 1982.

93. R. Ahlswede and A. Kaspi, Optimal coding strategies for certain permuting channels, *IEEE Trans. Inf. Theory*, 33(3), 310–314, May 1987.

94. A. Sendonaris, E. Erkip, and B. Aazhang, User cooperation diversity. part I. System description, *IEEE Trans. Commun.*, 51(11), 1927–1938, Nov. 2003.

95. ——, User cooperation diversity. Part II. Implementation aspects and performance analysis, *IEEE Trans. Commun.*, 51(11), 1939–1948, Nov. 2003.
96. J. N. Laneman and G. W. Wornell, Distributed space-time-coded protocols for exploiting cooperative diversity in wireless networks, *IEEE Trans. Inf. Theory*, 49(10), 2415–2425, Oct. 2003.
97. J. N. Laneman, D. N. C. Tse, and G. W. Wornell, Cooperative diversity in wireless networks: Efficient protocols and outage behavior, *IEEE Trans. Inf. Theory*, 50(12), 3062–3080, Dec. 2004.
98. J. Boyer, D. D. Falconer, and H. Yanikomeroglu, Multihop diversity in wireless relaying channels, *IEEE Trans. Commun.*, 52(10), 1820–1830, Oct. 2004.
99. R. U. Nabar, H. Bolcskei, and F. W. Kneubuhler, Fading relay channels: performance limits and space-time signal design, *IEEE J. Sel. Areas Commun.*, 22(6), 1099–1109, Aug. 2004.
100. Q. Li, R. Q. Hu, Y. Qian, and G. Wu, Cooperative communications for wireless networks: techniques and applications in LTE-advanced systems, *IEEE Wireless Commun.*, 19(2), 22–29, Apr. 2012.
101. C. Eklund, R. B. Marks, K. L. Stanwood, and S. Wang, IEEE standard 802.16: a technical overview of the WirelessMAN^{TM} air interface for broadband wireless access, *IEEE Commun. Mag.*, 40(6), 98–107, Jun. 2002.
102. A. M. Tonello and F. Versolatto, Bottom-up statistical PLC channel modeling – Part I: Random topology model and efficient transfer function computation, *IEEE Trans. Power Delivery*, 26(2), 891–898, Apr. 2011.
103. L. Lampe and A. J. H. Vinck, Cooperative multihop power line communications, in *Proc. IEEE Int. Symp. Power Line Commun. Applic.*, Beijing, China, Mar. 27–30, 2012, 1–6.
104. L. Lampe, R. Schober, and S. Yiu, Distributed space-time coding for multihop transmission in power line communication networks, *IEEE J. Sel. Areas Commun.*, 24(7), 1389–1400, Jul. 2006.
105. G. Bumiller, Single frequency network technology for medium access and network management, in *Proc. Int. Symp. Power Line Commun. Applic.*, Athens, Greece, Mar. 27–29, 2002.
106. M. Eriksson, Dynamic single frequency networks, *IEEE J. Sel. Areas Commun.*, 19(10), 1905–1914, Oct. 2001.
107. G. Bumiller, L. Lampe, and H. Hrasnica, Power line communication networks for large-scale control and automation systems, *IEEE Commun. Mag.*, 48(4), 106–113, Apr. 2010.
108. V. Tarokh, N. Seshadri, and A. R. Calderbank, Space-time codes for high data rate wireless communication: performance criterion and code construction, *IEEE Trans. Inf. Theory*, 44(2), 744–765, Mar. 1998.
109. L. Lampe, R. Schober, and S. Yiu, Multihop transmission in power line communication networks: analysis and distributed space-time coding, in *Proc. IEEE Workshop on Signal Process. Advances in Wireless Commun.*, New York, USA, Jun. 5–8, 2005, 1006–1012.
110. A. Papaioannou, G. D. Papadopoulos, and F.-N. Pavlidou, Hybrid ARQ combined with distributed packet space-time block coding for multicast power-line communications, *IEEE Trans. Power Delivery*, 23(4), 1911–1917, Oct. 2008.
111. S. Yiu, R. Schober, and L. Lampe, Distributed space-time block coding, *IEEE Trans. Commun.*, 54(7), 1195–1206, Jul. 2006.
112. T. Esmailian, F. R. Kschischang, and P. G. Gulak, In-building power lines as high-speed communication channels: Channel characterization and a test-channel ensemble, *Int. J. Commun. Syst.* 16(5), 381–400, Jun. 2003, Special Issue: Powerline Communications and Applications.
113. V. B. Balakirsky and A. J. H. Vinck, Potential performance of PLC systems composed of several communication links, in *Proc. IEEE Int. Symp. Power Line Commun. Applic.*, Vancouver, Canada, Apr. 6–8, 2005, 12–16.
114. L. Lampe and A. J. H. Vinck, On cooperative coding for narrow band PLC networks, *AEÜ Intl. J. Electron. and Commun.*, 65(8), 681–687, Aug. 2011.
115. X. Cheng, R. Cao, and L. Yang, On the system capacity of relay-aided powerline communications, in *Proc. IEEE Int. Symp. Power Line Commun. Applic.*, Udine, Italy, Apr. 3–6, 2011, 170–175.
116. ——, Relay-aided amplify-and-forward powerline communications, *IEEE Trans. Smart Grid*, 4(1), 265–272, Mar. 2013.
117. Y.-H. Kim, S. Choi, S.-C. Kim, and J.-H. Lee, Capacity of OFDM two-hop relaying systems for medium-voltage power-line access networks, *IEEE Trans. Power Delivery*, 27(2), 886–894, Apr. 2012.
118. K.-H. Kim, H.-B. Lee, Y.-H. Kim, J.-H. Lee, and S.-C. Kim, Cooperative multihop AF relay protocol for medium-voltage power-line-access network, *IEEE Trans. Power Delivery*, 27(1), 195–204, Jan. 2012.
119. S. D'Alessandro and A. M. Tonello, On rate improvements and power saving with opportunistic relaying in home power line networks, *EURASIP J. Advances Signal Process.*, vol. 2012, 1–17, Sep. 2012.
120. A. M. Tonello, F. Versolatto, and S. D'Alessandro, Opportunistic relaying in in-home PLC networks, in *Proc. IEEE Global Telecom. Conf.*, Miami, USA, Dec. 6–10, 2010, 1–5.

121. S. D'Alessandro, A. M. Tonello, and F. Versolatto, Power savings with opportunistic decode and forward over in-home PLC networks, in *Proc. IEEE Int. Symp. Power Line Commun. Applic.*, Udine, Italy, Apr. 3–6, 2011, 176–181.

122. A. M. Tonello and F. Versolatto, Bottom-up statistical PLC channel modeling – Part II: Inferring the statistics, *IEEE Trans. Power Delivery*, 25(4), 2356–2363, Oct. 2010.

123. W. Nam, S.-Y. Chung, and Y. H. Lee, Capacity of the Gaussian two-way relay channel to within $\frac{1}{2}$ bit, *IEEE Trans. Inf. Theory*, 56(11), 5488–5494, Nov. 2010.

124. D. Gunduz, A. Yener, A. Goldsmith, and H. V. Poor, The multi-way relay channel, in *Proc. IEEE Int. Symp. Inform. Theory*, Seoul, South Korea, Jun. 28–Jul. 3, 2009, 339–343.

125. R. Ahlswede, N. Cai, S.-Y. R. Li, and R. W. Yeung, Network information flow, *IEEE Trans. Inf. Theory*, 46(4), 1204–1216, Jul. 2000.

126. B. Nazer and M. Gastpar, Reliable physical layer network coding, *Proc. IEEE*, 99(3), 438–460, Mar. 2011.

127. M. Noori and M. Ardakani, On the achievable rates of symmetric Gaussian multi-way relay channels, *EURASIP J. Wireless Commun. Netw.*, vol. 2013, 1–8, Jan. 2013.

128. B. Tan and J. Thompson, Relay transmission protocols for in-door powerline communications networks, in *Proc. IEEE Int. Conf. Commun.*, Kyoto, Japan, Jun. 5–9, 2011, 1–5.

129. H. Gacanin, Inter-domain bi-directional access in G.hn with network coding at the physical-layer, in *Proc. IEEE Int. Symp. Power Line Commun. Applic.*, Beijing, China, Mar. 27–30, 2012, 144–149.

130. M. Noori and L. Lampe, Improving data rate in relay-aided power line communications using network coding, in *Proc. IEEE Global Telecom. Conf.*, Atlanta, USA, Dec. 9–13, 2013, 2975–2980.

第 7 章　用于家庭和工业自动化的 PLC

G. Hallak 和 G. Bumiller

7.1　简介

　　电力线通信（PLC）技术因其低"媒介成本"而适用于家庭和工业自动化。PLC 所需的基础设施已经安装在每个家庭和工业设施中，这就避免了重新安装高信号穿透力电线所带来的不必要的费用和困难。这一优势确保了 PLC 的系统可以即插即用。本章将介绍基于 PLC 的家庭和工业自动化系统，并展示相关示例。

　　本章的结构如下。7.2 节简要讨论了 PLC 在家庭和工业自动化中的应用。7.3 节介绍了家庭自动化中重要的协议。首先，介绍了用于电子设备之间通信的 X10 窄带 PLC 协议。然后，讨论了基于欧洲安装总线（EIB）的 OSI 网络通信协议的 KNX/EIB 标准，该标准适用于家庭和楼宇自动化系统。KNX PL 110 是 PLC 的物理通信方法的标准。最后简要介绍了用于网络控制和楼宇自动化的 LONWorks 协议。7.4 节介绍了基于国际标准 ISO 10368：2006（E）的工业自动化 PLC 的应用示例，即冷藏集装箱船。对系统的物理要求（包括传输速率、调制方法、阻抗规范以及系统组件等）进行了讨论。7.5 节概述了西门子公司 PLC 的通信协议 AMIS CX1 在电表、断路器、其他电网元件以及位于低压配电网中心站的数据集中器的配置文件。AMIS CX1 配置文件对 OSI 模型第 1 层到第 4 层进行了描述，而且设计了一个多跳主从系统，其中数据集中器始终是主站，所有其他节点都为从站，从站只根据请求进行应答。7.6 节将对本章进行总结，重点介绍了数字风暴技术作为智能能源在家庭自动化 PLC 中的应用。数字风暴是指安装的设备通过现有的带有单独室内节点的电力线在调制上/下行信道上进行通信。操作人员可以通过物理交换机、互联网与智能手机对数字风暴进行控制。同时 7.6 节描述了数字风暴的架构、网络组件、安装和通信方式。

7.2　家庭和工业自动化中 PLC 的应用

　　家庭和工业自动化是现代生活的主要部分，有利于控制和监视家庭和工业设备，如空调、制冷或照明系统等。这些系统除了能够提供相应的功能和舒适性外，还提高了这些电器和其他电器设备的能源效率。通信技术的快速发展促进了自动化系统与物理网络的集成，而且可以对这些系统进行远程管理，但另一方面家庭和工业自动化也对改进措施提出了更高的要求，以确保其安全性和隐私性。

　　PLC 提供了范围较广的通信频率，PLC 系统大致分为两类：窄带 PLC 和宽带 PLC。窄带 PLC 主要用于一般的自动化，宽带 PLC 用于家庭网络（多媒体）应用。现在已经提出了大量 PLC 家庭自动化解决方案和工业自动化解决方案[1]。图 7.1 说明了在家庭自动化设置中通过电力线把设备、传感器、控制器连接起来。传感器（例如光传感器、温度传感器和烟雾传感器等）部署在每个房间中，并且通过以太网、RS232 等通信接口将信号发送到控制单元。控制单元是家庭自动化系统中的中央单元，其主要功能是记录数据、确定所需的命令、将命令发送到驱动器和调节器来切换电器开关状态。家用电器（例如具有恒温器的空调机组和洗衣机）也直接和驱动器相连，在高峰时期根据来自通信接口的需求来控制开关，在电器不工作时将电器从电源板上断开。中央控制单元通常为用户提供了友好的图形用户界面（GUI），用户可以通过屏幕和键盘来管理系统。传感器、控制单元、设备和驱动器通过通信信道彼此连接，在 PLC 系统中，通信信道是现有的电力线。

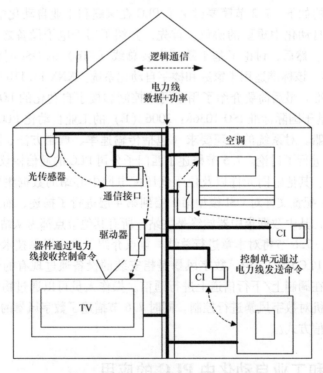

图 7.1　家庭自动化使用 PLC 的实例

　　在提出窄带 PLC 标准（例如 IEEE 1901.2 和 ITU - T G. 990x）之前，只有很少的公司开发和生产电力线调制解调器芯片组，也只有少量的应用满足开发单个芯片组所需的数量要求。X10、KNX PL 110 和 LONWorks 系统是典型的物理层（PHY）

的技术。本章将讨论 3 个在业内不出名的系统。第一个是应用于冷藏集装箱船的
PLC 的 ISO 标准系统,它具有两个独立的物理层,这两个物理层在频率上是分离
的,却在同一时刻使用相同的电力线路。第二个系统基于专有智能计量系统规范,
该系统已经应用,其对应用的选取方法与 IEEE 1901.2 和 ITU – TG.990x(详见第 9
章)的方法完全不一样。第三个系统的物理层支持尺寸很小的调制解调器,且该
调制解调器无需耦合电容器或变压器。表 7.1 给出了应用于家庭和工业自动化的
PLC 系统的数据。

表 7.1 应用于家庭和工业自动化的 PLC 系统的数据

协议	速率/(bit/s)	频段/kHz	调制模式
X10	60	95 ~ 125	短 120kHz 脉冲
KNX	1200	110	BFSK
LONWorks	5400/3600	132/86	BPSK
ISO 10368:2006(E)	1200/134400	53.9 ~ 56.1/130 ~ 400	FSK/BPSK
AMIS CX1 – Profile	600 ~ 3000	39 ~ 90	DPSK
digitalSTROM(数字风暴)	n.a	10 ~ 120	电流开/关切换

7.3 流行的家庭自动化协议

最近研发出许多家庭和楼宇自动化系统协议。本节将简要介绍其中较为重要的
协议。

7.3.1 X10 协议

X10 协议是一种窄带 PLC 协议,它用于家庭自动化的电子设备通信。X10 协议
通过电线传输发射机和接收机之间的信号。这些信号是短波无线电频率脉冲串,可
以控制电子设备,如照明系统和音频/视频等。X10 协议由位于苏格兰格伦罗西斯
的匹克电子公司在 1975 年提出,也称为家庭自动化网络技术。由于在全世界拥有
数百万已安装单元,而且安装新单元的成本比较低,因此,它是家庭自动化系统中
最流行的技术。

7.3.1.1 X10 的物理层规格和传输

X10 传输与交流电力线的过零点实现了同步。在过零点附近的 200μs 内,应该
尽可能地把传输脉冲串布置在功率信号由负到正的过零点附近。传输脉冲串为持续
1ms 的 120kHz 信号。"1"表示脉冲串存在,而"0"表示脉冲串不存在。除开始
码(见下文)以外,将二进制信息编码成一对脉冲串。这意味着,二进制"1"前
半周期中存在脉冲,后半周期中没有脉冲出现。二进制"0"前半周期中不存在脉
冲而后有脉冲出现。在三相系统中,通过发送三次脉冲串来确保每个相位都到达过

零点。图 7.2 显示了 60Hz 系统中 X10 信号的时序。在检测到过零点后，从电力线上短时间地采集信息，这样可以在过零点定时发送信号，从而简化接收机。由于系统仅在载波的每个周期中发送一个比特，所以 X10 系统的原始信令比特率为 60bit/s[2]。

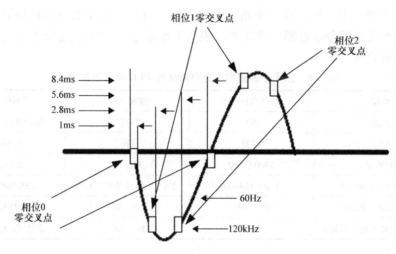

图 7.2　X10 信号的时序

完整的码传输包括 11 个电力线周期。前两个周期表示开始码。接下来的 4 个周期代表房屋码，最后五个周期代表数字码（1～16）或功能码（开，关等）。这个完整的模块（开始码，房屋码，关键码）应始终以 2 个码为一组传输，每组 2 个码之间有 3 个电力线周期，如图 7.3 所示。

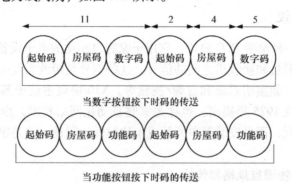

图 7.3　X10 编码和传输（数字表示电源周期）

7.3.1.2　X10 的缺陷

X10 中最常见的问题是在北美使用的 3 线 120/240V 系统中两个带电导体之间会出现严重的信号衰减现象，这是由于带电导体之间的配电变压器绕组的高阻抗造成的。为了解决这个问题，在电线之间安装电容器作为 X10 信号的传输路径。此外，也可以把裸露的非绝缘电线接地来解决这个问题。如果发射机连接到相位 1，接收机连接到相位 2，那么传输信号有时会很微弱，以至于 X10 单元将间歇性地反应。X10 协议工作时间比较长，需要 0.75s 来发送电子设备地址和命令。

7.3.2　KNX/EIB PL 110 标准

KNX/EIB 是用于家庭和楼宇自动化总线系统的公开标准。该标准基于 EIB 的 OSI 网络通信协议，并根据 BatiBUS 和欧洲家庭系统（EHS）的物理层、配置模式和具体实施经验对 OSI 网络通信协议进行了修改。它对照明系统等低速控制应用进行了优化。KNX/EIB 标准对各种物理介质进行规范，包括电力线（KNX PL 110）、双绞线、无线电、红外和以太网等，需要强调的是，KNX/EIB 是独立的，与硬件平台无关[3]。

7.3.2.1　KNX PL 110 物理层和数据链路层规范

KNX 标准使得开发人员可以选择物理层，或者合并物理层。KNX PL 110 使得系统可以在电力线上进行通信。KNX PL 110 主要通信特征是广泛的频移键控（FSK）信令、异步传输数据包和半双工双向通信。其通信中心频率为 110kHz，速率为 1200bit/s，即其比特周期为 833μs。传输逻辑 "0" 的频率为 $105.2 \times (1 \pm 10^{-4})$kHz，传输逻辑 "1" 的频率为 $115.2 \times (1 \pm 10^{-4})$kHz。根据 EN 50065 - 1[3]，传输从电源过零点开始，最大电平为 122dBμV。每个报文的开头包含 4 位训练序列和 16 位前导码。训练序列使接收机能够根据网络条件调整其接收。前导字段具有两个目的：首先，它标志着传输的开始；其次，它控制总线访问。除了训练序列和前导码之外，所有帧信息都编码成 12 位字符，从而可以校正发送字符中的任意两位字符，如图 7.4 所示。

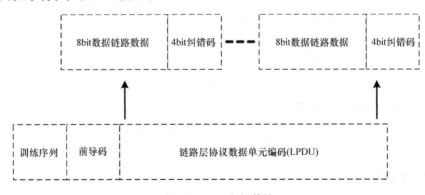

图 7.4　KNX 电报传输

链路层协议数据单元（LPDU）包含以下字段，如图 7.5 所示。

1）控制字段（CTRL）：包含有关数据链路服务，其优先级（报警消息等）、帧类型（标准或扩展）以及 LPDU 是否为重复信息。

2）源地址（SA）：发起方的唯一地址。

3）目的地址（DA）：目的节点的唯一地址或目的地址的一组节点（多点传送）。

4）地址类型（AT）：规定目的地址是属于单个节点还是一组节点。

5）网络层协议控制信息（NPCI）：由网络层控制，并包含路由的跳数信息。

6）传输层协议数据单元（TPDU）：来自上层的有效载荷。

7）长度（LG）：定义 TPDU 长度。

8）校验字节（FCS）：有助于确保数据的一致性和传输的可靠性。

图 7.5 KNX LPDU 帧

KNX PL 110 协议使用媒体接入控制（MAC）机制来避免冲突，并且接收机必须发送 ACK/NACK 电报给电报生成器，以通知电报生成器是否成功传输电报。ACK 报文由 20 位训练序列和前导码以及一个表示是否确认接收到报文的字符组成，如图 7.6 所示。如果未发送回复报文，则重复发送报文[4]。

图 7.6 KNX 回复电报

7.3.2.2 KNX PL 110 拓扑结构和寻址

KNX PL 110 的逻辑寻址与用于双绞线传输介质的 KNX – TP1 标准兼容。KNX将设备规划成区域和线路，最多 8 个区域，每个区域 16 线，每线 256 个设备。在较大的装置中，带阻滤波器可用于区域的物理分离[4]。

7.3.2.3 KNX 与 X10 的比较

KNX 系统比使用 X10 更加昂贵。如果多个系统需要相互连接，或者需要更高的灵活性以便可以快速和有效地修改，那么使用 KNX 方式是划算的。

7.3.3 LONWorks

本地操作网络（LONWorks）技术基于具有控制应用功能的网络平台，用于楼宇和家庭自动化的开放性解决方案和协议。控制网络在端到端控制系统中工作，它监视传感器、控制驱动器、进行可靠的通信、管理网络操作以及提供访问网络数据的权限。传感器和驱动器连接到子面板，子面板通过主/从通信总线连接到控制器面板。在 LONWorks 系统中，智能控制单元使用 LONWorks 协议相互通信。LON-Works 由 Echelon 公司开发，到 2010 年其安装的设备数量大约为 9000 万台。LON-Works 技术可在多种介质上工作，包括电力线、双绞线和无线环境[5]。

电力线调制解调器 PL 3120 在 EN 50065 - 1 的 C 频段的 132kHz 主频率下运行，并且可以切换到 115kHz 辅助频率。PL 3150 设备在 EN 50065 - 1 的 A 频段下使用 86kHz 主频率，并且可以切换到 75kHz 辅助频率。此外，如果使用二进制相移键控（BPSK）进行调制，那么在 C 频段下数据传输速率为 5.4kbit/s 或在 A 频段下数据传输速率为 3.6kbit/s[5]。

7.4　应用于冷藏集装箱船的电力线通信

近年来，通过港口的冷藏集装箱数量快速增加。PLC 可以远程实时地监控集装箱船上的制冷设备。国际标准 ISO 10368：2006（E）（货物体温集装箱 - 远程调节监控）规定了单个中央监测站通过电缆与多个通信单元和调制解调器交换信息的方式，这些通信单元和调制解调器安装在船的冷藏集装箱中。其目的是对各个冷藏集装箱中的气温条件进行中央监测，并且在需要时改变制冷功率的本地控制。

7.4.1　物理层规范

标准 ISO 10368：2006（E）[6]用于远程监测冷藏集装箱温度，规定了两种电力线传输系统类型：低数据传输速率传输和高数据传输速率传输，它们使用不同的频段，如图 7.7 所示。

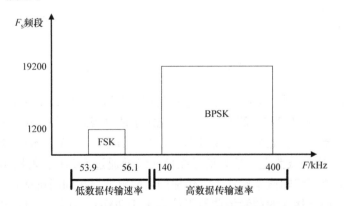

图 7.7　根据 ISO 10368：2006（E），用于 PLC 的频段和调制方式

低数据传输速率电力线信号在 53.9kHz ~ 56.1kHz 的频段中发送信号。这些信号经过 FSK 调制，其波特率为 1200Symbol/s，当线路阻抗为 15Ω 时信号电平为 6V（rms）。接收机灵敏度为 1mV（rms）。载波建立时间为 10ms，带外功率谱在 130 ~

400kHz 内幅度不应超过 2mV，因此可以保护高数据传输速率系统。

高数据传输速率电力线信号使用 140kHz ~ 400kHz 的频段。一个反对称波形是用 32 片 4.3008MHz 的时钟进行数字合成的，它表示一个原始数据位。波形如图 7.8 所示，发射信号的功率谱密度如图 7.9 所示。每比特信号采用 PSK 调制，从而获得 134.4kbits/s 的原始数据传输速率。调制使用可变信号电平，对于 18Ω 的线路阻抗，每 10kHz 的最大输出功率为 100mW。在三相电和地之间使用线阻抗控制电压输入。接收机需要能够检测到 15dB 衰减的信号，并以幅度为 2mV 的接收信号工作[6]。

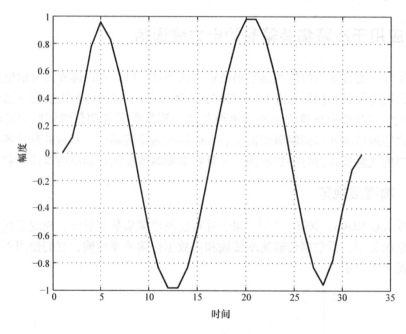

图 7.8　有 32 个码片的反对称波形

该系统具有两个独立的物理层，它们在频率上是分离的，却在同一时刻使用相同的电力线路。ISO 10368：2006（E）中规定了两种模式下每个设备接收状态和发送状态的阻抗要求。在低数据传输速率模式下，信号应以 6V（rms）半双工发送到阻抗为 15 + 15jΩ 的线路上，接着信号在接收机处通过 55kHz、阻抗小于 3kΩ 的线路传输。在高数据传输速率模式下，传输的调制解调器相间阻抗接近 18Ω，接地阻抗接近 21Ω。用于接收的调制解调器阻抗远大于 200Ω。详细的阻抗规范对于频率分离的系统在同一线路上共存是十分重要的[7]。

7.4.2　数据链路层协议

在低数据速率传输模式下，异步发送 8bit 消息，该消息包含起始位和停止位，无需信道编码，这与 RS232 的方法类似。在高数据速率传输模式中，用一个（32，

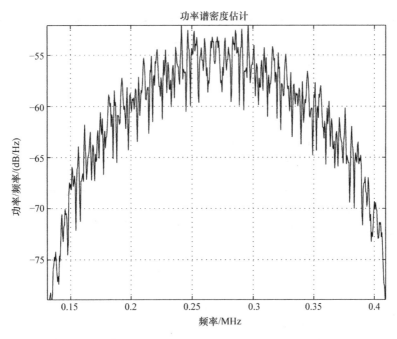

图 7.9 高数据传输速率发射信号的功率谱密度

8）纠错码对 8 个数据比特进行编码。由于码率为 1/4，所以得到的数据传输速率为 33.6kbit/s。单播数据和广播数据的包交换用于特定数据帧的传输。帧以 5B 的前导码开始，前导码包含用于电力线上的设备同步通信的必要序列。根据不同的传输模式，数据帧具有不同的长度。表 7.2 描述了不同数据帧。

表 7.2 数据帧描述

包交换	框架规范	已编码/未编码总大小	编码
单播报头/第一帧	｜前导码（5）｜长报头（4）目的地址高位（4）｜目的地址低位（4）｜源地址低位（4）｜源地址高位（4）｜	25B/5B	（32，8）ECC 和 EDC
单播休眠报头帧和 3 个字节数据	｜前导码（5）｜短报头（1）｜高位存储的数据字节数（4）｜低位存储的数据字节数（4）｜数据 1（4）｜…｜数据 3（4）｜	26B/6B	（32，8）ECC 和 EDC，除了短报头
广播报头/第一帧	｜前导码（5）｜长报头（5）｜序列是连续广播报头的重复计数，并且值的范围从 00 到 07｜	13B/2B	（32，8）ECC 和 EDC

（续）

包交换	框架规范	已编码/未编码总大小	编码
广播休眠报头帧和第一个字节数据	｜前导码（5）｜短报头（1）｜源地址低位（4）｜源地址高位（4）｜数据高位数（4）｜数据低位数（4）｜数据 1（4）｜	26B/6B	（32，8）ECC 和 EDC，除了短报头
单播/广播数据中间帧和 5B 数据	｜前导码（5）｜短报头（1）｜数据 1（4）｜…｜数据 5（4）｜	26B/6B	（32，8）ECC 和 EDC，除了短报头
单播/广播数据最后一帧（4B 数据和 1B 校验和）	｜前导码（5）｜短报头（1）｜数据 1（4）｜…｜数据 4（4）｜XOR｜	10~26B/2~6B	（32，8）ECC 和 EDC，除了短报头
一般响应/长确认帧	｜前导码（5）｜短报头（1）（NOT Ack）｜长报头（4）（LONGAck）｜源地址高位（4）｜源地址低位（4）	18B/4B	（32，8）ECC 和 EDC，除了短报头
第一帧确认	｜前导码（5）｜短报头（1）（NOT Ack）｜长报头（4）（LONGAck）	10B/2B	（32，8）ECC 和 EDC，除了短报头
控制传输响应/握手传输数据	｜前导码（5）｜长报头（4）（LONGAck）｜	9B/1B	（32，8）ECC 和 EDC

对于单播传输，在两个连接节点之间的数据包交换使用停止和等待协议，这样能够确保信息不会由于丢包而丢失。报头和数据帧被分成多个小数据包，每个帧的最大有效负载为 5B。使用确认信号（ACK）判断包是否成功传输。如果发送方接收到否定确认信号（NACK）或由于 ACK 丢失而导致超时，那么将多次重传最后一个包，直到接收到 ACK。当且仅当接收到 ACK 时才发送下一个包。因此，该方法可在不使用任何段号的情况下完成传输，在这种情况下只需两种不同类型的中间帧就足以检测到重复的传输。

在广播传输的情况下，接收单元不能确认是否成功接收包，也不能请求重传。因此，帧头需要重复 8 次，确保所有接收单元发起广播分组接收。中间的数据帧紧随其后并重复 4 次，以提高可靠性。

7.4.3 系统组件

根据 ISO 10368：2006（E）的冷藏集装箱船系统由 5 个主要部件组成，其配置如图 7.10（配置 A）和图 7.11（配置 B）所示。

单个远程状态监测系统包括一个主监视单元（MMU）和一个多数据传输速率中央控制单元（MDCU），主监视单元（MMU）用于控制整个远程状态监测系统，多数据传输速率中央控制单元（MDCU）用于建立 MMU 与三相电力线总线之间的连接。MDCU 包括一个高数据传输速率中央控制单元（HDCU）和一个低数据传输速率中央控制单元（LDCU）。中央控制单元（CCU）接口将 HDCU 和 LDCU 连接在一起。MMU/MDCU 接口可以通过单个端口将 MMU 连接到 MDCU，如图 7.10 中的配置 A 所示。但是某些扩展路径可能需要多个连接，如图 7.11 中的配置 B 所示。远程通信设备（RCD）用于数据通信。在同一个电力线网络上应该存在多个 RCD，并且不干扰 HDCU 和 LDCU 的同步通信。MMU、MDCU 和操作接口设备组成中央监控系统（CMCS），其监控一个或多个 RCD。

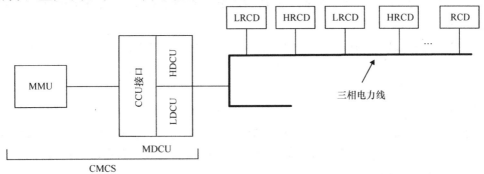

图 7.10　根据 ISO 10368：2006（E）的远程状态监测系统，配置 A

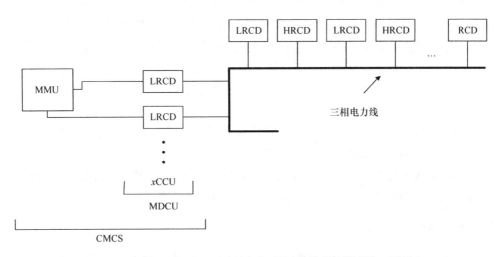

图 7.11　根据 ISO 10368：2006（E）的远程状态监测系统，配置 B

7.4.4　通信协议

每个使用 ISO 10368：2006（E）协议的冷藏集装箱船系统具有 3 个接口区域，

用于管理单元之间的通信，如图 7.12 所示。

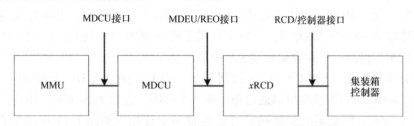

图 7.12 依据 ISO 10368：2006（E）的用于远程状态监测的通信接口

MMU 和 MDCU 之间的通信：MMU 和 MDU 之间的通信由全双工电子工业协会（EIA）RS232 - C 串行接口处理。波特率应该是系统中最快的 RCD 的波特率的两倍，通常为 4800 波特。

MDCU 和 LRCD/HRCD 之间的通信：在低数据传输速率情况下，通信系统由单个控制站 LDCU 组成，该控制站 LDCU 启动所有事务，LDCU 作为主设备，多个 LRCD 作为从设备。LRCD 和 LRCD 互不通信。PLC 传输具有 4 个部分：前导码，用于确定有效消息的开始，同步电力线上设备之间的通信；10 个 ASCII 控制字符，用于在通信期间提供控制功能；13 个 ASCII 字符的前缀；数据部分，由在 PLC 网络上的两个设备（主设备到从设备）之间交换的信息组成。数据块结构包含 16 位循环冗余校验（CRC）字段。

在高数据传输速率情况下，HDCU 和 HRCD 之间可能存在两种类型的通信：数据包交换和控制交换。在 HRCD 或 HDCU 中的数据包交换是指将信息从 HDCU 或 HRCD 传送到其对等层，HDCU 使用控制交换来给予 HRCD 临时访问电力线网络的权限，从而执行数据包交换。如果从设备要发送数据，则它响应一个确认信息，主设备相应地发送握手信号。从设备开始发送其数据包，然后将控制权返回给主设备。

MDCU 和 LDCU/HDCU 之间的通信转移流程图如图 7.13 所示，在表 7.3 中介绍了 MDCU 和 LDCU/HDCU 之间的通信指令。

RCD 和集装箱控制器之间的通信：没有标准规定 RCD 和集装箱控制器之间的通信形式，RS232 串行接口示例给出了两者之间的通信方法。

7.4.5 备注

KNX 系统为工业 PLC 系统提供了一种典型的方法。整个系统作为个体运行，并且通常不需要端对端 IP 通信。中央控制单元管理线路上的业务，避免产生冲突。CSMA 或时隙 ALOHA 作为信道接入，仅用于新设备的注册阶段。通信的可预测性十分重要。虽然该应用将包含越来越多的 IP 业务，但是不能改变分散式 MAC 方式，也不能丢失通信的可预测性。

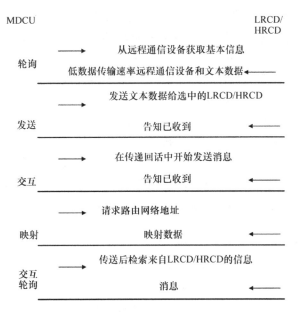

图 7.13 MDCU 和 LRCD/HRCD 之间的通信会话

表 7.3 MDCU 和 LRCD/HRCD 之间的通信命令

消息类型	信息描述
轮询	控制站查询从站以接收基本信息
发送 1/2	由控制站到特定从站使用快速选择或使用发送 2 数据时的选择与响应来发送 1 数据
交互 1/2	在发送 1/2 之后，在一段时延之后，为了接收响应信息，交互 1/2 轮询同一个从站
映射	在网络上映射从站，并使用控制交换机登录新设备
交互轮询	控制站轮询特定的从站，从先前的发送中检索信息

在这类特殊的应用中，国际标准是非常重要的，因为商业公司的冷藏集装箱只能使用特定船只是不现实的。因此，全球范围内安装了大量的部件。对于每次更新，必须确保与现有节点的兼容，这也限制了将这些系统升级到最新技术的可能。网络的安装速度必须非常快，并且在集装箱运输期间只运行数天或数周。安装其他有线技术是不可能的，而且在金属壁和集装箱的环境下很难可靠地实现无线技术。

7.5 窗口跳频系统 AMIS CX1 配置文件

西门子公司的 AMIS CX1 配置文件通信协议用在终端节点之间的低压配电网的

PLC 上，如计量仪、断路器、控制单元和中央站的数据集中器。它是集成数据管理系统的一部分，也是根据 EN 50065 - 1 的经典 CENELEC A 波段（9 ~95kHz）应用的一部分。在西门子公司决定发布该规范[8]，以便其他制造商能够使用它之前，关于该协议的可靠信息很少。西门子公司宣布了将该规范引入国际标准化的计划，但它不是最近批准的 IEEE 1901.2 和 ITU - T G.990x 标准的一部分（见第 9 章）。

AMIS CX1 配置文件描述了 OSI 模型的 1 至 4 层（即物理到传输层）。协议与应用紧密相关，并且不支持 IP 包的传输。在分析规范之后[8]，注意到该规范与 Zumtobel 公司的街道照明自动化 PLC 系统具有相似之处。此外，虽然该系统是十多年前开发的，但是在 IEEE 1901.2 或 ITU - T G.990x 标准的当前版本中并不支持，甚至不能有效使用该系统的某些特性和解决方案。

7.5.1　物理层

物理层（PHY 层）的包结构如图 7.14 所示。它从前导码开始，随后是 PHY 报头，MAC 报头和 MAC 数据（它们形成 PHY 数据），最后是 PHY 报尾。前导码和 PHY 报头的传输模式是固定的，为 600bit/s。PHY 数据和 PHY 报尾可以使用 16 个传输模式（数据传输速率在 600 ~3000bit/s 之间）中的任意一个。PHY 报头包含所使用的传输模式的信息。所有传输模式均使用 39kHz 和 90kHz 之间的频率进行传输，并符合 EN 50065 - 1 的 CENELEC A 波段的要求。

对 PHY 层设计要求与 IEEE 1901.2 和 ITU - T G.990x 中使用的正交频分复用（OFDM）设计要求略有不同。当然频率选择性信道的鲁棒性、脉冲、窄带干扰以及电磁兼容性这些要求都是必需的。然而，新增的设计要求包含降低模拟前端的线性度要求，降低传输信号的低峰 - 平均功率比要求，这些新增的设计要求使得发射放大器和路径的功率效率增高。

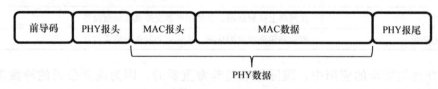

图 7.14　AMIS CX1 物理层的包结构

为了满足这些要求，AMIS CX1 配置文件使用了结合跳频技术与差分相移键控（DPSK）的小波、交织和重复码，作为高度冗余信道编码。使用 347.2kHz 的恒定采样率（偏差小于 25×10^{-6}）生成信号。由于低载波频率，所以在发射机和接收机之间不需要频率同步。基本传输模式使用了一个 $(8, 1, 8)_2$ 重复码，8 个跳频和一个二进制 DPSK（DBPSK）。其他传输模式使用 $(5, 1, 5)_2$，$(6, 1, 6)_2$，$(7, 1, 7)_2$ 或 $(8, 1, 8)_2$ 重复码，5 ~8 个跳频，使用 DBPSK 或 π/4 - 移位四阶 DPSK（DQPSK）调制。编码比特的数量总是等于跳频的数量。

　　块交织器确保随着时间的改变和跳频频率的改变，编码比特得到扩展。PHY报尾用于位填充，确保完全填塞交织器的块。由于在每个跳频上传送单个比特信息，所以对窄带干扰和频率选择性衰落具有非常高的抵抗力。时间扩展增加了对脉冲干扰的抵抗力。所使用的重复码码率较低，在 0.125 ~ 0.2 之间，导致数据传输速率也比较低。当然，独立的重复码不再是最先进的技术。卷积码可以以 0.333 ~ 0.5 的码率得到等效其至更好的阻抗性能，但不会改变系统的其他性能下，将导致数据传输速率至少增加两倍。

　　小波是跳频上的正弦形态，具有余弦滚降振幅窗口（滚降因子 $\alpha = 1$）。与传统的跳频方法相比，由于滚降因子较大，小波形成较好的频谱特性。小波是叠加在一起的，有 50% 的时间重叠，这导致几乎恒定的包络。

　　图 7.15 说明了在时间 – 频率 – 幅度下的基本传输模式。Y 轴表示基本传输模式的跳频。以固定的顺序使用跳频，单个小波的持续时间为 416 μs。由于 50% 的时间重叠，所以每 208 μs 传输一个小波。在 1.666ms 后，使用完了所有的 8 个跳频，然后从头以相同的频率继续传输。每个单独跳频上的符号间隔恒定为 1.666ms。

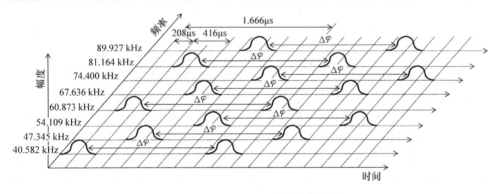

图 7.15　AMIS CX1 的基本传输模式信号

　　编码位的信息映射到连续小波在同一跳频的相位差上。因此，使用时间差分相移键控和类似于 IEEE 1901.2 协议中的 OFDM 系统的差分编码进行调制。OFDM 系统将在跳频上按信号的发送顺序把传输信号添加到单个信号上，该信号可能同时占用所有频率。这导致 OFDM 系统具有更高的数据传输速率。AMIS CX1 的调制方案使用与其他跳频独立的跳频。由于高冗余和交织方法，每一个跳频携带所有信息。即使仅可靠地传送一个跳频，也相当于传送了所有信息。

　　与用于 CENELEC A 频段的使用了 OFDM 的系统相比，该方法还具有其他优点。可用的发射功率可以分别集中在每个频率上，因此几乎恒定的包络可以更有效地用在发射放大器上。与其他系统中的完整 OFDM 信号相比，功率放大器的接入阻抗和过载中的陷波仅影响单个跳频。接收机可以在每个跳频上单独进行滤波匹配，与带有 $\sin(x)/x$ 频谱屏蔽的 FFT 信道分离相比，其具有更好的带外干扰的频谱衰减。此外，由于信道的非线性，频率间调制几乎没有不良影响。最后，脉冲噪声突发将仅影响单个小波而不是整个 OFDM 信号。因此，与基于 OFDM 的系统［如 IEEE1901.2 或 ITU－T G.9904（PRIME）］相比，在 CENELEC A 频段中，AMIS CX1 PHY 层能够实现更远距离的 PLC 传播。

7.5.2 媒体接入控制和网络层

AMIS CX1 通信协议应用在多跳主从系统中，其中数据集中器是主站，其他节点是从站，从站只有在请求时才进行应答。轮询过程用于将从站的自发数据传输到主站中。所有从站都是潜在的中继器，并且通过同步转发来实现其中继功能，这可以认为是单频网络（SFN）洪泛，参见本章参考文献［9］。由于整合了同步转发，MAC 层和网络层不能再分开。因此，系统设计使用了跨层方法。

基本上存在两种 MAC 块格式：一种是具有 MAC 报头和 MAC 数据的数据电报，另一种是仅具有 MAC 报头的短电报。MAC 报头具有 80bit 的固定长度，其中 8bit 用于控制信息，40bit 用于寻址，8bit 用于数据块长度，2 个 4bit 的计数器用于同步转发，以及 16bit 用于报头的 CRC。另外，16bitCRC 用于保护 MAC 数据。

该系统允许数据包最多重复 8 次。每个从站的传输模式和重复次数由主站单独决定。将重复次数添加到 MAC 报头中的两个计数器中。如果从站接收到一个不是以它为目的地的数据包，并且第二个计数器不等于 0，则它准备重传该数据包。第二个计数器递减并且重新计算用于 MAC 报头的 CRC。在接收到数据包 $253.8\mu s$ 之后，所有从站同步地重传准备好的数据包。该方法在本章参考文献［8］中被称为同时转发。它也是 SFN 传输的一个实例。

图 7.16 展示了在具有 200 个节点（图中使用 × 表示）的树形拓扑中的单数据包请求－响应服务同时转发的情形。主站位于中心节点。实心正方形表示正在传输，空心正方形表示正在描述的时隙中接收数据包。主站通过发送请求来发起通信服务。消息在所有方向上传递，这在网络中通常定义为信息洪泛。因此，这种同时转发的方法被定义为一种 SFN 洪泛。

如图 7.17 所示，目的节点反向使用该机制用于其响应。在所示示例中，主站已经第二次接收到重复响应，不需要再次接收重复响应。然而，如果再发送重复响应，那么主站可以再次接收。管理网络所需的工作与重复次数无关。对于每个下行链路和上行链路，重复响应的次数相同，然而与本章参考文献［9］中讨论的方法相比，这是不必要的限制。

与 IEEE 1901.2 和 ITU－T G.990x 提出的路由机制相比，同时转发更容易实现。中继器不需要预先识别，因此可以更快地适应拓扑中的变化。然而，由于多个传输同时进行，通信系统将消耗更多的能量，而且在含有多个中继器的网络中，很可能会浪费发送时机。另一方面，特别是在这种类型的网络中，由于网络组织所需的业务量，基于协议的传输效率不高。当前的路由方法很难满足电网自动化系统的

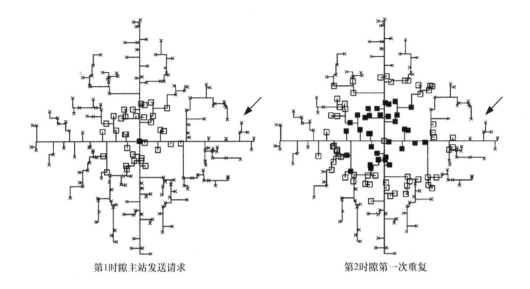

第1时隙主站发送请求   第2时隙第一次重复

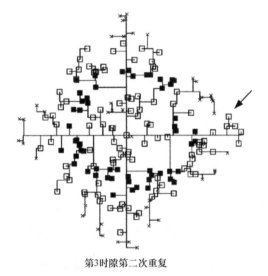

第3时隙第二次重复

图 7.16 从主站到目的从站同时转发的示例（→）

要求。在多个洲的系统中使用了 SFN 洪泛的机场照明自动化技术（参见本章参考文献［10］中的讨论），该技术在安全评价自动化方面具有良好的追踪记录功能。

7.5.3 管理方法

AMIS CX1 配置文件包括数据传输和管理方法，实现了具有中央资源管理的主从概念。为了在过载的情况下有效地使用带宽，合理地减少带宽，采用了时间信用技术。对于自动化系统，可靠地管理信息库和有较短的中断检测时间是十分重要的，并且实现了与点对点链路上轮询等效的轮询或持久连接消息。另一方面，在大

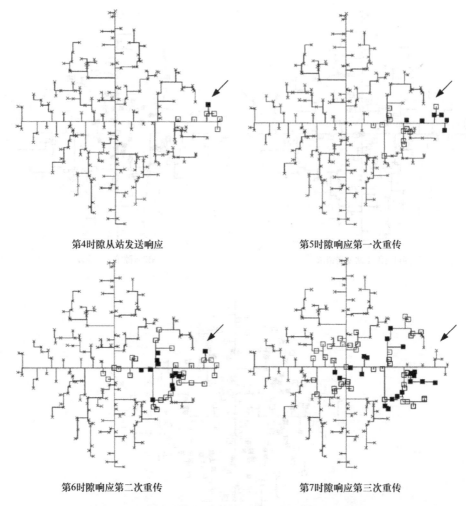

第4时隙从站发送响应   第5时隙响应第一次重传

第6时隙响应第二次重传   第7时隙响应第三次重传

图 7.17　在同时转发系统中从从站到主站的响应的图示

型网络中由于轮询时间的影响，节点的自发消息延迟较高。

　　除此之外，同步转发需要发射机之间实现同步。由于设备已经在 MAC 层实现了同步，因此可以把系统的时间同步作为特征集成到 MAC 层。尽管数据传输速率低，但是可以以 <1ms 的精度同步网络中的所有节点。精确的时间戳在自动化系统中非常有用，特别是在阵雨报警时。

　　在资源消耗较低的系统中 SFN 洪泛实现了有效的广播。该广播可以把尚未登录的节点作为中继器。信标传输和登录过程要容易得多。为了确保配置和软件的下载，实现了一致的广播。多个广播消息（即固件）在网络中广泛地传播。每个节点使用一个累积确认信号进行响应，并且选择性地重传丢失的消息。对于低数据传输速率系统，它可以在合理的时间内有效更新该领域中的节点软件。

7.5.4 进一步说明

该技术最近应用在奥地利的上奥地利区能源股份公司安装的 AMIS 智能电表系统中。该系统目前已使用在 10 万个以上智能电表中。根据欧盟的规定，到 2020年，80% 的家庭都将配备智能电表。上奥地利区能源股份公司正在计划为 50 万个新客户安装智能电表。

AMIS CX1 是（智能电网）系统自动化通信方案的一个很好的例子。然而，由于其本身的性质，它并没有经过科学地研讨。新的 PLC 开发方案经常从标准化和已发布的无线系统解决方案入手，例如 IEEE 802.15 – 4。然而，这些解决方案可能不适用于电力线信道，因此需要做许多改变。结果不如直接使用设计方法那么高效。AMIS CX1 和任何 OFDM PLC 系统的根本区别是其对非线性信道效应具有鲁棒性。对于 CENELEC A 频段调制解调器来说，在接入阻抗较低且时变的情况下，是否可以确保 OFDM 系统所需的线性度，这仍然是一个难以解决的问题。大量使用新的节能电源将会使这个问题更加复杂。

精确的时间同步、同时转发和确认广播是 AMIS CX1 的特点，但 IEEE 1901.2和 ITU – T G.990x 中不支持 AMIS CX1。考虑到当前窄带 PLC 的芯片设计，可以在大多数芯片的软件无线电部分中使用 AMIS CX1，这将为实用程序提供一个非规范化系统的退出策略。

7.6 数字风暴®

数字风暴®技术是用于"智能能源生活"的 PLC 技术[11]。数字风暴®的主要思想是，技术通过现有的电力线调制上行和下行信道进行通信，电力线连接着家庭内不同的应用。通过普通的交换机、因特网和智能手机来控制和管理系统。数字风暴®中的交换机集成在数字风暴®接线盒中的 4mm × 6mm 高压（220V）芯片上。集成芯片开关电源，因此，数字风暴®不需要任何电容耦合或电隔离。设备和家庭应用只需要安装此芯片即可。

7.6.1 数字风暴®的架构和组件

数字风暴®是集中式网络，它基于配电盘中已安装的集中器。它作为用于特定配电电路的功率计使用，并且通过不同调制的上行和下行信道与家用电器通信。数字风暴®的基础是一种称为接线端子的高压芯片，它具有开关灯、调节光线强弱、测量照明系统中的电力、存储数据和通信的功能。为了使用现有电力线实现配电盘与数字风暴®设备（dSD）的通信，因此数字风暴®仪表（dSM）安装在配电盘的每个电源电路中。多个 dSM（最多 62 个单元）使用标准化协议（dS485 总线互连）进行通信。数字风暴®服务器（dSS）可连接到更高级别的系统，例如因特网或本地网络。数字风暴®滤波器（dSF）是 CENELEC A 频段的带通滤波器，安装在 L 和 N 上行之间的相位上，通过调整功率信号来优化数字风暴®通信的网络条件，以减少对其他设备的干扰。

7.6.2 数字风暴® PLC 网络组件和安装

数字风暴®的安装使用主从架构，其中 dSM 为每个电路创建通信主站。主站通过电力线与同一电路中的终点（从站）通信。例如，如果 dSD 记录了一个开关的动作，则它向 dSM 发送电报。dSM 考虑需要完成哪些操作，并通过电力线发送命令。该系统在仪表和终端之间的通信使用异步方式，其中 dSM 在公共电流中将信息发送到终端。在 dSD 到 dSM 的上行信道中，终端通过调制电流消耗来对其信号进行编码。dSM 通过 RS485 接口与 dS485 总线互连，在 dSM 之间进行通信，也与 dSS 进行通信。dSS 具有各种功能。它连接 dSM，还通过 TCP/IP 连接到因特网，从而允许用户通过计算机或智能手机访问所有网络。最后，dSF 保护网络通信，它安装在 L 和 N 上行信道之间的相位上[12]。数字风暴®组件和拓扑如图 7.18 所示。

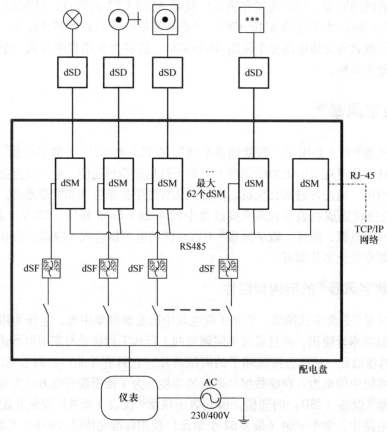

图 7.18 数字风暴®结构的插图

7.6.3　数字风暴®通信

上行和下行通信传输不同的信号[12]。

下行通信：数字风暴®的下行传输技术定期切断配电盘与供电网的连接，将信号添加到靠近电源过零点的电源电压上，这与将传输信号添加到电源电压的普通 PLC 系统不同，这样降低了由于低电网阻抗引起的相邻电路的串扰。切断技术由开关来完成，如在下行信道期间打开断路器。在发送端，通过脉冲整形控制信号控制的功率半导体来实现发射功能。脉冲由 "1" 和 "0" 表示。使用（7，4）汉明码来检测和校正错误。下行发射机被认为是不影响低网络阻抗的最佳电压源，特别是低比特率 PLC 技术。由于源阻抗较低和家庭内的电缆长度较短，所以信号衰减比较小。由于使用开关式电源，因此不会产生接近过零点的干扰。

上行通信：上行通信是具有断路器的 dSM 集中式架构。发射机被当作电流源。dSM 使用电流传感器来接收信号。通过在中性线和相导体之间增加额外的电容器，来保持发射机的低阻抗，同时增加接收机的信号电平。上行对 CENELEC A 或 B 频段使用 FSK 调制。干扰来自家用电器和开关设备。事件故障保持在卷积码的约束长度以下，可以实现带有分界的卷积码。

7.7　总结

PLC 系统可实现家庭和工业自动化通信。在本章中，我们首先回顾了一些常用的协议和标准，这些协议和标准已经广泛应用在实际中，但这仅是市场上可供选择的协议和标准。然后，我们为冷藏集装箱船引入了国际标准 ISO 10368：2006（E），该标准应用两个独立的物理层，这些物理层在频率上独立但使用同一条线路传输。我们讨论了用于 PLC 配电网的 AMIS CX1 - 配置文件，它使用了一个窗口跳频系统，该系统的 PHY 层鲁棒性较好，峰值因数较低，而且对非线性失真高度免疫。使用精确的时间同步实现 SFN 洪泛。我们最终提出了数字风暴架构，其 PLC 调制解调器具有非常小的尺寸。调制解调器的尺寸甚至小于传统耦合单元的电容器。

参 考 文 献

1. E. Mainardi and M. Bonfè, Powerline communication in home-building automation systems, in *Robotics and Automation in Construction*, (eds C. Balaguer and M. Abderrahim), InTech, 2008, ch. 4, 53–70.
2. J. Burroughs, X-10 home automation using the PIC16F877A, Microchip Technology Inc., Tech. Rep., 2002. [Online]. Available: http://ww1.microchip.com/downloads/en/AppNotes/00236a.pdf.
3. KNX System Specifications, KNX Association, Tech. Rep., 2009. [Online]. Available: http://www.sti.uniurb.it/romanell/Domotica_e_Edifici_Intelligenti/110504-Lez10a-KNX-Architecture v3.0.pdf.
4. KNX Powerline PL 110, KNX Association, Tech. Rep., Jun. 2007. [Online]. Available: http://www.knx.org/media/docs/KNX-Tutor-files/Summary/KNX-Powerline-PL110.pdf.
5. Echelon Corporation. Introduction to the LONWorks system. United States of America. [Online]. Available: http://www.echelon.com/support/documentation/manuals/general/078-0183-01A.pdf.
6. International Organization for Standardization, Freight thermal containers – Remote condition monitoring, ISO 10368:2006, ISO, Geneva, 2006.

7. G. Hallak and G. Bumiller, Coexistence analysis of impedance modulating transmitters, in *Proc. IEEE Int. Symp. Power Line Commun. Applic.*, Johannesburg, South Africa, Mar. 24–27, 2013, 279–284.

8. SIEMENS AMIS CX1-Profil (Compatibly/Consistently Extendable Transport Profile V.1) Layer 1-4 (in German), SIEMENS, Tech. Rep., Sep. 2011. [Online]. Available: http://www.quad-industry.com/titan_img/ecatalog/CX1-Profil_GERrKW110928.pdf.

9. G. Bumiller, L. Lampe, and H. Hrasnica, Power line communication networks for large-scale control and automation systems, *IEEE Commun. Mag.*, 48(4), 106–113, Apr. 2010.

10. G. Bumiller and N. Pirschel, Airfield ground lighting automation system realized with power-line communication, in *Proc. Int. Symp. Power Line Commun. Applic.*, Kyoto, Japan, Mar. 26–28, 2003, 16–20.

11. digitalSTROM Alliance. [Online]. Available: http://www.digitalstrom.org.

12. G. Dickmann, digitalSTROM®: A centralized PLC Topology for Home Automation and Energy Management, *Proc. IEEE Int. Symp. Power Line Commun. Applic.*, Udine, Italy, Apr. 3–6, 2011, 352–357.

第 8 章　多媒体 PLC 系统

S. Galli，H. Latchman，V. Oksman，G. Prasdd 和 L. W. Yonge

8.1　简介

高速电力线通信发展的主要推动力是利用，家中现有的电线[1]在家中无缝传送多媒体内容。为了在与传统数据业务共存的同时，又能够提供多个同步信道用于语音、高保真立体声音频和标准的高清晰度视频信号，多媒体 PLC 网络和系统必须满足服务质量（QoS）规范的要求[2]。在本章中，提出了 PLC 多媒体通信技术，该技术允许系统存在一定范围的延迟和抖动，同时该系统保证了在含有噪声的不可靠的电力线信道上可以可靠地传送多媒体内容。

8.2　多媒体业务的 QoS 要求

PLC 信道由于受到各种噪声和干扰源的干扰，所以很难实现可靠的高速通信。HomePlug 1.0.1[3]规范定义了物理层（PHY）协议和 MAC 协议，它们使用建筑物内现有的电线，并提供一个 10Mbit/s 级别的 PLC LAN。HomePlug 1.0.1 芯片还形成了 10Mbit/s 宽带电力线（BPL）接入网络的基础[4]，该 BPL 使用输入低压配线。HomePlug 1.0.1 系统理论上提供的最大应用吞吐量大约是 8Mbit/s，实际中最大吞吐量为 5 ~7Mbit/s[5,6]，足以满足许多以数据为中心的 LAN 应用。通过这种方式，PLC 信道由以前只用于电力传输进入到数字时代，同时给每个家庭提供了"不含新线"的多媒体通信网络的高速数字信道。

虽然 HomePlug 1.0.1 系统没有针对多媒体通信进行优化，但是该系统支持 IP 语音（VoIP）以及 IP 电视（IPTV），其中 IP 电视使用了流行的缓冲流机制[7]。这两个多媒体应用（VoIP 和 IPTV）表明多媒体 PLC 系统必须克服多媒体传输带来的问题。一方面，频谱 VoIP 的终端业务包括在几乎对称双向的数据传输速率（约 100kbit/s）下传输相对较小的数据包（持续时间为 10 ~15ms），但是这些数据包发送的最大延迟为 10ms，可以满足人们通信中的交互性和自然性。假如用户可以接受语音的失真，那么语音应用中可以存在一定程度的丢包和延迟变化（抖动）。另一方面，IPTV 使用更高的数据传输速率（1 ~4Mbit/s）以满足不对称带宽的要求，并且为了保证用户的最佳体验，系统应具有非常低的抖动，同时不存在由于丢包而导致的视频丢失。由于 IPTV 是广播或非交互式服务，因此我们可以缓冲几百 ms 的多媒体数据，确保随后的播放可以满足视频爱好者和发烧友群体的要求。在任何情况下，我们都期望多媒体网络以无缝方式覆盖整个家庭或建筑。

上面通过 VoIP 和 IPTV 对多媒体内容传输的相关问题进行了说明，多媒体内容传输可以扩展现有的和新兴的多媒体业务，例如 HDTV、多信道高保真音频和视频会议、多媒体游戏等。

8.2.1 多媒体家庭网络

表 8.1 总结了针对通过 PLC 多媒体网络传输的多媒体内容的典型 QoS 要求。

表 8.1 多媒体应用的带宽和 QoS 要求

应用	带宽/(Mbit/s)	延迟/ms	抖动	丢包概率（PLP）
高清（HD）视频流	11 ~ 25	100 ~ 300	0.5μs 至几毫秒	准无误码[①]
标准清晰度电视（SDTV）视频流	2 ~ 6	100 ~ 300	0.5μs 至几毫秒	准无误码
IPTV	1 ~ 4	100 ~ 300	0.5μs 至几毫秒	准无误码
DVD 质量视频	6 ~ 8	100 ~ 300	0.5μs 至几毫秒	准无误码
互联网视频会议	0.1 ~ 2	75 ~ 100	—	0.001
家庭影院音频（多个音频流）	4 ~ 6	100 ~ 300	0.5μs 至几毫秒	准无误码
IP 语音（VoIP）	< 0.064	10 ~ 30	10 ~ 30ms	0.01
网络游戏	< 0.1	10 ~ 30	10 ~ 30ms	准无误码

① 2 小时内少于 1 个错误。

8.2.1.1 多媒体业务特性

表 8.1 显示了多种多媒体业务，如数字视频、音频、图片和图像以及视频会议、语音和游戏等交互式服务的 QoS 要求。下面将简要描述这些多媒体业务。

8.2.1.1.1 数字视频

数字视频和音频组成了今天大部分多媒体业务。早期的数字视频形式包括用于不同速度和分辨率的视频流的数字格式，可以使用 RealPlayer 或 Microsoft Media Player 等应用播放。与这些技术相关联的流协议使用缓冲回放机制来适应可用带宽。这些方法今天仍然用于因特网的 IPTV 广播中。现在也可以使用数字视频光盘（DVD）和 HDTV 格式，HDTV 格式的数据传输速率在 5 ~ 25Mbit/s，并且可以通过 DVD 播放器、HDTV 播放器（诸如 BluRay）或者中央媒体服务器在家庭网络中播放。DVD 和 HDTV 使用运动图像专家组（MPEG）开发的 MPEG - 2 和 MPEG - 4 格式来压缩视频或音频。

8.2.1.1.2 图片和图像

图片和图像是另一种流行的多媒体内容，它们也需要通过家庭网络来传输。通过静态数字扫描或百万像素数码照相机获取数字图片和图像,数字图片和图像被存储在中央媒体服务器上,接着通过顺序获取和播放,可在屏幕上形成幻灯片。每个图片大小只有几兆,这样的幻灯片将会对家庭网络产生巨大影响。数字照片和扫描得到的图像通常以 JPEG(联合图像专家组)格式或 GIF(图形交换格式)存储。事实上,只需以适当的帧速率播放图片,就可以使用动态 JPEG 来生成视频。

8.2.1.1.3　音频——音乐和语音

高保真立体声(或多扬声器环绕声)音乐是家庭多媒体系统中的一个重要组成部分。通常,音频信道与 DVD 或 HDTV 中的视频同步,它们通过网络信道同步传输,没有显著的延迟或图像声音同步问题。在广播业务中,通过正确的顺序和速率对视频和音频进行缓冲、解压缩和播放,为用户提供最佳体验。

8.2.1.1.4　互动语音和视频

视频会议和 VoIP 等应用加强了对双向自发交互性的需求,提高了用户体验。这些应用最好以信道化形式提供,从而为各方向的视频和音频交换分配特定的信道。在设计需要处理多信道 VoIP 和视频会议的家庭网络时,需要考虑多信道分配要求与适当视频压缩之间的协调,以实现节省带宽、增强交互性的目的。

8.2.1.1.5　游戏和模拟

基于多玩家的网络游戏和模拟器(如飞行模拟器)也对基础网络上的交互性、视频和音频质量提出了很高的要求。一些模拟器和游戏需要随着玩家的操作快速下载、显示以及渲染图像,因此对系统的同步性、交互性以及自然性提出要求。

8.2.1.2　服务质量参数

对于每一种主要的多媒体内容,表 8.1 还给出了 4 个主要参数,即带宽、丢包、延迟和抖动,用于量化服务质量。

8.2.1.2.1　带宽

当可用的保证带宽允许系统在没有拥塞的情况下提供最大预期比特率的数据流时,包括视频与音频在内的多媒体业务可达到最好的效果。例如,传统的时分复用(TDM)提供固定的带宽分配,其支持传输率为 64kbit/s 的未压缩语音的标准电话,也支持需要多个 64kbit/s 基本传输速率接口信道的 ISDN 视频。然而,在共享网络(例如因特网或者基于以太网、无线、PLC 技术的局域网等)中,多媒体业务的带宽分配方案十分复杂,而且还需要复杂的准入控制和拥塞管理策略来确保带宽分配能满足 QoS 要求。尽管如此,可以肯定的是,除非总的可用信道吞吐量足够大,否则同时实现多个信道服务(例如 HDTV、IPTV 和 VoIP 等)是不可能的。因此,在多媒体 PLC 中的主要研究方向是在给定频谱和监管约束的情况下,尽可能使原始数据传输速率最大。当前的 PLC 技术在 2～30MHz 频段中的数据传输速率大约为 200Mbit/s,在考虑误差和协议管理开销之后,可用的应用级带宽大约为 90Mbit/s。如果使用高达 100MHz 的带宽和 MIMO 技术,那么数据传输速率大概会增加到 500Mbit/s。

8.2.1.2.2 丢包和延迟

当数据包穿过电力线信道时，产生的延迟是由信息的处理、传播的延迟、重传等多个因素造成的。事实证明，总延迟主要是由 PLC 信道中的重传需求决定的。即使在使用了有效的误差控制编码之后，电力线信道的 FEC 校正块错误率仍然高达 1/100，甚至更糟。为了满足一些多媒体应用 QoS 所要求的 10^{-10}（准无误码）的块错误率，至少需要重传 5 次。例如 HDTV、SDTV 或音乐等应用允许在初始化时存在 100~300ms 的延迟，利用这段时间进行必要的重传。例如游戏，VoIP 和视频会议等交互式应用中不能存在长时间的延迟，将需要丢弃或替换包，但是这样将不可避免地导致品质下降。

8.2.1.2.3 抖动

抖动是用于描述延迟变化的术语，这种延迟变化可能会在多媒体业务中产生不良影响。例如在 HDTV 线性流的情况下使用 300ms 的初始延迟进行数据包重传。如果相对于正在播放的第一个数据包，所有的数据包都延迟（缓冲或播放）300ms，那么抖动将是零。在实际中，抖动的期望值大约为 500ns，并且多媒体 PLC 协议应当对该抖动性能进行规定。

8.2.1.3 多媒体业务的 PLC 解决方案

从上述可以清楚地看出，尽管 HomePlug 1.0.1 在 LAN 设置中为连接多台计算机和外围设备提供了可靠的数据传输速率（5~7Mbit/s）和数据通信性能，但为了支持家庭内的数字多媒体通信，仍需要更高的数据传输速率和更严格的 QoS 控制[8]。

例如 HDTV 的单个数据流需要大约 25Mbit/s 的传输速率，普通家庭中一般含有大量的语音、音频和视频的同步多媒体流以及传统的非时间敏感的网络流量。此外，除了带宽之外，多媒体应用为了获得最佳性能，还规定了等待时间、抖动和丢包概率（PLP），如表 8.1 所示。

值得注意的是，在多媒体通信中有多种替代方案代替 PLC。这些技术包括 100Mbit/s 甚至 Gbit/s（吉比特每秒）的以太网、IEEE 802.11x 无线协议套件（包括 IEEE 802.n 标准[9]）、能够提供高带宽但覆盖范围有限的新超宽带标准[10]，以及使用现有的同轴视频电缆的同轴电缆多媒体联盟（MoCA）[11]标准和利用电话线路的电话线网络（HomePNA）[12]等其他技术。PLC 解决方案的优势在于它的普遍性，在美国平均每个家庭有 44 个接口可供 PLC 使用，而且其覆盖范围广，在大多数情况下以可靠的数据传输速率实现了全屋覆盖。

8.3 多媒体 PLC 的优化

开发适用于多媒体业务的 PLC 系统的第一个难题是如何设计 PHY 和 MAC 协议，以及所需的 MAC/PHY 跨层交互，以确保有足够的带宽来支持语音、视频和数据的多个同步信道。

8.3.1　多媒体 PLC 的总体设计注意事项

8.3.1.1　多信道效应，PLC 通道中的噪声和干扰

建筑物内的电线由各种不同类型的导体组成，它们随机相连，电线随频率和时间变化呈现不同的终端阻抗。这会引起不良的多径效应，从而导致延迟扩展（平均几微秒）以及信号衰减，在使用 2 ~30MHz 频段的 PLC 通信系统中，这种信号衰减将高达 70dB[13-15]。

用于 PLC 信道的 PHY 设计还必须应对一直存在的多种 PLC 噪声源，例如卤素灯和荧光灯、开关电源、有刷电动机和调光器开关等。在这方面应当注意的是，多媒体 PLC 的设计应该在电力线周期内能够识别噪声，并且能够利用噪声的周期变化，其中在周期的过零点附近信噪比最佳。

由于目前可用的 PLC 设备工作在 2 ~30MHz 范围内，应注意避免引起干扰或受到其他合法信号的干扰，比如短波、公民和业余无线电信号等影响，同时自适应地最大化 PLC 信道的容量。

8.3.1.2　多媒体 PLC 设计选择

近年来，一种 200Mbit/s PLC 系统已经从 PLC 芯片开发领域中脱颖而出[16-18]。适用于上述 PLC 信道的物理特性的常见调制方法是 OFDM，其以快速傅里叶变换（FFT）或小波变换作为基础技术。基于 FFT 和基于小波的方法之间的差异和相似性超出了本节的范围。可以说，通过选择合适的基本函数、符号长度、保护间隔、调制、纠错码和窗口，两者性能具有可比性。本节的其余部分将参考在 HomePlug AV 中使用的基于 FFT 的 OFDM 方案[18,19]。

OFDM 适合于 PLC 信道，这是因为其相关多载波方法允许在平坦衰落子信道中使用自适应多电平调制方案，平坦衰落子信道是由 OFDM 定义的 2 ~30MHz 频率选择性信道。另外，可通过明确 OFDM 参数实现频谱屏蔽，以避免违规操作或限制干扰。

通常认为对于多媒体 PLC 系统，TDMA 方法是理想的，它可以完善 HomePlug 1.0.1 以及其他数据中心协议的 CSMA/CA 方法。自然地，在相同介质上组合使用 TDMA 和 CSMA/CA 将会导致复杂度的提升，但是这是为了满足多媒体业务所需的 QoS 要求所必须付出的代价。

可靠通信的基本要求是将 TDMA/CDMA 混合系统的关键参数传送到 PLC 网络中的所有节点。为了实现这一点，HomePlug AV 定义了一套可选的低数据传输速率鲁棒调制（ROBO）方案，其使用较高的时间和频率冗余度、低调制阶数和强大的纠错码。ROBO 模式在发射机和接收机之间交换关键信息，然后在通信节点对之间对自适应高速模式进行协商，该协商通过可调的音调映射来规定节点间选中的载波、调制和编码。为了保持网络的性能，每个 PLC 数据包包含一个高度可靠的帧

控制（FC）字段，该字段具有类似 ROBO 的特性从而确保关键的 PLC 参数可被更新和可靠地接收。

8.4 宽带 PLC 网络技术标准

宽带 PLC 技术的大规模部署和多媒体应用的一个重要前提是有一个国际标准，该标准必须由可信的、全球公认的标准制定机构发布。缺乏国际标准化首先会导致家庭网络市场的分裂。事实上，PLC 家庭网络市场主要有 3 种工业解决方案：HomePlug 电力线联盟（HPA），高清晰度电力线通信（HD-PLC）联盟和通用电力线协会（UPA）。此外，由于现有的各种 PLC 技术之间不能互操作，所以这种情况对消费者、消费电子公司和服务提供商来说十分不方便。消费者的困扰将会导致高退货率，对于电子公司来说，这是一个数十亿美元的问题。

IEEE P1901 公司标准工作组[20]和 ITU-T 第 15 研究组第 18 号课题在 2005 年开始标准化工作，以消除在使用 PLC 技术的家庭网络和接入网络的开发和部署中的障碍。这两个研究小组已经完成了两个 BB-PLC 标准，IEEE 1901[21,22] 和 ITU-T G.996x（或 G.hn）[23-28]，以及独立的 BB-PLC 共存标准 G.9972（或 G.cx）[29,30]。这些解决方案包括开放系统互连（OSI）基本参考模型的物理（PHY）层和数据链路层的 MAC 子层。协议栈的上层是通用的。在接下来的两节中，我们将详细讨论 IEEE 和 ITU-T 标准。

8.5 IEEE 1901 宽带电力线标准

IEEE 1901 工作组于 2005 年成立，该工作组致力于标准化电力线技术，为频率小于 100MHz 的高速（>100Mbit/s）通信设备制定标准，并用于家庭网络和接入应用[21,22]。该标准于 2010 年被批准，并定义了两种 PLC 技术（基于 FFT-OFDM 的 PHY/MAC 和基于小波-OFDM 的 PHY/MAC）和 PLC 共存协议（系统间协议或 ISP）。根据 IEEE 1901 的要求，该标准可以用于所有类型的 PLC 设备，其中包括用于第一英里/最后一英里（以 <1500m 为前提）的宽带服务，以及在建筑物内部用于局域网和其他数据分发（设备之间 <100m）的相关应用。

FFT-OFDM 1901 PHY 规范简化了与 HomePlug AV 工业规范设备的反向兼容性。类似地，小波-OFDM 1901 PHY 规范简化了与 HD-PLC 联盟工业规范设备的反向兼容性。

IEEE 1901PHY 和 MAC 标准的概念性的综述如图 8.1 所示。公共 MAC 通过物理层汇聚协议（PLCP）处理两个不同的 PHY。这里有两种 PLCP：处理公共 MAC和加窗 FFT-OFDM PHY 之间交互的 O-PLCP，以及处理公共 MAC 和小波-OFDM PHY 之间交互的 W-PLCP。公共 MAC 中的功能如下：帧格式、寻址、

SAP、SAR、安全、IPP/ISP、信道访问等。W - PLCP 和 O - PLCP 中的功能如下:
信道适配、PPDU 格式、FEC 等。该标准的另一个关键组成部分是强制性系统间协
议（ISP）[⊖]，不管 PHY 之间的差异，该协议均允许基于 IEEE 1901 标准的 PLC 设
备有效、公平地共享介质;此外,ISP 还实现了 IEEE 1901 设备和 ITU - T G. 9960
标准设备的共存。ISP 对 PLC 环境来说是一种新协议[30]。ISP 也已由 ITU - T 标准
化为 G. 9972 推荐标准[29]。

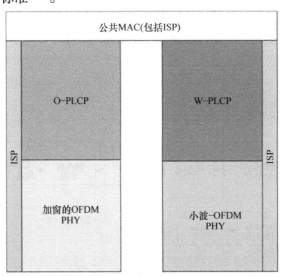

图 8.1　IEEE 1901 概念性的综述

在 IEEE 1901 标准中,多层 PHY 解决方案并不是技术需求的结果。小波或基
于 FFT 的 OFDM PHY 有多项优点,但是这些优点不能保证标准所要求的两层 PHY。
因此,IEEE 1901 标准的多层 PHY 性质更多地来自政策需求而不是技术要求。另
一方面,该决策还确保了从当前基于 HomePlug 和松下技术的设备到 IEEE 1901 设
备的连续性和平滑迁移。ISP 还将促进 IEEE 1901 和 ITU - T G. 996x 设备的共存,
避免由非互操作标准设备产生干扰而导致性能衰减。事实上,尽管当前行业使用同
一种技术,共存的概念变得毫无意义,但是如果可以向基于 IEEE 1901 和 ITU - T
G. 996x 标准的 PLC 技术提供寿命更长的产品,那么当前的 ISP 标准以及下一代 ISP
标准将只是在复杂度上付出很小的代价。

8.5.1　IEEE 1901 FFT - OFDM PHY

8.5.1.1　概述

图 8.2 显示了 IEEE 1901 FFT - OFDM 收发机的框图。在发射机（TX）侧,

⊖　最初,IEEE 1901 中引入的技术共存机制叫作 PHY 内部协议或者 IPP,它只负责 IEEE 1901 的 PHY
　　间的共存问题。IEEE 1901 工作组很快认识到在 ITU - T G. hn 等其他系统中引用共存机制是有必要
　　的,因此,最初的 IPP 变为 ISP。——原书注

PHY 层从 MAC 层接收输入信息。图中显示了 3 个单独的处理链，分别用于 Home-Plug 1.0.1 控制信息的纠错码，IEEE 1901 FFT – OFDM 控制信息的纠错码，以及 IEEE 1901 FFT – OFDM 数据的纠错码。AV 控制信息由 AV 帧控制 FEC 编码器块处理，当 IEEE 1901 FFT – OFDM 数据流通过加扰器、Turbo FEC 编码器和信道交织器时，该 FEC 编码器包含一个嵌入式 FEC 块和分集复用器。HomePlug 1.0.1 帧控制（FC）信息通过一个独立的 HomePlug 1.0.1 FEC。3 个 FEC 编码器的输出构成公共 OFDM 调制结构，其由映射器、快速傅里叶逆变换（IFFT）处理器、前导码、循环前缀和窗口重叠组成，它最终反馈到模拟前端（AFE）模块，该模块可以将信号耦合到电力线上。

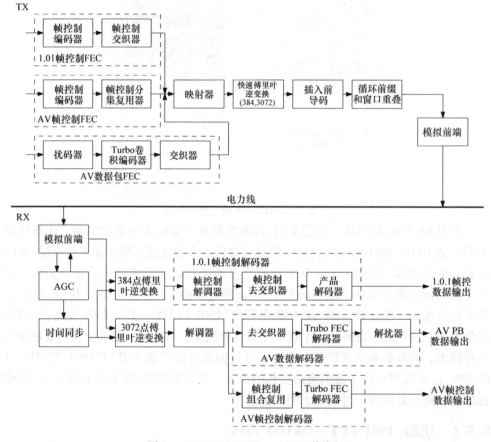

图 8.2　IEEE 1901 FFT – OFDM 收发机

在接收机处，AFE 利用自动增益控制器（AGC）和时间同步模块进行操作，它通过反馈单独的控制信息和数据信息来恢复电路。控制帧通过一个 384 点 FFT（用于 HomePlug 1.0.1 分隔符）、3072 点 FFT（用于 IEEE 1901 FFT – OFDM）、单独的帧控制解调器以及帧控制解码器来处理接收到的采样流，以求恢复控制帧。通过一个 3072 点 FFT、一个具有信噪比（SNR）估计的解调器、一个 Turbo FEC 解码器和去交织器以及一个解扰器来处理采样数据流，以求恢复该数据流，该采样数据流仅包含 IEEE 1901 FFT - OFDM 格式化的符号。

IEEE 1901 FFT - OFDM 提出了一个改进吞吐量数量级的方案，其吞吐量超过 Homeplug 1.0，同时满足 QoS 要求。此外扩展了使用的带宽，AV 中的子载波间隔减小。HomePlug 1.0.1 使用的频率范围（4.5 ~ 20.7MHz）可以量化为 84 个子载波，IEEE 1901 FFT - OFDM 在 1.8 ~ 30MHz 的频率范围上使用 1155 个载波。虽然 HomePlug 1.0.1 在默认配置中可以使用带宽中的 76 个活动载波，但是为了避免干扰，在考虑了屏蔽某些载波后，IEEE 1901 FFT - OFDM 在其默认模式下可以使用 917 个载波[3,18]。

8.5.1.2　载波调制

在 IEEE 1901 中，FFT - OFDM 载波使用 BPSK、QPSK、8 - QAM、16 - QAM、64 - QAM、256 - QAM 或 1024 - QAM 调制，系统从而可以充分利用子载波信噪比（SNR）。IEEE 1901 FFT - OFDM 还支持混合调制和比特加载，并为每个信道规定比特加载，从而每个载波可以以载波 SNR 支持的最为快速高效的调制方式进行通信。

8.5.1.3　帧控制

AV 帧控制（FC）字段由 128 个信息比特组成，它使用一个 OFDM 符号进行编码和调制。AV 帧控制符号具有 40.96μs 的 IFFT 间隔和 18.32μs 的有效（非重叠）保护间隔（GI）。之所以选择长保护间隔，是为了使用时域平均来增加符号信噪比（SNR）。此外，帧控制 IFFT 和保护间隔的发射功率比有效负载要高出 0.8dB，这增加了鲁棒性。由于帧控制的占空比在典型业务中较低，因此该额外功率对发射性能影响较小。

使用 Turbo 卷积码以 1/2 速率对 128 个信息比特进行编码，将产生 256 个编码比特。这 256 个比特被交织编码，然后通过外部重复码尽可能地复制每个比特信息，进而将这些比特映射到帧控制符号上，帧控制符号最大限度地扩展了时间和频率分集。

FC 包含 PHY 和 MAC 所需的信息。PHY 所需的信息包括分隔符类型、音调映射标识符（TMI）和 PHY 体的长度。FC 解码需要分隔符类型，并且需要 TMI 来解调 PHY 体（如果存在）。TMI 使用 9 位索引，并指示发射机使用特定音调映射调制 PHY 体的 OFDM 符号。接收机在信道适配期间选择 TMI，并与音调映射一起发送到发射机。PHY 需要的实际长度由解调符号的数量来决定。

虚拟载波侦听（VCS）的 MAC 还需要 PHY 体的长度信息。与在无线通信中一样，PLC 信道上的衰减和噪声很高，因此物理载波侦听（PCS）仅限于同步检测。VCS 允许某站在其余站传输时避免接入媒体，特别是在 CSMA/CA 接入模式中。

8.5.1.4 有效载荷

基于 75MHz 系统时钟的 OFDM 时域信号确定如下。数据符号是来自映射块的一组数据点，3072 点 IFFT 将其调制到子载波波形上，产生 3072 个时间样本（称为 IFFT 间隔）。IFFT 尾部的固定数量样本将作为循环前缀，并插入到 IFFT 间隔的前部中，以此扩展 OFDM 符号。

8.5.1.5 IEEE 1901 FFT – OFDM 增强 HomePlug AV 1.1

IEEE 1901 FFT 是 HomePlug AV 1.1 规范的扩展。以这样的方式进行扩展，使得 IEEE 1901 FFT – OFDM 系统可以与现有的 HomePlug AV 系统共存，同时也提供更高的性能。下面进一步概述了这些增强的技术规范。

8.5.1.5.1 30 ~ 50MHz 频段

HomePlug AV 物理层工作于 1.8 ~ 30MHz 频段，其在 1.8 ~ 30MHz 的带宽中，只使用了 1155 个载波中的 917 个载波，其余载波被屏蔽（即不用于发送数据）。此外 IEEE 1901 FFT – OFDM 对频段进行以下两种扩展：

1) 频段扩展到 50MHz。30 ~ 50MHz 中的载波间隔与 1.8 ~ 30MHz 频段（即 24.414kHz）中的载波间隔相同。

2) 1.8 ~ 30MHz 中的屏蔽载波也可用于传输数据。

这两个扩展使得 IEEE 1901 FFT – OFDM 系统的带宽变为 1.8 ~ 50MHz，能够支持多达 1974 个载波 [即 $(50 - 1.8) \times 1000 / 24.414$]。这些载波拥有 16/18 码率和 1.6μs 保护间隔，确保 IEEE 1901 FFT – OFDM 系统能够提供最大为 500Mbit/s 的 PHY 数据传输速率 [$1974 \times 12 \times 16 / 18) / (40.96 + 1.6)$]。

8.5.1.6 附加保护间隔

在 PPDU 有效负载的前两个 OFDM 符号上，HomePlug AV 物理层保护间隔是 7.56μs，IEEE 1901 FFT – OFDM 保护间隔是 7.56μs 或 19.56μs，家庭网络被限制在 7.56μs 保护间隔内，因此保持了与 HomePlug AV 的兼容性。

在 PPDU 有效负载第三个和以后的 OFDM 符号中，HomePlug AV PHY 将保护间隔限制为 5.56μs 或 7.56μs。接收机根据信道条件选择要使用的保护间隔，并将其指示给发射机，作为信道自适应的一部分。IEEE 1901 FFT – OFDM 通过向下扩展保护间隔和向上扩展保护间隔来增加保护间隔的数量：

1) 向下扩展保护间隔将支持 {1.60, 3.92, 2.08 和 2.56} μs 的保护间隔。这样 IEEE 1901 FFT – OFDM 站就能够提高在低延迟扩展信道上的效率。

2) 向上扩展保护间隔将支持 {9.56, 11.56, 15.56 和 19.56} μs 的保护间隔，主要用于高延迟扩展信道（例如在接入网络中）。

站在声音 MPDU 帧控制中添加了向下扩展保护间隔支持标志（ELGISF）和向上扩展保护间隔支持标志（ELGISF），来表示其支持保护间隔扩展。在不同的信道条件和发射机保护间隔性能下，接收机使用该信息来确定音调映射的保护间隔。

8.5.1.7　4096 - QAM

HomePlug AV 支持的最高调制方式是 1024 - QAM。IEEE 1901 FFT - OFDM 增加了 4096 - QAM 方式，以增强高信噪比信道上的性能。

站在声音 MPDU 帧控制中添加了扩展调制支持（EMS）字段，以表示其对 4096 - QAM 方式的支持。在不同的信道条件和接收机性能下，接收机使用该信息来决定音调映射的载波调制。

8.5.1.8　16/18 码率

HomePlug AV 支持1/2 和 16/21 FEC 码率。在 IEEE 1901 FFT - OFDM 中，支持16/18 码率，这样会增强高信噪比信道的性能。16/18FEC 码使用类似于 Turbo 卷积编码器的编码方案，用于退出速率为 1/2 和 16/21 的码；然而，为了降低冗余并增加码率，使用了打孔模式。

电台通过在声音 MPDU 帧控制中添加了扩展 FEC 速率支持（EFRS）字段，以表示对 16/18 码率的支持。在不同信道条件和接收机性能情况下，接收机使用该信息来决定音调映射的 FEC 码率。

8.5.2　IEEE 1901 小波 - OFDM PHY

小波 - OFDM 是 IEEE 1901 标准中包含的第二种多信道传输技术。小波 - OFDM 的基本特征是，在传统的 OFDM 中，FFT 基变换和矩形/升余弦窗被临界抽取的完美重建余弦调制滤波器组所代替，它具有几个令人满意的性质，如非常低的频谱泄漏。小波 - OFDM 最值得关注的方面之一是不需要在连续符号之间引入保护间隔。关于小波 - OFDM 的参考文献，参见本章参考文献［31］及其参考文献。

小波 - OFDM 系统将 512 个间隔均匀的载波放置在从 0 ~30MHz 的频段中。在这 512 个载波中，338 个（2 ~28MHz）用于携带信息。系统使用一个 50MHz 的可选频段，PHY 最大传输速率大约是 0.5Gbit/s。每个载波都载有具体星座图，例如 M - PAM（$M = 2$，4，8，16，32）星座图。需要注意的是，小波 - OFDM 使用该星座图，并不意味着小波 - OFDM 比采用 2D 星座（例如 QAM）的传统 FFT - OFDM 具有更低的频谱效率。事实上，小波 - OFDM 的频率分辨率是加窗 OFDM 的两倍，因为非矩形窗口允许更高程度的频谱重叠。因此，对于相同的带宽和相同数目的变换点 K，小波 OFDM 使用了 K 个实载波，并采用 PAM，而 OFDM 使用了 $K/2$ 个复载波，采用 QAM。因此，OFDM 和小波 - OFDM 具有相同的频谱效率。给定的 FEC 包括强制级联的 RS 编码/卷积码方案和可选的 LDPC 卷积码，这样就可以以合理的复杂度对高数据传输速率进行简易的扩展。

8.5.3　MAC 层和两个 PLCP 层

用于协调 IEEE 1901 网络的 IEEE 1901 MAC 层架构是主/从结构。主站（QoS 控制器）授权并认证网络中的从站，也可以使用 CSMA 接入或 TDM 接入来为传输分配时隙。网络站点彼此可以直接通信（与重传所有业务的接入点相反）。这样能提高了网络的效率，同时也减少了主站上的负载。

MAC 层采用基于 TDMA 和 CSMA/CA 的混合接入控制，通过无争用周期（CFP）和竞争周期（CP）来调节有不同传输要求的数据，CFP 是总传输周期的一部分，在总传输周期期间，具有低延迟/低抖动要求的站可以独占介质。QoS 控制器管理所有在 CFP 中传输的流。CFP 以信标开始，QoS 控制器周期性地发送信标，当传送完所有保留流时，CFP 结束。其余的信标周期用于 CP。在 CFP 期间，传输数据流，该数据流的时间由带宽预留程序（由 QoS 控制器管理）分配。为了家庭和接入网络之间的共存，还支持频分复用（FDM）。分段支持、数据突发、ACK 组和选择性重传 ARQ 也是 IEEE 1901 的重要特征。

IEEE 1901 中也定义了智能 TDMA，智能 TDMA 是动态带宽分配机制，其利用在传输站中排队的业务量信息来分配带宽。该机制实现了稳定传输，可以处理误差和 IP/VBR 业务。在每个已发送的数据包中，每个站为其插入等待发送的帧数。由于可以从数据包直接获取业务信息，所以 QoS 控制器可以执行精确的实时操作。使用线周期同步来应对周期性时变信道和循环平稳噪声。

在下一节中，将介绍物理层汇聚协议（PLCP）的细节，也将描述 IEEE 1901 FFT - OFDM PLCP 的 MAC - PHY 接口。有关 IEEE 1901 小波 - OFDM PLCP 的详细信息，请参见本章参考文献 [32]。

8.5.4 IEEE 1901 FFT - OFDM MAC

为了支持多媒体应用，PLC 媒体接入控制（MAC）协议必须与 PHY 服务紧密协作，在网络资源有限且随时变化的 PLC 信道中，也可以提供带宽和 QoS 保证。接下来描述的 IEEE 1901 FFT - OFDM MAC 解决了这些问题。

8.5.4.1 网络架构

从 MAC 的角度看，IEEE 1901 FFT - OFDM PLC 网络由一组与交流电力线相连的 HomePlug 站组成，其中在同一个逻辑网络中工作的站使用 128 位 AES 网络加密密钥（NEK）加密隔离，从而形成 AV 逻辑网络（AVLN）。每个 AVLN 由中央协调器（CCo）管理。CCo 执行以下网络管理功能，例如：

1）加入 AVLN 的新站的关联；

2）加入 AVLN 的新站的认证；

3）TDMA 会话的准入控制；

4）在每个信标周期期间调度 TDMA 和 CSMA 分配。

图 8.3 显示了将 IEEE 1901 FFT - OFDM 设备组织到不同类别网络的方法。逻辑网络中，直接与 CCo 通信的设备和 CCo 形成中央网络（CN）。电力线信道上的衰减和噪声可能导致同一家庭网络中的设备不能与 CCo 通信。在这种情况下，CCo 实例化代理网络（PN），以允许其通过代理协调器（PCo）传送消息，从而控制隐

藏站（HSTA）。注意，HSTA 和与 PN 相关联的 CN 设备之间仍然进行对等通信。尽管由于 IEEE 1901 FFT – OFDM 使用鲁棒的物理层，导致代理网络非常罕见，但是 PN 方法提高了覆盖率。

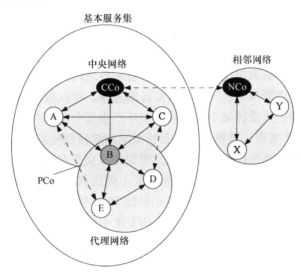

图 8.3　IEEE 1901 FFT – OFDM 网络架构

8.5.4.2　网络操作模式

AV 网络的操作模式取决于是否可以检测到相邻网络。每个 AVLN 的 CCo 维护干扰网络列表（INL）。INL 是 AVLN 列表，其信标可以由 CCo 直接检测。在相邻网络协作中，AVLN 只需与其 INL 中的 AVLN 协作。因此，没有链接效应，其中 AVLN 必须与多个 AVLN 进行多跳[33]协调。AVLN 操作模式有以下两种：未协调（独立）模式，或协调模式。

如果 AVLN 不能可靠地检测任何信标（即当其 INL 为空时），则以非协调模式操作。在 AVLN 附近没有现有网络或者 CCo 不能检测现有网络的信标时，可能会发生这种情况，在非协调模式下运行 AVLN 将生成和维护自身的信标周期定时。

如果 AVLN 的 CCo 至少从一个 AVLN 上检测到可靠的信标，则 AVLN 以协调模式操作。在协调模式中，AVLN 与其 INL 中的所有 AVLN 共享信标周期。信标区域包含多个信标时隙，AVLN 在每个信标周期指定的信标时隙中发送其信标。通常，在彼此 INL 中的 AVLN 为它们的信标周期规定了相同的开始时间。

8.5.4.3　MAC/PHY 跨层设计多媒体

为了应对电力线信道的特性，IEEE 1901 FFT – OFDM 使用高水平的 MAC – PHY 跨层设计，同时也为多媒体业务提供 QoS 保证。IEEE 1901 FFT – OFDM MAC – PHY 跨层设计的重要方面是：

1）高效 MAC 帧以克服脉冲噪声；

2）基于交流线路周期的信道适配[34]；

3）动态 TDMA，用于处理变化的信道条件。

脉冲噪声是电力线最常见的损害[1,2]。在 IEEE 1901 FFT - OFDM 中通过在 PHY 级整合信道适配和在 MAC 级有效重传来处理脉冲噪声。脉冲噪声功率通常远大于信号功率电平，并且具有较宽的频谱，因此其将严重地影响事件的一个或多个 PHY 符号。在 PHY 层通过信道适配来克服这种损害，但是这种方法是不可行的，因为这样会极大地降低数据传输速率。由于在事件之间经常存在未中断的符号，所以通过适应这些无中断符号所支持的最高传输速率，可以提供更好的净吞吐量。然而，这取决于能否有效重传每个数据帧中损坏严重部分的部分，这可以通过一个 2 级 MAC 成框方法来实现，该框架具有亚帧级别的选择性应答。

电力线噪声随交流线路周期而变化，例如在零交叉点的噪声电平比在峰值处的噪声要低许多。许多脉冲噪声源与线路周期（例如调光器）同步，这导致周期性噪声效应更大[1,2]。在线周期的噪声最小处的 PHY 速率可能比噪声最大处的 PHY 速率要高 50% 以上。在 IEEE 1901 FFT - OFDM 中使用 MAC 结构来促进与下层交流电线路的信道适配，从而适当地处理周期平稳噪声。

当电器开关状态改变时，电力线信道特性也发生改变。这可能导致曾经足以满足应用的吞吐量的分配变得不能满足要求了，为了确保在这种条件下仍然能够维持 QoS 要求，IEEE 1901 FFT - OFDM TDMA 的分配方案是动态的。短的交付期（例如 100ms）要求快速地调度，以满足丢包容限要求。

8.5.4.4 信道接入控制

8.5.4.4.1 非协调模式下的信标周期结构

信标周期结构包括一个信标区域，随后是 TDMA 和 CSMA 区域（见图 8.4）。信标区域包含 CCo 发送的信标。每个信标由前导码、帧控制和 136B 的有效载荷组成。在信标有效负载中使用 "mini - ROBO" 来分配信息，该方法是前面描述的鲁棒调制方法之一。

图 8.4 信标周期结构

为需要 QoS 的流提供了 TDMA 分配。它们遵循连接设置过程，在此期间协商分配要求。IEEE 1901 FFT - OFDM 中的 TDMA 分配是动态的。TDMA 分配的会话持续地使用分配要求更新 CCo，使得 CCo 能够随着信道条件或源速率改变，从而快速更新分配。

在信标周期中，在无连接业务和没有严格 QoS 要求的连接中使用 CSMA 分配。IEEE 1901 FFT - OFDM 使用与 HomePlug 1.0 相同的 CSMA 信道接入机制。

需要 QoS 的流通过一个连接建立过程，以确保网络和站资源支持连接。应用程序或收敛层中的自动连接发起连接请求。连接请求包括连接规范（CSPEC），该规范包含业务特性和 QoS 要求。在 IEEE 1901 FFT - OFDM 站内，连接管理器（CM）处理这些请求。

连接设置分为两个阶段。首先，发起连接的连接管理器（CM）与另一端需要连接的 CM 通信，以确定在目标处是否有足够的资源来处理连接。如果源或目标缺少资源，则连接失败，并通知应用程序。否则，源处的 CM 与执行呼叫接纳控制的 CCo 通信。如果有足够的网络资源可用，则 CCo 接受连接并向其提供链路标识符（LID），该标识符在 AV 网络内用于提供分配的资源。

8.5.4.4.2　协调模式下的信标周期结构

协调模式中的信标周期结构比非协调模式中的信标周期结构稍微复杂一些。在非协调模式中，AVLN 的 CCo 完全控制整个信标周期。因此，其可以自主地决定无争用分配和 CSMA 分配的位置。然而，在协调模式中，在 AVLN 可以安排无争用分配之前，它必须从其 INL 的 AVLN 中"保留"信标周期的一部分。然后，其 INL 中的 AVLN 都将避免在该时间间隔内传输。CSMA 业务的所有 AVLN 共享时间间隔。

8.5.4.4.3　相邻网络协调

相邻网络协调的目的是确保 AVLN 及其 INL 规定了相同的信标周期结构。每个 CCo 均可以找出所有在其 INL 中的 AVLN 的信标周期结构，也可以计算所有干扰 AVLN 的单个"统一"调度。CCo 在其 INL 的统一调度下，选择一致的信标周期结构，让其在信标中传播。CCo 与其 INL 中的相邻 CCo（NCo）交换消息（请求、响应和确认），请求新的保留区域。CCo 首先向所有 NCo 发送请求，指定 CCo 想要的时间间隔，该时间间隔用于其新的保留区域。每个 NCo 把发送响应给 CCo。如果所有响应表示请求都被接受，那么 CCo 将向所有 NCo 发送肯定确认消息，更新其信标周期结构，这将包含新的保留区域，然后开始使用它们。

8.5.4.5　媒体活动

IEEE 1901 FFT - OFDM 网络中的媒体活动包括一系列由帧间间隔分离的 MPDU。媒体活动的最基本组成单元是长 MPDU，随后是 SACK。由于电力线信道的阻碍特性，尽管在脉冲串中发送了 4 个 MPDU 和一个 SACK，但 AV 仍需要立即确认长 MPDU。这样不仅节省了由于 SACK 分隔符导致的开销，还节省了由额外的响应间隙带来的开销。在隐藏节点条件下，RTS/CTS 扩展了该组成单元。在 TDMA

分配中的活动包括多个 SOF–SACK 传输或 RTS–CTS–SOF–SACK 传输，该传输在 TDMA 分配针对的 LID 的源和目的地之间进行（见图 8.5）。CSMA 分配期间的媒体活动与 HomePlug 1.0 中使用的媒体活动类似。在前一个传输结束之后，两个优先解决时隙用于优先级竞争。优先级竞争确保网络中优先级最高的站在分布式竞争窗口期间竞争。在竞争窗口中，使用二进制指数后退算法来避免冲突。获得媒体接入权限的站使用 SOF–SACK 或 RTS–CTS–SOF–SACK 来传输信息（见图 8.6）。

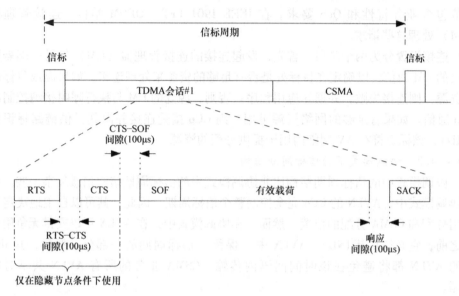

图 8.5　TDMA 分配中的媒体活动

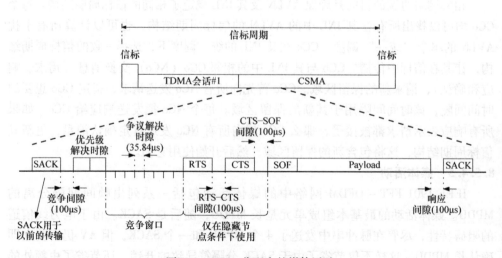

图 8.6　CSMA 分配中的媒体活动

8.5.4.6 信道适配

能否成功使用电力线介质，信道适配起着至关重要的作用。IEEE 1901 FFT – OFDM 中的信道适配对于特定路径（单向发射机 – 接收机对）是唯一的。此外，IEEE 1901 FFT – OFDM 音调映射仅对部分电网周期有效。对于给定路径，从一个"音调映射区域"到另一个"音调映射区域"的数据传输速率变化高达 50%。

声音 MPDU（由接收机使用）用于获得 OFDM 子载波的信噪比（SNR）估计值。这些信噪比估计值用于定义初始适配的音调映射和音调映射区域。音调映射规定了 OFDM 载波上的比特负载和 FEC 块速率。接收机一直监视着收到的 MPDU 的信噪比和误码率，并且不断地向发射机发送关于音调映射及其有效区域的更新信息。这使得 AV 站能够在接近信道容量的情况下操作，也可以对变化的信道条件做出快速反应。

8.5.4.7 汇聚层

汇聚层（CL）构成 ISO 的 OSI 数据链路层的"上半部分"。它包含了几个新的功能，虽然在传统的 MAC 中不存在这些功能，但却是提供 QoS 所必需的。这些功能包括数据包分类和自动连接建立。

在连接建立时，向汇聚层（CL）提供一系列规则。此规则（参数集）允许分类器把流经汇聚层数据服务接入点（SAP）的数据包和已建立的连接相互关联起来。这些规则是设备的本地规则，它们不通过网络传输。这些规则包括源和目的地地址、协议类型和端口号等。规则的语法比较丰富，并且在数据包分类期间，规范了规则的优先级和单个规则的布尔组合。

部分数据包提供了层次服务，当它们到达 CL 时，处于"无连接"状态。例如从遗留的应用程序接收到未指定 QoS 参数的数据包，以及从另一个网络桥接的数据包。当分类器遇到一个不与现有连接关联的数据包时，它将数据包发送到自动连接功能模块，以便建立连接。如果有的话，自动连接将确定什么级别的 QoS 符合数据包所属的流。自动连接功能中用于识别连接的技术包括样板和试探法，前者将特定 TCP 端口上的业务与特定应用相关联，并从该应用推断出 QoS 等级；后者则尝试从提供的业务的统计行为中，识别出需要的 QoS 等级。自动连接起代理应用的功能，用于建立连接，执行应用通常会执行的活动。

8.5.5 共存

IEEE 1901 也支持小波 – OFDM 调制，在本节中讨论它们与其他标准的共存。IEEE 1901 规范使用系统间协议（ISP）来实现 IEEE 1901 接口和使用小波或 FFT PHY 的家用式站的共存。ISP 也可以用于 IEEE 1901 和 G. hn 站之间的共存。

ISP 是一种资源共享机制，它能调节电力线介质的接入方式。ISP 使用共存信号，确保 IEEE 1901 站能够发送表明它们存在的信号，同时也确定存在其他 IEEE 1901 系统和 G. hn 系统。在分配给各系统的 ISP 窗口期间，周期性地发送共存信号。

通用的解决方法是基于多个非互操作 PHY 和通用 MAC 的，例如 IEEE 802.11。然而，当具有不同 PHY 的设备相邻并且连接到相同的共享介质时，由于 PHY 不可互操作，导致必须处理该情况。在其初步构想中，ISP 仅用于处理两个 IEEE 1901 PHY 的共存，但现在 ISP 还将处理 1901 和 G.9960 之间的共存。

8.5.5.1 ISP 波形和网络状态

IEEE 1901 接入设备（AC）和家庭设备（IH）发送一组简单信号，表明它们的存在和要求。包括 1901 标准在内的 ISP 波形被称作共同分布协调功能（CDCF）波形。

通过 R 基带窗口 OFDM 重复信号获取 CDCF 信号。每个 OFDM 符号是由一组全"1"BPSK 数据形成，使用 512 点快速傅里叶逆变换（IFFT）调制到载波波形上。CDCF 信号的定义由下式给出（$1 \leqslant n \leqslant 512R$）：

$$S_I(n) = N_c W(n) \sum_{C_a} \cos\left[\frac{2\pi C_a n}{512} + \Phi(C_a)\right]$$

式中，N_c 是归一化因子；$W(n)$ 是加窗函数；C_a 是载波索引；$\Phi(C_a)$ 是二进制 $\{0, \pi\}$ 相位矢量。可以屏蔽上述公式中使用的部分载波，以满足发射频谱屏蔽的要求。根据本地规则，额外的载波可以被设备屏蔽。基本信号波形的样本存储在存储器中，并直接刷新到 DAC 中，从而可以简单实现任何 PHY。

通过定义若干相位矢量来创建一组基本信号，即由所有节点共享的基本表。通过定义多个相位矢量，我们可以创建 CDCF 信号集合，并且该集合将构成公共的"基本表"，被所有不可协作的设备共享。当定义基本表的 CDCF 信号集合的基数时，我们会权衡复杂度。然而，ISP 的目标是尽可能降低复杂度，设计的目标不是为不可协作的设备之间的数据通信规定大型 CDCF 信号基本表，而是定义足够数量的 CDCF 信号以便于检测网络状态。相位矢量的确切数目仍在讨论中，但其范围应该在 4~6 之间。

CDCF 信号将在 ISP 时间窗口中发送，该时间窗口是 PLC 设备用于发送/检测 ISP 信号的时间区域。ISP 时间窗口每 T_{isp} 秒周期性地出现，并且可以进一步划分为 F 时间子窗口（称为字段）。在一个字段中是否存在 ISP 信号将传送多种信息，这些信息是关于是否存在某种设备（AC，具有 FFT – OFDM PHY 的 IH，具有小波 PHY 的 IH 等）、带宽要求（低，中，高）、重新同步请求等。ISP 窗口中的每个字段的持续时间约为 250μs，因此在 ISP 字段的两端大约有 85μs 的残余。这可以处理不完美的过零检测、电源信号的负载感应相移以及通道的其他非理想行为。ISP 窗口每 T_{isp} 秒（分配周期）发生一次，相对于下层的线周期过零点，它固定偏移 T_{off}，如图 8.7 所示。由于在一个周期中有两个过零点，并且在建筑物内部通常有 3 个相位，因此实际上可能有 6 个过零交叉点。现在正在开发合适的同步技术，该技术目的是把范围内的所有设备都同步到公共过零点上。

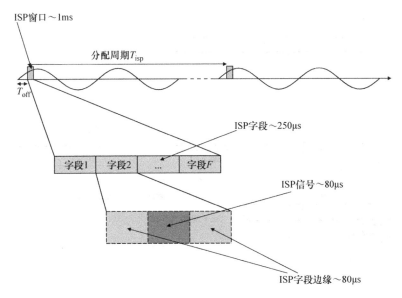

图 8.7　ISP 时间窗口，ISP 字段，ISP 字段边缘和 ISP 信号窗口[22] © 2008 IEEE

当设备开始在电力线介质上工作时，其首先确定 ISP 窗口的正确位置，然后它将扫描 ISP 信号来判断网络状态，即共享介质上存在什么类型的系统及带宽的需求等。AC 和 IH 设备在与其系统相关的 ISP 窗口的相应 ISP 字段中发送 ISP 信号，该信号表示它们存在的信息以及其他有用的信息。特别地，在 T_{isp} 秒内每个系统占用一个 ISP 窗口。例如，OFDM PHY（IH－O）的所有 IH 设备同时使用 ISP 窗口，所有 AC 设备同时使用下一个 ISP 窗口，然后小波－OFDM PHY（IH－W）的所有家庭设备同时使用下一个，然后不断地循环。这允许设备可以每 $3T_{isp}$ 秒确定网络状态。

8.5.5.2　支持动态带宽分配（DBA）

根据电力线网络的状态，采用不同的资源分配策略。小波和 OFDM 系统之间的 TDMA 共享依赖于分配周期。如图 8.8a 所示，每个分配周期拥有 N 个 TDM 单元（TDMU），其中分配周期的时间为 T_{isp}。TDMU 的持续时间为两个电力线周期，每个 TDMU 包含 S 个 TDMA 时隙。每个 TDMA 时隙将专门分配给 AC、IH－O 或 IH－W 系统，分配策略以网络状态为基础。向电力线网络上的每个系统分配相同数量的 TDMA 时隙，这样可以实现公平的资源共享。现在，我们认为参数 N 和 S 的合理取值范围是：$3 \leqslant N \leqslant 10$ 和 $8 \leqslant S \leqslant 12$，因此，$T_{isp}$ 大约为几百毫秒。在 $S=12$ 的情况下，对于 3 种不同的网络状态，图 8.8b 给出了这 3 种可能的 TDMA 结构的示例。当周期等于 T_{isp} 时，设备可以更新网络状态，最终改变所使用的 TDMA 结构以确保有效的 DBA。ISP 窗口始终在 TDMU#0 的开始时出现。

TDMS 的持续时间不是 $40/S$ ms（50Hz），就是 $33.33/S$ ms（60Hz），TDMS 的

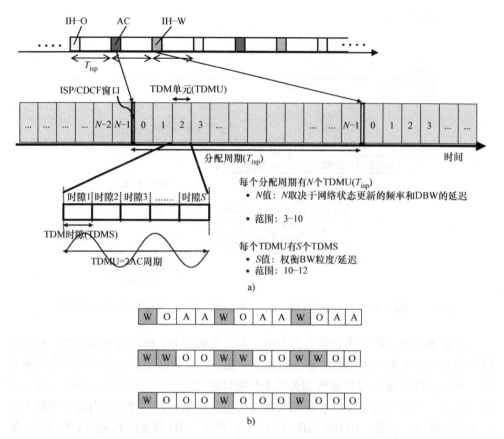

图8.8　a）一般的 TDMA 结构：在分配周期中有 N 个 TDMU，每个 TDMU 包含 S 个 TDM 时隙（TDMU 为两个线路周期长）；b）在 $S = 12$ 的情况下，TDMU 的 3 种可能：（上）DMS 50% 分配给接入系统，50% 分配给家庭系统（25% 到小波 – OFDM 系统和 25% 到 FFT – OFDM 系统）；（中）TDMS 50% 分配到小波 – OFDM 系统，50% 分配到 FFT – OFDM 系统，因为不存在接入系统；（下）与中间的情况相同，但是对于不同的网络状态，有不同的情况，例如在小波系统在相应的 ISP 字段中需要减少资源的情况[22] ⓒ 2008 IEEE

持续时间与网络保证的最小系统等待时间相等。例如，在 $S = 12$ 的情况下，TDMS 持续时间为 3.33ms（50Hz）或 2.78ms（60Hz）。类似于 ISP 字段，有必要在 TDMS 边界周围添加几微秒的边缘。

8.5.5.3　TDMA 时隙重用（TSR）能力的支持

　　共享电力线网络上产生的干扰是由许多随机因素造成的，如发射功率、电力线拓扑、接线和接地操作、传送到房屋的电源相位的数量等。PLC 设备可能干扰相邻的设备，同时也可能干扰远处的设备，例如其他楼层中的设备。在其他情况下，即使在同一公寓内，设备也可能导致不同程度的干扰，比如它们是否位于交流电源的同一相位上。

TSR 算法利用电力线信道的物理特性，允许相同网络中的设备或邻居网络中的设备，同时传输而不造成相互干扰。目前，没有商业 PLC 产品具有这种能力。通常，在相同的网络内，节点被分配给正交资源（例如不同的 TDMA 时隙）或竞争资源（例如 CSMA）。本章参考文献［30］给出了 TSR 的仿真结果。

8.6 性能评估

本章参考文献［35］提出了独立于 MPDU 和信道接入开销的二级分帧方法。这里总结参考文献的结论，然后使用测量得到的 PHY 特性和已知的 MAC 参数进行测试。

8.6.1 MAC 分帧性能

使用双级级联，只有被损坏的 FEC PHY 块（PB）需要重传。如果 p 是 FEC 块错误的概率，则每个 MPDU 传送的 FEC 块的预期数目是 $(1-p)$ 乘以 FEC 块的数目 N。两级级联的效率 η_{2L} 由下式给出：

$$\eta_{2L} = (1-p)\left(\frac{L_{\text{fec}} - L_{\text{OH,2L}}}{L_{\text{fec}}}\right)\left(\frac{L_{\text{MSDU}}}{L_{\text{mf}}}\right)$$

式中，$L_{\text{OH,2L}}$ 是每个 FEC 块的开销；L_{fec} 是 FEC 块的总长度；L_{MSDU} 是 MSDU 的大小；L_{mf} 是 MAC 帧的长度（MSDU 加成分帧开销）。这些结果表明，IEEE 1901 FFT – OFDM MAC 分帧效率接近理论极限值，因为在 MAC 帧和 PB 层的开销是最小的。

8.6.2 MAC 总体效率

我们从测试中获取大量的数据，这些数据是关于 PHY 的覆盖、路径速率和错误率的。我们已经模拟了多次，用来预测 MAC 的性能。本节给出了这些模拟的结果。

MAC 效率取决于许多因素，包括 MSDU 的大小分布、源速率、PB 错误率（PBER）、帧控制错误率、PHY 数据传输速率和 PHY 符号大小等。通常，MAC 的效率大约为 80%，一般要大于 80%。

MAC 的效率等于发送的 MSDU 的总长度除以发送它们的总时间。不考虑分配给其他流的时间，但是要考虑信标开销。也许对于给定 PHY 速率，更重要的是在 MAC 的边界上可用的网络数据传输速率。

图 8.9 显示了用于 SDTV 的 MAC 的效率，包括重传导致的损失，假设 1378B 的 MSDU 由 7 个 188B 的 MPEG 传输帧、40B 的 UDP/IP 报头、22B 的 IEEE 802.3 架空线和虚拟局域网标签组成。图中显示了从 0 到 20% 的 PB 错误率的效率。

MPDU和脉冲串的长度边界效应导致曲线不连续。在相同的数据量下，速率越高则MPDU越短。由于分隔符开销是固定的，MPDU越短，数据速率增加时效率越低，特别是对于信源码率较低的应用。虽然这里没有显示高清电视的相应结果，但其具有更好的效率。

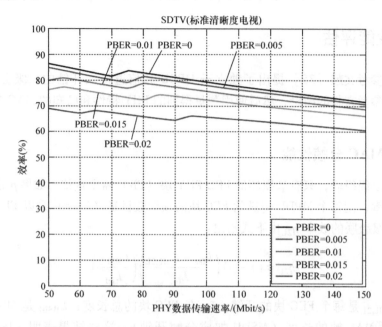

图 8.9　对于各种 PB 错误率下的 6Mbit/s SDTV 的 IEEE 1901 FFT – OFDM 效率

8.7　HomePlug AV2

HomePlug AV 2.0（AV2）规范为 HomePlug AV/IEEE 1901 FFT – OFDM 增加了新功能，显著地提高了吞吐量（提升到 1.5Gbit/s）和覆盖范围。测试表明，如果实现了立即重复，对于 99% 具有 4 个以上设备的网络，HomePlug AV2 提供了大约 90Mbit/s UDP 网络吞吐量（3 个相等的 UDP 流，每个 30Mbit/s）。

为了实现这种性能，物理层新增的特征包括多输入多输出（MIMO）方案、扩展频段、有效陷波和短分隔符。MAC 层增加了新的特征：延迟确认、立即重复和节电模式。本节重点介绍 HomePlug AV2 的主要增强功能，即 MIMO、扩展频段、短分隔符、延迟确认、有效陷波和立即重复[4]。

8.7.1　频段的扩展

HomePlug AV 1.1 规范使用从 1.8 ~ 30MHz 的频段，IEEE 1901 标准把频段扩展到 1.8 ~ 50MHz。HomePlug AV2 将频段进一步扩展到 1.8 ~ 86.13MHz[36]。

当频段大于 30MHz 时, 规范要求 30MHz 以上的发射功率谱密度 (PSD) 降低 25~30dB, 这是一大挑战。由于信道带宽相对较大, 在性能中等偏上的信道中, 30~86.13MHz 频段提供的性能增益相当高。然而这个附加频段不能为性能最差的信道提供良好的性能, 例如由于在发射机中存在低 PSD 电平, 导致产生 5% 的最差连接。但是该频段确实为覆盖性能带来了两种好处。首先, 大多数电力线信道性能属于中等级别, 并且这些信道的数据传输速率较高使得业务的在线时间减少, 因此有更多的线上时间用于较差信道上的业务。此外, 8.7.3 节中我们讨论了当较高频段和立即重复一起使用时, 通过中继器进行高数据连接, 即使在较差的路径上也可以看到性能显著地改进了。

8.7.1.1　功率回退机制

功率回退机制是 HomePlug AV2 中引入的一项功能, 目的是提高电力线信道的性能。在实际中, 发射机 - 接收机系统在模/数转换器 (ADC) 和数/模转换器 (DAC) 中具有有限的动态范围, 因此与较低频段 (即低于 30MHz) 中的 OFDM 载波相比, 由于降低了 PSD 电平, 高频段 (即 30MHz 以上) 中的 OFDM 载波失真。这是由于 ADC 和 DAC 中的量化噪声以及线路驱动器有限的线性度造成的。为了在良好的电力线信道上解决这个问题, 可以减小低频段中的发射 PSD, 这样可以使得在高频段中的 OFDM 载波失真减小。

8.7.2　有效陷波

HomePlug AV 1.1 指定加窗 OFDM, 是为了在业余频段中获取 30dB 陷波, 而且不需要传输该陷波。在 HomePlug AV2 中已经删除了此功能, 但添加了替代方法。在 HomePlug AV2 中添加的替代方法如下: 添加固定和/或可编程 IIR; FIR 滤波器; 窗口和滤波器的组合。为了支持替代方法, 添加了更小的保护间隔, 并且当发射机支持替代方法时, 为了支持额外的 OFDM 载波, 可改变协议。

8.7.3　立即重复

HomePlug AV2 支持重复和路由流量, 不仅是为了处理隐藏节点, 而且也是为了改善覆盖性能 (也就是最差信道上的性能)。HomePlug AV2 使用的重复和路由功能与之前讨论的 IEEE 1901 中的相同。

在 HomePlug AV2 系统中, 隐藏节点非常少。然而, 一些链路可能不支持某些应用所需的数据传输速率, 例如 3D HD 视频流和其他高速多媒体应用。在含有多个 AV2 设备的网络中, 中继器连接提供的数据传输速率比不良信道的直接路径提供的数据传输速率要高。

立即重复是 AV2 中的一个新功能, 实现了高效的重复。立即重复提供了一种新机制, 该机制以单信道接入的方式使用中继器, 确认信号不涉及中继器。假设结果的数据传输速率很高, 第一时间使用重复, 那么使用这种方法, 延迟实际上随着重复而减少。此外，接收机不负责故障段的重传[4]。

8.7.4 短分隔符和延迟确认信号

HomePlug AV2 添加了短分隔符和延迟确认功能，这是为了减少传输有效载荷的开销，也为了提高效率。该开销导致 HomePlug AV 1.1 系统中的 TCP 效率较低。引入这些特征的目的之一是使 TCP 效率接近 UDP 的效率。

为了在噪声信道上发送有效载荷数据包，信令需要向接收机指示数据包的开始，同时也用来信道评估，这样有效载荷可以被解码。需要额外的信令来确认是否成功接收有效载荷。有效载荷和确认信息的传输需要使用帧间间隔，以便接收机解码，检查有效载荷是否成功接收，以及对确认信号进行编码。这种开销对于 TCP 有效载荷十分重要，因为在这种情况下，必须反向发送确认信号。

8.7.4.1 短分隔符

AV 1.1 规定分隔符包含前导码和帧控制符号，分隔符用于数据 PPDU 的开始，同时也用于立即确认。AV 1.1 分隔符时长为 110.5μs，并且表示接入信道的开销。AV2 规定了新的单个 OFDM 符号分隔符，它将长度减小到 55.5μs，从而减少与分隔符相关的开销。

短分隔符的一个限制是不能异步地检测到短分隔符，这对于 CSMA 信道接入是必需的。因此，为了接收短分隔符，要求接收机能够及时知道短分隔符的发送位置。因此，短分隔符被限制在 CSMA 和 TDMA 长 MPDU 的选择性确认、反向帧的开始和 TDMA 帧开始上。

8.7.4.2 延迟确认

解码最后一个 OFDM 信号的时间和编码确认信号的时间可能十分长，因此需要相当大的响应帧间间隔（RIFS）。在 AV 1.1 中，由于前导码是固定信号，所以当接收机在解码最后一个 OFDM 信号，并为确认信号编码时，仍然可以发送确认信号的前导码部分。利用短分隔符，前导码和确认信号的有效载荷被编码到相同的 OFDM 信号中，因此 RIFS 将需要大于 AV 1.1 的 RIFS，但这样会减少短分隔符提供的大部分增益。在下一个 PPDU 的确认信号传输时，延迟确认信号通过确认最后一个 OFDM 信号的结束段来解决这个问题。这可以使用非常小的 RIFS 来实现，从而将 RIFS 开销降低到零。对于结束于第二个到最后一个 OFDM 信号间的分块，AV2 添加了延迟确认的选项，从而提供了灵活性。

组合使用短分隔符和延迟确认，可以显著地改进 TCP 和 UDP 效率。

8.8 ITU – T G.996x （G.hn）

ITU – T 于 2006 年开始了"G.hn"项目，目标是为下一代 HN 收发机制定全球性统一规范，该收发机可以在所有类型的家庭布线中操作：电话线、电力线、同轴电缆和 CAT5 电缆，其数据传输速率高达 1 Gbit/s。2008 年 12 月，ITU - T 提出了 G. 9960 推荐标准，该推荐标准以 G. hn 基础，规定了系统架构、大部分的 PHY、MAC 的数据路径等部分。该技术适应于住宅和公共场所，如小型办公室或家庭办公室、住宅区或酒店。G. 9960 本来没有涉及 PLC 接入和智能电网应用，但是在 2009 年中期，该研究组提出了一个用于解决智能电网应用的方案。在过去几年，G. 996x 标准系列经历了几次修改，在本章参考文献 [23 - 27] 中我们可以找到最新的规范。

G. 9960 允许在网络中运行多达 250 个节点。它定义了几种应用框架来解决复杂度不同的应用。高级设备，如家庭网关，能够提供非常高的吞吐量和复杂的管理功能。低级的设备，如家庭自动化或智能电网应用，吞吐量比较低，只有基本的管理功能，但是可以与高级设备进行交互操作。

以前的方法只是收发机针对单个介质进行优化，例如电力线、电话线或同轴电缆。G. 9960 的方法是收发机针对多个介质进行优化。因此，G. 9960 收发机被参数化，这样可以根据布线类型来设置相关参数[28]。例如，所有介质使用基于加窗 OFDM 的基本多载波方案，但是一些 OFDM 参数是取决于介质的，例如子载波数目和子载波间隔。类似地，所有介质均含有 3 段前导，但是在不同的介质上，这些段的持续时间不同。我们使用准循环低密度奇偶校验（QC - LDPC）码用于前向纠错（FEC），但是对于不同类型的介质，规定了特定的编码速率和块大小[22]。参数化方法还允许在介质的基础上进行某种程度的优化，以解决不同布线的信道特性，而不影响模块化、灵活性和成本。

8.8.1　G. 9960 网络架构概述

G. 9960 网络由一个或多个域组成，如图 8. 10 所示。在 G. 9960 中，域由彼此直接通信和/或相互干扰的节点构成。因此，除了路由线路之间的串扰外，在相同网络的不同域之间没有干扰。域中一个节点是域主机（DM）。它控制域中所有节点的操作，包括接入域、带宽预留、分配和其他管理操作。万一 DM 失效，域中的另一节点获得 DM 功能。

由于网络中的所有节点在相同的域中，它们可以相互通信或相互干扰，因此 DM 通过协调它们的传输时间来避免节点之间的干扰。这比在多个共享介质的域中协调传输更简单、更有效。当介质在相邻网络之间共享时，例如在许多电力线的部署中，后者仍然是必要的。用户还可以在同一介质上建立多个域，例如在电力线上使用基带和通带模式，或在同轴电缆上使用不同的 RF 信道。

同一网络中的域由域间网桥连接。这样域中的节点可以"看到"网络中其他域的节点。任何一个域也可以被桥接到有线或无线外部网络上，例如 DSL、PLC 接入、WLAN 或其他 HN 技术。

同一个域上的节点可以直接通信，或者通过一个或多个中继节点进行通信。在

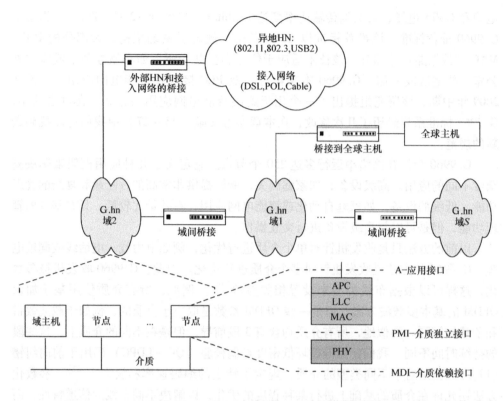

图 8.10 G.9960 网络模型，节点的域结构和协议参考模型[28] © 2009 IEEE

集中模式下，节点通过一个专用中继节点（域接入点）相互通信。我们使用 DM 分配的 DM 代理节点来协调从 DM 隐藏的节点。

住宅 HN 的示例如图 8.11 所示。该网络包括 3 个域：同轴电缆、电话线和电力线，每个由其 DM 控制。外部网络有 WLAN、USB2、以太网和住宅接入网络。住宅网关桥接电力线和同轴电缆域，并将 G.9960 网络桥接到外部网络上。每个 G.9960 节点在其连接的介质上进行操作，它可以与其所在域中的任何节点直接通信，并且通过域间网桥与其他域中的节点通信。通过住宅网关与外部网络的节点（包括宽带接入网络）通信。

G.9960 还设想多端口设备在独立端口上通过多种介质进行通信。由于所有的设备都要使用电源插座，那么双端口设备（例如电力线加同轴电缆）似乎是电力线连接的发展趋势。多端口能力可以增加数据传输速率和覆盖性能，因为数据通信在介质之间是可拆分的。从应用的角度来看，在 LLC 层处理物理端口上的网络业务时，多端口设备表现为单个实体。如果通过中继能力增强，则它也可以用作 PHY 层的域间网桥。

同一网络的域可能需要相互协调来避免从一个域到另一个域的过度串扰（由于路由线路造成的），或者在同一频段中在介质上建立多个域（如果没有其他频段

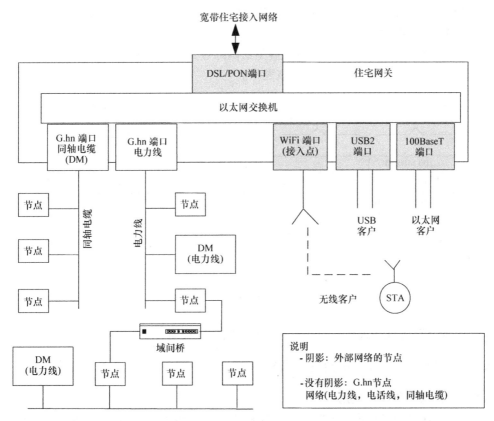

图 8.11　与住宅接入相关的 HN 拓扑的示例[28] ⓒ 2009 IEEE

可用，则可能发生这种异常情况），或通过多个域来优化路由连接的性能。域之间的协调是全球主机（GM）的责任，见图 8.10。GM 从域和外部管理实体中收集统计数据，为每个域推导适当的参数，例如发射功率、定时、频段规划等，然后将它们传送到协调域的 DM。每个 DM 将这些参数添加到其所在域的节点上。

对于共享相同介质和频段的网络（例如，相邻电力线网络），G.9960 限制了它们的相互干扰，从而促进了它们的共存。以下共存机制使得多个网络的性能衰减：

1）与相邻的 G.9960 网络的操作，通过传输和资源共享相互协调实现；

2）与外部 IH 和支持系统间协议（ISP）的接入网络操作，即目前在 IEEE 1901 和 ITU－T[30] 中正在开发的共存机制；

3）与外部 IH 和接入网络的操作，不支持通过 PSD 成型或子载波屏蔽的 ISP 操作，将频谱上移到通带或不同的射频信道上（见图 8.12）；另外，同步操作的双模式设备可以当作 G.9960 和外部节点使用，它通过协调 G.9960 网络与非 ISP 相邻外来网络（例如 HomePlug AV，HD－PLC，UPA 等）来促进共存；

4）通过频率灵敏装置与同轴 RF 系统操作，一旦检测到异常的 RF 信号，DM 将所有节点转移到另一个 RF 信道；

5）与无线电业务的操作，通过避免给国际业余无线电频段分配频率，关闭或降低所有干扰子载波的功率来实现该操作。

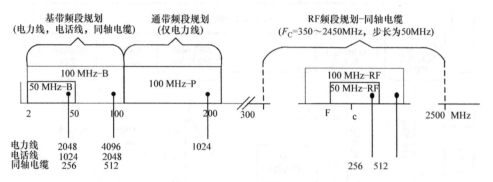

图 8.12　G.9960 频段规划，还显示了用于每个介质和频段
规划的 OFDM 子载波的数量[28]ⓒ 2009 IEEE

目前共存协议的细节，包括资源共享策略等正在研究中。

8.8.2　ITU – T G. hn 的物理层概述

8.8.2.1　调制和频谱使用

G.9960 采用了加窗的 OFDM，以处理不同类型的接线问题，该 OFDM 的可编程参数集如下：

1）子载波数，$N = 2^n$，$n = 8 \sim 12$；

2）子载波间隔为 $f_{SC} = 2k \times 24.4140625 \text{kHz}$，$k = 0，1，\cdots，6$；

3）中心频率 f_C；

4）窗口大小。

在考虑不同介质类型的信道特性后，选择介质相关的参数值。应用以下标准以简化调制器设计：

1）所有子载波间隔（f_{SC}）的值都是基本间隔的 2^n 倍；

2）所有子载波数目（N）的值都是 2^n；

3）采样频率的所有值均可整除公共参考频率值。

子载波间隔和采样频率的值的集合包含那些用于 PLC 的 1901 OFDM PHY 的值和用于 RF 同轴电缆的 MoCA（同轴电缆多媒体联盟）的值，这样简化了双模式设备。

G.9960 规定了几个频率区域的操作，称为频段规划，包括基带频段规划、通带频段规划和射频频段规划，见图 8.12。对于每个特定的介质和频段规划，

G. 9960 仅规定了一组 OFDM 参数，使得重叠的频段规划使用相同的子载波间隔。该规则添加了统一的介质默认前导码结构和 PHY 帧头，促进互操作性，也就是所有频段相同的设备可以互相通信。在每个频段中使用的子载波的数量取决于介质的类型，数量的取值介于 256 ~4096 之间（见图 8.12）。有效载荷 CP 的长度值为 $kN/32$，其中 $k = 1$，2，…，8。为了解决在基带、通带和 RF 中的操作，使用与 RF 调制器级联的通用通带 OFDM 调制器。通带的操作包括 IDFT、循环扩展、加窗和频率上移，对于基带，频率上移至频段的中间频率，与子载波索引 $N/2$ 相关联。RF 调制器进一步将频谱上移到 0.3GHz 和 2.5GHz 之间的 RF 频段上。

在 1 和 12 比特之间的灵活比特加载被规定到所有子载波上，格雷映射用在所有偶数比特加载的星座点上，同样也用在大部分奇数比特加载的星座点上。每个连接的子载波的特定比特加载，在发射机和接收机之间协商，为了使用多种频率响应的信道和噪声 PSD 干扰的信道，它具有良好的灵活性。

8.8.2.2　高级 FEC

已选的 QC – LDPC 码是 IEEE 802.16e（WiMAX）中定义的 QC – LDPC 码的子集，该 QC – LDPC 具有 5 个码率（1/2，2/3，5/6，16/18 和 20/21），两个块大小分别为 120B 和 540B。3 个奇偶校验矩阵用于码率为 1/2，2/3 和 5/6 的 QC – LDPC 码，而其他两个 QC – LDPC 码通过删余速率为 5/6 的 QC – LDPC 码获得。码率的范围、块的大小以及比特加载的能力应该满足所有介质及其对应的重传方案：对于频繁重传的介质，例如电力线，优化比特加载和 FEC，可以使块错误率（BLER）低至 0.01，而对于很少重传的介质，优化的目的是获取更低的 BLER，也就是 10^{-8}；在加性白高斯噪声（AWGN）存在的情况下，平均 BLER 为 10^{-3} 的编码增益从 8.2dB（所有子载波使用 1024 – QAM，编码速率为 16/18）到 9.2dB（所有子载波使用 QPSK 调制，编码速率为 1/2）不等，这样在宽范围的信道特性和噪声环境下[⊖]，G. 9960 可以可靠而又高效地工作。本章参考文献 [28] 中研究了在 AWGN 存在的情况下，使用不同码率和解码迭代次数的 G. 9960 FEC 方案的性能，并给出了模拟结果。

8.8.2.3　框架

发送帧（PHY 帧）由前导码、报头和有效载荷组成（见图 8.13）。前导码由 $S_1 \sim S_3$ 字段组成，每个子段由 N_S 个符号组成。S_2 符号相对于 S_1 符号发生反转，当作参考点使用，可以检测接收到的帧的开始。为了频谱兼容性，在每个字段的边缘应用窗口。

报头包含所有与有效载荷相关的可编程参数，例如保护间隔、比特加载和 FEC 参数。为每个介质统一了报头参数，这样可以确保介质的互操作性，甚至

⊖　假设和积解码器通过洪泛定时器经历了 20 次迭代。——原书注

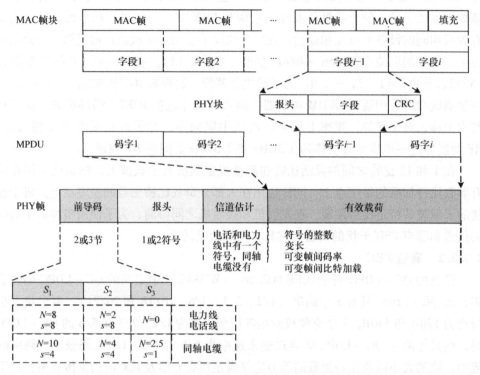

图 8.13　传输帧的格式[28] © 2009 IEEE

在没有初步信道评估的情况下，为了能够在噪声信道上可靠地检测到报头，选择报头参数。有效载荷包括一个或多个 FEC 码字。每个码字携带一个发送数据的字段，一个用于识别段和 CRC 的报头，该报头为了选择性重传，能够检测到错误的码字。

8.8.2.4　MIMO

ITU – T G. 9963 推荐标准规定了如何向 G. hn 添加多输入多输出（MIMO）能力。MIMO 收发机通过至少 3 种电力线端口（相端、中性端和地端）在多个 Tx 端口发送信息，通过多个 Rx 端口接收信息，从而为家庭网络增加了数据传输速率，同时也增强了连接性（即服务覆盖）。在 5.7 节中详细地介绍了 MIMO。

8.8.3　G. hn 的数据链路层概述

8.8.3.1　媒体接入方法

G. 9960 定义了同步媒体接入，也就是域中的传输由 DM 调整，也与 MAC 周期同步。MAC 周期又与电源同步，这样可以应对信道响应的周期性时变行为，也可以应对由连接到电力线中的电力设备和电器引起的噪声[⊖]。每个 MAC 周期被划分为多个时间间隔，这些时间间隔与 DM 为域中的节点分配的传输机会（TXOP）有关。DM 为传输媒体接入计划（MAP）帧至少分配了一个 TXOP，MAP 对一个或多个 MAC 周期分配的 TXOP 边界进行了描述。TXOP 边界可以防止由脉冲噪声引起的 MAP 擦除。DM 把其他 TXOP 分配给请求发送应用数据的节点（例如视频服务、数据服务、VoIP）。域中的所有节点与 MAC 周期同步，读取和解释 MAP，仅在由 DM 分配给它们的 TXOP 期间内发送信息。因此，对于特定的连接，可以避免冲突。DM 根据节点的请求和可用带宽来设置 TXOP 的顺序、类型和持续时间；由于媒体特性的变化，在用户应用中或当域中的节点的数量改变时，调度可以从一个 MAC 周期改变到另一个。

为了解决不同的应用，定义了 3 种类型的 TXOP：

1）无争用 TXOP（CFTXOP）实现纯时分多址接入（TDMA）：在该 TXOP 期间只有一个节点可以传输，以固定带宽和严格的 QoS 为目标（例如视频）的服务。

2）具有管理时隙的共享 TXOP（STXOP）实现了带碰撞避免的载波侦听多址访问（CSMA/CA），与 ITU – T G. 9954 类似，有利于具有灵活带宽的服务，但是 QoS 是一个问题（例如 VoIP、游戏、互动视频）。

3）基于争用的 TXOP（CBTXOP）是一种共享的 TXOP，其中分配的节点使用帧优先级来竞争传输，类似于 HomePlug AV[37]，用于多个优先级的最佳服务。

STXOP 被划分为多个短时隙（TS）。TS 被分配给特定节点，用来发送具有特定优先级的帧。如果该节点已经有一个分配了优先级的帧，那么发送它，否则跳过 TS，并将传输机会传递给下一个 TS 中的节点或优先级。在下一个 TS 中用于发送的节点监视媒体（通过载波侦听），一直等到媒体中没有活动。因此，尽管多个节点共享 STXOP，但是如果载波侦听足够可靠，则不会发生碰撞。

CBTXOP 期间的传输由竞争周期安排。在竞争周期开始时，每个竞争节点使用优先级信令（PRS）表明它打算发送的帧的优先级。PRS 选择帧优先级最高的节点：仅允许这些节点参与竞争，而其他节点则返回到下一个竞争周期，等待传输。在竞争窗口内系统随机选择特定的传输时隙，这样可以降低已选节点的碰撞概率。从窗口的起始时间开始后，已选节点监视媒体（通过载波侦听）。如果媒体在节点选择的时隙处是闲置的，那么节点发送帧，否则它返回到下一个竞争周期。G. 9960 媒体接入的原理如图 8.14 所示。

为了便于虚拟载波侦听，每个帧的帧报头中含有持续时间。此外，类似于 IEEE 802.11，在隐藏节点的条件下，请求发送（RTS）和清除发送（CTS）消息

⊖ 家用电器设备的输入阻抗和注入噪声经常取决于交流电源电压的瞬时幅度，该瞬时幅度引起周期性的时变信道响应和周期性的时变噪声。——原书注

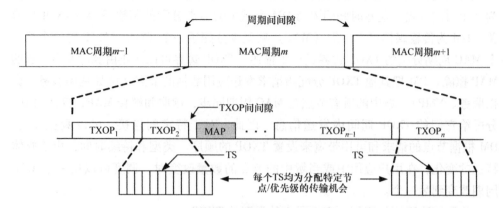

图 8.14   G.9960 媒体接入（TXOP$_1$ 被分配为 CFTXOP，TXOP$_2$ 和
TXOP$_n$ 被分配为 STXOP，TXOP$_{n-1}$ 被分配为 CBTXOP）

用来减少时间损失，以免发生碰撞，改善操作。

8.8.3.2   安全

由于 G.9960 的目的是在共享媒体上（例如电力线和同轴电缆）运行，它面临两种威胁：外部威胁和内部威胁。在这两种威胁下，我们的目标是防范具有强大的计算资源的攻击者的威胁，但不能访问内部操作节点。

外部威胁意味着攻击者在没有网络访问凭证的情况下。可以在网络中窃听和发送帧内部威胁来自网络的合法用户，其对其他用户的通信，或对特定网络客户端的访问，有不正当的兴趣。在隐藏节点的情况下，两个特定节点之间的通信要通过中继节点，导致"中间人"威胁。

针对外部威胁，G.9960 提出了一种基于 Diffie – Hellman 算法和使用 AES – 128 密码块链消息验证算法的认证程序。为了解决公共设施中的内部威胁，G.9960 定义了成对安全，也就是给每对通信节点分配了唯一的加密密钥，其他节点不知道该密钥。成对安全性维护了网络内用户之间的保密性，并针对突破网络准入控制的入侵者建立了另一层保护。G.9960 中的预期安全等级与 WLAN IEEE 802.11n 最新规范中定义的安全等级相同，甚至更安全。

参 考 文 献

1. Y.-J. Lin, H. A. Latchman, M. Lee, and S. Katar, A power line communication network infrastructure for the smart home, *IEEE Wireless Commun.*, 9(6), 104–111, Dec. 2002.
2. H. A. Latchman, K. H. Afkhamie, S. Katar, R. E. Newman, B. Mashburn, and L. Yonge, High speed multimedia home networking over powerline, in *Nat. Cable Telecommun. Assoc. Nat. Show Tech. Papers,* San Francisco, USA, Apr. 3–5, 2005, 9–22.

3. M. K. Lee, R. E. Newman, H. A. Latchman, S. Katar, and L. Yonge, HomePlug 1.0 powerline communication LANs – Protocol description and performance results, *Int. J. Commun. Syst., Special Issue: Powerline Commun. and Applic.*, 16(5), 447–473, May 2003.

4. Current Technologies, Sep. 2008. [Online]. Available: http://www.currenttechnologies.com.

5. Y.-J. Lin, H. A. Latchman, S. Katar, and M. K. Lee, A comparative performance study of wireless and power line networks, *IEEE Commun. Mag.*, 41(4), 54–63, Apr. 2003.

6. M. K. Lee, H. A. Latchman, R. E. Newman, S. Katar, and L. Yonge, Field performance comparison of IEEE 802.11b and HomePlug 1.0, in *Proc. IEEE Conf. Local Comput. Netw.*, Tampa, USA, Nov. 6–8, 2002, 598–599.

7. E. Mikoczy, D. Sivchenko, B. Xu, and J. I. Moreno, IPTV services over IMS: Architecture and standardization, *IEEE Commun. Mag.*, 46(5), 128–135, May 2008.

8. B. Ji, A. Rao, M. Lee, H. A. Latchman, and S. Katar, Multimedia in home networking, in *Proc. Int. Conf. Cybern. Inform. Technol., Syst. Applic.*, vol. 1, Orlando, USA, Jul. 21–25, 2004, 397–404.

9. 802.11n: Next-generation wireless LAN technology, Broadcom Corporation, White paper, Apr. 2006. [Online]. Available: https://www.broadcom.com/collateral/wp/802_11n-WP100-R.pdf.

10. Ultra-wideband (UWB) technology: Enabling high-speed wireless personal area networks, Intel Corporation, Ultra-Wideband (UWB) White Paper, 2004. [Online]. Available: http://www.intel.com/technology/comms/uwb/

11. A. Monk, S. Palm, A. Garrett, R. Lee, and R. Leacock, MoCA Protocols: What exactly is this MoCA thing? MoCA Alliance, Tech. Rep., Nov. 2007. [Online]. Available: http://www.mocalliance.org.

12. HomePNA and IPTV, HomePNA Alliance, Website, Apr. 2007. [Online]. Available: http://www.homepna.org

13. J. S. Barnes, A physical multi-path model for powerline distribution network propagation, in *Proc. Int. Symp. Power Line Commun. Applic.*, Tokyo, Japan, Mar. 24–26, 1998, 76–89.

14. K. Dostert, Telecommunications over the power distribution grid – possibilities and limitations, in *Proc. Int. Symp. Power Line Commun. Applic.*, Essen, Germany, Apr. 2–4, 1997, 1–9.

15. H. Hrasnica, A. Haidine, and R. Lehnert, *Broadband Powerline Communications: Network Design*. John Wiley & Sons, 2004.

16. OPERA Technology White Paper, Open PLC European Research Alliance, Tech. Rep., Jul. 2007. [Online]. Available: http://www.ist-opera.org.

17. HD PLC White Paper, HD-PLC Alliance, Tech. Rep., Nov. 2005. [Online]. Available: http://www.hd-plc.org

18. HomePlug AV White Paper, HomePlug Powerline Alliance, Tech. Rep., Aug. 2005. [Online]. Available: http://www.homeplug.org.

19. K. H. Afkhamie, S. Katar, L. Yonge, and R. E. Newman, An overview of the upcoming HomePlug AV standard, in *Proc. IEEE Int. Symp. Power Line Commun. Applic.*, Vancouver, Canada, Apr. 6–8, 2005, 400–404.

20. IEEE 1901 Working Group. [Online]. Available: http://grouper.ieee.org/groups/1901.

21. IEEE P1901, Standard for broadband over power line networks: Medium access control and physical layer specifications. [Online]. Available: http://grouper.ieee.org/groups/1901/index.html.

22. S. Galli and O. Logvinov, Recent developments in the standardization of power line communications within the IEEE, *IEEE Commun. Mag.*, 46(7), 64–71, Jul. 2008.

23. Unified high-speed wire-line based home networking transceivers – system architecture and physical layer specification, ITU-T, Recommendation G.9960, 2011. [Online]. Available: https://www.itu.int/rec/T-REC-G.9960.

24. Unified high-speed wire-line based home networking transceivers – data link layer specification, ITU-T, Recommendation G.9961, 2014. [Online]. Available: http://www.itu.int/rec/T-REC-G.9961.

25. Unified high-speed wire-line based home networking transceivers – management specification, ITU-T, Recommendation G.9962, 2013.

26. Unified high-speed wire-line based home networking transceivers – multiple input/multiple output specification, ITU-T, Recommendation G.9963, 2011.

27. Unified high-speed wire-line based home networking transceivers – specification of spectrum related components, ITU-T, Recommendation G.9964, 2011.

28. V. Oksman and S. Galli, G.hn: The new ITU-T home networking standard, *IEEE Commun. Mag.*, 47(10), 138–145, Oct. 2009.

29. Coexistence mechanism for wireline home networking transceivers, ITU-T, Recommendation G.9972, 2010.

30. S. Galli, A. Kurobe, and M. Ohura, The Inter-PHY protocol (IPP): A simple co-existence protocol for shared media, in *Proc. IEEE Int. Symp. Power Line Commun. Applic.*, Dresden, Germany, Mar. 30–Apr. 1, 2009, 194–200.

31. S. Galli, H. Koga, and N. Kodama, Advanced signal processing for PLCs: Wavelet-OFDM, in *Proc. IEEE Int. Symp. Power Line Commun. Applic.*, Jeju Island, Korea, Apr. 2–4, 2008, 187–192.

32. H. C. Ferreira, L. Lampe, J. E. Newbury, and T. G. Swart, Eds., *Power Line Communications: Theory and Applications for Narrowband and Broadband Communications over Power Lines*, 1st ed. John Wiley & Sons, Hoboken, 2010.

33. D. Ayyagari and W.-C. Chan, A coordination and bandwith sharing method for multiple interfering neighbor networks, in *Proc. IEEE Consum. Commun. Netw. Conf.*, Las Vegas, USA, Jan. 3–6, 2005, 206–210.

34. S. Katar, B. Mashburn, K. Afkhamie, H. Latchman, and R. Newman, Channel adaptation based on cyclo-stationary noise characteristics in PLC systems, in *Proc. IEEE Int. Symp. Power Line Commun. Applic.*, Orlando, USA, Mar. 26–29, 2006, 16–21.

35. S. Katar, L. Yonge, R. Newman, and H. Latchman, Efficient framing and ARQ for high-speed PLC systems, in *Proc. IEEE Int. Symp. Power Line Commun. Applic.*, Vancouver, Canada, Apr. 6–8, 2005, 27–31.

36. H. A. Latchman, S. Katar, L. W. Yonge, and S. Gavette, *HomePlug AV and IEEE 1901: A Handbook for PLC Designers and Users*. Wiley-IEEE Press, 2013.

37. HomePlug Power line Alliance. [Online]. Available: http://www.homeplug.org/.

第 9 章 用于智能电网的 PLC

I. Bergan2a，G. Bumiller，A. Dabak，R. Lehnert，A. Mengi 和 A. Sendin

9.1 简介

智能电网对于目前的电力行业而言，仍然是一个较为新颖的概念。然而现在业界对智能电网还没有一个统一的定义[1-8]，许多电力公司正在对电网进行改造，以整合电子和信息通信技术（ICT）领域的研究成果，进而利用远程监控技术提供优质能源供应，控制各种电网资源。智能计量（Smart Metering）技术是工业公司和电力公司都极力支持的一项应用，该技术是建造大规模智能电网的基础，可以通过实时接入用户的智能电表获取商业利润。

电力线通信（PLC）是智能电网的一种天然通信技术，因为它利用的是现有电缆。一百多年来，电网运营商一直用基于幅度调制载波的通信技术，在发电厂和变电站之间传送状态消息和警报消息。该技术使用长波（LW）频率，比如频率在 24 ~500kHz 之间的长波。电力线通信系统是一种远距离系统，传输距离可达上百 km。该技术已被广泛用于高压（HV）线路。几千赫兹的可用带宽可充分满足电力线通信需求。此外，电力线通信系统还被用作运营商内部通信的工具。这些应用可以被看成是第一代 PLC 系统。

当基于光纤的光通信出现后，运营商开始在地下电缆中铺设光纤线路，并使用现有的电线在空中架起光纤。此举显著增加了带宽。光纤目前是高压线路布线的标准，由于光纤的传输速率高，还可以将多余的通信带宽出售给其他运营商。

中压（MV）网络中的电源布线很少使用光纤。目前，中压变电站主要通过数字用户电路（DSL）、专用导频电缆（铜制）或者蜂窝无线电技术连接到通信网络，与变电站之间的通信可以由 PLC 实现，本章将对此进行详细说明。

在低压（LV）电路上没有额外的通信电缆，比如光纤。与电话布线类似，电力线中的"最后一英里"的成本最高，因为连接的客户数量庞大。因此，在这种情况下 PLC 是建设智能电网的绝佳选择。除此之外，有些通信终端设备并不适合使用无线电系统，比如用户的电表一般安装在地下，无法进行无线通信。

9.1.1 PLC 技术分类

本章参考文献［9］基于 PLC 系统使用的频段宽度，对智能电网 PLC 进行了分类。这种分类十分有用，因为随着接下来的几十年技术的发展，PLC 技术的应用将会变得更广泛，PLC 的可用频段也会越来越多。所选择的频段还会直接影响信号的传输距离和有效带宽，并最终决定了信号的传输速率，从而决定了 PLC 技术的具体应用场景。根据本章参考文献［9］，PLC 被分为以下几种：

1）超窄带（UNB）PLC：工作带宽在 300Hz ~3kHz 之间的系统（SLF 和 ULF 带）。"波纹控制"系统是该类型系统的一个例子；这些系统大多数设计为单向通信，数据传输速率非常低（通常低于 100bit/s），通信距离为几十至数百 km。

2）窄带（NB）PLC：工作带宽在 3 ~500kHz 之间的系统。该工作带宽包括调节频段，例如法规 EN 50065 – 1（欧洲，3 ~148.5kHz）中定义的 CENELEC A ~ D 频段、联邦法规第 47 章第 15.113 条中的 FCC 条款（美国，9 ~490kHz）、ARIB STD – T84（日本，10 ~450kHz）和我国专用频段（3 ~500kHz）中指定的频段。在不同的电网中，窄带 PLC 系统的传输距离一般为几百 m 至数 km。窄带 PLC 还可以进一步分为

① 低传输速率（LDR）NB PLC，采用单一载波调制，传输速率为几百 bit/s 到几千 bit/s。

② 高传输速率（HDR）NB PLC，采用多种载波调制，传输速率最高可达上百 kbit/s。

3）宽带（BB）PLC［也被称为宽带电力线（BPL）］：工作在 1.8 ~ 250MHz 之间任意区间，传输距离从几百 m 到几 km，传输速率从几 Mbit/s 到几百 Mbit/s 不等。

9.1.2　电网

电网是支持不同种类的 PLC 的基础设施。继续上面的讨论，本节提供一些关于如何组织分布式电网的分析，以便更好地理解 PLC 在电网各段中可能的应用。当不同的 PLC 系统部署在同一电网中，并且使用其他技术来创建完整的电信网络时，这一分析更为重要。此外，与其他电信替代方案相比，由于不同的国家和地区电网的特点不同，可否将 PLC 应用于智能电网还有待考量。

9.1.2.1　电网描述

电力系统通常包括 4 个组成部分：发电厂、输电线路、变电站和配电网。电网的拓扑和特性在世界各地，甚至在邻国之间都存在差异。此外，电力系统组件具有不同的特征，这取决于基础设施的使用年限。本书将主要集中分析中压（MV）和低压（LV）段的配电网。

智能电网的概念根据其应用的具体电力系统不同而有所差异，因为网络每个部分的需求是独一无二的。PLC 通常被理解为通信接入技术，因此它被用于电网的接入段。这意味着电网的中压段和低压段最接近用户（见图 9.1）。也可以在现有高压电力线上应用 PLC 技术，以降低部署其他电信技术（例如光纤）的高昂成本。

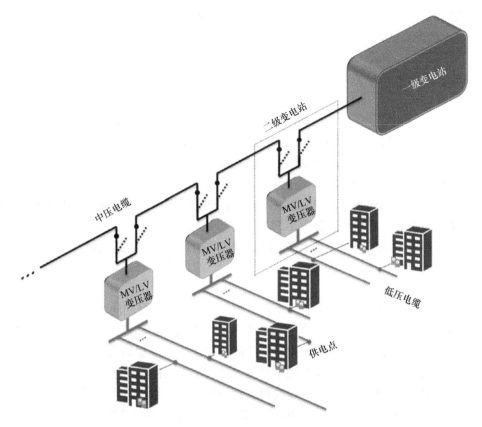

图 9.1 中压和低压配电网

中压段是高压电路与 MV/LV 变压器之间的一部分电网段（被保护在二级变电站或者极点之中）。中压电缆可以架设在空中或者铺设在地下，两种方式的 PLC 信道性能表现不同，主要是由于阻抗不同且架空线的传播性能更好。如果采用架空线和地下电缆混合架设（例如高速公路），会发生剧烈的信号衰减。这种衰减是由架空线和地下电缆之间波阻抗的不匹配引起的。由于耦合器的安装取决于电缆和基础设施的类型，信号输入也需要视情况而定。两种方式的电网架构是不同的，因为架空电网采用有机械开关的总线拓扑，而地下电网通常采用点对点拓扑，其中点指的是 MV/LV 变压器。地下电网的点到点拓扑有利于在地下中压配电网中部署 PLC 技术，因为点对点连接更容易建立、操作和维护。

低压网段是电网连接到用户的部分，低压网段有以下两个主要特征：

1）低压电网是一种广泛存在且异构的电网，以最小成本到达所有终端节点。它的优点在于有多样性的配置方案，且不同年代的设备可以共存。

2）低压电网的信道特性取决于用户端的具体情况，因为在用户端各种负载被随机连接和断开。这意味着阻抗在整个低压电网中不断变化，并且混合噪声会不可预测地从不确定的源产生。因此，通常将整个低压系统作为一组单独的子网络（每个子网络通常取决于单个 MV/LV 变压器）进行处理，每个子网络均具有其自己的特性和性能模式。

如果要判断 PLC 能否或者如何在通信系统中发挥最大的作用，至少需要知道以下因素：

1）高压和中压网段：电压很重要，因为电压是设计耦合器的关键因素。

2）低压网段：传输距离、低压网用户总数和每个子网络的用户密度。这 3 个变量不完全独立（见本章参考文献 [10]）。如果对于某种技术，节点之间的距离太大（存在较大衰减），或者即使重复发送 PLC 信号用户密度还是太低（如本章参考文献 [11] 中所解释的），或者如果每个子网络的用户数量太少，这几种情况都不足以收回成本，可能不适合应用 PLC 技术。

当 PLC 技术成熟到可以应用在任意高压、中压或低压电路上时，必须考虑上述因素。

9.1.2.2 电网的地区差异

虽然世界各地的电网结构有所不同，但基本功能原理是相同的。电网在诸如电压大小、范围、中压电网的广度上都有所不同，导致低压电网的特性和结构也不同。例如欧洲和北美电网之间的差异。欧洲的中压电网模型通常使用 10 ~24kV 范围内的电压，电网采用架空线和地下电缆架设。来自连接到变电站的低压电网平均可以覆盖 150 个用户，并且低压母线到电表的距离很少超过 200m。MV/LV 变压器通常采用星形拓扑，相位间隔为 400V，相位与中性点间隔为 230V。相比之下，北美的中压电网模型通常使用 4 ~ 34kV 之间的电压，电网规模一般为 15 ~ 50km。MV/LV 变压器根据负载类型产生 120V 或 200V 的电压。一般低压电缆的长度接近 300m，每个变压器平均连接 10 个用户或更少。PLC 信号可以在相位和中性点（120V）之间输入。

下面将介绍欧洲电网模型更多的细节，因为 PLC 系统在欧洲更受欢迎（例如智能计量系统）。

欧洲的高压电网：高压通常指 35kV 以上的电压。一般选用 45kV 和 69kV，其他常见的高于这些的传输电压包括 110kV、132kV、150kV 和 220kV，传输电平通常高于 300kV（例如 400kV）。较高电压下的拓扑结构一般是网状/冗余的，这种拓扑可以保证电网的可靠性。高压电网可以覆盖数十或数百 km 的范围，通常分布在人口稀少的地区并且使用架空线。

欧洲的中压电网：中压拓扑一般可以分为 3 类。

1）径向拓扑：径向线用于连接一级变电站与变压器，变压器之间也用径向线连接。这些中压线或"馈线"（feeders）可以连接到一个或多个变压器。径向系统是所有变电站的中控。复杂的径向拓扑会呈现一种树形结构。径向拓扑的部署、操作和维护最简单，并且收益最高。

2）环形拓扑：这种拓扑容错性能好，因此它克服了径向拓扑的主要弱点（即线路的一个元件出了故障，网络内其他变电站也会断电）。环形拓扑是一种改良的径向拓扑，环形拓扑在连接到中压电路时保留了冗余。电网的运行方式与径向拓扑相同，但是在馈线故障的情况下，某些特定元件会进行自动调整以重新配置电网，使得对用户的影响最小化。故障线路大多数情况下会自动恢复。

3）网络拓扑：当一级变电站和 MV/LV 变压器通过多条中压电路连接时，会出现此拓扑。网络拓扑在遇到故障时有多种重新调整网络的方法，并且可以在多个元件发生故障时重新调整网络。

欧洲的低压电网：低压电网通常表现出比中压电网更复杂的异构拓扑结构。原因是多方面的：低压电网需要满足不同的区域范围、不同数量的终端用户、不同用户的平均消费水平、国家和电力设施的特定程序、几年内可能改变的标准导致在电网中可能同时存在不同版本的设备等。变压器通常为几条低压电路提供服务，在终端具有一个或多个共享位置。低压电网拓扑通常是径向的，其分支源自主馈线及其他分支。低压电网也可以具有环形或双馈线结构的网络拓扑。低压线通常比中压线短，并且它们的主要特性根据服务区域不同而有所区别（见表 9.1[12]）。

表 9.1　欧洲电网的典型数据

参数	高密度住宅区	低密度住宅区
SS①类型	地下或室内地上	房屋或电线杆上
每个 SS 的变压器个数	2	1
每个 SS 的平均用户数	250～320	100（10～200）
每个变压器 LV 反馈线个数	6～8	6～8
LV 电路平均长度/m	150	300（100～800）
LV 电路类型	地下电缆	架空线
每个电表的用户数量	10～25	1～4

① SS 为二级变电站。

9.1.3　要求

用户需要通过一个可靠的通信网络连接到智能电网，该通信网络具有特定的带宽和延迟，并且可以防止攻击和窃听。

传输速率：计量数据由几字节组成，并在应用层传送，可能每 15min 发送一次，不需要高数据传输速率链路。用于切换远程光伏（PV）系统状态的控制命令也满足以上条件。近年来，为了保护敏感数据而在传输过程中加入了加密机制，导致传输速率的提高。PLC 作为智能电网中一些区域的骨干技术，通常需要承载大量的以太网业务，变电站之间的点对点链路的传输速率要求在几百 kbit/s 到 40Mbit/s。

延迟：电力的供需关系需保持平衡以保证电网的稳定性。由于可再生能源发电的功率是间歇性的，并且通常不像电池或发电机一样具备自旋动量缓冲器，因此必须采用快速控制回路。目前的相关研究讨论了在 50Hz（或 60Hz）全波范围内的反应时间。因此，端到端延迟（单向）可能需要控制在 10ms。在控制环路层次中，可以将延迟要求放宽到几秒钟的范围。此外，对于宽带 PLC 用于在变电站之间传输智能电网服务的情况，必须满足对于 VoIP 和低速率视频流的低延迟要求（最大几百 ms），控制电路抖动（即等待时间的方差）也是十分重要的。

隐私和安全：家庭中的能量消耗，特别是日常耗电量曲线属于私人数据，只能以一种集合的形式提供给电力公司使用。用于需求侧管理（DSM）或分布式发电的控制命令，在发送到用户端时必须不受入侵者的干扰。因此，需要加密技术来确保安全性。

这同样适用于诸如 PV 发电机等设备。另外还有其他数据也属于隐私数据，例如设备的远程控制指令。因此，家庭和电力公司数据处理中心之间的大多数通信都包含隐私信息，这些隐私信息必须受到保护，以防止被窃听而受到损害。所以必须采取适当的加密技术以保护隐私。两者都需要对可用（净）数据传输速率和通信网络图中的互连等级做一些额外工作。通常 PLC 系统使用的是最先进的加密和认证技术。在设计 PLC 系统时，还必须仔细考虑哪些协议安全性较好，哪些不好（例如在 MAC 级别或在应用级别加密）。

可用性和可靠性：当电网（部分电网）发生故障时，需要通过特定程序重启发电机，电力消费者亦然。这些程序在电网重新启动之前可能在电网各部分中独立运行。针对更大规模的电网，还可以通过集中控制的方式进行重新启动。无论如何，受控重启（也称为“黑启动”）需要一个通信网络，它与电网的重启过程同时开始。因此，智能电网通信网络必须具有独立的电源以支持黑启动。如果通信网络使用的是诸如公共网络运营商提供的租用线路，通信网络运营商必须满足上述要求，比如安装不间断电源（UPS）。几十年来的研究都认为 PLC 系统需要安装独立电池，即使其传输电力线上的电网发生故障也能继续正常通信。然而，无法预测线路故障是否会影响 PLC 发送和接收。

虚拟发电厂由许多分布式发电机组成，并通过可再生能源（风力发电机和PV）以非固定功率发电时，可能难以确保用于保障通信的备用电力。特别是当电力消费者成为“产消者”（生产者和消费者）时，可能难以保证电网中用于通信的电力。

欧洲已完成的各种项目可提供大量运营经验。例如，一个由电力公司、芯片制造商和系统集成商组成的工业组织定义并公布了 NB PLC 系统的附加要求[13]。

1) 对于电力设备企业，尤其是那些在德国市场模式极其复杂的企业，必须制定一个 PLC 解决方案，使得不同制造商制造的设备完全通用。

2) 为了实现这个目的，半导体器件制造商必须向设备制造商尽可能多地提供在 PLC 网络中兼容性强的组件，例如以太网中的以太网组件。

3）PLC 网络必须提供对其他通信协议完全透明的传输技术。最主要的是，必须能够使用 IP 和其上的传输协议（UDP 和 TCP）。

4）可用的有效载荷带宽和响应时间必须足够大，以支持智能计量标准操作过程中的所有当前任务和所有不影响安全性的智能电网应用。

5）PLC 网络必须保证必要操作的可用性和鲁棒性，例如无人操作的情况。

6）必须通过适当的合格性测试和认证来证明 PLC 系统的互换性（Interchangeability）。

7）在子网络中的 PLC 端点后面，单个节点的地址必须是可寻址的（例如，通过无线网络进行子计量）。因此，通常由 IP 所要求的寻址必须传送超过 PLC 终点。

8）为了 PLC 网络的有效操作，其必须提供监视信息来评估当前可用性情况和干扰分析。

9）为了保证 PLC 组件安装的高效性，必须保证安装过程时间最短，尽可能不进行参数调整，直接"即插即用"。

10）PLC 组件在安装完成后不一定立即投入使用。PLC 组件需要满足在无人操作的情况下自动进行通信服务。

9.1.4　应用

电力行业具有很多应用程序，其中通信网络需要：智能计量、分布式电源的控制、需求侧管理（DSM）、控制回路、公司内部通信。

智能计量：根据各国的具体法规，电力公司已经开始广泛部署智能电表。电表通常连接到低压网络。在欧洲，大多数 PLC 被用于通信，因为 PLC 可以比无线电技术更容易地到达建筑物的地下室。而在美洲和亚洲，首选蜂窝无线电或一些特殊的无线电系统。

分布式电源的控制：可再生能源（风力发电机，PV）目前在电力网络中的应用十分广泛。大型风力发电机可连接到高压电网层，较小的发电机连接到中压层。大型光电系统连接到中压电路，而许多私人安装的屋顶光电系统连接到低压电网。高压层的通信通常由部署在地下的光纤提供。中压变电站的通信可以由光纤和电信运营商提供的 DSL 或蜂窝无线电来实现。另外，PLC 是一种可以连接到家用低压电网的可行技术。

DSM：DSM 是一种通过峰值负载削峰来避免峰值负载的方法。也就是说，一些消费者（电器）被关闭。如果有适当的消耗器，它可以用于电力网络中的每个电压电平。DSM 对于具有热延迟的消费者是有意义的。例如，冰箱可以在内部温度不上升的情况下关闭几分钟，类似地，任何种类的加热或制冷设备都可以在不干扰其主要功能的前提下进行调整。

控制回路：电力的供需关系必须始终保持平衡。以前通过几个（大的）发电厂为大量（数百万）消费者提供电力服务。如今通过（许多）分布式发电机为消费者提供电力。这使得控制回路更复杂。过去，在发电机处的简单的转速控制器已经足以保持配电网络稳定。很明显，单个控制回路不能用数百万个源节点和汇聚节点（Sources and Sinks）构建。所以控制架构很可能是层次化的。控制回路可能存在于 HV、MV 和 LV 层。

公司内部通信：公司内部通信需要多种技术，具体取决于应用场景。公用电话和数据通信可以在基于光纤的 HV 网络上运行。这是一个固定网络。如果技术人员需要进行移动通信，则可以使用专用移动无线电（PMR）系统。另外，公共蜂窝网络运营商可以提供固定 – 移动综合通信解决方案。当然，这种通信网络的可靠性非常重要，因为它不仅用于常规任务，也用于处理紧急情况。

如今，主流的智能计量、PV 发电机的二次控制以及需求侧管理是正在驱动 PLC 技术 LV 层中的应用。在过去十年中，已经研究出了用于这些 PLC 技术的行为研究测试台，详见本章参考文献［14，15］。例如，表 9.2 总结了 2014 年夏季，德国的电力公司使用 PLC 运行 SG 通信测试台的要求。除了通过可变读数周期读取电表数据，该报告还针对快速光电系统控制和 DSM 进行了实验。通过使用人工模拟（后台）网络流量进行实验，以评估通信系统的性能。

表 9.2　德国 PLC 测试台的 PLC 网络要求

参数	值
使用的频段	2 ~ 30MHz
最大 PHY 数据传输速率	200Mbit/s
最大能耗（从机）	3W（支持）
最大能耗（主机）	5W（支持）
IP 版本	IPv6
最小可寻址的从机数	1000
耦合	三相
网络透明度	桥接（对用户透明）
主机是否有冗余	是
从机是否有冗余	否
寻址	静态或动态
中继器功能	每个调制解调器都有
最小调制解调器距离（通信范围）	30m
最小数据传输速率（IP 层）	10Mbit/s
最大延迟（单跳）	15ms
最大不可用（网络）	10^{-4}

9.1.5 概要

在本章的剩余部分，首先在 9.2 节介绍最近开发的智能电网通信 PLC 标准。随后在 9.3 节讨论世界不同地区的智能电网 PLC 的规范和标准。然后，在 9.4 节深入讨论使用 PLC 支持各种智能电网应用，其中还包括一些部署用例。

9.2 标准

本节介绍近期为智能电网通信开发的 HDR NB PLC 标准。这些可以被认为是第二代标准，遵循的规范大多数情况是 LDR NB PLC 专用的，电力设施已经采用这些标准。第一代 PLC 系统是工作频率低于 500kHz 的窄带系统，传输速率较低（几百 bit/s 至几 kbit/s）。例如 ISO/IEC 14908 - 3（LonWorks）、ISO/IEC 14543 - 4 - 5（KNX）、CEA - 600.31（CEBus）、X10、Insteon、IEC 61334 - 5 - 1/2/4，还有之前提到的纹波控制系统、AMR Turtle 系统和双向自动通信系统（TWACS），它们采用 UNB PLC 标准[9]。

在 2010 年左右，几个组织（工业联盟和标准开发组织）开始制定工作频段在 500kHz 以下的新一代 PLC 系统标准。这些 HDR NB PLC 系统使用多载波调制，特别是正交频分复用（OFDM），与宽带 PLC 系统相关标准类似，被合并在 IEEE 1901 和 ITU - T G.hn 标准中，本书在第 8 章进行了更详细的讨论。2012 年年底批准了 4 份关于 NB PLC 的 ITU - T 建议书，并于不久之后公布。此外，IEEE 1901.2 工作组于 2013 年发布了 IEEE 1901.2 标准。标准总结如下。

1) ITU - T G.9901[16] 窄带 OFDM 电力线通信收发机 - 功率谱密度（PSD）规范。ITU - T G.9901 建议书规定了决定频谱内容的控制参数、PSD 掩码要求、可以减少发射 PSD 的一组工具、通过电力线布线传输的 PSD 的测量方法以及特定终端阻抗可以接收的总发射功率。它补充了 ITU - T G.9902 建议书（G.hnem）、ITU - T G.9903 建议书（G3 - PLC）和 ITU - T G.9904 建议书（PRIME）中的系统架构、物理层和数据链路层（DLL）。

2) ITU - T G.9902[17] 窄带 OFDM 电力线通信收发机标准用于 ITU - T G.hnem 网络。建议书包含 ITU - T G.9902 窄带 OFDM 电力线通信收发机的 PHY 和 DLL 规范，工作在低于 500kHz 频率的交流和直流电力线上。

3) ITU - T G.9903[18] 用于 G3 - PLC 网络的窄带 OFDM 电力线通信收发机。建议书包含用于 G3 - PLC 窄带 OFDM 电力线通信收发机的 PHY 和 DLL 规范，通过低于 500kHz 频率的交流和直流电力线通信。

4) ITU - T G.9904[19] 用于 PRIME 网络的窄带 OFDM 电力线通信收发机。ITU - T G.9904 建议书包含 PRIME 窄带 OFDM 电力线通信收发机的 PHY 和 DLL 规范，通过 CENELEC A 频段中的交流和直流电力线进行通信。

5）IEEE 1901.2[20] 为用于智能电网应用的低频（低于500kHz）窄带电力线通信的 IEEE 标准。本标准规定了工作频率低于500kHz频率的交流电、直流电和不带电电力线上的窄带 PLC 的 PHY/MAC 层标准、共存性和 EMC 要求。

这些标准在 PHY 层有相似之处，但在其他层上有很大不同。下一节将进行更详细的讨论。此外，也将讨论宽带 PLC HomePlug Green PHY 规范，因为它是为支持智能电网应用而设计的，如插电式电动汽车、智能家居自动化和客户场所内的智能电表。参考第8章关于宽带 PLC 标准的细节，该标准为高数据传输速率接入和家庭通信而设计，因此也可以是9.1节和9.4节中讨论的智能电网通信的解决方案的一部分。

9.2.1 ITU – T G.9902 G. hnem 标准

根据 ITU – T G.9902 G.hnem 标准[17]涉及的范围，该标准针对主流智能电网应用，即高级计量基础设施（AMI）、插电式电动汽车（PEV）和各种家庭能源管理应用程序。该标准包含 PHY 层和 DLL 的规范，支持默认协议 IPv6。也可以使用适当的汇聚子层来支持其他网络层协议。

9.2.1.1 物理层

ITU – T G.9902 G.hnem 标准的控制参数决定了频谱内容、PSD 掩码的要求和支持 PSD 衰减的相关工具，该标准公布在 ITU – T G.9901 建议书[16]中。标准定义了几个频段规划。有 CENELEC A 频段（35.938 ~90.625kHz）、CENELEC B 频段（98.4375 ~ 120.3125kHz）、CENELEC CD 频段（125 ~ 143.75kHz）、FCC（34.375 ~478.125kHz）、FCC – 1（154.6875 ~487.5kHz）、FCC – 2（150 ~ 478.125kHz）和 ARIB（154.7 ~403.1kHz）。

PHY 发射机基于 G3 – PLC 标准，并且由使用 Reed – Solomon（RS）和卷积编码的级联前向纠错（FEC）模块组成。内卷积编码速率为1/2，约束长度为7。外 RS 编码器使用 239B 的输入块操作，使用二维交织方案来避免可能由于时间和频率相关噪声引起的突发错误。ITU – T G.9902 标准的每条载波支持 1bit、2bit、3bit 或 4bit 的相干 QAM。信道估计通过位于 PHY 帧中的信道估计符号来完成。

9.2.1.2 MAC 层

ITU – T G.9902 G.hnem 标准在拓扑逻辑上是基于域结构构造的，其中每个域是与该域相关联的特定节点集合。每个节点由其域 ID 和节点 ID 标识。域中的节点被分配为域主机（Domain Master, DM）。DM 控制其他所有节点，并执行允许、禁止和其他域内的管理操作。不同域的 G.9902 设备通过域间桥接（Inter – Domain Bridge, IDB）相互通信。IDB 是连接多个域的简单数据通信桥，使得一个域中的节点能够将数据传递到另一个域中的节点。标准的 ITU – T G.9902 节点提供具有4种优先级的 CSMA/CA 媒体接入。3个较低优先级用于用户数据帧，最高优先级用于承载紧急信令的帧。在 IEEE 1901.2 标准中，ITU – T G.9902 在 MAC 层具有不可知结构，支持第 2 层和第 3 层路由。

9.2.2 ITU G.9903 G3 – PLC 标准

G3 – PLC 规范由美国 Maxim 集成产品公司于 2009 年 8 月作为开放规范发布，以满足 Electricité Réseau Distribution France（ERDF）对智能电网应用的要求，包括：电网到电表的应用、AMI 和其他智能电网的应用，如 PEV、家庭自动化和家庭区域网络（HAN）通信场景。2011 年，在 ERDF 的领导下成立了 G3 – PLC 联盟，以推进和维护该规范。该联盟的执行成员包括 EDF、ERDF、Enexis、Maxim Integrated Products、STMicroelectronics、Texas Instruments、Cisco、Itron、Landis&Gyr、Nexans、Sagemcom 和 Trialog。2012 年 12 月，国际电联将 G3 – PLC 标准作为 ITU – T G.9903 标准建议书："用于 G3 – PLC 网络的窄带正交频分复用电力线通信收发机"出版，可参见本章参考文献 [18]。此外，G3 – PLC 控制参数确定频谱内容、PSD 掩码要求和相关工具，以支持减少发射 PSD 也已在 ITU – T G.9901 建议书[16] 中公布。

G3 – PLC 标准定义了 PHY 层、MAC 层和适配层，在低压和中压电网上实现基于 IP 的数据通信。基于 ITU – T G.9903 建议书的 G3 – PLC 标准的各通信层如图 9.2 所示。

G3 – PLC 的 PHY 层有许多附加特性，例如鲁棒模式、自适应色调映射和二维交织，以适应噪声干扰更为严重的情景。G3 – PLC 还解决了低压、中压电网之间的通信。此外，基于 OFDM 的 PHY 层之上的 MAC 层遵循 IEEE 802.15.4 协议。IPv6 分组使用 6LoWPAN 适配层通过电力线信道传输。第 2.5 层的网状路由

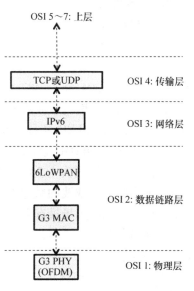

图 9.2 ITU – T G.9903 G3 – PLC 标准下的 OSI 参考模型

协议用来确定远程网络节点之间的最佳路径。ITU – T G.9903 G3 – PLC 标准的参数见表 9.3。

表 9.3 ITU – T G.9903 G3 – PLC 标准的主要技术特性

频段	CENELEC A（35.938 ~ 90.625kHz），FCC – 1（154.6875 ~ 487.5kHz），FCC – 1a（154.687 ~ 262.5kHz），FCC – 1b（304.687 ~ 487.5kHz）和 ARIB（154.7 ~ 403.1kHz）
编码/调制	OFDM 使用 DBPSK、DQPSK 或 D8PSK 调制，可选 BPSK、QPSK、8 – PSK 和16 – QAM
最大数据传输速率	根据调制方式和频段宽度最高可达 300kbit/s

（续）

数据链路层	基于 IETF RFC 4944 的 IEEE 802.15.4 MAC 帧格式（Frame Format）/适配子层
信道接入	具有碰撞避免的载波侦听多址访问（CSMA/CA）机制，具有随机回退时间
汇聚层	IPv6 6LoWPAN
网络拓扑	基于 LOADng 的网状路由
网络构造	网状路由协议
中继	中继器模式可用
安全	EAP-PSK、AES-128 密钥和 CCM*加密

9.2.2.1 物理层

G3-PLC 标准应用基于 OFDM 的 PHY 层，以便有效地利用带宽有限的信道。该标准可以工作在 CENELEC A 频段（35.938~90.625kHz）、FCC-1 频段（154.6875~487.5kHz）、可选的 FCC-1a 频段（154.687~262.5kHz）、可选的 FCC-1b 频段（304.687~487.5kHz）和 ARIB 频段（154.7~403.1kHz）。根据工作的频率不同，发射机载波数量最多可以有 NCARR=128 条。这导致最小 IFFT 为 256。工作在 CENELEC 频段上时，OFDM 采样频率为 0.4MHz[16]。因此，对于 CENELEC 频段，OFDM 载波之间的频率间隔等于 400kHz/256=1.5625kHz，对于 FCC 频段，频率间隔为 1.2MHz/256=4.6875kHz，其中 1.2MHz 是工作在 FCC 频段时的采样频率。载波的数量及其在频段规划中的位置由音调掩码（Tone Mask）指定，根据不同应用场景有多种可能性。例如汽车应用的 FCC 支持的 CENELEC 频段中的音调掩码指数为 0，该掩码在 154.6875kHz 和 487.5kHz 之间的频段中定义了 72 个载波。

PHY 层发送机如图 9.3 所示。前向纠错（FEC）使用 Reed-Solomon（RS）和卷积编码，它们在应对脉冲错误和突发错误方面性能良好。标准定义了 3 种不同的模式，如表 9.4 所示。对于低质量链路，主要选择 Super-ROBO。

G3-PLC 采用二维交织方案来避免可能由时间和频率相关噪声引起的突发错误。G3-PLC 支持不同的调制星座图，例如 DBPSK、DQPSK、D8PSK 和可选相干调制技术。根据接收信号的质量不同，接收机将在发射机处选择不同的调制方案。因此，每个载波可以被差分地或相干地调制到最多 4 个编码比特。该标准支持高达 300kbit/s 的最大 PHY 层传输速率，详见表 9.5。此外，可以切断低信噪比的子载波以增加整个传输系统的可靠性。

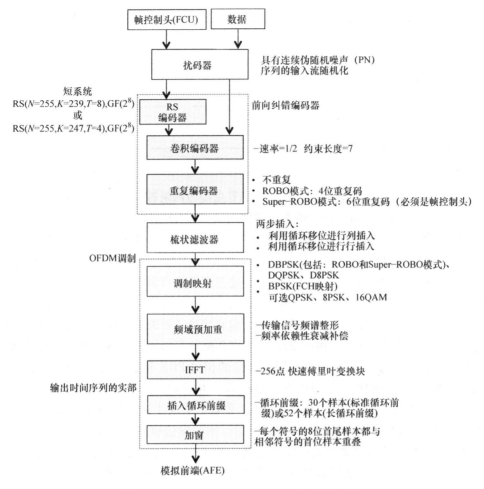

图 9.3 ITU – T G. 9903 G3 – PLC 物理层发射机

表 9.4 ITU – T G. 9903 G3 – PLC PHY 层中的操作模式

	RS［GF (2^8)］	卷积编码器	重复码
普通模式	$N = 255$，$K = 239$，$T = 8$	$R = 1/2$，$k = 7$	—
ROBO 模式	$N = 255$，$K = 247$，$T = 4$	$R = 1/2$，$k = 7$	4
Super – ROBO 模式	$N = 255$，$K = 247$，$T = 4$	$R = 1/2$，$k = 7$	6

表 9.5 PHY 层的 ITU – T G. 9903 G3 – PLC 标准的最大数据传输速率

频段	ROBO /(bit/s)	DBPSK /(bit/s)	DQPSK /(bit/s)	D8PSK /(bit/s)	Max D8PSK /(bit/s)
CENELEC A (36 ~ 91kHz)	4500	14640	29285	43928	46044

（续）

频段	ROBO /(bit/s)	DBPSK /(bit/s)	DQPSK /(bit/s)	D8PSK /(bit/s)	Max D8PSK /(bit/s)
FCC (150~487.5kHz)	21000	62287	124575	186683	234321
FCC (10~487.5kHz)	38000	75152	150304	225457	298224

9.2.2.2 MAC 层

G3 - PLC 网络拓扑的构造方式是每个节点都与网络控制器（或协调器）通信。G3 - PLC 支持网状网络结构。作为一种路由协议，G3 - PLC 在第 2 层（L2）提供下一代轻量点播自组织距离向量路由协议（the Lightweight On - demand Ad hoc Distance - vector Routing Protocol - Next Generation，LOADng）[21]。采用这种结构是因为需要处理循环低压电网、利用多条路径连接到网络协调器、低内存需求和避免任何知识产权问题。在基于 LOADng 的 L2 路由选择中，每个 MAC 分组被逐跳地转发到目的地。因此，网络中的每个节点不一定直接到达目的地，可能是多次跳跃来传递信息。如图 9.4 所示，网络中的每个节点都配备有邻居表和路由表。节点的邻居表包含相邻节点的短 MAC 地址和用于通信的相关 PHY 参数。这些 PHY 参数可以是调制类型、音调映射、链路质量指示符等。由于 PLC 经常是不对称的，意味着不同通信方向的信道质量各不相同，PHY 参数也取决于通信的方向。G3 - PLC 标准提供了基于音调映射请求/响应的信道估计来测量信道质量。邻居表通过接收来自邻居节点的分组或色调映射响应来更新。此外，节点的路由表包含下一跳节点的短 MAC 地址。当节点接收到 MAC 分组时，将在其路由表中搜索目的节点。如果目

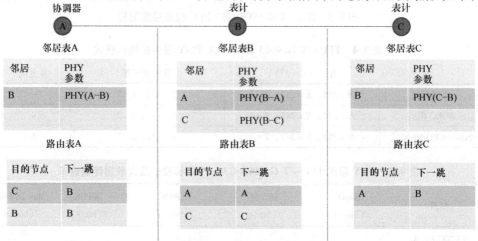

图 9.4　ITU - T G.9903 G3 - PLC MAC 层邻居表、路由表示例

的节点在路由表，则分组将被转发到路由的下一跳。如果不在路由表中，将初始化路由发现机制以寻找传输到目的地的最佳路由。LOADng 协议旨在寻找和维护到网络中任何目的地的双向路由。如果检测到连接是单向的，它将被添加到相邻集黑名单，以避免重复选择相同的单向链路。

G3 - PLC 中的信道接入通过具有随机回退时间的 CSMA/CA 机制来实现。它适用于对话前监听（Listen - Before - Talk）的基本思想。CSMA/CA 产生随机回退时间，即对应时隙数目的整数值。如果一个节点在开始传输帧的时候检测到信道繁忙，则等待信道变为空闲。如果信道变为空闲，节点递减其回退定时器，直到信道再次变忙或定时器归零。如果在定时器归零之前信道变忙，则节点冻结其定时器。当定时器最终递减到零时，节点发送帧。如果两个或更多节点同时递减定时器，就会发生冲突，每个节点必须重新生成新的回退时间。在用于应用的标准中也优先保证信道的接入，其中紧急消息将会被优先传输。

G3 - PLC MAC 层以已确认和未确认（ACK 或 NACK）的形式向上层提供反馈，并且还执行分组分段和重组。

G3 - PLC 标准的网络访问控制和认证在第 2 层中提供，使用 128 位共享密码（也称为预共享密钥或 PSK）的 AES 对称加密。密钥通过协调器节点分发。根据对方的 PSK 信息来授予认证。还通过 CCM * 类型的加密，在第 2 层中提供机密性和完整性服务，与加密的 CCM（密码计数器模式）稍有不同。MAC 帧在每一跳处均被 CCM 加密和解密，以保证机密性和完整性。

9.2.2.3　适配层

G3 - PLC 标准为了将因特网网络层 IPv6 适配到电力线通信中，采用 IPv6 低功率无线个域网（6LoWPAN）。6LoWPAN 集成了第 2 层路由、报头压缩、分段和安全性保障，并提供了传输协议（如 TCP、UDP 和 ICMPv6）的网络协议。

9.2.2.4　与其他 PLC 网络共存

G3 - PLC 标准提供了 3 种机制，使得 ITU - T G. 9903 设备可以与工作在相同频率范围内的其他 PLC 技术共存。

1）频率间隔：该机制通过使用 ITU - T G. 9903 频段规划和限制带外信号电平，来避开其他网络使用的频率。

2）频率陷波：该机制允许陷波一个或多个子载波，避免干扰相同频段中的其他网络。

3）基于前导码的共存机制：此机制可以与其他 PLC 技术共享相同的信道，这些技术使用相同的频段并支持此共存机制。该机制根据频段规划，在特定频率或特定频率的倍数处传送中性共存前导码符号序列。共存前导码符号载波的频率满足此公式：频率（前导）= 1.5625kHz × 6n，其中 n = 0 ~ 54。根据 PLC 设备工作的频段规划，与工作频段规划内的频率相对应的载波索引的子集将用于生成共存前导码符号。例如，对于使用 FCC 支持的 CENELEC 频段的传输，只应使用该频段范围内的载波。

9.2.3 ITU – T G. 9904 PRIME 标准

PRIME（PoweRline Intelligent Metering Evolution）规范由 PRIME 联盟开发，为工作在 CENELEC A 频段、基于 OFDM 调制的窄带 PLC 提供标准。图 9.5 是 PRIME 项目的发展时间轴。PRIME 联盟成立于 2009 年，在西班牙 Iberdrola 公司的领导下，PRIME 联盟聚集了许多行业合作伙伴，初步目标是建立一个开放、公共和非专有的 PLC 规范，在西班牙境内实现具有良好盈利效益的智能计量改造。创始成员是 Iberdrola、STMicroelectronics、Texas Instruments、Landis + Gyr、Itron、Current Group、Ziv Group 及 Advanced Digital Design。主要应用领域是低压电网中的仪表与基本节点之间的通信，基本节点通常安装在变电站/二级变电站中的数据集中器内部。在变电站，数据集中器使用其他通信技术与计量数据管理（MDM）系统通信。事实上，目前很多电力公司正在采用 PRIME 规范，例如西班牙天然气公司、葡萄牙的 EDP 公司和波兰的 ENERGA 公司。

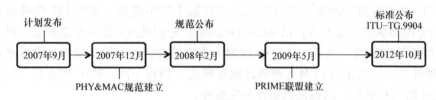

图 9.5　ITU – T G. 9904 PRIME 标准建立时间轴

2012 年 10 月，ITU 将 PRIME 标准以 ITU – T G. 9904 建议书："PRIME 网络的窄带正交频分复用电力线通信收发机"的形式出版，可从 ITU 官方网站[19]下载。该标准包含 PHY 层和 DLL 的规范，包括 IEC 61334 – 4 – 32 的汇聚层、IPv4 和 IPv6 配置文件。

另外，用于确定频谱内容的 PRIME 控制参数、PSD 掩码要求和支持 PSD 衰减的相关工具也已经在 ITU – T G. 9901 建议书[16]中公布。

ITU – T G. 9904 建议书的通信层和范围如图 9.6 所示。ITU – T G. 9904 PHY 层工作在 CENELEC A 频段，基于 OFDM 传输数据，最大数据传输速率为 128.6kbit/s。值得注意的是，PRIME 1.4 版在 2014 年 10 月发布[22]，其中 PHY 和 MAC 层的改动增强和提高了鲁棒性和传输速率、频段扩展、频段规划灵活性等，同时确保向后兼容性。9.3 节给出的规范细节与 2012 年 10 月批准的 ITU – T G. 9904 建议书[19]有关。

MAC 层将子网定义为由基本节点管理的一组服务节点，并且采用 CSMA/CA 以及时分复用（TDM）技术来实现信道接入。汇聚层将上层连接到 PRIME MAC 层来执行业务映射和数据压缩。

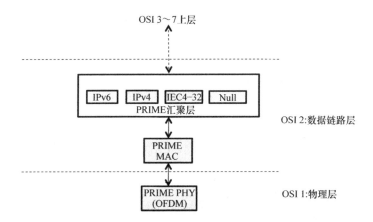

图 9.6 ITU - T G. 9904 PRIME 标准 OSI 参考模型

表 9.6 给出了 ITU - T G. 9904 PRIME 标准的主要技术特性。

表 9.6 ITU - T G. 9904 PRIME 标准的主要技术特性

频段	在 CENELEC A 频段为 42 ~ 89kHz
编码/调制方式	OFDM 使用 DBPSK、DQPSK 或 D8PSK 调制
最大数据传输速率	在 CENELEC A - 频段最大为 128.6kbit/s
信道接入	CSMA/CA 和 TDM
汇聚层	IEC - 432, IPv4, IPv6, NULL
网络拓扑	树形结构
网络信号	面向连接,可以逻辑上视为一个树形结构,基本节点管理网络资源和连接
安全性	数据的 128 位 AES 加密及其相关联的循环冗余校验 (CRC)

9.2.3.1 物理层

PRIME PHY 层采用 OFDM,工作在 CENELEC A 频段,范围为 3 ~ 95kHz。PHY 层发射机的概述如图 9.7 所示。OFDM 用作多载波传输技术,将可用频谱划分为许多子载波,其中第一子载波集中在 42kHz,末尾子载波集中在 89kHz。采样频率为 $f_s = 250\text{kHz}$,FFT 大小为 512。因此 OFDM 载波之间的频率间隔为 488Hz。用于传输数据的子载波有 96 个,还有 1 个附加的导频子载波。可以选择性地激活卷积编码器以增加通信的可靠性,或者提高数据传输速率。可选的卷积编码器后面是强制扰码器,其使比特流随机化以减少 IFFT 输出处的峰值。随后应用块交织器以在解码之前将比特误差的发生进行随机化。该标准考虑差分调制方案以检测接收信号的相位的变化。标准提供了 3 种可用的星座图,即 DBPSK、DQPSK 和 D8PSK。因此,PHY 层数据传输速率可达 130kbit/s,参见表 9.7。在 IFFT 的输出中,OFDM 符号被重复扩展 48 个样本以创建循环前缀。

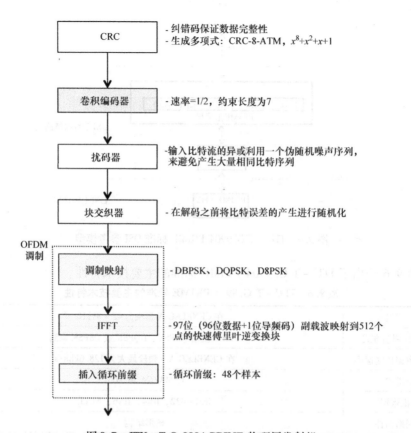

图 9.7   ITU – T G. 9904 PRIME 物理层发射机

表 9.7   在 PHY 层的 ITU – T G. 9904 PRIME 标准的理论最大数据传输速率

（单位：kbit/s）

	DBPSK	DQPSK	D8PSK
卷积码打开	21. 4	42. 9	64. 3
卷积码关闭	42. 9	85. 7	128. 6

9.2.3.2   MAC 层

PRIME 网络由两类设备组成：基本节点和服务节点，如图 9.8 所示。

1）基本节点位于树的根处，并充当连接到子网的主节点。每个由通用 48 位 MAC 地址（EUI – 48；IEEE 标准 802 – 2001[23]）标识的子网络，存在一个基本节点。由于基本节点可能无法与子网中的其他节点直接通信，所以要经由交换节点转发数据。

2）子网中的任何其他节点都是服务节点。服务节点由基本节点动态分配为树的叶或树的分支点。

① 由于网络中的节点不一定与主节点直接连接，所以交换节点（也称为分支

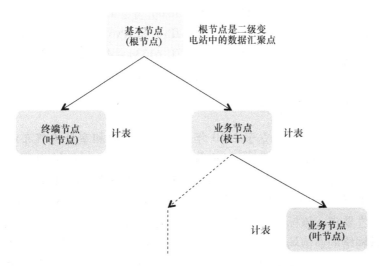

图 9.8　ITU‑T G.9904 PRIME 子网络示例

节点）由基本节点配置，基本节点之间通过域内的设备传输数据，每个基本节点的转发表或邻居表由交换机发送的信标信号维护。

　　② 终端或叶节点不会转播消息，这些节点可以在需要时转变为基本节点。

　　每个子网络由其基本节点的 48 位通用 MAC 地址标识，地址在形成网络的过程中就分配好了。

　　PRIME 指定的 MAC 层定义了使用 CSMA/CA 和 TDM 两者的信道接入方法。MAC 帧是一种以 618ms 为周期连续广播的时间单元，由起始信标信号、一个共享竞争周期（SCP）和可选的无争用周期（CFP）组成，如图 9.9 所示。SCP 定义了竞争时隙，在此期间基站和服务节点尝试利用 CSMA/CA 进行发送。CSMA/CA 避免了由于同时接入信道而导致的冲突。CFP 由基本节点保证，为节点提供确定性网络访问或保障带宽。

　　PRIME MAC 提供可选的自动重复请求（ARQ）功能以实现可靠的数据传输。

　　PRIME 标准提供了两种安全配置文件。第一个配置文件对上层保留安全性，而第二个配置文件基于 128 位 AES 加密。

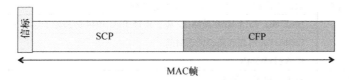

图 9.9　ITU‑T G.9904 PRIME 标准中的 MAC 帧格式

9.2.3.3　汇聚层

　　汇聚层充当下层 MAC 层和上层协议层之间的适配层。其主要功能是从上层接收流量并将其封装到 MAC 服务数据单元（SDU）中。PRIME 规范定义了多个用于传输数据的汇聚层。PRIME 标准支持基于 IPv4 和 IPv6 的连接，DLMS/COSEM 也可以应用在基于 IEEE 802.2 的原始 LLC IEC 61334 - 4 - 32 协议上。汇聚层中的 Null 功能支持不需要任何特殊汇聚能力的应用，例如固件升级帧。

9.2.4　IEEE 1901.2 标准

IEEE 1901.2 工作组成立于 2010 年，旨在为室内和室外电气布线制定低频（< 500kHz）窄带 PLC 标准[20]。该标准于 2013 年 11 月被 IEEE 标准协会（IEEE - SA）批准，并于 2013 年 12 月作为有效标准发布。IEEE 1901.2 标准的时间轴如图 9.10 所示。该标准定义了基于 FFT - OFDM 的 PHY/MAC 层规范和数据链路层安全性要求。该标准针对电网到电表、电网自动化、电动汽车到充电站以及在家庭区域网络的通信场景。这种通信标准也可用于照明和太阳能电池板 PLC。此外，标准还定义了与其他类别的低频窄带和宽带 PLC 设备的共存机制和电磁兼容性（EMC）要求。

图 9.10　IEEE 1901.2 工作组标准发展时间轴

由于 G3 - PLC 标准被用作 IEEE 1901.2 PLC 标准的基础，所以 G3 - PLC ITU - T G.9903 和 IEEE 1901.2 之间有很强的技术相似性。然而，IEEE 1901.2 标准的主要特征表现在 MAC 技术中，其同时支持基于网格化或基于路由的两种路由方法，并且支持更广泛的 IPv6 功能。表 9.8 给出了 IEEE 1901.2 标准的概述。

表 9.8　IEEE 1901.2 标准的主要技术特性

频段	CENELEC A 频段（35 ~ 91kHz），CENELEC B 频段（98 ~ 122kHz），FCC 支持的 CENELEC（155 ~ 488kHz），FCC（10 ~ 487.5kHz）和 ARIB（155 ~ 403kHz）
编码/调制方式	OFDM 使用 DBPSK、DQPSK 或 D8PSK 调制，可选 BPSK、QPSK、8 - PSK 和 16 - QAM
最大数据传输速率	取决于调制方式和频段，最高可达 300kbit/s
数据链路层	IEEE 802.15.4 MAC 帧格式/基于 IETF RFC 4944 的适配子层
信道接入	CSMA/CA 机制和随机回退时间
汇聚层	IPv6 6LoWPAN
网络拓扑	星形，树形，网格
路由	层 2 LOADng 或层 3 RPL 协议
重复	重复模式可用
安全性	基于 IEEE 802.15.4，在 CCM 模式下使用 AES - 128

9.2.4.1 频段使用和共存

IEEE 1901.2 定义了在几个频率域中的操作方法，被称为频段规划。对于每个特定的频段规划，起始和停止中心频率如图 9.11 所示。

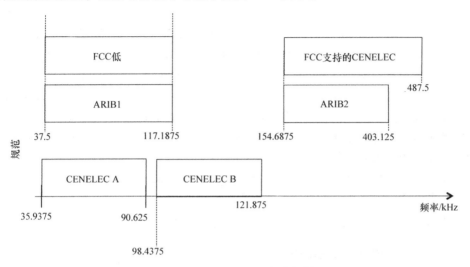

图 9.11 IEEE 1901.2 频段规划

9.2.4.2 物理层

IEEE 1901.2 物理层基于使用高级信道编码技术的 OFDM。根据所使用的频率，发射机处的最小采样频率和最大载波数分别为 $f_s = 1.2\text{MHz}$ 和 $N_{\text{CARR}} = 128$。这导致最小 IFFT 为 256，其中 OFDM 载波之间的频率间隔为 $1.2\text{MHz}/256 = 4.6875\text{kHz}$。每个载波可以用 4 个编码比特进行差分或相干调制。该标准可以支持高达 500kbit/s 的最大 PHY 层数据传输速率。载波的数量及其在频段规划中的位置由音调掩码确定，根据不同应用提供多种可能性。由于 IEEE 1901.2 PHY 层信号处理与 ITU – T G.9903 G3 – PLC 类似，因此有关 PHY 层技术规范的更多信息，请参见 9.2.2.1 节。

9.2.4.3 MAC 层

IEEE 1901.2 MAC 层使用来自 IEEE Std 802.15.4 – 2006 的服务和基元。网络模型可以简化为如下的两个网络设备。

1）个人局域网（PAN）协调器，它是网络的协调器，可以看成是一个主节点。

2）IEEE 1901.2 设备，包含 IEEE 1901.2 – 2013 标准的 MAC 实现和到物理介质的物理接口。

网络可以构建为树形、网格形或星形。然而，每个网络需要至少一个 IEEE 1901.2 设备作为网络的协调器。数据的基本单位是 1280 个 8 位字节的帧，提供不同类型的信息，例如数据、确认信息、信标或 MAC 命令帧。物理介质通过 CSMA/CA 协议访问，支持：

1）用于强制非信标 PAN 的算法的非信标版本，其中 PAN 不定期发射信标。

2）启用 PAN 可选信标的算法的信标版本。

3）优先接入信道。

与 ITU – T G.9903 G3 – PLC 不同，IEEE 1901.2 标准的主要特性是支持网格层层 2 和路由层层 3 操作的 MAC 层的不可知结构。IEEE 1901.2 标准作为网格路由协议，在层 2 提供 LOADng，这在 9.2.2.2 节中提到过。在层 3 路由的情况下，支持用于低功率和有损网络（RPL）规范的路由协议。RPL 协议定义在因特网工程任务组（IETF）的低功率和有损耗路由（ROLL）工作组中，并为 IP 智能对象网络提供基于 IPv6 的路由解决方案。当使用 RPL 时，网络物理层每一跳都符合 IPv6 规则。关于 RPL 的更多信息在 IETF RFC 6550[24]中。IEEE 1901.2 采用 6LoWPAN 将 IPv6 适配到电力线通信中。

IEEE 1901.2 标准的网络访问控制和认证在层 2 中提供使用 128 位共享秘密的 AES 对称加密，如 9.2.2.2 节所述。

IEEE 1901.2 标准还包含 9.2.2.4 节中讨论的共存机制。

9.2.5 HomePlug Green PHY 规范

Green PHY（GP）规范在 2010 年由 HomePlug 联盟开发，作为 HomePlug AV 的子集，以支持智能电网应用，如插电式电动汽车、智能家庭自动化和用户智能电表。由于这种应用不需要高数据传输速率宽带 PLC 连接，因此 HomePlug GP 规范设计满足低功耗、低成本以及可靠通信等要求。此外，HomePlug GP 在 ISO 15118 中作为充电站和电动汽车之间的欧洲通信标准。

HomePlug GP 使用在 HomePlug AV 中定义的相同频段（2 ~30MHz）、基本调制方案（OFDM）和 FEC（Turbo 码）。然而，两种 HomePlug 标准之间的主要区别在于峰值 PHY 速率。HomePlug GP 支持 10Mbit/s 的峰值 PHY 速率，将 OFDM 子载波调制的限制专用于 QPSK 并仅支持 ROBO 模式，因此消除了对音调映射的自适应比特加载和管理的需要。这些规定使得低成本和低功耗的设备，也可以与 HomePlug AV/IEEE 1901 设备交互。

9.3 法规

本节将讨论世界各地的智能电网 PLC 的有关规定。主要关注美国、欧洲和日本等国家或地区的低于 500kHz 频段的相关规定。对于 MHz 范围，应该注意的是，美国联邦通信委员会（Federal Communications Commission，FCC）法规第 47 卷第 15 部分规定了所有子部分 G，定义了具体的设备授权、销售和管理方面的指导条例，MV 和 LV 电力线的辐射限值，以及 1.705MHz 和 80MHz 之间的（例如屋外的应用）BPL 的陷波要求。在欧洲，宽带 PLC 设备必须遵守的主要法规是电磁兼容性规定 2004/108/EC，该规定后来被 2014/30/EU 取代。建议将本节内容与第 3 章中有关 EMC 的内容相联系来学习。

9.3.1　美国

之前讨论的工作在 9 ~ 490kHz 频率范围内的窄带 PLC 系统，受美国 FCC[25] 的联邦法规第 47 卷第 15 部分管制。本节将介绍与之相关的一些定义。

1）在 FCC 法规 15.3（n）[25] 条中，"偶发辐射器（Incidental Radiator）"的定义是：尽管设计时并非有意产生或发射射频能量，但在其操作过程中会产生射频能量的装置。例如直流电动机、机械灯开关等都属于偶发辐射器。

2）在 FCC 法规 15.3（o）[25] 条中，"主动辐射器（Intentional Radiator）"的定义为：主动通过辐射或感应，产生和发射射频能量的装置。因此，例如 WLAN、蓝牙、蜂窝电话、ZigBee 收发机都属于主动辐射器。这些设备主动通过天线发射射频能量。

3）在 FCC 法规 15.3（z）[25] 条中，"非主动辐射器（Unintentional Radiator）"的定义为：为了使设备正常运行而主动发射射频能量，或通过连接线向相关设备发射射频信号的设备，但是不通过辐射或电磁感应发射射频能量。常见的非主动辐射器包括以太网、DSL、电缆调制解调器等的有线通信系统，以及 PLC 系统。

4）本章参考文献［25］的 15.3（t）条定义了"电力线载波系统"，作为应用于载波电路系统上的一种非主动辐射器，电力公司通常在传输线上利用该系统来保护继电器、进行遥感勘测等一般电力监测行为。电力线载波系统通过在电力传输线上传导的射频能量来传输信号。该系统不包括配电站与客户或住宅之间的电线。

5）本章参考文献［25］的 15.3（f）条定义了作为一个系统或系统一部分的"载波电流系统"，通过在电力线上的传导来传输射频能量。设计载波电流系统时，可以通过连接到电路的传导器直接接收信号（非主动辐射器），或者接收电路产生的射频信号（主动辐射器）。

根据 FCC 法规第 47 卷第 15 部分 15.113 条的规定，电力公司可以在"无保护，无干扰的"条件下对 9 ~ 490kHz 频段内的电力线载波系统进行操作。该法规进一步规定，禁止在用户与配电变电站之间的电力线上操作电力线载波系统。因此，对于高压线路中的 PLC 应用，将遵循调节载波电流系统的相关条款。

FCC 第 15 部分 15.107（c）条规定了载波电流系统没有传输限值。然而，系统必须符合以下要求：

1）本章参考文献［25］中的 15.107（c）条（1）规定，具有 535 ~ 1705kHz AM 频率的基本辐射值，并且由 AM 接收机接收的所有载波电流系统没有传输限值。然而，在使用 50μH/ 50Ω LISN 测量时，其他所有 535 ~ 1705kHz 频段内的载波电流系统的辐射值不得高于 1000μV。

后一种情况适用于部分窄带 PLC 系统。因此, 尽管 FCC 法规对带内传输的窄带 PLC 系统没有传输限值, 但它限制了带外传导发射。根据发射端窄带 PLC 系统的具体滤波方式, 系统也可能会对带内传输有所限制。

2) 本章参考文献 [25] 中的 15.107 (c) 条 (3) 规定, 低于 30MHz 的载波电流系统从属于 15.109 (e) 条的辐射规定。15.109 (e) 条规定, 工作在 9kHz ~ 30MHz 范围内的载波电流系统应满足 15.209 条中主动辐射器的辐射限值。

15.209 (a) 条规定的辐射限值如表 9.9 所示。

15.209 (d)[25] 条规定, 表 9.9 所示的辐射值使用 CISPR 准峰值检波器进行测量, 除了 9 ~ 90kHz, 110 ~ 490kHz 和高于 1000MHz 频段, 这 3 个频段中的辐射限值使用平均检波器进行测量。

表 9.9 适用的辐射限值[25]

频率/MHz	场强/(mV/m)	测量长度/m
0.009 ~ 0.490	2400/f (kHz)	300
0.490 ~ 1.705	24000/f (kHz)	30
1.705 ~ 30	30	30
30 ~ 88	100	3
88 ~ 216	150	3
216 ~ 960	200	3
960 以上	500	3

9.3.2 欧洲

欧盟委员会 (EC) 规定了欧盟监管结构, 官方 (法律上的) 标准化组织, 如 ETSI、CEN 和 CENELEC 规定了具体的限制条款。根据欧盟相关规定, PLC 设备被归为电信设备, 在各欧盟成员国中受 EMC 法规 2004/108/EC 的控制。EMC 法规规定了相关法律架构和相关规定, 对于不同设备和消费产品的规定有所不同。EMC 法规还包括市场准入和干扰投诉处理的相关条例。EMC 法规旨在确保仪器、设备和网络在欧盟成员国之间可以通用, 并维持合适的 EMC 环境。EMC 法规的另一目标是保证设备之间不受电磁干扰的影响, 包括无线电网络、电信网络、相关设备和电力分配网络, 同时确保设备具有足够的固有抗扰度, 从而在电磁干扰下也能正常工作。因此, 辐射限制和抗干扰性能是 EMC 法规的关键部分。符合 EMC 规定的产品允许进入市场。因此必须对产品进行特殊的兼容性测试。规定 2004/108/EC, 又称 "新方法规定", 要求制造商进行自声明。根据该规定, 制造商允许通过以下方式对其产品进行 EMC 评测:

1) 按照欧洲协调标准 (European Harmonized Standard) 进行评测, 即 EN 50065 - 1 标准中 3 ~148.5kHz 范围内的 PLC 相关规定。

2）以制造商自己的程序和方法为中心开展 EMC 评测。

选项 2）通常也包括通过独立的认证机构（由 EMC 法规授权）对制造商自己的程序和方法进行评测认证。具体的程序和方法通常在相关标准化平台中规定。更多详细信息，请参见 3.6 节。

无论选择了哪个选项，制造商都必须提供一致声明（statement of conformity），声明其产品符合 EMC 法规的安全性条款。"欧洲统一"（CE）标志是产品符合所有相关法规（如安全性条款等）的证明。

目前选项 2）是一种合法的评测方式，但欧洲协调标准终将会对 150 ~500kHz PLC 频段进行规定，如图 9.12 所示。如果欧洲协调标准可用于该频段，若制造商想使用自己的程序和方法进行 EMC 评测就必须提供合理解释。在这种情况下，需要考虑安装的嵌入式设备是否存在干扰问题。只有在生产新产品时需要考虑干扰问题。已经部署的认证产品不需要进行重新认证。

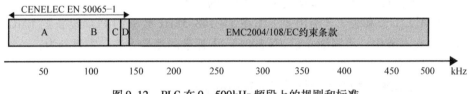

图 9.12　PLC 在 0 ~500kHz 频段上的规则和标准

9.3.2.1　欧洲市场对 PLC 的限制

由于电力线的辐射测量确定性和持续性不足，EMC 法规规定了传导辐射量的测量方式。通过将受试设备（Equipment Under Test，EUT）连接到特定网络进行辐射测量（见第 3 章）。IEEE 1901.2 标准定义了 EUT 的 PLC 端口的传导扰动限值，表 9.10 列出了欧洲的相关设备标准。

表 9.10　各个频段范围内的 PLC 使用和带外传导干扰限值

频段范围	PLC 传输限值	带外干扰限值
3 ~9kHz	CENELEC EN 50065 – 1 2011, 6.3.1.1 条；6.3.2.1 条	CENELEC EN 50065 – 1 2011, 7.2.1 条
9 ~95kHz CENELEC A	CENELEC EN 50065 – 1 2011, 6.3.1.2 条；6.3.2.2 条	CENELEC EN 50065 – 1 2011, 7.2.2 条
95 ~125kHz CENELEC B	CENELEC EN 50065 – 1 2011, 6.3.1.3 条；6.3.2.3 条	
125 ~140kHz CENELEC C		
140 ~148.5kHz CENELEC D		

（续）

频段范围	PLC 传输限值	带外干扰限值
150 ~ 500kHz	A 级：准峰值 – 22 dBm/Hz 均值 – 35 dBm/Hz, B 级：准峰值(– 35) ~ (– 45)dBm/Hz 均值(– 45) ~ (– 55)dBm/Hz	CISPR 22：2008，表 1 & 表 2
500kHz ~ 30MHz BPL	超出范围	
30 ~ 1000MHz	超出范围	CISPR 22：2008 的表 5 和表 6（辐射）

3 ~ 148.5kHz 频率范围和 150 ~ 500kHz 频率范围内 PLC 设备的测量方法分别在 9.3.2.2 节和 9.3.2.3 节中介绍。

9.3.2.2 工作在 3 ~ 148.5kHz 的 PLC 设备的测量方法

3.6.3.1.1 节和表 3.3 给出了工作在 3 ~ 148.5kHz 频率的 PLC 设备的 EMC 相关规定。在本节中，将详细介绍 EN 50065 – 1 标准的测量方法。主要分为：

1）确定信号的带宽；

2）信号在整个频段上允许的最大输出电压；

3）带外辐射的相关规定。

9.3.2.2.1 信号带宽的确定

输出信号的频谱通过使用具有峰值检测器、带宽分辨率为 100Hz 的频谱分析仪来检测。发射机工作时，其带宽和输出信号幅度应达到制造商规定的最大值。是频谱密度最大值以下 20dB 处的间隔长度为频谱宽度（B 以 Hz 为单位）（见图 9.13）。此外，如果信号的带宽小于 5kHz，该信号应被看作窄带信号；如果带宽大于等于 5kHz，则信号应被看作宽带信号。例如，40 ~ 90kHz 频段中传输的 PRIME 信号是宽带信号。

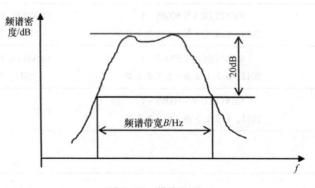

图 9.13 带宽测量

9.3.2.2.2　允许最大输出电压

利用欧盟标准 EN 50065 - 1[26]图 4 所示的线路阻抗稳定网络（Line Impedance Stabilization Network，LISN）可对信号进行测量，如图 9.14 所示，其中的人工电源网络（Artificial Mains Network，AMN）由该标准中的图 5 规定，如图 9.15 所示。标准 EN 50065 - 1[26]的 6.3.1.2 条进一步规定，信号的测量遵循标准 CISPR 16 - 1：1993。如 EN 50065 - 1[26]中的图 7 所示，对于 9 ~ 150kHz 频率范围内的信号，使用 200 Hz 的测量带宽进行测量。对于 150kHz ~ 30MHz 的信号，使用 9kHz 的测量带宽进行测量。下面的 1）和 2）中给出的测量值是方均根 – 平均值测量。标准 EN 50065 - 1 的 6.3.1.2 条规定的最大输出电压如下：

1）窄带信号：测量电平在 9kHz 时不得超过 134dBμV，在 95kHz 下随频率对数线性减小至 120dBμV。

2）宽带信号：测量电平不得超过 134dBμV。

此外，当用 200Hz 带宽的峰值检测器测量时，信号频谱的任何部分都不应超过 120dBμV。

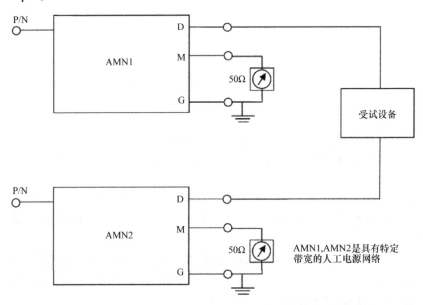

图 9.14　用于测量最大输出电压的线路阻抗稳定网络（LISN）
（摘自本章参考文献 [26] 的图 4）

9.3.2.2.3　频段外辐射

EN 50065 - 1 的第 7 条规定了带外（OOB）辐射的要求。需要注意，传输设备的子带（频段 A、B、C 和 D，参见表 3.3）外也需要满足 OOB 辐射规定。OOB 辐射限值如图 9.16 所示。注意准峰值在 150 ~ 9kHz 范围内测量带宽的变化，对于频率在 150kHz 以下的信号其测量带宽为 200 Hz。例如在 PRIME 标准下，工作在标准

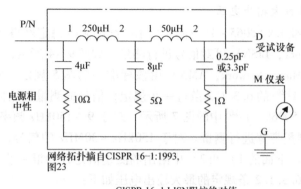

网络拓扑摘自CISPR 16-1:1993,
图23

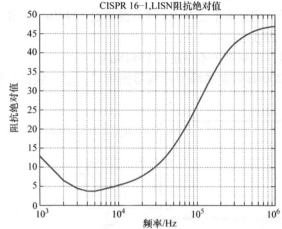

图 9.15　人工电源网络（AMN）的电路以 EN 50065 - 1 标准进行测试，其阻抗响应
作为频率的函数（对于单个分支）（摘自本章参考文献［26］的图 5）

EN 50065 - 1 频段 A 中的信号，OOB 对于 95kHz 以上的频段依然适用。

9.3.2.3　IEEE 1901.2 标准下，工作在 150 ~ 500kHz 频率范围内的 PLC 设备的测量方法

IEEE 1901.2 标准[20]为 150 ~ 500kHz 频率范围内的 PLC 访问数据传输提供了 4 个独立的功率电平，见表 9.10。对于在 150 ~ 500kHz 频率范围内传输数据的 PLC 系统，各种限值的测量方法如下。

9.3.2.3.1　3 ~ 148.5kHz 的带外传导干扰限值

带外干扰限值在 EN 50065 - 1 2011 第 7.2.1 条[26]中给出。

在 3 ~ 9kHz 频段范围内，PLC 设备接入终端阻抗为 $50\Omega \parallel (50\mu H + 1.6\Omega)$ 的 AMN。每个相位上都需要进行测量，测量设备的带宽分辨率应设置为 100Hz。如果被测信号的信号功率接近限值，必须观察并记录该信号 15s 内的最大功率。

对于 9 ~ 148.5kHz 频段，终端阻抗设置为 $50\Omega \parallel (50\mu H + 5\Omega)$。耦合元件必须提供与 3 ~ 9kHz 频率范围相同的测量功能，其中测量设备的带宽分辨率设置为

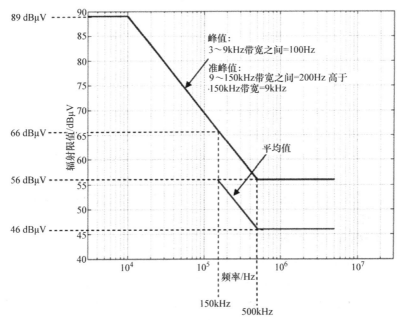

图 9.16　EN 50065 - 1 的带外辐射限值

（摘自本章参考文献 [26] 的图 7）

200Hz。必须观察接近极限频率的信号 15s 并记录最大功率。

9.3.2.3.2　150 ~ 500kHz 的带内传导干扰限值

IEEE 1901.2 标准[20] 规定了带内干扰限值。与低于 150kHz 的带外干扰的测量方法不同。阻抗稳定网络（Impedance Stabilization Network，ISN）位于 PLC 设备和 AMN 之间。ISN 的非对称终端阻抗为 150 ± 20Ω（EN 55022，见本章参考文献 [27]），EUT 侧的纵向转换损耗（Longtitudinal Conversion Loss，LCL）> 55dB。带宽分辨率设置为 9kHz。必须观察接近极限频率的信号 15s 并记录最大功率。

9.3.2.3.3　500kHz ~ 30MHz 的带外传导干扰限值

标准 EN 55022[27] 规定了带外干扰限值。PLC 设备插入 AMN，其终端阻抗为 50Ω ∥ 50μH，带宽分辨率为 9kHz。必须观察接近极限频率的信号 15s 并记录最大功率。

9.3.3　日本

日本无线工业及商贸联合会（Association of Radio Industries and Businesses，ARIB）规定并允许 PLC 工作在 10 ~450kHz 频段范围内。与其他法规一样，带内传输和带外辐射都有相关规定。这些因素的组合决定了 PLC 系统的滤波要求。

9.3.3.1　ARIB 的带内测量设置

对于带内信号传输，测量设置如图 9.17 所示。

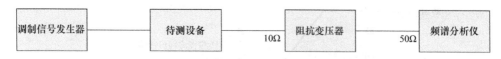

图 9.17　ARIB 对传输 PLC 信号带内测量的设置

功率测量以 10kHz 带宽分辨率进行，并在 10Ω 负载上扫描发射信号频率范围。ARIB 的带内传输规范有两种不同的情况：

1）在信号传输频率落入 10～200kHz 频段的情况下，允许的传输功率为 30mW/10kHz（方均根）。

2）在信号传输频率范围超过 200kHz 的情况下，允许的传输功率为 10mW/ 10kHz（方均根）。

9.3.3.2　ARIB 的带外辐射要求

测量的 OOB 辐射在 450kHz～5MHz 的频率范围内被规定为 56dBμV，在 5～ 30MHz 的范围内被规定为 60dBμV。测量的是准峰值，带宽分辨率为 9kHz。

下面考虑使用 OFDM，以 450kHz 的频率传输 IEEE 1901.2 信号的情形。假设 OFDM 信号的准峰值与方均根之间的差约为 7dB。在这种情况下，在 10Ω 电阻上的 10mW 发射功率意味着发射电压需要达到 0.316V。这意味着将由 CISPR 测量设备在 9kHz 的带宽分辨率中测量的带内准电平为 $20\lg$（$0.316V/10^{-6}μV$）+7（方均根用以校准部分）-3dB（频谱的正/负部分）-6dB（CISPR 测量）= 108dBμV。这意味着 IEEE 1901.2 发射机必须通过 $108-56=52$dB 拒绝其带内信号。我们注意到，出于解释这一标准的目的，这被认为是 IEEE 1901.2 的示例实现。不同的品牌发射机的拒绝数值可能是不同的，需要权衡发射机的具体使用方式。

9.4　应用

输电网和配电网是智能电网发展的重点。输电网通常包括高压电力线和变电站，这是一种 ICT 与电网高度集成的环境。输电设备造价昂贵，通常与宽带通信设备（光纤、微波无线电等）同时部署，通信设备与本地电子设备一起提供远程控制和自动化服务。配电网没有与 ICT 结合的先例。中压电网的远程控制和自动化程度在不同电力公司中差距很大，但中压电网在总电网中占比一般很少。因此，中压电网的操作大多是手动的。至于低压电网，不存在任何程度的自动化。低压电网中至多存在一种（半）自动化远程计量设备（主要是电表）。

如前一节所述，PLC 是一种在电力行业有悠久历史的技术。几十年来，电力行业发展了大量的应用和不同的设备。智能电网和 PLC 技术的结合是一种较新的技术。本章参考文献 ［9］指出了 PLC 在智能电网发展中的地位，该文献的作者认为

PLC 是一种优秀的和成熟的技术，可以支持从输电线到配电线以及各种家庭应用。

然而，对于电力行业的各种应用服务，PLC 的配置优化和性价比主要取决于具体电力设施的特性、不同 PLC 技术的特征和性能以及要部署的架构［是否使用宽带或窄带 PLC、PLC 将被用于电网的哪些部分（中压或低压电网）］。

9.4.1　PLC 作为电信骨干技术

一级变电站和二级变电站是现代智能电网的主要应用场景。在电网的远端，智能电表也是重要的服务节点。利用中压电路上的二级变电站（SS），PLC 可以用于传输聚合数据流，将 PLC 技术从纯粹的最后一英里接入技术扩展为接入段中的骨干传输技术。本节介绍宽带 PLC 在中压电力线上的应用。

根据智能测量的定义，当 PLC 通过低压电网到达电表时，二级变电站充当中心节点或网关节点。即使仪表与无线装置（如网状无线电，因为在美国许多智能计量设备采用加密通信[28]）进行通信，变电站可以作为汇聚节点，或者对智能电表传输来的数据进行网关、路由操作。

在智能电网的一般使用场景中，通信节点作为变电站，其作用更加明显，因为数据需要通过电力线传输至操作控制中心。

PLC 作为与变电站进行通信的骨干技术，主要是能满足某些可操作的需求（例如配电自动化），PLC 的效率在很大程度上取决于以下几个方面：

1）PLC 信号耦合的可行性；

2）数据传输速率要求；

3）通信弹性；

4）网络规划过程。

9.4.1.1　信号耦合的可行性

要将 PLC 信号通过 MV 电力线传输到二级变电站，最大的挑战是为通常工作在 MHz 频率范围的高压 PLC 装置提供千伏量级的线路电压接口。电力行业在这方面有着 100 多年的丰富经验。

通常考虑两种耦合方法，参见第 4 章。

1）电容耦合器（见图 9.18）：它们通常是稳定、有弹性的设备，其性能是已知或可预测的。这些设备非常灵活，因为它们可以适配多种设备，满足宽带信号的高效耦合。排流线圈（可能实际存在，一次匹配/隔离变压器绕组的电感也可能充当排流线圈）使得设备侧电压在电源频率（50Hz 或 60Hz）下几乎为零，因此耦合电容器在电源频率下有效接地。

2）感应耦合器：感应耦合器已被证明是一种灵活的、易于安装的设备，可以以相对较低的成本构建 PLC 链路。然而，当其开关装置内的断路器断开时，它们可能随着线路阻抗的变化而停止工作。因此，智能电网大多采用电容耦合器（即使在断路器和开关断开的情况下，智能电网应用也需要保证可靠的功能）。

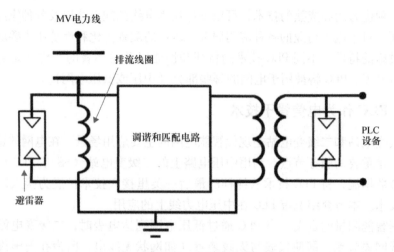

图 9.18　电容耦合器

在使用电容耦合器时，PLC 信号通常直接注入相线和地线之间。这一过程在老式石造建筑和室外（金属外壳的）开关设备中通常更为简单，安装者可以到达相线与地线的接触点。通常电容耦合器为 PLC 设备提供 50Ω BNC 连接器，即使长时间不进行保养（如 25 年）依旧稳定且易于安装，同时满足电力设施和安全性要求，如外部绝缘（见图 9.19）。宽带电容耦合器通常根据 IEC 60358：1990《耦合电容器和电容分压器》和 IEC 60481：1974《电力线载波系统的耦合器件》所规定的内容进行测试。用于宽带 PLC 的耦合电容器通常针对高频（3～30MHz）进行优化，电容

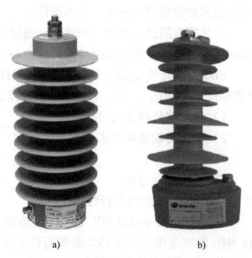

a)　　　　　　　b)

图 9.19　用于石造建筑和室外开关的耦合器
[由 ZIV 和 Arteche 提供]

范围在 400～2000pF 之间（通常电容越大，耦合器越贵，性能越好）。线路侧和设备侧通常都需要安装避雷器。

　　如今，电容耦合器还需要安装在气体绝缘开关设备（GIS）单元内。在这些设备中，开关设备隔离在充满 SF₆ 气体（六氟化硫）的密闭容器中，安全地进行电弧放电。耦合器中的可用空间很少，因此接入中压电路受限。因此，最常见的方法是将耦合器直接安装到标准可分离的连接器里（例如，根据欧洲的 EN 50181：2010），连接器将套管固定至电缆（见图 9.20）。

　　这些耦合器的要求是相似的：用于 PLC 设备的 50Ω BNC 连接器，可以长时间

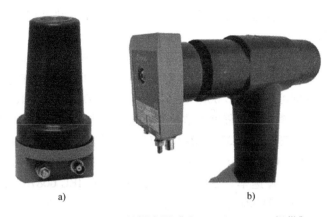

a)　　　　　　　　　　　　　　b)

图 9.20　用于 GIS 的耦合器［由 ZIV 和 Arteche 提供］

连续工作，并符合电力行业和安全性的相关要求。由于空间有限，耦合电容器通常低于 500pF。

感应耦合器在用于 PLC 通信的关键操作之前必须慎重考虑，因为它们在中压电网变化时（例如断路器断开时）易受到阻抗变化的影响。它们通常被包在一根中压相电缆周围，接地端接地，并通过 50Ω BNC 连接器与 PLC 设备相连。

在不同国家、不同电力公司之间，中压电网的分布可能存在很大的差异。设施的年份差异很大，不同国家甚至是同一个国家的各个电力公司的部署理念和技术发展历史也都不同。因此，PLC 耦合器的选择取决于中压电网上的具体设备类型，通常包括地下和架空网络、具有开关装置的单相和三相电缆。

IEEE 1675－2008《宽带电力线硬件标准》对 PLC 耦合器提出了标准化要求，该标准是针对美国市场 38kV 的电网制定的。标准包括高度和温度的使用条件、接地、外部绝缘、安全、电压和电气要求。定义了耦合器插入损耗、局部放电、60s 耐受、照明和闪络的类型和（或）常规测试。最后介绍了机械强度测试的具体方法，并给出了产品标识和安装程序的指南。

9.4.1.2　数据传输速率要求

电力行业中的电信骨干应用需要承载电网的相关服务。

智能计量方案所需的传输速率是可变的，很大程度上取决于每个 SS 中智能电表的数量、传输数据的类型、所使用的具体应用和所在的通信层以及所需的响应时间（例如，仪表读数的频率）。本章参考文献［29］的摘要介绍了许多典型的用例，结论十分明确。在智能计量系统中可以执行大量不同类型的操作，多于传统的 AMR 系统中可执行的操作数。此外，每个二级变电站的智能电表数量和响应时间对应用程序级传输速率也有影响。如果二级变电站中的智能电表数量翻倍，传输速率也翻倍。如果响应时间由 15min 增加到 1h，则传输速率减少为以原来的 1/4。根据本章参考文献［29］中用例的使用条件，响应时间为 15min 的 TCP/IP 网络中，每块智能电表的平均传输速率小于 3kbit/s。对于具有 100 块智能电表的 SS，最大总传输速率为 300kbit/s。

另一常见的智能电网应用是远程控制。远程终端单元（Remote Terminal Unit, RTU）位于 SS 处，通过 TCP/IP 的后期流协议与中央 SCADA 系统进行通信。这些协议的一些常见用例可参见 IEC 60870 – 5 – 104[30] 和 DNP3 TCP/IP[31]。虽然这些协议所要求的传输速率在很大程度上取决于系统层的参数，但是可以进行一些简单的估算。参考本章参考文献［32］指出，应用层数据传输速率为 9.6 ~100kbit/s。根据用于远程控制的 2G 服务可以得出结论，通用配置的 SCADA 平均传输速率需要达到 10 ~20kbit/s 传输速率。在传输速率较低端，在 IEC 60870 – 5 – 104 专用信道中测量的平均值小于 1kbit/s，其中 SS 的峰值很少超过 2kbit/s。

为满足相邻 SS 之间正常通信的要求，应首选宽带 PLC 技术。如果通过 PLC 技术相连的 SS 数量不多，也可以采用 NB PLC。本书主要关注用于中压电网的宽带 PLC（即 BPL）。

9.4.1.3　通信弹性

通信弹性与其按需精确控制电网的能力紧密相关。通信弹性通常不是技术问题，而是网络规划和操作问题。以公共网络为例。公共网络（特别是无线电网络，例如 2G 和 3G 网络）的设计和操作是为了向用户提供服务，并提供一定程度的可用性。为保证可用性，在配置最终服务时需要考虑各种传播因素、信道干扰、网络（设备）类型以及网络规划和维护过程。

如果认为网络一旦部署，由于自然条件的约束，端到端的可用性是固定的，那么就需要为网络提供保护和备用方案，以保持其可用性。这就是本节所指的通信弹性。在 PLC 技术中，电力线信道受到一些自然因素（主要是噪声）的影响，这些因素对可用性影响很大。因此，对于一个使用 PLC 技术进行点对点链路通信的网络，需要设计一种具备通信弹性的方案。PLC 技术主要应用在 OSI 第 1 层和第 2 层，因此，应该使用上层机制来配置通信弹性。PLC 信道中的网络弹性问题，与宽带 PLC 技术之上的网络（TCP/IP）技术有关，也与可能出现在 PLC 通信中的信道质量差异有关。当 PLC 信道由于传输速率降低和传播时延增加而导致可用性不足，而信号并没有中断[33]时，PLC 链路上的 TCP/IP 层必须具备良好的通信弹性，根据链路是否可用，选择东向或西向链路。

9.4.1.4　网络规划过程

在规划中压电力线的宽带 PLC 时，需要考虑几个方面。

第一是电力线的结构问题，在通信学中意为连接结构是总线状的还是点对点的。电力线结构在很大程度上取决于使用架空电缆还是地下电缆。

第二是信号衰减问题。从很早开始，人们就开始关注 PLC 在不同类型中压电缆中的传输能力。一方面，最大传输信号电平受相关法规的限制，传播距离受到传播路径中的电缆（电缆的材料、配置和布置等）和电网元件的影响。具体数值取决于电网的实际情况，但是如果电路传输距离过长，则需要引入许多中继点，有时甚至根本无法传输到另一端。另一方面，超程（overreach）可能是点对点配置中的一个问题，因为中压变压器可以将 PLC 信号从一条中压线耦合到另一条中压线，因此超程在第二条中压线上转变为干扰。

第三是 MAC 层的能力。MAC 层特性取决于所选择的具体宽带 PLC 技术。作为行业解决方案的 OPERA 技术[12]，自 2008 年以来一直在该领域进行大规模的演示实验，可以参考这些实验。据报道，基于 OPERA 的系统已被用于具有数千条链路的智能电网电信骨干应用中[34]，并且提供了一组电网和相关技术相关的规划规则。利用基于 TDMA 的 OPERA 技术，可以通过配置 TDMA 域实现网络规划，每个TDMA 域工作在不同频段（FDMA）以避免 TDMA 域的相互干扰。因此，SS 中不同的 TDMA 组相互交织覆盖不同频域（频段）。

9.4.1.5　真正的部署

作为智能电网通信的骨干技术，宽带 PLC 的实际情况和具体用途很难被定义。据报道，规模最大的 PLC 应用是由西班牙的 Iberdrola 电力公司部署的。其他用作电信骨干技术的宽带 PLC 试点也有报道，详见波兰的 Power Plus Communications（PPC）[35] 及 INTEGRIS 研究与开发项目报告[36]。

Iberdrola 公司在其部分电信网络上部署智能电网，已完成 3490 条中压宽带PLC 链路（参见报告[34]；报告[37]指出截至 2014 年 12 月，共完成 8000 条；截至2015 年 7 月，共有超过 11000 条投入使用）。应用 PLC 技术的线路持续增加，最终将达到 1080 万米。智能电网架构基于一种分段方法，首先覆盖中压电网和 SS，再从 SS 到智能仪表（在使用 PRIME HDR NB PLC 的低压电网上）。在与 SS 相互通信的网段中，宽带 PLC 用来提供扩展的第 2 层局域网。因此，SS 在宽带 PLC 组单元（cell），工作在相同频段的一组相连的 SS 集合；参见图 9.21 中表示的相同颜色的线］中相连，每个 SS 通过非 PLC 链路连接到中央系统。这种架构通过宽带 PLC 使智能电网的通信能够满足未来的通信需求，当智能电网通信需要从宽带 PLC 设备中获得最大可用传输速率时（智能电表不需要高带宽，而像 9.4.4 节中描述的一些智能电网应用需要高带宽），可以通过增加主干网络连通性向 SS 组提供更高的带宽，而不需要在变电站中部署新的通信基础设施。

这种宽带 PLC 部署是多厂商、多业务的，通过网络管理系统来控制，远程操作和维护该电信网络。本章参考文献［34］指出 56% 的 PLC 链路的传输速率可以达到 20 ~ 40Mbit/s。这些链路（连接到 ADSL 骨干到达中央系统）的延迟在 66 ~ 200ms 的范围内（纯 ADSL 段中的传播时延在 62 ~ 112ms 之间；通常，宽带 PLC 链路内的传播时延为每跳 10 ~ 20ms）。

9.4.1.5.1　中压电网规划方法

在中压电力线上部署 BPL 的难题在于所做的 PLC 通信规划是否能够满足网络的预期性能。PLC 系统规划需要支持 FDMA/TDMA 系统（如上一节提到的系统），

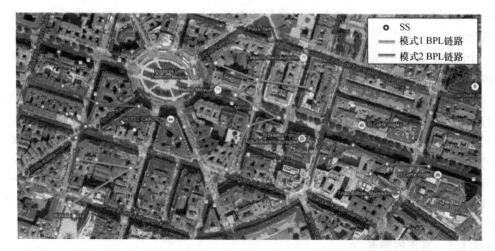

图9.21　宽带PLC（BPL）链路连接到SS（西班牙Iberdrola公司的电网）（彩图见封三）

需要考虑以下两点：

1）频率隔离，使得工作在相同频段的两个子系统不会相互干扰。

2）实现总线拓扑物理介质的时间资源共享。

对于上述两点，需要评测PLC在现有介质中工作的性能。因此，需要对每种介质（如中压电缆）中各频段进行传输距离和功率电平的评测。根据测试结果，可以推导出最大传输距离，并计算最小间隔距离。评测分为两个步骤：首先从理论上进行分析计算[12]，然后对不同场景下的假设进行验证。

例如，根据本章参考文献［34］得出的结论，可以根据PLC的性能将中压电缆分为两大类：充油纸绝缘电缆（oil‐filled paper insulated cables）（称为"旧"型电缆）和XLPE、EPR或PVC绝缘电缆（"新"型电缆，支持距离更长的PLC链路）。虽然前者衰减较大，后者可以满足更长的通信距离，但还是无法评判两者孰"优"孰"劣"，如果传输距离过大，则SS附近的干扰也很大。PLC的性能与所在频段也有关，因为PLC在低频段的传播性能比高频段更好（本章参考文献［34］将2～18MHz频率范围分成两个频段，2～7MHz和8～18MHz）。此外，PLC的性能也与宽带PLC耦合器的信道响应有关。一旦上述参数值被选定，则需要考虑其他参数值来控制PLC的全局性能（传输速率和传播时延），还需要满足设备技术及部署的相关要求，同时还要考虑成本问题。传输速率这些参数包括最大可达距离、使干扰低于规定值的保护距离以及相同时间和频率域中SS的数量，从而控制传播时延和传输速率。

网络规划可能有多种配置方案，每种配置都各有优劣。可以根据具体的应用场景定义品质因数的计算方法。

9.4.1.5.2　高可用性解决方案，提高通信弹性

中压电力线和SS上的宽带PLC通信拓扑一般是树形或线性的。一般在进行网

络配置时默认存在独立的、通过 PLC 连接的 SS（规模可变）组，因此整体拓扑是由许多相同的树形或线性结构（见图 9.22）组合而成的（每个宽带 PLC 单元一个）的拓扑。因此，一般认为宽带 PLC 不会产生环形拓扑，采用多个骨干网是为了在某个骨干网失效的情况下保证正常通信。宽带 PLC 网络必须保证高连通性（OSI 第 1 层和第 2 层），使第 3 层的元素能够连接到骨干网。

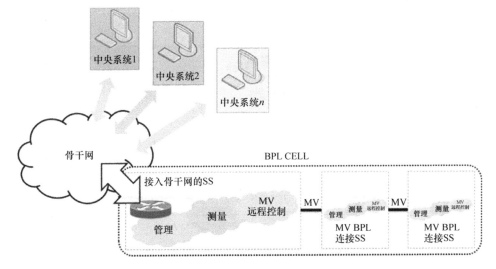

图 9.22 中压宽带 PLC 组连接到中央系统

宽带 PLC 连接链的故障点如图 9.23 所示。本章参考文献［34］分析了基于 OPERA 的 PLC 技术的信息冗余问题。宽带 PLC 链路的每一端都需要安装 PLC 耦合器单元，从而将 PLC 信号注入电力线。这些元件依上图所示的方式连接，保证 SS 中任意交换机之间都可以进行通信。如果一个变电站与其他两个 SS 相连，一般在与其他两个 SS 相连的方向上各需要安装一个耦合器。基于 OPERA 的 PLC 网络需要一个设备作为集群主机。该设备最好处于接入骨干网的 SS 处，从而避免与骨干网断开连接。下面详细介绍图 9.23 中的不同故障：

1）骨干故障（图 9.23 中的点 1）：当骨干网不可接入时，PLC 单元无法工作。

2）PLC 设备故障（硬件或电源故障，图 9.23 中的点 2）：如果主机发生故障，整个 PLC 单元不可用。如果中继器发生故障，则该单元分裂成两个子单元，并且两个子单元必须保持同步工作来保证系统正常运转。

3）PLC 设备链路故障（图 9.23 中的点 3）：此故障可能是由 PLC 链路中的高衰减（中压电缆断开或降级）、额外噪声或信噪比过低、PLC 干扰或短距 PLC 链路饱和引起的。

4）耦合器故障（图 9.23 中的点 4）或耦合器未正常工作（如安装错误）：这种情况可能会导致链路故障或不稳定。

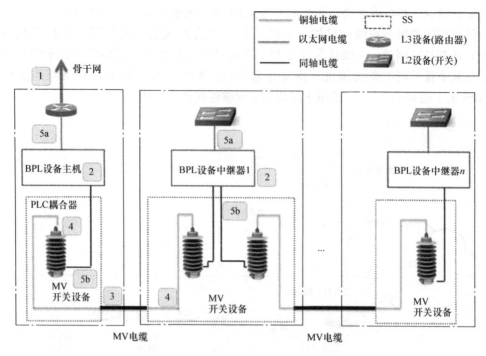

图9.23 中压宽带PLC（BLC）故障类型

5）连接故障（图9.23中的点5）：交换机/路由器与PLC设备之间的网线、连接器（图9.23中的点5a）断开，PLC设备与耦合器单元之间的同轴电缆或BNC连接器（图9.23中的点5b）断开。

9.4.2 保护继电中的PLC

在电力行业，系统保护是最重要、投资最多、研究最充分的学科之一。系统保护旨在检测电力系统组件的故障，然后将这些组件与系统的其余部分隔离。用于系统保护的元件包括保护继电、相关通信系统、电压电流感测装置以及DC控制电路。系统保护元件一般适用于发电机、变压器、输电网（最近也被用于配电网）、总线和电容器组。这些元件主要存在于高压电力线中，并且越来越多地用于中压电力线中。

9.4.2.1 导频继电

在保护输电线路时，相互通信的传输线末端的保护继电器能够更快地清除故障、增加检测故障的灵敏度，并更快地恢复电力。术语"导频"一般是指在传输线端与端之间存在的可以传输信息（导频信号）的某种互连信道。导频继电是指输电线路上的通信网络，导频继电用于从线路的远端发送和接收高速"跳脱或非跳脱（trip或do not trip）"命令，输电线的远端通常有一个变电站。导频继电器可以通过各种信道传输信号：电信公司提供的电话线、输电线路沿线铺设的光纤或金属（导频线）电缆、变电站之间的微波链路、还有输电线路本身的 PLC 信道。

有很多经典的与导频继电相关的保护方案。常见的有：

1）阻塞（DCB）或许可（POTT）导频继电方案；

2）线路电流差分（Line Current Differential，LCD），通常用于较短的线路，需要较低传播时延和较高的性能；

3）直接传输跳闸（Direct Transfer Trip，DTT）从技术层面看不是导频方案，而是远程跳闸机制，DTT 需要一个导频信道从而保护某个系统组件（不一定是输电线）。

另一更重要的电信服务是保护线路本身的通信服务。从电信学的角度来看，为输电线和配电线提供保护导频继电的服务被称为远程保护。一般来说，用于远程保护电路的通信服务与保护系统本身同等重要、密不可分，对该通信服务性能方面的要求非常苛刻。

英国远程保护系统通信服务的 ENA 技术规范 TS 48 - 6 - 7[38]提到了具体的性能要求。虽然该技术规范中没有提到 PLC 技术接口，但是规范中的性能要求具有很高的参考价值。

这种通信方式的传播时延不得超过 30ms，且不得低于 6ms。差分延迟（发出和返回路径传播延迟之间的差）的性能要求与传播延迟相同。该规范定义了一个名为长期 BER（Bit Error Rate）的参数，其值应小于 10^{-8}。

9.4.2.2　测试部署

PLC 最早被用于话音通信（载波 - 电流系统），但是早在 20 世纪 30 年代，PLC 技术就被用于导频继电了，20 世纪 40 到 50 年代用于导频继电的 PLC 技术已经发展得较成熟。为了保护电力线路，数十年来许多电力公司都在高压电力线上对 PLC 技术（基于导频信道的 PLC 来提供简单的命令）进行模拟实验。

直到近年，宽带 PLC 才被用于继电保护（虽然还没有实际应用的报道，但 HDR NB PLC 也可以用于继电保护），未来可能成为一种十分有吸引力的替代方案。2006 年，在美国西弗吉尼亚州一条由美国能源部的国家能源技术实验室（NETL）[39]主导、由供应商 GridEdge Networks[40]与设备商 AEP 部署的 0.5mile、46kV 的电力线上成功进行了宽带 PLC 概念验证的演示，在该线路上采用 2 ~ 35MHz 频段的宽带 PLC 信号进行 POTT 导频继电，这种方式以前从未被用于 PLC 远程保护。此外，在弗吉尼亚州和俄亥俄州的几条 69 kV 线路上也进行了试验，验证了 DCB 和线路电流差分试验方案。经测量，线路的平均传输速率超过 10Mbit/s，传播时延约为 5ms，辐射量也小于 FCC 的辐射限值。传输速率在 138 kV 线路上也进行了实验。

高压传输线理论上代表了 MHz 范围宽带 PLC 的一种性能相对较好的信道。传输电缆按照最高标准制造，其导体截面恒定且特征稳定，相较低压电力线，高压电路中的间断点或抽头更少。信号在高压线路中的衰减或噪声电平较小，并且更容易部署诸如差分（相间相位）耦合的降噪技术。

依靠这种优异的性能特性，本章参考文献［41］预测该技术不仅可以用于保护电路，也可以用于宽带应用，如远程控制（SCADA）和车站视频监控等。

本章参考文献［42］将 PLC 技术在其他频段上（带宽为 kHz，而不是 MHz）应用于分布式发电控制系统。独立的发电厂需要连接到公用电网，这时需要将电路保护范围从变电站扩展到分布式发电站，利用反孤岛 PLC 的保护系统来防止孤岛效应的产生。

9.4.3 PLC 智能计量

各种远程接入电表的相关技术使得"远程计量"与"智能计量"之间的区别变得模糊。在过去几十年世界各地（尤其是在欧洲）的许多电网中，PLC 技术一直是连接各代智能电表的主导技术。UNB 和 NB PLC 系统都集成了智能计量系统，尤其是欧洲地区。从脉动控制系统到第一个限带 NB PLC 系统，再到 HDR NB PLC 系统，PLC 通信技术已经广泛应用于可通信电表的接入[43]。宽带技术也被用于接入智能电表，但只是一定程度上在某些情况下适用（见本章参考文献［44］），宽带技术在其他一些情况下也取得了一些进展（参见 ISO/IEC 12139 - 1：2009 的韩国案例[45]）。

当 PLC 用于智能计量时，一般默认存在数据集中器。数据集中器是位于 SS 中的分布式智能元件，能够接入具有一定自动化能力的智能仪表，并且能够暂时存储仪表读数，直到仪表数据管理（MDM）系统请求读取这些数据。数据集中器是一个较新的概念，其可解决 LDR NB PLC 系统中高带宽骨干连接问题和传输速率过低问题。然而，目前研究的重点在于智能电表端到端的管理方法。SS 中宽带电信的引入，以及中压宽带 PLC 的应用，导致一种新的、用于 SS 通信网关概念的出现，该网关将通过一系列通信技术将 MDM 系统与智能电表连接，使得 PLC 技术可以覆盖终端线路的电表。因此，可以实现系统和智能电表之间的无缝连接，并且该网关将提供 SS 的通信媒介适配。

窄带系统的传输速率的演进也值得关注。一般来说 LDR NB PLC 只能向系统提供几 kbit/s 的传输速率，并创建能够改善端到端用户体验的自组织应用层。近年来，HDR NB PLC 系统的发展改变了这一情况，它可以承受应用层效率过低的问题，以及电表之间的相互影响。其固有的宽带特性为智能计量开辟了新的局面，使得智能计量可以应用到智能电网中。

智能计量与家用环境不是直接相关的。但是如果智能电表控制系统可以与家用电器相连，许多通过智能计量基础设施提供的增值服务就可以实现服务最大化[46]。因此，可以开发一种主动需求管理程序，该系统将价格订单传递给用户，用户可以通过该程序对订单做出反应，从而改变消费模式。本章参考文献 [47] 提到了这种应用，该文献提出了一种 SS 中的 HDR NB PLC 技术与智能电表的混合架构，和家用 BPL 的接入方法。在 HDR NB PLC 技术中，一些技术[48]已经可以通过一种被称为直接连接（Direct Connection）的连接服务将 PLC 通信技术直接扩展到家用。然而，并不是所有的 PLC 系统在大型家用环境中都能像本章参考文献 [49] 提到的那样提供良好的性能。

9.4.3.1　PLC 部署

本节介绍欧洲最具代表性的大规模 PLC 部署相关报道，特别是 NB PLC 系统。因为 CENELEC A 频段对于电力行业的运营有明确规定[26]，一直以来欧洲的智能计量部署均采用 NB PLC 系统。

PLC 频段可用性和 PLC 系统的出现（尽管其中一些可能是专有的）为各电力公司创造了条件，使这些公司可以在自己的业务范围内部署 AMI 解决方案，随着 HDR NB PLC 技术的广泛应用，许多电力公司都完成了智能计量系统改造。最近，由于欧盟对能源利用率的重视，很多智能计量设备的部署都是强制性的，即使有些欧盟成员国不打算使用 PLC 作为主要的通信技术[50]，但还是被强制部署 NB PLC 系统，或者正在进行 PLC 技术评测，以确定哪种 PLC 技术最适合本国国情。为响应法规 M/441[52] 和 M/490[1] 的号召，Openmeter 项目[51]为这些评估和技术演进提供了一个出发点。

Enel 公司是将 PLC 大规模用于智能计量的先驱者之一。Enel 公司自 2001 年开始实施 Telegestore 项目（远程管理系统）[53]。Telegestore 系统可以远程读取其客户的用电记录，并可以远程管理合约操作。Enel 公司在意大利安装了超过 3000 万块智能电表[54]。Enel 在西班牙的子公司 Endesa 正在 Enel 公司已完成的部署之上（Enel 公司在意大利的 1300 万块电表中的 350 万块已完成智能化改造[56]）进行 Meters 和 More[55] 技术的部署。Meters 和 More 技术可以看作是一种 LDR NB PLC 技术，采用 BPSK 调制，比特率为 4800bit/s。

Vattenfal 公司正在瑞典部署 60 万块的智能电表[57]，该公司采用 ANSI/EIA - 709 CENELEC A 频段技术（根据 Echelon 发布于 LonWorks 的报道），已于 2008 年完成[58]。Vattenfal 公司采用改进的 PLC 技术，这种技术被 ETSI[59] 参考引用并由 OSGP 联盟[60]进行推进，可以在 CENELEC A 频段中进行速率为几 kbit/s 的 BPSK 调制。

2010 年至 2011 年间，ERDF 在 30 万块智能电表中部署了"Linky"技术[61]。

Linky PLC 技术[62]功能规范基于 IEC 61334 – 5 – 1 PHY 和 MAC 技术。因此，该 PLC 技术的调制速率为 2400bit/s，采用 S – FSK（扩频移键控）调制。

Enexis 是荷兰一家拥有 260 万块电表的电力公司，Enexis 正在积极推动 ITU – T G. 9903（G3 – PLC）技术的发展。Enexis 正在准备[63]其基于 G3 – PLC 的智能电表部署的计划，详见本章参考文献 [64]。他们的方法是将 2G 智能电表与 PLC 仪表的部署结合起来，并且使用 SS 中所谓的通信网关架构，与其智能电表的 IP 性质相结合。他们的目标是让 MDM 系统通过相同的架构接入智能电表，独立于终端电路的电信解决方案。然而，已找不到关于 2013 年部署的前 900 台 G3 – PLC 智能电表的性能数据报告[64]。本章参考文献 [65] 指出了 G3 – PLC 技术未来在电力行业中的一些不确定性。

Iberdrola 公司是一家拥有 1080 万块电表的西班牙电力公司。根据西班牙法律规定，电力公司需要在 2018 年年底前用智能电表替换所有电表。Iberdrola 公司采用 ITU – T G. 9904（PRIME）标准部署智能电表。本章参考文献 [10]、[11]、[66] 记录了 Iberdrola 初期的大规模部署，其低压智能电表部署的最新进展记录在本章参考文献 [34] 中。Iberdrola 公司采用数据集中器的方案部署智能电表，在预生产压力测试阶段进行了创新[10]，提供了解决任何部署问题的方法。本章参考文献 [67] 具有很高的参考价值，因为文献给出了可用性的具体定义，这样就可以对不同 PLC 系统进行比较。这项工程的最新消息详见本章参考文献 [68]，共计 420 万块 ITU – T G. 9904 PRIME 智能电表已投入使用。

ENERGA OPERATOR 是波兰的一家拥有约 280 万客户的电力公司，该公司正在部署 PRIME 技术。在本章参考文献 [69] 中，他们宣布将在其部分服务范围内（波兰领土的 25%）部署 31 万块 PRIME 智能电表。

其他电力公司也已经在着手部署智能电表。根据 2013 年 6 月的 Meter On 项目数据[70]，Gas Natural Fenosa 公司（西班牙）在其 400 万块电表中，有 50 万块是智能电表，Hidrocantabrico 公司（西班牙）在其 70 万块电表中，有 15 万块是智能电表。这些公司均采用 ITU – T G. 9904 PRIME 智能电表。

总体上，大多数电力公司均采用 LDR NB PLC 技术来部署智能计量系统。然而，HDR 系统正在被更大规模地部署，它们的可行性已得到了证明，并且它们的性能远超之前的设备。

9.4.4 用于智能电网低压电网控制的 PLC

智能计量系统的下一个发展方向是演进并集成到智能电网系统。集成了智能计量系统的智能电网可以像控制高压、中压一样对低压电网进行管控。只有用相同的方式管控低压电网，才能实现电网的完全控制。

然而一般情况下[71]，电力公司不会像记录中压、高压电力设备信息一样对低压电网进行统计。因为操作数据库不是静态的，不同电网之间的数据差异很大。由于低压电网关键信息的缺失，低压电网感知和控制难度较大，导致低压电网的运行和维护效率低下。系统平均中断持续时间指数（System Average Interruption Duration Index，SAIDI）和系统平均中断频率指数（System Average Interruption Frequency Index，SAIFI）很高，严重影响了电网的工作效率。管控低压电网应考虑以下几点：

1）需要动态管理智能电表连接，无需手动更新智能电表的连接状态和位置信息（本章参考文献［72］介绍了如何手动检查低压电网的连通性）。这种动态管理能力的另一种收益是，通过合适的智能电表连接进行变压器负载均衡将成为可能。需要在低压电网段中实时检测电路断路并定位断路位置。

2）需要防止变压器中的数据被人为窜改。

3）需要对低压电网进行远程控制，以提高终端电网的可靠性。

9.4.4.1　使用 PLC 进行智能电网运行的优点和例子

连通性：利用 PLC 技术接入智能电表最大的优势，是与馈线相连的电表可以直接通过电路接收变压器发送的信号。利用 PLC 技术这一特点，可以识别与智能电表相连的不同中压、低压变压器。这样做的好处是显而易见的，假设所有电力设施都具有低压馈线连接图和相关记录，这些数据可能不是完全准确并及时更新的。本章参考文献［73］对电力系统这一数据问题进行了统计，设备记录的误差可能在 15% 和 20% 之间。事实上，文献提到 Duke Energy 公司（美国的电力公司）和 Enel 公司（欧洲的电力公司）已经通过 PLC 技术开始盈利，那些不通过 PLC 技术进行通信（例如无线电）的智能电表正在造成亏损。

变压器的连接信息很重要，不仅是因为电力公司能够知道当变压器发生故障时哪些用户会断开连接，当用户之间通过三相或单相电缆相互连接时，还能适当平衡变压器的负载。如果没有这些连接信息，电力公司只能尝试将用户通过单相电缆随机连接到每个变压器、馈线或相位上。然而，这种方法无法实现变压器的负载均衡，并且需要用户（电表）与变压器、馈线和相位保持连接。

本章参考文献［74］介绍了 Taipower（中国台湾的电力公司）的例子，Taipower 公司的资产管理系统负责记录连接数据。架空电路中的数据采集相对简单，但地下配电系统的数据不易采集。一种获取这些信息的非用户端方式是中断用户的电路服务，具体方法是断开每个配电变压器的熔丝并找出停电的用户，从而确定哪些用户与该变压器相连。另一种更复杂的方法是利用 PLC 技术。Taipower 公司开发了一种具有信号调制功能的 PLC 收发器，调制后的信号具有唯一的变压器编号。该信号被注入变压器的二次侧，从二次侧发送至 PLC 智能电表，电表对信号进行解码以获得相应的变压器编号。

本章参考文献［67］和［75］介绍了连通性评估方法的演进过程，包括馈线识别的方法。在用户密集的低压电网中，几百块电表连接到同一个变压器的情况十分常见。这些电表通过不同的低压馈线连接到变压器。因此，识别电表实际上是对低压馈线连通性的识别。本章参考文献［67］和［75］提出了一种基于 PRIME HDR NB PLC 的标准，该标准可以适用任何工作在 CENELEC A 频段的 PLC 系统，标准具有可在 PLC 介质上传递的控制消息和分层式 PLC 连接结构。该标准介绍了不同低压馈线上智能电表接收信号功率电平的测量方法（每个低压馈线具有一个电感耦合器）和 PLC 通信逻辑拓扑。所使用的算法提高了连接准确性，随着 PLC 网络的稳定，连接准确性和稳定性也会提高。

非技术性损失：非技术性损失不属于技术范畴，而是例如行政管理因素（由于管理问题造成的未注册的未知连接）和非法连接（人为篡改）等方面的问题。后者是在 AMR 部署（例如 Enel[76]）中进行智能计量改造的关键问题，非法连接问题证明了电力系统智能化改造的必要性。一些配电网运营商[76]已经对非法篡改问题进行了评估，中压电网与低压电网之间的 SS 平均有 50% 的概率会出现非法篡改。重复测量是检测非法篡改的一种方式。每个供电点使用两块电表（其中一个用户不可连接），这样就可以比较两块电表的数值[77]。

断电监测：传统电力行业中的断电控制，无法对低压电网进行控制或监测，只能根据用户反馈和在线投诉确定断电情况。当城市某区域的低压电网产生断路时，电力公司只能通过用户反馈和现场情况来查找断电位置。然而，随着智能计量系统的出现，电网断路将直接导致智能电表停机。如果程序能够管理来自智能电表的数据，并且实时报告智能电表的运行状态，就可以获得断点位置信息。

本章参考文献［78］详细介绍了用于检测停机的智能电表，以及检测电网中特定位置设备的一些零部件的算法。轮询算法用于查找受断电影响的电表。目前的 HDR NB PLC 系统可以用 PLC 控制层消息替代应用层轮询算法，控制层消息可以在应用层下传输并保持 PLC 通信层稳定可控。本章参考文献［43］和［67］强调了将智能电表的位置信息与通信功能相关联的必要性。

远程控制：低压电网已经可以实现通过可控元件进行远程控制（例如光伏电站）。这些元件中的一部分用于控制低压电网本身。例如低压电网开关，用于将低压馈线通过物理方式连接到不同的 SS。本章参考文献［79］对使用 PRIME 来远程控制这些元件的可行性进行了研究。IP 网络汇聚层可以集成目前所有远程控制应用协议。MAC 数据帧会预留竞争帧周期时间，以满足关键服务的远程控制需求。

9.5 总结

PLC 技术是推动各级智能电网发展的重要因素。高压电力线保护继电系统被重新应用于 PLC 系统中，以应对智能电网严苛的要求。宽带和窄带 PLC 技术被应用于中压和低压电网中，它们是智能电网应用得以与用户和电表相连的不可或缺的部分。毫无疑问，智能计量是当前建设智能电网和部署 PLC 技术的关键。虽然宽带 PLC 系统在接入智能电表方面优势明显，但是 PLC 已经大规模应用在中压电网上，并作为一种电信骨干网通信方案传输在 SS 处收集的智能电表数据。与此同时，SS 与智能电表（低压电网）之间的电网段，几种 HDR NB PLC 技术已经出现并被标准化，其中一些已经进行了大规模部署（以百万为单位）。大型电路的成功部署，代表着 PLC 技术在窄带和宽带领域均已成熟。但智能电网不仅仅是智能计量。可以肯定的是，由于 PLC 的性质（例如目前在智能计量部署中的应用）相较其他通信技术有许多优势，例如电网连通性方面（尤其是在低压电网中，见 9.4.4.1 节），使得 PLC 系统可以应用于智能计量以外的其他领域。如果充分考虑这些 PLC 的优势特性，可以开发许多应用来加强低压电路的控制，可以实现像控制中高压电网一样控制低压电网。

参 考 文 献

1. M/490 standardization mandate to European Standardisation Organisations (ESOs) to support European smart grid deployment, European Commission, Directorate-General for Energy, Brussels, Belgium, Smart Grid Mandate, 2011. [Online]. Available: http://ec.europa.eu/energy/gas_electricity/smartgrids/doc/2011_03_01_mandatem490_en.pdf.
2. Jeju smart grid project, 2009, Jeju Smart Grid Test-Bed: Jeju, Korea. [Online]. Available: http://smartgrid.jeju.go.kr/eng/.
3. The Climate Group on behalf of the Global eSustainability Initiative (GeSI), SMART 2020: Enabling the low carbon economy in the information age, 2008, Brussels, Belgium. [Online]. Available: http://www.theclimategroup.org/_assets/files/Smart2020Report.pdf.
4. R. Adam and W. Wintersteller, From distribution to contribution. commercializing the smart grid, 2008, Booz & Company: New York, NY, USA. [Online]. Available: http://www.booz.com/media/uploads/From_Distribution_to_Contribution.pdf.
5. J. Miller, The smart grid – an emerging option. [Online]. Available: http://www.netl.doe.gov/smartgrid/referenceshelf/presentations/IRPS-Miller.pdf.
6. European Commission, European smart grids technology platform: Vision and strategy for Europe's electricity networks of the future, 2006, Brussels, Belgium. [Online]. Available: http://ec.europa.eu/research/energy/pdf/smartgrids_en.pdf.
7. Electric Power Research Institute (EPRI), IntelliGridSM: Smart power for the 21st century, 2005, product ID: 1012094, Palo Alto, CA, USA.
8. United States Department of Energy (DOE), GRID 2030 – A national vision for electricitys second 100 years, 2003, Office of Electric Transmission and Distribution: Washington, DC, USA. [Online]. Available: http://energy.gov/sites/prod/files/oeprod/DocumentsandMedia/Electric_Vision_Document.pdf.
9. S. Galli, A. Scaglione, and Z. Wang, For the grid and through the grid: The role of power line communications in the smart grid, *Proc. IEEE*, 99(6), 998–1027, Jun. 2011.
10. A. Sendin, I. Berganza, A. Arzuaga, A. Pulkkinen, and I. H. Kim, Performance results from 100,000+ PRIME smart meters deployment in Spain, in *Proc. IEEE Int. Conf. Smart Grid Commun.*, Tainan, Taiwan, Nov. 5–8, 2012, 145–150.
11. A. Arzuaga, I. Berganza, A. Sendin, M. Sharma, and B. Varadarajan, PRIME interoperability tests and results from field, in *Proc. IEEE Int. Conf. Smart Grid Commun.*, Gaithersburg, USA, Oct. 4–6, 2010, 126–130.

12. OPERA, Open PLC European research alliance for new generation PLC integrated network. [Online]. Available: http://www.ist-world.org/ProjectDetails.aspx?ProjectId=cac045d4ca6740c796b80906299b14f3&Source DatabaseId=7cff9226e582440894200b751bab883f.
13. ISO/IEC, DKE AK 0.141 PLC of K461: National Requirements for narrowband PLC solutions, 2010. [Online]. Available: https://www.dke.de/de/Service/Installationstechnik/Documents/Nationale Anforderungen an Schmalband-PLC.pdf.
14. V. B. Pham, V. A. Nguyen, and L. P. Do, A communication system for smart grids using powerline communications (PLC) technology – field trials and initial measurement results, in *Proc. Int. Conf. Commun. Electron.*, Hue, Vietnam, Aug. 1–3, 2012.
15. A. Haidine, A. Portnoy, S. Mudriivskyi, and R. Lehnert, DLC+VIT4IP project: High-speed NB-PLC for smart grid communication – design of field trial, in *Proc. IEEE Int. Symp. Power Line Commun. Applic.*, Beijing, China, Mar. 27–30, 2012, 88–93.
16. Narrowband orthogonal frequency division multiplexing power line communication transceivers – power spectral density specification, ITU-T, Recommendation G.9901, Nov. 2012. [Online]. Available: http://www.itu.int/rec/T-REC-G.9901-201211-I/en.
17. Narrowband orthogonal frequency division multiplexing power line communication transceivers for ITU-T G.hnem networks, ITU-T, Recommendation G.9902, Oct. 2012. [Online]. Available: http://www.itu.int/rec/T-REC-G.9902.
18. Narrowband orthogonal frequency division multiplexing power line communication transceivers for G3-PLC networks, ITU-T, Recommendation G.9903, May 2013. [Online]. Available: http://www.itu.int/rec/T-REC-G.9903.
19. Narrowband orthogonal frequency division multiplexing power line communication transceivers for PRIME networks, ITU-T, Recommendation G.9904, Oct. 2012. [Online]. Available: http://www.itu.int/rec/T-REC-G.9904-201210-I/en.
20. IEEE 1901.2-2013 for low-frequency (less than 500 kHz) narrowband power line communications for smart grid applications, IEEE Standards Association, Active Standard IEEE 1901.2-2013, 2013. [Online]. Available: http://standards.ieee.org/findstds/standard/1901.2-2013.html.
21. T. Clausen, A. C. de Verdiere, J. Yi, A. Niktash, Y. Igarashi, H. Satoh, U. Herberg, C. Lavenu, T. Lys, and J. Dean, The lightweight on-demand ad hoc distance-vector routing protocol - next generation (LOADng). [Online]. Available: https://tools.ietf.org/html/draft-clausen-lln-loadng-12.
22. PRIME Specification revision v1.4, Specification for powerline intelligent metering evolution, Oct. 2014. [Online]. Available: http://www.prime-alliance.org/wp-content/uploads/2014/10/PRIME-Spec_v1.4-20141031.pdf.
23. IEEE standard for local and metropolitan area networks. overview and architecture, IEEE Standards Association, Standard 802-2001 (R2007), 2007.
24. RPL: IPv6 routing protocol for low-power and lossy networks, Internet Engineering Task Force, Tech. Rep. IETF RFC 6550, Mar. 2012.
25. US Federal Communications Commission (FCC), Title 47 of the Code of Federal Regulations, 47 CFR /S15, Sep. 19, 2005, part 15, http://www.fcc.gov/encyclopedia/rules-regulations-title-47.
26. Signalling on low-voltage electrical installations in the frequency range 3 kHz to 148.5 kHz, Part 1: General requirements, frequency bands and electromagnetic disturbances, European Committee for Electrotechnical Standardization (CENELEC), Brussels, Belgium, Standard EN 50065-1:2001+A1:2010, 2001.
27. Information technology equipment - Radio disturbance characteristics - Limits and methods of measurement, European Committee for Electrotechnical Standardization (CENELEC), Standard EN 55022:2010, 2010.
28. B. Lichtensteiger, B. Bjelajac, C. Müller, and C. Wietfeld, RF mesh systems for smart metering: System architecture and performance, in *Proc. IEEE Int. Conf. Smart Grid Commun.*, Gaithersburg, USA, Oct. 4–6, 2010, 379–384.
29. High-level smart meter data traffic analysis (For: ENA), Engage Consulting Limited, Document Ref ENA-CR008-001-1.4, May 2010. [Online]. Available: http://www.energynetworks.org/modx/assets/files/electricity/futures/smart_meters/ENA-CR008-001-1 4_Data Traffic Analysis_.pdf.
30. Telecontrol equipment and systems – Part 5-104: Transmission protocols – Network access for IEC 60870-5-101 using standard transport profiles, International Electrotechnical Comission, Geneva Standard IEC 60870-5-104 ed.2.0, Jun. 2006.
31. Distributed network protocol website. [Online]. Available: http://www.dnp.org.

32. P. L. Fuhr, W. Manges, and T. Kurugant, Smart grid communications bandwidth requirements. An overview, Feb. 2011, extreme Measurement Communications Center Oak Ridge National Laboratory. [Online]. Available: http://trustworthywireless.ornl.gov/pdfs/Smart-Grid-Communications-Overview-Bandwidth-2011. pdf.

33. Loss of signal (LOS), alarm indication signal (AIS) and remote defect indication (RDI) defect detection and clearance criteria for PDH signals, ITU-T, Recommendation G.775, Oct. 1998. [Online]. Available: https://www.itu.int/rec/dologin_pub.asp?lang=e&id=T-REC-G.775-199810-I!!PDF-E&type=items.

34. A. Sendin, J. Simon, I. Urrutia, and I. Berganza, PLC deployment and architecture for smart grid applications in Iberdrola, in *Proc. IEEE Int. Symp. Power Line Commun. Applic.*, Glasgow, Scotland, Mar. 30–Apr. 2, 2014, 173–178.

35. J. Koźbiał and T. Wolski, Medium voltage BPL installations: case study from Poland. Smart metering central & eastern Europe 2011. [Online]. Available: http://www.ppc-ag.de/files/2011_smart_metering_cee_ppc_mikronika.pdf.

36. Integris: new infrastructure for smart grids, Mar. 2013. [Online]. Available: http://www.enel.com/en-GB/media/news/integris-new-infrastructure-for-smart-grids/p/090027d981f0c977.

37. bmp Telecommunications Consultants, bmp TC Broadband PLC Atlas, Dec. 2014. [Online]. Available: http://www.bmp-tc.com/download/WBPLAtlas 2015 Orderform & Description.pdf.

38. Communications services for teleprotection systems, Energy Networks Association, ENA Technical Specification 48-6-7 Issue 2 2013, Dec. 2013.

39. B. Renz, Broadband over power lines could accelerate the transmission smart grid, May 2010, dOE/NETL (National Energy Technology Laboratory), DOE/NETL-2010/1418. [Online]. Available: http://www.netl.doe.gov/FileLibrary/research/energyefficiency/smartgrid/articles/06-02-2010_Broadband-Over-Power-Lines.pdf.

40. N. Sadan, Transitioning from copper networks with B-PLC, *UTC Journal*, 27–29, 2013, 4th Quarter.

41. N. Sadan, M. Majka, and B. Renz, Advanced P&C applications using broadband power line carrier (B-PLC), in *DistribuTECH Conf. and Exhibition*, San Antonio, USA, Jan. 24–26, 2012.

42. N. Sadan, Distributed generation transfer trip protection using power line carrier technology, in *Utilities Telecom Council Region 1&2 Presentations*, Atlantic City, USA, Sep. 11–13, 2013.

43. A. Sendin, I. Peña, and P. Angueira, Strategies for power line communications smart metering network deployment, *Energies*, 7(4), 2377–2420, Apr. 2014.

44. Q. Liu, B. Zhao, Y. Wang, and J. Hu, Experience of AMR systems based on BPL in China, in *Proc. IEEE Int. Symp. Power Line Commun. Applic.*, Dresden, Germany, Mar. 29–Apr. 1, 2009, 280–284.

45. ISO/IEC, Information technology - Telecommunications and information exchange between systems - Powerline communication (PLC) - High speed PLC medium access control (MAC) and physical layer (PHY) - Telecontrol equipment and systems - Part 1: General requirements, Jul. 2009, ISO/IEC 12139-1.

46. F. Lobo-Llata, A. Cabello, F. Carmona, J. C. Moreno, and D. Mora, Home automation easing active demand side management, in *CIRED Workshop*, Lyon, France, Jun. 7–8, 2010.

47. GAD Project, GAD PROJECT: Active and efficient electric consumption management. [Online]. Available: http://gad.ite.es/index_en.html.

48. PRIME Alliance website. [Online]. Available: http://www.prime-alliance.org/.

49. L. Di Bert, S. D'Alessandro, and A. M. Tonello, Enhancements of G3-PLC technology for smart-home/building applications, *J. Elect. Comput. Eng.*, vol. 2013, 2013, article ID 746763, doi: 10.1155/2013/746763.

50. OFGEM, Transition to smart meters. [Online]. Available: https://www.ofgem.gov.uk/electricity/retail-market/metering/transition-smart-meters.

51. OPEN Meter Project. [Online]. Available: http://www.openmeter.com.

52. European Commission, Enterprise and Industry Directorate General, Standardisation mandate to CEN, CEN-ELEC and ETSI in the field of measuring instruments for the development of an open architecture for utility meters involving communication protocols enabling interoperability, Brussels, Belgium, 2009, m/441 EN. [Online]. Available: http://www.etsi.org/images/files/ECMandates/m441EN.pdf.

53. Enel, Telegestore - Italy. [Online]. Available: http://www.enel.com/en-GB/innovation/smart_grids/smart_metering/telegestore/.

54. ——, Enel's smart meter is the world's benchmark. [Online]. Available: http://www.enel.com/en-GB/media/news/enels-smart-meter-is-the-world-s-benchmark/p/090027d981a1b2f2.

55. Meters and more Association. [Online]. Available: http://www.metersandmore.com/.

56. R. Denda, The Meter-ON project – key findings, in *Sustainable Energy Week*, Brussels, Belgium, Jun. 24–28, 2013.

57. Telvent, Smart metering solution in Sweden. [Online]. Available: http://www.echelon.com/partners/partner-programs/partner_highlight/telvent/Vattenfall_en_nd.pdf.

58. J. Söderbom, Smart meter roll out experiences from Vattenfall. [Online]. Available: http://esmig.eu/sites/default/files/presentation_by_johan_soederbom.pdf.

59. PowerLine Telecommunications (PLT); BPSK narrow band power line channel for smart metering applications [CEN EN 14908-3:2006, modified], European Telecommunications Standards Institute, Tech. Specification ETSI TS 103 908 v1.1.1 (2011-10), 2011. [Online]. Available: http://www.etsi.org/deliver/etsi_ts/103900_103999/103908/01.01.01_60/ts_103908v010101p.pdf.

60. OSGP Alliance, The open smart grid protocol. [Online]. Available: http://www.osgp.org.

61. Le compteur communicant Linky dERDF: Une expérimentation réussie (in French), Électricité Réseau Distribution France, Tech. Rep., Jul. 2011. [Online]. Available: http://www.erdf.fr/medias/dossiers_presse/DP_ERDF_010711_1.pdf.

62. Linky PLC profile functional specifications, Électricité Réseau Distribution France: Metering Department, Tech. Rep. ERDF-CPT-Linky-SPEC-FONC-CPL, version: V1.0, 2009. [Online]. Available: http://www.erdf.fr/medias/Linky/ERDF-CPT-Linky-SPEC-FONC-CPL.pdf.

63. Enexis, Annual report 2013, 2013. [Online]. Available: https://www.enexis.nl/Documents/investor-relations/enexis-annual-report-2013.pdf.

64. ——, G3-PLC at Enexis: Description of G3-PLC technology and pilot results at Enexis, Amsterdam, Netherlands, Oct. 2013, European Utility Week. [Online]. Available: http://www.g3-plc.com/sites/default/files/document/20131015 G3-PLC at Enexis European Utility Week October 15th version 1.0....pdf.

65. Berg Insight AB, Smart Metering in Europe 11th Edition, Dec. 2014. [Online]. Available: http://www.reportlinker.com/p02522763-summary/Smart-Metering-in-Europe-11th-Edition.html.

66. I. Berganza, A. Sendin, A. Arzuaga, M. Sharma, and B. Varadarajan, PRIME on-field deployment first summary of results and discussion, in *Proc. IEEE Int. Conf. Smart Grid Commun.*, Brussels, Belgium, Oct. 17–20, 2011, 297–302.

67. A. Sendin, I. Berganza, A. Arzuaga, X. Osorio, I. Urrutia, and P. Angueira, Enhanced operation of electricity distribution grids through smart metering PLC network monitoring, analysis and grid conditioning, *Energies*, 6(1), 539–556, Jan. 2013.

68. Metering International, Press Release February 2015, Smart meters Europe: Iberdrola rolls out over 4m, Linky's Brittany pilot, Dec. 2014. [Online]. Available: http://www.metering.com/smart-meters-europe-iberdrola-rolls-out-over-4m-linkys-brittany-pilot/.

69. ENERGA, Energa-Operator carries on with building up the smart metering system, Feb. 2013. [Online]. Available: http://media.energa.pl/en/pr/233518/energa-operator-carries-on-with-building-up-the-smart-metering-system.

70. Meter-ON project website. [Online]. Available: http://www.meter-on.eu/.

71. D. Pollock, Boost power grid resilience – exploring communications for real-time network visibility, *Electricity Today – Transmisssion & Distribution*, 27(3), 8–12, Apr. 2014.

72. Ariadna Instruments. [Online]. Available: http://www.ariadna-inst.com/v2/pub/en/.

73. Echelon, Automatic topology mapping with PLC. [Online]. Available: http://www.echelon.com/technology/power-line/topology.htm.

74. C.-S. Chen, T.-T. Ku, and C.-H. Lin, Design of PLC-based identifier to support transformer load management in Taipower, *IEEE Trans. Ind. Applic.*, 46(3), 1072–1077, May–Jun. 2010.

75. L. Marron, X. Osorio, A. Llano, A. Arzuaga, and A. Sendin, Low voltage feeder identification for smart grids with standard narrowband PLC smart meters, in *Proc. IEEE Int. Symp. Power Line Commun. Applic.*, Johannesburg, South Africa, Mar. 24–27, 2013, 120–125.

76. P. Kadurek, J. Blom, J. F. G. Cobben, and W. L. Kling, Theft detection and smart metering practices and expectations in the Netherlands, in *Proc. IEEE PES Innovative Smart Grid Technol. Conf. Europe*, Gothenburg, Sweden, Oct. 11–13, 2010, 1–6. [Online]. Available: http://www.cricte2004.eletrica.ufpr.br/anais/IEE_ISGT_2010/2048141.pdf.

77. I. H. Cavdar, A solution to remote detection of illegal electricity usage via power line communications, in *Proc. IEEE Power Eng. Soc. General Meeting*, vol. 1, Denver, USA, Jun. 6–10, 2004, 896–900.

78. H. Kuang, B. Wang, and X. He, Application of AMR based on powerline communication in outage management system, in *Proc. Asia-Pacific Power and Energy Eng. Conf.*, Chengdu, China, Mar. 28–31, 2010, 1–4.

79. A. Sendin, I. Urrutia, M. Garai, T. Arzuaga, and N. Uribe, Narrowband PLC for LV smart grid services, beyond smart metering, in *Proc. IEEE Int. Symp. Power Line Commun. Applic.*, Glasgow, Scotland, Mar. 30–Apr. 2, 2014, 168–172.

第10章 用于交通工具的 PLC

F. Nouvel 和 L. Lampe

10.1 简介

人们常说的电力线通信（PLC），一般是指通过交流电路与家用电器或配电网的通信。然而，PLC 还有另一个应用领域，即用于交通工具内部自给自足的、以直流电为主的电力线网络。PLC 技术旨在对现有设备进行再利用，并使设备变得更加易用。在用于交通工具时，PLC 有两个有利因素：重量和空间。PLC 技术可以减少电力线和数据通信所需线缆的重量和所占空间，随着交通工具中的电子产品越来越多[1]，这个问题变得越来越重要。

本章详细介绍 PLC 在交通工具中的应用，重点是汽车上的 PLC。首先，10.2 节继续讨论 PLC 在这个应用领域中的优点。接下来讨论不同交通工具中的 PLC 技术，从汽车到火车，10.3 节讨论它们的重点结果。10.4 节讨论车载通信 PLC 应用与实现的主要挑战，该部分内容与2.9 节中介绍的车辆 PLC 的信道特性密切相关。10.5 节介绍 PLC 在汽车上的应用实例。最后讨论最近提出的通信基础设施的替代品，10.6 节介绍 PLC 技术如何成为交通工具内（或汽车内）通信系统融合网络解决方案的一部分。

10.2 PLC 的优势

当涉及电网的点与点之间的通信时，PLC 永远是最好的通信方法。交通工具中存在许多这样的点。因为各种现代交通工具中有大量电子设备。以汽车为例，自20 世纪 70 年代以来电子系统数量呈现指数增长，到 2004 年，豪华汽车上有多达70 个电子控制单元（ECU），用于传输 2500 种信号[2]。Strategy Analytics 在 2007年的一份报告中预测，到 2014 年，连接到汽车电子网络[3]的节点每年将新增 20亿个。为了适应车内的信息流，车载通信网络负载压力极大增加通信电线的方法使布线变得复杂，导致车辆成本增加，并增加了额外的重量和空间占用率。对现有车载通信电路进行 PLC 技术改造可以避免额外布线，PLC 通信除了成本、重量和空间方面的优势之外，还使得电子部件易于改装。

PLC 的优势在电动汽车，特别是电动轿车中更加明显。与传统内燃机（ICE）

车辆相比，电动汽车需要用于电力和电池管理的额外通信系统，以支持汽车运行和复杂的诊断和维护。PLC 技术可以满足所有这些通信需求，无需额外布线，可以通过减少线路的长度和线缆重量，进一步提高车辆的能效。

此外，PLC 可以用作独立的冗余通信链路，无需任何接线开销。这将减少故障风险，并支持"线控"概念，其中电气系统取代机械和液压的概念，使得消耗相同的能量能够行驶更长的里程。再次以电动汽车为例，特别是插入式电动汽车，PLC 还能够通过电源插头[4]在车辆和充电基础设施之间进行通信。

10.3　用于交通工具的 PLC 相关研究

本节将回顾在不同交通工具中应用 PLC 的研究内容，即汽车、飞机和太空飞船、船舶和火车。

10.3.1　用于汽车的 PLC

如本章参考文献 [2] 中所述，车载 ECU 之间通信网络的出现可以追溯到 20 世纪 90 年代初。引入通信网络或总线的原因是，点对点通信链路不能随着电子部件数量的增加而扩展。随着现代汽车机电系统的发展，车载网络的效率需求以及通信所需物理介质（即电线）的需求大大增加了。这是研究汽车 PLC 的主要原因。

10.3.1.1　网络分类

汽车中的通信网络可以大致分为低速和高速通信，时间触发和事件触发通信 4 种。如本章参考文献 [2] 所述，汽车工程师协会（SAE）基于传输速率和具体应用定义了 4 类汽车通信网络。用于低数据传输速率非时序通信的 A 类和 B 类网络使用低速事件触发协议。用于高速实时通信的 C 类和 D 类网络分别采用高速事件触发协议和高速时间触发协议。C 类和 D 类网络用于多媒体数据，例如音乐、视频播放器，或车载监控相机的音频、视频的信号流，以及关键的安全应用，例如，线控系统，该系统对资源的可用性和通信的可靠性要求极高。

本章参考文献 [5] 是较早的车载 PLC 相关研究。它考虑使用扩频技术来保证鲁棒性并实现多用户传输。另一个早期的研究是本章参考文献 [6]，其开发了具有自适应均衡的编码单载波 PLC 系统，并且在客车的信道和噪声模型中模拟其性能。根据该论文，最佳数据传输速率为 2Mbit/s 和 4Mbit/s，载波频率最好选用 8MHz 和 12MHz。近期的许多报告正在研究将多载波调制应用于车载 PLC 系统。这些报告将最初为家用 PLC 开发的技术，即 HomePlug 1.0、HomePlug AV 和 HD - PLC，放在汽车环境中测试。这些研究包括本章参考文献 [7] - [10]。结果显示使用大约 30MHz 的带宽可以实现高达 10Mbit/s 的数据速率。可实现的速率取决于拓扑和发射信号功率谱密度（PSD），根据本章参考文献 [9]，PSD 应设置为 -60 ~ -80dBm/Hz 之间以满足电磁干扰限值。由于 HomePlug 1.0 使用的 MAC 协议是

CSMA/CA，所以它适合于 C 类网络，而 HomePlug AV 和 HD – PLC 的 MAC 协议为混合时分多址（TDMA）、CSMA/CA，可以支持 D 类网络。本章参考文献［11］将所考虑的频段扩展到 100MHz。在不同车辆的信道和噪声功率谱密度模型下进行仿真，结果表明高于 100Mbit/s 的数据传输速率是可实现的。这满足音频视频桥接的标准，例如 IEEE 802.1 AVB 标准。

10.3.1.2 PLC 上的 CAN/LIN

上述研究大多数都是采用现有的 PLC 技术进行高速率传输，本章参考文献［12］研究了模拟控制器局域网（CAN）系统在 PLC 物理层的逐位仲裁信令方法。CAN 是常用于 ECU 之间数据通信和实时控制的一种车载网络[2]。本章参考文献［13］讨论和分析了用于"DC 总线"系统的逐位竞争检测和解析。Yamar 电子有限公司制定了一种传输速率高达 250kbit/s 的、主要以 DC – BUS 技术传输 CAN 消息的商用方案。该方案支持的 PLC 相关设备（见本章参考文献［14］）的最大数据传输速率为 1.3Mbit/s，载波频率为 1.75 ~13MHz，方案还包括其他协议，特别是流行的本地互连网络（LIN），LIN 是一种用于 A 类网络的低速率串行通信系统。本章参考文献［15］介绍了基于 PLC 的 LIN 协议。PLC 使用二进制相移键控（BPSK）和二进制幅移键控（BASK）进行主 – 从和从 – 主传输，具体原因还未研究透彻。目前还研究了 100kHz 和 2MHz 的载波频率，并且讨论了关于耦合和可应用的电压电平的要求。本章参考文献［16］考虑了信道传递函数和具有编码的 3 位频移键控（FSK）的 PLC，指出了由于 PLC 的分集效应，使用多频段更具优势。

本章参考文献［17］提出了另一种车载 PLC 方案。该文献提出修改直流线路，为 PLC 提供更良性的介质。这一方案依赖于对偶电线和用于阻抗匹配的附加阻抗集成。

10.3.1.3 电动汽车

最近，人们研究了电动汽车（EV）中的 PLC。本章参考文献［18］给出了电动汽车的通信要求和 PLC 使用的一些相关资料。信道测量和建模方法在本章参考文献［19］–［22］中给出。本章参考文献［21］使用 Yamar 公司的商用调制解调器，实验证明了电动汽车内以 1Mbit/s 左右数据传输速率进行通信的可靠性。本章参考文献［22］在 CENELEC A、B、C 频段和 2 ~ 28MHz 频段中，以 240kbit/s、140kbit/s，60kbit/s 和 140Mbit/s 的传输速率对电动汽车 PLC 进行评估。

10.3.1.4 车辆与基础设施之间的 PLC

最后，PLC 也被考虑用于电动汽车（EV）和充电基础设施之间的通信。IEC 61851 标准定义了两种充电模式，其中模式 3 和模式 4 需要控制导频信号[23]。本章参考文献［24］提出通过通用 PLC 信号传输此导频。电动汽车充电设施［所谓的电动车辆服务设备（EVSE）］的电缆中包含引导线。PLC 可以通过 AC 或 DC 电力电缆（详见本章参考文献［25］和［26］）发送用于车辆识别和计费、电网负载优化的数据[23]。PLC 信号也可以通过引导线和接地链路进行传输。第二种发送方式更好，因为信道的特性不受 AC/DC 负载的影响，但相关标准可能不适用于 PLC。事实上，由于控制线不是电力线，它不能被称为 PLC。窄带和宽带 PLC 解决方案已经被用于 EV 和 EVSE 之间的物理层通信。SAE J2931/2，3，4 标准分别定义 FSK PLC、G3 - PLC 和 HomePlug GreenPHY（HPGP）。ISO/IEC 15118 - 3 标准采用宽带 HPGP 作为强制 PHY/MAC 层技术，也可以选择窄带 G3 - PLC[27]。

10.3.2 用于飞机和航天器的 PLC

PLC 也可以应用于飞机和航天器中[28,29]，因为 PLC 可以减少电缆的质量和体积、布线的复杂性及装配成本。与汽车相比，飞机和航天器中的电子元件更多，PLC 用于自动化和控制通信的潜力也更大。但是，PLC 信号通过非屏蔽单线网络传输[30]时可能受到电磁干扰。EMC 对布线的要求限制了 PLC 的适用性。

为了使飞机中飞行控制系统的布线最少，本章参考文献 [31] 提出了一种新的系统结构，关键在于缩短控制电子器件与执行元件之间的距离，这大大减少了大型飞行器中的布线长度。该文献进一步提出，控制电子设备和飞行计算机之间的数据总线数据可以通过两个直流电力线传输。波音 777 飞机的布线重量共计减少了大约 900lb⊖，主要是由于采用了新的布线结构而不是采用了 PLC 技术。本章参考文献 [32] 讨论了将 PLC 用于飞行控制和远程电子设备之间的数据通信。该文献更进一步通过共享链路替换控制和远程电子设备之间的多个点到点链路。文献讨论了 PLC 链路的多种接入技术，作者认为最终可以减少大约 3000m 的电线，减重约 17kg。

虽然上述研究中的 PLC 在两根直流电力线上传输，但是本章参考文献 [28] 介绍了军用飞机上的 PLC 实验结果，该飞机采用单线电源总线结构，使用飞机底盘作为回路。通过对 10 ~100MHz 频段中信道传递函数的测量，证明了信道具有高度频率选择性，并且提出将频分双工的 OFDM 作为 PLC 的调制方式，以满足数据传输速率和传播时延的要求。由于电力线是单线非屏蔽的，电磁干扰是最主要的问题。

从 2008 年到 2012 年，由欧洲共同体⊖资助的"飞机特殊路径导航传输项目"（TAUPE）[33]研究了如何简化商用飞机的（通信）架构。为了减少现代飞机中的电线的数量和重量，研究了使用 PLC 和电力数据（Power over Data，PoD）技术来耦合电力和通信网络。可参见机舱照明系统（CLS）和驾驶舱显示系统（CDS），接线架构以空客 380 为基础。

TAUPE 项目的结果在许多文献中都有记载。本章参考文献 [34] 讨论了 PLC 在飞机上应用的可行性。该文献基于多导体传输线原理，开发了一种用于客舱照明

⊖ 1lb = 0.4536kg。——译者注
⊖ 2009 年 12 月废止了"欧洲共同体"，其地位和职权由欧盟承接。

系统的 PLC 仿真模型。在插入增益和数据传输速率方面，对线对地［即共模（CM）］传输和线对线［即差模（DM）］传输进行了比较。对于后者，信号和噪声功率谱密度根据用于航空电子硬件的环境测试的 RTCA/DO-160 标准进行调整。基于这些假设，发现差模 PLC 可以在 1.8～30MHz 频段上提供 18～62Mbit/s 的数据传输速率。另一方面，由于信号功率太低，共模 PLC 无法到达所有网络节点。为了解决这个问题，本章参考文献［30］建议用双线结构代替单线，减小差模 PLC 的电磁辐射和串扰。这种所谓的双线结构使用横截面更小的对偶线，使得增重最小化。测量结果表明 PLC 符合 RTCA/DO-160 要求，同时满足了传输速率和传播延时方面的要求。TAUPE 项目结果的更多信息可参考本章参考文献［33］。

另一个模拟研究[35]与本章参考文献［34］类似，但基于运输机。实验证明了 1～30MHz 频率范围内，采用 OFDM 的 PLC 在这架飞机上是可行的。然而，该实验没有研究是否符合辐射标准。

航天器显然是一种少见的载具，考虑到对重量、数据传输速率和可靠性的高要求，光纤似乎非常适合作为通信介质。本章参考文献［36］认为 PLC 也可能是一个合理的替代方案，或者更有可能提供一个独立的备用网络。考虑 NASA 航天飞机的布线结构，并使用多导体传输线方法信道传递函数，作者预测 PLC 能提供几十 Mbit/s 的传输速率。欧洲航天局也考虑了用于航天器的 PLC，包括卫星和运载火箭[29]。如本章参考文献［29］所述，PLC 可以通过电力线发送开/关切换和其他低电平的命令，是可以替代大量离散命令的一种良好备选方案。本章参考文献［37］研究了 PLC 的可行性和 EMC 合规性，主要针对双绞线上的点到点链路。比较了差模和共模信号的信道传递函数、辐射和抗噪声等方面。研究还包括由 Yamar 公司为汽车应用开发的窄带 PLC 系统的实验测试（见 10.3.1 节），证明差模 PLC 是一种可用于航天器的可行方案。

10.3.3　用于船舶的 PLC

船舶是 PLC 的一个值得关注的应用场景。由于船舶上的电缆非常长（比如游轮），在降低线路复杂性和布线成本方面，PLC 有巨大的潜在优势。通过对已有的通信基础设施进行改造，例如船舱内的 LAN，可以不对船体造成破坏。由于船舶的金属结构，需要解决信号传播问题。

本章参考文献［38］是最早应用于船舶的 PLC 研究。该文献通过测量 PLC 信号的信噪比来确定 PLC 的可行性和适用频段。虽然没有对测量链路进行明确规定，但本章参考文献［38］的结果表明了 PLC 链路质量取决于船上设备的具体操作。对于一种"典型游轮"，本章参考文献［39］记录了船舱与船舱之间、驾驶室内部相关实验的实验结果，证明了与 HomePlug 1.0 兼容的 PLC 调制解调器 UDP 传输速率可达数百 kbit/s。本章参考文献［40］介绍了一种应用于（海军）船只中的 PLC 的模型。该文章基于多导体传输线原理，对推进和控制系统之间的功率分布路径进行建模，以信道容量的形式确定数据传输速率。当发射功率在 10 ~100mW 之间时，数据传输速率可达几十 Mbit/s。噪声环境是具有相对噪声值的 AWGN。本章参考文献 [41] 选择了类似的方法，在游轮上测试将 PLC 用于交换机与交换机之间的通信链路。由于船体不通电，电力信号和负载不影响 PLC 工作。研究发现 8MHz 左右的频率范围适用于 PLC。本章参考文献 [42] 对游轮的数据传输速率进行了测量分析，做出了比以前的研究更前瞻的预测。该文献研究了下甲板上的中低压变电站与上甲板上的配电板之间，以及配电板和房间服务面板之间的连接。测量结果表明，在 AWGN 的环境下，传输速率预计可达数百 Mbit/s。通过将 2 ~30MHz 频段扩展到 50MHz，数据传输速率可明显增加。此外，通过船上的三线系统，用 MIMO 发送两个独立信号可实现传输速率翻倍。

本章参考文献 [43] 公布了一个值得关注的结果，表明在货船的信号传输方面，当接收机采用差模耦合方式时，共模耦合发射机的性能可能优于差模发射机。由于货船大多采用接地到船壳的金属编织电缆，因此不用考虑辐射问题。

10.3.4　用于运输系统的 PLC

交通工具中 PLC 的另一个应用领域是运输系统。广义上来说，包括车辆与基础设施之间的通信，例如地铁列车和控制中心之间的通信。本章参考文献 [44] 更具体地研究了窄带 PLC 在 DC750V 牵引网络上的情况。该文献研究了信道传递函数和噪声，并且提出 OFDM 系统解决方案以实现可靠的低数据速率传输。该 PLC 环境的噪声时间方差比较特殊，因为列车和基础设施之间的相对运动产生了脉冲扰动、直流电流以及多普勒效应。

本章参考文献 [45] 讨论了列车内部的 PLC 应用。该文献只做了一些初期工作，指出了列车用于 PLC 的标准化电缆的可用性。

10.4　PLC 面临的挑战

虽然 PLC 是一种看似优秀的解决方案，可以减轻车辆重量，降低线束成本[1]，但仍需研究其广泛的应用和商业上的成绩。实际上，PLC 带来的线束简化并不是微不足道的。对福特福克斯汽车线路的研究表明，其通信线的总长度约为 245m，重约 2kg[46]。考虑到车辆、乘客和负载的整体重量，PLC 减少的重量可能不是很明显。但是由于减少了原材料的使用，线束组装更加简单，降低制造成本相当显著。另一方面，PLC 节点需要更复杂的耦合接口以连接到直流电线。这些经济考虑主要针对车辆，这取决于未来车辆中的通信应用的演变，也取决于法律法规的影响，特别是对汽车制造商以及汽车价格的相关规定。此外，其他可能的替代方案也十分重要，例如在 IEEE P802.3bp[47] 中提到的千兆以太网骨干网方案。

本节总结了 PLC 面临的主要技术挑战，主要针对汽车中的 PLC 技术。

10.4.1 电力线的信道特性

车辆中的电力线信道的一般特性在 2.9 节中讨论过了。在信号传输方面，最显著的特性如下：

1）由于在阻抗失配点处的信号反射，信道传递函数是频率选择性的，导致出现多径传播。

2）网络阻抗没有很好的定义，因为它受到连接到直流电力线的负载阻抗的影响。此外，设备操作点改变时，阻抗会随频率和时间的变化而剧烈变化。

3）由于所有/大多数负载连接到同一电池，所以 PLC 信道是没有明确定义边界的广播信道。事实上，高频通信信号甚至可以通过开路继电器传播[20]。

4）不同汽车制造商和不同汽车之间的布线拓扑不同。

信道的频率选择性质导致一些频段的阻塞（陷波），这对于一些窄带 PLC 的影响很大。由于这些陷波的模型、链路和时间相关位置问题，窄带 PLC 需要自适应频率选择机制。或者，应使用在 10.3.1 节中提到的相对宽带通信，例如多载波［通常以正交频分复用（OFDM）的形式］来解决频率选择性。信道的广播性质意味着所有/大多数链路共用相同的通信介质。因此多址接入机制需要能够处理共享接入，同时满足服务质量要求，例如对于不同的应用使用不同的频段。实现空间重用的一种方式是在线束通信分离的部分部署滤波器。当然，这种方法折中了 PLC 作为重用技术的概念，但可以进一步改进该方法，使得线束更适合通信[17]。

信号耦合受到模型、链路和时变网络阻抗的影响。为了说明这一点，图 10.1 和 10.2 分别示出了在本章参考文献［48］和［20］中报道的，在 ICE（内燃机）和混合电动汽车中测量的接入阻抗范围。史密斯圆图结果归一化的基准阻抗 $Z_0 = 50\Omega$。有色区域的并集表示 100kHz ~100MHz 之间接入阻抗值的范围。当忽略一些孤立的大峰值时，阻抗值的区域收缩到较浅的阴影区域。每个图中最小的阴影（最左边）区域表示将频率范围降低到 100kHz ~ 40MHz 和 30 ~ 40MHz 时的阻抗值。图中阻抗值的范围十分明显。缩小频段范围确实可以显著缩小阻抗范围。然而，特定链路的阻抗会进行自适应匹配，以便使自身匹配特定链路。由于阻抗的频率选择性（参见 2.9 节，图 2.117），难以实现宽带匹配。然而，可以在一个或多个 1MHz 宽带或近似带宽的宽带系统上进行匹配以改善信号传输[49]。

10.4.2 噪声和干扰

由于 PLC 与供电设备共享通信介质，因此它暴露于这些设备发出的高频信号之中。这些瞬态信号通过国际和国家标准进行监管，以保证器件的抗扰度。例如，法规 DIN 40839 规定了 5 个测试脉冲来模拟汽车中直流电力线上产生的瞬态信号（参见本章参考文献［6］的附录 A）。从 PLC 系统的角度来看，这种瞬态信号被视为脉冲噪声。本章参考文献［6］、［50］、［51］指出在 PLC 的频率范围内存在这种脉冲噪声。特别是在车辆加速和制动期间，可以测得几伏特、持续几微秒的噪声脉冲。此外，本章参考文献［52］指出，在汽车点烟器处可测得由发动机汽缸的火花塞产生的数百毫伏的噪声脉冲。这些脉冲周期性产生，脉冲频率由发动机的运转周期决定。电动汽车的零部件也会产生周期性的噪声分量。本章参考文献［22］认为，窄带和宽带 PLC 干扰是由开关 DC/DC 转换器和驱动电动机的方波电流产生的。PLC的另一种干扰源是无线电系统，例如耦合在汽车电路中的 AM 和 FM 无线电。

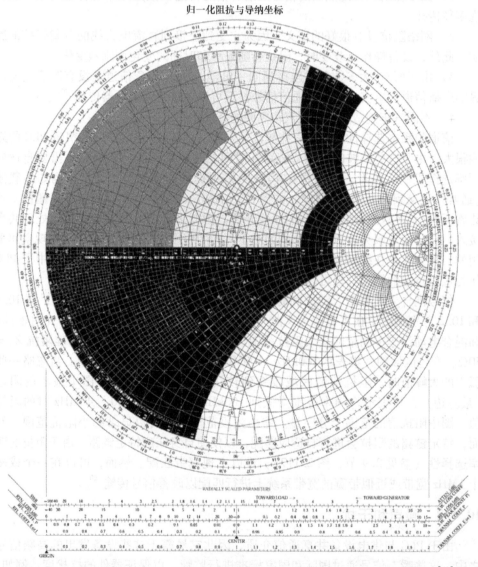

图 10.1　根据内燃机（ICE）车辆的测量结果，史密斯圆图描述了接入阻抗范围[49]。所有阴影（或有色）区域为 100kHz ~ 100MHz 范围内的测量结果；较小的阴影（绿色和黄色，上方和左边）区域为排除一些孤立的大峰值变化后的结果；最小阴影（绿色，左上）区域为 100kHz ~ 40MHz 范围内的测量结果© 2012 IEEE（彩图见封三）

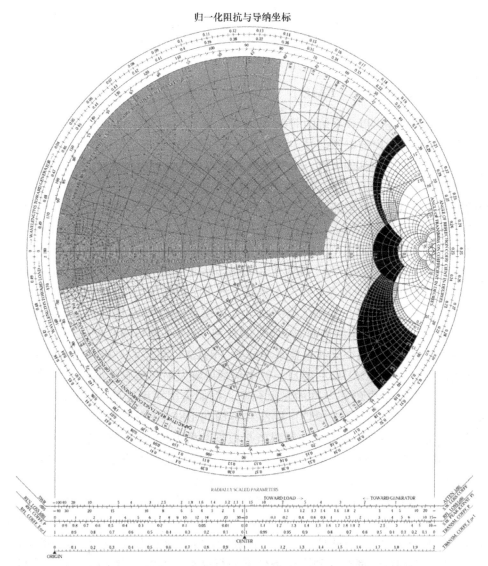

归一化阻抗与导纳坐标

图 10.2　根据混合动力汽车的测量结果，史密斯圆图描述了接入阻抗范围[20]。所有阴影
（或有色）区域为 100kHz～100MHz 范围内的测量结果；较小的阴影（绿色和黄色，左边）区
域为排除一些孤立的大峰值变化后的结果；最小阴影（绿色，最左）区域为
100kHz～40MHz 范围内的测量结果© 2012 IEEE（彩图见封三）

　　噪声脉冲和窄带噪声不仅仅存在于车载 PLC 系统（参见 2.7 节）。可以采用以
下两种应对机制来应对这样的噪声环境。首先，可以对接收机侧的噪声进行抑制。
这一方法可能对抵抗窄带干扰是有效的，多载波系统可以忽略几个载波处的强干扰
信号。丢失的数据可以通过应用纠错编码来补偿。上述幅度和持续时间的噪声脉冲
几乎不能通过噪声抑制来处理。对于这种类型的干扰，需要在请求时或在发送数据

时主动地使用分组来重传受干扰的数据分组。第二种方法适用于时间要求严格的数据。这两种应对机制要求车载 PLC 系统集成足够的冗余，以确保在有噪声干扰的信道上的可靠传输。

10.4.3 电磁兼容性（EMC）

如第3章所述，PLC 系统的 EMC 涉及 PLC 系统抗电磁干扰的能力，以及由于 PLC 相关操作而发出的电磁信号。PLC 的抗干扰性已经在上一节讨论了一部分，考虑的干扰包括噪声和其他干扰。本节讨论车载 PLC 系统的辐射规定。

第3章提到的 PLC 系统 EMC 法规通常适用于交流电路。但是该法规中的电力线指的是公共电网中的电路。对于车载 PLC，通常用电池或本地发电机为直流线路供电，电网可以自主运行。根据汽车这一性质，以下为适用于车载 PLC 的国际或国家法规、制造商特定规范。

CISPR 12 和 25 以及 ISO 11451/11452 是国际通用的汽车 EMC 标准，这些法规是车载 PLC 系统的第一参考。在汽车领域，汽车制造商规定了更多的 EMC 相关要求。本章参考文献［53］介绍了福特公司的 EMC – CS – 2009 规范，本章参考文献［15］的图7是德国汽车制造商对 LIN、CAN 和 FlexRay 接口的要求。

对于航空系统，航空无线电技术委员会（RTCA）制定了"机载设备的环境条件和测试程序"（RTCA DO – 160），其中包括射频发射和敏感性试验及相关限值。还有其他一些关于电磁兼容性的国家标准，例如美国军用标准 MIL – STD – 461、法国的 GAM – T – 13（FR 1982）标准和英国的 DEF – STAN 59 – 41 Part 3（UK 1995）标准。DO – 160 的传导发射限值是根据共模电流的频谱密度来规定的。在 0.15 ~30MHz 频段范围内，电力线和互连电缆的传导发射限值分别为 20dBμA/kHz 和 40dBμA/kHz，相当于在 50Ω 处 –83 dBm/Hz 和 –63 dBm/Hz 的功率谱密度。然而，如果使用差模信号，可以发现 –50dBm/Hz 的传输满足共模极限[54]。根据 MIL – STD 461 的规定，对于高达 10MHz 的信号，50Ω 的最大传导发射值为 60dBμV/ 10kHz。由于测量时加了 20 dB 衰减，所以实际发射值为 – 67 dBm/Hz。共模信号和差模信号都在这种测试条件下进行测量。本章参考文献［55］中的图 I.4.9 是所有 EMC 标准之间的比较。可以看出军用标准 GAM – T – 13 Terre 是最严格的。此外，如本章参考文献［37］中提到的，航天器可能有额外的规定和有效载荷限值。

对于船舶，本章参考文献［39］考虑了法规 IEC 60533 中"船载电气和电子设施 – 电磁兼容性"部分规定的电磁辐射要求，并指出 HomePlug 1.0 兼容的 PLC 调制解调器符合此规范。

上述标准应用于确定 PLC 系统的最大传输值。如第3章所述，确定 PLC 的传输值并不容易，因为 PLC 传导（期望的）到 PLC 辐射（非期望的）的转换取决于许多因素，尤其是电力线拓扑和信号耦合。对于车载 PLC，其中一个决定性因素是耦合方式是线对线还是线对地的。10.3 节中提到的一些研究已经对车载 PLC 的 EMC 进行了实验，但是很难得出例如 PLC 信号功率谱密度的一般性结论。

10.4.4　实时约束

综上所述，车辆中的许多通信应用，特别是控制应用，都有着严格的实时性约束。诸如高速 CAN 或 FlexRay 的汽车网络已被用于实时传递消息。然而，它们不支持高速率应用。

因此，人们已经开始研究用于融合车载骨干网络的以太网[56,57]。以太网支持高数据传输速率，但是必须进行改进以保证传输时延。对用于车辆网络的以太网（通过专用双绞线），本章参考文献［57］已经提出了一种交换式以太网架构，以应对共享以太网总线产生的冲突问题。此外，车载以太网采用 IEEE 802.1Q 消息优先化技术，以满足传播时延要求。本章参考文献［58］给出了满足 10 ~100ms 的端对端延迟要求的交换式以太网仿真结果。此外，为了满足关键控制消息小于 100μs 的延迟要求，减少了以太网最大传输单元（MTU）数量。

在航空领域，目前有航空电子全双工交换以太网（AFDX）协议，以满足严格的实时约束[59]。AFDX 协议基于以太网进行了改进，以满足确定的时间行为、有界延迟和抖动的相关要求。除此之外，AFDX 的网络保留了一定的冗余，以提高容错率。

宽带 PLC 传输可以用作以太网的物理层。由于宽带 PLC 采用多载波调制，需要对符号长度等参数进行调整，以满足上述实时约束。尽管这种调制方法是可行的，但是无法解决 PLC 信道的广播性质。PLC 作为一种再利用技术，不能部署交换式设备，因此不能采用交换式以太网架构。

10.5　实验实施

本节介绍车载 PLC 的实际实施结果，具体针对客车中的 PLC。首先介绍实验设置，然后讨论测得的传递函数和数据传输速率。本节内容基于 P. Tanguy 的博士论文，更多细节参见本章参考文献［60］和［61］。

10.5.1　车辆 PLC 测试台

PLC 实验在标致 407 SW 中进行，该车为内燃机汽车。

作者选取了 5 个 PLC 测量点（A、D、E、F 和 H），如图 10.3 所示。这些点分布于汽车各处。点 A 是车灯附近后备厢中的直流电源。点 E 是点烟器，点 F 是另一个直流电源。点 H 位于车辆的右侧，直接连接到熔丝盒，点 D 靠近汽车左侧的熔丝盒。

作者考虑了汽车的多种运行状态，从而测试各种情况下电路负载对 PLC 的

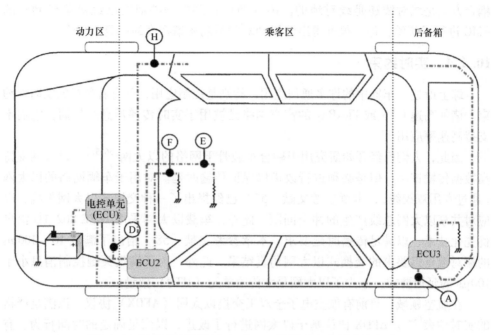

图 10.3 实验设置示意图（5 个 PLC 测量点由大写字母表示）

影响：

1）发动机关闭（SC1）。

2）发动机启动，但是车辆不动（SC2）。

3）发动机启动，车辆不动，电子设备开启（车灯，雾灯，广播，雨刷和电动车窗开启）（SC3）。

4）车辆在运动，并且 3）提到的电子设备开启（SC4）。

符合 HomePlug AV（HPAV）和 HD – PLC 工业标准的宽带 PLC 调制解调器已经被用于 PLC 传输。本文采用的是满足 HPAV 的 Devolo dLAN200AV 调制解调器，和满足 HD – PLC 的 PLC Panasonic BL – PA510KT 调制解调器。这些调制解调器通常用于室内通信。实验已经对这些调制解调器的直流电路耦合做了相关修改，以适应车内的电路环境。此外，调制解调器不用（不存在）交流电源周期保持同步。调制解调器已连接到用于测量发送和接收 TCP 和 UDP 流量的笔记本电脑上。

10.5.2 结论与讨论

图 10.4 是电路上 HD – PLC 和 HPAV 信号的功率谱密度（PSD）的比较结果。该图是在点 A 与点 D 的 PLC 会话期间，在点 A 处使用频谱分析仪测量所得。频谱分析仪的带宽分辨率（RBW）为 10kHz，可以记录测得的最大值。对于 100Ω 终端阻抗，HD – PLC 和 HPAV 标准中规定的 PSD 为 – 50 dBm/Hz。对于带宽分辨率为

10kHz 的频谱分析仪，测量功率应为 - 10dBm。由图 10.4 中的 PSD 所示，由于在 2 ~ 28MHz 传输频段中的阻抗失配，引起了耦合损耗。可以看出，深凹口是 HPAV/ HD - PLC PSD 掩码的一部分，采用掩码是为了防止对无线通信系统产生干扰。

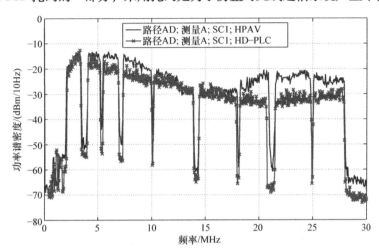

图 10.4　用 HD - PLC 和 HPAV 信号的频谱分析仪（RBW = 10kHz，具有峰值保持功能）
测量的功率谱密度（在场景 1 时的 A 点测量）

　　图 10.5 和图 10.6 是在场景 1、2 和 3 的不同路径[⊖]中测得的插入增益 $|S_{21}|$。
图 10.5 是车尾与车头之间路径的测量结果，图 10.6 是车头中路径的测量结果。可以看出信道有很强的频率选择性，说明测试路径上有许多反射点。在车辆不同状态下，不同或相同链路的插入增益有明显差异。实验证明了负载对 PLC 信号的传输有影响。

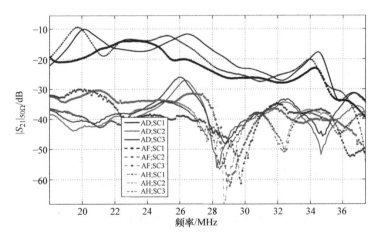

图 10.5　不同路径和状态下车辆的插入增益（路径位于汽车的头尾之间）

⊖　点 X 和 Y 之间的链路叫作路径 XY。——原书注

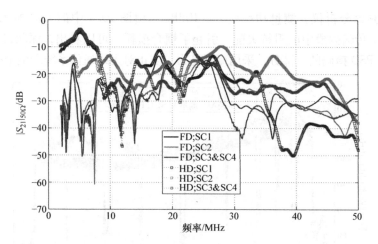

图 10.6   不同路径和状态下车辆的插入增益（路径位于汽车的头部）

图 10.7 是场景 1 中不同路径传输速率的测量结果。可以看出，在 PSD 较小的情况下，相同条件下 HD‑PLC 的传输速率略高于 HPAV。这是由于 HD‑PLC 中的微波 OFDM 不需要用保护间隔。实验测得两种 PLC 传输方式的速率都超过 35Mbit/s，远超 FlexRay 协议 10Mbit/s 的传输速率。此外，不同测试路径的传输速率相对类似，其中路径 HD 传输速率最高且平均衰减最小。

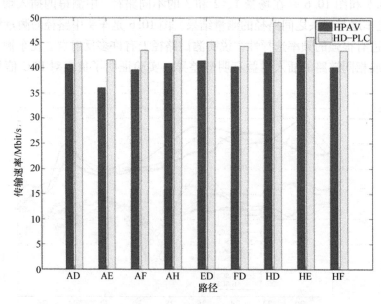

图 10.7   场景 1 中不同路径传输速率的测量结果

最后，图 10.8 和 10.9 是场景 1、2、3 中，HD‑PLC 和 HPAV 不同测试路径下传输速率的测量结果。与场景 1 的结果类似，两种 PLC 的传输速率均高于

FlexRay 协议。HPAV 传输速率的路径依赖性略低于 HD – PLC。相同测试路径下，HD – PLC 传输速率高于 HPAV。虽然不同测试路径下传输速率略有差异，但是车辆在场景 2、3、4 的变化，几乎不影响传输速率。当从场景 1 改变到其他场景时，传输速率显著下降（见图 10.7）。这表明车辆中的电负载供电对 PLC 链路质量影响很大。部分传输速率的差异可以通过插入增益来解释。在图 10.5 和图 10.6 中，可以看出场景 2、3、4 的插入增益总是比场景 1 差。唯一的例外是测量路径 HD，传输速率只是轻微降低。此外，当汽车点火时，噪声干扰变得很大。

上述实验结果表明，现有的宽带 PLC 标准以高数据传输速率实现点对点通信。对于车载 PLC 系统，除了需要改进现有标准以满足严格的实时性约束之外，还需要考虑不同链路之间共享电路媒介的问题。

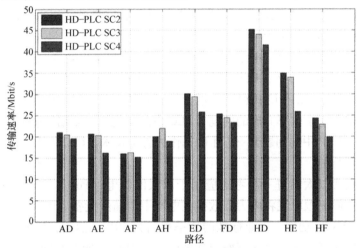

图 10.8　场景 2、3、4 中不同路径的 HD – PLC 传输速率

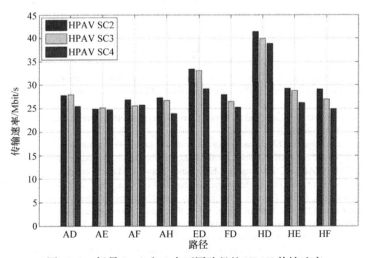

图 10.9　场景 2、3 和 4 中不同路径的 HPAV 传输速率

10. 6 PLC 的替代和集成

如 10.4.4 节所述，人们正在研究在车辆中使用以太网通过专用线路进行通信。以太网通常充当一种与现有车载网络技术（如 CAN、LIN 或 FlexRay）互补的高带宽网络。但是如 10.4.4 节所述，人们也在研究将以太网用作车辆中（几乎）所有数据通信应用的融合网络。

除了支持高数据传输速率之外，以太网的另一个优点是它是一个全球公认的、基于 IP 网络的标准。以太网有助于改进目前消费市场和商业市场中基于 IP 网络的汽车应用，并且可以通过车与车之间、车与基础设施之间的通信实现车联网。2011 年 11 月，成立了 OPEN 联盟特别兴趣小组（SIG），以推动将以太网络大规模用于汽车网络的相关标准制定[62]。

非屏蔽双绞线（UTP）电缆是一种低成本、低重量的电缆。使用 UTP 的以太网是 PLC 的一种替代方案，UTP 以太网与 PLC 各有优（专用通信网络）劣（需要安装电缆）。然而，采用 UTP 和 PLC 混合的以太网也可能是一种替代方案。混合以太网既可以避免完全共享介质的问题（PLC 中的问题），也无需为每个连接提供专用基础结构（UTP 中的问题）。使用 UTP 作为骨干技术，PLC 作为分支技术的交换式以太网是可行的。

这种交换式以太网进一步考虑应用于以太网供电（PoE）。PoE 使用标准以太网电缆，通过同一根电线将电力和数据在电网中传输的设备。IEEE 802.3at PoE 标准规定了 25.5W 的功率，工业标准的功率提高为 50W。然而，工业标准需要使用类别 5 或级别更高的电缆来实现额定功率值。使用 UTP 的 PoE 的功率值可能更低。

通过 PoE 和 PLC 集成传输电力和数据是一种值得关注的"单线"方法。当 PoE 的功率太低或无需 UTP 电缆时，可以采用 PLC 技术。

参 考 文 献

1. P. A. Janse van Rensburg and H. C. Ferreira, Automotive power-line communications: Favourable topology for future automotive electronic trends, in *Proc. Int. Symp. Power Line Commun. Applic.*, Kyoto, Japan, Mar. 26–28, 2003, 103–108.

2. N. Navet, Y. Song, F. Simonot-Lion, and C. Wilwert, Trends in automotive communication systems, *Proc. IEEE*, 93(6), 1204–1223, Jun. 2005.

3. Strategy Analytics Automotive Electronics report, Automotive multiplexing protocols: Cost/performance driving new protocol adoption, Nov. 2007. [Online]. Available: http://www.businesswire.com/news/home/200711150061 21/en/STRATEGY-ANALYTICS-Automotive-Electronics-Network-Market-Stretch

4. C. C. Chan, The state of the art of electric, hybrid, and fuel cell vehicles, *Proc. IEEE*, 95(4), 704–718, Apr. 2007.

5. F. Nouvel, G. El Zein, and J. Citerne, Code division multiple access for an automotive area network over power-lines, in *Proc. IEEE Veh. Technol. Conf.*, vol. 1, Stockholm, Sweden, Jun. 8–10, 1994, 525–529.

6. A. Schiffer, Design and evaluation of a powerline communication system in an automotive vehicle, Ph.D. dissertation, Technical University of Munich, Germany, 2001.

7. W. Gouret, F. Nouvel, and G. El Zein, Additional network using automotive powerline communication, in *Proc. Int. Conf. ITS Telecommun.*, Chengdu, China, Jun. 21–23, 2006, 1087–1089.

8. F. Nouvel and P. Maziéro, X-by-wire and intra-car communications: power line and/or wireless solutions, in *Proc. Int. Conf. ITS Telecommun.*, Phuket, Thailand, Oct. 22–24, 2008, 443–448.

9. V. Degardin, M. Lienard, P. Degauque, and P. Laly, Performances of the HomePlug PHY layer in the context of in-vehicle powerline communications, in *Proc. IEEE Int. Symp. Power Line Commun. Applic.*, Pisa, Italy, Mar. 26–28, 2007, 93–97.

10. P. Tanguy, F. Nouvel, and P. Maziéro, Power line communication standards for in-vehicle networks, in *Proc. Int. Conf. ITS Telecommun.*, Lille, France, Oct. 20–22, 2009, 533–537.

11. J. J. Sánchez-Martínez, A. B. Vallejo-Mora, J. A. Cortés, F. J. Cañete, and L. Díez, Performance analysis of OFDM modulation on in-vehicle channels in the frequency band up to 100 MHz, in *Proc. Int. Conf. Broadband and Biomedical Commun.*, Málaga, Spain, Dec. 15–17, 2010.

12. T. Enders and J. Schirmer, Automotive powerline communications – a new physical layer for CAN, in *Proc. Int. CAN Conf.*, Munich, Germany, Oct. 14–16, 2003.

13. O. Amrani and A. Rubin, Contention detection and resolution for multiple-access power-line communications, *IEEE Trans. Veh. Technol.*, 56(6), 3879–3887, Nov. 2007.

14. DC-BUS Products, Accessed May 2013. [Online]. Available: http://www.yamar.com/products.php.

15. S. De Caro, A. Testa, and R. Letor, A power line communication approach for body electronics modules, in *Proc. European Power Electron. Applic.*, Barcelona, Spain, Sep. 8–10, 2009, 1–10.

16. M. Mohammadi, L. Lampe, M. Lok, S. Mirabbasi, M. Mirvakili, R. Rosales, and P. Van Veen, Measurement study and transmission for in-vehicle power line communication, in *Proc. IEEE Int. Symp. Power Line Commun. Applic.*, Dresden, Germany, Mar. 29–Apr. 1, 2009, 73–78.

17. T. Huck, J. Schirmer, T. Hogenmuller, and K. Dostert, Tutorial about the implementation of a vehicular high speed communication system, in *Proc. IEEE Int. Symp. Power Line Commun. Applic.*, Vancouver, Canada, Apr. 6–8, 2005, 162–166.

18. E. Bassi, F. Benzi, L. Almeida, and T. Nolte, Powerline communication in electric vehicles, in *Proc. IEEE Int. Elect. Mach. and Drives Conf.*, Miami, USA, May 3–6, 2009, 1749–1753.

19. S. Barmada, M. Raugi, M. Tucci, and T. Zheng, Power line communication in a full electric vehicle: Measurements, modelling and analysis, in *Proc. IEEE Int. Symp. Power Line Commun. Applic.*, Rio de Janeiro, Brazil, Mar. 28–31, 2010, 331–336.

20. N. Taherinejad, R. Rosales, L. Lampe, and S. Mirabbasi, Channel characterization for power line communication in a hybrid electric vehicle, in *Proc. IEEE Int. Symp. Power Line Commun. Applic.*, Beijing, China, Mar. 27–30, 2012, 328–333.

21. S. Barmada, M. Raugi, M. Tucci, Y. Maryanka, and O. Amrani, PLC systems for electric vehicles and smart grid applications, in *Proc. IEEE Int. Symp. Power Line Commun. Applic.*, Johannesburg, South Africa, Mar. 24–27, 2013, 23–28.

22. M. Antoniali, M. De Piante, and A. M. Tonello, PLC noise and channel characterization in a compact electrical car, in *Proc. IEEE Int. Symp. Power Line Commun. Applic.*, Johannesburg, South Africa, Mar. 24–27, 2013, 29–34.

23. P. van den Bossche, N. Omar, and J. van Mierlo, Trends and development status of IEC global electric vehicle standards, *J. Asian Electr. Veh.*, 8(2), 1409–1414, Dec. 2010.

24. C. Bleijs, Low-cost charging systems with full communication capability, in *Proc. Int. Battery, Hybrid and Fuel Cell Electric Veh. Symp.*, Stavanger, Norway, May 13–16, 2009, 1–9.

25. D. Shaver, TI helps developers design affordable, robust and high-performance communications between plug-in electric vehicles (PEVs) and electric vehicle supply equipment (EVSE), white paper, Apr. 2012. [Online]. Available: http://www.ti.com/lit/wp/slyy031/slyy031.pdf.

26. C.-U. Park, J.-J. Lee, S.-K. Oh, J.-M. Bae, and J.-K. Seo, Study and field test of power line communication for an electric-vehicle charging system, in *Proc. IEEE Int. Symp. Power Line Commun. Applic.*, Beijing, China, Mar. 27–30, 2012, 344–349.

27. Road vehicles – Vehicle to grid communication interface – Part 3: Physical and data link layer requirements, International Organization for Standardization, ISO/DIS 15118, 2012.

28. C. H. Jones, Communications over aircraft power lines, in *Proc. IEEE Int. Symp. Power Line Commun. Applic.*, Orlando, USA, Mar. 26–29, 2006, 149–154.

29. J. Wolf, Power line communication (PLC) in space – Current status and outlook, in *Proc. ESA Workshop on Aerospace EMC*, Venice, Italy, May 21–23, 2012, 1–6.

30. S. Dominiak, S. Serbu, S. Schneele, F. Nuscheler, and T. Mayer, The application of commercial power line communications technology for avionics systems, in *Proc. IEEE/AIAA Digital Avionics Syst. Conf.*, Williamsburg,

USA, Oct. 14–18, 2012, 7E1–1–7E1–14.

31. E. L. Godo, Flight control system with remote electronics, in *Proc. IEEE/AIAA Digital Avionics Syst. Conf.*, vol. 2, Irvine, USA, Oct. 27–31, 2002, 13B1–1–13B1–7.

32. J. O'Brien and A. Kulshreshtha, Distributed and remote control of flight control actuation using power line communications, in *Proc. IEEE/AIAA Digital Avionics Syst. Conf.*, St. Paul, USA, Oct. 26–30, 2008, 1.D.4–1–1.D.4–12.

33. Transmissions in Aircraft on Unique Path wirEs (TAUPE). [Online]. Available: http://www.TAUPE-Project.eu.

34. V. Degardin, I. Junqua, M. Lienard, P. Degauque, and S. Bertuol, Theoretical approach to the feasibility of power-line communication in aircrafts, *IEEE Trans. Veh. Technol.*, 62(3), 1362–1366, Mar. 2013.

35. M. D'Amore, K. Gigliotti, M. Ricci, and M. S. Sarto, Feasibility of broadband power line communication aboard an aircraft, in *Proc. Int. Symp. Electromagn. Compat. (EMC Europe)*, Hamburg, Germany, Sep. 8–12, 2008, 1–6.

36. S. Galli, T. Banwell, and D. Waring, Power line based LAN on board the NASA space shuttle, in *Proc. IEEE Veh. Technol. Conf.*, vol. 2, Milan, Italy, May 17–19, 2004, 970–974.

37. F. Grassi, S. A. Pignari, and J. Wolf, Channel characterization and EMC assessment of a PLC system for spacecraft DC differential power buses, *IEEE Trans. Electromagn. Compat.*, 53(3), 664–675, Aug. 2011.

38. J. Yazdani, M. Scott, and B. Honary, Point to point multi-media transmission for marine application, in *Proc. IEEE Int. Symp. Power Line Commun. Applic.*, Athens, Greece, Mar. 27–29, 2002, 171–175.

39. E. Liu, Y. Gao, G. Samdani, O. Mukhtar, and T. Korhonen, Powerline communication over special systems, in *Proc. IEEE Int. Symp. Power Line Commun. Applic.*, Vancouver, Canada, Apr. 6–8, 2005, 167–171.

40. A. Akinnikawe and K. L. Butler-Purry, Investigation of broadband over power line channel capacity of shipboard power system cables for ship communication networks, in *Proc. IEEE Power & Energy Soc. General Meeting*, Calgary, Canada, Jul. 26–30, 2009, 1–9.

41. S. Barmada, L. Bellanti, M. Raugi, and M. Tucci, Analysis of power-line communication channels in ships, *IEEE Trans. Veh. Technol.*, 59(7), 3161–3170, Sep. 2010.

42. M. Antoniali, A. M. Tonello, M. Lenardon, and A. Qualizza, Measurements and analysis of PLC channels in a cruise ship, in *Proc. IEEE Int. Symp. Power Line Commun. Applic.*, Udine, Italy, Apr. 3–6, 2011, 102–107.

43. S. Tsuzuki, M. Yoshida, Y. Yamada, H. Kawasaki, K. Murai, K. Matsuyama, and M. Suzuki, Characteristics of power-line channels in cargo ships, in *Proc. IEEE Int. Symp. Power Line Commun. Applic.*, Pisa, Italy, Mar. 26–28, 2007, 324–329.

44. P. Karols, K. Dostert, G. Griepentrog, and S. Huettinger, Mass transit power traction networks as communication channels, *IEEE J. Sel. Areas Commun.*, 24(7), 1339–1350, Jul. 2006.

45. S. Barmada, A. Gaggelli, A. Musolino, R. Rizzo, M. Raugi, and M. Tucci, Design of a PLC system onboard trains: Selection and analysis of the PLC channel, in *Proc. IEEE Int. Symp. Power Line Commun. Applic.*, Jeju Island, Korea, Apr. 2–4, 2008, 13–17.

46. N. Taherinejad, Estimation of length and weight of communication wires in a typical car, University of British Columbia, Tech. Rep., 2013.

47. K. Pretz, Fewer wires, lighter cars, The Institute (IEEE). [Online]. Available: http://theinstitute.ieee.org/benefits/standards/fewer-wires-lighter-cars.

48. N. Taherinejad, R. Rosales, S. Mirabbasi, and L. Lampe, A study on access impedance for vehicular power line communications, in *Proc. IEEE Int. Symp. Power Line Commun. Applic.*, Udine, Italy, Apr. 3–6, 2011, 440–445.

49. ——, On the design of impedance matching circuits for vehicular power line communication systems, in *Proc. IEEE Int. Symp. Power Line Commun. Applic.*, Beijing, China, Mar. 27–30, 2012, 322–327.

50. V. Degardin, P. Laly, M. Lienard, and P. Degauque, Impulsive noise on in-vehicle power lines: Characterization and impact on communication performance, in *Proc. IEEE Int. Symp. Power Line Commun. Applic.*, Orlando, USA, Mar. 27–29, 2006, 222–226.

51. V. Degardin, M. Lienard, P. Degauque, E. Simon, and P. Laly, Impulsive noise characterization of in-vehicle power line, *IEEE Trans. Energy Convers.*, 50(4), 861–868, Nov. 2008.

52. A. B. Vallejo-Mora, J. J. Sánchez-Martínez, F. J. Cañete, J. A. Cortés, and L. Díez, Characterization and evaluation of in-vehicle power line channels, in *Proc. IEEE Global Telecom. Conf.*, Miami, USA, Dec. 6–10, 2010, 1–5.

53. Component EMC Specifications EMC-CS-2009, Ford Motor Company, Tech. Specifications. [Online]. Available: http://www.fordemc.com/docs/requirements.htm.

54. S. Dominiak, H. Widmer, M. Bittner, and U. Dersch, A bifilar approach to power and data transmission over common wires in aircraft, in *Proc. IEEE/AIAA Digital Avionics Syst. Conf.*, Seattle, USA, Oct. 16–20, 2011, 7B4–1–7B4–13.

55. M. Beltramini, Contribution à l'optimisation de l'ensemble convertisseur / filtres de sortie vis à vis des contraintes CEM avion (in French), Ph.D. dissertation, Institut National Polytechnique de Toulouse, Toulouse, France, 2011.
56. Y. Kim and M. Nakamura, Automotive Ethernet network requirements, IEEE 802.1 AVB Task Force Meeting, Mar. 2011.
57. K. Matheus, Ethernet in cars: an idea whose time has come, *Automotive Eng. Int. Online*, Jun. 2012. [Online]. Available: http://www.sae.org/mags/aei/11142.
58. Y. Lee and K. Park, Meeting the real-time constraints with standard Ethernet in an in-vehicle network, in *Proc. IEEE Intell. Veh. Symp.*, Gold Coast, Australia, Jun. 23–26, 2013, 1313–1318.
59. ARINC Specification 664: Aircraft Data Networks, part 7 – avionics full duplex switched ethernet (AFDX) network, Aeronautical Radio, Inc., Specification, 2004.
60. P. Tanguy, Etude et optimisation d'une communication par courant porteur á haut débit pour l'automobile (in French), Ph.D. dissertation, Institut National des Sciences Appliquées de Rennes, France, 2012.
61. F. Nouvel, P. Tanguy, S. Pillement, and H. M. Pham, Experiments of in-vehicle power line communications, in *Advances in Vehicular Networking Technologies*, M. Almeida, Ed. InTech, 2011, ch. 14, 255–278.
62. Official website of Open Alliance Special Interest Group, 2011. [Online]. Available: http://www.OPENsig.org.

第 11 章 结 论

L. Lampe，A. M. Tonello 和 T. G. Swart

电力线通信（PLC）这个话题涉及了很多方面。从通信工程的角度来看，它与无线通信有着明显的相似之处。作为一种重用技术，它的信号传输环境和噪声环境非常苛刻，并且经常脱离通信系统设计者的控制。但作为有线媒介，它也与有线通信有很多共性，尤其在信号传播的确定以及高渗透性方面，比如室内环境。由于通信信号被叠加在相对较高的电压信号之上，这需要保护通信设备，因此 PLC 在通信技术中是比较独特的，在设计、分析和部署 PLC 系统时需要有电力工程专业知识作为支撑来理解通信介质的特点。从应用和业务的角度来看，PLC 经历了最初在电力公司的使用到工业和家庭自动化再到互联网接入和多媒体通信的漫长旅程，以及最近现代 PLC 解决方案在智能电网应用上产生的新的兴趣。后者我们已经看到了很明显的创新，我们也期望这种创新能在 PLC 独特的 "通过电网" 特性的背景下继续进行。

《电力线通信》（第 2 版）的目标主要是对这个话题做一个更新和更全面的完善。

第 2 章里详细介绍了 PLC 的信道特性，这是理解和设计电力线系统的核心。我们陈列了过去用于分析电力线信道特性的各种方法。这些方法大致可以分为现象学（或者自顶向下）和物理学（或自底向上）两类，由现象学方法所产生的信道频率响应模型与在无线通信中使用的模型有很多相似之处，自下而上的方法和在其他有线通信技术中使用的方法也有很多的共性。噪声场景在丰富性和对通信的干扰性上表现得非常独特。在过去的 15 年里，人们对宽带 PLC 的信道特性有了很大程度的提升，这让信号传输范例得到了相当可靠的理解，也有了公认的模型范例。在噪声的建模方面也取得了实质性的进展，但我们依旧会面向巩固标准化信道模型做进一步的研究，使其能适用于不同电网领域和不同类型的 PLC 系统。

PLC 的广泛应用还面临着很多挑战，其中最大的挑战是它的电磁兼容性（EMC）问题，这个问题在第 3 章已经讨论过。由于电力线的安装并不是为了防止辐射，因此宽带 PLC 系统很可能会对无线电业务造成有害的干扰，所以一直存在着很强烈的争议。这些问题主要与宽带 PLC 相关，近期，在欧洲等地的监管工作将助力于给出一个关于辐射限制的确定性标准。同样，认知传输概念的发展给 PLC 系统提供了可以适应不同 EMC 要求的能力。未来的研究将致力于解决非 PLC 电子设备辐射带来的挑战，特别是在窄带 PLC 使用的频段。

如上所述，通信系统和电力系统分别运行在不同的电压和功率水平上，所以它们不仅仅是简单的相互联系。在第 4 章中介绍了通信系统与电力系统之间的耦合原理，包括耦合电路和低压、中压和高压耦合的分析方法。因此，低损耗、小型和自适应耦合的解决方案仍然是我们研究的重点，这种解决方案能够给人类以及连接到耦合器的调制解调器提供充足的保护。

在第 5 章中，我们全面讨论了适用于窄带和宽带 PLC 系统的调制、编码和检测技术，其中包括比较经典的单载波传输方法和相对较新的多载波传输方法，最近所有的高数据传输速率 PLC 规范都采用这种传输方法。此外，还引入了一种实用和低成本的电流电压调制技术解决方案，这种方案对 PLC 来说也非常独特。PLC 另一个奇妙的研究方向就是文中提出的超宽带脉冲研究方法。在本章中所讨论的多输入多输出通信已经包含在 PLC 的标准之中，这标志着最新通信理论创新与实用 PLC 系统的一体化。我们期待这种趋势继续下去，并会深入研究更多的有助于信道和干扰自适应的传输方法。

PLC 信道本质上是一个广播信道，并没有明确的界限。第 6 章中给出了一系列通信节点之间的资源分配，这些节点可能组织在多个蜂窝网中。这里再次利用与无线通信尤其是蜂窝无线通信的相似性，来设计合适的资源分配方法。除此之外，该章还讨论了从经典信号重复到现代中继或者更普遍的协作通信的演变。尤其是在脉冲噪声（或突发噪声）信道上进行吞吐量的高效传输时，现有的频繁（每个分组）确认的随机接入协议的效率非常低，我们认为在媒体接入协议方面需要有进一步的创新。

由于 PLC 适用于任何有电气化基础设施的地方，所以这项技术的应用领域非常广泛。就像在第 7 ~10 章中介绍的，例如家庭和工业自动化，PLC 长期以来都在其中扮演着非常重要的角色；再如多媒体 PLC 系统，宽带 PLC 已经变成了无线系统的既定解决方案和替代及其扩展；此外还有智能电网通信，对于智能电网通信来说，PLC 一直都是最原始的和某种意义上 "有机" 的选择；以及最后的车载通信，它是电力线通信中一种 PLC 直流的例子。现代宽带 PLC 系统和高数据传输速率窄带 PLC 系统的大多数研究方向主要体现在工业和国际 PLC 标准的列表中，这些标准也在过去的 10 年里不断地得到发展和认可，特别是对于多媒体和智能电网的应用场景。我们希望这些标准能够进一步发展，例如，考虑更新法规和改进传输和访问技术。

总而言之，PLC 是一项成熟的技术，特别是在过去的 20 多年里经历了很重要的创新。它和无线通信一样，能够为广泛的应用提供服务。由于新型电子负载的推广，这项技术的创新面临着传输环境变化的挑战，从而要着重解决通信可靠性和有效性问题。